“十三五”国家重点出版物出版规划项目

小麦工业手册

（第一卷）

小麦储藏

总主编◎卞　科

主　编◎王殿轩

中国轻工业出版社

图书在版编目（CIP）数据

小麦工业手册. 第一卷，小麦储藏 / 王殿轩主编；卞科总主编. — 北京：中国轻工业出版社，2021. 12
“十三五”国家重点出版物出版规划项目
ISBN 978-7-5184-3385-8

Ⅰ. ①小… Ⅱ. ①王… ②卞… Ⅲ. ①小麦—粮食贮藏 Ⅳ. ①S512. 1②S238

中国版本图书馆 CIP 数据核字（2021）第 032433 号

策划编辑：马　妍
责任编辑：马　妍　　责任终审：白　洁　　封面设计：锋尚设计
版式设计：砚祥志远　　责任校对：朱燕春　　责任监印：张　可

出版发行：中国轻工业出版社（北京东长安街 6 号，邮编：100740）
印　　刷：三河市万龙印装有限公司
经　　销：各地新华书店
版　　次：2021 年 12 月第 1 版第 1 次印刷
开　　本：787×1092　1/16　印张：29. 75
字　　数：690 千字
书　　号：ISBN 978-7-5184-3385-8　定价：160. 00 元
邮购电话：010-65241695
发行电话：010-85119835　传真：85113293
网　　址：http：//www. chlip. com. cn
Email：club@ chlip. com. cn
如发现图书残缺请与我社邮购联系调换
201204K1X101ZBW

丛书编委会

总主编 卞　科

编　委 王殿轩　郑学玲　陈　洁　温纪平

本书编委会

主　编 王殿轩

副主编 张玉荣

参编人员（按照姓氏笔画排列）

王争艳　王艳艳　卢少华　白春启

吕好新　吕建华　李　淼　李　慧

吴　琼　宋永令　张咚咚　张　浩

张　蒙　陈卫东　陈　亮　陈鹏枭

赵　妍　赵欣欣　赵　超　黄亚伟

阎　磊　渠琛玲　韩晓珍　曾芳芳

审　稿 白旭光

丛书前言

民为国基，谷为民命。粮食产业是关系国计民生的根本产业。保障国家粮食安全是一个永恒课题，任何时候这根弦都不能松。粮食安全包含粮食数量安全和粮食质量安全，如何从粮食产后环节减损、提质、增效，是实现粮食高质量发展，建设粮食产业强国的重要手段。以“粮头食尾”和“农头工尾”为抓手，围绕国家粮食安全战略和乡村振兴战略“两大战略”，突出产业链、价值链、供应链“三链协同”，大力推动粮食产业高质量发展，着力构建现代化粮食产业体系，实现粮食安全和现代高效农业相统一，不断提高农业质量效益和竞争力，确保国家粮食安全。

小麦是我国主要的粮食作物，2020 年产量为 1.34 亿吨，在口粮中占有重要地位。世界上约有 35%的人口以小麦作为主粮，中国的口粮消费总量中小麦约占 43%，小麦是人类食物的重要来源。小麦的储藏、加工和利用对确保我国粮食安全具有重要意义。

《小麦工业手册（四卷本）》围绕小麦产业链中小麦储藏、小麦加工、小麦淀粉、面制品四个环节组织编写，分别为：《小麦工业手册（第一卷）：小麦储藏》《小麦工业手册（第二卷）：小麦加工》《小麦工业手册（第三卷）：小麦淀粉》《小麦工业手册（第四卷）：面制品》。

本丛书由河南工业大学卞科教授担任总主编，组织粮食行业专家共同编写。其中，《小麦工业手册（第一卷）：小麦储藏》由王殿轩教授组织编写；《小麦工业手册（第二卷）：小麦加工》由温纪平教授组织编写；《小麦工业手册（第三卷）：小麦淀粉》由郑学玲教授组织编写；《小麦工业手册（第四卷）：面制品》由陈洁教授组织编写。在编写过程中，作者团队根据多年来科研与实践经验积累，结合国内外小麦工业领域大量的科技成果与文献资料，注重应用，突出理论实践相结合，力求反映小麦工业领域的新知识、新工艺、新设备、新成果，做到内容实用、重点突出、特色明显。对于指导小麦科学储藏、加工和利用发挥着重要的作用。

本丛书入选“十三五”国家重点出版物出版规划项目，可作为粮食行业工程技术人员参考用书，也可作为粮食领域科研人员和相关院校师生的参考书。

感谢国家小麦产业技术体系、河南省小麦产业技术体系提供的持续专项资金资助以及其他专项资金资助，感谢河南工业大学粮油食品学院以及相关单位为本书编写提供的技术和文献资料支持。

鉴于编者知识水平有限，本丛书不足和谬误之处，恳请广大读者给予批评指正，以便改进和完善，不胜感激。

卞科

2021 年 1 月

前 言

小麦是世界性的重要粮食作物，在口粮中占有重要地位。全世界约有35%的人口以小麦作为主要粮食。在中国的口粮消费总量中小麦约占43%，小麦也是我国中央、地方、企业和农户的主要粮食储藏种类。小麦储藏历史悠久，储藏设施、条件随时代变化多样，其中凝聚着粮食储藏人的超凡智慧和科技财富积累。作者本着科学性、先进性和实用性的原则，融合新近科学研究成果和现代化工程应用中的新技术、新工艺、新设备等编写此书。

本书从工程应用角度介绍小麦籽粒、粮堆、流散特性、小麦相关的有害物质以及储藏指标参数；利用平房仓、浅圆仓、立筒仓等对小麦进行储藏的基本条件，以及储藏过程中围护配套设施的基本技术与要点；小麦储藏相关技术，包括出入仓作业、储藏中的粮情检测、机械通风、制冷降温、隔热保温、降水干燥等。此外，还对小麦储藏中有害生物如害虫、霉菌以及鼠类的识别及治理技术进行描述，最后对小麦储藏涉及的安全生产与管理进行阐述。本书内容侧重小麦储藏工程技术应用，可供粮食工程技术人员查阅参考，也可作为粮食工业部门、科研院所及小麦储藏企业等专业技术人员、科研人员和相关院校师生的参考书。

本书由王殿轩主编，张玉荣副主编，组织河南工业大学粮油食品学院和标准化与质量检测中心的教学科研人员共同编写。编写分工如下：第一章由赵妍、张咚咚、吴琼编写，第二章由宋永令、张浩、张咚咚、曾芳芳编写，第三章由张浩、阎磊、黄亚伟、赵妍编写，第四章由张蒙、曾芳芳、赵超、卢少华编写，第五章由白春启、卢少华编写。全书由王殿轩统稿，白旭光审稿。渠琛玲、王争艳、陈卫东、王艳艳、李慧、吕好新、韩晓珍、李森、赵欣欣、陈鹏枭、黄依林等在大纲制定、资料查阅、图文编制等方面给予了大力支持；四川省粮食和物资储备局侯少杰、成都郎博旺科技发展有限公司刘照勇、宁波瑞凌新能源科技有限公司徐静涛等提供了关于低温储粮的技术材料，谨此致谢！

由于本书涉及内容范围广，加之编者水平有限，书中谬误和疏漏之处难免，恳请读者不吝指正，以便后期修正。

编　者

2021 年 1 月

目录

第一章
小麦储藏特性

收获后的小麦在储藏过程中仍进行新陈代谢等生命活动，且受储粮生态系统中其他因子影响产生一些生理代谢物质和可能的有害物质，影响小麦品质。了解小麦储藏特性及储藏中物质变化对保证小麦储藏安全及品质至关重要。小麦储藏特性包括籽粒特性和粮堆特性。小麦籽粒特性主要包括容重、千粒重、硬度和相对密度等物理参数以及小麦籽粒的内含物及其理化特性；小麦粮堆特性主要包括粮堆的孔隙度、吸附性、吸湿性、热特性和流散性等。小麦中可能的有害物质主要包括真菌毒素、农药残留、重金属等。

第一节 小麦籽粒特性

一、小麦籽粒特性与储藏中的变化

（一）容重

1. 小麦容重的概念

小麦籽粒在单位容积内的质量称为容重（Test Weight），单位通常用 g/L（或 t/m^3）表示。

2. 小麦容重的测定

小麦的容重依据国家标准 GB/T 5498—2013《粮油检验　容重测定》或粮食行业标准 LS/T 6117—2016《粮油检验　容重测定　水浸悬浮法》，其主要操作和要求如下：

（1）仪器和用具　HGT-1000 型和 GHCS-1000 型谷物容重器，包括漏斗口直径 30mm 的谷物筒，上筛层 Φ4.5mm，下筛层 Φ1.5mm，带有筛底和筛盖的谷物选筛、水浸悬浮法粮食容重仪、分样器或分样板等。

（2）试样制备　按要求取样后，从平均小麦样品中分出两份样品，每份约 1000g。利用谷物选筛分 4 次进行筛选，每次约 250g，筛选后挑除上层筛上的大型杂质和下层筛筛下物，然后合并上下层筛上的小麦籽粒，混匀即得到测定容重的试样。

（3）容重器的使用

①HGT-1000 型谷物容重器的使用：

安装：打开箱盖，取出所有部件后盖好箱盖，在箱盖的插座（或单独的插座）上安装支撑立柱并将横梁支架安装在立柱上，用螺丝固定后将不等臂式横梁安装在支架上。

调零：将排气砣放入容量筒内并将容量筒挂在吊钩上，将横梁上的大、小游码均移至零刻度处，检查空载时的平衡点，若横梁上的指针不指在零位，则调整平衡砣位置使横梁上的指针指在零位。

测定：取下容量筒，将排气砣取出并将容量筒安装在铁板座上，插上插片后将排气砣放在插片上，然后套上中间筒；关闭谷物筒下部的漏斗开关，将制备好的试样倒入谷物筒内，装满后用刮板填平；再将谷物筒套在中间筒上，打开漏斗开关，待试样全部落入中间筒后关闭漏斗开关；紧握谷物筒与中间筒接合处，快速平稳地抽出插片，待试样与排气砣一同落入容量筒内后将插片快速地插入容量筒豁口槽中；依次取下谷物筒，拿起中间筒和容量筒，倒出插片上多余的试样，取下中间筒，抽出容量筒上的插片。

称量：将盛有试样的容量筒挂在容重器的吊钩上称其质量，结果即为试样容重（g/L）。

平行试验：从平均样品分出的两份试样按上面步骤分别进行测定。

②GHCS-1000 型谷物容重器的使用：

安装：打开箱盖，取出所有部件，放稳铁板底座。

电子秤校准与调零：接通电子秤电源，打开电子秤开关预热，并按照 GHCS-1000 型谷物容重器使用说明书进行校准。然后将带有排气砣的容量筒放在电子秤上并将电子秤清零。

GHCS-1000 型谷物容重器测定、称量和平行试验同 HCT-1000 型谷物容重器。

③水浸悬浮法粮食容重仪的使用：

仪器准备：按使用说明书准备仪器。

校准：将容重仪置于平稳的实验台上，向操作水槽中加入自来水至水槽上的标线，之后将测量皿放入操作水槽中浸泡，将容重仪调至水平后接通电源，根据说明书的要求用标准砝码对称量装置进行校准。

测定：a. 将测量皿盖卡盖并扣紧，挂在称量装置的下秤钩上，使其悬浮在操作水槽中称量，待称量值稳定后将称量值记为 m_1；b. 用称样皿盛取 200~300g 试样在容重仪的天平上称量，称量值记为 m；c. 将试样从称样皿中倒入托架上的测量皿中，用搅拌棒搅拌试样 3~5 圈，之后每间隔 10s 搅拌一次，共搅拌 3 次，以排净试样籽粒间的气泡，扣紧上盖；d. 将已装入试样并排净气泡的测量皿完全浸没于水中，在容重仪下秤钩上称量，记称量值记为 m_2；e. 输入试样水分含量 w，按式（1-1）进行结果计算。

$$Y=km\rho(m+m_1+m_2)-k_1(w-14.0) \tag{1-1}$$

式中　Y——试样容重，g/L；

k——换算系数，取值为 0.612；

m——试样质量，g；

ρ——水槽中水的密度，取值为 1g/mL；

m_1——测量皿在水中的质量，g；

m_2——测量皿和试样在水中的质量，g；

k_1——水分修正参数，取值为 3.75；

w——试样水分含量值。

（4）结果表示　两次测定结果的影响允许差不超过 3g/L，求其算术平均值即为测定结果，测定结果取整数。

（5）注意事项

①容重器应按说明书检查空载时零点。

②每次测定，谷物筒中小麦试样应装满，用分样板刮平。

③分取试样约1000g为检测用样，按标准规定的筛层，根据GB/T 5494—2019《粮油检验　粮食、油料的杂质、不完善粒检验》中大样杂质检验法，分2~4次进行筛选，去除筛上大型杂质，合并上、下层筛层的籽粒，混匀作为测定容重的试样。

④插片插拔应迅速，其间不能停顿。

⑤容重器每年应进行计量检定，测定结果应加、减修正值。

⑥水浸悬浮法容重仪长期不用或连续使用100次以上，应按照仪器使用说明书要求进行校准。

⑦水浸悬浮法一般适用于水分含量大于14.0%的小麦的容重测定，若小麦水分含量小于14.0%时，测定时无须输入试样水分含量w。

3. 小麦容重在粮食检验中的应用

（1）确定小麦等级　容重是小麦的定等指标，根据GB 1351—2008《小麦》的规定，不同等级的小麦容重要求为：一等790g/L及以上，二等770~789g/L，三等750~779g/L，四等730~749g/L，五等710~729g/L，等外低于710g/L。

（2）计算仓容　不同仓型中小麦仓容的计算如下。

①房式仓仓容量计算：散装仓容根据式（1-2）进行计算。

$$m = Lbh\gamma \tag{1-2}$$

式中　m——仓容量，t；

L——粮堆长，即仓长度，m；

b——粮堆宽，即仓跨度，m；

h——粮堆高度，m；

γ——小麦容重，t/m³。

②立筒仓容量计算：立筒仓仓容根据式（1-3）计算。

$$m = \left[\frac{\pi d_1^2 h_1}{4} + \frac{\pi h_2 (d_1^2 + d_1 d_2 + d_2^2)}{12}\right]\gamma \tag{1-3}$$

式中　m——立筒仓单仓仓容，t；

d_1——筒仓内直径，m；

h_1——筒仓圆柱部分装粮高度，m；

h_2——筒仓下部圆台高度，m；

d_2——筒仓底部出粮口直径，m；

γ——小麦容重，t/m³。

③浅圆仓容量计算：浅圆仓仓容根据式（1-4）计算。

$$m = \frac{\pi d^2 H\gamma}{4} \tag{1-4}$$

式中　m——浅圆仓单仓容量，t；

d——浅圆仓内直径，m；

H——浅圆仓装粮高度，m；

γ——小麦容重，t/m³。

4. 小麦储藏期间容重变化及影响因素

长期储存条件下环境温湿度和储藏时间会对小麦容重产生一定影响。小麦容重随储藏时间减小。若入库时小麦过于干燥，仓内空气湿度高于其平衡湿度，小麦会吸湿增水，一定程度上造成容重升高，即储藏期间小麦容重随温度和空气湿度升高而降低，在小麦水分含量较大的情况下这种现象更为明显。此外，小麦容重还受小麦品种（表1-1）、种植条件、小麦籽粒表面性状、水分含量、杂质、虫害等因素的影响。

表1-1　　中国部分主推小麦的容重参考值

品种	容重/（g/L）	品种	容重/（g/L）
84380	806	安农1274	812
百农207	809	百农418	825
宝麦8号	792	保丰1082	773
亳轮选182	804	存麦1号	772~828
存麦5号	758	藁优2018	751~761
藁优9415	788~828	国麦10号	807~823
国麦301	792	邯麦14	762
衡观35	747~800	华慧198	827
淮麦20	767~805	济麦20	778~819
济麦22	777~817	济南17	727~787
连麦2号	805~830	鲁原502	721~751
洛024	830	洛麦23	774~832
漯麦18	802~811	农大1108	785
平安7号	802	濮麦10	807
青丰1号	778	青农2号	765
山农17	748~818	山农21	763~823
师栾02-1	756~830	石优20	758
泰山4173	792~834	泰山6195	801
泰山6426	808	皖麦38	798~815
西农9718	732	西农979	731~809
项麦99168	799	项麦99177	783
新麦0208	806	新麦19	744~816

续表

品种	容重/（g/L）	品种	容重/（g/L）
新麦 2111	795~819	新麦 26	710~794
新乡 060221	788	宿 553	780~828
徐麦 30	777~817	徐麦 31	746~764
徐麦 32	799~825	徐麦 33	763
许科 316	791	许科 718	776~788
烟农 19	754~820	偃师 4110	791
豫农 407	813	豫农 416	803~817
豫农 968	792	豫农 982	806~814
郑麦 0856	734~806	郑麦 3596	813~831
郑麦 366	714~803	郑麦 379	718~830
郑麦 7698	754~824	郑麦 9023	793~809
郑育麦 518	786	中洛 08-1	771
中洛 1 号	800~807	周麦 18	731~820
周麦 22	777~800	周麦 24	754~817
周麦 25	816~832	周麦 26	726~787
周麦 27	721~807	洲元 9369	744~818
602219（新品系）	807	丰德存 1 号	746
藁优 5766	819	荷麦 17	832
荷麦 18	808	花培 6 号	762
滑麦 198	792	冀麦 867	821
江麦 816	816	漯麦 956	730
秦农 142	759	山农 22	826
石优 09-4366	806	石优 17	813
泰农 18	805	泰山 27	840
潍 2917	798	项麦 717	807
项麦 99176	727	项麦 99178	784
徐麦 9158	804	郑麦 101	772
郑麦 329	824	郑麦 7968	824
郑农 379	814	周麦 32	813

小麦的表面性状和水分含量对容重有一定影响。通常情况下小麦籽粒皮层粗糙，容重低，皮层光滑容重较高。

小麦中混入的杂质和害虫侵害会对小麦容重产生较大影响。小麦中的杂质因种类和物理性状对容重产生不同影响，一般规律是比小麦籽粒轻的有机杂质，如植物的根、叶、茎等可使容重降低。比如小麦籽粒重的杂质，如沙石、铁块、玻璃块和细小的沙土，会使容重增加。此外，混入较小的草籽后容重不但不降低反而增加。小麦受储粮害虫感染时，容重会随感染和危害程度的加剧而下降。如小麦中玉米象成虫初始密度为5头/kg，在室温条件下储存4个月，小麦容重从767.4g/L降为743.0g/L，在第90天出现容重等级降低；玉米象成虫初始密度为10头/kg时，小麦容重从768.3g/L降为716.7g/L，在第60天出现容重等级降低。

（二）千粒重

1. 小麦千粒重的概念

小麦千粒重（Mass of 1000 Grains）是指1000粒小麦籽粒的质量，单位为g。对于小麦种子而言，千粒重是体现种子大小与饱满程度的指标之一，可用于检验种子质量，也可用于田间预测产量。GB/T 5519—2018《谷物与豆类　千粒重的测定》中规定，粮食的千粒重分为自然水分千粒重和干基千粒重。自然水分千粒重指含自然水分的1000粒粮食籽粒的质量，干基千粒重指扣除水分含量的1000粒粮食籽粒的质量，单位均为g。

2. 小麦千粒重的测定

小麦千粒重可以直接数1000粒小麦籽粒称量测定，也可依据GB/T 5519—2018《谷物与豆类　千粒重的测定》进行测定。主要操作与要求如下述。

（1）自然水分千粒重　从实验室样品中随机取出约500粒小麦试样，挑出完整粒并测量，记称量值为m_t，记录完整粒的粒数为N。根据式（1-5）计算结果。每份样品平行测定两次。

$$m_1 = \frac{m_t \times 1000}{N} \tag{1-5}$$

式中　m_1——千粒重，g；

m_t——完整粒的质量，g；

N——m_t质量中完整粒的粒数。

（2）干基千粒重的测定　除去试样中的杂质，按GB 5009.3—2016《食品安全国家标准　食品中水分的测定》的规定测定完整小麦籽粒的水分含量，记为w_H，然后按照自然水分千粒重的测定方法测定自然水分千粒重（m_1），根据式（1-6）计算结果。

$$m_0 = \frac{m_1 \times (100 - w_H)}{100} \tag{1-6}$$

式中　m_0——干基千粒重，g；

m_1——自然水分千粒重，g；

w_H——样品的水分含量，%。

3. 储藏期间千粒重变化及影响因素

小麦的千粒重通常随储藏时间的延长而降低，且受到小麦籽粒形状、水分含量、品种（表1-2）和生长环境等因素影响。水分含量在10.9%~28.4%范围内，小麦千粒重随含水率的增加呈线性增加。同一地区种植的不同品种小麦千粒重不同，如安徽省亳州市2013年产小麦中，郑麦7698千粒重为42.6g，周麦24为41.0g，济麦20为39.8g，新麦19为37.2g。不同地区种植的同一品种小麦千粒重也不同，如河南省永城市2013年种植的济麦22千粒重为38.3g，山东省滨州市为33.4g，江苏省宿迁市为39.6g，河北省邢台市为43.0g。

表1-2　中国部分主推小麦品种的千粒重参考值

品种	千粒重/g	品种	千粒重/g
2017TP506	37.7~51.1	华麦1062	38.0~53.1
LH16-4	39.8~45.0	华麦15112	42.4~54.1
LH1703	43.1~47.9	淮麦20	41.3
LH1706	42.8~47.8	淮麦510	40.2~58.5
LS018R	38.6~45.4	济麦0435	41.7~48.4
LS3582	41.9~49.3	济麦22	43.5~49.6
LS3666	40.2~46.9	济麦418	45.3~50.8
LS4155	43.1~50.7	济麦44	43.6~49.8
SW1747	44.1~52.0	冀麦659	42.6~49.6
TKM0311	43.2~48.4	金禾330	40.0~45.2
TKM6007	42.3~46.4	临农11	44.3~50.6
WK1602	35.7~45.9	鲁研1403	42.6~53.1
安科1701	35.3~54.2	鲁研373	45.6~50.7
安科1705	40.9~52.5	鲁研454	43.4~48.6
安农1589	38.8~55.6	鲁研733	41.5~50.2
百农207	42.3~52.0	鲁研897	44.2~48.2
沧麦2016-2	42.6~46.0	鲁研951	42.6~51.6
昌麦20	49.6~55.6	鲁原309	46.4~50.8
川麦1690	41.2~49.8	漯麦39	42.1~55.4
川麦42	40.1~46.4	漯麦40	46.7~53.7

续表

品种	千粒重/g	品种	千粒重/g
川麦 82	39.6~50.4	绵麦 367	47.6
贵农 19	42.7	濮麦 087	42.1~55.7
航麦 3290	45.8~50.8	濮麦 117	41.4~51.6
衡 4399	38.7~45.6	濮麦 8062	43.4~56.0
衡 H15-5115	43.6~49.2	石 15-6375	41.7~48.2
衡 H1608	39.0~46.6	石 15 鉴 21	45.9~49.4
衡 H165171	43.3~46.5	泰科麦 493	42.2~48.4
华成 6068	42.5~52.1	天麦 160	45.4~58.4
宛 1204	42.4~52.3	天麦 196	41.6~55.4
皖垦麦 1702	41.6~58.2	邢麦 29	43.6~50.6
皖宿 0891	38.8~50.2	徐麦 15158	43.6~55.3
皖宿 1510	44.8~50.9	偃展 4110	47.8
潍麦 1711	42.5~48.0	扬 11 品 19	35.6~45.1
涡麦 303	44.4~59.0	扬 15-133	35.1~54.2
涡麦 606	38.0~48.6	扬 16-157	35.6~51.5
咸麦 073	47.6~60.6	扬辐麦 5054	36.0~46.7
小偃 22	53.9	扬麦 20	37.2~45.5
新麦 52	40.5~52.2	渝麦 13	41.1
信麦 156	33.4~45.3	云麦 56	37.3
郑麦 6694	42.4~59.6	中麦 6052	40.7~47.7
郑麦 9023	44.2	中麦 6079	44.6~52.8
郑麦 9699	44.0~58.0	中麦 7152	42.0~49.0
中麦 6032	42.0~49.0	周麦 18	45.5~56.2

（三）相对密度

1. 小麦相对密度的概念

小麦相对密度（Relative Density）是指在规定温度和操作条件下，小麦净体积的质量与同体积水的质量比。

2. 小麦相对密度的测定

小麦相对密度依据标准 GB/T 5518—2008《粮油检验　粮食、油料相对密度的测定》中的方法进行。主要操作与要求如下述。

（1）试剂　95%乙醇（分析纯）和20%乙醇（95%乙醇 21mL+蒸馏水 79mL）。

（2）仪器和用具　天平（分度值 0.01g），25mL 量筒（分度值 0.1mL），长颈带活塞的密度瓶，要求颈上有 0.1mL 刻度，计 10mL，零位刻度在长颈下部且零位下有调节液体容量的活塞。

（3）样品制备　按 GB 5491—1985《粮食、油料检验　扦样、分样法》分样，并去除杂质和不完善粒。

（4）测定与分析

①量筒法：在室温（22±5）℃下，将先将 10mL 20%的乙醇加入量筒中，然后放入约 5g（精确至 0.01g）的试样，轻微摇动逐出水泡，待液面平稳后，读出液体增加的体积数（V）。

②密度瓶法：在室温（22±5）℃下，向密闭瓶中注入 20%乙醇并通过活塞调节液面至零位处，然后放入约 5g（精确至 0.01g）小麦试样，轻微摇动逐出水泡，待液面平稳后读出液体上升的体积数（V）。

（5）结果表示　小麦的相对密度根据式（1-7）进行计算。

$$D = \frac{m_1}{m_2} \text{或} D = \frac{m_1}{V} \tag{1-7}$$

式中　D——试样相对密度；

m_1——试样质量，g；

m_2——与试样同体积的水的质量，g；

V——试样体积，mL。

在重复性条件下，获得的两次独立测定结果的绝对差值不大于 0.03，求其平均数即为测定结果，结果保留小数点后 2 位。

（6）注意事项　若测定时试样浮在液面上，影响读数，则用 95%乙醇替换 20%乙醇，重新测定。

3. 相对密度在小麦检验中的应用

不同品种小麦其相对密度因细胞组织的致密程度和化学成分差别而有较大差异。一般情况下，相对密度随小麦籽粒成熟和充实饱满度而变化，小麦籽粒成熟越充分，内部积累的营养物质越多，则籽粒越充实，相对密度越大。小麦相对密度不仅是一个衡量品质的指标，在某种情况下，可作为判断籽粒成熟度的间接指标。小麦在长期储藏过程中因呼吸作用消耗有机养分，其相对密度通常呈下降趋势。

（四）硬度

1. 硬度指数

硬度指数（Hardness Index）是在规定条件下，粉碎的小麦样品通过规定筛分后留存在筛网上样品占试样的质量百分数，用 *HI* 表示。

2. 小麦硬度指数的测定

小麦硬度指数根据 GB/T 21304—2007《小麦硬度测定　硬度指数法》的规定进行。主要操作与要求如下述。

（1）仪器　小麦硬度指数测定仪，天平（分度值 0.01g）。

（2）样品制备　环境温度控制在 5~45℃，事先将样品置于与硬度指数测定仪相同的工作环境中，使其温度与环境温度基本一致。样品水分应控制在 9%~15%，除去样品中的杂质和破碎粒。

（3）小麦硬度指数测定仪的使用

①水分测定按 GB 5009.3—2016《食品安全国家标准　食品中水分的测定》中 105℃恒重法进行样品水分测定，并将测定值输入仪器称量计算系统中。

②仪器检查：每次测定前检查硬度指数测定仪的筛网，如筛网网眼有破损，及时更换。

③接料斗与筛网系统称量：每次测定前称量接料斗、筛网系统（包括筛网、筛网座）的质量 m，并输入仪器称量计算系统中。仪器无称量计算系统的，应在计算结果时将其扣除。

④仪器预热：取 25g 小麦，按步骤④至⑦进行操作，试机 5~7 次，使仪器预热，然后将仪器粉碎系统、接料斗、筛网系统等清扫干净备用。

⑤称样：准确称取制备好的样品（25.00±0.01）g。

⑥粉碎系统转子调节：打开硬度测定仪端盖，将粉碎系统转子的一个型腔向上对准进料口，关闭并锁好端盖。

⑦入样：打开进料斗盖，将称取好的样品全部倒入进料斗中，关闭进料斗盖。

⑧粉碎：开启测定仪，样品粉碎 50s 后，自动停机。

⑨取样：仪器停稳后打开端盖，将接料斗、筛网系统一起取出并按照仪器说明书的规定将筛网上的留存物清扫干净。清扫中要保证筛网系统与接料斗不分离，以免筛网上的留存物掉入接料斗中或接料斗中的物质撒出。

⑩称量：称量接料斗、筛网系统和筛下物的质量，扣除接料斗、筛网系统质量后得到筛下质量 m_1（精确至 0.01g），最后将仪器粉碎系统、接料斗、筛网系统等清扫干净，以备下次测定用。

（4）结果计算与表示　配备称量计算系统的仪器，称量后自动计算并打印出结果。若仪器无称量计算系统，则根据式（1-8）进行计算。

$$HI = 100 - m_1 \times \frac{100}{25} - k_1 \times (12 - w) - k_2 \times (25 - t) \tag{1-8}$$

式中　HI——样品校正至水分 12%，环境温度 25℃时的硬度指数；

m_1——粉碎后通过筛网的样品质量，g；

w——样品的水分含量，%；

t——环境温度,℃；

k_1——水分校正系数，1/%，$m_1<10$ 时，$k_1=0.8$；$10\leqslant m_1<12.5$ 时，$k_1=1.0$；$m_1\geqslant 12.5$ 时，$k_1=1.6$；

k_2——温度校正系数，1/℃，$m_1<7$ 时，$k_2=0.03$；$7\leqslant m_1<10$ 时，$k_2=0.07$；$m_1\geqslant 10$ 时，$k_2=0.12$。

计算结果保留 1 位小数。

两次测定结果之差值<1.5 时，以双试验测定结果的算术平均值作为样品的硬度指数；如果两次测定结果之差值>1.5 时，应重新测定。测定结果保留整数位。

（5）注意事项

①新筛网使用数次后，两端略往下凹，属正常现象。

②仪器长期不用或连续使用 120 次以上时，使用小麦硬度指数标准样品按仪器说明书的规定对仪器进行检查。

3. 硬度在小麦储藏检验中的应用

（1）确定小麦类型　根据标准 GB 1351—2008《小麦》规定，小麦按照皮色和粒质分为硬质白小麦、软质白小麦、硬质红小麦、软质红小麦和混合小麦五类。硬质白小麦是指种皮为白色或黄白色的麦粒不低于 90%，硬度指数不低于 60 的小麦；软质白小麦是指种皮为白色或黄白色的麦粒不低于 90%，硬度指数不高于 45 的小麦；硬质红小麦是指种皮为深红色或红褐色的麦粒不低于 90%，硬度指数不低于 60 的小麦；软质红小麦是指种皮为深红色或红褐色的麦粒不低于 90%，硬度指数不高于 45 的小麦；不符合以上四类规定的小麦称为混合小麦。

（2）判断小麦的加工特点和用途　根据小麦粒质的不同，可将其分为硬质小麦和软质小麦。一般硬质小麦颗粒度大，小麦粉破损淀粉含量高，具有较强的吸水能力，适合制作面包和优质面条等食品。软质小麦颗粒度较小，小麦粉破损淀粉含量低，吸水能力较弱，适合制作饼干或糕点。

（3）评价小麦的籽粒品质　小麦的籽粒品质指标主要有千粒重、容重、角质率、硬度四项指标，四项指标与小麦的制粉品质和食品加工品质，尤其是与小麦的制粉品质密切相关。

在常规储藏条件下，小麦的硬度通常变化不明显，其硬度主要受小麦品种（表 1-3）、种植条件等影响。

表 1-3　中国部分主推小麦品种的硬度指数参考值

品种	硬度指数	品种	硬度指数
84380	68	安农 1274	53
百农 207	64	百农 418	64
宝麦 8 号	64	保丰 1082	65

续表

品种	硬度指数	品种	硬度指数
亳轮选 182	63	存麦 1 号	61～65
存麦 5 号	64	藁优 2018	65～68
藁优 9415	60～68	国麦 10 号	61～63
国麦 301	63	邯麦 14	64
衡观 35	61～65	华慧 198	63
淮麦 20	64～66	济麦 20	62～66
济麦 22	65～68	济南 17	65～71
连麦 2 号	64	鲁原 502	65～67
洛 024	48	洛麦 23	49～62
漯麦 18	64～66	农大 1108	45
平安 7 号	48	濮麦 10	67
青丰 1 号	62	青农 2 号	66
山农 17	41～70	山农 21	63～67
师栾 02-1	65～69	石优 20	67
泰山 4173	63～68	泰山 6195	63
泰山 6426	69	皖麦 38	64～68
西农 9718	70	西农 979	63～70
项麦 99168	62	项麦 99177	53
新麦 0208	64	新麦 19	43～61
新麦 2111	65～66	新麦 26	64～70
新乡 060221	54	宿 553	65～68
徐麦 30	65～67	徐麦 31	55～56
徐麦 32	64～68	徐麦 33	65
许科 316	64	许科 718	63～66
烟农 19	43～65	偃师 4110	62
豫农 407	65	豫农 416	61～62
豫农 968	65	豫农 982	63～67

续表

品种	硬度指数	品种	硬度指数
郑麦 0856	65~73	郑麦 3596	65~68
郑麦 366	63~72	郑麦 379	42~66
郑麦 7698	63~72	郑麦 9023	67~68
郑育麦 518	64	中洛 08-1	52
中洛 1 号	61~62	周麦 18	63~68
周麦 22	60~61	周麦 24	55~70
周麦 25	63~64	周麦 26	53~65
周麦 27	63~65	洲元 9369	64~67
602219（新品系）	61.5	丰德存 1 号	64.2
藁优 5766	69.5	荷麦 17	66.0
荷麦 18	67.5	花培 6 号	66.1
滑麦 198	64.2	冀麦 867	66.0
江麦 816	66.1	漯麦 956	35.5
秦农 142	70.3	山农 22	67.9
石优 09-4366	63.5	石优 17	62.9
泰农 18	64.6	泰山 27	66.8
潍 2917	64.7	项麦 717	56.9
项麦 99176	54.2	项麦 99178	51.0
徐麦 9158	66.9	郑麦 101	60.3
郑麦 329	72.1	郑麦 7968	64.6
郑农 379	68.3	周麦 32	60.2

此外，硬度指数测定时受环境条件、小麦水分、杂质、不完整粒含量等多种因素的影响。小麦水分越大，其硬度越小，反之硬度越大。在使用小麦硬度测定仪时如果错误输入小麦水分值，则直接影响到硬度的测定结果，输入水分值小于真实值则硬度偏小，反之则硬度偏大。样品中不完善粒含量越高，其硬度越小，反之其硬度越大。小麦中杂质也会影响硬度的测定结果。在实际测定过程中，随环境温湿度升高，测得的硬度指数减小，硬度降低。在使用硬度测定仪时，粉碎时间短则结果偏高，反之，则硬度结果偏低。

（五）不完善粒

1. 小麦不完善粒概念

小麦不完善粒（Unsound Kernel）是指受到损伤但尚有使用价值的小麦籽粒。一般指小麦的胚或胚乳受到机械损伤或生物侵害，导致其加工品质和食用品质下降的小麦籽粒。

2. 不完善粒分类

小麦的不完善粒包括虫蚀粒、病斑粒、破损粒、生芽粒、霉变粒，其中病斑粒包括赤霉病粒及黑胚粒。

赤霉病粒（Gibberella Damaged Kernel）是指籽粒皱缩，呆白，有的粒面呈紫色，或有明显的粉红色霉状物，间有黑色子囊壳。黑胚粒（Black Germ Kernel）是指籽粒胚部呈深褐色或黑色，伤及胚或胚乳的颗粒。虫蚀粒（Injured Kernel）是指被虫蛀蚀，伤及胚或胚乳的颗粒。病斑粒（Spotted Kernel）是指粒面带有病斑，伤及胚或胚乳的颗粒。破损粒（Broken Kernel）是指压扁、破碎，伤及胚或胚乳的颗粒。生芽粒（Sprouted Kernel）是指芽或幼根虽未突破种皮但胚部种皮已破裂或明显隆起且与胚分离的颗粒，又指芽或幼根突破种皮的长度不超过本颗粒长度的颗粒。生霉粒（Moldy Kernel）是指粒面生霉的颗粒。

3. 不完善粒含量的测定

小麦不完善粒依据 GB/T 5494—2019《粮油检验　粮食、油料的杂质、不完善粒检验》中规定的方法进行。主要操作与要求法如下述。

（1）仪器和用具　同杂质检验。

（2）操作步骤

①试样制备和筛选：试样制备和筛选同杂质检验。

②不完善粒检验：在检验小样杂质的同时，按质量标准的规定拣出不完善粒，称重并记称量值为 m_5。

（3）结果计算　不完善粒百分率按式（1-9）进行计算。

$$D = (100\% - W) \times \frac{m_1}{m_2} \tag{1-9}$$

式中　D——不完善粒百分率,%；

m_1——不完善粒质量，g；

m_2——小样质量，g；

W——大样杂质百分率,%。

双试验结果中大粒、特大粒粮允许差不超过 1.0%；中、小粒粮不超过 0.5%。求其算术平均值即为检验结果，检验结果取小数点后 1 位。

（4）注意事项

①病斑粒、黑胚粒需剖粒检验。籽粒任何部位都会出现深褐色或黑色斑块，常见于

胚部和麦沟处，斑块明显并伤及胚或胚乳的都应归属黑胚粒。

②虫蚀粒未伤及胚和胚乳的籽粒归属为完善粒，应细致观察粒面是否有细小蛀孔，以免漏检。

③检验发芽粒时，应注意观察是否有芽已经断落的痕迹。可用镊子按压胚部种皮隆起部位，胚部有空洞感，则判定为生芽粒。

④实际鉴别中呆白并皱缩可视为赤霉病粒。

⑤籽粒有裂纹未伤及胚或胚乳的不属于破损粒。

⑥肉眼可见粒面生霉且伤及胚和胚乳的籽粒，才归属于生霉粒。

4. 不完善粒对小麦储藏的影响

不完善粒在自身质量、籽籽形状、表面状况等不同于完整粮粒，其流散性能也大不一样。不完善粒混合于大批粮食中，在输送和入仓中因自动分级相对集中，形成有异于其他部位的粮堆内局部微环境。此微环境内常常出现湿热相对集中，虫霉易于发生，熏蒸杀虫困难，通风降温不畅等情况。小麦储藏中应尽量减少不完善粒的含量，减少自动分级等。

（六）色泽和气味

正常的小麦籽粒随着品种不同而具有其特有的颜色和光泽。如硬麦的色泽有琥珀色、深琥珀色和浅琥珀色；软麦除了红白两个基本色泽外，红软麦的色泽还有深红色、红色、浅红色、黄红色和黄色等。正常的小麦籽粒具有小麦特有的香味，如果气味不正常说明小麦变质或吸收了其他有异味物质。

1. 色泽和气味的测定

小麦色泽和气味（Colour and Odour）依据 GB/T 5492—2008《粮油检验　粮食、油料的色泽、气味、口味鉴定》的要求进行鉴定。主要操作与要求如下述。

（1）仪器和用具　分度值 1g 的天平，上筛层 Φ4. 5mm、下筛层 Φ1. 5mm 的谷物选筛，贴有黑纸的平板，广口瓶和水浴锅等。

（2）测定

①试样准备：试样的扦样、分样依据 GB 5491—1985《粮食、油料检验　扦样、分样法》进行，样品应去除杂质。

②小麦色泽鉴定：分取 20~50g 小麦样品，放在手掌中均匀地摊平，在散射光线下仔细观察样品的整体颜色和光泽。对色泽不易鉴定的样品，根据不同的粮种，取 100~150g 样品，在黑色平板上均匀地摊成 15cm×20cm 薄层，在散射光线下仔细观察样品的整体颜色和光泽。

③气味鉴定：分取试样 20~50g，放在手掌中进行哈气或摩擦，并立即嗅辨气味是否正常。对气味不易鉴定的样品，分取 20g 试样放入广口瓶，置于盛有 60~70℃ 的水浴锅中，盖上瓶塞，保温 8~10min，开盖嗅辨气味。

④结果表示：色泽、气味检验的鉴定结果均以“正常”和“不正常”来表示，对不正常的要加以说明。

（3）注意事项

①测定环境应符合 GB/T 10220—2012《感官分析 方法学 总论》和 GB/T 22505—2008《粮油检验 感官检验环境照明》的规定，实验室应符合 GB/T 13868—2009《感官分析 建立感官分析实验室的一般导则》的规定。

②试验室应保持通风良好，无异味，避免阳光直射，应在散射光线条件下操作。

③检验者视觉、嗅觉应正常，检验前严禁吸烟、喝酒和使用化妆品等。人员搭配应合理，对于色泽、气味不正常的样品，至少应经 5 人以上检验确认。

2. 色差计测定小麦色泽指标

可以用色差计对小麦的色泽进行测定。色差计的工作原理是利用仪器内部的标准光源照明被测物体，在整个可见光波长范围内进行一次积分测量，得到透射或反射物体色的 3 刺激值，然后得出 L^*、a^*、b^*，以及色差值，对这些表示样品色泽的特征值分析，从而得出样品色泽的变化。其中 L^* 为明度（Brightness），$L^*=0$ 表示黑色，$L^*=100$ 表示白色，中间共有 100 等级。a^*、b^* 表示不同色彩方向，a^* 表示红-绿方向（Red-Green），$+a^*$ 表示偏红，$-a^*$ 表示偏绿，b^* 表示黄-蓝方向（Yellow-Blue），$+b^*$ 表示偏黄，$-b^*$ 表示偏蓝。

色差计测定小麦色泽指标主要过程如下述。

①在测定小麦色泽前，将仪器调整到正常状态，进行调零、调白操作。

②将待测小麦放入样品盒并铺平后，将传感器放在被测样品上，仪器将自动测出小麦的色度值，记录 L^*、a^*、b^*。

在长时间储存条件下，小麦的 L^*、a^*、b^* 均呈下降趋势。在 20℃，水分含量为 11.5%的小麦从第 6 个月开始明度值逐渐下降，储藏一年后，其明度值从原始的 32.89 降为 31.23；红绿色相值在 5 个月时由 8.12 下降到 7.30，红绿色相值在这附近上下波动，而小麦的黄蓝色相值由原始的 18.00 分别降为 17.23 和 17.30。

3. 小麦中的挥发性物质

小麦挥发性成分有烃类、醛类、醇类、酮类、酯类、酸类、杂环类等。烷烃类含量最大，其次为醛类、醇类、酮类，而酸类、酯类等组分的含量较小。不同筋型的小麦的挥发物成分、含量存在差异。研究表明，高筋小麦和中筋小麦的烃类挥发性成分都较高，分别为 48.22%和 50.74%；高筋小麦中醛类、酮类挥发性成分的含量分别为 7.47%和 9.77%；中筋小麦挥发物中醛类的含量约为 10.01%，中筋小麦的酮类相对含量约为 7.66%。而高筋小麦中呋喃类化合物的含量约为 2.8%，而中筋小麦中未检测出呋喃类成分。小麦胚油中挥发性物质成分种类可达 34 种。

4. 储藏期间色泽气味的变化及影响因素

正常条件下，小麦籽粒色泽比较稳定。在不良环境下常会发生胚部褐变，甚至霉变，同时小麦气味也会发生变化。小麦发热霉变使之带有霉味；小麦发芽带有类似黄瓜的气味；感染黑穗病散发类似青鱼的气味；包装和运输工具不干净可能使小麦带有煤油、卫生球或煤焦油等气味。

小麦储藏过程中，己醇、辛醇、十六醇等醇类挥发物组分的相对含量在储藏期间不断降低，E-15-十七烯醛、2-壬烯醛、苯乙醛等醛类挥发性成分含量逐渐增加；酮类挥发性成分总含量呈上升趋势；主要烷烃类成分如十五烷、十六烷、十八烷等相对含量上升。

（七）小麦质量要求

GB 1351—2008《小麦》、GB/T 17892—1999《优质小麦　强筋小麦》和 GB/T 17893—1999《优质小麦　弱筋小麦》分别对小麦、优质强筋小麦和优质弱筋小麦的质量要求做了统一规范，具体要求见表 1-4、表 1-5 和表 1-6。

表 1-4　小麦质量要求

等级	容重/(g/L)	不完善粒/%	杂质/%		水分/%	色泽、气味
			总量	其中的矿物质		
1	≥790	≤6.0	≤1.0	≤0.5	≤12.5	正常
2	≥770					
3	≥750	≤8.0				
4	≥730					
5	≥710	≤10.0				
等外	<710	—				

注：“—”为不要求。

表 1-5　强筋小麦品质指标

项目			指标	
			一等	二等
籽粒	容重/(g/L)		≥770	
	水分/%		≤12.5	
	不完善粒/%		≤6.0	
	杂质	总量	≤1.0	
		矿物质	≤0.5	
	色泽、气味		正常	
	降落数值/s		≥300	
	粗蛋白质/%（干基）		≥15.0	≥14.0
小麦粉	湿面筋/%（14%湿基）		≥35.0	≥32.0
	面团稳定时间/min		≥10.0	≥7.0
	烘焙品质评分值		≥80	

表 1-6　弱筋小麦品质指标

项目			指标
籽粒	容重/(g/L)		≥750
	水分/%		≤12.5
	不完善粒/%		≤6.0
	杂质	总量	≤1.0
		矿物质	≤0.5
	色泽、气味		正常
	降落数值/s		≥300
	粗蛋白质/%（干基）		≤11.5
小麦粉	湿面筋/%（14%水分基）		≤22.0
	面团稳定时间/min		≤2.5

（八）小麦疾病

1. 小麦疾病分类及特点

（1）毒麦　毒麦（*Lolium Temulentum* L.）是禾本科、黑麦草属，为一年生草本植物，形似小麦，茎直立，丛生，光滑，不易倒伏，成熟期较小麦晚，小麦黄熟后毒麦仍为绿色，田间观察易被发现。其毒麦种子繁殖萌发能力强，适应性广，常温条件下储藏2年仍有萌芽能力；繁殖能力是小麦的3~4倍，抽穗和成熟迟于小麦，在小麦收获时，毒麦落籽率为10%~20%。

毒麦的适应性和繁殖力均高于小麦，其侵入麦田后若不及时控制，几年后的与小麦的混杂率可达60%~70%，降低小麦产量；毒麦种子易受真菌的侵染寄生，该菌为一种内生真菌，侵入寄主后在种皮和糊粉层间分泌产生毒麦碱、黑麦草碱等毒素，人畜食用后会引起脑、脊髓、心脏麻痹；当面粉中毒麦含量达4%以上时，可引起食用者的急性中毒，轻则引起眩晕、恶心、呕吐、腹泻、疲乏和发热，重则导致嗜睡、昏迷、痉挛等，甚至死亡。

（2）麦角病　麦角菌［*Clavieps Purpurea*（Fr.）］，英文Ergot，寄生在小麦的子房内，会引起麦角病。麦角病会造成小麦减产，产量损失一般为10%，同时还会造成小麦污染，使其不能使用或降低等级。麦角的毒性稳定，在焙烤时其毒性也不能被破坏，人们食用混杂有大量的麦角谷物或面粉所做的食品后，可能发生麦角中毒，出现神经失调，产生幻觉和痴呆等症状。

（3）小麦印度腥黑穗病　小麦印度腥黑穗病菌（*Neovossia Indica Mitra*），英文Wheat Karnal Bunt，易在小麦开花期侵染小麦，使麦穗变短和麦穗减少，其危害严重程度与气候有关。一般情况下，小麦印腥病菌只侵染单个穗上的少数几个籽粒，并且受感染的籽粒有局部感染的，也有整粒被感染的，但在一般情况下都是局部感染，整粒被感染的情况很少，局部感染的籽粒胚的大部分不受损害，感染的籽粒不会肿大，那些受感染的小穗颖片张开，把感病的籽粒暴露出来，发出鱼腥味。小麦印度腥黑穗病对小麦造成的危害不仅仅是减产，而是严重影响小麦品质，麦谷中仅有 1%~4%籽粒被感染时，就可使小麦面粉带有浓烈的鱼腥味儿，不适宜人类食用。

（4）小麦矮腥黑穗病（*Tilletia Controversa* Kuhn），英文 Wheat Dwarf Bunt。该病株具有矮化明显、分蘖多、病穗紧密及病粒硬等特征。小麦矮腥黑穗病菌侵染小麦后，会造成植株矮化，分蘖增多，籽粒变为菌瘿，具鱼腥味。其引起的产量损失可达 20%~50%，严重时高达 75%~90%，甚至绝产，除了产量方面的损失外，被侵染小麦的出粉率也会随着感染严重程度而降低，并且极大地影响小麦品质。

（5）赤霉病（*Fusahum Graminearum* Sehw），英文 Gibberellic Disease，俗称麦穗枯、烂麦头、红麦头等。赤霉病是一种真菌病害，也是一种典型的气候型病害。小麦扬花灌浆期遇到阴雨天气，空气中又有大量病菌时，病害会大发生。阴雨和潮湿环境下，病穗会产生粉红色霉状物，也正因为这一特征才得名赤霉病。

小麦从幼苗到抽穗都可受赤霉病菌的危害，主要引起苗枯、茎基腐、秆腐和穗腐，其中为害最严重的是穗腐，会造成整穗或部分小穗腐烂，还会引起小麦出现白穗，降低千粒重，影响产量。携带赤霉病病菌的小麦粒里含有毒素，可引起人、畜中毒，发生呕吐、腹痛、头昏等现象。

（6）黑森瘿蚊［*Mayetiola Destruotor*（Say）］，英文 Hessian Gall Midge，通常会在农作物表层叶面凹陷之处产卵寄生，当幼虫出生后会直接进入距离自己最近的小麦叶鞘里，吸吮麦穗、麦秆内的营养物质，会导致小麦内部营养成分不足，生长缺乏补给保障，致使生长趋势越见缓慢、生长状态日渐衰退，小麦的叶穗、叶片也会逐渐从健康色变为暗绿色，心叶部分缓慢变黄或腐烂缺失，自身抗病虫害能力下降，抗寒冷、抗霜冻能力严重衰弱。

处于抽穗期以前被黑森瘿蚊寄生的小麦，会在被寄生部位逐渐生成白色斑点，导致茎秆内壁脆弱不堪，主茎秆弯曲易折，严重情况下还会致使大量小麦发生歪斜，甚至全株匍倒在地的现象，严重影响年度小麦产量状况。此外，被黑森瘿蚊寄生的小麦植株自身的抗旱能力几近为零，冬季植株死亡现象极易发生，春季也会出现小麦主茎易折、不耐损、不抗风等情况，为小麦的优质高产带来极大的困扰。

（7）小麦白粉病　小麦白粉病菌［*Blumeria Graminis*（DC.）］，英文 Wheat Powdery Mildew，可侵害小麦植株地上部各器官，但以叶片和叶鞘为主。发病重时，颖壳和芒也可受害。初发病时，叶面出现 1~2mm 的白色霉点，后逐渐扩大为近圆形至椭圆形白色霉斑，霉斑表面有一层白粉，遇有外力或振动立即飞散。后期，病部霉层变为灰白色至浅褐色，病斑上散生有针头大小的小黑粒点。感染小麦白粉病的小麦植株，小麦粒重会明显下降，对产量影响较大。

（8）小麦锈病　小麦锈病（*Puccinia Striiformis* West），英文 Wheat Rust，为常见小

麦病害，根据患病部位的差异可分为条锈（Wheat Stripe Rust）、叶锈（Wheat Leaf Rust）和秆锈（Wheat Stem Rust）。秆锈病的致病孢子适合生长环境为 18～20℃。叶锈病的孢子堆颜色与秆锈病致病孢子颜色有一定差别，呈红褐色，生长环境为 17～19℃。条锈病孢子堆长在麦穗或叶脉位置，排列成条形斑，颜色为黄色，生长环境为 5～15℃。三种锈病的共同特点是：受侵染叶片或茎秆上出现鲜黄色、红褐色或褐色的夏孢子堆，后期病部生成黑色的孢子堆。该小麦锈病的发生会影响小麦植株正常生长，同时也具备较强的传播能力，会影响它的发育和灌浆，使麦粒秕瘦，从而影响其产量和品质。

（9）小麦根腐病［*Bipolaris Sorokiniana*（Sacc.）］，英文 Root Rotof Flax，可危害不同生长发育阶段的小麦植株，在种子及幼苗期，种子带菌严重，播种后就不会发芽，或幼芽会在发芽后即脱离种皮并在土壤中死亡，虽能有些可以萌发出苗，但比较弱小，病苗比较矮小，会增加无效分蘖的数量；成株期会造成小麦根颈部腐烂，并为褐色，导致茎基部折断、倒伏，根腐病发生严重的地块会出现点发性枯死的麦株，会在穗部叶片及叶鞘上形成灰至黑色的梭形或长椭圆形病斑；在抽穗期感染后，小穗梗和颖片首先变成棕褐色，之后表面长出密密麻麻的黑色霉斑，若穗茎或穗轴受害，通常会导致穗枯或掉穗，种子也会受害，胚部呈现出黑色。

2. 小麦疾病管理要求和储藏规定

小麦入库时要严格把控质量，应尽可能采取措施降低小麦疾病对储粮安全的危害。

（1）预防措施　严格控制入仓小麦水分含量。适时进行通风，均衡粮温，预防和消除粮堆结露。采用低温或准低温储粮。采用气调储粮、低氧密闭储粮，包括充入高浓度二氧化碳、氮气或降低粮堆氧气浓度。

（2）应急处理

①当小麦出现发热生霉迹象时，应及时进行粮堆或局部通风以散去热量，或向粮堆通入臭氧抑制霉菌，或采用高浓度磷化氢熏蒸抑制霉菌，抑制发热。

利用粮仓通风设施或多管、单管通风机连接臭氧发生器，向粮堆通入臭氧，保持粮堆中臭氧含量在 35mL/m^3以上，直至粮温恢复正常；采用磷化氢熏蒸粮堆或局部粮堆，保持粮堆中磷化氢含量在 400mL/m^3以上，直至粮温恢复正常。采用 900mL/m^3的磷化氢可快速抑制霉菌发作。

②高水分原粮不能及时干燥时，采用丙酸等有机酸防霉剂（食品级）进行应急处理，短期抑制霉菌的发生发展。

采用固态有机酸防霉剂时，载体一般是食品级的硅藻土；应急防霉处理的有效时间与水分含量及防霉剂用量有关，如采用 0.2%固态丙酸防霉剂处理含水量 18%的原粮，防霉有效时间约为 10d；应急处理后的小麦应尽快干燥降水。

二、小麦籽粒的内含物

（一）小麦水分

1. 小麦的水分含量

新收获的小麦水分（Moisture Content）可达 18%以上，经干燥处理后的小麦水分可低达 10%以下。正常储藏条件下的小麦水分一般在 10%~13%。

2. 水分对小麦储藏的影响

小麦中所含水分有两种存在状态，一是游离水（Free Water），二是结合水（Bound Water）。游离水存在于小麦细胞间隙和毛细管中，具有普通水的一般性质，能作为溶剂，0℃时能结冰，是小麦进行生化反应的介质。游离水在小麦籽粒内可在环境温、湿度影响下自由出入。粮食水分的增减主要是游离水的变化。结合水又称束缚水，存在于粮食的细胞内，与淀粉、蛋白质等亲水性高分子物质通过氢键作用相结合，因此性质稳定，不易散失，在温度低于 0℃时也不结冰，几乎不能作溶剂，一般不易为生物所利用。

一般小麦水分达 14%~15%时，开始出现游离水。游离水含量大时粮食生命活动很旺盛，不仅消耗营养成分，造成干物质减少，而且还放出热量和水分，容易发热霉变、生虫及其他变化。通常，小麦水分含量在 13.5%以下时生命活动很微弱，微生物不能利用这种结合水进行生长发育，粮食不易生霉。

3. 小麦储藏期间水分变化的影响因素

小麦粮堆内不同部位存在温差是造成储藏期间水分变化的主要因素之一，温差能引起粮堆水分重新分配，会使湿气在冷粮堆处积聚而造成粮堆结露。粮堆温差产生的主要原因是环境温度的变化，特别是在昼夜温差较大或季节性温度波动较大的地区，此现象尤为严重。比如，在采取粮堆密闭的气调储藏中，粮堆的密闭增加了季节转换时粮堆内外的温差，易发生结露现象。低温季节向高温季节（7 月份以前）转换时，仓温高于粮堆温度，水汽会在密闭材料（一般是塑料薄膜）的外表面结露，外结露不会影响到粮食水分；到秋末季节，粮温常高于仓温，水汽会在密闭材料（一般是塑料薄膜）的内表面结露，会直接影响粮食的含水量，这时应及时采取有效的措施处理，最有效的处理方法是揭开帐幕，降低粮堆温度，如此时不能揭幕，也可应用硅胶、无水氯化钙及分子筛对少量储粮堆垛进行吸湿，解除结露或将粮堆内的湿空气引出至粮堆外部，也有一些粮库在粮堆密闭之前以旧麻袋、纤维板、稻糠等材料压盖粮面，既可预防结露，也可在内结露发生后吸收一部分凝结水，避免粮食水分的增加。另外，在冬季降温通风后，仓外大气温度与仓库粮食温度的温差大，如果通风时机选择不够合理，进行间歇通风而不是连续通风，会致使通风后的湿热空气由下而上地向粮堆表、上层移动，未能及时散发到仓外，造成粮堆表层粮食的含水量稍有增加。

除温差外，储藏期间进行降水通风或调质通风时，小麦的水分含量会相应的降低或增加。另外，当高水分粮和低水分粮混合堆放时，粮食水分能通过水汽的吸附和解吸作用而移动，也会造成水分再分配。

4. 有关规定对小麦水分的要求

水分含量是小麦收购、储藏、运输及加工过程中需严格控制的指标之一。国家标准规定小麦质量指标中水分限度为 12.5%。

对收购中水分含量不符合质量标准的小麦可按照《关于执行粮油质量标准有关问题的规定》（国粮发〔2010〕178 号）中要求进行增扣：实际水分含量低于标准规定的粮油，以标准中规定的指标为基础，每低 0.5 个百分点，增量 0.75%，但低于标准规定指标 2.5 个百分点及以上时，不再增量。实际水分含量高于标准规定的粮油，以标准中规定的指标为基础，每高 0.5 个百分点扣量 1.00%；低或高不足 0.5 个百分点的，不计增扣量。

小麦中水分含量的检测按照 GB 5009.3—2016《食品安全国家标准　食品中水分的测定》中的要求执行。

（二）淀粉

1. 小麦淀粉的结构组成、性质及含量

淀粉（Starch）分子是由许多 α-D-葡萄糖基单元通过糖苷键连接而成的高分子化合物，有直链淀粉（Amylose）和支链淀粉（Amylopectin）之分。直链淀粉是以 α-1,4 糖苷键结合形成的直链状多聚体，空间构象卷曲成螺旋形；支链淀粉分子中除有 α-1,4 糖苷键的糖链外，还有 α-1,6 糖苷键连接的分支，各分支也都是卷曲成螺旋形。小麦籽粒胚乳中的淀粉分子以淀粉粒的形式存在，主要有两种：碟片状的 A-淀粉颗粒（直径 20~45μm）和球状的 B-淀粉颗粒（直径 1~3μm）。

淀粉与碘具有显色反应，直链淀粉为蓝黑色，支链淀粉为红棕色。淀粉在常温下不溶于水，和水混在一起形成淀粉悬浮液；但是加热至 52~85℃时，淀粉颗粒吸水、膨胀，发生凝胶作用，与水形成凝胶；当继续加热时，淀粉颗粒破裂，直链淀粉和支链淀粉被释放出来，呈现出糊化（Pasting）现象。

小麦淀粉占小麦籽粒重量的 57%~67%，占小麦粉重量的 67%，占胚乳重量的 70%。其中，直链淀粉占 1/4，支链淀粉占 3/4。

2. 储藏期间小麦淀粉的变化

小麦在储藏初期的后熟过程中，低聚糖继续合成高聚糖，淀粉含量升高；进入正常储藏阶段后，淀粉受淀粉酶作用降解，含量稍微下降。由于淀粉含量基数大（占总重的 60%左右），总体变化百分比不明显。小麦淀粉储藏期间的主要变化在质的方面。研究发现，高湿储藏对小麦淀粉的消化率影响不显著；高温储藏可以导致小麦中淀粉的消化率下降，快消化淀粉和抗性淀粉含量下降，慢消化淀粉含量上升。淀粉的糊化特性主要受淀粉“质”的影响。在良好的储藏条件下（温度 15℃，相对湿度 50%），随着储藏时间的增加，淀粉熟化冷却后形成凝胶的能力（最终黏度）和淀粉的老化程度（回生值）逐渐上升，淀粉的膨胀力（峰值黏度）和淀粉在高温下的耐剪切能力（最低黏度）逐渐

下降；高温高湿的储藏条件，能够加快上述变化。

（三）蛋白质

1. 小麦蛋白质的分类组成、 性质及含量

按照 Osborne 分级法分类，小麦蛋白质（Protein）可分为清蛋白（Albumin，水溶性蛋白），球蛋白（Globulin，盐溶蛋白），醇溶蛋白（Gliadin，溶于 70%乙醇中）和谷蛋白（Glutenin，溶于稀酸或稀碱中）。

小麦中的醇溶蛋白和谷蛋白能够结合形成面筋蛋白，面筋蛋白赋予小麦面团黏弹性，在面团形成过程中产生一个连续的黏弹性网络，是面包（馒头等食品）体积膨胀的主要因素之一。其中，醇溶蛋白与面团的延伸性（黏性）有关；麦谷蛋白是由 17~20 种多肽亚基组成的多聚体，呈纤维状，多肽链间和多肽链内的二硫键和极性氨基酸是面团强度的主要来源，赋予面团弹性（韧性）。

醇溶蛋白和麦谷蛋白是小麦中的储藏蛋白质，是幼苗成长的重要营养成分，这些蛋白质基本存在于小麦的胚乳中，果皮和胚芽中没有。小麦籽粒中蛋白质占 10%~15%，其中清蛋白 5%~10%，球蛋白 5%~10%，醇溶蛋白 40%~50%，谷蛋白占 30%~40%。

2. 小麦蛋白质与角质率

角质率（Percentage of Vitreous Kernel）是指角质胚乳在小麦籽粒中所占的比例。角质（玻璃质）胚乳结构紧密，呈半透明状；粉质胚乳结构疏松，呈石膏状。按胚乳结构呈角质或粉质多少来分，可分为硬质小麦和软质小麦。角质占粮粒横截面 1/2 以上的籽粒称为角质粒，含角质粒不低于 70%的小麦称硬质小麦；角质不足粮粒横断面 1/2 的籽粒称为粉质粒，含粉质粒不低于 70%的小麦，称为软质小麦。在 GB 1351—2008《小麦》中，硬度指数已经取代角质率、粉质率作为小麦硬、软的表征指标。

发芽小麦胚乳中的淀粉颗粒与蛋白的结合松散，蛋白基质不连贯，蛋白质碎片较多，淀粉颗粒排列疏松，裸露的淀粉颗粒较多，角质率明显下降，储藏稳定性差。

3. 储藏期间蛋白质的变化

小麦在储藏中蛋白质总量按全氮量进行计算（凯氏定氮法，包括氨态氮、胺态氮等）变化不大，其变化主要体现在质的方面。在 40℃和自然室温条件下储藏 3 年，小麦蛋白质总量未变，但球蛋白、醇溶蛋白提取率降低，麦谷蛋白提取率逐渐增加，原因可能是球蛋白、醇溶蛋白部分解聚，低分子质量麦谷蛋白亚基进一步交联成高分子质量麦谷蛋白亚基。还有研究发现：小麦 40℃加速陈化 12 周后，可溶性蛋白的提取率和蛋白质的消化率显著下降。

小麦蛋白质的变化（尤其醇溶蛋白和麦谷蛋白的比例）与小麦加工品质密切相关，通常也用面筋持水率的大小及面团的流变学指标来体现。在正常的储藏条件下新收获的小麦面筋持水率低，面团形成时间、稳定时间较短，公差指数较大，评价值较低，说明小麦加工品质还未完全改善；之后随着储藏年限的增加，小麦面筋持水率变化不是很明显，面团的流变学特性与储藏时间相关性也不是很大（表 1-7），小麦加工品质趋于

稳定。

若小麦储藏期间出现严重发热、结块及虫蚀现象时，蛋白质会发生变性或者降解，面筋吸水率下降，甚至不能很好地形成黏弹性的面筋团。

表 1-7　　小麦储藏时间面筋吸水率和面团流变学特性的变化

储藏时间/年	吸水率/%	形成时间/min	稳定时间/min	公差指数/BU	评价值
1	64.8	3.3	3.5	95	44
4	67.0	3.5	5.0	40	48
6	65.6	4.0	4.5	50	50
8	65.6	4.0	4.0	60	50

（四）脂肪

1. 小麦脂肪的分布及含量

小麦籽粒内脂肪含量一般为 2%~3%。小麦的胚乳含脂肪少，通常在 0.6%左右；胚和糊粉层中含有较高比例的脂肪，分别在 15%和 8%左右，且胚中所含的脂肪约 80%为不饱和脂肪酸，其中亚油酸含量约占 50%以上。

2. 储藏期间脂类的变化

小麦在储藏过程中脂类变化主要有两个方面。

（1）不饱和键氧化　含有不饱和键的脂类被氧化形成过氧化物和氢过氧化物，然后降解形成酸、醛、酮类等小分子化合物或者聚合成大分子化合物，其中一些挥发性产物具有异臭味，俗称“哈喇味”。这种变化在成品粮中较明显，原粮中由于种子含有的天然抗氧化剂起保护作用，所以在正常的条件下氧化变质的现象不明显。

（2）脂肪酶分解　油脂在脂肪酶作用下，产生游离的脂肪酸和甘二酯、甘一酯及甘油，这些变化对谷物本身的营养价值无明显影响，重要的是产生的小分子游离脂肪酸具有挥发性，可产生不良气味，影响谷物的感官品质。通常游离脂肪酸在 0.75%以上时易促使其他脂肪酸分解，当游离脂肪酸达 2%以上时，油脂即产生不良风味。

小麦储藏期间脂类的变化通常用脂肪酸值（Fat Acidity）反映，脂肪酸值是指粮食中游离脂肪酸的含量，结果以中和 100g 粮食试样中游离脂肪酸所需氢氧化钾的量来表示。对于安全水分以下的小麦，储藏时间和粮层分布是影响脂肪酸值变化的重要因素（表 1-8）。如新入库的小麦由于后熟作用，第 1 年上、中、下层脂肪酸值比第 2 年稍高，之后随着储藏年限增加，脂肪酸值也逐渐增加，且在第 3 年上、中、下层小麦脂肪酸值增加幅度都较高；在整个储藏期间，上层小麦的脂肪酸值增高的速率明显快于中、下层，且上、中层小麦的脂肪酸值都明显高于下层。

表 1-8 小麦储藏期间脂肪酸值的变化 单位：mgKOH/100g 干样

粮层	储存时间/年					
	1	2	3	4	5	6
上层	15.8	14.8	16.3	21.6	24.4	34
中层	15.1	14.5	15.8	19.9	20.9	22.2
下层	12.7	11.5	14.8	17.4	17.9	17.5

（五）粗纤维

1. 小麦粗纤维的定义、分布及含量

粗纤维（Dietary Fiber）又称膳食纤维，国际食品法典委员会 2009 年 6 月对膳食纤维的最新定义为：膳食纤维是指不能够被人体小肠内源酶水解，聚合度小于 10 的碳水化合物聚合物，总体可分为三类：一是天然存在于消费食物中的可食用的碳水化合物聚合物；二是由食物原料经物理、酶或化学法获得的碳水化合物聚合物；三是对健康表现出有益的生理作用的人造碳水化合物聚合物。小麦膳食纤维主要包括纤维素、半纤维素和木质素等。

2. 储藏期间粗纤维的变化

随着储藏时间延长，麦麸膳食纤维的麦香味逐渐减弱，高温（40℃）环境加快麦麸膳食纤维水分含量的增加速率。

（六）灰分

1. 灰分的分布、含量和应用

小麦籽粒中含有磷、钾、镁、钙、铁、硅、硫等多种矿物质，这些矿物质通常用灰分（Ash）表示，小麦籽粒的灰分含量为 1.5%~2.2%，且在籽粒各部分的分布不均匀，皮层和胚部的灰分含量远高于胚乳，皮层灰分含量为 5.5%~8%，胚乳仅为 0.28%~0.39%。皮层中糊粉层的灰分含量最高。据分析，糊粉层的灰分占整个麦粒灰分含量的 56%~60%。

由于灰分集中在皮层部分，不同加工精度的小麦粉灰分含量不同，小麦粉中灰分含量是小麦粉等级的重要评价指标之一。一般来说，小麦灰分含量越高，说明麸皮含量越高。

2. 小麦灰分与出粉率

小麦种子主要包括种皮、糊粉层、胚和胚乳，小麦制粉过程就是将胚乳和其他三部分严格区分开来并磨碎成粉。通常小麦胚乳占籽粒重量的 78%~84%，含灰分 0.35%~0.55%，理论上小麦出粉率（Flour Yield）应该在 78%~84%，灰分 0.35%~0.55%。根据目前的等级粉生产工艺技术来看，如果出粉率达到 84%，灰分就会远远大于 0.55%，

原料较好且加工技术装备与管理水平较高的面粉厂累计平均灰分在0.9%左右；如果出率达到75%，累计平均灰分在0.70%左右。

3. 储藏期间灰分的变化

小麦储藏中灰分保持稳定，相对比例的变化也只是受到其他物质的变化而受到影响。如表1-9所示，中国春小麦的灰分在储藏中的前两个年份变化不显著，至第3个年份时呈显著降低。

表1-9 不同储藏年份中国春小麦的灰分含量

储藏年份	灰分/%	储藏年份	灰分/%
0	1.7547±0.0419 bc	2	1.7773±0.0210 c
1	1.7156±0.0346 b	3	1.6070±0.0259 a

注：灰分结果=平均值±标准差，字母不同表示结果差异显著。

（七）小麦中的相关酶

1. 淀粉酶

（1）淀粉酶的种类 小麦中的淀粉酶（Amylase）主要有α-淀粉酶，β-淀粉酶和异淀粉酶。其中，α-淀粉酶只有在小麦发芽时大量产生，未发芽的小麦中含有大量β-淀粉酶和少量α-淀粉酶。α-淀粉酶随机水解淀粉中的α-1,4糖苷键，分解直链淀粉的产物以葡萄糖为主，还有少量的麦芽糖；分解支链淀粉时，除生成葡萄糖、麦芽糖外，还可生成分支部分的产物——具有α-1,6糖苷键的α糊精。α-淀粉酶热稳定性较强，其活力对谷物食用品质影响较大，一般用降落数值来表示。β-淀粉酶又称淀粉β-1,4-麦芽糖苷酶，是一种外切酶，从α-1,4糖苷键的非还原性末端顺次切下一个麦芽糖单位，产物为麦芽糖和残留下的大分子的β-极限糊精。β-淀粉酶不能水解支链淀粉的α-1,6糖苷键，也不能跨过分支点继续水解，故水解支链淀粉是不完全的，β-淀粉酶热稳定性差，70℃以上的温度可使其钝化失活，失去水解功能。异淀粉酶只水解糖原或支链淀粉分枝点的α-1,6糖苷链，切下整个侧枝，形成长短不一的直链淀粉。

（2）降落数值的定义和应用 一定量的小麦粉和水的混合物置于特定黏度管内并浸入沸水浴中，然后以一种特定的方式搅拌混合物，小麦粉的悬浮液在沸水浴中能迅速糊化，并因其中α-淀粉酶活力的不同而使糊化物中的淀粉不同程度地被液化，液化程度不同，搅拌器在糊化物中从一定高度下降速度不同。在黏度管中小麦粉或粗粒粉与水的混合物加热得到糊化物，糊化物在α-淀粉酶作用下发生液化。使搅拌器通过该糊化物，测定其通过特定距离的时间（时间是从黏度管浸入到水浴中开始计算的）即为降落数值（Falling Number，FN），以秒计。小麦降落数值的大小反映面粉α-淀粉酶活力的高低，降落数值越高，表明α-淀粉酶活力越低；降落数值越低，表明α-淀粉酶活力越高。

降落数值是面粉品质的必检项目。降落数值偏高，即α-淀粉酶活力偏低的馒头面包不易发起，体积小，外表粗糙，内部气孔大而不匀，弹性差、口感差。降落数值偏低，即α-淀粉酶活力偏高，面团的吸水率、形成时间、稳定时间下降，弱化度增大，馒头面包出现发黏、偏黑等现象。适中的α-淀粉酶活力的面粉制作的馒头、面包容易起发，比容大（比容标准物理量名称为比体积，粮食行业用比容，因此本书用比容），白度高，纹理结构较好，评分较高。在专用小麦粉行业标准中（LS/T 3201~3208-1993），降落数值是其中的一项重要指标，馒头粉的降落数值要求不小于250s，面包粉的降落数值要求在250~350s。

（3）储藏期间淀粉酶的变化　发芽会使小麦降落数值发生明显变化。随着发芽时间的延长，软质、硬质、混合小麦的降落数值均呈持续下降趋势，多数小麦品种发芽24h后降落数值趋于稳定（表1-10）。

表1-10　不同品种小麦在不同发芽时间的降落数值　单位：s

发芽时间/h	软质1	软质2	软质3	硬质1	硬质2	硬质3	混合1	混合2	混合3
6	365	333	418	297	467	451	393	390	374
8	326	302	400	275	441	421	389	369	374
10	322	308	386	260	431	335	349	358	360
12	298	272	368	145	392	284	228	233	349
14	296	183	345	148	315	186	206	228	312
16	227	169	315	90	261	180	140	223	263
18	192	122	253	71	215	106	110	161	250
20	181	114	232	68	161	100	98	130	229
22	92	101	207	67	133	71	92	111	218
24	89	80	192	66	74	68	91	94	159
26	89	78	167	66	72	65	91	91	150

由表1-11可以看出，随着储藏时间的增加（自然条件下储藏），高筋、中筋不同品种小麦的降落数值均呈增加趋势。新收获小麦在3个月后熟期间降落数值变化相对较大，最大增加值可达43s；储藏前期，发芽麦率高的小麦降落数值小于发芽麦率低的小麦降落数值，储藏3年后，发芽麦率高的小麦降落数值普遍高于发芽麦率低的小麦降落数值。

表1-11　小麦储藏期间降落数值的变化　单位：s

储藏时间/月	优质高筋郑麦9023		优质高筋烟农19		普通中筋矮抗58	
	高芽麦率（6.8%）	低芽麦率（0.2%）	高芽麦率（6.2%）	低芽麦率（0）	高芽麦率（6.5%）	低芽麦率（0.5%）
0	212	264	217	276	145	186
3	244	301	249	318	168	213

续表

储藏时间/月	优质高筋郑麦 9023		优质高筋烟农 19		普通中筋矮抗 58	
	高芽麦率（6.8%）	低芽麦率（0.2%）	高芽麦率（6.2%）	低芽麦率（0）	高芽麦率（6.5%）	低芽麦率（0.5%）
6	263	318	269	330	179	220
9	271	327	278	341	192	228
12	289	338	290	352	214	235
15	313	357	314	365	242	246
18	330	379	332	376	261	252
21	348	390	349	388	280	260
24	355	401	356	399	299	266
27	381	418	383	412	328	274
30	402	429	403	421	349	280
33	421	440	422	430	368	285
36	439	451	440	442	389	291
39	465	468	466	457	416	299
42	482	477	483	469	432	307
45	501	488	503	480	449	316
48	519	498	520	493	462	324
51	541	516	542	510	486	332

小麦在正常储藏条件下陈化过程缓慢，在非正常温度 40℃、相对湿度 100%的条件下陈化加速，陈化过程中小麦淀粉酶活力先下降，然后又缓慢回升，在陈化第 6 天时淀粉酶活力再次下降，至降到 7.632mg/（g·min）后基本不再变化。α-淀粉酶活力也是先下降再回升，陈化到第 8 天再次下降，且最终 α-淀粉酶完全失去活性。在陈化过程中小麦淀粉酶活力总体呈下降趋势。新收获小麦在室温条件下袋装储藏 30d，α-淀粉酶活力降幅较大。随着储藏时间的延长，α-淀粉酶活力降幅变小至 90d 左右时趋于稳定。研究发现高温、虫蚀也会使小麦淀粉酶活力下降。

2. 蛋白酶

未发芽的小麦中蛋白酶（Protease）活性很低，小麦籽粒各部分蛋白酶的相对活性，以胚为最强，糊粉层次之。小麦发芽时蛋白酶的活性迅速增加，在发芽的第 7 天增加达发芽前的 9 倍以上。至于麸皮和胚乳淀粉细胞中，不论是在休眠或发芽状态蛋白酶的活性都是很低的。小麦蛋白酶与面筋品质有关，蛋白酶对小麦面筋有弱化作用，发芽、虫蚀或霉变的小麦制成的小麦粉，因含有较高活性的蛋白酶，使面筋蛋白质溶化，只能形成少量的面筋或不能形成面筋，对小麦粉的工艺和食用品质损坏极大。

3. 脂肪水解酶

脂肪水解酶（Lipase）又称脂肪酶，属于羧基酯水解酶类，能够逐步地将甘油三酯水解成甘油和脂肪酸。该酶与小麦中脂肪含量并无直接关系，但对粮油储藏稳定性影响较大，小麦籽粒中游离脂肪酸含量的增加主要是由脂肪水解酶的作用所引起的。小麦在储藏过程中，其脂肪酶活力呈现上升的趋势。高温储藏对脂肪水解酶活力具有一定的抑制作用。

4. 脂肪氧化酶

脂肪氧化酶（Lipoxygenase）是不含血红素铁的蛋白质，专一催化具有顺-1,4-戊二烯结构的多元不饱和脂肪酸的加氧反应，氧化生成具有共轭双键的过氧化物。脂肪氧化酶在小麦籽粒中的分布不同，会影响不同类型小麦及制品的保存期。

5. 过氧化物酶和过氧化氢酶

过氧化物酶（Peroxidase）是以过氧化氢为电子受体催化底物氧化的酶。主要存在于细胞的过氧化物酶体中，以铁卟啉为辅基，可催化过氧化氢，氧化酚类和胺类化合物和烃类氧化产物，具有消除过氧化氢和酚类、胺类、醛类、苯类毒性的双重作用。过氧化氢酶（Catalase）是过氧化物酶体的标志酶，主要存在于细胞的过氧化物酶体内，催化过氧化氢分解成氧和水。过氧化氢酶主要存在于麦麸中，而过氧化物酶存在于所有小麦籽粒中，粮油储藏过程中口味变苦与这两种酶的作用及活性密切相关。

（八）卫生指标及要求

小麦的卫生指标及要求见 GB 2715—2016《食品安全国家标准　粮食》，其主要指标参数值见表 1-12。

表 1-12　小麦卫生指标及要求

卫生指标种类	项目	限量	检验方法
感官要求	色泽、气味	正常	GB/T 5492—2008
	热损伤粒/%	≤0.5	GB/T 5494—2019
有毒有害菌类、植物种子	麦角/%	≤0.01	GB 2715—2016 附录 A
	毒麦/(粒/kg)	≤1	SN/T 1154—2002
	曼陀罗属（*Datura* spp.）及其他有毒植物的种子*/(粒/kg)	≤1	GB 2715—2016 附录 B
真菌毒素	黄曲霉毒素 B1	≤5μg/kg	GB 5009.22—2016
	脱氧雪腐镰刀菌烯醇	≤1000μg/kg	GB 5009.111—2016
	赭曲霉毒素 A	≤5μg/kg	GB 5009.96—2016
	玉米赤霉烯酮	≤60μg/kg	GB 5009.209—2016

续表

卫生指标种类	项目	限量	检验方法
污染物	铅	≤0.2mg/kg	GB 5009.12—2017
	镉	≤0.1mg/kg	GB 5009.15—2014
	总汞	≤0.02mg/kg	GB 5009.17—2014
	总砷	≤0.5mg/kg	GB 5009.11—2014
	铬	≤1.0mg/kg	GB 5009.123—2014
	苯并［a］芘	≤5.0μg/kg	GB 5009.27—2016
农药残留	肟菌酯	≤0.2mg/kg	GB 23200.8—2016

注：*猪屎豆属（*Crotalaria* spp.）、麦仙翁（*Agrostemma Githago* L.）、蓖麻籽（*Ricinus Communis* L.）和其他公认的对健康有害的种子。

（九）储藏品质要求

小麦的储存品质检验项目见 GB/T 20571—2006《小麦储存品质判定规则》，具体指标参数见表 1-13。

表 1-13　小麦储存品质指标

储存品质检验项目	宜存	轻度不宜存	重度不宜存	检验方法
色泽、气味	正常	正常	基本正常	GB/T 20571—2006 附录 A
面筋吸水量/%	≥180	<180	—	GB/T 5506.2—2008① GB/T 5506.4—2008②
品尝评分值/分	≥70	≥60 且<70	<60	GB/T 20571—2006 附录 A

注：①GB/T 5506.2—2008 测定小麦湿面筋质量；②GB/T 5506.4—2008 测定小麦干面筋质量。

按式（1-10）计算小麦的面筋吸水量 Z：

$$Z=\frac{m_1-m_2}{m_2}\times 100\% \tag{1-10}$$

式中　Z——面筋吸水量，%；

m_1——湿面筋质量，g；

m_2——干面筋质量，g。

用同一试验样品进行两次测定，以平均值作为测定结果，取小数点后 1 位数。

小麦储存品质的判定规则如下。

①宜存：色泽、气味、面筋吸水量和品尝评分值均符合表中“宜存”标准的，判定为宜存小麦，适宜继续储存。

②轻度不宜存：色泽、气味正常，面筋吸水量和品尝评分值有一项符合表中“轻度

不宜存”标准的，判定为轻度不宜存小麦，应尽快轮换处理。

③重度不宜存：色泽、气味和品尝评分值中有一项符合表中“重度不宜存”标准的，判定为重度不宜存小麦，应立即安排出库。因色泽、气味判定为重度不宜存的，还应报告品尝评分值检验结果。

三、小麦后熟与储藏

小麦的成熟包括籽粒形态上的成熟和生理上的成熟两个方面。小麦在田间成熟后收获入仓，但是在生理上并未达到成熟，具体表现为小麦的发芽势、发芽率较低，加工出粉率低、食用品质差、呼吸作用强、耐储性较差等。储藏一段时间后，小麦内部经过不断地新陈代谢，逐步达到生理上的完全成熟。小麦从收获到生理成熟的变化过程，称为小麦的后熟。完成后熟所经历的时间称为小麦后熟期。通常以小麦种子的发芽率达到80%以上作为完成后熟作用的标志。

（一）小麦后熟期的生理与特性

1. 生理变化

小麦收获后，在后熟期间各项生理活动虽比不上在植株生长时那么旺盛，但仍然是比较激烈的。小麦在刚收获后，强烈的呼吸作用会消耗大量的氧气，入仓后的小麦堆内容易出现“乱温”现象。随着后熟的进行，呼吸作用逐渐减弱，耗氧量也逐渐下降，种胚逐渐成熟，发芽率逐渐增加。小麦收获后初始储藏阶段面筋指数、十二烷基硫酸钠（SDS）-沉降值（SDS-SV）显著升高，在后熟的中后期达到最高值，随后随着储藏时间的延长，不断降低。

2. 物理变化

小麦后熟完成后，籽粒内的高分子物质已充分合成，干物质含量达到最高水平。籽粒体积缩小，容重降低，硬度增大，散落性变大，种皮由紧密变为疏松，呈多孔状，透气性有所改善，储粮稳定性也随之增强。细胞壁的通透性增加会使其浸泡液的渗出物逐渐增多，引起电导率指标的升高，用电导率可以评价小麦的成熟程度和籽粒生活力。

3. 化学变化

小麦在后熟期间籽粒内部的小分子含量不断降低，大分子含量不断增加，如单糖脱水缩合成为复杂的糖类，可溶性含氮物质结合为蛋白质。后熟过程中水分不断下降，自由水大大减少。由于脂肪酸及氨基酸等有机酸转化为高分子的中性物质，细胞内部的总酸度降低。随着后熟作用的不断进行，小麦籽粒内部催化呼吸作用的酶活力（过氧化氢酶、脱氧酶类等、α-淀粉酶）逐渐降低，同时这些酶类的活性还与小麦储藏过程中外界的温度、水分状态、pH 等有关，这也是外界条件影响小麦后熟的主要原因之一。水解酶类由游离状态转化为吸附状态，活性逐渐增加，储藏稳定性不断提高。直链淀粉含量略有上升，损伤淀粉含量下降，但是小麦淀粉分子的分子结构在后熟期间并没有发生改变，总淀粉含量一般没有变化或者变化并不明显，但是淀粉性质有较大的变化，比如淀粉糊化温度增高、吸水率上升等。在小麦的储存初期，小麦自身的呼吸作用大于合成作用，可溶性糖及还原糖含量都会明显降低，其中的小麦蔗糖、乳糖、葡萄糖、木聚糖含量都呈下降趋势。

4. 后熟对小麦粉品质的影响

没有经过后熟的小麦还处于休眠的状态，其皮层较厚，很难与胚乳分离，且胚乳组成部分的结合不够紧密，黏附力较弱，面粉的粒度也比较细。小麦经过后熟作用，其加工特性和小麦粉的品质都不断得到优化，表现为小麦出粉率升高，麦粒中 α-淀粉酶活力降低，导致沉降系数升高，面筋指数增加。小麦后熟期间，小麦粉中球蛋白、麦谷蛋白、麦白蛋白、麦胶蛋白四种蛋白质的性质会发生变化，加上淀粉由非定型区向结晶区转变，这些是导致小麦粉流变学特性发生变化的原因，对小麦粉的流变学特性、吸水率、搅拌稳定性等有一定的改善作用。在一些研究中发现将小麦磨成粉储藏比储藏小麦的后熟时间更短、后熟效果更好。以此在对小麦粉制作成馒头、面包等进行蒸煮、烘焙品质的研究后确认，小麦储藏达到后熟后，其蒸煮、烘焙品质最佳，制作面包的质构分析、感官评价、综合评价等较好，制成的馒头体积大、筋力强、品质较好。随着储藏时间的延长，小麦也会由于陈化作用导致其磨粉蒸煮、烘焙品质的逐渐下降。

（二）影响后熟作用的因素

1. 温度

适当的高温能够促进小麦种皮通透性的改善，使氧气更容易进入，加速合成代谢，同时有利于细胞呼吸产生的二氧化碳和其他有害物质的排出。过高的温度（45℃以上）会破坏酶的活性，影响小麦新陈代谢的进行，从而对后熟的进行产生影响。小麦一般储藏在 25~30℃有利于促进后熟的完成，在此基础上如果给予小麦适当的高温（一般不超过 45℃），则能够进一步促进小麦后熟作用的完成。试验证明，新收获的小麦储藏在室温条件下，经过 3 周后其发芽率由原来的 1. 3%增加到 13%。在 44℃条件下，储藏 1 周后其发芽率增加到 58. 8%，储藏 3 周后的发芽率达 98. 5%。相反，低温可延缓后熟的进行。在小麦储藏过程中，一般采取日光曝晒、热风干燥、趁热入仓等方法来促进小麦后熟作用的完成。

2. 湿度

环境中的相对湿度较低时，有利于小麦籽粒中的水分向外扩散，有利于小麦后熟的进行；反之，环境中的相对湿度较高时，则不利于小麦的后熟。

3. 气体成分

环境中的气体成分对小麦后熟有一定影响。较高氧气浓度有利于籽粒内部新陈代谢的进行，有利于后熟的进行。缺氧条件或者高浓度二氧化碳则不利于小麦后熟。小麦储藏期间加强通风以助散去较高浓度二氧化碳对促进后熟较为有利，密闭储藏则可延缓后熟。

4. 小麦籽粒的成熟度

小麦籽粒成熟后，即使没有收获在田间也可进行后熟作用。小麦在收获前的成熟度越高，后熟期越短；反之，亦然。

（三）小麦后熟对储藏稳定性的影响

小麦在收获入仓堆存中会不断地进行后熟作用。由于小麦后熟期间的生理生化指标不断变化，使得小麦堆的储藏稳定性较差，即使安全水分的小麦堆也可能会出现小麦表面潮湿出汗及乱温现象。

1. 出汗

小麦籽粒在后熟期间，籽粒内部酶的活性依然很高，新陈代谢依然强烈，在不断的物质合成和呼吸作用过程中，会释放出较多的水分。同时，后熟过程中小麦籽粒内部由溶胶变成凝胶的胶体变化也能释放出水分。小麦后熟产生的水分未能及时散发出导致在粮堆局部聚集的现象称为出汗。

2. 乱温

在小麦后熟期间，强烈的新陈代谢作用除了产生较多的水分外，还会释放大量的热量。在此高温高水分情况下，小麦籽粒表面所携带的大量微生物会大量繁殖，进一步升高该处的粮温和水分含量，从而导致粮堆局部温度升高、粮堆各部分温度不均匀。这种后熟过程中小麦堆中产生的水分和温度导致粮堆局部温度异常升高的现象称为乱温。

3. 一般处理措施

小麦后熟期出现的出汗和乱温是导致小麦堆储藏不稳定性的主要原因。在小麦后熟期间要勤检查粮情，注意散温散湿，更要注意防虫防霉，做到发现问题及时处理。一般需要注意检查，加强通风，采用适当控温技术，可防止粮温过高及水分凝结。

第二节 小麦粮堆特性

由小麦颗粒堆聚而成的集合体及其伴随物质统称为粮堆。粮堆是由粮粒、杂质、害虫、微生物等物质以及空气构成。影响粮食储藏稳定性和粮食储藏质量的粮堆特性包括粮食散落性、自动分级、孔隙度、热传导、湿热扩散、热容量，以及对挥发物质和气体的吸收、吸附和解吸能力等。

一、孔隙度

1. 小麦粮堆孔隙度

小麦粮堆孔隙是由小麦籽粒空间存在尺度的籽粒间孔隙造成。小麦粮堆的体积实际由小麦籽粒的净体积和粮粒之间的孔隙体积共同组成，其中小麦粮粒所占总体积的百分比称为密度，孔隙所占总体积的百分比称为孔隙度（Porosity）。

小麦粮堆中的孔隙是小麦籽粒与籽粒之间的空气空间，是小麦堆存中维持正常呼吸和进行水分、热量交换的基础。小麦籽粒内部存在的微孔也是构成孔隙的重要组成部分，它虽然在整个孔隙度中占有的比例不高，但其作用不可忽视，这些微孔是小麦进行呼吸代谢、吸湿、解吸、吸着、吸收的基础，也与小麦干燥程度密切相关。

2. 孔隙度的计算

小麦的容重与孔隙度成反比，粮堆的密度和孔隙度可根据小麦的容重和相对密度用式（1-11）推算。

$$密度 = \frac{容重}{相对密度} \times 100\%$$

$$孔隙度 = \left(1 - \frac{容重}{相对密度}\right) \times 100\% \tag{1-11}$$

小麦相对密度一般为1.22~1.35，孔隙一般为35%~45%。

3. 小麦粮堆孔隙度影响因素

小麦粮堆的孔隙度受小麦籽粒形态、大小、表面状态、含水量、杂质的特征与数量、粮堆高度、储藏条件等影响。一般而言，籽粒大、完整、表面粗糙的小麦形成的粮堆比籽粒小、破碎粒多、表面光滑的孔隙度大。粮堆中细小杂质含量增加会使小麦粮堆的孔隙度降低。对于一个小麦粮堆，各部位的孔隙度是不一样的，一般粮堆底层所受压力大，孔隙度较小。粮堆中自动分级明显的部位孔隙度不均匀的现象更突出。

4. 小麦粮堆孔隙度与小麦储藏稳定性的关系

小麦粮堆的孔隙度对储藏具有重要意义。孔隙度的存在是小麦粮堆气体交换的基础，可提供小麦籽粒正常生命活动的环境。孔隙中空气有利于粮堆内的湿热扩散，提高储粮稳定性。若孔隙度小，气体交换不足，当粮堆局部湿热度高时，粮堆内湿热郁积不散，易于引起发热霉变。粮堆孔隙度的存在也是气调储粮和通风的基础。气调储粮技术的原理就是根据粮堆内部气体的可交换性，人为地改变粮堆内的气体成分，从而达到改变粮堆内粮粒与害虫、霉菌的生活环境，抑制粮食呼吸及虫霉的活动的目的。自然通风和机械通风，也是通过促进粮堆内气体的对流，置换粮堆内的湿热空气，以达到降温、降水的目的。熏蒸杀虫时，孔隙度大有利于药剂穿透和浓度分布均匀，促进杀虫效果。粮堆孔隙度的大小与粮堆温湿度随外界环境变化速率呈正比，一般孔隙度大的粮堆，粮堆温湿度随外界环境变化快，粮情易受环境条件的影响。孔隙度小的粮堆，粮情不易受外界环境的影响。

二、吸附特性

（一）吸附性概念

气体与固体接触时，气体分子浓集和滞留在固体表面的特性称为吸附性（Adsorption Characteristic）。小麦的吸附特性主要是对水蒸气、二氧化碳气体、香料、煤油、汽油、桐油、咸鱼、樟脑等气体、熏蒸气体及一些污染物的吸附。在储藏中小麦吸附性能表现的最明显的是对水蒸气的吸附，是造成粮堆结露、湿热扩散的重要原因，且与小麦储藏品质的变化关系密切。

（二）吸附

1. 吸附的内因

小麦的吸附主要是气-固表面上的吸附作用，其次还有固-液吸附作用。小麦籽粒表面和内部微观界面上的各种分子与内部分子的拉力、合力不等于零，处于力场不平衡的状态。该不平衡力场可由吸附某些物质得到补偿，所以小麦表面可以自动地吸附某些物质。

小麦从物质组成和结构形式上属多孔性的胶体，其细胞中存在着很多大小不同的毛细管，毛细管的壁面含有氨基酸、淀粉、脂肪等基团，具有良好的表面活性，是吸附的有效表面。

在吸附过程中，吸附量常用单位质量的固体所吸附的气体物质的量或体积来表示。在恒温下，测定不同压力下的吸附量，所得曲线称为吸附等温线。自然界中典型的吸附等温线如图 1-1 所示。研究表明，小麦对二氧化碳等气体在低压阶段的吸附等温线为Ⅰ型，符合单分子层吸附的朗格缪尔（Langmuir）方程［图 1-1（1）］。小麦对水气的吸附等温线为Ⅱ型，符合多分子层吸附的 BET 方程［图 1-1（2）］。这里，BET 分别指布鲁诺（Brunauer）、埃麦特（Emmet）和泰勒（Teller）。

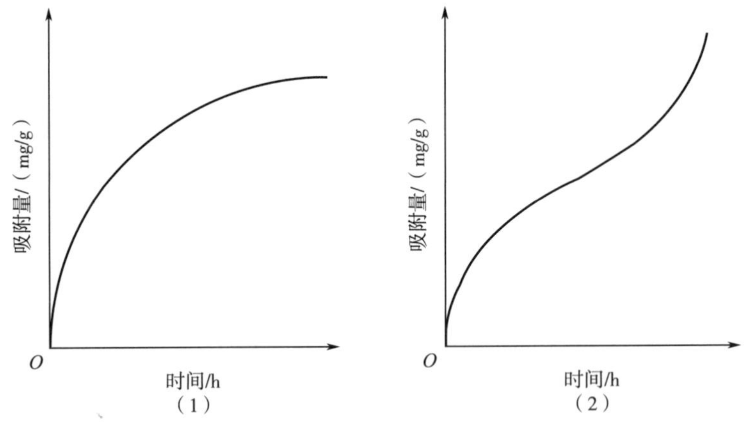

图 1-1　固体吸附气体的两种等温线

（1）Ⅰ型等温线　（2）Ⅱ型等温线

2. 吸附类型

（1）物理吸附　小麦对气体的吸附主要是物理吸附，这类吸附的特点包括如下。

①吸附物体与被吸附物体之间没有形成化学键，即没有电子转移，吸附表面的分子和吸附气体分子之间的作用力是分子间引力（即范德华力）。

②越易液化的气体，越易被吸附。

③吸附速率和解吸速率都较快。

④吸附量和吸附速率随着温度的升高而下降。

⑤可以形成多分子吸附层。

按照吸附的位置，物理吸附又可分为：吸着、吸收、毛细管凝结。外界气体或蒸汽分子凝集在小麦籽粒表面的现象称为吸着。气体或蒸汽分子扩散到粮粒内的毛细管中而被吸着称为吸收。被吸入的气体或蒸气分子在小麦籽粒内的毛细管中达到饱和状态而凝结称为毛细管凝结。这几种吸附在小麦粮堆中同时存在。

（2）化学吸附 小麦粮堆还有部分是可能的化学吸附，如熏蒸药剂的残留，一些液体污染物的吸附等。小麦籽粒发生化学吸附是由于籽粒中的某些部位分子上原子的化合价未完全被相邻原子所饱和，还有剩余的成键能力。被吸附物与小麦籽粒之间发生电子转移，生成化学键。化学吸附特点包括：

①由于形成化学键，只能单分子层吸附。

②随温度的升高吸附量和吸附速率而增加。吸附温度越高，吸附速率越快。

③一般条件下，不易吸附和解吸。

在特殊条件下，被吸附物与小麦某些部位的分子形成稳定的化合物时，就不会被解吸，这也是一些化学药剂存在残留的原因。

小麦粮堆中的物理吸附和化学吸附彼此不是相对孤立存在的，而是根据被吸附物的不同共同存在。

3. 影响小麦吸附的因素

小麦吸附速率和能力的大小，通常以单位时间内吸附气体的数量（吸附速率和小麦在一定条件下吸附蒸气或气体的总量）吸附量来表示。小麦对气体和蒸气的吸收能力和速率的差别，取决于气体性质、温度、吸附气体压力、小麦的组织结构、化学成分等。在气体浓度不变的情况下，温度下降，物理吸附过程加强，吸附量增加。化学吸附随着温度的下降吸附量减少。反之，温度升高，物理吸附过程减弱，吸附量减少，而化学吸附的速率增加，吸附量增加。在温度不变的情况下，气体浓度增加，超过小麦籽粒内部的压力，吸附量增加；相反吸附气体浓度降低，吸附动态平衡向解吸方向移动，吸附量减少。

不同小麦品种的化学成分不同，也是影响气体吸附的主要原因之一。通常，当被吸附物的化学性质与小麦中的化学成分的化学性质相近时，吸附量就随着某一化学成分含量的增加而增加。如谷物对二氧化碳的吸附，吸收的一部分二氧化碳与粮食蛋白质肽链上的 ε-氨基酸、δ-氨基酸相结合形成不稳定的化合物或进行离子反应。因此，二氧化碳的吸附量往往与小麦蛋白质的含量呈现正相关。

4. 气体吸附与小麦储藏稳定性的关系

小麦吸附特性使其易于吸附不良气体和液体，产生异味，如汽油、煤油、药物等气味性物质。轻者影响小麦的使用价值，重者造成污染。因此，小麦的运输车、盛装小麦的仓具及使用的工具都要严加检查，保持清洁，以免对小麦造成污染。

三、吸湿特性

小麦对水汽的吸附与解吸的性能称为小麦的吸湿特性（Moisture Absorbability），也是小麦粮堆吸附特性的一个具体表现，与小麦水分含量的改变以及结露、返潮等现象有直接关系。

小麦籽粒是多孔毛细管胶体物质，能够使水蒸气通过扩散进入其内部并凝聚。小麦籽粒具有很大的吸附表面，使水蒸气分子能在表面发生单分子层或多分子层的吸附。小麦籽粒中存在有很多亲水性基团，这些基团对水蒸气分子具有较强的吸附能力，如小麦的淀粉含量约占小麦籽粒质量的63%，蛋白质约占16%，纤维素约占13%，这些物质都具有数个亲水基团，构成了小麦籽粒吸湿的活性部位。

（一）小麦吸附水蒸气的机理

水蒸气能被小麦籽粒表面吸附，主要是由分子间作用力——范德华力作用的结果。范德华力包括极性分子相互靠近时，由永久偶极作用产生的偶极力，极性分子和非极性分子相互靠近时产生的诱导力，以及非极性分子相互靠近时由瞬时偶极产生的色散力。这三种力都具有吸引作用，当小麦籽粒的有效表面与水蒸气分子接近时，在这三种力的作用下，水分子就分别吸附在极性、非极性表面上。

小麦籽粒上发生的作用力主要是水分子与小麦籽粒极性部位分子之间发生的偶极力和水分子与小麦籽粒非极性分子或部位之间发生的诱导力。其中，水分子在偶极力作用下，强烈地吸附在极性物质表面上。

小麦籽粒含有大量的淀粉和蛋白质这些亲水物质，均含有能与水作用的极性基团。淀粉链上不论直链或支链，都具有羟基、环氧或氧桥。其中氧原子的孤立电子对未被结和，水分子则通过氢键的作用和氧原子结合被吸附下来。蛋白质也是如此，除肽链以外，还有许多氨基酸侧链，均带有各种不同的极性基团与离子基团，如氨基酸末端的羟基、氨基、羧基和羧氨基等，这些基团都会和水分子发生作用而使水分子被吸附。

（二）小麦水分的吸附和解吸过程

小麦吸附水分过程中，水分在小麦籽粒表面形成蒸汽吸附层，通过毛细管扩散到内部，吸附在有效表面上，其中有少部分与固体表面不饱和电子对发生作用，成为“结合水”。在吸湿过程中存在着一个扩散吸附的物理过程，即水分子先扩散到粮粒表面和内部，然后再在活性表面吸附。因此，小麦吸附水蒸气的速率快慢取决于水蒸气分子向小麦籽粒内部扩散的扩散系数 D 和水蒸气与活性表面吸附作用常数 K。由于小麦种皮含有蜡层和角质层，对水分子的扩散起着阻碍作用，吸附水分子的快慢主要受到扩散系数 D 的制约。当水气分压在小麦籽粒周围逐渐加大时，扩散系数 D 增加，从而吸附速率提高。

当水汽吸入后，如果水汽分压仍大于小麦籽粒内的水汽分压，水汽就会不断地进入籽粒内，开始吸附在毛细管壁形成单分子层，继续吸附而变成多分子层，当毛细管壁上的水汽吸附层逐渐加厚至中央汇合时，水分就在毛细管中形成一个弯月面。弯月面上的水汽分压低于毛细管壁上的水汽分压，即存在着一个压力差，管壁上的水汽分子向弯月面上运动，从而使弯月面上的水汽过饱和而发生凝结，即所谓的毛细管凝结。此动态过程的不断进行使小麦水分含量不断增加，直至完成吸湿过程。

当外界环境中的水汽分压低于小麦籽粒内部的水汽分压时，籽粒中的水汽分子向籽粒外扩散，小麦中的水分发生解吸作用。解吸时首先是毛细管中凝结水扩散到空气中，其次是多分子层的吸附水向外扩散，最后是单分子层的吸附水扩散出，直到小麦中的水汽分压与环境中的水汽分压平衡为止。

（三）小麦吸湿与水分活度

水分活度（Water Activity，A_W）是指在密闭空间中某一种物质的平衡蒸气压与相同温度下纯水的饱和蒸气压的比值。水分活度与平衡相对湿度的关系为：

$$A_W = P/P_0 = \mathrm{ERH}/100$$

上式中 P 和 P_0 分别代表物质的平衡蒸气压和相同温度下纯水的饱和蒸气压，ERH 为平衡相对湿度（Equilibrium Relative Humidity），即物质既不散湿也不吸湿时的大气相对湿度。

小麦及其制品的生化变化和品质劣变都与水分活度有关。水分活度反映了小麦呼吸代谢过程中可利用水分的程度。评定小麦储藏的稳定性时，它比“安全水分”更能反映小麦安全储藏的真实情况。一般小麦水分活度在 0.65~0.70 的范围内时其品质劣变较为缓慢。

小麦中微生物的发生和发展也主要取决于小麦的水分活度和温度。即使在适宜的温度条件下，只要控制水分活度在一定范围，微生物也不会生长为害。为了小麦储藏的安全，控制小麦的水分活度不超过 0.65。

（四）小麦的吸湿等温线

吸湿等温线（Moisture Sorption Isotherms，MSI）是在恒温条件下，以粮食含水量（gH_2O/g 干物质）对水分活度（A_W）作图所得的曲线。通常采用吸湿等温线来研究小麦吸湿特性，它表示了当温度恒定时在一定湿度下小麦吸收水分的量，是平衡水汽分压、水分活度或相对湿度的函数。通常小麦在同一相对湿度下，其水分含量有两个数值，一个是当小麦吸湿时，另一个是当小麦解吸水分或干燥时。解吸时的水分含量高于吸湿时的水分含量。因而等温线又分为吸湿等温线与解吸等温线。

小麦的吸湿等温线呈 S 形。小麦的吸湿等温线可分为三个线段，每段涉及的水汽分压和水分含量的关系不同（图 1-2）。

在等温线开始的 O—A 段，水汽分压与水分含量间的关系主要受水分子和吸附表面的结合能所制约。在 A—B 段，等温线近似于一条直线，这时水分吸附在第一层水分子之上，形成多分子层吸附，其中一小部分是在非极性部位。在这一过程中主要的作用力是水分的凝集力。在这一段，水的吸附量主要取决于水汽分压的大小。在 B—C 段的高湿区，主要发生的是毛细管水分的凝结作用，曲线数值偏向水分含量轴，说明由于毛细管凝结作用，小麦水分含量增加的更加激烈。S 形曲线的从左向发展的三段是其水分的结合是由结合水到自由水的显示。

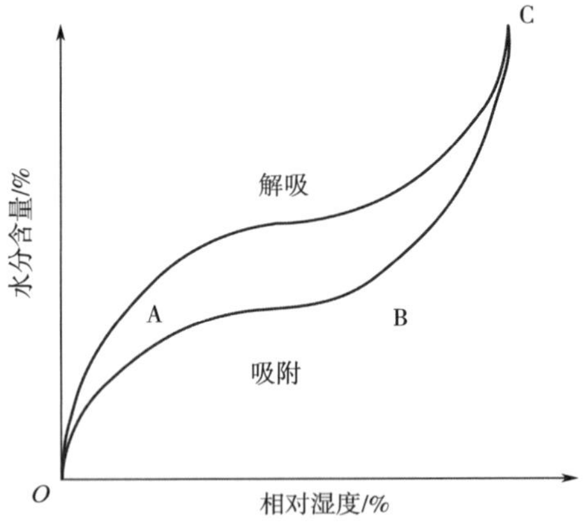

图 1-2 粮食的吸湿等温线

（五）小麦的平衡水分

小麦储藏其水分含量随着空气中温度、湿度的变化而变化。当小麦从环境中吸收水分的速率与其从环境中散失水分的速率相等时，小麦吸湿处于与环境的平衡状态，这种处于平衡状态时的水分称作平衡水分（Equilibrium Moisture），所处于状态称为湿度平衡。与小麦所处空气相平衡的相对湿度称为平衡相对湿度。不同品种小麦的平衡水分含量随着温度和相对湿度而变化，可用湿基或干基表示。一般情况下，小麦的平衡水分用湿基表示，数学上计算多用干基表示。小麦在不同温湿度条件下的平衡水分含量如表 1-14 所示。

表 1-14 不同温湿度下的小麦平衡水分 单位:%（湿基）

温度/℃	相对湿度/%							
	20	30	40	50	60	70	80	90
30	7.41	8.88	10.23	11.40	12.54	14.10	15.72	19.34
25	7.55	9.00	10.30	11.65	12.80	14.20	15.85	19.70
20	7.80	9.24	10.68	11.84	13.10	14.30	16.02	19.95
15	8.10	9.40	10.70	11.90	13.10	14.50	16.20	20.30
10	8.30	9.65	10.85	12.00	13.20	14.60	16.40	20.50
5	8.70	10.86	11.00	12.10	13.20	14.80	16.55	20.80
0	8.90	10.32	11.30	12.50	13.90	15.30	17.80	21.30
0	5.80	6.95	7.71	8.68	9.63	11.95	16.18	21.54

小麦中胚的平衡水分比胚乳大，因此胚的水分含量一般大于粮粒的总体水分含量（表 1-15）。

表 1-15 小麦胚与胚乳的平衡水分 单位:%(湿基)

取样时间	相对湿度 85%		
	完整籽粒	胚乳	胚
8 月 15 日	19.07	18.92	20.38
8 月 25 日	18.97	18.49	20.04

在同一相对湿度下，小麦的平衡水分与粮温表现为粮温越低，平衡水分越大，温度越高，平衡水分越小。温度上升时解吸过程加强，平衡向解吸作用增强方向移动，加热会引起粮粒吸附物上的水分子部分脱离，因而水分吸附量随之减少，平衡水分相应减小。温度下降时，平衡则向吸湿作用增强方面移动，水汽吸附量反趋增长，平衡水分相应增大。

（六）吸附滞后现象

小麦吸附水气时的吸附与解吸等温线不一定相同，即在某种特定的相对湿度和温度条件下，吸附平衡水分值与解吸平衡水分值存在着差异。解吸时小麦的含水量高于吸附时的含水量，解吸等温线滞后于吸附等温线，这种现象称为吸附滞后（Adsorption Hysteresis）现象。了解粮食的吸附滞后现象，有助于从理论上搞清不同水分的小麦在一起存放很难达到水分平衡的原因，以及存粮时要干湿粮分开的问题。吸附滞后现象的形成主要有以下几个方面的原因。

（1）解吸热与吸附热不相等　在吸附时水分子直接从空气中吸附到粮粒表面（或吸附层表面），没有其他干扰因素；而在解吸时，水分子不仅要脱出粮粒表面，还要脱离周围吸附分子的吸引，由于解吸热与吸附热不相等，从而形成了滞后曲线。

（2）毛细管中空气影响　小麦籽粒毛细管中的空气妨碍吸湿的进行。

（3）解吸平衡水分较高　在吸附过程中，水分子最初是以单分子层被束缚于粮粒细胞的表面，等到更多的水分进入粮粒内，水分子凝结在第一层上而成为多分子层，当横贯于细胞壁的水分含量梯度增加到扩散力大于表面上水分子的束缚力时，水分子就进入细胞内；当解吸时，细胞内水分子维持不动，直到相反的水分含量梯度的形成，细胞内的水分才开始渗出，所以解吸比吸附具有更高的平衡水分。

（4）极性基团影响　水分含量低时，小麦籽粒中的极性基团彼此吸引紧密，在它们之间不留有水分子存在的间隙。吸附水分后，则极性基团分离，而解吸时，极性基团强烈地吸引着水分子。当吸附水分时，粮粒变形、膨胀，内部出现破缝、龟裂，增加了散湿时的解吸水分的表面面积，平衡水分较高。

（七）吸湿性与小麦储藏稳定性的关系

吸湿性的研究为小麦储藏工作提供了理论依据。小麦的吸湿性指出了空气相对湿度对小麦水分含量的影响，当水分含量高的小麦存放于低相对湿度条件下，小麦中的水分则会散发；反之，如把干燥的小麦存放在空气潮湿的环境中，小麦则因吸湿而水分含量升高。因此，在小麦储藏期间应尽可能创造低仓湿条件，以利于小麦的降水，增加储粮稳定性。

利用通风等措施控制和调节水分时，运用小麦的吸湿性判断通风的可行性及小麦水分的变化趋势。粮食保管时要避免干湿小麦混储，以免引起小麦粮堆水分的不均匀而难以保管。

四、小麦热特性

小麦的热特性（Thermal Properties）是小麦粮堆物理性质之一，它包括热容量、导热性、导温性等。

（一）热容量与比热容

小麦在传递热量的同时，本身也会吸收部分热量而升温。一定质量的小麦温度升高1度（1K或1℃）时所吸收的热量称为小麦的热容量（Thermal Capacity）。依据公式$Q=c\cdot m\cdot\Delta t$（Q为一定质量的小麦吸收或放出的热量；c为小麦的比热容；m为小麦的质量；Δt为小麦升高或降低的温度）可知，$c\cdot m$即为小麦的热容量，其单位是J/K或J/℃。

比热是比热容的简称，是热力学中常用的一个物理量。对于小麦而言，比热容为1kg小麦升高1度（1K或1℃）时所需的热量，其国际单位制中的单位是J/(kg·K)或J/(kg·℃)。对于同等质量的不同小麦而言，比热容越大的小麦在温度变化相同的情况下，吸收或放出的热量越多。

（二）导热性与粮堆传热

小麦粮堆传导热量的性能称为小麦堆的导热性（Wheat Bulk Thermal Conductivity）。以小麦籽粒为主构筑的粮堆中，小麦籽粒对热的传导性低、热传导速率较慢。粮堆中的空气流动有助于热传导，但由于粮堆内气流运动缓慢，整个粮堆导热性较差。正常粮堆温度变化总是落后于外温变化，深层粮温变化总是落后于表层粮温变化。具有一定的导热性是粮堆进行通风降温、干燥去水的条件之一。

粮堆中进行的热传导是一个相当复杂的物理过程，既有传导传热，又有对流传热和辐射传热。三种传热方式相互伴随存在，粮堆中热量传递总体上以传导传热和对流传热为主。粮堆的导热性即粮堆传递热量的能力，通常以粮堆导热系数的大小来衡量。粮堆的导热系数是指在稳定传热条件下，1m厚的粮层在上层和底层的温度相差1度（1K或1℃）时，在1s内通过$1m^2$的粮堆表面面积的热量，用符号λ表示，其单位是W/(m·K)或W/（m·℃）。

导热系数一般由实验测出。粮堆λ很小，多在0.08~0.234W/（m·K）。研究表明：小麦粮堆的导热系数与小麦的水分含量呈正相关关系。在室温条件下，当小麦水分含量在8%~20%的状态下，其导热系数的变化范围为0.1420~0.1627W/(m·K)，小麦水分含量越高，粮堆的导热能力越强。此外，检测温度与粮堆的导热系数呈较好的线性正相关，当小麦温度在6~33℃的范围内，其导热系数变化范围是0.1336~0.1605W/(m·K)。

单粒小麦的导热系数比粮堆的导热系数高4~5倍，这是粮堆中空气存在的结果，空气的导热系数λ为0.0234W/（m·K）。显然，低的导热系数决定了粮堆是热的不良导体，粮堆对热的传入传出都很缓慢。

（三）导温性

物体在传递热量的同时自身也会吸收部分热量而被加热。小麦堆和小麦籽粒在传热过程中自身也会吸热升温。小麦堆的导温性（Temperature Variability）是指粮堆在传递热量时自身吸收部分热量而导致温度升高的性能。同样质量的物体吸收同样的热量，其升温的幅度不同。人们定义了导温系数的概念，导温系数（Thermal Diffusivity）指物体被加热或冷却时其内部温度趋于一致的能力，导温系数又称热扩散率。导温系数越大，表明物体内部的温度分布趋于均匀越快。导温系数可用式（1-12）表示。

$$\alpha = \lambda / (c \cdot \gamma) \tag{1-12}$$

式中 α——导温系数，m^2/h；

λ——导热系数，W/(m·K)；

c——小麦的比热容，kJ/(kg·K)；

γ——小麦的体积质量，kg/m^3。

小麦的导温系数表示了小麦的热惯性，即吸收同样的热量小麦温度升高的快慢程度。

α大表明小麦易被冷却和干燥，α小表明小麦不易冷却和干燥。通常粮堆的α为6.15×10^{-4}~$68.5\times10^{-4}m^2/h$。对于小麦来说该数值较小，说明小麦不易升温或冷却。

当给定粮堆后，λ与γ随之确定。小麦的导温系数取决于小麦的比热容，比热容大，α就减小；比热容小，α就增大。小麦比热容的大小取决于小麦的化学成分或化学成分的比例。如干淀粉的比热容为1.55kJ/(kg·K)，纤维素的比热容为1.34kJ/(kg·K)，脂肪的比热容为2.05kJ/(kg·K)，小麦干物质的比热容为1.55kJ/(kg·K)。小麦的比热容是干物质与水分比热容之和，而同种小麦的比热容因水分含量不同而有差别。一般而言，小麦的比热容通常用式（1-13）计算。

$$c = [c_g + (c_s - c_g)/100] \cdot \omega \tag{1-13}$$

式中 c——比热容，kJ/(kg·K)；

c_g——小麦干物质比热容，kJ/(kg·K)；

c_s——水的比热容，kJ/(kg·K)；

ω——小麦样品水分含量，%。

由上式可知，小麦比热容与其水分含量密切相关，水分含量越高则比热容越大。此外，小麦温度在0℃以下时，它的比热容与温度相关性不大；小麦温度在0℃以上时，其比热容随着温度升高而增大。

（四）热特性与储粮稳定性的关系

小麦粮堆导热系数 λ 很小，说明其是热的不良导体。这一性质对小麦的储藏有其利的一面，也有不利的一面。粮堆不良导热性的不利作用是当粮堆局部发热时，由于粮堆难以导热，接近发热层附近的小麦温升比发热层中心慢得多。由于小麦的导热性比玉米和稻谷差，当玉米和稻谷粮堆内部发热点温度高于正常粮温25℃时，60cm范围处粮温在4.5d内受到明显影响；当小麦粮堆内部发热点温度高于正常粮温25℃时，60cm范围内需要6d后粮温才受明显影响。实际储藏过程中粮情检测的测温点要合理布局，以尽早发现局部发热的情况。

因粮堆的导温系数 α 也较小，小麦粮堆不易升温或冷却，这对小麦储藏有不利之处。由于储粮温度的变化在正常情况下总是滞后于外界环境温度的变化，造成粮堆内外温差的存在，容易在粮堆内形成温度梯度，这极易导致粮堆出现湿热扩散的现象，使粮堆内部水分发生转移，若处理不及时很容易导致储粮结露、发热和霉变。

五、湿热扩散

（一）湿热扩散的概念

水分沿热流方向而移动的现象称为湿热扩散（Heat and Wet Diffusion）。粮堆内的湿热扩散是伴随着热量传递发生的，是粮堆内水分转移的一种主要形式，其与空气对流产生的水分转移往往同时发生、共同作用。

1. 湿热扩散的原因

粮堆内存在温差是湿热扩散的主要原因。粮堆内存在温度梯度的同时也存在蒸气压梯度，粮堆内气体是不断运动的。根据热量传递规律，粮堆内高温处的热量朝低温处传递，粮堆内的水汽也会从高温部位向低温部位移动，结果导致水汽在低温部位聚集，加上小麦籽粒具有较强的吸湿性，使得低温部位的小麦含水量大大增加。粮层间的温差值越大，粮堆内的湿热扩散现象越严重。若湿热气体在上升过程中遇到较冷的小麦籽粒或屋面，还会结露凝结形成水滴。夏季入仓或过夏的热粮粮堆温度整体较高，随秋季外界气温降低时，粮堆内部呈现外冷内热状态，在粮堆内微气流运动与湿热扩散的作用下，粮堆内部的湿热气体在粮堆表层遇冷凝结，会导致表层小麦含水量升高。

2. 影响湿热扩散的因素

（1）粮堆内部温差　不同粮层间的温度差是粮堆内气体流动的动力源，由于粮堆内部的湿热空气是沿着热量传递方向由高温处朝低温处移动，且温度越高的部位水分子运动越剧烈，故温差值越大、水分扩散的速度越快。

（2）不同部位小麦含水量差异 小麦籽粒水分含量不同时，小麦籽粒通过粮堆孔隙转移水分。小麦含水量越高，释放到粮堆孔隙中的水分越多，环境中蒸气压越高，反之相反。于是粮堆内形成了水蒸气压梯度，分沿水蒸气压梯度线从高水分粮部位向低水分粮部位扩散，小麦含水量差值越大，水分扩散速度越快。

（3）环境湿度 当环境温湿度条件下的平衡水分值高于小麦含水量，小麦颗粒则会趋向吸湿；当环境温湿度条件下的平衡水分值低于小麦含水量，小麦颗粒趋向于解吸，放出水分到环境中。在小麦吸湿或解吸的同时，粮堆环境中的水分蒸气压发生改变，环境相对湿度对湿热扩散存在一定影响。

（4）粮堆孔隙度的存在 通常粮堆的孔隙度越大越容易发生湿热扩散，导致水分转移，从而影响到储粮安全。

（二）湿热扩散对小麦储藏稳定性的影响

湿热扩散使粮堆内低温部位水分增加、虫霉活跃、小麦呼吸作用增强，严重时导致粮堆局部发热、小麦发芽、霉变甚至腐烂，使小麦丧失使用价值。若不及时处理，会由局部结露扩展到整个粮堆，严重危及储粮安全。小麦仓储期间必须采取预防和治理湿热扩散的措施，减少湿热扩散的影响，确保储粮安全。

六、粮堆温度变化

粮食仓储过程中涉及的温度包括气温、仓温和粮温，即大气温度、仓内空间温度、粮堆温度，通常称为“三温”。粮温变化是粮堆热量变化的具体反映，是粮食储藏稳定状态的主要指标之一。干燥无虫的小麦储藏中粮堆中生物体活动极其微弱，所产生的热量对粮温变化影响很小。在此情况下，正常粮温是随着外界温度的变化而变化的，气温变化影响仓温，仓温变化影响粮温。

（1）温度变化的规律 粮堆中温度的变化情况比较复杂，但“三温”变化也有一定的周期性变化规律。

①气温在一昼夜之间发生的变化称为日变。正常情况下，日变的最高值发生在14:00前后，最低值发生于日出之前。一昼夜间气温最高值与最低值之差，称为气温的日变振幅。气温在一年各月间发生的变化称为年变，年变的最高月份通常发生在7～8月，最低月份发生在1～2月。最热月份的平均气温与最冷月份的平均气温之差，称为年变振幅，气温高低取决于地理位置，不同纬度地区的温度年变化不尽相同。

②仓温变化主要受气温的影响，也有日变和年变。仓温日变的最高值与最低值通常较气温日变的最高值与最低值通常迟1～2h。在一年中，气温上升季节，仓温低于气温，气温下降季节，仓温高于气温。仓温变化的日变振幅与年变振幅通常较气温的变化振幅小，而仓温最高值低于气温的最高值，仓温的最低值高于气温的最低值。仓温的变化受围护结构即仓房的隔热性能的影响。一般铁皮仓、木板仓受外界温度影响较大，砖木结

构、水泥仓受外界温度影响较小。在高温季节，外墙与仓顶刷白的仓房，仓温要比未刷白的低 2~3℃；仓内吊顶的要比未吊顶的低 3~5℃。隔热保温性能良好的仓房，其仓温受外界气温的影响会很小。

③小麦是热的不良导体，粮堆中空气的自然对流又很微弱，因此，粮温的变化尽管也受外温影响，但有其特殊的规律。粮温受气温的影响是由表及里，从外到内，逐步而缓慢地向粮堆内发展的。因此，正常的粮温变化远远滞后于气温和仓温变化。

粮温的日变化也有最低值和最高值，其出现的时间比仓温最低值和最高值的出现迟 1~2h，通常能观察到的粮温日变化的部位仅限于粮堆表层至 30cm 深处；再深处粮温的变化即不明显。一般情况下，粮堆表面以下 15cm 处，日变化为 0.5~1℃，早晨 8:00 左右粮温与气温比较接近，适于小麦入仓。

然而，粮温的年变化是明显的，它随气温的变化而变化，但迟于气温变化的速度。即在气温上升季节，粮温逐渐上升，但低于气温；在气温下降季节，粮温也逐渐下降，但高于气温。一般粮温年变的最低值与最高值的发生较气温年变的最低值和最高值滞后 1~2 个月，地下仓可能迟 2~3 个月。粮温最高值出现在 8~9 月份，最低值出现于 2~3 月份。3 月份以后开始升温，9 月份以后则开始降温。可见，在某一地区，气温、仓温、表层粮温都呈现一种周期性日、年变化规律，有时周期性很不规则。常见的“三温”年变化曲线如图 1-3 所示。

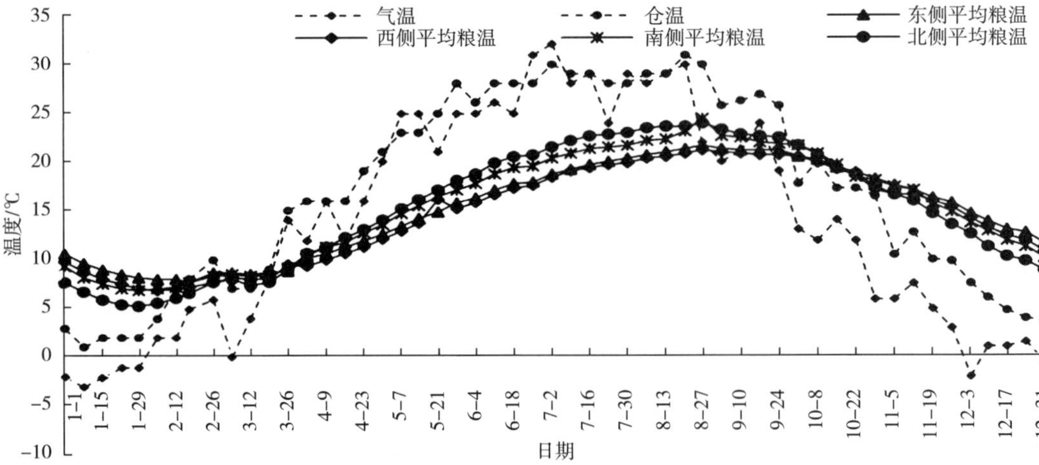

图 1-3 河南某高大平房仓小麦储藏中不同部位平均粮温年变化曲线

对于大型的浅圆仓和仓容特别大的高大平房仓，由于其粮堆容量大，在周边和表层受到气温和仓温影响时，粮堆内部在一定时间内受到的影响甚微，粮堆内部随外温和仓温变化在短时间内难以表现。

（2）影响粮温变化的因素　粮温变化除主要受气温、仓温的影响外，还受储粮围护结构、堆装形式、仓内所处位置、粮堆生物体呼吸，入仓时原始粮温等多种因素的影响。因此，实际粮温的变化情况非常复杂，应针对不同情况具体分析。

①在储粮生态体系中，由于围护结构不同，粮温受外界环境温度的影响也不同。围护结构越大，越严密，隔热性能越好，粮温受外温的影响就越小；相反就越大。如在春季砖石结构的高大房式仓，比矮小的土圆仓、简易仓、钢板结构分体立筒仓的粮温升高得慢；在夏季后者粮温要比前者高得多；但在冬季前者在粮堆的个别部位可能残留高温，使虫、霉延续繁殖为害。

②粮食的堆装形式对粮温的变化也有影响，常见的有包装和散装两种。包装粮堆空隙大，空气流通好，受外温影响较大。据试验结果显示，春、秋两季其粮温每旬可升降4~5℃，而散装粮由于空隙小，粮温变化较缓慢。

③粮温高低还与仓内粮堆不同位置有关。通常会出现仓的南边温度较高，粮堆北部温度较低，一般仓房中粮堆温度高低顺序有南、东、西、北依次降低的情况，有时温差可达2~4℃。一般情况下，粮堆表层、近仓壁粮温比粮堆中心和底层粮温受外温明显（图1-3）。

④在粮堆中，由于小麦籽粒、微生物、昆虫、螨类等生物体的呼吸作用，将消耗干物质，并向粮堆释放热能。呼吸作用的强弱、释放能量的多少又受粮油含水量、气体成分、粮质等条件的制约。在一般情况下，生物体呼吸释放的热能较少，并通过传递向粮堆外散发后，对粮温几乎无影响。但在非正常情况下，生物体旺盛的呼吸作用向粮堆释放大量热能，不能及时散发而聚积使粮温升高，从而导致储粮“发热”。

七、杂质

1. 小麦杂质的概念

小麦杂质（Foreign Material，Impurity）为其中无食用价值的小麦籽粒和其他物质。

2. 小麦杂质种类

粮堆内的杂质分为有机杂质和无机杂质两种。

（1）有机杂质（Organic Impurity）　指无使用价值的小麦、异种粮粒及其他有机类物质，其中常用无使用价值的小麦有霉变小麦，生芽粒中芽超过本颗粒长度的小麦，线虫病小麦，腹黑穗病小麦籽粒，秸秆等。

（2）无机杂质（Inorganic Impurity）　指沙石、煤渣、砖瓦块、泥土等矿物质及其他无机物杂质。

3. 小麦中杂质的测定

小麦中的杂质依据GB/T 5494—2019《粮油检验　粮食、油料的杂质、不完善粒检验》中的方法进行测定。主要操作与要求如下述。

（1）仪器和用具　天平（感量0.01g，0.1g，1g），谷物选筛（上筛层Φ4.5mm，下筛层Φ1.5mm），电动筛选器，分样器或分样板，分析盘和镊子等。

（2）照明要求　操作过程中照明条件应符合GB/T 22505—2008《粮油检验　感官检验环境照明》。

（3）操作步骤

①试样制备：检验杂质的试样分为大样、小样两种。大样用于检验大样杂质，包括上层筛上的大型杂质和下层筛的筛下物，其样品量约为 500g。

小样是从检验过大样杂质的样品中分出的少量试样，检验与粮粒大小相似的杂质，其样品量约为 50g。

②筛选：

a. 电动筛选器法。选取上筛层 Φ4. 5mm，下筛层 Φ1. 5mm 的筛层套好，称取约 500g 小麦试样放入上层筛上，盖上筛盖。放在电动筛选器上，接通电源，选筛以 110～120r/min 转速自动地向左、向右各筛 1min，筛后静置片刻，将筛上物和筛下物分别倒入分析盘内。

b. 手筛法。按照上法将筛层套好，倒入试样，盖好筛盖。然后将选筛放在玻璃板或光滑的桌面上，用双手以 110～120r/min 的速度按顺时针方向和逆时针方向各筛动 1min，筛动时掌握将选筛直径扩大至 8～10cm 为宜。筛后的操作与电动筛选器法相同。

③大样杂质检验：从实验样品中，称取约 500g 小麦试样，记称量值为 m（精确至 1g），按筛选法分两次进行筛选，然后拣出上层筛的筛上大型杂质（粮食籽粒外壳剥下物和筛下物归为杂质）和下层筛的筛下物合并，称量并记值为 m_1（精确至 0. 1g）。

④小样杂质检验：从检验过大样杂质的试样中，称取约 50g 试样称量后倒入分析盘中，记称量值为 m_2（精确至 0. 01g），按质量标准的规定拣出杂质，称量并记称量值为 m_3（精确至 0. 01g）。

⑤矿物质检验：从拣出的小样杂质中拣出矿物质，称量并记值为 m_4（精确至 0. 01g）。

（4）结果计算

①大样杂质含量根据式（1-14）进行计算。

$$W_1 = \frac{m_1}{m} \times 100\% \tag{1-14}$$

式中　W_1——大样杂质含量，%；

m_1——大样杂质质量，g；

m——大样质量，g。

在重复性条件下，获得的两次独立测试结果的绝对差值不大于 0. 3%，求其算术平均数即为测试结果，测试结果保留小数点后 1 位。

②小样杂质含量根据式（1-15）进行计算。

$$W_2 = (100\% - W_1) \times \frac{m_3}{m_2} \tag{1-15}$$

式中　W_2——小样杂质含量，%；

m_3——小样杂质质量，g；

m_2——小样质量，g。

结果重复性要求同上。

③矿物质含量根据式（1-16）进行计算。

$$W_3 = (100\% - W_1) \times \frac{m_4}{m_2} \quad (1\text{-}16)$$

式中　W_3——矿物质含量,%；

m_4——矿物质质量，g；

m_2——小样质量，g。

④杂质总量计算如式（1-17）：

$$W_4 = W_1 + W_2 \quad (1\text{-}17)$$

式中　W_4——杂质总量,%；

W_1——大样杂质含量,%；

W_2——小样杂质含量,%。

计算结果保留小数点后 1 位。

（5）注意事项

①筛选时卡在筛孔中间的颗粒属于筛上物。

②无使用价值的小麦是指严重病害、热损伤、霉变或其他原因造成的变色变质的籽粒，生芽粒中芽超过本颗粒长度的籽粒（如芽已掉应注意辨别是否有使用价值），线虫病籽粒，散黑穗病籽粒等均为杂质。

③在大样杂质和小样杂质检验中，应将带壳麦粒剥离出来，分别归属。

4. 杂质对小麦储藏稳定性的影响

杂质含量高低不仅影响储粮的稳定性，还会降低粮食等级。杂质对储粮稳定性的影响主要表现为以下几个方面：

①杂质的存在会增加粮堆自动分级的程度，影响粮堆中正常粮食分布的均匀性，不利于对粮堆取样时样品的代表和质量情况监测。

②粮堆中有机杂质有时也具有较强的呼吸能力，呼吸产生大量的热量和水分，使储粮稳定性下降。同时，有机杂质集中部位是虫霉易于滋生的场所，杂质聚集的部位容易造成小麦粮堆内部发热霉变。

③杂质含量高的粮食在流动中和粮情取样检查时散落性变差。

④杂质含量超标会降低粮食等级。根据 GB 1351—2008《小麦》规定，一等至五等的小麦要求杂质总量≤1.0%，矿物质含量≤0.5%。小麦入仓前要进行充分清理，使杂质含量低于 1%。

实际中，杂质含量低于标准规定的小麦以标准中规定的指标为基础，每低 0.5 个百分点，增量 0.75%；杂质含量高于标准规定的小麦以标准中规定的指标为基础，每高 0.5 个百分点，扣量 1.5%；低或高不足 0.5 个百分点的，不计增量。

第三节 小麦流散特性

一、静止角与散落性

小麦从高处自然下落过程中粮粒向四面自然流散而形成圆锥体的性质即为小麦的散落性。一般用静止角的大小来表示粮食的散落性。

1. 静止角的概念

小麦的静止角（Natural Repose Angle of Wheat）是指小麦籽粒集合全部由高处自然下落至某平面形成圆锥体的斜边与底面水平线之间的夹角。

小麦籽粒大小、形状、光滑程度、饱满度，以及小麦杂质含量、水分含量等均会影响其静止角。大粒、圆形、光滑、饱满、杂质少、水分含量低的粮粒静止角相对偏小，反之则静止角相对偏大。

粮食散落性与静止角的大小成反比，即静止角小的粮食散落性好，静止角大的粮食散落性差。

2. 小麦的静止角参数

小麦不同状态下的静止角大小不同。一般小麦静止角随杂质含量的增加呈直线上升的趋势（图 1-4），随水分含量的增加逐步增大（图 1-5），随粮食籽粒变小而增大（图 1-6）。

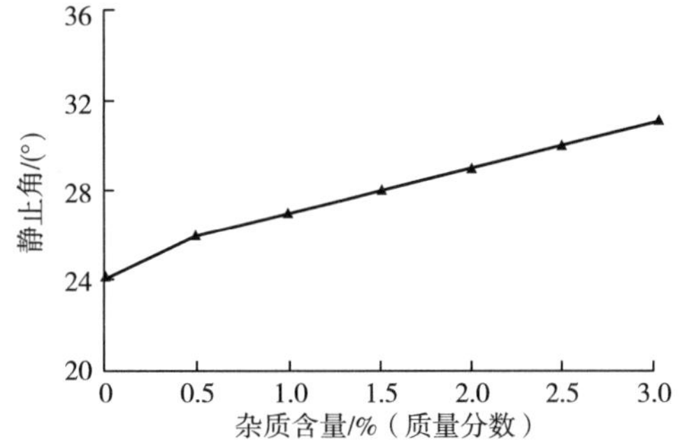

图 1-4 不同杂质含量下小麦的静止角

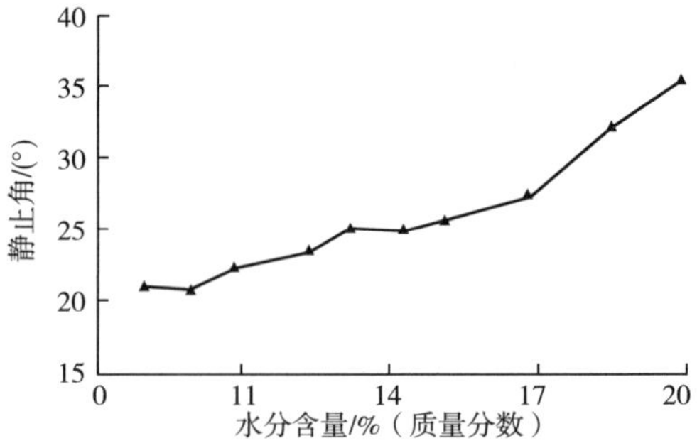

图 1-5 不同水分含量下粮食的静止角

对于小麦粉而言，自然干燥至水分为 12.00% 的十二种冬小麦（冀麦 18、农大 3432、河农 825、豫麦 25、周麦 16、矮抗 58、鲁麦 23、济南 17、济麦 22、石东 8 号、新东 20、新东 0）加工所得小麦粉的静止角平均值为 42.81°，变幅一般在 39.00°～45.00°。

3. 小麦散落性与储藏稳定性的关系

在生产实践中，可以根据小麦散落性及变化判断粮情，散落性也小麦的流通输送性能有关。

（1）小麦储藏期间散落性的变化，可在一定程度上反映其储藏稳定性。正常水分及分布的小麦粮堆散落性良好，如局部出现水分含量增大，有出汗、返潮、霉菌发生等现象时粮堆散落性会降低。当水分集中的粮堆出现严重霉变，甚至发热结块至形成90°的直壁状，其散落性完全丧失。

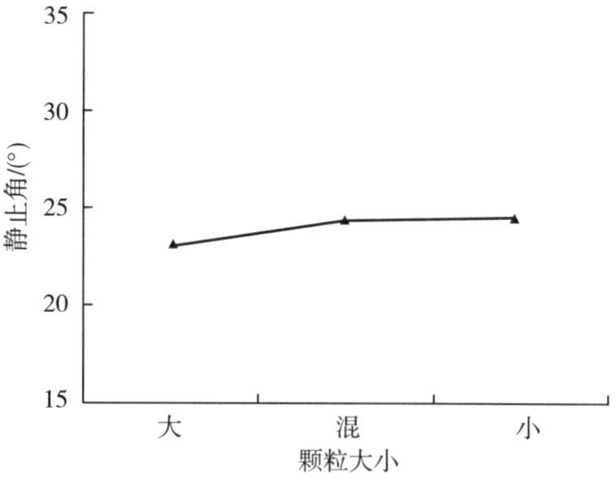

图1-6　不同粮食籽粒大小的条件下四种粮食的静止角

（2）可用式（1-18）计算仓墙或装粮容器的侧压力。或根据已知仓房仓墙或装粮容器能够承受的侧压力，确定不同小麦的堆粮高度和堆垛形式。

$$P = \frac{1}{2} r h^2 \tan^2(45° - \frac{\alpha}{2}) \qquad (1-18)$$

式中　P——每米宽度仓壁上受的侧压力，kg/m；

r——小麦的体积质量，kg/m^3；

h——小麦的堆高，m；

α——小麦的静止角，(°)。

（3）散落性好的小麦在物流过程中容易流散，有利于实现“散装、散卸、散储、散运”的“四散化”运输。使用输送机输送小麦时，输送机皮带和地平面的夹角应小于小麦的静止角。使用自流管时，自流管底面和水平面的夹角应大于小麦的静止角。

二、自动分级

1. 自动分级的概念

粮食是非均质的聚集体，粮粒有饱满、瘪瘦、完整、破碎之分，形态多样，且粮堆杂质也轻重不同，大小不一。粮食在振动、移动时，同类型、同质量的粮粒和杂质等粮堆组成成分重新分布的现象即自动分级（Automatic Grain Grading）。

小麦自然下落形成粮堆时出现的自动分级使得粮堆顶部到底部不同位置相同质地的物料颗粒表现出有规律的分布，破碎粒、较轻杂质和杂草种子在底部比顶部多（表1-16）。

2. 自动分级的类型

根据形成原因不同，可将自动分级分为重力分级、浮力分级和气流分级三大类。

表 1-16　　小麦自然形成粮堆时的分级情况

品质指标	圆锥体顶部	圆锥体底部
容重/(g/L)	707	667
破碎粒/%	1.84	2.20
较轻杂质/%	0.51	2.14
杂草种子/%	0.32	1.01
沙石杂质/%	0.13	0.49
瘪粒/%	0.09	0.47

资料来源：粮油仓储工艺与设备，王若兰等，2016。

（1）重力分级　散装小麦在时间运输中在震动作用大而轻的杂质、粮粒等浮到粮面最上层，细而重的杂质、粮粒等沉到粮堆底部，较细、较轻、较大、较重的粮粒及杂质等分布于两者之间，此过程结果即为重力分级（Gravity Classifying）。

（2）浮力分级　小麦粮粒和杂质由高点下落，不仅受重力（F）的影响，还会受到空气的阻碍作用，空气对粮粒产生浮力 P（图 1-7）。当 $P>F$ 时，物料飘浮移动；$P<F$ 时，物料下落；$P=F$ 时，物料飘浮不定而悬浮。除此之外，小麦粮堆中的轻杂质在缓慢下落过程中，由于其浮力较大，使得其飘移落点，也会形成浮力分级。这种空气浮力造成下落粮食籽粒和杂质漂浮移动再分布的现象称为浮力分级（Buoyancy Classification）。

（3）气流分级　在风天通过输送机对小麦卸粮时，在粮流的下风处会聚积较多的轻杂质，此现象称为气流分级（Air Classification）。这种情况在小麦开放式皮带输送机、扬场机作业中都有发生（图 1-8）。

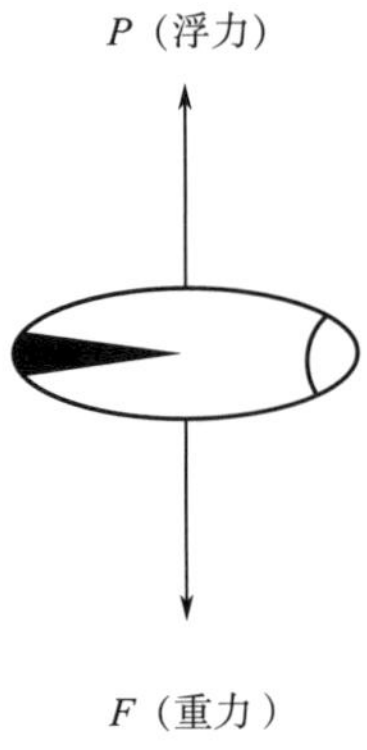

图 1-7　浮力分级籽粒的受力图

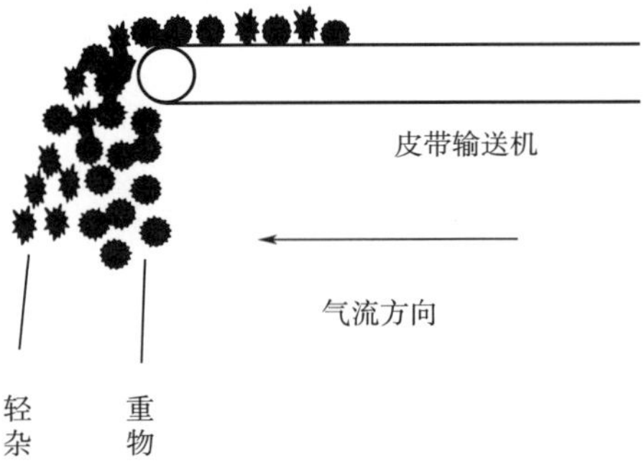

图 1-8　气流分级

3. 不同仓型小麦的自动分级

（1）自然流散成粮堆　小麦自高点下落自然流散成粮堆时，较重的杂质落在圆锥体的中心部位，较轻的破碎粮粒及杂草种子等沿圆锥粮堆的斜面下滑至底部。随着小麦下落、圆锥粮堆不断扩大，杂质在圆锥粮堆底部不断聚集，出现基底杂质区（图1-9）。

（2）房式仓入粮　常见的小麦房式仓入粮一般为输送机入粮，输送机入粮又分为移动式和固定式两种。移动式一般是输送机头从仓房一端开始，随入粮逐步沿仓房对角线由内向外退移，造成沿输送机运动路线两侧的小麦，含有较多瘪粒及轻质杂质，出现带状杂质区。输送机固定式入粮时一般在同一仓房有多个卸粮点，每个卸粮点会出现一个基底杂质区。

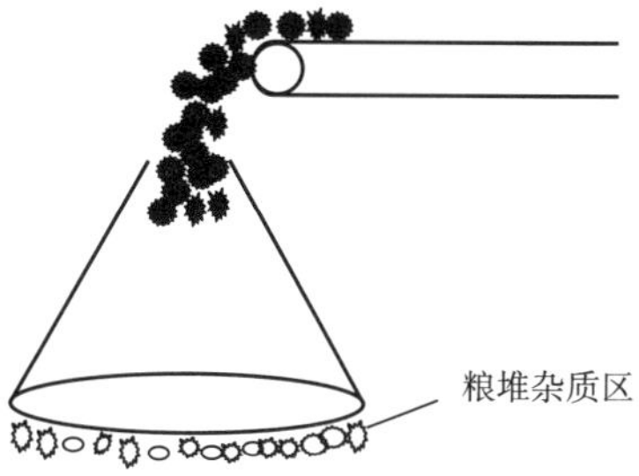

图1-9　小麦粮堆的基底杂质区

（3）立筒仓入粮　小麦立筒仓入粮时，由于旋涡气流的影响，随着粮面在立筒仓内逐步升高，靠近仓壁会出现环状轻型杂质区，沉重的杂质一般集中于中心落点处（图1-10）。

（4）浅圆仓入粮　小麦经由浅圆仓仓顶中心入粮口自由下落入粮，由于浅圆仓直径较大，在仓内会形成与立筒仓类似但比立筒仓更为明显的圆环状杂质区（图1-11）。

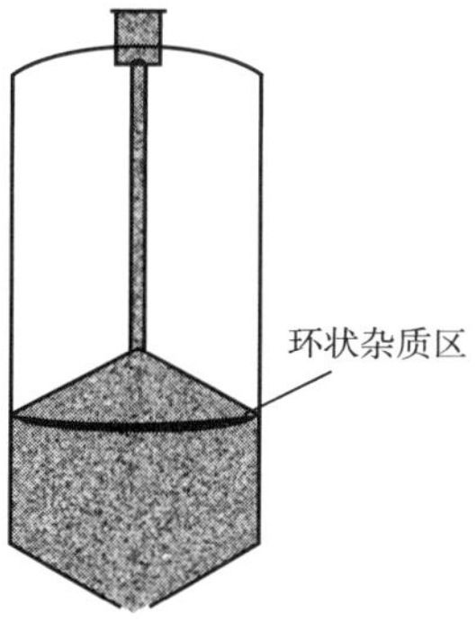

图1-10　立筒仓自动分级情况

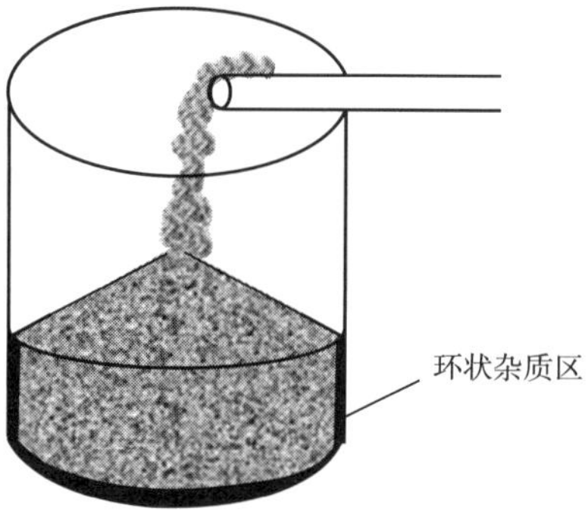

图1-11　浅圆仓仓顶入粮自动分级的环形杂质区示意

4. 自动分级与小麦储藏稳定性的关系

（1）自动分级易导致发热霉变　小麦入仓时的自动分级会造成粮堆组成重新分配，杂质含量较高的部位往往水分含量也偏高且孔隙度小，这种环境容易因空气流通不畅、湿热易于集中而滋生虫霉，造成小麦粮堆发热霉变等，威胁小麦储藏安全。

（2）自动分级增加了日常管理的难度　小麦在入粮时由于自动分级造成粮堆出现不均质的现象，而常规粮情检测是通过粮堆内均匀布点来进行，这种均匀布点检查的点未必刚好与容易出问题的部位吻合，使常规粮情检查可能掩盖部分隐患。通常对于大型粮堆需增加一些辅助检测点来弥补，相应地增加了小麦日常管理的工作量，甚至是难度。

（3）降低通风及熏蒸效果　自动分级造成小麦粮堆的某些局部杂质集中、孔隙度小，而这些部位是小麦储藏中容易出问题的部位，往往需要通过通风或药剂熏蒸等方式进行处理。在通风和熏蒸时由于上述部位孔隙度小，空气阻力大，造成气流通过困难，使得通风效果变差，熏蒸药剂穿透困难，影响杀虫效果。

（4）小麦储藏中自动分级的利用　小麦入仓过程中可利用气流分级清理小麦，或利用重力分级使用筛网振动器等振动去除小麦中的不同类型杂质等。

5. 防止小麦自动分级的方法

防止自动分级最积极的办法是预先清理小麦，降低小麦中的杂质含量。此外，在小麦的仓储实践作业中，一般通过在入粮口或机械设备的卸粮端安装机械装置，使小麦均匀向四周散落来减轻入粮时的自动分级现象。常见减少自动分级机械装置的有以下几种。

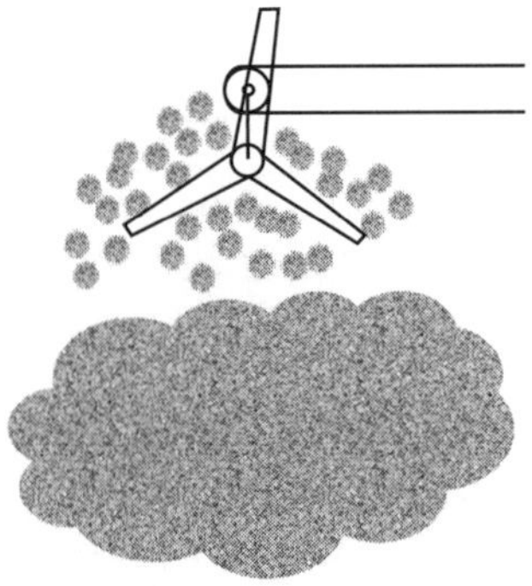

图 1-12　皮带输送机头部安装的散粮器

第一种是皮带输送机头部和浅圆仓入粮口的散粮器（图 1-12）。皮带输送机头部的散粮器是在小麦卸粮时借助粮流的惯性冲击力旋转，将小麦均匀抛出。浅圆仓入粮口的散粮器是在电机带动下转动，在入粮时将小麦均匀抛向四周，小麦的抛粮半径可通过调整散粮器转速来解决。

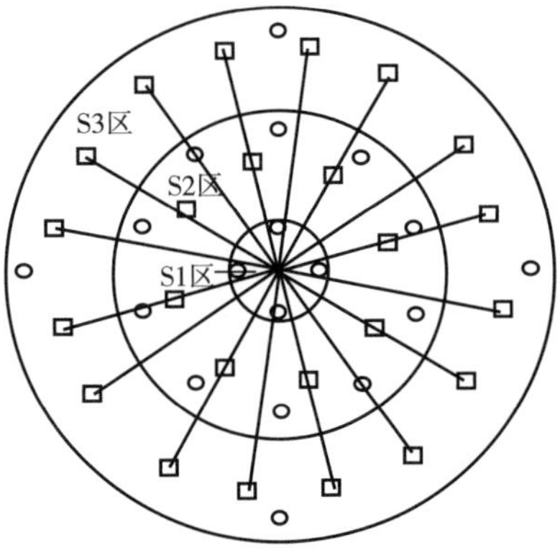

图 1-13　浅圆仓仓底落点分布（平面投影）

第二种是针对浅圆仓的多点均匀落料布料器。依据浅圆仓入粮后自动分级情况合理增加落点，如将直径 30m、底面积 706.5m^2 的浅圆仓仓底分为 25 个落点，并设计了 25 条溜槽，将仓顶入粮口小麦进行 25 点均匀分料，从而使小麦入仓后粮堆落料更为均匀，有效缓解小麦浅圆仓入粮后粮堆杂质聚集。25 个落点的设置如图 1-13 所示：S1 为圆形，半径 3m，面积 28.26m^2；S2 为环形，外径 9m、内径 3m，面积 226.08m^2，设 8 个落点；S3 为环形，外径 15m、内径 9m，面积 452.16m^2，设 16 个落点。

第三种是入粮口安装折板布料器。例如，在“钢筋混凝土整体球形粮仓”，从入粮口沿仓顶及仓壁对称安装两条折板布料器。这种方式改变了传统入粮单一落料点的的不足，减小了小麦入粮高度落差，减缓小麦下落速度并减轻入粮时轻浮杂质径向漂移等，有效地缓解了小麦入粮时产生的自动分级现象。

第四节
小麦中的有害物质

小麦在生产种植和储藏中由于生物因子和非生物因子的影响，常常也会产生一些有害物质，包括源于自然发生的毒素、环境中毒害物富集、微生物次生代谢产物和加工副产物等，在储藏过程中涉及的有害物质主要包括真菌毒素、农药残留、重金属等。

一、小麦中的真菌毒素

真菌毒素是真菌在适宜温度、湿度条件下产生的易引起人和动物病理变化的次级代谢产物，具有很强的生物毒性，在粮食和饲料卫生安全领域又俗称为霉菌毒素。真菌为喜好氧气的微生物，在厌氧条件下几乎不能生存。目前，人们已经分离和鉴定出400多种真菌毒素，在小麦中最常见的真菌毒素主要有6种，即黄曲霉毒素、玉米赤霉烯酮、呕吐毒素、赭曲霉毒素A、伏马毒素和单端孢霉烯族化合物。小麦中真菌毒素很大程度上是由小麦病害导致，如小麦赤霉病，它不仅使小麦严重减产，降低籽粒品质和种用价值，感病麦粒还会受到呕吐毒素（Deoxynivalenol，DON）、T-2毒素等单端孢霉烯族类毒素和玉米赤霉烯酮（Zearalenone，ZEN）等真菌毒素的污染，进而危害人畜安全。有的受霉菌毒素污染的，粮食外观霉变不明显。食用可能会引起人畜中毒，有些毒素还有致癌风险。产毒真菌指来源于曲霉菌属、青霉菌属、镰刀霉菌属的多种真菌，这些真菌毒素有致畸、致癌和肾毒性等作用。

根据联合国粮农组织（FAO）资料，世界上约有25%的谷物不同程度地受到真菌毒素的污染而不能食用，不仅在经济上造成了巨大的损失，而且真菌产生的真菌毒素还能引起人畜中毒，严重时甚至致癌。世界卫生组织（WHO）和联合国粮农组织把真菌毒素列为食源性疾病的3大根源之首。真菌毒素污染粮食、危害人类身体健康的问题已成为现代科学大量研究和关心的课题。随着检测和分析技术提高，人们可发现真菌毒素几乎存在于各种粮食或饲料中，污染粮食十分广泛。由于真菌的生物学特性，它污染的对象主要是潮湿的或半干燥的粮食。

（一）真菌毒素的种类与危害

真菌毒素直接影响到小麦储藏加工的质量和安全，污染小麦的真菌毒素主要为镰刀菌毒素和链格孢毒素，如脱氧雪腐镰刀菌烯醇（DON）、玉米赤霉烯酮（ZEN）及其衍生物、雪腐镰刀菌烯醇（Nivalenol，NIV）、恩镰孢素B（Enniatin B，ENB）、腾毒素（Tentoxin，TEN）、交链孢酚单甲醚（Alternariol Methyl Ether，AME）以及交链孢菌酮酸（Tenuazonic Acid，TeA）等，其中DON和ZEN的污染程度最高。研究发现，田间采集小麦籽粒和流通环节的小麦粉样品都有DON及ZEN超标的现象。

镰刀菌毒素包括聚酮类毒素，如玉米赤霉烯酮、伏马菌素、镰刀菌酸等，以及A型和B型单端孢霉烯族毒素。A型单端孢霉烯毒素包括T-2毒素（Trichothecenes，TS）、HT-2毒素、二醋酸藨草镰刀菌烯醇（Diacetoxyscirpenol，DAS）等，B型单端孢霉烯毒素包括脱氧雪腐镰刀菌烯醇（DON）、雪腐镰刀菌烯醇（NIV）、3-乙酰基脱氧雪腐镰刀菌烯醇（3-Acetyl Deoxynivalenol，3-ADON）、15-乙酰基脱氧雪腐镰刀菌烯醇（15-Acetyl Deoxynivaleno，15-ADON）等。

新兴真菌毒素链格孢毒素是由链格孢霉产生的一系列毒素。我国一些地区流通环节的小麦粉中 TeA、TEN 和 AME、AOH（交链孢酚，Alternariol）毒素污染的研究显示，TeA、TEN 以及 AME 检出率较多，其中 TeA 的污染水平最高，TeA 也是链格孢菌毒素中急性毒性最强的毒素。镰刀菌毒素的防控要注重对小麦田间种植阶段赤霉病的防治；同时，还要保证籽粒成熟后在适宜条件下采用合适的机械收获、分拣以减少污染籽粒的比例，采用合适的干燥、储运程序，避免镰刀菌进一步繁殖、产毒。

镰刀菌和交链孢能够引起小麦病害，能够产生多种危害人畜健康的真菌毒素。表 1-17所示为镰刀菌和交链孢产生的主要真菌毒素。

表 1-17　　镰刀菌和交链孢产生的主要真菌毒素

主要真菌毒素	种类		分子式	相对分子质量
	中文名	英文缩写		
镰刀菌毒素	T-2 毒素	T-2 Toxin	$C_{24}H_{34}O_9$	466
	HT-2 毒素	HT-2 Toxin	$C_{22}H_{32}O_8$	424
	二醋酸藨草镰刀菌烯醇	DAS	$C_{19}H_{26}O_7$	366
	脱氧雪腐镰刀菌烯醇	DON	$C_{15}H_{20}O_6$	296
	3-乙酰脱氧雪腐镰刀菌烯醇	3-ADON	$C_{17}H_{22}O_6$	322
	15-乙酰脱氧雪腐镰刀菌烯醇	15-ADON	$C_{17}H_{22}O_7$	338
	雪腐镰刀菌烯醇	NIV	$C_{15}H_{20}O_7$	312
	玉米赤霉烯酮	ZEN	$C_{18}H_{22}O_5$	318
	伏马菌素 B_1	Fumonisin B_1	$C_{34}H_{59}NO_{15}$	721
	镰刀菌素 C	Fusarin C	$C_{23}H_{29}NO_7$	431
	镰刀菌酸	Fusaric Acid	$C_{10}H_{13}NO_2$	179
	组蛋白脱乙酰酶抑制剂	Apicidin F*	$C_{35}H_{43}N_5O_7$	645
交链孢毒素	交链孢酚	AOH	$C_{14}H_{10}O_5$	258
	交链孢酚单甲醚	AME	$C_{15}H_{12}O_5$	272
	交链孢烯	ALT	$C_{15}H_{16}O_6$	292
	交链格孢菌酮酸	TeA	$C_{10}H_{15}NO_3$	197
	腾毒素	TEN	$C_{22}H_{30}O_4N_4$	414
	交链孢毒素-I	ATX-I	$C_{20}H_{16}O_6$	352
	交链孢毒素-II	ATX-II	$C_{20}H_{14}O_6$	350
	交链孢毒素-III	ATX-III	$C_{20}H_{12}O_6$	348
	AAL 毒素	AAL Toxins	$C_{25}H_{47}O_{10}N$	521

注：* Apicidin F 是环四肽化合物，是一种组蛋白脱乙酰酶抑制剂，由 L-苯丙氨酸、L-2-氨基辛二酸、*N*-甲氧-L-酪氨酸和 D-哌啶酸缩合成环四肽。

1. 镰刀菌毒素

（1）T-2 毒素　T-2 毒素和 HT-2 毒素属于单端孢霉烯族毒素，该族毒素种类接近190 种。T-2 毒素、HT-2 毒素主要由拟枝孢镰刀菌代谢产生，具有细胞毒性和基因毒性等。根据该族毒素化学结构中的 C3 和 C15 之间是否存在大环、羟基和乙酸基的数量可分为 A、B、C、D 四类。T-2 毒素是 A 类单端孢霉烯族毒素中毒性最强的，HT-2 毒素为 T-2 毒素在体内与体外最为主要代谢产物，二者在自然界中分布广泛。

T-2 毒素由以三线镰刀菌为主的多种真菌产生的单端孢霉烯族化合物之一，在我国小麦中 T-2 毒素的污染率比较高，其阳性率平均可达 80%。T-2 毒素对不同动物的毒性有一定种属差异，新生或未成年动物比成年动物对毒素更敏感。T-2 毒素主要作用于细胞分裂旺盛的组织器官，如胸腺、骨髓、肝、脾、淋巴结、生殖腺及胃肠黏膜等，抑制这些器官细胞蛋白质和 DNA（Deoxyribonucleic Acid）合成。该毒素可引起淋巴细胞中 DNA 单链的断裂和作用于氧化磷酸化的多个部位引起线粒体呼吸抑制。

（2）脱氧雪腐镰刀菌烯醇（DON）　又称呕吐毒素（Vomintoxin），属 B 型单端孢霉烯族类毒素。主要由禾谷镰刀菌和黄色镰刀菌产生，当遇到低温、潮湿等环境条件时这类真菌可在小麦中生长。DON 对原核细胞、动植物真核细胞及肿瘤细胞等均具有明显的毒性，其在细胞水平的毒性主要通过与核糖体结合以及抑制转移酶的作用而干扰蛋白质的合成，从而干扰 DNA 的合成。呕吐毒素是分布最广泛的真菌毒素之一，具有广泛的毒性效应，能影响血液、消化和中枢神经系统，对心肌细胞、血管内皮细胞、软骨细胞等均有一定的毒性。呕吐毒素能够破坏人和动物的免疫系统，导致消化紊乱、脏器出血、浮肿、口腔病变、皮炎、血液紊乱等症状，同时它还具有一定的胚胎毒性和致畸性。其中，呕吐毒素对软骨细胞的毒性可诱发儿童和青少年的大骨节病。呕吐毒素在欧盟划分规定内属于三级致癌物。由于该毒素的污染状况与污染程度都位于单端孢霉烯族毒素的第一位，往往和其他真菌毒素一起对人体产生危害，进而发生较大的毒性作用，包括急性毒性、细胞毒性等许多毒性功效。现已证明，DON 与 ZEA 并存，其毒性同时产生并互相增强效力，引起繁殖功能障碍。

（3）玉米赤酶烯酮（ZEN）　可以通过禾谷镰刀菌、三线镰刀菌、尖孢镰刀菌等代谢产生，玉米赤霉烯酮主要污染玉米、小麦等谷物。其中玉米的阳性检出率为 45%，最高含毒量可达到 2909mg/kg；小麦的阳性检出率为 20%，含毒量为 0. 364～11. 05mg/kg。玉米赤霉烯酮非常稳定，耐热性较强，110℃下处理 1h 才被完全破坏。玉米赤霉烯酮是一种生殖系统毒素，有强烈致畸作用。虽然玉米赤霉烯酮的急性毒性很低，但可造成动物和人的生殖系统的病变，与性早熟、子宫内膜增生、子宫内膜癌和人宫颈癌有关，人误食后会对怀孕、排卵及胎儿的发育造成影响。在温带地区，玉米赤霉烯酮是重要的真菌毒素，可以对小麦污染，在小麦粉中也有检出。

（4）伏马菌素（Fumonisin，FB）　是由串珠镰刀菌产生的水溶性代谢产物，是一类由不同的多氢醇和丙三羧酸组成的结构类似的双酯化合物。到目前为止，发现的伏马菌素有 FA1、FA2、FB1、FB2、FB3、FB4、FC1、FC2、FC3、FC4 和 FP1 共 11 种，其中

FB1 是其主要组分。FB1 对食品污染的情况在世界范围内普遍存在，主要污染玉米及玉米制品，对小麦也有一定的污染。伏马菌素为水溶性霉菌毒素，对热稳定，不易被蒸煮破坏。对伏马菌素的防控与 AFT（黄曲霉毒素，Aflatoxins）一样，控制农作物在生长、收获和储存过程中的霉菌污染至关重要。伏马菌素对人、畜是一种促癌物及致癌物。伏马菌素主要损害肝肾功能，能引起马脑白质软化症和猪肺水肿等。伏马菌素与我国和南非部分地区高发的食道癌有关，已引起世界范围的广泛注意。

2. 交链孢毒素

交链孢霉（Alternaria Species）广泛分布于自然界，可在田间、运输及储藏过程中引起农作物霉变，常污染小麦、水果、蔬菜等农产品。交链孢中发现有超过 120 多种次生代谢产物，大多是植物毒性物质，其中约 1/4 是危害人畜健康的真菌毒素，且互隔交链孢是最重要的产毒菌。由交链孢霉产生的毒素根据其化学结构和理化性质不同分为 5 类，第 1 类是二苯-α-吡喃酮类，包括交链孢酚（AOH）、交链孢酚单甲醚（AME）和交链孢烯（Altenuene，ALT）；第 2 类是交链孢菌酮酸（TeA）及异交链孢菌酮酸（iso-TeA）；第 3 类为二萘嵌苯醌类（戊醌类），主要包括交链孢霉毒素（Altertoxin，ATX）Ⅰ、Ⅱ和Ⅲ；第 4 类是丙三羧酸酯类化合物；第 5 类为包括腾毒素（TEN）在内的其他结构类。毒素的具体结构式见图 1-14。

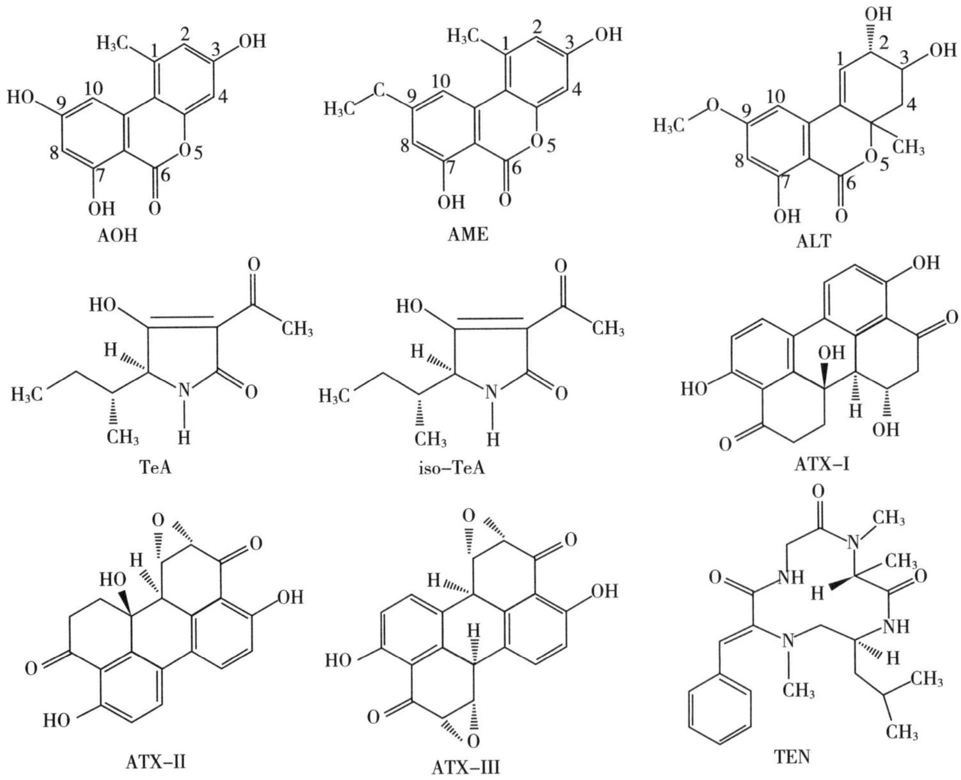

图 1-14 常见交链孢毒素的结构式

交链孢霉毒素常与其他真菌毒素共同污染食物，其污染高发地区癌症发病率较高。目前关于交链孢霉毒素毒性及其引起人类健康效应的研究仍未引起人们的足够重视，其遗传毒性、生殖发育毒性、致癌性等毒性研究极其缺乏，其中仅遗传毒性的研究数据相对较多，且大部分限于体外实验。

大多数交链孢毒素的急性毒性较低，AOH、AME 却具有遗传毒性和致突变性。AOH、AME、TeA 等是小麦中的最主要真菌毒素。在对某省 9 个地市市场销售 95 份小麦粉样品交链孢毒素污染状况监测中，发现 4 种交链孢霉毒素中 TeA、AOH、AME 和 TEN 均有检出。其中 TeA 的检出率最高，检出率为 100%，AME、TEN 和 AOH 的检出率分别为 98% 、73% 和 4. 2%。

AOH 和 AME 均具有基因毒性，能够致突变。

3. 黄曲霉毒素

黄曲霉毒素（AFT）是二氢呋喃氧杂萘邻酮的衍生物，含一个双呋喃环和一个氧杂萘邻酮（香豆素）。黄曲霉毒素对粮食食品的污染非常广泛，小麦属于易受黄曲霉毒素污染的产品。已分离到的 AFT 及其衍生物已有 20 多种，其中 10 余种的化学结构已明确，并给予以下命名：黄曲霉毒素 B1、B2、B2a、M1、M2，寄生曲霉醇 B3、BM1、GM1、GM2、P1、Q1 等。黄曲霉毒素 B1、B2、B2a、M1 通常共存，以 B1 的致癌性最强。B1 对敏感动物的半致死量 LD_{50} 是 0. 294mg/kg，属特剧毒物质，其毒性是氰化钾的 10 倍、砒霜的 68 倍。GM1、B2、M1 的毒性其次。在已知的真菌毒素中 AFT 的毒性、致癌性、致突变性、致畸性均居首位，其致癌力比二甲基亚硝胺诱发肝癌的能力大 75 倍。2002 年，国际癌症研究机构（IARC）第 82 卷专论中再次确定地评价天然产生的 AFT 为 I 类致癌物。除此之外，AFT 与其他致病因素（如肝炎病毒）对人类疾病的诱发具有叠加效应。

4. 赭曲霉毒素

赭曲霉毒素（Ochratoxin，OT）是曲霉菌属和青霉菌属的次生代谢产物，由多种生长在小麦上的曲霉和青霉产生。赭曲霉毒素可分为 OTA、OTB、OTC 三种，其中 OTA 毒性最大、分布最广、产毒量最高，与人类健康关系最密切。OTA 被证明具有较强的肝毒性和肾毒性，并有致畸、致癌和致突变作用。在 4℃ 的低温下赭曲霉即可产生具有毒害作用浓度的赭曲霉毒素。动物摄入 1mg/kg 体重剂量的赭曲霉毒素 A 可在 5～6d 致死。赭曲霉毒素引起的常见病变是肾小管上皮损伤和肠道淋巴腺体坏死。饲喂含 1mg/kg 赭曲霉毒素的日粮 3 个月可引起动物烦渴、尿频、生长迟缓和饲料利用率降低。饲喂含量低至 0. 2mg/kg 的日粮数周即可检测到肾损伤。赭曲霉毒素的其他临床症状还有腹泻、厌食和脱水。在赭曲霉毒素中毒呈地方流行病的地区，动物在屠宰时唯一可观察到的病变是肾苍白、坚硬。

5. 杂色曲霉素

杂色曲霉素（Sterigmatocystin，SMC）是杂色曲霉和构巢曲霉的最终代谢产物，同时又是黄曲霉和寄生曲霉合成黄曲霉毒素过程后期的中间产物。该毒素主要污染小麦、玉米、大米、花生、大豆等粮食、食品和饲料。我国谷物中杂色曲霉素的自然污染总的趋势是小麦中最严重，玉米次之，大米较轻。人畜进食被杂色曲霉素污染的谷物可引起食欲减退、拒食、进行性消瘦、精神抑郁、虚弱、死亡等中毒症状，杂色曲霉素还有致畸、致突变和致癌作用。

（二）储藏小麦中真菌毒素产生原因及影响因素

1. 产生的原因

真菌毒素（Mycotoxin）是产毒真菌在小麦的种植、收获、运输、储存过程中侵染小麦，并在适宜的生长条件下产生的次生代谢产物，对人类和动物都有害。小麦中真菌毒素的产生在很大程度上是由小麦病害导致的，如小麦赤霉病，禾谷镰刀菌引起的小麦赤霉病是温暖湿润和半湿润麦区广泛流行的病害，已在世界五大洲 30 多个国家发生和流行，在我国主要以长江中下游冬麦区和东北春麦区受其危害最为严重。赤霉病对小麦从苗期至穗期均产生危害，引起苗腐、穗腐茎腐和基腐等症状。赤霉病不仅使小麦严重减产，降低籽粒品质和种用价值，感病麦粒还会受到 DON、NIV、T-2 毒素等单端孢霉烯族类毒素和 ZEN 等真菌毒素的污染，进而危害人畜安全。

真菌毒素的来源大体可分为收获前真菌毒素的来源与收获后真菌毒素的来源。收获前小麦在生长过程中受到真菌污染时会产生真菌毒素，收获时小麦未被充分干燥，污染小麦的真菌迅速生长产生毒素。收获后的小麦在收获、储藏、运输、加工中环境条件满足真菌生长，真菌会继续生长产毒，且可与之前产生的真菌毒素积累叠加，最终危害动物机体和人体健康。

2. 储藏中真菌毒素变化及影响因素

真菌毒素污染存在于小麦生长、收获、加工、运输以及储藏等阶段。温度、水分活度、宿主抗性等环境因素的差异导致真菌毒素的发生情况不同。小麦生长阶段真菌毒素的产生受气候条件影响较大，在小麦收获后运输和存储环境条件影响产毒真菌的发生以及真菌毒素的形成。温度、水分活度、光照、小麦损伤等因素对真菌毒素的形成均会造成影响。

（1）温度　温度是环境影响真菌毒素形成的重要因素之一，是调控真菌生长和次级代谢产物形成的关键因素。有研究报道在查氏酵母琼脂（Czapek Yeast Extract Agar，CYA）和玉米提取物（Corn Extract Medium，CEM）培养基中，温度低于 10℃ 条件下黄曲霉均无法生长，表明黄曲霉生长的最低温度值在 8～10℃。在 PDA 培养基上黄曲霉可生长的最低温度为 12℃。即在最低生长温度范围以下，黄曲霉生长受到抑制，黄曲霉毒素、圆弧偶氮酸（Cyclopiazonic Acid，CPA）等不能产生。真菌最高生长耐受温度在 40℃ 左右，在 CEM 培养基中 40℃ 条件下菌株不能生长。真菌毒素产生的温度范围比真菌生长的温度范围更为严格。不同温度储藏对小麦真菌生长的影响表明低于 30℃ 时，随着储藏温度增加，真菌生长速率逐渐加快，在 30℃ 时，真菌生长速率达到一个高峰，而在 35℃ 时，真菌生长速率快速下降。

温度对真菌毒素形成的调控作用往往受到其他环境因素的影响。研究发现只要水分活度大于0.93，黄曲霉毒素B1的最大产量都在28℃。此温度下黄曲霉毒素合成基因簇中调控因子*afl*R和*afl*S的表达量较高。在温度28℃、水分活度0.96和0.99的条件下黄曲霉毒素合成基因簇中结构基因*afl* D和*afl*O表达量较高。在水分活度0.90和0.93的条件下，温度20℃时未观察到真菌生长和黄曲霉毒素B1的产生，温度37℃时黄曲霉菌生长良好，但黄曲霉毒素形成明显减少或完全被抑制。在相对湿度97%时，温度25℃和30℃条件下黄曲霉均可以产生黄曲霉毒素，AF总量和AFB1含量分别可以达到6817μg/kg和4483μg/kg。在相对湿度为75%时上述温度下未检测到黄曲霉毒素。在温度为30℃时交替链霉菌产生交链孢酚（Alternariol，AOH）和链格孢醇单四醚（Chesterol Montether，AME）毒素能力较强。

15~30℃是伏马毒素分泌的最佳温度范围；在25℃时，镰刀菌产生玉米烯酮的量最高；赭曲霉毒素A的最佳产生温度在25~30℃。

（2）水分活度　小麦中含有自由水和结合水，水分活度指的是小麦中自由水的含量，小麦中真菌只能利用小麦中自由水进行代谢。水分活度已成为真菌生长用水最有效的表征。水分活度已被证明是调节真菌生长和次生代谢产物产生的关键因素。大多数霉菌不能在水分活度低于0.7的条件下生长（表1-18）。

表1-18　小麦中各种霉菌生长（孢子萌发）的最低水分活度

霉菌	最低水分活度	霉菌	最低水分活度
根霉菌	0.92	白曲霉	0.75
葡萄孢霉属	0.93	灰绿曲霉	0.73~0.75
毛霉属	0.92	亮白曲霉	0.72
黑曲霉	0.88	淡蓝色青霉	0.70
青曲霉	0.80	匍匐曲霉	0.65
烟曲霉	0.82	赤曲霉	0.65
黄曲霉	0.80	阿姆斯特碟曲霉	0.65
杂曲霉	0.75		

小麦收获后感染多种真菌，如赭曲霉毒素产毒菌赭曲霉、炭黑曲霉、疣孢青霉等，玉米赤霉烯酮、脱氧雪腐镰刀菌烯醇、伏马菌素的产毒菌镰刀菌等。这些霉菌更适合在相对湿度较高的条件下生长。

研究表明，水分活度0.99时，最适合黄曲霉生长和黄曲霉毒素形成，在水分活度0.85和0.88时，任何温度都不会产生黄曲霉毒素。真菌对于水分活度的敏感性也会因其他环境因素的变化而改变，水分活度对真菌毒素形成的调控作用受到温度、基质等因素影响。

（3）光照　光照作为外界环境信号，可诱导丝状真菌在内的多种生物生长发育和次级代谢产物的改变。光照可调控真菌毒素的形成，针对不同种类的真菌和真菌毒素，具有抑制和促进的作用。光照调控产毒真菌繁殖和真菌毒素形成的表象和机制复杂，会受到光照质量和强度的影响。光照可以影响真菌有性和无性生殖，如有性孢子或分生孢子的形成。光照还可以影响真菌的形态发育、趋光性、初级代谢和次级代谢等。真菌可以感知近紫外光、蓝光、绿光、红光和远红光，利用多达 11 个光感受器和信号级联来控制基因表达，从而适应环境条件。真菌细胞内蓝光感受器直接起着转录调节的作用，而红光和远红光感受器诱导光敏色素信号通路将信号从细胞质传递到细胞核，蓝光照射可以直接降解赭曲霉毒素和曲霉毒素等真菌毒素。

光照对于不同真菌、不同真菌毒素的调控作用不同。光照对赭曲霉毒素的生物合成具有强烈的抑制作用，但是促进伏马菌素和橘霉素（CIT）的产生。不同波长和强度的光对真菌毒素合成途径的激活或抑制具有特定的影响。红光（625nm）和远红光（740nm）可抑制赭曲霉毒素 A 的产生，红光（627nm）和蓝光（455~470nm）对赭曲霉毒素 A 的形成有抑制作用。与红光和蓝光相比，黄光和绿光促进赭曲霉毒素 A 的生物合成。菌株黑色素含量影响真菌对光照的敏感性，黑色素含量较低的菌株对光照更为敏感。

光照不仅对真菌毒素的形成具有调控作用，还可以降解真菌毒素。在持续日光照射条件下，赭曲霉毒素 A 的生物合成比在黑暗中培养时降低 20%~30%。赭曲霉毒素 A 生物合成基因的表达受到昼夜节律调控，赭曲霉毒素 A 主要在黑暗条件下合成。当赭曲霉毒素 A 的纯溶液在光下孵育时，会发生显著的降解，降解程度取决于光的强度和波长。此外，真菌自身的某些酶也可在光期发挥降解真菌毒素的作用，水解酶具有降解赭曲霉毒素 A 的能力。在光照条件下，赭曲霉毒素 A 通过内源性酶活力和（或）光照被降解到对真菌毒性较小的浓度（70%~80%），在黑暗中，生物合成再次开始，直到浓度达到 100%。在光照条件下，特别是红光和蓝光条件下，OTA 的生物合成量普遍大幅度降低，这种减少是在转录水平上调控的，当培养物从暗到蓝光条件（390~450nm）时，赭曲霉毒素聚酮合成酶基因的表达水平迅速下降。

（4）小麦的损伤　小麦损伤对真菌毒素形成的影响主要体现在小麦种植期间。小麦在损伤和受到环境胁迫时会增加真菌毒素污染的概率，如干旱胁迫、昆虫伤害、机械损伤等。小麦粒结构受到损伤的情况下会受到侵染，损伤的来源包括机械损伤和昆虫侵害造成的损伤，其中昆虫侵害多数是由于昆虫本身是携带真菌的污染源。缨翅目昆虫种群数量与真菌污染率呈正相关，玉米镰刀菌耳腐病与昆虫的侵害有关。田间调查显示，小麦被虫蛀后引起轮生镰孢菌病和伏马菌素的污染率显著升高。除了昆虫侵害引起植物受到真菌侵染，某些真菌病毒会影响真菌的产毒。有人研究发现一种分离自产黄青霉的病毒（Penicillium Chrysogenum Virus，PcV）抑制黄曲霉产毒，其机制可能是病毒双链 RNA（Ribonucleic Acid）抑制黄曲霉毒素的生物合成。田间试验发现，通过育种技术培育出的对镰刀菌低感的小麦品种在配合使用杀虫剂情况下能够使脱氧镰刀菌烯醇含量由 8~10mg/kg 降低至 1.25mg/kg。

产毒菌基因组中存在真菌毒素合成基因簇是真菌毒素产生的根本原因，光照、温度、水分活度等环境因素可作为环境信号，通过细胞转导途径传递到产毒菌，激活或抑制真菌毒素合成基因簇的表达，从而影响真菌毒素的合成。环境会影响真菌毒素的产生，当环境无法达到真菌的产毒条件时，可能会降低真菌的产毒量甚至不产毒。在不影响小麦生产及储藏的情况下寻找一种最佳的抑制真菌产毒的条件是农业生产中追求的目标。不同种类的真菌对环境的适应能力不同，都有各自最适的产毒条件范围，但是也有共性的一面，例如环境温度为25~37℃，黑暗条件为大多数真菌产毒所偏好，因此可以通过低温贮藏、高温灭菌、晾晒等措施加以避免。根据报道，较为安全的储藏条件为低于真菌最适生长条件（水分活度0.10和温度5℃），真菌的生长条件与产毒条件往往会有差异，并且后者依赖于前者，单纯的考虑真菌的产毒条件往往会忽视真菌菌体的生长，当环境发生变动时真菌的产毒又会出现。

（三）真菌毒素的限量要求

目前，人们发现的真菌毒素有400多种。通过生物学试验证明确实有毒，与小麦相关且已弄清化学结构的有近20种（表1-19）。

表1-19　自然发生于小麦中的真菌毒素

毒素	英文名称及缩写	产生菌
黄曲霉毒素	Aflatoxin，AFT	黄曲霉、寄生曲霉
赭曲霉毒素	Ochratoxin，OTA	赭曲霉、硫色曲霉
杂色曲霉素	Sterig-matocystin，ST	杂色曲霉
黄天精、岛曲霉素	Luteoskyrin，*P. islandicum*	岛曲霉
皱褶青霉素	Rugulosin	皱褶青霉
橘霉素	Citrinin	橘青霉
黄绿青霉素	Citreoviridin，CIT	黄绿青霉、其他青霉
二醋酸藨草镰刀菌烯醇	Diacetoxyscirpenol，DAS	三线镰刀菌、藨草镰刀菌
T-2毒素	Trichothecenes，TS	三线镰刀菌、雪腐镰刀菌
雪腐镰刀菌烯醇、脱氧雪腐镰刀菌烯醇	Nivalenol，NIV Deoxynivalenol，DON	雪腐镰刀菌
镰刀菌烯酮	Fusarenon-X，FX	雪腐镰刀菌
丁烯酸内酯	Butenolide	雪腐镰刀菌
玉米赤霉烯酮	Zearalenone，ZEN	禾谷类镰刀菌
伏马菌素	Fumonisin FB	串珠镰刀菌、再育镰刀菌

其中，黄曲霉毒素、赭曲霉毒素、玉米赤霉烯酮、呕吐毒素（脱氧雪腐镰刀菌烯醇）、T-2毒素、伏马毒素和展青毒素是研究得最多的几种毒素。根据GB 2761—2017

《食品安全国家标准　食品中真菌毒素限量》及相关文献，这里列举了小麦及其制品中黄曲霉毒素 B1、呕吐毒素、赭曲霉毒素 A、玉米赤霉烯酮及 T-2 毒素的限量指标（表 1-20 至表 1-24）。真菌毒素的限量要求是指在食品原料和（或）食品成品可食用部分中允许的最大含量水平。

表 1-20　　小麦及其制品中黄曲霉毒素 B1 限量指标

国家/地区	小麦及食品类别	最高允许限量/（μg/kg）
中国	小麦、小麦粉、麦片	5.0
美国	小麦、小麦粉	20.0
欧盟	小麦、小麦粉	2.0

表 1-21　　小麦及其制品中呕吐毒素限量标准

国家/地区	小麦及食品类别	最高允许限量/（μg/kg）
中国	大麦、麦片、小麦粉	1000
	食用磨粉用小麦	1000
美国	食用小麦最终产品	1000
	饲料用小麦及制品	4000
	未清洗软质小麦	2000
欧盟	未加工硬质小麦	1750
	小麦	750
	加工小麦为主的婴儿食品	200

表 1-22　　小麦及其制品中赭曲霉毒素限量标准

国家/地区	小麦及食品类别	最高允许限量/（μg/kg）
中国	小麦及其制品	5.0
欧盟	小麦及其制品	3.0
丹麦	小麦	5
瑞士	小麦及其制品	2
巴西	小麦	50
法国	小麦	5
奥地利	小麦	5

表 1-23　　小麦及其制品中玉米赤酶烯酮和 T-2 毒素的限量标准

国家/地区	小麦及食品类别	最高限量/（μg/kg）
奥地利	小麦、裸麦、硬麦	60
法国	小麦	200

续表

国家/地区	小麦及食品类别	最高限量/(μg/kg)
俄罗斯	硬质小麦、小麦粉	1000
罗马尼亚	食品	30
乌拉圭	小麦	200

表 1-24 小麦及其制品中 T-2 毒素的限量标准

国家/地区	小麦及食品类别	最高限量/(μg/kg)
中国	小麦	60
俄罗斯	小麦	100

交链孢霉（Alternaria Species）广泛分布于自然界，可在田间、运输及储藏过程中引起农作物霉变，最常污染果蔬及其制品、谷物及其制品。其中，互隔交链孢霉（Alternaria Alternata）可产生多种霉菌毒素，常侵染谷物，互隔交链孢霉可能对人类和动物构成潜在的健康风险，目前还没有监管政策限定其在食品和饲料中的含量。

（四）真菌毒素的测定方法

1. 真菌毒素测定方法标准

（1）黄曲霉毒素的测定　黄曲霉毒素的检测标准（表 1-25），涉及的检测方法有柱后光化学衍生高效液相色谱法（High Performance Liquid Chromatography，HPLC）、超高效液相色谱法、免疫亲和柱净化-高效液相色谱法（Immunoaffinity Column Purification-High Performance Liquid Chromatography，IAC-HPLC）、同位素内标-液相色谱串联质谱法（Liquid Chromatography-Tandem Mass Spectrometry，LC-MS/MS）、高效液相色谱-柱前衍生法等仪器分析方法和胶体金定量/定性检测技术、酶联免疫吸附筛查法（Enzyme-Linked Immuno Sorbent Assay，ELISA）、薄层色谱法（Thin Layer Chromatography，TLC）。

表 1-25 小麦及其制品中的黄曲霉毒素的检测方法

标准号	标准名称	检测方法
GB 5009.22—2016	《食品中黄曲霉毒素 B 族和 G 族的测定》	第一法：同位素稀释液相色谱-串联质谱法 第二法：高效液相色谱-柱前衍生法 第三法：高效液相色谱-柱后衍生法 酶联免疫吸附筛查法 第四法：薄层色谱法
LS/T 6111—2015	《粮油检验　粮食中黄曲霉毒素 B1 胶体金快速定量法》	胶体金定量检测

续表

标准号	标准名称	检测方法
LS/T 6122—2017	《粮油检验 粮油及其制品中黄曲霉毒素含量测定 柱后光化学衍生高效液相色谱法》	柱后光化学衍生高效液相色谱法
LS/T 6128—2017	《粮油检验 粮食中黄曲霉毒素 B1、B2、G1、G2 的测定 超高效液相色谱法》	超高效液相色谱法
LS/T 6133—2018	《粮油检验 主要谷物中 16 种真菌毒素的测定 液相色谱-串联质谱法》	液相色谱-串联质谱法

（2）脱氧雪腐镰刀菌烯醇检测 小麦及其制品中脱氧雪腐镰刀菌烯醇的检测标准有 5 个（表 1-26），包括 1 个国家标准，4 个粮食行业标准，其中 GB 5009.111—2016《食品安全国家标准 食品中脱氧雪腐镰刀菌烯醇及其乙酰化衍生物的测定》是 GB 2761—2017《食品安全国家标准 食品中真菌毒素限量》指定的检验方法，可以检测小麦及其制品中的脱氧雪腐镰刀菌烯醇。

表 1-26 小麦及其制品中的呕吐毒素检测方法

标准号	标准名称	检测方法
GB 5009.111—2016	《食品安全国家标准 食品中脱氧雪腐镰刀菌烯醇及其乙酰化衍生物的测定》	第一法：同位素稀释液相色谱-串联质谱法；第二法：薄层色谱测定法
LS/T 6110—2014	《粮油检验 谷物中脱氧雪腐镰刀菌烯醇测定 胶体金快速测试卡法》	胶体金快速测试卡法
LS/T 6113—2015	《粮油检验 粮食中脱氧雪腐镰刀菌烯醇测定 胶体金快速定量法》	胶体金快速定量法
LS/T 6127—2017	《粮油检验 粮食中脱氧雪腐镰刀菌烯醇的测定 超高效液相色谱法》	超高效液相色谱法
LS/T 6133—2018	《粮油检验 主要谷物中 16 种真菌毒素的测定 液相色谱-串联质谱法》	液相色谱-串联质谱法

（3）玉米赤霉烯酮检测 小麦及其制品中玉米赤霉烯酮的检测标准有 4 个（表 1-27），包括 1 个国家标准，3 个粮食行业标准，基本覆盖了市场上玉米赤霉烯酮的检测技术。GB 2761—2017《食品安全国家标准 食品中真菌毒素限量》指定玉米赤霉烯酮的检验方法为 GB 5009.209—2016《食品安全国家标准 食品中玉米赤霉烯酮的测定》中规定的方法，可以检测小麦及其制品中的玉米赤霉烯酮。

表 1-27 小麦及其制品中的玉米赤霉烯酮检测方法

标准号	标准名称	检测方法
GB/T 5009.209—2016	《食品安全国家标准 食品中玉米赤霉烯酮的测定》	液相色谱法

续表

标准号	标准名称	检测方法
LS/T 6112—2015	《粮油检验　粮食中玉米赤霉烯酮胶体金快速定量法》	胶体金快速定量法
LS/T 6109—2014	《粮油检验　谷物中玉米赤霉烯酮测定的胶体金快速测试卡法》	胶体金快速测试卡法
LS/T 6129—2017	《粮油检验　粮食中玉米赤霉烯酮超高效液相色谱法》	超高效液相色谱

（4）伏马毒素检测　小麦及其制品中的伏马毒素的检测标准（表1-28）有2个行业标准，可以检测小麦及其制品中的伏马毒素。

表1-28　小麦及其制品中的伏马毒素检测方法

标准号	标准名称	检测方法
LS/T 6130—2017	《粮油检验　粮食中伏马毒素B1、B2的超高效液相色谱法》	超高效液相色谱法
LS/T 6133—2018	《粮油检验　主要谷物中16种真菌毒素的测定　液相色谱-串联质谱法》	液相色谱-串联质谱法

（5）赭曲霉毒素检测　小麦及其制品中的赭曲霉毒素检测标准中共有4个（表1-29），包括1个国家标准和3个行业标准，可以检测小麦及其制品中的赭曲霉毒素。GB 2761—2017《食品安全国家标准　食品中真菌毒素限量》规定的检验方法GB 5009.96—2016《食品安全国家标准　食品中赭曲霉毒素A的测定》，包括免疫亲和净化-仪器分析、酶联免疫和薄层色谱等五种检测方法。

表1-29　小麦及其制品中的赭曲霉毒素检测方法

标准号	标准名称	检测方法
GB 2009.96—2016	《食品安全国家标准　食品中赭曲霉毒素A的测定》	第一法：离子交换固相萃取柱净化高效液相色谱法 第二法：免疫亲和层析净化液相色谱-串联质谱法 第三法：酶联免疫吸附法 第四法：薄层色谱法
LS/T 6114—2015	《粮油检验　粮食中赭曲霉毒素A测定的胶体金快速定量法》	胶体金定量检测

续表

标准号	标准名称	检测方法
LS/T 6126—2017	《粮油检验　食品中赭曲霉毒素 A 的测定超高效液相色谱法》	超高效液相色谱法
LS/T 6133—2018	《粮油检验　主要谷物 16 种真菌毒素的测定　液相色谱-串联质谱法》	液相色谱-串联质谱法

（6）T-2 毒素检测　小麦及其制品中的 T-2 毒素检测标准中共有 2 个（表 1-30），包括 1 个国家标准和 1 个行业标准，可以检测小麦及其制品中的 T-2 毒素。其中国家标准是强制性标准 GB 5009.118—2016《食品安全国家标准　食品中 T-2 毒素的测定》。

表 1-30　　小麦及其制品中的 T-2 检测方法

标准号	标准名称	检测方法	检出限/定量限/（μg/kg）
GB 2009.118—2016	《食品安全国家标准　食品中 T-2 毒素的测定》	第一法：免疫亲和层析净化 液相色谱法 第二法：间接 ELISA 法 第三法：直接 ELISA 法	第一法：10/33 第二法：1/3 第三法：直接 ELISA 法一：1/3 直接 ELISA 法二：3.5/11
LS/T 6133—2018	《粮油检验　主要谷物中 16 种真菌毒素的测定　液相色谱-串联质谱法》	液相色谱-串联质谱法	T-2：0.6/2；HT-2：3/10

2. 小麦中主要真菌毒素检测中的前处理方法

真菌毒素的前处理分为提取和净化两个步骤，选取的提取溶剂及净化方法需依据待测基质和目标真菌毒素的理化性质来决定。由于不同真菌毒素理化性质差异大，需要选择适合的提取溶剂，这是前处理过程最重要的环节，对回收率的高低影响很大。对提取液进行净化处理，可以降低基质中色素、脂肪、蛋白等组分的干扰，降低基质对真菌毒素离子化的影响，延长色谱柱的寿命。目前，常用的真菌毒素分析前处理技术有液液萃取法、固相萃取法、免疫亲和柱净化法及多功能净化柱净化法。

（1）真菌毒素的提取　由于真菌毒素在样品中含量很少，测定方法的灵敏度和准确度与样品前处理过程密切相关。好的提取方法不仅要求提取充分，而且要求提取的物质中含有尽可能少的非目标组分，这对之后毒素的分离、纯化更有利。提取溶剂的选择取决于待测毒素种类、毒素性质、毒素在提取溶剂中的溶解度、提取溶剂的毒性和价格、非测定成分在提取溶剂中的分配系数等。

从小麦中提取真菌毒素一般采用甲醇、乙腈、正己烷、苯、甲苯等有机溶剂或多种溶剂组合。根据各种真菌毒素不同的分子组成，通常采用纯有机溶剂、有机溶剂与水的混合溶液（甲醇-水、乙腈-水）、有机溶剂与酸性溶液（磷酸、乙酸或柠檬酸等）或碳酸氢钠溶液的混合溶液（甲醇-磷酸盐缓冲液）（pH 7.4），甲醇-磷酸溶液、甲醇-抗坏血酸溶液、乙腈-1%磷酸溶液、乙腈-3%乙酸溶液、甲苯-乙酸（99∶1，体积比）或甲苯-2mol/L盐酸-0.42mol/L氯化镁（8∶8∶4，体积比）作为提取溶剂进行提取。提取方式有振荡、超声提取等方式。超声提取无须高温，一般在30~50℃水温下提取，不破坏原料中某些热不稳定成分；常压提取、稳定性好、操作简单易行；提取效率高，超声提取10~30min即可获得最佳提取率，适用性广，减少能耗，原料处理量大，有效成分易于分离、净化；提取工艺成本低、综合经济效益显著等优点。

（2）真菌毒素的净化　样品净化是真菌毒素分析中必不可少的步骤。净化是指在不损失或尽可能少损失待测毒素的前提下除去干扰杂质的过程。常用液液萃取法、柱色谱法及其他净化处理方法。

①液液萃取法：液液萃取净化一般是利用物质在互不相溶的两种溶剂中的溶解度不同而使其分离。液液萃取法最早被用于样品预处理，它的基本原理是分配定律，即在一定温度下，溶质在两种不相溶的溶剂分配时，平衡浓度之比为常数。这个方法可把易溶于有机试剂的化合物直接萃取到与水不相溶的有机试剂中。液液萃取法优点是方法简单，使用的仪器、试剂便宜，一般实验室都能完成。但该方法劳动强度大，程序不能实现自动化，且需要耗费大量有毒有机溶剂，操作烦琐、耗时、回收率低，易造成环境的污染和毒素的流失，毒素回收率不高，不适应进行大规模的样品分析。

②柱色谱法：柱色谱净化具有试剂消耗少，操作简单的优点，是使用最为广泛的真菌毒素净化方法。针对不同样品基质、目标毒素性质以及检测要求，选用不同的净化柱。目前用于真菌毒素分离纯化的净化柱产品主要有固相萃取柱、免疫亲和柱、多功能净化柱等。

a. 固相萃取柱（Solid Phase Extraction Column，SPE Column）：固相萃取柱成本低，适用于基质较简单的样品净化。最常见的用于净化真菌毒素的固相萃取柱内填充剂有佛罗里硅土、硅胶、C_{18}键合相或离子交换树脂等。固相萃取基于液相色谱的原理分离样品组分，即样品通过固体吸附剂进行净化，固体吸附剂捕获样品提取液中的真菌毒素，与样品基体以及干扰化合物分离，同时将其富集，然后用洗脱液洗脱。固相萃取柱的填充剂主要有硅胶、氧化铝、硅藻土、非极性烷烃类化学键合相（如C_{18}）等。固相萃取方法具有快速、简便、效率高、节省溶剂等优点，目前是真菌毒素常规检测最常用的样品前处理方法。

六种玉米赤霉烯酮类物质（α-玉米赤霉醇、β-玉米赤霉醇、α-玉米赤霉烯醇、β-玉米赤霉烯醇、玉米赤霉酮、玉米赤霉烯酮）可用ENVI-Carb石墨化炭黑（GCB）固相萃取柱进行富集净化，用二氯甲烷-甲醇（7∶3，体积比）溶液洗脱，超高压液相色谱-二级质谱（UPLC-MS/MS）分离测定，加标回收率为79.9%~104.0%。采用甲醇提取的8种真菌毒素（黄曲霉毒素B1、黄曲霉毒素B2、黄曲霉毒素G2、黄曲霉毒素M1、伏马菌素、T-2毒素、玉米赤霉烯酮）用C_{18}固相萃取柱净化，快速液相色谱（Rapid Resolution Liquid Chromatography，RRLC）分离，质谱检测，有较好的回收率和检出限。采用HLB、PAX、C_{18}三种实验室常用的固相萃取小柱对玉米粉中的六种真菌毒素，黄曲霉毒素 B1、黄曲霉毒素 B2、黄曲霉毒素 G1、黄曲霉毒素 G2 和伏马菌素 B1、伏马菌素 B2 净化，发现 HLB 固相萃取柱的效果最好，回收率在 80%~107%，能满足同时对 6 种真菌毒素净化的要求。伏马菌素 B1、伏马菌素 B2 通过 PAX 和 C_{18}固相萃取柱的回收率只有 15%~25%。改性聚苯乙烯-二乙烯基苯固相萃取柱（Bond Elut Plexa）净化浓缩高粱中的黄曲霉毒素 B1，可除去基质中大部分脂类、蛋白质和全部的高粱红色素。

b. 免疫亲和层析柱（Immune Affinity Column，IAC）：是 20 世纪 90 年代在分析领域得到应用的一种新技术。免疫亲和柱的工作原理是当样品提取液通过柱子时，提取液中的真菌毒素与免疫亲和柱中的抗体特异性结合，杂质用水或水溶液除去，吸附的真菌毒素再用溶剂（如甲醇）洗脱，它可以特异性地将真菌毒素分离出来，一步完成样品的净化和浓缩。主要优点是具有高度特异性，可除去绝大多数干扰物质，达到低的检出限，溶剂使用少、快速、可以自动化和再生等优点。缺点是柱成本高，商品化 IAC 仅适合几种毒素，有时还需要加预柱净化。使用过程中如出现较低的回收率可能与毒素的亲和力较低或结合的抗体不足有关，有时可能会发生干扰物质与抗体结合而导致不正确的结果。

免疫亲和柱净化谷物中赭曲霉毒素，对样品采取甲醇/水提取后，将提取液装入赭曲霉毒素 A 专一化抗体的免疫亲和柱中，使样品中的赭曲霉毒素 A 与抗体结合。淋洗除去杂质后，以甲醇洗脱使赭曲霉毒素 A 与抗体分离，然后采用反相色谱柱以甲醇/乙腈/磷酸溶液流动相梯度洗脱，柱后光化学衍生，荧光光度计检测。

小麦中真菌毒素的国标检测方法采用免疫亲和层析净化高效液相色谱法，可参照 GB 5009.22—2016《黄曲霉毒素检测方法》、GB 5009.96—2016《赭曲霉毒素 A 检测方法》、GB 5009.209—2016《玉米赤霉烯酮检测方法》。

黄曲霉毒素的净化可采用商业化的 IAC-AZ 免疫亲和柱，玉米赤霉烯酮可采用 IAC-AZ 和 Zearala Test 免疫亲和柱净化，脱氧雪腐镰刀菌烯醇可采用 DON Test-P 免疫亲和柱层析净化。

c. 多功能净化柱（Multifunctional Clean-Up Column，MFC）：是一种特殊的固相萃取柱，它以极性、非极性及离子交换等几类基团组成填充剂，可选择性吸附样液中的脂类、蛋白质、糖类等各类杂质，待测真菌毒素不被吸附而直接通过，从而完成一步净化过程，净化效果比较好。该方法操作简单、不需要进行活化、淋洗和洗脱、净化效果好、直接上样后 10s 即可完成整个净化过程，适合于多残留分析。缺点是对部分真菌毒素有一定的吸附，因而回收率偏低。

目前用于净化真菌毒素的多功能净化柱主要为美国 Romer 公司生产的 Mycosep 系列多功能净化柱，包括 Mycosep 113、Mycosep 226、Mycosep 228 等。

（3）其他前处理方法

①基质固相分散（Matrix Solid-Phase Dispersion，MSPD）：基本原理是将试样直接与适量反相填料研磨、混匀制成半固态物质，然后装柱，用洗脱剂淋洗。根据分析物在基质中的分散和溶剂的极性将分析物迅速分离。MSPD 是一种兼具了固相萃取柱的优点，

而在操作上比固相萃取柱更简单的技术，其提取、净化过程能一步完成。该方法的缺点是重复性差，实验操作对结果影响比较大。

②分子印迹技术：分子印迹（Molecular Imprinting，MI）技术的原理是首先功能单体与模板分子间相互作用形成单体-模板分子复合物，然后功能单体与交联剂交联聚合形成聚合物，将模板分子固定下来，最后再通过一定的物理或化学方法把模板分子提取出来，从而在聚合物中留下一个与模板分子特异性结合的功能基的三维空穴，对模板分子具有专一性识别作用。

目前，业内已成功制备了伏马毒素、玉米赤霉烯酮、赭曲霉毒素 A、T-2 毒素、脱氧雪腐镰刀菌烯醇（呕吐毒素）、黄曲霉毒素 B1 的分子印迹聚合物，并成功对相应毒素净化，表现出与免疫亲和柱相似的选择性及更高的吸附量。

由于有机溶剂对环境的污染程度严重，液液萃取和固相萃取虽然能对提取液进行有效的净化和富集，但实验步骤复杂，有机溶剂消耗量大，对毒素的专属选择性差，容易造成基质对目标毒素离子化效率的强烈干扰。相比而言，免疫亲和柱净化法和多功能净化柱净化法能更有针对性地对提取液进行净化和富集，方法简便，试剂用量小，特异性强，目前被广泛用于粮食中真菌毒素的含量分析。虽然免疫亲和柱净化法能大大提高检测效率，但由于免疫技术发展的限制，用免疫亲和柱净化法处理样品可检测的真菌毒素种类仍然很有限。随着检测仪器的稳定性、灵敏度和特异性的不断提高，仪器方法抗干扰能力的不断增强，有些不需要净化的前处理方法也逐渐出现。真菌毒素检测的前处理技术目前仍处于研究阶段，其方法实用性和稳定性需进一步改进。

3. 真菌毒素的检测方法

真菌毒素的分析检测方法主要分为理化检测法和快速检测法两大类。理化检测法主要包括薄层色谱法、气相色谱法、液相色谱法及液质联用法等。快速检测法主要包括生物传感器法、免疫分析法、红外光谱法等。快速检测法具有简便、快捷的优势，适用于样品的现场检测和快速筛查，该方法对实验条件和实验人员的要求不高，但其检测结果的准确度和重现性较差。气相色谱和气相色谱串联质谱具有灵敏度高和操作简便的特点，其适用于分析易挥发、热稳定的化合物，但是，大多数真菌毒素热稳定性差，这对气相色谱仪分析的毒素种类存在很大限制。近年来，液相色谱及液质联用检测技术飞速发展，其应用于粮食产品中真菌毒素的检测也日益成熟，该方法具有稳定性好、灵敏度高的优点，适用于大多数真菌毒素的分析研究，是目前通用的检测方法。

（1）理化检测法

①薄层色谱法（Thin Layer Chromatography，TLC）：是以涂敷于支持板上的支持物作为固定相，以合适的溶剂为流动相，对混合样品进行分离、鉴定和定量的一种层析分离技术。薄层色谱法是一种快速、简便、高效、经济、应用广泛的色谱分析方法，适合于真菌毒素的定量、半定量检测。

黄曲霉毒素 B1 经提取、浓缩、薄层分离后，利用黄曲霉毒素荧光特性检测定量，在 365nm 波长紫外灯下检测灵敏度可达 5μg/kg。赭曲霉毒素 A 用三氯甲烷、磷酸、甲醇/水为提取剂进行样品提取后，提取液经净化、浓缩、薄层展开后，在波长 365nm 紫外光下产生黄绿色荧光，根据其在薄层板上显示的荧光与标准比较测定含量。赭曲霉毒素 A 检出限对于粮食约为 10μg/kg。我国 GB/T 5009.25—2003《植物性食品中杂色曲霉素的测定》对于植物性食品大米、玉米、小麦、黄豆及花生等中的杂色曲霉素，进行提取、净化、浓缩、薄层展开后在 365nm 紫外线下检测，方法对于大米、玉米、小麦检出限为 25μg/kg，花生、黄豆检出限为 50μg/kg。玉米赤霉烯酮经提取、洗脱、干燥、再溶解后，以展开剂展开，在 256nm 紫外线下玉米赤霉烯酮呈绿色荧光，经三氯化铝喷雾后在 365nm 下玉米赤霉烯酮呈现蓝色荧光。橘霉素常用提取剂包括二氯甲烷/磷酸、乙腈/乙醇酸等，经吸附、液液萃取分离后进行检测分析，其中比色法、薄层层析法通常主要用于半定量检测，可用于大米、大麦、花生等样品检测，常用氯仿/甲醇/正己烷展开剂，检测波长为 254nm。

②高效液相色谱法（High Performance Liquid Chromatography，HPLC）：是根据真菌毒素极性的差别，采用高压泵用合适的流动相进行柱洗脱，使毒素分离，再通过紫外（Ultraviolet，UV）、荧光（Fluorescence Detector，FLD）、质谱（Mass Spectrum，MS）或二级质谱（MS/MS）检测器进行检测。此方法适用于大多数真菌毒素分析，具有稳定、可靠、灵敏高等特点，是目前比较认可的通用检测方法。HPLC-MS/MS 技术，可以同时提供目标化合物的保留时间和分子结构信息，具有杂质影响小、对净化要求低、灵敏度高、适合多组分分析等优点，并且可以进行定量分析与定性确证。

用三氯甲烷和磷酸提取样品中的赭曲霉毒素 A，样品提取液经净化、浓缩，高效液相色谱-柱后光化学衍生-荧光分光光度法检测。荧光检测器激发波长 330~340nm、发射波长 420~470nm，流动相采用乙腈或甲醇与磷酸或乙酸混合液（pH 2.3~3.6）。HPLC 法测定玉米赤霉烯酮通常采用三氯甲烷提取粮食中的毒素，经净化、分离、提纯后采用 FLD 检测器检测。可采用多功能净化柱利用其填充的极性、非极性及离子交换等基团实现选择性吸附样品中的脂类、蛋白质、糖类等杂质，一步完成净化分离过程，或采用 ENVI-Carb 石墨化炭黑固相萃取柱进行富集、净化，经二氯甲烷/甲醇洗脱后采用超高压液相色谱-二级质谱法测定。HPLC 分析伏马毒素，检测前必须经过衍生化处理，如采用甲醇/水提取、萘-2，3-二羧醛衍生化后检测，或经免疫亲和柱分离、检测，检出限为 0.1μg/kg，在 0.1~10.0μg/kg 范围内线性关系良好，回收率 84%以上；用于玉米类食品中 FB_1、FB_2检测范围为 100~300μg/kg，回收率分别为 87%~94%和 70%~75%。液相色谱法检测橘霉素多采用反向色谱柱、荧光（FLD）或紫外线（UV）检测器检测，橘霉素甲醇溶液最大紫外吸收波长在 250nm、333nm，可采用乙腈/磷酸溶液/异丙醇为流动相，波长为 340nm 检测橘霉素，液相色谱法检测方法检出限一般低于 5ng/g，方法回收率范围为 95.5%~102%。

采用 HPLC-MS/MS 测定花生及制品中黄曲霉毒素 B1、黄曲霉毒素 M1、脱氧雪腐镰刀菌烯醇、赭曲霉毒素 A、玉米赤霉烯酮五种真菌毒素，质谱采用电喷雾离子源（ESI）多反应监测模式进行检测，可在 6min 内完成一个样品的分析，检出限低，方法回收率达 86.8%～102.7%。

③气相色谱法：通过气相色谱（Gas Chromatography，GC）柱对真菌毒素进行分离，再使用质谱或经氟酰基化试剂衍生后用电子捕获检测器来进行检测。此方法常用于分析热稳定、易挥发、分子中不含发色基团和荧光基团，或具有弱荧光和弱吸收的真菌毒素。由于大多数真菌毒素对热不稳定，气相色谱法分析的毒素种类有限。

小麦样品中的脱氧雪腐镰刀菌烯醇用乙腈-水溶液提取，小麦样品用硅镁型吸附剂柱净化，用 *N*-七氟丁酰胺咪唑衍生，气相色谱-电子捕获检测器检测。该方法最低检出限为 0.010mg/kg，小麦样品加标回收率为 82.2%～98.53%。

④液质联用法：液相色谱与质谱技术的联用是化工行业应用较为广泛的分析与检测技术，20 世纪 70 年代，这一技术出现并逐渐应用到粮油真菌毒素检测中，其是利用真菌毒素独特的物理化学性质进行定性定量分析。在采用该技术分析真菌毒素时，需要选择合适的有机溶剂，以有效提取出粮油食品中的真菌毒素，并通过萃取、免疫亲和以及凝胶色谱等技术手段实现组分分离与提纯，提纯后的真菌毒素具有独特的荧光特性，可借助标准曲线法对其进行定量分析。与薄层色谱法相比，这类技术具有更好的准确性以及灵敏度，也是当前使用最为广泛的真菌毒素检测技术之一，国内外实验室都将其作为主要的真菌毒素检测以及确认技术手段。这项技术所采用的高效液相色谱仪造价昂贵，不易实现在基层的普及，同时对操作人员技术要求高，这一技术仅在大型实验室以及粮油食品企业中有使用。应用高效液相色谱进行组分分离与提纯之后，需要借助荧光光谱法进行定性以及定量分析，工作步骤略显烦琐。人们将其与质谱分析仪进行联用，质谱分析功能十分完善，二者的联合使用可以对复杂真菌毒素进行准确的定量与定性分析。高效质谱分析仪价格高昂，现在一些科研院所及专业食品安全质检机构配备。

（2）快速检测法

①生物传感器法：生物传感器是一种将目标检测物浓度转换为电信号的检测仪器。生物传感器法具有特异性高、快速、准确、简单、成本低等优点，常应于黄曲霉毒素类的检测。

②免疫生物传感器法（Immune Biological Sensors，IBS）：是基于固相免疫分析的生物传感器，是一种微型化检测装置，能够通过抗体选择性地检测待检物质并产生与待检物质浓度相对应的可转换信号。免疫传感器是利用光学信号或电子转移电阻值变化情况或胶体金粒子来检测真菌毒素。免疫传感器检测技术已经应用于大麦粉、小麦粉、玉米等多种农产品和食品的检测分析，均有较高的灵敏度和较短的响应时间，也存在交叉反应和干扰、稳定性不够好、不能对多种真菌毒素同时检测、不易携带等问题。

③免疫分析法：在粮油的真菌毒素检测技术中，免疫分析法是一种主要检测技术。主要通过采用抗原和抗体的特异性结合反应以及抗体或抗原上标记物的信号放大作用，实现对微量残留物的定性定量检测，这种检测技术较为便捷、检测灵敏度高。

a. 酶联免疫吸附法：酶联免疫吸附法（Enzyme-Linked Immunosorbent Method, ELISA）根据抗体、抗原反应动力学分为竞争性 ELISA 和非竞争性 ELISA；根据反应体系与检测体系之间的关系又分为直接 ELISA 和间接 ELISA。二者结合又可将 ELI SA 法分为直接竞争 ELISA、直接非竞争 ELISA、间接竞争 ELISA 及间接非竞争 ELISA 法。直接法比间接法操作简便、特异性强，灵敏度较差，间接法的显著特点是灵敏度高。竞争法比非竞争法的特异性强，灵敏度较差。

针对真菌毒素小分子的 ELISA 检测最常采用竞争法。有直接竞争 ELISA 法和间接竞争 ELISA 法。直接竞争 ELISA 法原理是在测定时标记的真菌毒素与目标真菌毒素通过竞争的方式与吸附在酶标板上的抗体结合，清洗后加入酶底物进行显色，受检抗原和酶标抗原竞争与固相抗体结合，结合于固相的酶标抗原量与受检抗原的量呈反比，样本中目标真菌毒素的浓度通过显色强度可建立标准曲线进行计算。间接竞争 ELISA 法是将已知真菌毒素抗原吸附在固态载体表面，洗除未吸附的抗原，加入一定量的抗体与待测样品（含有待测真菌毒素抗原）提取液的混合液，竞争培养后，在固相载体表面形成抗原抗体复合物。洗除多余抗体成分，然后加入酶标记的抗球蛋白的第二抗体结合物，与吸附在固体表面的抗原抗体复合物相结合，再加入酶的底物。在酶的催化作用下，底物发生降解反应，产生有色物质，通过酶标检测仪测出酶底物的降解量，从而推知被测样品的抗原量。目前用于黄曲霉毒素 B1 测定的商品化 ELISA 试剂盒的灵敏度一般在 0.1~1μg/L，可测范围一般小于 15μg/L；赭曲霉毒素 A 的商品化 ELISA 试剂盒的灵敏度一般在 0.2~1μg/L，可测范围在 0.2~25μg/L。采用间接竞争酶联免疫吸附法，检测小麦中橘霉素添加水平 200~2000ng/g 时回收率为 89%~104%，采用间接酶联免疫测定和直接酶联免疫测定相结合橘霉素检测限 0.4~0.8ng/mL，添加水平 100~200ng/g 时回收率为 105%~112%。

b. 放射免疫检测法（Radiation Immunoassays, RI）：以放射性同位素为标记物标记标准品，然后与样品混合，加入定量特异性抗体。由于样品中的抗原浓度与抗体抗原复合物中放射性强度成反比，根据对抗体抗原复合物的放射性计数，可计算样品中的抗原浓度。该法灵敏度很高，特异性强。但放射性元素易造成污染，标准品难以保存，且该法必须与液体闪烁计数器等仪器连用，价格昂贵，成本较高，技术推广上具有一定难度，应用推广受到一定限制。

c. 胶体金免疫层析法（Colloidal Gold Immune Chromatography, GICA）：是在 20 世纪 80 年代初出现的一种免疫分析方法，它是以膜为固相载体的速测技术，俗称快速检测试纸条。胶体金免疫层析仅需要 10min 左右便可读出结果，能满足现场快速检测的要求。该方法是半定量方法，精确定量不足，被广泛用于大量样品快速检测的初筛。目前，针对该法的不足研究新型标记材料，研究多元、定量检测以促使该技术不断完善中。

d. 化学发光酶免疫分析技术（Chemiluminescence Enzyme Immunoassay Technology, CLEIA）：属于非放射性免疫分析技术，具有化学发光法的高灵敏度和免疫法的强特异性，检测范围宽、快速和灵敏度高，不需要复杂的仪器设备，适用于粮食中真菌毒素的现场快速、大批量检测，与 HPLC 检测结果相比差异无显著性，与普通 ELISA 方法相比，其检测灵敏度要高出 1~2 个数量级，检测时间更短，所需样本量少。该方法存在化学发光时间短，易受基质干扰，重现性较差等不足。

e. 时间分辨荧光免疫分析（Time-Resolved Fluoroimmunoassay，TRFIA）：是将免疫反应的高度特异性和标记示踪物的高度灵敏性相结合而建立的一类微量物质检测技术。该技术是 20 世纪 80 年代初创立起来。时间分辨荧光免疫分析利用了具有独特荧光特性的铕（Eu）、铽（Tb）、钐（Sm）、钕（Nd）等镧系元素及其螯合物为标记物，标记抗体、抗原、激素、多肽、蛋白质、核酸探针及生物细胞，并用时间分辨荧光免疫分析检测仪测定反应产物中的荧光强度，根据产物荧光强度和相对荧光强度的比值，准确地测定反应体系中被分析物的浓度。

f. 横向流动免疫检测技术（Immunodetection Using a Lateral Flow Device，LFD）：发展起源于临床分析中对大分子的检测，横向流动试纸条技术可检测与异硫氰酸荧光素标记探针杂交的生物素标记的核酸。具有简单、快速并且可靠的特点。近来英国约克中心科学试验室利用横向流动原理研制出一种快速检测小麦中的 OTA 的免疫检测方法。通过筛选出大量对 OTA 表现有亲和力的单克隆抗体，然后通过和不同的真菌毒素的交叉反应进一步找出对 OTA 亲和力最好的抗体，然后将专一性 OTA 单克隆抗体固定在乳胶颗粒上进行测定 OTA。

g. 分子印迹技术（MIP）：来源于免疫学，是指制备对某一特定的目标分子具有特殊选择性的聚合物的过程，被形象地称为制造识别“分子钥匙”和“人工锁”的技术。分子印迹技术的原理是首先功能单体与模板分子间相互作用形成单体-模板分子复合物，然后功能单体与交联剂交联聚合形成聚合物，将模板分子固定下来，最后再通过一定的物理或化学方法把模板分子提取出来，从而在聚合物中留下一个与模板分子特异性结合的功能基的三维空穴，对模板分子具有专一性识别作用。以计算机模拟技术筛选功能单体合成能识别总黄曲霉毒素的 MIP，并将 MIP 以网格分布的方式固定于多孔渗透薄膜上，制备能识别总黄曲霉毒素的膜感应器。该研究通过计算机模拟筛选出最优的功能单体 *N*，*N*-亚甲基双丙烯酰胺，其与 AFB1、B2 和 G1 的结合能力最佳，以此聚合物制备的膜感应器检测总黄曲霉毒素，检测范围可达 1~1000μg/L。作为模板分子的真菌毒素价格昂贵，真菌毒素-MIP 立体结构难以确立，易受溶剂改变的影响，从而导致真菌毒素-MIP 方法的使用。

（3）红外光谱法　传统的粮油真菌毒素检测技术往往需要结合十分复杂的样品处理技术，无法应用于现场即时检测。近红外光谱分析技术便是现代真菌毒素检测中较为常用的一种，该技术基于很多真菌毒素在近红外区具有一定的吸收波段，通过波段分析得出真菌毒素的定性分析结果，如小麦中常见的呕吐毒素等都可以使用近红外光谱分析技术进行检测，使得粮油样品的质量筛选更为快速。红外光谱技术能够直接对样品进行检测，无须过多的样品处理过程，实现无损检测的同时，能够进行多组分的同时测量，工作效率更高。这一检测技术的局限性在于无法实现低浓度的真菌毒素检测，大规模应用还需一定的时间。

（4）毛细管电泳技术（Capillary Electrophoresis，CE） 是以高压电场为驱动力，以毛细管为分离通道，依据样品中各组分之间的区别和分配行为上的差异而实现分离的一类液相分离技术。它结合了电泳技术与色谱技术，具有灵敏度高和分析效率高、样品需求量少、节省溶剂用量等特点，可用于食品、粮食中玉米赤霉烯酮等真菌毒素的分析与检测。

采用胶束电动毛细管电泳测定玉米赤霉烯酮、黄曲霉毒素 B1 和赭曲霉毒素 A，应用于小麦粉、麦粒和麦穗等实际粮食样品的测定，该法对三种真菌毒素的检出限分别为 0.0084μg/mL，0.0016μg/mL，0.031μg/mL，样品加标回收率 77.9%~103.1%。

（5）微柱法（Micro-Column，MC） 是利用样品提取液中的黄曲霉毒素被微柱管内硅镁型吸附剂层吸附后，在波长 365nm 紫外灯照射下显示蓝紫色荧光环，其荧光强度与黄曲霉毒素的浓度在一定的浓度范围内呈正比关系。如果未出现蓝紫色荧光，则样品为阴性（方法灵敏度为 5~10μg/kg，回收率在 90%以上）。由于在微柱上不能分离黄曲霉毒素 B1、B2、G1、G2，测得结果为总的黄曲霉毒素含量。此法可以半定量测定黄曲霉毒素的总量。微柱层析法适用于大批量样品的快速筛选测定。

（6）蛋白质芯片技术（Protein Chip，PC） 又称蛋白质微阵列，是将捕获配基（如抗原、抗体、酶、受体、配体、细胞因子等）密集点阵列于某一介质（如修饰或未修饰后的玻片、硅片、尼龙膜等）载体上，形成所谓的探针。这些探针保持自身原有的生物活性，利用芯片上的探针与待检测样品中目标分子进行特异性结合，再通过各种检测设备对实验结果进行定性或定量分析。

蛋白质芯片技术可用于真菌毒素的检测。已建立同时检测六种真菌毒素（包括黄曲霉毒素 B1、M1、脱氧雪腐镰刀菌烯醇、赭曲霉毒素 A、T-2 毒素、玉米赤霉稀酮）的高通量蛋白免疫芯片技术，以及同时检测玉米和花生中四种真菌毒素（包括黄曲霉毒素 B1、脱氧雪腐镰刀菌烯醇、T-2 毒素、玉米赤霉稀酮）的悬浮芯片检测技术。

（7）电子鼻技术　电子鼻技术是通过模拟动物嗅觉器官，实现气味的有效识别，并进行相应组分的判断的技术。当前，通过电子鼻技术对小麦及其作物中的真菌毒素如赭曲霉毒素、呕吐毒素等进行检测已有实验室的研究，可以实现 80%以上的真菌毒素识别，这一技术的不断优化可望在粮油真菌毒素检测中得到应用。

（8）实时荧光定量 PCR　荧光定量 PCR 技术是利用荧光信号的积累来监测细胞内部的真菌毒素积累量与发展情况。该技术在应用过程当中会在 PCR 反应体系中注入相应的荧光染料，利用荧光信号来监测细胞内部的物质聚集情况。该技术是以 DNA 基础检测技术为发展基础，然后通过不断的试验和应用来提高技术检测准确度。它具有非常多的优点，比如特异性强、准确度高、检测质量好等。

（9）膜载体酶标记 Dip-Stick 快速检测技术（Dipstick Immunoassay，DSIA） 是基于抗原或抗体的固相化及对抗原或抗体进行酶标记。试纸法用膜通常是聚二氟乙烯膜（PVDF）、尼龙膜或硝基纤维素膜（NC）等来固定抗原或抗体。该法利用直接竞争酶联免疫吸附分析技术把真菌毒素抗体包被于膜上后，通过将包被有抗体的膜插入含有真菌毒素和真菌毒素酶标抗原的混合液中进行竞争反应，反应一段时间后可直接目视判断分析结果，比较适合现场快速检测。采用 Multimycotoxin 试纸酶免疫分析法可同时检测黄曲霉毒素 B1、T-2 毒素 、玉米烯酮、DON 和 Roridin（RA）这 5 种真菌毒素。

（10）噬菌体展示技术（Phage Display Techniques，PDT）　以噬菌体为载体，把基因表达产物与亲和筛选结合起来，从展示在噬菌体粒子表面极其庞杂的蛋白质中筛分出具有特定特征及功能的目的多肽或蛋白质。利用噬菌体七肽库，经过 3 轮筛选得到 9 个玉米赤霉烯酮（ZEN）的噬菌体阳性克隆，竞争 ELISA 试验结果表明 9 个阳性克隆均能被 ZEN 毒素抑制，检测线性范围为 0.1~10mg/L。将带有 OTA 模拟表位序列的寡核苷酸双链克隆至载体 pC89-COTA，利用噬菌体展示技术成功获得高密度表达 OTA 模拟表位的噬菌体。

（五）小麦中真菌毒素的消减

真菌毒素的控制主要包括控制霉菌生长、控制菌株产毒和消减毒素 3 个层面，目前研究最多的是毒素消减或脱毒技术，真菌毒素的消减技术通常采用化学、物理或生物学的方法。

（1）化学方法　化学方法即使用杀菌剂、防腐剂、添加剂、抗氧化剂等来抑制真菌毒素生长或使真菌毒素消减，一些化学试剂，如次氯酸、过氧化氢等对去除真菌毒素有一定效果。使用亚硫酸氢钠、硫酸氢钠、氨、次氯酸钠和过氧化氢对黄曲霉毒素的去毒作用比较明显。目前，化学处理是主要使用的真菌病害及其毒素控制方法。一些化学物质（如芳香物质、精油等）被用于真菌毒素的防控中，并且相关研究表明这些化学物质均可不同程度地抑制霉菌生长和 AF 的产生，效果优于合成的防腐剂。使用杀菌剂、防腐剂、添加剂、抗氧化剂等物质，要严格按照国家规定的浓度、用量和安全间隔期使用，以控制对粮食的安全及人体健康产生的危害。

（2）物理方法　物理方法主要有水洗法、辐射法、氨熏蒸法（氨与真菌毒素结合后发生脱羟作用，致使其内酯环发生裂解，使其毒性消失，从而达到脱毒的效果）以及吸附法（常见的吸附剂有白陶土、活性炭、黏土和沸石）。热处理为真菌毒素消减最常用的方法，包括热水浸洗、干热处理、蒸汽加热、热水喷淋处理或日光晾晒等。近几十年来，辐照法因节约能源、无二次和交叉污染、无残留、工艺简单、快速高效等优点被广泛用于食品和农产品真菌毒素降解领域，其中最为常用的是 γ 射线辐照。辐射对有害真菌的生长和毒素的产生都有明显抑制，与对照组相比，伽马射线的剂量为 4.0kGy 时可大大减少霉菌（镰孢霉、曲霉）的生长。在 6.0kGy 时对黄曲霉毒素 B 的解毒率为 74.3%~76.7%、赭曲霉毒素 A 51.3%~96.2%、玉米赤霉烯酮达到 78%。FAO/IAEA/WHO 联合专家委员会研究小组的结论是食品总体平均吸收剂量不超过 10kGy 时没有毒理学危险，同时营养学上也是安全的。目前，许多国家和地区已制定了相关的食品辐照标准。

许多实验证明对沸石进行化学修饰可以增加其表面疏水性，提高吸附能力。在对天然沸石采用干法和湿法处理后，向其加入表面活性剂十八烷基二甲基苄基氯化铵和双十八烷基二甲基氯化铵，可以大大提高其对黄曲霉毒素 B1 玉米赤霉烯酮、赭曲霉毒素 A 等的吸附能力。

（3）生物学方法　生物脱毒是利用微生物在其生长过程的代谢产物或是微生物自身的特性进行脱毒，包括微生物降解和微生物吸附。微生物吸附是指其菌体细胞壁通过非共价键与毒素分子结合。微生物的发酵产酶对毒素的降解主要是将霉菌毒素转化为低毒或无毒的物质，其优点在于特异性强、不会吸附营养物质和对饲料无污染，而且避免了毒素的二次污染。

许多微生物如细菌、酵母菌、真菌、放线菌和藻类等可去除或降低食物和饲料中的真菌毒素。酵母和乳酸菌作为黄曲霉毒素的生物吸附剂可以阻止其进入人类和动物肠道，一些微生物如酵母等对真菌毒素具有解毒作用，不同的微生物对不同的毒素有着不同敏感性和选择性。生物脱毒与物理和化学脱毒方法相比，具有材料容易获得，环境友好，易于应用等优势。

二、小麦中的重金属

摄食污染小麦及其制品是重金属进入日常饮食暴露途径之一。当今，农业污染对粮食安全和人类健康构成相当大的挑战，矿产开发、化工企业经营、农药化肥施用、污水排放和车辆排放造成的重金属污染是农田的主要污染源，这些污染源会直接或间接地对粮食作物造成一定程度的污染。密度大于 4.5g/cm^3的金属的统称重金属，包括 54 个种类种。主要污染者包括镉（Cd）、铬（Cr）、汞（Hg）、铅（Pb）、铜（Cu）、锌（Zn）、银（Ag）、锡（Sn）等，从毒性角度一般把砷（As）、硒（Se）和铝（Al）等也包括在内。每种金属在土壤、粮食和人体中都有其不同的作用和影响。通常重金属的自然本底浓度不会达到有害程度，工业化的高度发展使得重金属污染越来越严重，当其量超过正常净化范围可能会引起土壤污染，其影响对象中粮食首当其冲。有害重金属通过各种途径污染粮食，经由食物链进入人体，并会在生物体内富集，给人体健康带来严重危害。

（一）重金属种类与危害

在 2014 年的《全国土壤污染状况调查公报》中，我国耕地土壤污染位点超标率已高达 19.4%，其中重金属污染超标率占 15.5%，若以全国 18 亿亩（1 亩 =666.6m^2）耕地面积计，我国耕种土壤重金属污染超标面积至少 2.8 亿亩。近年来，我国政府重点生态环境和农田土壤修复，重金属污染的情况得到了一定遏制，造成严重超标的重金属种类较多，主要包括铜、铅、镉、汞、锌、镍、铬等，从毒性角度一般把砷等也包括在内。中科院生态中心近年研究结果显示，目前我国受镉、砷、铬、铅、铜等重金属污染的耕地面积近 2000 万 hm^2，约占耕地总面积的 1/5，全国每年因重金属污染而减产粮食

1000多万t。在农业生产种植中，倘若土壤所含重金属过量将会导致植物生长过慢，改变植物内部的成分，不利于农作物健康正常的生长。人们过多食用含有重金属的食物后，这些重金属会聚集于人体内部中并与蛋白质和酶产生化学反应，会造成酶活性的降低。重金属超过最低耐限度会发生重金属中毒现象，致使人体内部组织产生病变，最终导致各种疾病的发生，威胁到人们的生命健康。不同的重金属中毒有不同的症状和表现，重金属非常难以被生物降解，却能在食物链的生物放大作用下成千百倍地富集，最后进入人体。

1. 重金属铜的危害

重金属铜的危害常表现在铜过量引起的急性中毒，职业中毒或误服所致，表现为发热、口渴、肌肉疼痛、头痛、头晕、伴有呼吸道刺激症状及消化道症状。由多污的环境导致的慢性中毒，表现为鼻黏膜出血点、鼻出血或溃疡。铜参与几十种酶的组成和活化，影响本体的生物转化、电子传递、氧化还原、组织呼吸等。铜与机体免疫力和清除自由基也有关系。铜中毒表现为恶心呕吐、腹泻、溶血、尿中出现红蛋白，接着出现心律失常、肾功能衰竭、尿毒症和休克等症状。

2. 重金属铅的危害

铅的工业污染主要来自矿采、冶炼、印刷、焊锡等产生的废水和废弃物。汽车排气中的四乙基铅是剧毒物质。人体内的铅主要来自被污染的食物，及其他来源。据报告，每天进入人体的铅来自食物者约为400μg、水10μg、城市空气26μg、农村空气1μg和吸烟8μg。估计目前人体内的铅与古代人相比已增加了约300倍。食物中铅在人体的吸收率受食物中蛋白质、钙和植酸等的影响，5%~15%在十二指肠吸收，经肝脏时有一部分又随胆汁而再次排入肠道。铅主要损害神经系统、造血器官和肾脏。常见症状有食欲不振、胃肠炎、口腔金属味、失眠、头昏、头痛、关节肌肉酸痛、腰痛、便秘、腹泻和贫血等，严重者可发生休克和死亡。慢性中毒时可影响凝血酶活力，影响凝血过程。慢性中毒后期出现急性腹痛和瘫痪，少数患者有动脉粥样硬化或动脉粥样硬化性肾炎。铅损害人体的免疫系统，使机体的免疫力明显下降。

3. 重金属镉的危害

残留于粮食及其制品中的镉被人体摄入后，有1%~6%被吸收，具体吸收率因其在食物中存在的形式而异，同时与膳食中蛋白质、维生素和钙的含量有关。镉是人体非必需元素。当环境受到镉污染后，镉可在生物体内富集，通过食物链进入到人体引起慢性中毒。镉在电镀、化工、电子等行业广泛使用，据统计每年全世界向环境中释放的镉达30000t左右，其中82%~94%会进入土壤中。镉可以通过粮食作物根系吸入，储存在粮食种粒中，人们通过食用粮食及其制品或者通过食物链富集最终进入人体内。进入人体的镉又通过反应形成镉硫蛋白，通过血液到达全身各处，并蓄积于肝、肾中。镉与含氨基、羟基、巯基的蛋白质分子结合，抑制肝、肾器官酶系统催化作用，从而损害肝、肾功能。肾功能不全使骨骼生长代谢受阻从而导致骨质疏松，骨骼萎缩、变形等，甚至可因肝肾综合征死亡。长期摄入被镉污染的食物，会造成镉在体内蓄积，导致骨软化症、周身疼痛。镉本身也是致癌物之一，能引起肺、前列腺和睾丸的恶性肿瘤。以氯化镉、硝酸镉形式存在的镉易溶于水，碳酸镉难溶于水。易溶于水的镉盐对人体毒性较大，进入人体内的镉容易在体内蓄积，主要蓄积于肾脏，其次为肝、胰、主动脉、心、肺等，从而造成这些器官的危害，尤以对肾脏损害最为明显。还可导致骨质疏松和软化。

4. 重金属汞的危害

微量的汞在人体内不至于引起危害，可经过尿、粪和汗液等途径排出体外。高浓度的汞毒性很强，其会影响生物质膜的结构和正常细胞代谢、阻碍水分吸收。无机汞的累计会损伤人体大脑，影响神经系统。通常情况下，汞中毒表现为神经衰弱综合征，头痛、头晕、睡眠障碍、脱发与记忆力减退等，还伴有多汗、心悸等神经失调症状。随着病情的发展，可能出现情绪不稳定、激动、恐惧与注意力不集中等，个别患者会产生幻觉。唇舌、脸、上下肢发生震颤。汞中毒严重者会导致肢体变形、瘫痪、吞咽困难，更甚者导致死亡。人类活动造成的水体汞污染主要来自塑料、电子等工业排放的废水以及废旧医疗器械，进而沉积在土壤中。甲基汞在体内与巯基亲和力高、脂溶性强、分子小所以易于扩散并进入各种组织细胞中。

5. 重金属锌的危害

重金属锌的危害常表现在过量引起的急性中毒表现为呕吐、腹泻、头痛和肌肉收缩失调。慢性中毒主要表现在与其他矿物质元素的相互拮抗所产生的后果，如影响钙的吸收和铜的代谢。有关疾病包括癌症、贫血、肾脏病、急性心肌梗死、类风湿关节炎、痤疮、动脉硬化、血栓性脉管炎、冠心病、视觉减退、脱发、皮肤干燥无光、易生粉刺、白内障、儿童多动症、牙周病、克山病、口腔溃疡和肝脾肿等。锌会导致植物发育迟缓和衰老，导致人体免疫力降低、动脉硬化、影响骨骼生长发育。

6. 重金属镍的危害

镍容易对人体产生一些毒性的伤害，尤其是摄入过多的镍，很容易导致中毒的现象。主要是一些皮肤的损伤以及身体其他系统的损伤，包括呼吸系统以及消化系统，会出现明显的皮疹，或者过敏性的皮炎。还会出现一些呕吐和腹泻的症状，容易引发呼吸衰竭。心、脑、肾都有可能会出现水肿现象，可能会出现严重的出血。镍是最常见的致敏性金属，约有 20%的人对镍离子过敏。镍离子可以通过毛孔和皮脂腺渗透到皮肤里面去，引起皮肤过敏发炎，其临床表现为瘙痒、丘疹性或丘疹水泡性皮炎和湿疹，伴有苔藓化。一旦出现致敏症状，镍过敏能无限期持续。

7. 重金属铬的危害

重金属铬的危害与其存在的价态有关，六价铬比三价铬毒性高 100 倍，易被人体吸收且在体内蓄积，重金属铬的危害主要表现为对人体中枢神经的破坏力很大，铬进入人体后极难排泄，极易干扰肾功能、生殖功能。铬污染具有周期长、隐蔽性大等特点。铬会取代骨中钙，使骨骼严重软化，骨头寸断。铬还会引起胃脏功能失调，使锌铬比降低，而导致高血压症上升。

8. 砷的危害

砷是一种非金属，其许多理化性质类似于金属而称其为类金属。砷污染的主要来源于有含砷农药、有色金属及砷化物开采和冶炼、煤的燃烧等。砷可在土壤中累积并由此进入粮食作物中。受砷污染粮油及制品被人误食后可引起急性中毒。砷经口中毒剂量以AS_2O_3计为5~50mg，致死量为0.06~0.30g。长期食用轻度污染的粮油主要引起慢性中毒。砷在人体内可与细胞内酶蛋白的巯基结合而使其失去活性，从而影响组织的新陈代谢，引起细胞死亡。砷可使神经细胞代谢产生障碍，造成神经系统病变。损害人体的肾脏和肺脏、影响神经系统，引起心血管疾病，危害人体的生殖发育。过量的砷会影响植物对磷的吸收。砷的化合物包括有机砷和无机砷，砷对人体中的许多酶有很强的抑制作用，可使人体内多种酶的活性及细胞的呼吸、分裂和繁殖受到严重干扰，从而引起体内代谢障碍。急性砷中毒可表现为急性肠胃炎症状，可致失水、肾前性肾功能不全。砷损害神经系统，重度患者有烦躁不安、妄想、意识模糊等症状。砷及其化合物已被确认为致癌物。长期食用轻度砷污染的粮油会引起慢性中毒，表现为虚弱、眩晕、气短、心悸、食欲不振和呕吐等，严重者四肢末端有多发性神经炎，可引起神经性疼痛。

（二）重金属存在的原因及影响因素

1. 重金属存在的原因

重金属一般以自然状态广泛存在于自然界中，由于人类对重金属进行开采、冶炼和加工，以及用于商业制造或者其他用途的活动日益增多，重金属通过环境循环进入大气、水、土壤等引起的环境污染，以各种化学形态存在于自然环境中，留存、累积、迁移致使环境大范围污染。被污染地区的土壤中重金属含量远远超过普通土壤层。含有大量重金属元素的土壤不适合种植粮小麦，否则将会导致生产出的小麦籽粒富含重金属，人们直接加工食用或间接通过食物链食用富含重金属的小麦，会损害健康威胁生命安全。工业“三废”及生活垃圾是导致小麦重金属污染的重要途径之一。工业“三废”是指工业生产过程中排出的废气、废水、废渣。含金属烟尘通过大气-土壤边界系统迁移至周围土壤后，又通过土壤-小麦-人体系统不断转化、迁移和累积。生活垃圾是指日常生活或者日常活动产生的各种废物，包括各种油漆、涂料、蓄电池、五金、机械、化妆品、染发剂、釉彩碗碟、餐具、燃煤、膨化食品、皮革制剂、工业颜料以及鞣革、橡胶等，其中很多废旧物品含有大量的重金属。工业“三废”的大量排放和生活垃圾的随意丢弃会导致农田的土壤、水源受到重金属污染，小麦通过土壤吸收到达籽粒造成污染。

小麦在生产、加工、收购、储存环节也会受到重金属的污染。在小麦生产、加工中，如使用含重金属超标的器械、容器或管道。小麦制品中酸性物质可使重金属溶出，导致小麦重金属污染。在小麦收购、储存过程中的操作不当也会导致重金属污染。

2. 影响因素

小麦对重金属转运能力可用采用富集系数（Bioconcentration Factor，BCF）和转运系数（Translocation Factor，TCF）两个指标进行评价：

富集系数=植物不同部位某重金属浓度/土壤中该重金属浓度

转运系数=植物堤上部分某重金属质量分数/地下部分该重金属质量分数

重金属在小麦内的迁运能力与植物种类、生长期、生长条件等因素有关。小麦不同部位重金属浓度均值为 Zn>Cu>Pb>As>Cd，地上部分 BCF 均值为 Cd>Cu>Zn>Pb>As，地下部分 BCF 均值为 Cd>Zn>Cu>Pb>As，这含量差异与重金属本身的活泼性和小麦蒸腾选择性吸收作用密切相关。小麦中的重金属含量与储藏时间没有明显的关系。

（1）土壤 pH 的影响　酸碱度 pH 对小麦的生长及其对重金属元素的吸附均有很大的影响，一般情况下 pH 降低，土壤溶液电导值增大，离子强度增强，植物从土壤中吸收重金属的能力就会增强。沉积物中重金属的释放量随着反应体系 pH 的升高而降低。其原因既有 H^+离子的竞争吸附作用，也有金属在低 pH 条件下致使金属难溶盐类以及配合物的溶解等。研究表明，土壤的 pH 会影响重金属的含量。例如，土壤酸化可显著地促进土壤中铅转化为交换态铅，提升土壤铅的水溶性和生物有效性；而土壤 pH 对铅的有效性也有一定的影响，pH 较低时，增加土壤有机质含量可促进铅的活化，土壤 pH 较高时，有机质的累计降低了土壤中的有效铅。

（2）温度的影响　温度是主要的生态因子，直接影响小麦对重金属的富集能力。在-38~25℃环境下植物对重金属的富集量随着温度的升高而呈上升趋势。温度升高，增大了分子的移动速率以及小麦自身酶的活性，加快了体系中分子离子的扩散。同时，适宜的光照和温度也会影响藻细胞的活性，增加小麦对重金属的富集量。

（3）光照的影响　光照不仅影响小麦的光合作用，还影响小麦自身代谢、酶活力、金属离子的运动等。一般情况下，光照强度在 3000lx 时，富集量会高于在无光照或其他光照强度下的情况。

（4）重金属离子之间的影响　不同重金属离子之间由于彼此竞争附着点，影响了小麦对金属离子的富集能力，某种金属离子浓度过高可能就会影响小麦对其他金属离子的选择性吸收。一般而言，重金属污染土壤多是几种重金属混合在一起的复合污染，小麦富集重金属时往往只对其中一种重金属具有提取作用，同时其他金属的含量也会影响小麦对这种重金属的富集能力。例如，镉、锌具有相同的核外电子构型，化学性质相似，可以相互取代、发生竞争。研究表明，向土壤中施锌可抑制小麦对镉的吸收。

（5）络合剂 EDTA 的影响　小麦对重金属的迁移转化能力是指小麦从土壤中提取的重金属由生长周期较长的根部向生长周期较短的茎叶转移的能力，其可用转运系数表示。转运系数（Transfer Coefficient）即小麦地上部分重金属含量与植物根部重金属含量之比，以显示根部吸收的重金属向地上部的迁移转化能力。由于重金属离子在土壤中会产生沉淀和吸附现象，降低小麦对重金属的迁移能力，但施用螯合剂可提高超积累小麦对重金属的吸收。乙二胺四乙酸（Ethylene Diamine Tetraacetic Acid，EDTA）能与碱金属、稀土元素和过渡金属等形成稳定的水溶性络合物，是一种重要的络合剂。它能与重金属盐反应，生成可溶性的金属络合物，提高金属离子在土壤中的迁移速率。

（6）氮磷的影响　施肥是提高植物对重金属污染土壤修复效率的强化措施之一，含有不同形态的 N、P、K 有机物对土壤理化性质和根际环境具有明显的影响。土壤中含氮有机物含量升高，会使土壤变酸，增大土壤中重金属的溶解度，减少土壤吸附重金属的量，提高超富集植物对重金属的富集量。

含磷有机物既促进植物活性，也对其有抑制作用。增加土磷含量会促进植株对镉的积累，能一定程度地提高砷超富集植物的修复能力。施磷肥同样也能增加土壤砷的生物有效性，磷酸盐通过离子交换作用置换土壤中砷酸盐。

（三）重金属限量要求

GB 2762—2017《食品安全国家标准　食品中污染物限量》对中国几种主要的重金属在小麦及其制品中的限量做了规定，如表 1-31 至表 1-33 所示。

表 1-31　中国小麦及其制品中重金属的限量

项目	铅（Pb）	镉（Cd）	汞（Hg）		砷（As）		铬（Cr）
			总汞	甲基汞	总砷	无机砷	
限量/(mg/kg)	0.2	0.1	0.02	—	0.5	—	1.0
检出限/(mg/kg)	0.005	0.0001	0.0001		—	0.04	—

注："—"为未限定；国际上对小麦中一些重金属的限量要求也有一定的差异，具体差异见表 1-32 和表 1-33。

表 1-32　国际上小麦中镉的限量

国家/组织	限量/(mg/kg)
CAC	0.2
欧盟	0.2
美国	—
澳大利亚	—

注："—"为未限定。

表 1-33　国际上小麦中铅的限量

国家/组织	限量/(mg/kg)
CAC	0.2
欧盟	0.2
美国	—
澳大利亚	0.2

注："—"为未限定。

（四）小麦中重金属的检测方法

1. 小麦中重金属残留检测方法

小麦中重金属检测方法见表 1-34。

表 1-34　小麦中部分重金属残留检测标准及方法

标准号	标准名称	具体方法
GB/T 5009.12—2017	《食品安全国家标准　食品中铅的测定》	石墨炉原子吸收光谱法、电感耦合等离子体质谱法、火焰原子吸收光谱法和二硫腙比色法

续表

标准号	标准名称	具体方法
GB/T 5009. 17—2014	《食品安全国家标准 食品中总汞及有机汞的测定》	总汞：原子荧光光谱分析法、冷原子吸收光谱法 甲基汞：液相色谱-原子荧光光谱联用法
GB 5009. 15—2014	《食品安全国家标准 食品中镉的测定》	石墨炉原子吸收光谱法
GB 5009. 123—2014	《食品安全国家标准 食品中铬的测定》	石墨炉原子吸收光谱法
GB 5009. 11—2014	《食品安全国家标准 食品中总砷及无机砷的测定》	总砷：电感耦合等离子体质谱法、氢化物发生原子荧光光谱法、银盐法 无机砷：液相色谱-原子荧光光谱法、液相色谱-电感耦合等离子体质谱法
GB 5009. 138—2017	《食品安全国家标准 食品中镍的测定》	石墨炉原子吸收光谱法
GB 5009. 14—2017	《食品安全国家标准 食品中锌的测定》	火焰原子吸收光谱法、电感耦合等离子体发射光谱法、电感耦合等离子体质谱法、二硫腙比色法
GB 5009. 13—2017	《食品安全国家标准 食品中铜的测定》	石墨炉原子吸收光谱法、火焰原子吸收光谱法、电感耦合等离子体质谱法、电感耦合等离子体发射光谱法

2. 小麦中重金属残留快速检测方法

小麦中重金属快速检测方法见表 1-35。

表 1-35　小麦中部分重金属残留快速检测方法及特点

方法	执行标准	标准名称	优点	缺点
X 射线荧光光谱技术	LS/T6115	《粮油检验　稻谷中镉含量快速测定 X 射线荧光光谱法》	样本前处理简单、分析速率快、重现性好、非破坏性测定；可测元素范围广、可测浓度范围宽、能同时测定多种元素、成本低	仪器操作不够简便
酶抑制分析法			速度快、仪器结构简单、操作简便、可现场检测	仅限于环境样品（土壤、水样）

续表

方法	执行标准	标准名称	优点	缺点
电化学分析法			仪器设备简单、价廉、灵敏度高、适合自动化、连续化实时分析	预处理过程较为烦琐、稳定性和重现性有待提高
生物传感器法			检测快速、操作方便、灵敏度高、特异性强、自动化和微型化程度高，可实现在线检测	成本相对较高、稳定性差、生物体受外界环境影响较大
免疫分析法			特异性强、灵敏度高、简便快捷、分析成本低，适合现场批量样本的快速检测以及对操作人员专业性要求不高	金属离子单克隆抗体的制备困难

3. 小麦中有害重金属残留的前处理方法

在小麦样品中，重金属一般以化合态形式存在。在检测时，需要对小麦样品进行前处理使重金属以离子状态存在于试液中，才能进行客观准确的分析。小麦样品的前处理是为了去除干扰因素，保留完整的被测组分，或使被测组分浓缩。在控制消解过程污染的情况下，尽量降低小麦样品空白值是关键。根据小麦样品空白值的大小、重金属元素的特性及检测目的选用合适的小麦样品前处理方法。小麦中砷测定的前处理常采用湿式消解法，汞则采用高压罐消解和微波消解法，铜、镍、铅、镉、铝和硼的质量控制考核和本底值测定时可采用高压罐消解和微波消解的前处理方式。如果对于日常检测或半定量测定通常采用湿式消解法即可。

（1）小麦中有害重金属残留的提取

①干法灰化法：因粮食样品中的重金属元素常会与有机质结合形成难解离的化合物，故常采用破坏有机物的方法来消除其干扰，以达到准确测定重金属含量的目的。干法灰化法（Dry Ashing Method）的基本原理是通过加热灼烧使样品中的有机物经过脱水、炭化、分解、氧化、灰化等一系列变化，转化为二氧化碳、含氮气体和水蒸气挥发释放，最终得到可测定形态的重金属元素。该法具有操作简单、破坏彻底、使用试剂少、空白值低、能处理大量样品的特点，但其消解时间长、要求温度高、挥发快，对样品也具有一定的选择性。对于酸难分解的样品，一般会在高温下灰化，这样试剂用量少。但高温状态，对于易挥发的元素（如 Pb、Cd、Cr），将会造成待测元素的损失，造成结果偏低。为此可以选择在试样中加入助灰剂，如 HNO_3、H_2SO_4，或采用低温干法灰化法，可避免元素的挥发。由于此法需要专门的灰化装置，费用比较昂贵，灰化时间比较长，一般在测定特定样品时才能使用。

②湿法消解法（Wet Digestion Method）：是目前常用的重金属前处理技术。其原理是

通过加入无机强酸或强氧化性溶液，高温消解，使粮食样品中的有机质分解、氧化最终释放出待测的重金属元素。一般将几种强酸物质按比例混合使用，对于不易消化的粮食，加入氧化剂如 H_2O_2、$KMnO_4$等可以提高消化效率。常用的强酸和氧化剂包括浓硫酸、浓盐酸、浓硝酸、高氯酸、氢氟酸和过氧化氢等。与干法灰化法相比，湿法消解能使样品消解得更彻底，且易挥发的分析元素不会损失或者损失很少，成本也相对较低，并可同时消化多个样品，有助于样品的批量化处理。但其耗时长、酸用量多、空白值高、操作较危险及对环境造成污染大。

③高压消解法（High Pressure Digestion Method）：是利用高压消解罐对样品进行消解。其原理是对其外部进行加热，使消解罐体内形成一个高温高压的密闭环境，再通过加入强酸使得粮食样品快速消解，除去干扰的有机质。干法或者湿法消解都会使用一些强腐蚀性、强刺激性的 HNO_3和 $HClO_4$。$HClO_4$具有毒性和受热易爆炸等特点。高压消解法所用酸解试剂少，消解彻底、回收完全、对环境的影响小。此过程在密闭容器中进行，能防止挥发性元素的损失，结果稳定可靠。

④石墨消解仪（Graphite Digestion-Instrument）：是现在比较先进的一种样品前处理设备。其原理是通过加热源加热高纯石墨块产生高温，对消解管中的样品进行环绕立体均匀加热，以达到消解效果。石墨消解法具有操作简单安全、受热均匀、消解效果一致、消解速率快、效率高、温度和时间可控等特点。

⑤微波消解法（Microwave Digestion Method）：是近年来比较热门的样品处理技术，其原理是用强酸将待测样品溶解后，分别通过分子极化和离子导电 2 个效应对样品直接加热，使样品表层迅速破裂，新的表面再与溶剂进一步接触发生反应，在短时间内使样品充分消解。微波消解法能更有效地萃取各种固体样品中的金属元素，且由于样品处于密闭容器中，避免了待测元素的损失和可能造成的污染。相比传统的消解方法，微波消解法具有消化时间短、消解完全、结果准确，精密度和准确度好等特点。微波消解技术已广泛应用于分析检测的多个领域，如食品、医药、环境、农业等。

⑥无机酸浸提法（Inorganic Acid Extraction）：是将无机酸与样品混合，通过振荡、离心、超声等方法提取出待测的重金属元素，以达到快速富集的目的。无机酸浸提法具有准确度较高、重现性好、操作简便、成本低、试剂用量少、环境污染小等特点。

（2）小麦中有害重金属残留的净化

①固相萃取法（Solid Phase Extraction，SPE）：是一种用于样品分离、纯化、浓缩的重要的样品前处理手段。处理原理在于让样品通过固体形态的吸附剂，在不同化合物或是吸附剂的吸附作用下，实现目标化合物与样品基底和干扰物的完全分离，再经过洗脱液的迅速洗脱，达到分离和富集的效果。固相萃取法具有回收率和富集倍数高、有机溶剂用量少、无相分离操作、能处理微量样品和易于实现自动化等优点。常用的固相萃取剂有：键合硅胶、树脂、分子印迹聚合物、纳米材料等。

②浊点萃取法（Cloud Point Extraction，CPE）：是一种用非离子型表面活性剂代替传统挥发性有机溶剂的分离富集手段。基于中性表面活性剂胶束水溶液的溶解性和浊点

现象，通过改变实验参数引发相分离，将疏水性物质与亲水性物质分离的方法，具有安全、绿色且具有普适性。其有机溶剂消耗少甚至不使用有机溶剂前处理，更有益于环境。由于表面活性剂富集相的分散特性，浊点萃取法能达到更快的萃取速度，更高的萃取容量以及富集倍数。浊点萃取法首先使金属离子与配体结合生成疏水性配合物，利用表面活性剂富集相应配合物来实现重金属的分离富集。浊点萃取法也实现重金属与食品提取液复杂基体的分离，降低食品基体对重金属检测的干扰。通过水和正己烷洗脱富硒稻米，能很好地将无机砷和有机砷分离，并直接进行测定。由于提取液中表面活性剂的黏度较大，不能与传统的分析仪器联用。

③分散液-液微萃取法：测定痕量元素常见的富集手段有固相萃取、固相微萃取、液相微萃取等。而分散液-液微萃取（Dispersive Liquid-Liquid Microextraction，DLMP）技术是指对样品溶液中相应的元素进行富集的一种前处理方法。分散液-液微萃取是在待测物中添加由萃取剂和分散剂组成的混合体系，形成均匀的浑浊液，然后离心机分离，移取其中有机相，再经过相应处理后测定。分散液-液微萃取作为一种快速富集前处理技术，广泛应用于环境和生物中 Cd、Pb 等重金属前处理，近几年来也在粮食中得到应用。分散液-液微萃取技术具有操作流程简便、试剂消耗量低，易于控制、对环境污染程度低等优点。另外针对一部分在常规消化时容易挥发造成损失或污染的有害元素，如汞、砷等，分散液-液微萃取法优点更为明显。

4. 小麦中有害重金属残留的测定方法

（1）石墨炉原子吸收光谱法（Graphite Furnace Atomic Absorption Spectrometry，GFAAS） 其原理是将石墨管作为一个电阻，通电时温度可达 2000~3000℃，使待测元素原子化，又称电热原子化。在这种方法中小麦样品全部参加原子化，原子化效率高，分析灵敏度得到了显著的提高，具有良好的选择性。此法通过电流加热可有效吸收原子并测量重金属含量。在检测过程中待测样品需要雾化，雾化效率高 能提高分析的灵敏度和准确性。利用该技术对粮食重金属污染情况进行检测具有较高的灵敏度和抗干扰能力，检出限较低。该法应用广泛但背景干扰严重，成本高、对难溶元素，使用后可能会有记忆效应。杜伦麦的麦胚、麸皮和胚乳中矿物质元素含量采用吸收光谱法进行分析测定，其中 Zn 和 Cu 的测定采用干法灰化处理，Ca、Fe、Mg 等元素的测定采用湿法消解。

（2）电感耦合等离子体质谱法（Inductively Coupled Plasma Mass Spectrometry，ICP-MS） 是一种常用的检测微量元素的方法，该技术设备由对接口装置、ICP 火焰炬和质谱仪组成。该方法灵敏度和精密度较高，可同时测定多种重金属且干扰少，线性范围宽，检出限可达到 ng/L 级。当前，该技术主要应用于蔬菜、粮食重金属检测。应用时需要掌握技术要点，特别是湿式消解技术。

微波消解-电感耦合等离子体质谱法测定小麦中 12 种重金属（砷、铅、镉、硒，铬、铊、锰、镍、铜、铀、钴、钒）的含量，方法检出限在 0.092~17.5pg/g。方法的加标回收率在 88.1%~118%，相对标准偏差（n=5）小于 6.0%。用硝酸-过氧化氢微波消解处理，采用电感耦合等离子体质谱法测定小麦样品溶液中 12 种重金属元素（砷、铅、镉、硒、铬、铊、锰、镍、铜、铀、钴、钒）的含量，采用内标法消除基体影响，方法的加标回收率在 92%~116%，相对标准偏差（$n=5$）小于 5.0%。

（3）火焰原子吸收光谱法（Flame Atomic Absorption Spectrometry，FAAS） 是在特定频率的辐射下，激发吸收被检测元素的能量，该方法灵敏度高，已被广泛用于重金属检测。石墨炉原子吸收法通过电流加热可有效吸收原子并测量重金属含量。在检测过程中，待测样品需要雾化，雾化效率高，能提高分析的灵敏度和准确性，在重金属元素的分析中应用广泛。小麦中的铜、铬采用 LLME-FAAS 测定其中的重金属含量，其铜、铬的检出限分别为 0.05ng/mL，0.34μg/mL。郑自健使用火焰原子吸收光谱法测定小麦淀粉中铅的含量，方法检出限为 0.10μg/g，精密度试验相对标准偏差（RSD）为 1.1%，加标回收率为 100.40%。

（4）原子荧光光谱法（Atomic Fluorescence Spectrometry，AFS） 是在辐射能激发状态下通过测量待测元素原子蒸气产生的荧光强度来测定其含量的一种方法。该方法的优点是检出限比原子吸收法低、谱线简单并且干扰少，线性范围较宽，具有高灵敏度、低检出限、可实现多元素同时测定。缺点是应用元素有限、成本高。

氢化物发生-原子荧光光谱法（Hydride Generation-Atomic Fluorescence Spectrometry，HG-AFS）是目前商品化最成功、发展最快、应用最广的原子荧光分析方法。氢化物发生法是利用还原剂将样品溶液中的待测组分还原为挥发性氢化物蒸汽，然后借助载气流将其导入原子光谱仪中进行定量分析。氢化物发生体系主要有金属-酸还原体系、硼氢化物-酸还原体系、电化学还原体系和紫外光化学蒸气发生法。砷、锑、铋、锗、锡、铅、硒、碲等元素可以形成气态的氢化物，不但与大量的基体相分离，还大大地降低了基体干扰，而且因为是气体进样方式，极大地提高了进样效率。用氢化物发生-原子荧光光谱法测定上述元素，具有灵敏度高、干扰小、简便易行等优点。赵锁劳利用微波消解氢化物发生-原子荧光光谱法测定 5 种小麦样品中硒的含量，方法的相对标准偏差在 5.44%~8.21%，检出限为 0.052ng/mL。

（5）紫外分光光度计法（Ultraviolet Spectrophotometry，UV） 是基于被测物质对紫外-可见光辐射具有选择性吸收来进行分析测试，通常要加显色剂，根据显色程度的不同与标准品系列进行比较定量，本法操作简单，不用经过复杂的消解处理，且不需要昂贵的仪器和试剂。

（6）快速检测技术

①酶抑制法（Enzyme Inhibition）：利用重金属离子对某些酶的活性中心具有较强的亲和力，使酶失去活性，改变了酶活性中心的结构与性质，引起酶活力下降，从而使底物-酶系统产生一系列直接肉眼可见或通过光、电信号被检测到的变化，比如显色剂的颜色、pH、电导率和吸光度等理化参数，由此可建立金属浓度与酶系统变化的定量关系。酶抑制法具有快速、简便、样品用量少等优点。目前，用于痕量重金属测定的常用酶有脲酶、过氧化物酶、黄嘌呤氧化酶、葡萄糖酶、蛋白酶、丁肽胆碱酯酶和异柠檬酸

脱氢酶等。其中，脲酶价廉易得，应用最为广泛。根据酶抑制法的原理设计开发的酶传感器和电位型生物传感器测定重金属离子，可测定单一的重金属离子，不能几种不同重金属离子同时测定。针对样本中几种重金属离子复合污染的快速检测技术需要多酶传感器。它是利用不同酶对重金属离子的敏感性差异来检测。还有根据酶抑制法原理设计出的测定重金属离子的试纸条、热量计等。依据酶抑制法建立的重金属检测技术，具有检测速度快、仪器结构简单、操作简便等优点，甚至可用于环境样品的现场检测。虽然该方面研究进展较快，但仅限于环境样品（土壤、水样）检测，对于食品、粮食安全检测方面涉及较少，可能是由于食品、粮食的组分相对比较复杂，对于样品中重金属的提取造成一定的难度。食品和粮食中的复杂成分等也会对检测造成干扰，导致测定的准确性和重复性相对较差。

②免疫分析法（Immunoassay）：重金属离子的免疫检测按照抗体的种类，可分为多克隆抗体免疫检测和单克隆抗体免疫检测，后者又有间接竞争 ELISA 一步法免疫检测。免疫分析法具有检测速度快、费用低廉、仪器简单易携、灵敏度高和选择性强等优点，可用于现场检验。金属离子单克隆抗体的制备非常困难，较容易制备的多克隆抗体又难以满足对金属离子的特异性要求，在很大程度上限制了重金属离子免疫分析法的发展。

③生物传感器（Biosensors）：是利用光信号转化为电信号而设计制作的光电型传感器，利用生物识别物质与待测重金属离子结合，发生的变化通过信号转换器转化成电信号或光信号等来判断待测重金属离子的量。生物传感器能够对试纸条的光强度进行检测，可分为酶生物传感器、微生物传感器、免疫传感器、DNA 传感器、细胞传感器等。

④X 射线荧光光谱法（X-Ray Fluorescence Spectrometry，XRF）：是介于原子发射光谱和原子吸收光谱之间的光谱分析技术。X 射线波长为 0.001～10.000nm，介于紫外线和 γ 射线之间，其产生原因是能量相差较大的 2 个能级之间的电子跃迁。X 射线荧光光谱法检测主要利用 X 射线对样品进行照射，使样品产生荧光，仪器再对二次特征的射线能量、频率等进行记录，最后进行定量或定性的分析。X 射线荧光光谱法具有分析速度快、样品前处理简便、可分析元素范围广、谱线简单、光谱干扰少、试样形态多样性及测定时的非破坏性等优点。它不仅能用于常量金属元素的定性和定量分析，也能用于微量金属元素的测定。缺点是仪器的结构较为复杂，一次性投资费用较大。

⑤电化学分析法（Electrochemical Analysis，EA）：是发展比较早的一项分析技术，它是根据被测物质在溶液中的电化学性质及其变化，建立物质组成与浓度之间的关系。具有设备简单、分析速度快、灵敏度高、选择性好等优点。在化学成分分析中，检测限可以低至 10^{-12} g/L（金属离子），并且适合多种元素的检测，特别适合在线检测，价格低廉。在重金属离子检测中主要有离子选择电极法、极谱分析法、电位溶出法和溶出伏安法。

a. 离子选择电极法：离子选择电极是以电位衡量溶液中某特定离子活度的电极，

其电位与离子活度呈线性关系，可用来确定溶液中重金属离子含量。因其具有设备简单、操作方便、测速快并且可用于现场测定等优点被广泛应用于分析化学中。单次分析只用1~2min，并且可以反复测量。其灵敏度不高，在样品中待测组分浓度很低时不适用。利用聚合物膜镉离子选择性电极检测技术测量水体痕量重金属镉时，检出限可达5.9nmol/L。以乙二醛缩双（2-羟基苯胺）为载体可制备出对Cr（Ⅲ）具有优良电位响应特性的离子电极。以Schiff碱配合体为中性载体的镉离子选择电极测定食品中的Cr（Ⅲ），检出限达到56nmol/L。在纳米金上电镀锡铟氧化物测定Cr（Ⅵ）线性范围为5~100μmol/L。以5,5′-二硫代二-（2-硝基苯甲酸）为电活性物质的PVC膜电极可测定水中微量的铅。

b. 极谱法：极谱分析法是通过测定电解过程中极化电极的电流-电压曲线对溶液中待测物质浓度定量分析的方法。区别于伏安法，极谱分析法用的是滴汞电极或其他表面可以周期性更新的液体电极作为极化电极。极谱法分为控制电位极谱法和控制电流极谱法，主要有直流/交流极谱法、脉冲极谱法及示波极谱法等。极谱法仪器简单、分析速率快，可同时测定多种物质。目前应用比较广泛的有极谱催化波、单扫描及脉冲极谱法等。

c. 溶出伏安法：溶出伏安法是高灵敏度的电分析方法，又称反向溶出极谱法，是将待测物质预先电解富集后再改变电极电位使富集物质重新溶出，依据溶出过程中的伏安曲线对待测物质做定量分析的方法。若用阳极溶出反应称为阳极溶出伏安法，若用阴极溶出反应称为阴极溶出伏安法。该方法操作简便、抗干扰能力强、灵敏度高。适用于现场检测微量和痕量的重金属，可实时检测，操作简单快速，选择性好且分析成本低。

d. 电位溶出法：电位溶出法是在恒定电位下将待检测物质预先电解并富集在电极上，然后利用化学试剂或附加电流将被富集的物质氧化或还原使其溶出，通过记录溶出过程中电极电压随时间变化的曲线来分析的方法。该法具有灵敏度高、分辨率好、测定范围宽、有机物干扰少、操作简单、仪器廉价等优点，近年来发展迅速。

e. 胶体金快速定量法：胶体金快速定量法的测试流程为称样→前处理（萃取→离心→反萃取→稀释→螯合）→检测，单个样品从称量到读取数据，短时间内即可完成，大大缩短了检测时间。整套装置轻便易携，检测成本低，操作环境不受户外条件限制，检测过程中无须使用标准品及大量有机试剂，操作全程规避人员风险及富集污染源泄漏风险，检测废弃物无任何污染风险，前处理过程简单，非专业技术人员略加培训即可操作，适合粮食收购现场和基层实验室的快速检测。

依据LS/T 6402—2017《粮油检验　设备和方法标准适用性验证及结果评价一般原则》中6.1的规定，使用胶体金快速定量法连续独立测定20个阴性样品，根据检出限=阴性样品测定平均值+3倍标准偏差、定量限=阴性样品测定平均值+10倍标准偏差，计算得出该方法检测小麦重金属离子的检出限为13.42μg/kg，定量限为39.35μg/kg（表1-36）。

表 1-36 不同反应器的检测线性范围和检出限

生物传感器类别	线性范围/（μmol/L）	检出限/（μmol/L）	测定对象
酶生物传感器（葡萄糖氧化酶）	Cu^{2+}：5~40 Hg^{2+}：2.5~22.5	5 2.5	Cu^{2+} Hg^{2+}
酶生物传感器（脲酶）	Cu^{2+}：0.16~1.60 Hg^{2+}：0.05~0.50 Cd^{2+}：0.89~8.90	0.125 0.045 0.27	Cu^{2+} Hg^{2+} Cd^{2+}
微生物传感器		10^{-4} 0.01 10^{-4}	Cd^{2+} Pb^{2+} Sb^{3+}
细胞生物传感器	Hg^{2+}：10^{-6}~1000 Cd^{2+}：10^{-6}~1000	10^{-3} 10^{-3}	Hg^{2+} Cd^{2+}
酶生物传感器（氨基乙酰丙酸脱水酶）	Pb^{2+}：10~500	10	Pb^{2+}
酶生物传感器（脲酶）	Cu^{2+}：10~230 Cd^{2+}：10~230	10 10	Cu^{2+} Cd^{2+}
细菌生物传感器	Pb^{2+}：10^{-4}~0.0125	0.5×10^{-5}	Pb^{2+}
DNA 生物传感器		6.7×10^{-4}	As^{3+}
免疫生物传感器		2.5×10^{-4} 6.0×10^{-3}	Cd^{2+} Pb^{2+}

（五）重金属超标小麦处理

1. 物理法

物理方法主要有活性炭吸附、电极法、电磁法、浸泡法、提高加工精度法等。活性炭吸附的原理是因为活性炭具有微孔发达、比表面积高的特点，且可以经过改性在其内表面上嫁接各种基团如羰基、羧基等，改性后的活性炭吸附能力更强，是一种优良的重金属吸附材料。电极法的原理是在电场作用下，利用电迁移、电渗析和电泳等脱除固体中的重金属。电磁法的原理是由于高频电压产生电磁波，小麦在电磁波的作用下产生热能，使得小麦中挥发性的重金属（如汞）得以脱除。浸泡法是利用多相浸泡渗透压平衡的原理来达到脱除重金属的目的，此方法可在小麦润麦过程进行。

2. 化学法

化学方法利用重金属由不可溶态的化合物向可溶态的离子态转化而脱除重金属的原

理。化学提取剂一般为无机酸、有机酸、螯合剂以及一些无机化合物，通过酸碱等溶剂促进蛋白质溶出，进而将与蛋白质结合的重金属元素一起溶出，或者破坏重金属与蛋白质的结合力，从而使得重金属元素迁移至溶液中。化学法对消减小麦中的镉具有较好效果，化学溶剂对小麦特性的影响有待研究，同时还需考虑化学溶剂的回收及处理后小麦或获得的小麦产品中化学残留问题。

3. 生物法

生物法是利用微生物发酵、自身吸附及其代谢产物作用使镉与蛋白质分离或促进镉结合蛋白溶出进而减少体系中的镉。目前应用于小麦中的生物降镉法主要有酶法和微生物发酵法等。

（1）微生物发酵法　利用微生物发酵降解小麦颗粒中的蛋白质、脂肪使镉游离，或利用其代谢产物使镉呈络合态溶出。发酵常用微生物主要是乳酸菌和酵母菌。

（2）碱法　碱液可破坏小麦淀粉与蛋白质结合的结构，并破坏蛋白质分子间的次级键使极性基团解离，实现小麦蛋白与淀粉的分离，从而消减淀粉中的镉。

（3）酶法　利用蛋白酶提取小麦中的蛋白质，同时通过酶解作用破坏镉与蛋白质间的结合使镉游离出来。其反应条件较为温和，对淀粉结构的破坏程度较小，但在成本、降镉效果和淀粉纯度上不占优势。

（4）酸浸提法　其原理是部分酸可与镉形成稳定络合物溶出，且酸溶液可降低 pH 促进蛋白质的溶出，同时降低镉与蛋白质的结合能力，使部分镉以离子形式溶出。

（5）复合法　同时利用或分阶段结合多种方法对小麦进行脱镉处理，包括电化学法、溶剂浸提结合膜分离法、酶解-酸法结合旋流洗涤法和酸浸提结合发酵法。

①电化学法：在放有石墨电极的电解液中加入化合物，增强电解液的导电性，通过络合、离子交换等作用解吸吸附态镉。电化学法操作较为简单，效果稍差。

②溶剂浸提结合膜分离法：此方法的实质是先通过酸碱处理或酶解分离小麦中的淀粉和蛋白质，再通过膜分离将镉与小麦中的蛋白或多糖等分开。这在保证一定的降镉效果的同时对镉进行回收，可避免二次污染。

③酶解-酸法结合旋流洗涤法：酶解-酸法结合旋流洗涤是先利用酶解先使镉从蛋白质大分子中游离出来，再利用酸、盐与镉离子的络合能力，同时通过旋流器的逐级洗涤提高镉的消减率。处理后其镉的消减率均大于 90%，操作过程较为烦琐。

④酸浸提结合发酵法：微生物发酵可降解小麦中的蛋白质分离出镉，酸可与镉络合并促进镉的溶出，这两种方法结合可提高镉的消减率。添加缓冲液可使镉消减率提高 9.95%，在最优条件下小麦镉消减率为 61.73%。乳酸浸提结合乳酸菌发酵法消减小麦中的镉是目前效果最好的方法，但所需时间相对较长，乳酸溶液消耗量较大。

以上 4 种复合降镉方法目前仍处于基础研究阶段，还未实现产品化以及实际应用。

（6）其他化学法　主要包括表面活性剂吸附法、深度共熔溶剂洗涤法和络合法等。表面活性剂吸附主要利用表面活性剂减弱镉离子与蛋白质的结合力，并通过表面活性剂的功能基团与镉离子的静电吸引和络合作用，实现镉的脱除。

综上所述，生物法相对于化学法安全性较高，且处理条件比较温和。其中，微生物发酵法比酶法消减镉更有效且成本更低。微生物发酵还可促进淀粉凝胶形成，改善小麦类产品品质。

三、小麦中的农药残留

20 世纪 40 年代初期，有机氯（主要是滴滴涕和六六六）和有机汞农药被大量使用。长期食用含有机氯、有机汞农药残留农药的粮油、食品，在人体中积累到一定程度可引起慢性中毒。我国已于 1983 年停止生产六六六、滴滴涕有机氯农药。2000 年 12 月，100 多个国家参加的关于有毒化合物的全球会议将艾氏剂、异狄氏剂、毒杀芬、氯丹、狄氏剂、七氯、滴滴涕、六氯苯等有机氯农药列为有必要禁止生产或使用的 12 种持久性污染物。目前，有机磷农药、氨基甲酸酯类农药、除虫菊酯类农药等已取代了有机汞、有机氯。有机磷在自然条件下经过一段时间可被分解为毒性较小的无机磷，在生物体内也可被较快地分解排泄，一般认为基本上没有慢性中毒问题。很多有机磷农药是剧毒品，违规施用也会造成粮食、食品中的过量有机磷残留。

（一）小麦中农药残留种类与危害

尽管有许多农药早已被禁用和停用，其在土壤与环境中的长期存在也仍然引起人们对粮食中农药残留的关注。目前，粮食中需要关注的农药主要涉及有机氯类、有机磷类、氨基甲酸酯类、拟除虫菊酯类、无机磷化物等。

有机氯农药中一类是滴滴涕类（称为氯代苯及其衍生物），包括滴滴涕及六六六等；另一类是氯化甲撑萘类，如艾氏剂、异狄氏剂、毒杀芬、氯丹、狄氏剂、七氯等。艾氏剂、狄氏剂等氯化甲撑萘类我国很少使用，一般国产粮食中也不作检测。有机氯类农药（主要是滴滴涕和六六六）积蓄性强，长期食用含有农药残留的粮食和食品会发生慢性中毒。

有机磷类农药是指含磷元素的有机化合物农药在自然条件下经过一段时间可以被分解为毒性较小的无机磷，在生物体内也可较快地分解排泄，不少国家现在都以有机磷类农药取代了有机氯类农药。按照毒性程度通常可分为三类：剧毒类主要有甲拌磷、内吸磷、对硫磷、保棉丰、氧化乐果等；高毒类主要有甲基对硫磷、二甲硫吸磷、敌敌畏、亚胺磷等；低毒类主要有敌百虫、乐果、氯硫磷、乙基稻丰散等。

氨基甲酸酯类农药是一类与有机磷农药作用机理相似的农药，具有杀虫、杀菌和除草等功能，具有速效、低残留、高选择性等特点。在酸性环境下稳定，遇碱分解，大多数品种毒性较有机磷酸酯类低。根据取代基的变化，可以将氨基甲酸酯类杀虫剂划分为四种类型：第一类为二甲基氨基甲酸酯，包括地麦威、吡唑威、异索威、敌蝇威和抗蚜威等；第二类为甲基氨基甲酸芳香酯包括西维因、仲丁威、灭害威、残杀威、除害威、速灭威、害扑威、叶蝉散和克百威等；第三类为甲基氨基甲酸肟酯，包括涕灭威、灭多威、棉果威、杀线威和抗虫威等。第四类为酰基（或羟硫基）*N*-甲基氨基甲酸酯，包括呋线威、棉铃威和磷亚威等。

拟除虫菊酯类农药是一类模拟天然除虫菊酯素的化学结构而合成的农药，又称仿生合成农药。具有杀虫高效、广谱、对哺乳类动物毒性一般较低、环境残留时间短和能生物降解等特点，同时还有杀菌和抑制霉菌作用。在我国使用的有20多种，常见的拟除虫菊酯有氟氯氰菊酯、溴氰菊酯、甲氰菊酯、联苯菊酯、氯菊酯等。拟除虫菊酯类农药主要产品有氯氰菊酯（灭百可）、溴氰菊酯（敌杀死）、杀灭菌酯（速灭杀丁）等。

储粮中无机磷化物涉及磷化氢及其发生物磷化铝、磷化镁等。磷化氢在国际上被公认为无有害残留的熏蒸处理药剂。发生磷化氢的磷化物按照规范和规定的指南使用一般不应直接接触粮食。我国食品卫生标准GB 2715—2016《食品安全国家标准　粮食》规定，原粮中磷化物（以PH_3计）允许量≤0.05mg/kg。

我国已经出台了大量的农药残留限量标准，控制农药的使用量，对水果、蔬菜和粮食中的农药残留量进行有效监控，在保障人们身体健康的同时，满足国际贸易的需求。

（二）小麦中农药残留的影响因素

1. 农药残留的原因

六六六、滴滴涕等有机氯农药和其代谢产物化学性质稳定，在生物体内不易分解，通过食物链进入人体后，日积月累，达到一定程度就会发生中毒。有机磷、氨基甲酸酯类农药化学性质不稳定，在施用后容易受环境条件影响而分解，但有机磷和氨基甲酸酯类农药中存在着部分高毒和剧毒品种，如甲胺磷、对硫磷等被施用于生长期较短、连续采收的蔬菜，则很难避免因残留超标而导致人畜中毒。另外一部分农药虽然本身毒性较低，但其生产杂质或代谢物残毒较高，如三氯杀螨醇中的杂质滴滴涕。

乳油、悬乳剂等直接喷洒剂型对农作物的污染相对较大一些，而粉剂由于其容易飘散的特性对环境和施药者的危害更大，水剂残留相对较低。

在生产过程中，只考虑病虫的防治效果及生产成本，不考虑农药在作物上的残留期，在收获前较短时间内施用残效期较长的农药会导致农药残留。

2. 农药残留变化及影响因素

（1）温度的影响　通常随着温度的升高，农药的降解速率加快。小麦呼吸、生理作用对农药残留的降解起到一定的作用。储藏环境及粮食中微生物活动的温度范围一般为25~35℃，当温度高于该范围，微生物活性受抑制，微生物对农药残留的降解减弱。温度达到一定程度后继续升温农药降解速率反而降低。

（2）湿度的影响　随着环境湿度的增加农药降解速率加快，相对湿度升高到一定程度后降解速率达到最高，相对湿度再继续升高降解速率反而开始下降。杀螟硫磷和甲基毒死蜱的降解速率随着相对湿度的升高逐渐升高。而相对湿度的改变对储藏环境中的微生物生长繁殖影响较大，当相对湿度过高，抑制了微生物活性，从而减弱了微生物对农药残留的降解作用。粮食的呼吸作用等生理作用随着相对湿度的增高而变化，当相对湿度过高，呼吸作用受抑制，粮食自身对农药残留的降解减弱。相对湿度对农药残留的降解的影响与农药自身的结构和环境中微生物的活性有关。

（3）光照的影响　随着光照时长的增加农药的降解速率加快。不同农药结构不同对光的敏感性不一样，光解速率大小为：有机磷类>氨基甲酸酯类>三均氮农药>有机氯农药>拟除虫菊酯类农药。

（三）小麦中农药残留限量要求

GB 2763—2019《食品安全国家标准　食品中农药最大残留限量》制定了483种农药在食品中的7107个农药残留限量。其中小麦中的农药残留限量要求见表1-37、表1-38。

表1-37　中国小麦及其制品中部分农药允许残留限量

农药名称	限量/（mg/kg）	农药名称	限量/（mg/kg）
滴滴涕	0.1	对硫磷	0.1
六六六	0.05	甲基对硫磷	0.02
艾氏剂	0.02	甲拌磷	0.02
狄氏剂	0.02	亚胺硫磷	0.5
毒杀芬	0.01	甲胺磷	0.05
氯丹	0.02	乙酰甲胺磷	0.2
异狄氏剂	0.01	敌百虫	0.1
七氯	0.02	涕灭威	0.02
敌敌畏	0.1	溴氰菊酯	0.5
乐果	0.05	氟氯氰菊酯	0.5
马拉硫磷	8	甲氰菊酯	0.1
久效磷	0.02	联苯菊酯	0.5
氯菊酯	2		

表1-38　国际农药残留限量标准　单位：mg/kg

农药名称	食品法典委员会（CAC）	欧盟	日本
2,4-D	2	2	0.5
联苯菊酯	0.5	0.5	0.5
西维因	2	0.5	2
氯丹	0.02		0.02
毒死蜱	0.5	0.5	0.5
氯氰菊酯	0.2	2	0.2

续表

农药名称	食品法典委员会（CAC）	欧盟	日本
硫丹	0.2	0.05	0.2
林丹	0.01	0.01	0.01
灭多威	0.5	0.01	
甲拌磷	0.05	0.02	0.05

（四）小麦农药残留的测定方法

1. 粮食中农药残留的检测标准

GB 2763—2019《食品安全国家标准　食品中农药最大残留限量》中的 7107 项限量标准推荐了配套的检测方法标准，表 1-39 列举了部分农药残留的检测标准。

表 1-39　部分农药残留检测标准名单

标准号	标准名称
GB/T 5009.19	《食品中有机氯农兽药多组分残留量的测定》
GB/T 5009.20	《食品中有机磷农兽药残留量的测定》
GB/T 5009.21	《粮、油、菜中甲萘威残留量的测定》
GB/T 5009.102	《植物性食品中辛硫磷农兽药残留量的测定》
GB/T 5009.103	《植物性食品中甲胺磷和乙酰甲胺磷农兽药残留量的测定》
GB/T 5009.104	《植物性食品中氨基甲酸酯类农兽药残留量的测定》
GB/T 5009.107	《植物性食品中二嗪磷残留量的测定》
GB/T 5009.126	《植物性食品中三唑酮残留量的测定》
GB/T 5009.131	《植物性食品中亚胺硫磷残留量的测定》
GB/T 5009.133	《粮食中绿麦隆残留量的测定》
GB/T 5009.145	《植物性食品中有机磷和氨基甲酸酯类农兽药多种残留的测定》
GB/T 5009.146	《植物性食品中有机氯和拟除虫菊酯类农兽药多种残留量的测定》
GB/T 5009.165	《粮食中 2,4-滴丁酯残留量的测定》
GB/T 5009.165	《小麦中野麦枯残留量的测定》
GB/T 5009.220	《粮谷中敌菌灵残留量的测定》
GB/T 14553	《粮食、水果和蔬菜中有机磷农兽药测定的气相色谱法》
GB/T 19649	《粮谷中 475 种农兽药及相关化学品残留量的测定　气相色谱-质谱法》
GB/T 20770	《粮谷中 372 种农兽药及相关化学品残留量的测定　液相色谱-串联质谱法》
GB/T 23750	《植物性产品中草甘膦残留量的测定　气相色谱-质谱法》
GB/T 25222	《粮油检验　粮食中磷化物残留量的测定　分光光度法》

2. 粮食中农药残留的前处理方法

（1）粮食中农药残留的提取

①液-固萃取：粮食样品经研磨后，加入溶剂，可采用浸泡、振荡、搅拌、加热等方式加速农药的提取，也可采用索氏抽提来提高提取效果。

②超声波辅助提取：采用超声辅助提取-中空纤维液相微萃取-气相色谱-氮磷检测器对小麦粉及小麦粉食品中有机磷农药残留检测时的最佳提取条件为：pH 7 的含有 50g/L NaCl 的水溶液在搅拌速度 960r/min 下，提取 45min 的提取率最高。该方法检出限为 0. 29～3. 2μg/kg。

③微波辅助提取：利用微波穿过萃取溶剂，到达物料内部细胞，细胞内温度升高导致细胞破裂，将目标物提取到溶剂中。萃取剂的极性和沸点会影响萃取效率，常用的溶剂有甲苯、乙腈、丙酮等有机溶剂。微波辅助提取具有高效、绿色、选择性好和设备简单等优点得到广泛应用。

④加速溶剂提取法（Acceleration Solvent Extraction，ASE）：一般用溶剂萃取固体或半固体样品，提高溶剂的温度（50～200℃）和压力（10～15MPa），增加物质溶解度和溶质扩散效率从而提高萃取率，其优点是溶剂使用量少（1g 样品仅 1. 5mL 溶剂）、效率高（一般为 15min）和回收率高。

⑤超临界流体提取法（Supercritical Fluid Extraction，SFE）：是通过超临界流体萃取剂将目标物从样品中分离出来的前处理技术。常用的超临界流体有 CO_2、氨、丙烷、NO_2、水等。研究表明混合使用两种或多种超临界流体可以使农药萃取达到较高的回收率。

⑥超声波辅助萃取：超声波能对基质表面结构进行有效破坏，加速溶剂渗透到基质中，促进目标物的提取。超声波辅助萃取因高效、简便等优点在各个领域均有应用，该方法在超声过程中会导致溶液温度升高，使热不稳定农药分解，从而影响回收率。

⑦浊点萃取（Cloud Point Extraction，CPE）：通过调节试验温度、压力、pH 等条件使两相分离，同时使得目标物被表面活性剂吸附富集，已广泛应用于食品、药品和环境等领域中。

（2）粮食中农药残留的净化

①固相萃取（Solid Phase Extraction，SPE）：用于目标化合物净化与富集，操作简便、省时，有机溶剂用量少，是目前农药残留分析中样品净化的主流技术。商品化的固相萃取小柱主要有 C_{18} 柱、C_8 柱、苯基柱、氨基柱、氰基柱等。

②固相微萃取（Solid Phase Microextraction，SPME）：装置类似于一支气相色谱的微量进样器，萃取头是在一根石英纤维上涂上固相微萃取涂层。将纤维头浸入样品溶液中或顶空气体中一段时间，同时搅拌溶液以加速两相间达到平衡的速度，待平衡后将纤维头取出插入气相色谱气化室，被萃取物在气化室内解吸后，靠流动相将其导入色谱柱，完成提取、分离、浓缩的全过程。

③基质固相分散技术（Matrix Solid-Phase Dispersion，MSPD）：基本操作是将样品直

接与固相分散剂（硅胶、硅藻土、氧化铝等）充分研磨，装柱，然后选择合适极性的溶剂将各种待测物先后洗脱下来。该方法操作简便，有机溶剂使用少，回收率高，近年来广泛应用于农药残留检测领域。

④凝胶渗透色谱（Gel Permeation Chromatography，GPC）：常见凝胶种类有聚丙烯酰胺凝胶、交联葡聚糖凝胶、琼脂糖凝胶、聚苯乙烯凝胶。相较于传统的液液萃取、索氏抽提等提取方法，凝胶渗透色谱具有净化体积大、适用范围广、可重复使用、操作简单、高效快速等特点。

⑤免疫亲和色谱（Immunoaffinity Chromatography，IAC）：具有选择性强、结合容量大、富集效率高、可重复使用等特点，极大地简化了样品的前处理过程，可提高分析的灵敏度和可靠性。

⑥分子印迹（Molecularly Imprinted，MI）：技术核心是制备分子印迹聚合物（Molecularly Imprinted Polymer，MIP）。分子印迹聚合物上的识别位点，可形象地描述为近似均匀分布的“空穴”。这些“空穴”的三维网格结构和印迹分子相匹配，并排列着与印迹分子相对应的功能基团。当印迹分子进入分子印迹聚合物后，会与这些识别位点相互作用，其结构和功能基团均与“空穴”相匹配；而非印迹分子则因为体积大小和功能基团不匹配而不能有效地进入“空穴”，因而对其不具有特殊的识别作用。显然，“空穴”中作用位点越多，作用部分性质和类型越广泛，则分子印迹聚合物与印迹分子之间的结合能力和选择性就越高。

⑦QuEChERS 法：是一种普适性很强且集各种基质中农药残留提取和净化于一体的农药残留检测样品前处理技术，该方法因具有快速、简便、廉价、高效、可靠、安全的特点而被命名为 QuEChERS（Quick，Easy，Cheap，Effective，Rugged and Safe）。

该方法以乙腈为单一提取试剂，辅以 NaCl 和无水硫酸镁去除乙腈中混合的水分，然后将提取液用 PSA（*N*-丙基乙二胺）和无水硫酸镁涡旋混合进一步吸附基质中的碳水化合物、酚类、各种极性有机酸、少量色素、糖类、脂肪酸和水分。对于基质干扰多的植物性样品还需酌情加入 GCB（石墨化炭黑）去除基质中的色素、甾醇类和非极性干扰物，加入 C_{18} 去除脂肪酸、脂类等非极性干扰物。它是一种融合了固相微萃取技术和分散固相萃取技术的新方法。

3. 小麦中农药残留的测定方法

（1）小麦中磷化物残留的检测

①定性分析：磷化物遇水和酸放出磷化氢，它与硝酸银反应生成黑色磷化银，如有硫化物存在，同时放出硫化氢，与硝酸银生成黑色硫化银干扰测定。硫化氢又能与乙酸铅生成黑色硫化铅，以此证明是否有硫化物干扰。

②定量分析（钼蓝法）：磷化物遇水和酸放出磷化氢，蒸出后用酸性高锰酸钾溶液吸收，并被氧化成磷酸。磷酸与钼酸铵作用生成磷钼酸铵，磷钼酸铵与还原剂氯化亚锡反应生成蓝色化合物钼蓝，与标准品系列比较定量。生成的钼蓝蓝色深浅与磷化氢含量的多少成正比。

（2）小麦中有机氯类、有机磷类、氨基甲酸酯类、拟除虫菊酯类农药残留的检测

①气相色谱法（Gas Chromatography，GC）：采用不同的检测器检测不同类的物质。气相色谱检测器主要有电子捕获器（ECD）、氮磷检测器（NPD）、火焰光度检测器（FPD）、质谱检测器（MS）。采用电子捕获器检测有机氯类和拟除虫菊酯类农药残留。采用火焰光度检测器或氮磷检测器检测有机磷类农药和氨基甲酸酯类农药。

②高效液相色谱法（High Performance Liquid Chromatography，HPLC）：以液体为流动相，导入高压输入液系统，将不同极性的单一溶剂或者混合溶剂装入到固定色谱柱中，色谱柱的流动相和样品分子相互作用并从色谱柱中流出来，从而对样品中的待测物分离出来。根据液体从色谱柱中流出来的时间和浓度绘制色谱图，将液体的色谱图和标准样品色谱图进行对比分析，判断样品中的成分，可以快速检测出农产品中的多种氨基甲酸酯类农药。

③液质联用技术检测法（LC-MS）：采用液相色谱质谱联用技术检测粮油产品，具有简便、操作性强的特点，更适合于氨基甲酸酯类农药的检测。

④气相色谱-串联质谱法：将气相色谱仪和质谱仪串联起来成为一个整体。质谱分析是一种通过测量电离室中离子荷质比（电荷-质量比）的大小不同从而精准确定农药的性质。气相色谱-串联质谱法既具有气相色谱高质量分离能效，又具有质谱准确鉴定化合物结构的功能。

⑤超临界流体色谱法（SFC）：是以超临界流体作为流动相的一种色谱分析方法。超临界流体是一种特殊流体状态，当气液平衡的物质升温升压时，热膨胀会引起液体密度降低，压力升高又会使气相密度升高，当温度和压力达到临界点时，气液两相界面消失成一个均相体系，当物质的温度和压力高于临界点时，就处于超临界状态，此时该物质为超临界流体。超临界流体具有气体和液体的双重性质，其黏度小、传质阻力小、扩散速度快、溶解能力强，具有 GC 和 HPLC 的双重优点。

由于超临界流体色谱法流体的黏度低，使其流动速度比 HPLC 法快、柱效高、分离时间短；与气相色谱法比较，超临界流体谱带展宽较小，可使用比其更低的温度，实现对大分子、热不稳定、高聚物等复杂化合物的分离和测定，是农药残留检测技术中最具发展潜力的技术之一。

⑥串联质谱检测新方法：随着科技的发展，现已研发出了一系列串联质谱检测新方法，主要有气相-串联质谱法（GC-MS-MS）、超高效液相-串联质谱法（UPLC-MS-MS）、飞行时间质谱法（TOF-MS）、全二维气相色谱质谱法等。

串联质谱常采用多反应监测模式（MRM）进行定性、定量分析，利用母离子与子离子一一对应的特征关系，使得 MRM 模式比单级质谱的选择离子检测模式具有更出色的灵敏度和准确性，多用于样品的确证及未知化合物的定性。

气相-串联质谱法不仅可以有效排除基质干扰，降低方法的检测限，而且可以简化前处理过程，提高检测效率。近年来，GC-MS-MS 广泛应用于不同基质中多组分农药残留的痕量检测及未知化合物的确证。

超高效液相-串联质谱法主要应用于一些极性强、不易挥发、热稳定性差的农药残留分析，具有抗干扰能力强、灵敏度高、定性准确等特点。

飞行时间质谱法的质量分析器是一个离子漂移管，可以把不同质量的离子按 m/z 的大小进行分离，具有扫描速度快、灵敏度高的特点，能够获得样品的全扫描质谱图和精确的质量数，不存在分析对象质量范围限制，是一种新型的高分辨率质量设备。

全二维气相色谱质谱仪，具有高分辨率、高灵敏度、高峰容积等优势，特别适合分析复杂体系，在已知化合物的精密确证和未知化合物的筛选方面具有独特优势。

上述仪器设备优势突出，但普遍比较昂贵，操作复杂，影响其在大范围特别是基层检测单位的应用和推广。

⑦酶抑制法：酶抑制法（Enzyme Inhibition，EI）是利用农药的毒理性质建立的一种快速检测方法。利用一些农药能抑制乙酰胆碱酯酶活性的性质，使该酶分解乙酰胆碱的速率减慢或停止，再利用一些特定的颜色反应来反映被抑制的程度，从而达到检测的目的。近年来利用将酶抑制法原理同芯片技术的发展相结合发展起来的酶抑制-生物芯片分析法在相当程度上弥补了酶抑制法的缺陷。酶抑制法是目前食物农药残留物检测中应用最广、技术相对成熟的一种方法，这种检测方法具有检测速率快、灵敏度高、操作简单与检测成本低的优点，在有机磷和氨基甲酸酯类农药的检测中广泛应用。

⑧酶联免疫吸附法：农药属小分子化合物，属于半抗原，必须使用化学方法将其结合于一个大分子载体构成免疫原，最常用的载体为牛血清白蛋白（BSA）。常用半抗原与蛋白质连接的方法有：碳二亚胺（EDC）法、混合酸酐法、重氮化法、戊二醛法等。抗农药抗体可用农药-载体蛋白结合物直接免疫兔子等动物，之后每间隔 1 个月加强免疫 1 次，一般 6 个月左右可获得满意效价的抗血清。农药分子的标记也较为困难，常需在其结构上引入一个活性基团（一般为羧基），再连接其他大分子物质（如蛋白质、肽等）进行标记。最常用的酶是辣根过氧化物酶（HRP），主要是通过底物被酶解显色来示踪抗原-抗体结合存在的部位。因其显色产物不固定，游离于结合部位周围，仅在酶标板中得到了很好的应用，在传感器技术乃至芯片技术中的应用受到了很大限制。

⑨毛细管电泳和毛细管电色谱：由于毛细管电泳（Capillary Electrophoresis，CE）和毛细管电色谱（Capillary Electrochromatography，CEC）具有所需样品体积小、分离效率高等特点，将它们同各种不同的检测器相结合以提高检测的灵敏度。毛细管电泳是以高压直流电场为驱动力的新型液相分离分析技术，它是基于带电组分在高电场中迁移率的不同而进行分离的。毛细管电色谱整合了高效液相色谱（HPLC）的高选择性和毛细管电泳的高分离效率的优点。目前已有多种稳定可靠的检测器可用作毛细管电泳和毛细管电色谱的检测器，如紫外检测器（UV）、激光诱导荧光检测器（LIF）、质谱检测器（MS）以及电化学检测器（ECD）等。采用加压毛细管电色谱（PCEC）-UV 检测法分离检测 10 种氨基甲酸酯类农药。在最佳的实验条件下，10 种目标农药在 20min 内可以得到分离，对实际样品进行测定最终得到 10 种目标农药的检出限为 0.05～1.6mg/kg，平均回收率在 51.3%～109.2%。

⑩生物传感器法：基于酶抑制原理的生物传感器分析技术在食品中单组分农药残留检测方面已有一定研究成果，在此基础上，多组分的同时测定成为此类方法的研究热点。近年不少研究者将纳米分子材料与生物传感器相结合，不仅大大提高了灵敏度，同时实现了多残留农药分析。

⑪微流控技术：一种将样品制备、反应、分离、检测等基本操作单元集成到微型芯片的分析技术——微流控芯片技术，逐渐成为研究热点。基于酶抑制原理结合光度分析方法研制出一种预存储生化试剂的离心式微流控 CD 芯片，集成进样、反应及检测单元，结合自行研制的便携式分析装置可以同时检测大批量样品的有机磷类和氨基甲酸酯类农药残留，适用于现场的快速、高通量检测。

4. 小麦中农药残留快速检测方法

（1）酶抑制法　酶抑制法农药残留快速检测方法如今是一个非常成熟的方法，产生于 20 世纪的 60 年代，从 20 世纪 80 年代开始获得了迅猛发展。该方法是利用有机磷与氨基甲酸酯类农药对某种酶的抑制作用，通过观察酶促底物反应中的显色情况确定所检测样品之中的农药残留量是否超标。基于这一原理开发出来的快速检测仪器和快速检测卡在市场上也应用广泛。这种快速只能够对样品当中的有机磷与氨基甲酸酯类农药展开定性分析，不能够确定具体农药的类别和具体残留量。此外，酶源、显色剂、底物等有特异性特征，会受到诸多干扰因素影响，发生假阳或假阴的情况。该方法主要用在农药残留普查与避免农药残留导致的急性中毒上。

（2）免疫分析法　农产品食品的免疫分析方法基于蛋白抗原与抗体间或小分子半抗原与抗体间特异反应而推进实施。实际应用中要借助标记物完成检测。它又会划分成不同的分析方法类别，比如酶免疫分析/酶联免疫吸附分析、荧光免疫分析、放射免疫分析、化学发光免疫分析等等。其中最为常用的是酶联免疫吸附分析方法。酶联免疫吸附分析方法又可以划分成直接与间接法，现如今正朝着提升灵敏度和降低处理时间等方向发展。这类分析方法实际应用广泛，但是也有着一定的局限性，如只适合单一种类农药残留检测，需要构建农残免疫快速检测方法标准等。

（3）生物传感器法　农产品和食品的农药残留快速检测当中应用比较广泛的是酶传感器、免疫传感器与微生物传感器。酶传感器是用酶测量农药浓度，主要分成酶抑制型和酶水解型两种类别。前种与酶抑制法相似，主要是利用农药对特定的酶活力的抑制作用来判断，农药浓度和酶活力抑制度密切相关，酶活力变化情况可借助不同传感方法测定。后者是利用水解酶对农药产生的水解作用，生成产物会向有关装置提供可检测信号，然后再将信号转化成为能够定量分析的信号，进而确定农药残留浓度。免疫传感器方法和前面提到的免疫分析法比较相似，属于固相免疫分析方法，即把农药抗体或者是半抗体原固定在固相支持物表面来完成检测，可定量分析。微生物传感器分析方法的成本低廉，稳定性强，因微生物个体差异显著，其选择性很大。

（4）光谱分析法　光谱分析法主要是利用农药分子结构光谱特性，结合化学计量学方法完成对农药残留情况的鉴别。应用广泛的光谱有可见进红外、红外、拉曼光谱、激光诱导击穿光谱等。可见近红外无损检测，方便快捷，成本低廉，没有污染，可定性与定量检测。还有一些新技术如纳米生物技术、分子印迹技术、微流控技术等应用到农药残留检测中。

（五）储粮中农药残留去除

降解农产品中农药残留的物理方法常见的主要有洗涤、加热、去皮和剥壳、储藏，以及超声波法和电离辐射法。

（1）清洗法　清洗法是最简单、经济的方法，生活中普遍使用。对于水溶性农药来讲，农产品经清水浸洗后农药残留量将大大减少。用自来水冲洗 30s 能去除葛苴上 88% 的马拉硫磷。自来水冲洗对作物上 12 种杀虫剂、杀菌剂的去除结果表明，除毒死蜱、二嗪磷等 3 种农药浓度无显著变化外，剩余 9 种均有不同程度的降低。采用自来水、洗洁精、盐水、碱水和淘米水 5 种洗涤方法，对喷施有不同农药的叶菜进行洗涤处理，结果表明 5%的盐水洗涤效果最佳。用清水、洗洁精以及食用碱均能不同程度地去除娃娃菜中残留的农药。

（2）吸附法　吸附法是指利用吸附剂对农药的物理吸附作用去除农药残留的方法，适用于降低液体原料的农药残留量，常用的吸附剂有大孔吸附树脂、活性炭等。

（3）超声波法　超声波法的原理是超声波在水溶液里面形成空化，促进水相燃烧、高温分解或自由基反应水分子中 O—H 键的键能为 500kJ/mol，在超声波作用下，会产生·OH，它可以有效地分解难降解有机污染物。主要在空化效应作用下有机物通过高温分解或自由基反应两种历程进行。在超声空化产生的局部高温、高压环境下，水被分解产生·OH 自由基，另外溶解在溶液中的空气（N_2和 O_2）也可以发生自由基裂解反应产生 N·和 O·自由基。这些自由基会进一步引发有机分子的断链、自由基的转移和氧化还原反应从而达到清除农药的残留。

（4）电离辐射法　电离辐射降解是利用放射性同位素所释放的高能射线，使农药的各种化学键在射线的能量作用下断裂，从而由大分子降解成小分子的过程。电离辐射处理技术属冷处理技术，无须提高食品的温度，不添加任何化学药剂，无任何残留物，降解农药残留只需几个小时，具有快速、有效的特点，还可起到杀虫、灭菌、保鲜等作用。

（5）臭氧法　臭氧具有消毒、除臭、杀菌、防霉、保鲜等多种功效，其强氧化性可将农产品中残留的有机磷或氨基中酸酯类农药氧化降解，生成相应的酸、醇、胺或其氧化物等小分子物质。其降低农药残留去除细菌的效果是氯气的 1.5 倍，其杀菌速率比氯气快 600~3000 倍。

（6）其他氧化法　高铁酸钾是一种六价铁的化合物，在酸性和碱性溶液中都表现强氧化性，在 pH 7 以下很快分解，可以降解一系列有机污染物，其氧化性主要是由于 FeO_4^{2-} 的存在。高铁酸钾降解有机磷农药是一种氧化降解过程，可以通过破坏磷酸酯键及硫代磷酸酯键，达到分解有机磷农药的目的。高铁酸钾水溶液呈碱性，对于敌敌畏、乐果、毒死蜱这类酸性农药会有一定的分解作用。

（7）光化学降解法　光化学降解农药的作用机理是通过施加高能量，加速农药分子中的一些化学键的断裂而引起消解的作用，对农产品组织内部残留农药也有良好消解作用，光化学降解根据农药分子对光吸收的途径不同而分为直接光化学降解和间接光化学降解。直接光化学降解是指农药分子直接吸收光能造成自身裂解。菊酯类农药见光后不稳定、易分解。有机磷农药对光敏感，易使农药分子形成激发态分子，从而导致分子中键的断裂。间接光化学降解是指农药分子在催化剂作用下发生裂解，又称光催化降解。目前光催化降解所用的催化剂有 TiO_2，ZnO，Cds 等，其中以 TiO_2 稳定性高、光活性强和高效性而备受关注。以钛酸丁酯为原料，天然沸石作载体负载 TiO_2 制备光催化剂，采用高压汞灯为光源，用负载型 TiO_2 光催化降解敌敌畏和对硫磷，浓度为 1.2×10^{-4} mol/L 的农药光照 2h 左右可完全被光催化氧化为 PO_4^{3-}。

（8）生物法　生物法去除农药残留是指通过某些微生物、人工构建的基因工程菌以及酶制剂的作用将农药中的大分子分解成小分子化合物，从而使农药降解或转化成无毒或低毒物质的过程。生物法不仅可以大大降低农产品的农药残留量，且不会对环境造成二次污染。主要有微生物法、基因工程菌、酶催化法等。

①微生物法：土壤中的细菌、真菌、放线菌和藻类中有一些种类具有农药降解功能，由于其生化上的多种适应能力和容易诱发突变菌株，从而在农药降解中占有主要地位。

②基因工程菌：已经分离筛选的大量降解农药的微生物通常只对特定的农药有效，不具备广谱性，降解单一农药的微生物菌株已经不能满足生物修复的需求。通过基因工程技术将高效降解农药的酶的基因构建到载体中，经转化获得工程菌来提高具有降解作用的特定蛋白或酶的表达水平，从而构建出降解谱广、降解效率高、环境适应性强的高效基因工程菌是去除农药的新途径。

③酶催化法：酶制剂可来源于对农药具有降解或转化能力的野生菌株，也可以通过基因工程菌的诱导表达而得。若将酶蛋白通过吸附、包埋、交联、共价结合等方法“固定”在惰性载体上制成固定化酶后使用，可以提高酶的重复利用率。

比较以上农药残留的降解去除方法可以看出，这些方法对农产品残留农药均具有一定的去除效果，同时也存在着一些问题。物理方法简单、易操作且多为传统的处理方法，主要针对表面农药残留。化学方法虽具有较好的降解效果，可能会带来二次污染，甚至把无毒或低毒物质变成有毒或毒性更大的物质，化学方法处理对营养与品质的影响还需进一步的研究。生物法安全无毒、无二次污染，目前主要在田间作物和土壤中应用前景较好，生物降解农残存在耗时较长、成本较高等缺点以至于还不能很好地应用。

四、其他有害物质

（一）小麦中的麦角

麦角的成分比较复杂，其毒性成分主要是麦角胺、麦角毒碱和麦角新碱。小麦中麦角的限量要求见表 1-40。

表 1-40　　不同国家小麦麦角的限量要求

国家/组织	限量/（g/kg）	国家/组织	限量/（g/kg）
中国	0.1	保加利亚	0.2
美国	0.5	日本	0.4
加拿大	0.4	CAC 谷物和豆类法典委员会（CCCPL）	小麦 0.5
英国	0.01		硬质小麦 5

（二）小麦中的腥黑穗病病粒

小麦中的腥黑穗病病粒病菌孢子含有的有毒成分及腥臭的三甲胺，会导致未经有效处理的病麦加工出的面粉带有不良气味，严重者不能食用。同时病麦的麦麸中浓缩着高浓度的毒性物质且带有腥臭味，会引起家禽家畜的中枢神经中毒，甚至引发瘫痪。小麦中的腥黑穗病病粒的限量要求见表 1-41。

表 1-41　　不同国家小麦中的腥黑穗病病粒的限量要求

国家	限量	国家	限量
中国	6 粒/kg	美国	30 个孢子/250g

第二章
小麦储藏设施与条件

小麦是我国中央储备粮食和各地政府粮食储备的主要品种。储藏小麦的粮仓结构多样化，其性能需适合小麦储粮生态学特性要求。我国粮食储备仓型发展历史悠久，种类多样，形状多变，结构不同，使用性能也千差万别。近年来的主导仓型多为房式仓，以及浅圆仓、立筒仓和其他仓型。

第一节 房式仓

一、房式仓的类型与结构

（一）房式仓的分类

1. 按照建筑层数分类

按照建筑层数房式仓可分为平房仓和楼房仓。

（1）平房仓　早期的平房仓的外形与我国传统居住的民房相似，只是开窗的位置稍高些。仓容可大可小，小的仓容仅有几吨，大的可达数万吨，在法国有一座典型的大型平房仓，长度165m，宽度90m，粮堆靠墙处6m，中间堆高10m以上，仓容量可达10万吨。平房仓根据结构和流通情况可散存粮，也可包装储藏粮食。老式平房仓大多数为砖石承重墙，双坡屋顶，也有拱形屋顶的拱顶仓。木或钢结构屋架，水泥地坪，门多数设计成对开、双扇门，有木结构的和金属结构的。现代粮食平房仓基本是用于储存粮食且满足储粮功能要求的单层房式建筑物。根据结构形式及墙体、屋盖等材料的不同，1998年后我国建设中采用的平房仓多为预应力混凝土折线形屋架平房仓、钢筋混凝土门式刚架平房仓、拱板屋盖平房仓、组合门式刚架彩板屋盖平房仓及全钢结构平房仓等。平房仓平、立、剖面图见图2-1。国家储备库建设中规定了采用平房仓适用范围及条件，既适用储粮品种为小麦，也适用于密度≤8kN/m^{3}的其他粮食品种，粮食平堆高度≤6m，基本风压≤0.7kN/m^2，屋面荷载（雪压）≤700Pa，抗震设防烈度≤8度。平房仓的耐火等级为二级，屋面防水等级为二级，建筑结构安全等级为二级，设计使用年限为50年。

传统的或在役的平房仓根据仓体结构及建造年代的不同通常分为砖木结构的“苏式仓”、普通平房仓和高大平房仓。

苏式仓为20世纪50年代建造的砖木结构散装平房仓。这种仓采用砖砌墙，5m—10m—5m三跨木屋架（中间两根木柱），3m开间，廒间长54m，檐墙堆粮高2~2.5m，斜堆，廒间仓容2500t（当时号称500万斤大仓），沥青砂地面，墙刷热沥青防潮，砂浆抹面。这种仓型占地面积大，装粮高度低，进出粮和保粮等设施配套比较困难，经济效益较差。为了扩大仓容和改进其仓储性能，我国开展了对原有“苏式仓”的改造，改造的形式主要有升高屋面、加固或更换屋架、去内柱、下挖尖底（图2-2、图2-3、图2-

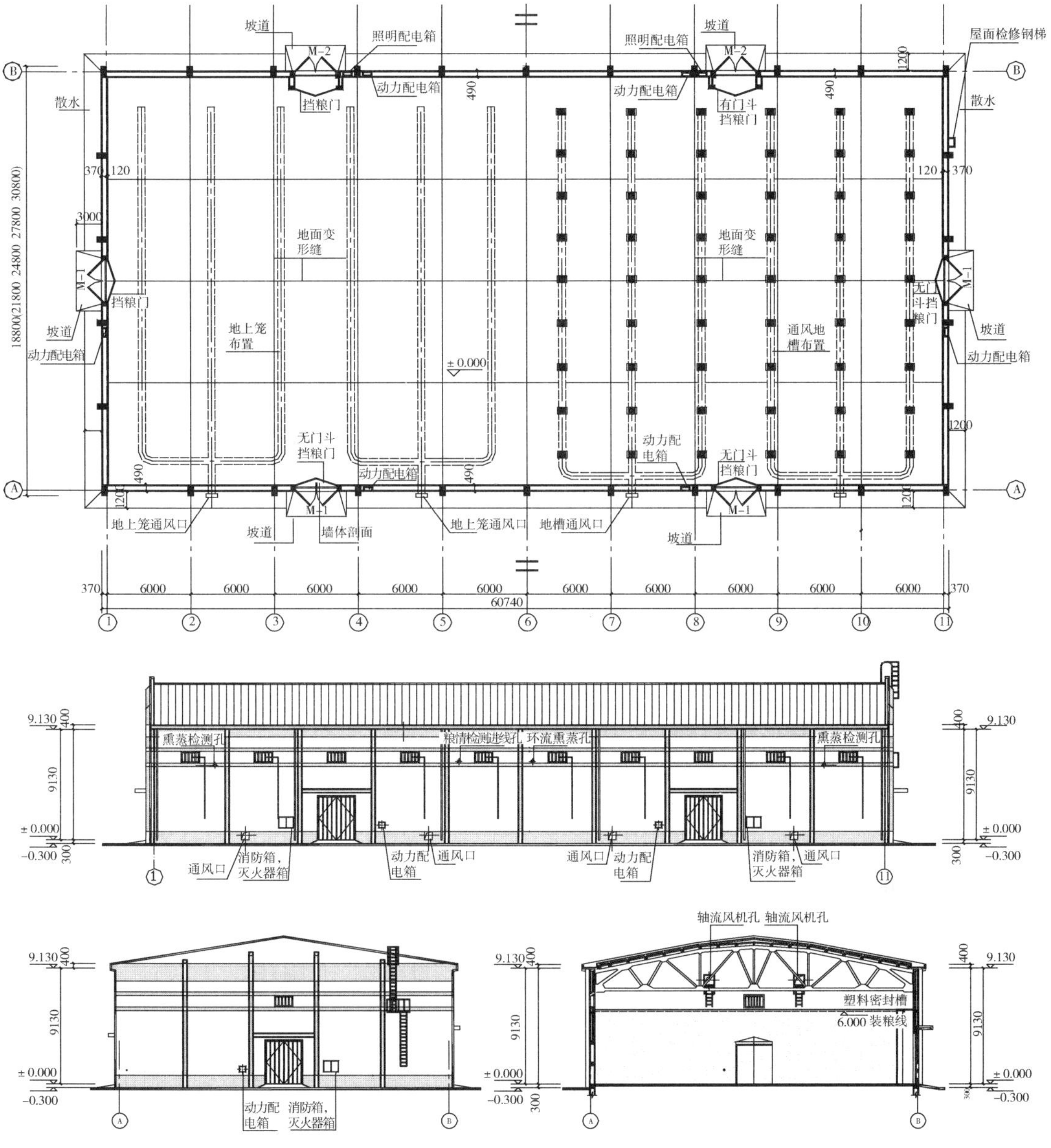

图 2-1　平房仓平、立、剖面图

4）等。“苏式仓”的改造在我国当时资金不足的状况下在一定程度上起到了缓解仓容紧张的局面。

苏式仓改造之后，改善了储粮条件和劳动条件，有利于装卸作业机械化，仓容量得到较大提高。有些一幢建筑面积为 $1000m^2$，容量 2500t 的苏式仓，檐口高度由改造前的 3~3.5m，提高到 7m 左右，可增加仓容量 750~1000t。经过改造后的苏式仓多用于包装粮储藏，一些经过大修的苏式仓也用作散装粮的存储。

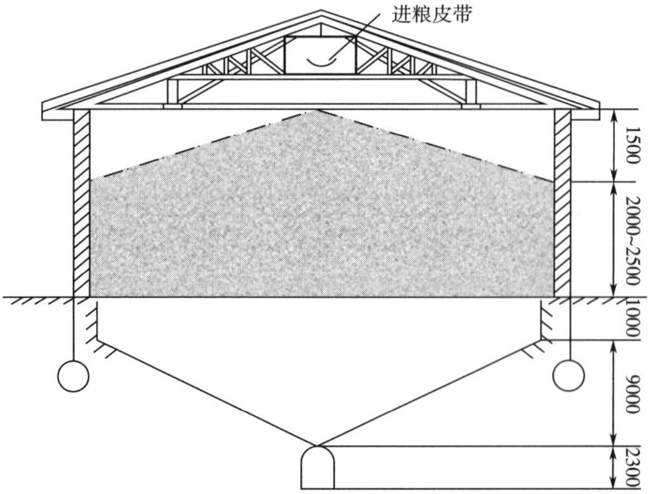

图 2-2 苏式仓改造后的尖底仓

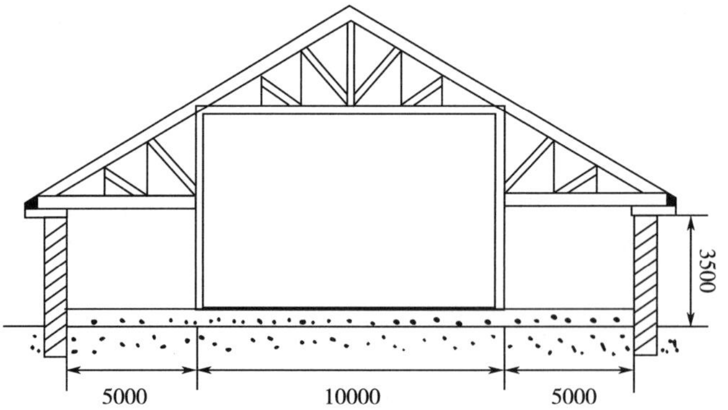

图 2-3 苏式仓剖面图

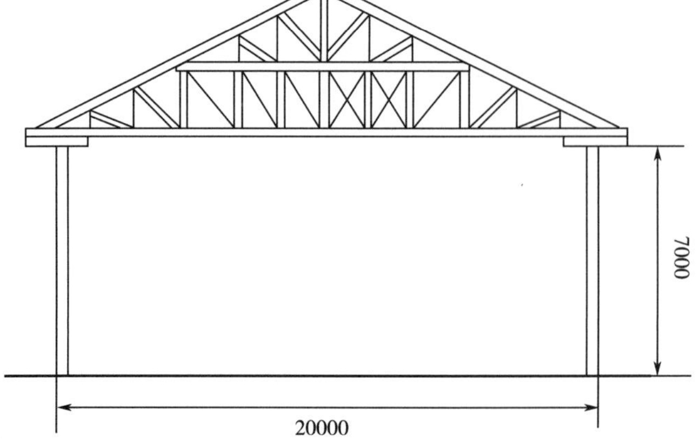

图 2-4 改造后的苏式仓剖面图

普通平房仓或一般所说的平房仓，大体上是1975—1983年建造的平房仓，装粮高度3~3.5m，采取的屋盖结构主要有钢筋混凝土组合屋架、钢筋混凝土门式刚架、预应力钢筋混凝土拱板顶等，个别地区建造了混凝土V形折板屋顶平房仓。1983—1991年“三库”建设期间，平房仓结构多为砖混结构，装粮高度4.5~5.0m，仓房跨度以18m，20m为主，一些地区达到了21m，24m。屋盖结构增加了预应力混凝土折线型屋架。

高大平房仓是指跨度21m以上、堆粮高度达6m以上的平房仓。高大平房仓与一般平房仓相比，具有跨度大（最大为72m）、堆粮高（最高堆粮为8m）、单仓容量大（可达1万t以上）的特点。多数高大平房仓是1998年以后建造，跨度有21m，24m，27m，30m，36m，单间标准仓房的长度为60m，装粮高度达到6~8m。结构上应用了全钢结构门式刚架及钢筋混凝土柱与“H”钢梁，组合门式刚架的结构形式，屋面采用双层彩板，墙体采用混凝土板或砖砌体，混凝土地坪。

（2）楼房仓　楼房仓为多层结构的房式仓，早在20世纪20年代我国有多地开始建造，一般作为粮食加工厂的成品库，仓内粮食多为包装粮。在楼房仓内堆垛时，仓内面积的利用率应大于65%，一般堆垛距外墙为0.5m，距内墙为0.3m，距柱子为0.1m，垛间主通道为2~3m，垛间支通道为1m。

2. 按照粮食堆装形式分类

（1）散装仓　散装仓适用于储藏原粮或种子粮。粮食在散装仓内堆放方式有平堆式和升萝式两种，如图2-5和图2-6所示。粮食不同的堆放方式，其仓容量计算也按其不同的几何形状和尺寸进行计算。平堆式仓容量计算式为：

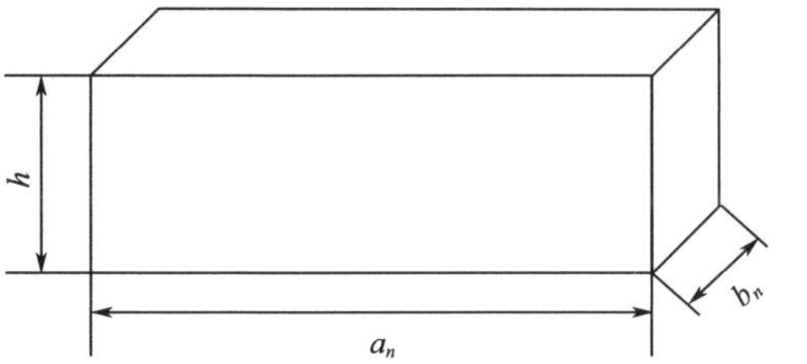

图2-5　平堆式堆粮几何状图

a_n—粮堆长，即仓房长度，m

b_n—粮堆宽，即仓房跨度，m

h—堆粮高度，m

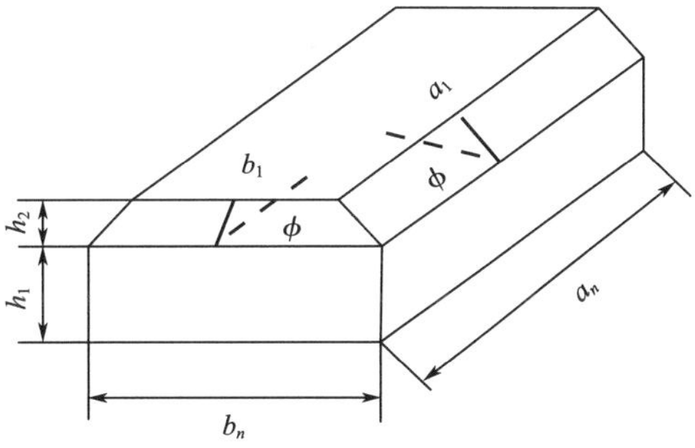

图2-6　“升萝式”堆粮几何状图

a_n—粮堆长，即仓房长度，m　b_n—粮堆宽，即仓房跨度，m　a_1—粮堆顶部长度，m　b_1—粮堆顶部宽度，m　h_1—下部长方体粮堆高度，m　h_2—上部四棱台粮堆高度，m　ϕ—上部四棱台粮食堆放角度

$$Q=ABH\gamma \tag{2-1}$$

式中　Q——仓容量，t；

A——粮堆宽，即仓跨度，m；

B——粮堆长，即仓长度，m；

H——堆粮高度，m；

γ——粮食容重，t/m^3。

表 2-1 列出了常用跨度、长度及平房仓平堆方式仓容量计算值。

表 2-1　　常用跨度、长度及平房仓平堆方式仓容计算表

序号	跨度/m	长度/m	轴线面积/m^2	仓容/t	序号	跨度/m	长度/m	轴线面积/m^2	仓容/t
1	21	36	756	3230	3	27	36	972	4150
		42	882	3770			42	1134	4840
		48	1008	4300			48	1296	5540
		54	1134	4840			54	1458	6230
		60	1260	5380			60	1620	6920
2	24	36	864	3960	4	30	36	1080	4160
		42	1008	4300			42	1260	5380
		48	1152	4920			48	1440	6150
		54	1296	5540			54	1620	6920
		60	1440	6150			60	1800	7690

注：装粮品种为小麦，散装装粮高度为 6m，容重为 t/m^3。

升萝式仓容量计算按式（2-2）计算。

$$Q = \gamma \times [ABH + {}^{1}/_{3}H(ab + \sqrt{Abab} + AB])\tag{2-2}$$

式中　Q——仓容量，t；

γ——粮食容重，t/m^3；

A——仓房长度，m；

B——仓房跨度，m；

a——粮堆顶部长度，m；

b——粮堆顶部宽度，m；

H——上部四棱台高度，m。

升萝式堆粮方式是在粮堆平面上再按 25°角向上斜堆增高 1.5~2.0m，可在基本不增加仓墙侧压力的情况下，适当提高仓容量。

（2）包装仓　包装仓是将粮包堆垛放在仓内。一般包装堆垛的形式分为实垛和通风垛两种。为便于储存期间检查和通风，粮垛之间、粮垛与仓壁之间留出一定距离，采用输送设备进出粮的还应留出主要运输通道。为了防止垛倒塌，堆垛不能太高。包装仓的面积利用系数较低，一般仓容利用率为 65%~80%。

包装储藏较多用于一些批量小、储存期短的原粮及成品粮。通常包装仓的仓容量与粮食单位面积内粮包质量、粮堆高度（层数）和有效堆包面积有关。包装仓容量按式（2-3）计算。

$$Q=(AB/d)\eta ng/1000\tag{2-3}$$

式中　Q——仓容量，t；

A——仓房长度，m；

B——仓房宽度，m；

d——每包粮占地面积，m^2；

η——包装粮堆垛时地面利用系数，实垛取 80%，通风垛取 65%；

n——垛的堆高包数；

g——每袋包装粮的重量，kg。

3. 根据仓房的储粮性能分类

（1）气调仓　整体密闭或粮堆密闭后气密性好，符合相应的压力测试规定，可进行缺氧、充氮、充二氧化碳等控制仓内气体成分的密闭过程。

（2）低温仓　能够实现储粮达到低温储粮要求的仓，其仓房围护结构隔热性能良好，可有效减少仓内外热量传导、隔离对流传热、减少外界热量辐射热，配有机械制冷降温设备。按照当前国家标准，一般要求低温储粮粮堆平均温度不超过 15℃，其中最高粮温不超过 20℃。

（3）准低温仓　准低温仓与低温仓配置条件相似，要求储粮过程中粮堆平均粮温不超过 20℃，其中最高粮温不超过 25℃。一些地下仓利用自然温度资源条件，通过人为控制也可达到准低温仓的要求。

（4）常温仓　只是满足一般的仓房结构和建筑要求的粮仓。缺少机械制冷降温设备配置和应用，仓内温度和粮温是通过通风作业来降低和控制，仓温和粮温易于随外温变化。目前我国的储备粮仓大多是按照常温仓设计建设，通过冬季通风降温和夏季隔热保冷，或采用谷物冷却机、空调控温，也可实现低温储粮或准低温储粮。

（二）平房仓的一般结构

1. 平房仓的平面结构

平房仓的单个廒间平面形状一般为矩形，其长宽比为（2∶1）~（3∶1）。有时为便于集中管理和节约用地，会把几幢平房仓组合建设在一起。通常采取沿平房仓长向延伸组合较有利于机械化输送的要求，如图 2-7 所示。也有连跨组合的廒间布局形式（图 2-8），这种组合大多作为包装成品仓。

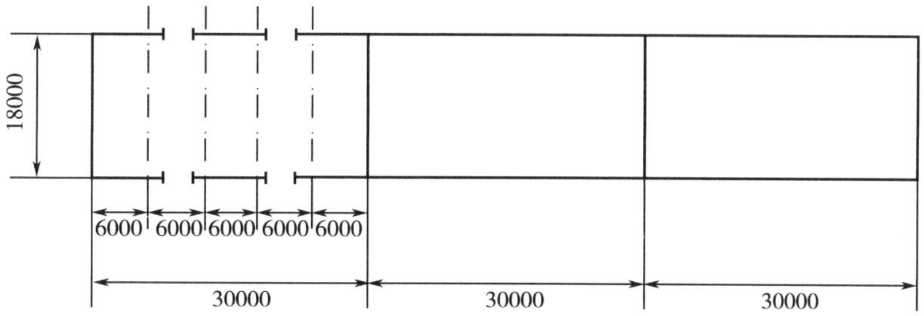

图 2-7　平房仓的平面组合示例一

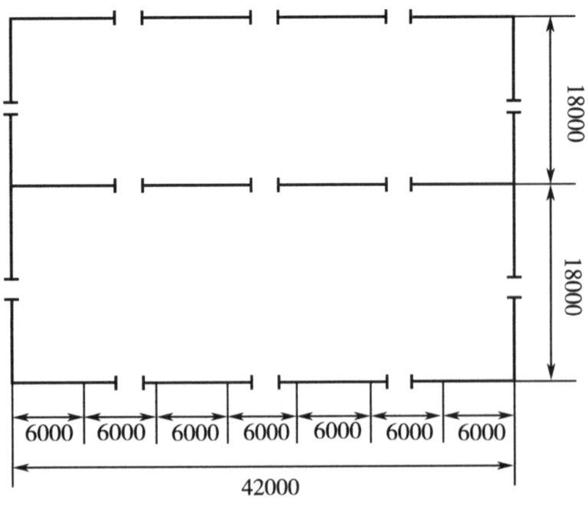

图 2-8 平房仓的平面组合示例二

2. 平房仓的跨度和开间

曾经我国的平房仓的跨度在 18m 以下取 3m 的倍数，18m 以上取 6m 的倍数。1998 年，国家利用国债资金分三批在全国 31 个省、自治区、直辖市建设国家粮食储备库 5000 多万 t（1000 多亿斤）仓容，平房仓是国家储备粮库建设的主导仓型，占总仓容的 87.5%，平房仓标准设计中跨度一律采用 3m 的倍数，有 21m，24m，27m，30m，33m，36m 等。通用仓型施工图中标准长度为 60m，54m，48m，42m 及 36m，还可根据场地及仓容需求进行各种长度的组合；装粮高度为 6m。

柱距为平房仓大型屋面板或檩条等构件的跨度。钢筋混凝土无檩屋盖体系，柱距多为 6m，因为屋面板可采用大型屋面板，构件种类和数量较少，安装工序少，施工速度快，但考虑到各地构件生产规格不尽一致，柱距可采用 3.0m，3.3m，3.6m，3.9m，4.0m，4.2m，4.5m，4.8m 等。

3. 平房仓的高度

平房仓的高度主要取决于粮食保管要求、粮食堆装方式、粮堆高度、粮仓机械设备种类、建筑结构等因素，有时还会考虑土地面积有效利用因素。散装平房仓的高度主要由粮堆高度、粮面以上空间要求高度和仓壁强度条件而决定。粮堆高度与粮食的堆装方式及仓壁承压能力有关。粮面以上空间的高度要保证保管人员日常检查操作的高度及仓顶固定机械设备的操作要求，一般空间高度为 2m 左右。

包装平房仓的高度则取决于堆高及堆垛机安全运行高度、保管人员的操作空间等，包装粮的堆高应根据粮食状况［水分（%）］、仓温及储存期决定，而粮堆以上的空间一般留 2m 左右即可。

4. 平房仓的门窗

（1）仓门 平房仓仓门的位置和数量根据工艺作业及防火要求确定。通常，长度 36~42m 的仓房在两侧檐墙上各设置一个大门，长度 48~60m 的仓房在檐墙两侧各设置两个大门且在两侧檐墙上对应设置。山墙上是否留设大门需根据场地范围及实际使用要求确定，1998 年建设的一批高大平房仓在建设时多设置有山墙上的大门，后来根据粮食长期储藏和粮情控制的需要基本都进行了封堵，以减少其对热量的传导和对气密性的影响。仓门的构造能满足防鼠、防雀、防潮、防虫、启闭灵活及密闭要求。库区标高低于洪水位的仓门，还具有防汛的功能。一般设置有平开防雀内门，外门贴镀锌铁皮用以防潮，门缝设置橡胶皮用以密闭等。

门的大小是根据运输工艺作业要求确定，不允许内燃机车辆进仓。有移动式输送设备进出的大门，门宽可取2400mm，2700mm，3000mm，门高可取2700mm，3000mm；粮食装卸仍为人工作业时，选用的仓门宜小些，门宽可取1500mm，1800mm，门高可取2100mm，2400mm。

大门设置有雨篷或门斗，雨篷挑出长度大于1200mm，宽度大于门洞宽度500mm。

散装仓内侧根据实际需要设置有挡粮装置。仓容较小的散装仓，门较小，门内设置有仓闸板，板上留出粮洞口，可直接向仓外出粮，门洞两侧加有附壁柱，用以抵抗仓闸板向外推挤力量。一般情况下，平房仓的挡粮装置采用平型挡粮板或“人”字形挡粮门。近年来，一些地区在平房仓的建设中采用分节钢折门作为挡粮门。使用时，挡粮门形成45°三角拱。门上设有出粮口、爬梯、还能分节，适应堆粮高度的需要。不用时，挡粮门可转向紧靠仓内壁。这种门结构受力比平板式闸板门好，使用也较为方便。

平房仓有平开门、外挂推拉门和金属卷帘门等各种形式。

散装仓每个廒间粮面以上有一个粮情检查门，或利用大门设置的门斗，门斗内设置有通至粮面的爬梯。粮情检查门具有保温、密闭的功能，门洞宽度不小于0.80m，高度不小于1.50m。室外设置有通向粮情检查门的斜梯和平台，室内设活动的安全防护栏杆和低粮面下人梯。

（2）窗　窗的位置及数量是根据采光、通风及补仓的要求设置的，一般在装粮线上方每6m设置一个窗。散装仓一般为上悬窗，包装仓为中悬窗，条件具备的采用机械启闭装置。窗户高度不大于900mm，宽度不大于1200mm。窗户除固定窗外，均设防雀网，储备粮仓还常常配备防虫网。在台风易于发生地区，窗户要特殊加固处理以防仓内进水和窗扇脱落。

储备仓的窗具有保温、密闭作用，在满足使用要求的前提下，应尽量减少窗的数量。散装仓考虑到利用窗口补装粮作业的要求，洞口尺寸不小于0.90m×0.90m，窗扇不采用中悬形式，并配备有开窗器及可开启的防雀网，窗台高于装粮线300mm以上。当前许多仓房的窗气密性能良好，处理后可以满足熏蒸和气调密闭需求。

5. 平房仓的建筑结构

根据结构形式及墙体、屋盖等材料的不同，平房仓的结构可分为拱板屋盖结构、预应力混凝土折线形屋架结构、钢筋混凝土门式刚架结构、双T板屋盖结构、组合门式刚架彩板屋盖结构及全钢结构等多种形式。

（1）拱板结构　拱板结构的平房仓采用钢筋混凝土排架结构，为钢筋混凝土拱板屋面。墙体多采用370mm或490mm非黏土类实心砖墙，柱间距6m，近年来云南省一些地区采用620mm厚墙体，柱间距3m，装粮高度6~8m。屋面防水等级I级，设两道卷材防水层。屋面或拱腔内设保温层。适宜跨度21m，24m。

拱板结构为板架合一的屋盖结构，具有承重、保温、隔热、防水和顶棚多种作用。拱板结构屋盖的空间刚度大、整体性能好、结构自重轻、抗震性能好、施工简便和经济指标较好。拱扳可以现场预制或现浇，仓体气密性和保温效果良好。图2-9为常见拱形屋盖平房仓结构图。

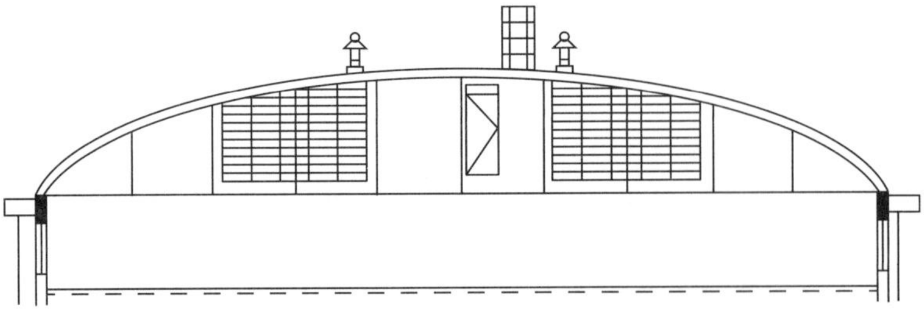

图 2-9　常见拱形屋盖平房仓结构（屋盖剖面）图

（2）应力混凝土折线形屋架结构　应力混凝土折线形屋架结构的平房仓采用钢筋混凝土排架结构为预应力钢筋混凝土折线型屋架、大型屋面板屋面。墙体采用 370mm 或 490mm 厚砖强。柱间距 6m，装粮高度 6~8m，屋面防水等级 I 级，至少设一道卷材防水层，屋面设保温层。适宜跨度 18m，21m，24m，27m，30m。

应力混凝土折线形屋架结构平房仓具有跨度大、施工技术成熟、施工方便、施工周期短、对地质条件要求低等特点，是目前使用最为广泛的一种平房仓。缺点是仓内无吊顶，屋架下弦容易积灰且顶棚不美观。图 2-10 为常见折线屋架平房仓结构图。

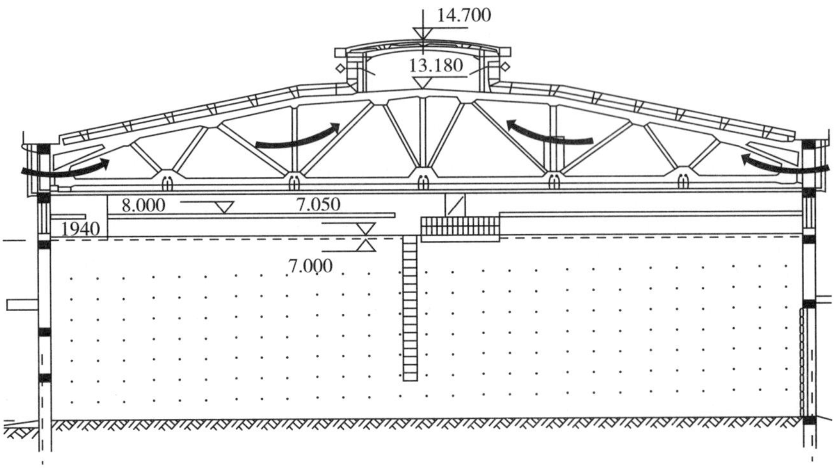

图 2-10　常见折线屋架平房仓结构（屋盖剖面）图

（3）双 T 板屋盖结构　双 T 板屋盖结构平房仓采用钢筋混凝土排架结构，为梁板合一的双 T 板屋面。墙体采用 370mm 或 490mm 厚砖墙。柱间距 6m，装粮高度 6~8m。屋面防水等级 I 级，至少设两道卷材防水层。屋面设保温层。适宜跨度 21m，24m，27m，30m，近些年双 T 板平房仓跨度达到 42m，48m，如防城港、北部湾钦州、北海的普通平房仓。双 T 板屋盖结构平房仓施工工期较短，工程造价较低。仓体气密性和保温效果一般，双 T 板需专业厂家预制、运输、吊装，受施工条件限制较多。

（4）钢筋混凝土门式刚架结构　钢筋混凝土门式刚架平房仓一般采用梁柱合一的两铰门式刚架结构，该仓型具有构件简单、制作方便、结构自重轻、材料省、施工速率快等优点。现已应用的平房仓跨度一般不大于 21m，很少采用 24m。采用预制时，起吊、拼装有困难，且对地质条件要求较高。钢筋混凝土门式刚架平房仓仓内实景见图 2-11。

（5）组合门式刚架彩板屋盖结构　组合门式刚架彩板屋盖平房仓是 1998 年国家大规模粮库建设中采用的一种新仓型，主要应用在广东、海南、陕西及吉林等地。该仓型施工周期短、外观色彩艳丽，保温隔热性能较好，但对施工队伍的素质要求高，如施工质量不能保证，容易漏水且易产生锈蚀。组合门式刚架彩板屋盖平房仓外观图见图 2-12。

图 2-11　钢筋混凝土门式刚架平房仓仓内实景

图 2-12　组合门式刚架彩板屋盖平房仓仓外实景

（6）轻型门式刚架结构　轻型门式刚架是典型的轻型钢结构，是目前国内应用最为广泛的轻型钢结构。门式刚架以其自重轻、抗震性能好、施工期短、节能、环保、可以工厂规模化制作、冬季也可以施工安装等优点被广泛应用于我国各个行业的车间、仓库等构筑物。缺点是气密性差，且保温性能不佳。不适合作长期储备的粮库使用，此结构仓的内部结构见图 2-13，外部实景图见图 2-14。

图 2-13　轻型门式刚架平房仓仓内实景

图 2-14　轻型门式刚架平房仓仓外实景

平房仓因其结构形式、墙体、屋盖等材料的不同，它的基本建筑参数也有所不同，国家储备粮库建设的主要平房仓基本建筑参数见表 2-2。

表 2-2　　国家储备粮库建设主要平房仓基本建筑参数表

序号	仓型	跨度/m	柱距/m及柱结构	基本长度/m	基本组合长度/m	墙厚/mm	墙体材料	备注
1	预应力混凝土折线形屋架平房仓	21（24、27、30）	6（混凝土柱）	36	72　78	370	黏土砖实心墙	长度为60m以上的仓房均为双廒间
				42	84	490	3.6m以上为空心砖墙	
				48	90　96		3.6m以下为实心砖墙	
				54	102　108	SP板	1.2~5.7m为SP空心板	
				60	114　120		其他部分为370实心砌块墙	
2	拱板屋盖平房仓	21（24）	3（组合柱）	36	72　78	490	黏土砖实心墙	预应力混凝土拱板及非预应力混凝土拱板
				42	84			
				48	90　96			
				54	102　108			
				60	114　120			
			3（混凝土柱）	36	72　78	370	黏土砖实心墙	预应力混凝土拱板
				42	84	490		
				48	90　96	620	黏土砖空心墙	
				54	102　108			
				60	114　120			
			4（组合柱）	36	72　76	370	黏土砖实心墙	预应力混凝土拱板
				40	80　84			
				44	88　92			
				48	96　100			
				52	104　108	620	黏土砖空心墙	
				56	112　116			
				60	120			
			4（混凝土柱）	36	72　76	370	黏土砖实心墙	预应力混凝土拱板
				40	80　84			
				44	88　92			
				48	96　100			
				52	104　108			
				56	112　116			
				60	120			

续表

序号	仓型	跨度/m	柱距/m及柱结构	基本长度/m	基本组合长度/m	墙厚/mm	墙体材料	备注
3	钢筋混凝土门式刚架平房仓	21	6（混凝土柱）	36	72　78	370	黏土砖实心墙	
				42	84			
				48	90　96			
				54	102　108	490	黏土砖实心墙	
				60	114　120			
4	组合门式刚架彩板屋盖平房仓	24（27、30）	6（混凝土柱）	60		370	黏土砖实心墙	
						SP 板	预应力空心墙板	

6. 平房仓的墙体结构

平房仓的墙体厚度可通过计算确定，不小于 240mm。如图 2-15 所示，当堆粮高度较高时，墙体厚度则较厚，墙体可采用变截面的形式。为增加墙体刚度、减少竖向变形，通常墙体可采取增加厚度或增加附壁柱，使其成为 T 形截面。近年来，有些地方建造平房仓时，试用了密肋空腹墙体，此种墙体刚度和保温隔热性能均比平墙或 T 形截面墙体好，有利于保持仓内温度和安全储粮，但占地面积较大。

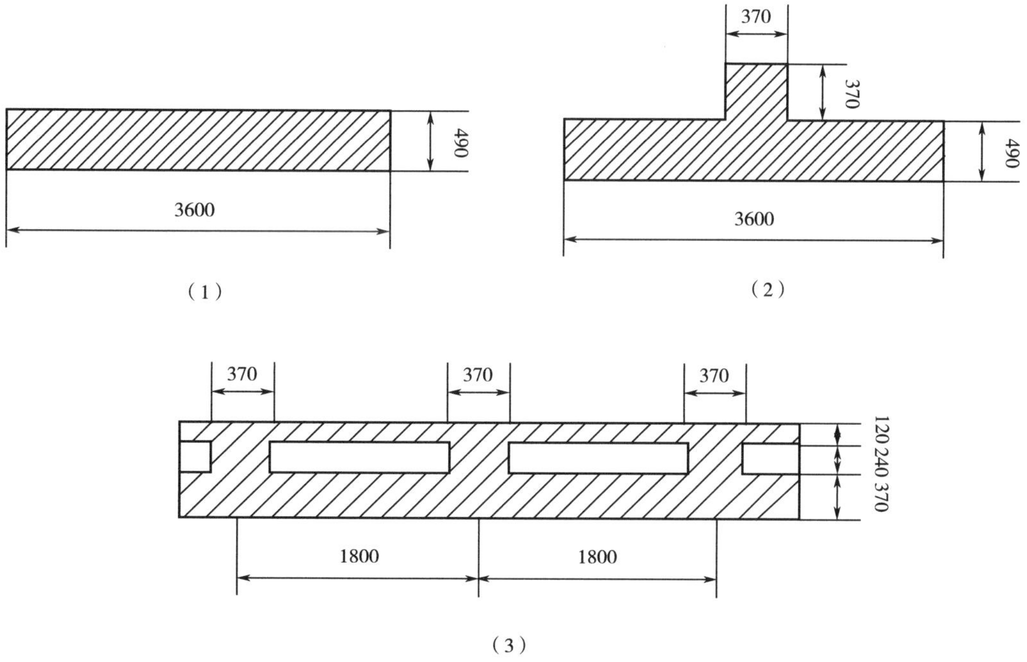

图 2-15　墙体截面形式

（1）平墙　（2）T 形墙体　（3）密肋空腹墙体

7. 平房仓的地槽结构

为有利于平房仓机械化出粮中的设备进入作业，通常在平房仓仓内地坪面下设置地槽。仓内地槽布置在平房仓中央且沿平房仓长度方向，通行地槽的内部净高度一般为2m，不小于1.8m。地槽内部人行通道宽度，一侧有设备取700~800mm，两侧有设备可取900~1000mm。地槽顶面覆土厚度一般为300~500mm，仓内地槽表面与地面相平，仓外地槽不影响仓内交通，在有车辆通过的地方地槽顶面覆土厚度为800~1000mm，也可根据实际情况确定。地槽顶可采用砖拱、钢筋混凝土预制盖板，也可采用现浇钢筋混凝土顶盖。

（三）楼房仓的结构

1. 楼房仓的平面形式

国内现有时间较长的楼房仓主要以包装粮存储为主设计，其平面形状多采用矩形或矩形组合形式。楼房仓的平面尺寸受仓内固定或移动式机械设备的布置形式及包装粮的堆垛方式制约。跨度和开间的确定应充分考虑仓房结构、建筑材料、施工技术及经济性等因素，并要考虑一定的发展余地，可不受模数制的限制，柱距采用3.9m，4.0m，4.2m，6.0m，6.5m，7.0m，8.0m，9.0m等。跨度采用6.0m，6.5m，7.0m，7.5m，8.0m，9.0m等。

楼房仓的平面布置主要考虑仓房、电梯、楼梯、滑道、通廊等部分的相应位置，通常有单体式和分离式。单体式是仓房作为一个单体建筑物布置，分离式是将仓房分成几个单体建筑，中间用通廊相连。

楼房仓的粮包垂直输送主要是靠电梯，电梯的位置有集中式和分离式两种。集中式是将电梯间设在仓房的一侧，紧靠仓房，或将电梯间直接设在仓房内。分离式则电梯间与仓房相隔一定距离，中间以通廊相连。

2. 楼房仓的层数与层高

一般的楼房仓以四层为宜，不应超过六层。楼房仓的层高则根据堆垛高度及堆拆垛机械化水平而定，粮垛顶面以上的净空间高度一般为1.4~1.8m，层高范围多数情况在4~6m，各层层高可以相同，也可以不一样，首层可采用较高的层高。

3. 楼房仓的建筑构造

楼房仓目前采用的结构主要有混合式结构和框架式结构两种。混合式结构常指由不同建筑材料制成构件所组成的建筑结构，此时楼（屋）盖常采用钢筋混凝土，墙体则采用砖砌体。框架结构为由梁、柱构件通过节点连接而构成的空间结构。多层框架可采用钢筋混凝土、钢或合金材料建造，在我国采用较多的是钢筋混凝土材料。这种框架结构具有强度高、抗震性好、耐火性好、造价低等优点。

4. 楼房仓的螺旋滑道

楼房仓的进出粮工艺较为特殊，进仓多采用电梯、单包提升机，出仓多采用电梯、单包提升机及螺旋滑道。螺旋滑道是利用重力及惯性离心力使放于滑道表面的粮包自动螺旋下滑，不需动力，经济安全，是楼房仓经常采用的出仓方式。

楼房仓滑道的螺旋升角以式（2-4）计算。

$$\alpha = arctan\ (H/2\pi R) > \varphi \qquad (2-4)$$

式中　α——滑道的螺旋升角；

H——滑道的螺距，m；可取 $H=1.5\sim2$m，为了使每层的进出料口在同一个位置，每楼层螺旋滑道的螺旋数应相等，如果楼房的层高不等，则 H 取值不一样；

R——螺旋滑道的外径，m，一般取 $R=1.7\sim2.0$m；

φ——粮包与滑道间的摩擦角；一般首层为 23°，其他各层的为 21°。

滑道中心柱的直径 $d>0.2$m。滑道两侧高度 $h=0.15\sim0.20$m。滑道宽度采用 $b=b_1+0.1$（其中 b 为滑道宽度，b_1 为粮包宽度，单位：m）。滑道出口应设置操作平台，平台距地面高为 0.95m。滑道表面要平整光滑，以保证粮包的顺利输送，一般表面做成水磨石面，上面打蜡。也有的楼房仓采用钢板曲折形溜槽出仓。

我国采用楼房仓储备散装粮技术得到创新发展，已在天津、昆明、北京等地分别建设了多层的用于散装粮食储备在高大楼房仓。散装粮食楼房仓是一种多层储粮设施，相比平房仓储粮量更大，占用土地资源更少，是一种高效储存的模式。

二、　平房仓储粮工艺与设备

（一）平房仓的进出仓工艺

平房仓的工艺流程主要包括粮食进仓、出仓、倒仓、清仓、清理、打包、补仓等作业工序。粮食入库，经汽车衡计量后，取样化验确定品种、水分、等级，再运至平房仓仓门外，由多台移动式胶带输送机、清理筛、转向胶带输送机输送入仓堆高，局部用移动式装仓机从窗口补粮，人工扒平。卸粮后汽车（空车）返回汽车衡计量，核定每车粮食的实际重量，累积进仓粮食总数。粮食的出仓主要由移动式扒粮机、移动式胶带输送机等设备协同完成。出仓时，将仓门挡粮板处出粮口手动闸门打开，自流部分粮食由移动式胶带输送机发放。待挡粮门移开后，用移动式扒粮机、多台搭接的移动式胶带输送机把粮食送出仓外，经汽车衡计量出库。需包装发放时，经移动式称重罐包机和包散两用胶带输送机联合作业，装车发放。通常采用以下的主要工艺流程完成平房仓粮食入仓及出仓作业。

一般的进仓流程为：汽车来粮汽车衡（检斤）→移动式皮带机→移动式清理筛→移动式皮带机→移动式转向胶带输送机→入仓。通过清理中心的进仓方式通常流程为：汽车来粮汽车衡（检斤、验质）→清理中心卸粮坑卸粮→固定提升设备提升→清理筛清理→汽车转运→移动式皮带机→移动式转向胶带输送机→入仓。

一般出仓流程为：出仓开始阶段，挡粮门卸粮→移动式皮带机→移动式打包机→移动式皮带机→装车发放。挡粮门打开后，扒谷机→移动式皮带机→移动式打包机→移动式皮带机→装车发放。

虽然平房仓的工艺作业流程较简单，但由于其作业面积大，输送距离长，一般需要采用移动式输送设备相互搭接组成输送线才能实现机械化作业。一旦其中一台设备需要进行移位，与其相接的所有设备均需随之移动，作业过程中设备的频繁移动给进仓和出仓作业带来了很大的不便。部分粮库的工艺设计中，采用了吸粮机和其他的移动式输送设备相结合的作业方式，来进行平房仓的进、出粮作业，其工艺流程如下：

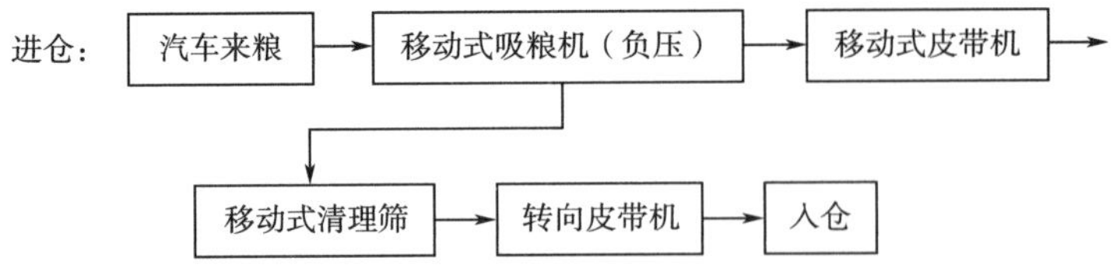

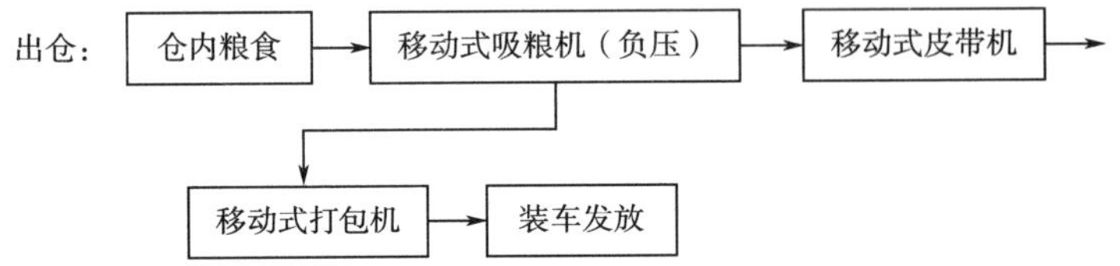

由于吸粮机的吸口位置可在 3～20m 的距离内随意调整，可减少设备的移动次数，进粮时将吸口直接插入汽车（或火车）上卸粮。解决了人工作业时效率低、速率慢以及作业环境恶劣等问题。出仓时将吸粮机的吸嘴直接插入粮堆内，后续设备基本固定不动或移动次数很少，且可将粮仓内的任何角落都清理干净，作业环境清洁、无粉尘飞扬，还解决地上笼的存在给其他进仓作业设备在仓内作业时带来的困难。吸粮机还可进行补仓、清仓等作业，有效地提高了工作效率。

不同的设备组合，其进、出仓作业的方式、速率、难易程度各不相同，因而装仓、出仓的效率也不一样。

（二）平房仓的进出仓设备

目前，平房仓进出仓设备主要包括移动式皮带输送机、扒谷机、移动式吸粮机、移动式清理筛等设备。

配置设备一般应具有通用性、实用性强、技术先进、方便灵活、可调性强，能满足散粮的进出仓各种作业要求。在作业过程中，能转向、倾斜、旋转、升高、伸长，设备能移动，可在粮库所有的仓房中使用，能在不同跨度、不同高度、不同运距的粮库中进行粮食输送作业。

1. 移动式皮带输送机

移动式皮带输送机在平房仓的进、出仓作业中起着长短各种距离的输送、设备间的衔接及送料的作用（表 2-3）。它适用于粮食的水平及小倾角散装输送，在平房仓的入仓、出仓、翻仓等工艺中起着重要作用。常用移动皮带输送机的规格有 8m，10m，12m，15m，18m，20m，32m 等。

表 2-3　**某些型号移动皮带输送机的技术参数**

型号	输送量		输送高度/m	线速度/（m/s）	配备动力/kW
	包/h	散立方/h			
TDSL50×6	720	75	1.8~2.5	1.5~2.5	3
TDSL50×8	720	75	2.0~3.4		4，1.5
TDSL50×10	720	75	2.0~4.3		4，1.5
TDSL50×12	720	75	2.5~5.0		4，1.5
TDSL50×15	720	75	2.8~6.5		5.5，1.5
TDSL50×18	720	75	3.4~7.3		5.5，2.2

2. 伸缩胶带输送机

（1）伸缩胶带输送机适用于平房仓内外散装粮的小倾角输送。常用伸缩胶带输送机的技术参数见表 2-4。

表 2-4　**常用伸缩胶带输送机技术参数**

产量/(t/h)		数值	橡胶带技术数据	宽/mm	500
				线速度/(m/s)	2.1~2.3
电机功率/kW	驱动电机	2.2~2.8	输送距离/m		5.2~10.0
	伸缩电机	0.6			
机架规格/mm	固定架长度	5200~7000	外形尺寸/mm	长度	6000~10000
	固定架宽度	60		宽度	700~1125
	伸缩架长度	4000~6000		高度	840~1300
机架伸缩速度/(m/s)		0.12~0.18	机重/kg		550~350

（2）常用伸缩胶带输送机如图 2-16 和图 2-17 所示。

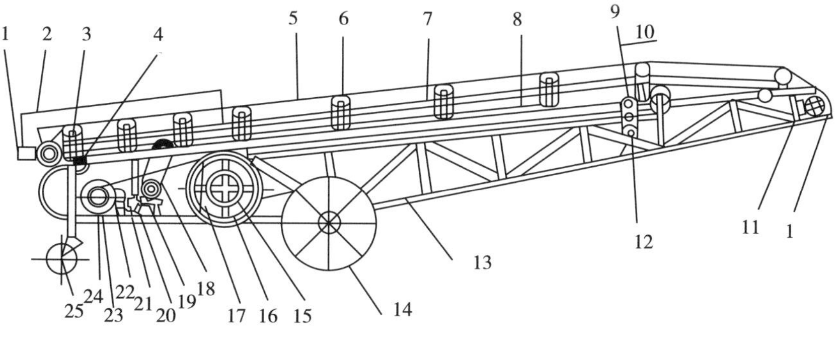

图 2-16　伸缩胶带输送机结构图

1—张紧装置　2—接粮斗　3—尾部鼓轮　4—固定上滑轮　5—橡胶输送带　6—上托轮　7—活动机架　8—滚子链条　9—移动上滑轮　10—移动下滑轮　11—头部鼓轮　12—导向鼓　13—固定机架　14—推动轮　15—驱动轮　16—驱动皮带轮　17—V 形传动带　18—蜗轮蜗杆　19—过桥皮带轮　20—联轴器　21、22、23—电动机　24—电动机皮带轮　25—万向转动轮

图 2-17 伸缩胶带输送机

3. 卸粮机

卸粮机主要用于与输送机配套完成卸车入库任务，可以快速卸粮，提高工作效率，是大型粮库理想的卸车入库机械。常用卸粮机的主要技术参数见表 2-5。

表 2-5 常用卸粮机的技术参数

处理量/（t/h）	尺寸/mm	带宽/mm	输送距离/m	出料高度/m
80~150	5360×1200×1380	500/650	6~12	0.6~2.0

4. 堆包胶带输送机

堆包胶带输送机适用于粮食仓库内粮包的堆包作业，主要用于平房仓包装粮的入仓。

常用堆包胶带输送机的主要技术参数见表 2-6。

表 2-6 常用堆包胶带输送机技术参数

输送量/(包/h)	400~1200	输送长度/m	6~13
最大输送量/(包/h)	878	机身倾角（°）	13~35
	1958	配备动力/kW	3.0~4.1
胶带宽度/mm	400~500	输送高度/m	1.7~6.0
胶带线速/(m/s)	1.3	机重/kg	560~1100
最高堆包数/包	24		

5. 转向胶带输送机

转向胶带输送机用于房式仓的散粮进仓，进入粮仓内向仓内各个部位进粮，能将粮堆堆得较为平整，从而减少堆仓作业中输送机的拖动；可在一定范围内自动升降，随粮堆的升高而抬高机身，从而减少粮食下落时的自动分级，减少粉尘的扬起，改善了作业条件。常用的转向胶带输送机的主要技术参数见表 2-7。

表 2-7　常用的转向皮带输送机的技术参数

输送量/(t/h)	50~60	输送动力/kW	1.5~2.2
输送高度/m	2.35~5.0	升降动力/kW	0.6
胶带宽度/mm	400	转向动力/kW	1.1
胶带线速/(m/s)	3.6	机重/kg	800~1000
转向角度/(°)	90		

常用的转向胶带输送机如图 2-18 和图 2-19 所示。

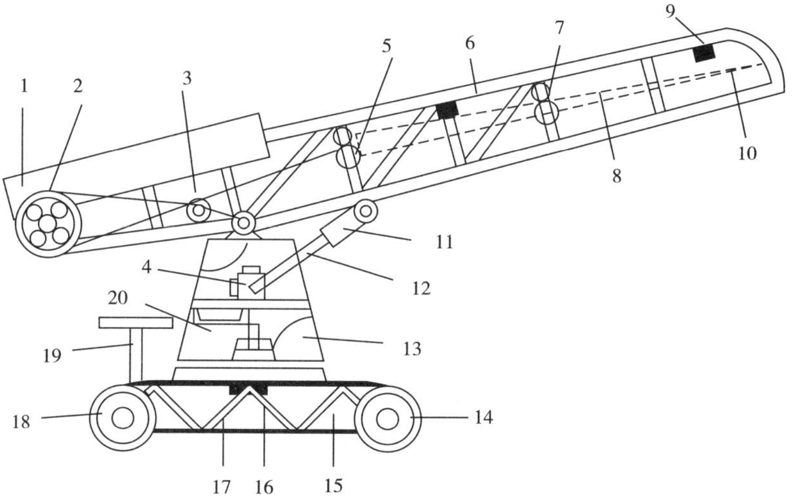

图 2-18　转向胶带输送机结构图

1—料斗　2—驱动装置　3—电动机　4—涡轮减速箱　5—下托辊　6—机架　7—上托辊　8—输送带　9—紧张螺杆　10—头号部滚筒　11—升降架　12—升降螺杆　13—转塔　14—前走轮　15—定塔机座　16—定轴　17—滚轮　18—方向盘　19—后走轮　20—升降电机

图 2-19　转向胶带输送机

6. 移动式液压伸缩装仓机

液压伸缩装仓机是一种新型的组合式仓储机械，集装仓，补仓于一体，能对散粮进行仓内装仓，仓外补仓。输送机部分有液压升降平台控制，高低位置可调，入仓深度可达 8~10m，堆粮高度达 7m 以上。伸缩架可以前后伸缩，满足不同距离的装仓要求。可在 90°范围内左右旋转，在一定范围内调节输送长度，使粮食均匀布满，减少了人工在入仓作业中需要经常移动设备的现象。整机具有强度大，产量高，移动方便，能耗少，并可大幅度降低劳动强度等优点。常用的液压伸缩装仓机的主要技术参数见表 2-8。

表 2-8　　常用的液压伸缩装仓机的技术参数

输送量/(t/h)	80~120	升降高度/m	3.2~7.5
输送距离/m	13~15	液压/kW	3.0
配套动力/kW	4.0	行走动力/kW	1.5

常用的液压伸缩装仓机结构见图 2-20。

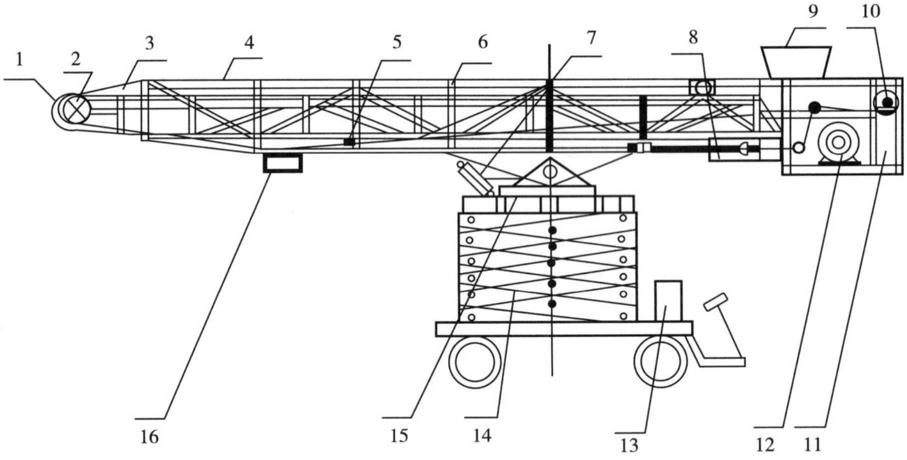

图 2-20　移动式液压伸缩装仓机结构图

1—伸缩架　2—头轮　3—胶带　4—固定架　5—下托辊　6—上托辊　7—液压缸　8—液压缸　9—接料斗　10—驱动轮　11—配重箱　12—电动机　13—行走机构　14—液压控制系统　15—液压升降机构　16—旋转机构

移动式液压伸缩装仓机结构见图 2-21。

7. 出仓机

(1) 多功能出仓机　这里以 PG×L. 50 型多功能出仓机为例加以简要说明。多功能出仓机用于散粮出平房仓。PG×L. 50 型多功能出仓机主要技术参数见表 2-9。

图 2-21　移动式液压伸缩装仓机实物示例

表 2-9　PG×L. 50 型多功能出仓机技术参数

输送量/(t/h)		50	卸粮高度/m		3.5
扒粮部分	扒粮速度/(m/s)	0.7	输粮部分	固定输送机功率/kW	1.1
	电机功率/kW	2.2		万向输送机功率/kW	2×1.1
行走部分	行走速度/(m/s)	0.4	清仓吸粮	吸料管直径/mm	90
	电机功率/kW	2.2		鼓风机功率/kW	4.0
升降部分	升降速度/(m/s)	0.02		卸料关风器功率/kW	0.75
	电机功率/kW	0.75		除尘关风器功率/kW	0.55

PG×L. 50 型多功能出仓机结构见图 2-22。

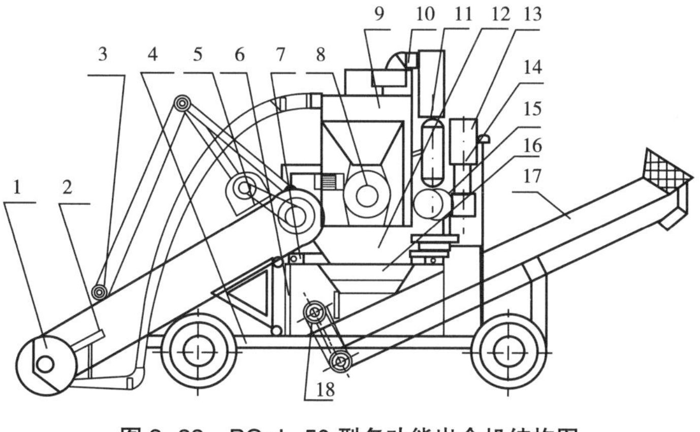

图 2-22　PG×L. 50 型多功能出仓机结构图

1—螺旋扒粮器　2—刮板输送机　3—升降滑轮　4—移动车　5—刮板机传动　6—转向机构支架　7—转盘　8—关风器　9—卸料器　10—除尘器　11—消音器　12—接料斗　13—出风口消音器　14—转接器　15—鼓风机　16—接料斗　17—皮带机　18—行走机构

多功能出仓机见图 2-23。

图 2-23　多功能出仓机

（2）刮板扒谷机　刮板式扒谷机适用于散装谷物的出仓、倒仓及装包用，主要由扒谷部分及输送部分、提升部分、转向部分、除尘部分等组成，可以在 180°范围内进行散粮的扒送工作。刮板扒谷机一般技术参数举例见表 2-10，刮板扒谷机结构见图 2-24，刮板扒谷机实物示例见图 2-25。

表 2-10　　刮板扒谷机技术参数

项目	型号		
	川 PGG · 18×7	PGG · 20×8	PGG · 25
产量/(t/h)	22.5	30	50
刮板工作面升降范围/(°)	0~45	0~40	0~45
刮板面旋转最大度数/(°)	270	130	360
供料高度/mm			
最高	1200	1200	1100
最低	900	850	850
胶带输送线速/(m/s)	2.5	2.5	3.0
刮板扒粮线速/(m/s)	1.55	1.6	2.7
电机功率/kW			
刮板喂料	2.2	1.5	2.2
胶带输送	2.2	0.8	1.5
旋转机构	1.1	0.8	1.5
外形尺寸（长×宽×高）/mm	4400×820×1700	5000×920×1700	4500×1750×900
机重/kg	490	650	585

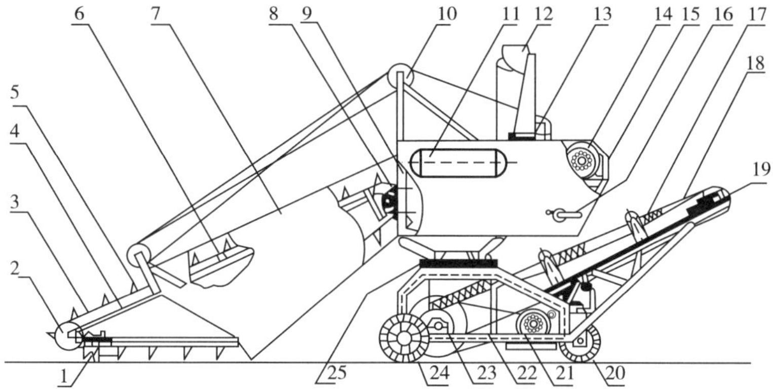

图 2-24　刮板扒谷机结构图

1—保险架　2—扒粮张紧轮　3—胶带　4—悬臂机架　5—扒斗　6—托辊　7—护罩　8—扒粮驱动轮　9—旋转机架　10—滑轮　11—吸风管　12—剥克龙　13—吸尘风机　14—电动机　15—尾罩　16—升降手柄　17—输送上托辊　18—塑料带　19—输送张紧轮　20—转向轮　21—电动机　22—输送机架　23—输送驱动轴　24—走轮　25—转盘

图 2-25　刮板扒谷机

（3）翼轮扒谷机　翼轮扒谷机用于散粮出仓、倒仓，使用时与输送机配合还可以堆囤、装车。可在 180°范围内进行散粮扒送。翼轮扒谷机举例技术参数见表 2-11。

表 2-11　　翼轮扒谷机技术参数

项目	型号	
	PGY×60×1	PGY×60×2
产量/(t/h)	50	50
翼轮直径/mm	600	600
输送胶带宽度/mm	400	400
配备动力/kW	4.1	5.2
外形尺寸（长×宽×高）/mm	3600×1240×1540	3765×1238×1560
机重/kg	650	645

（4）螺旋扒谷机　螺旋扒谷机也是一种可移动的连续作业散粮装卸设备，螺旋扒谷机有的采用螺旋进料、刮板输送的结构形式，也有由螺旋完成进料与输送。螺旋完成进料与输送的螺旋扒谷机整个螺旋体安装在钢制圆柱机壳内，其进料与输送均由螺旋完成。具有结构简单，操作简便的特点。螺旋扒谷机举例技术参数见表 2-12。

表 2-12　螺旋扒谷机举例技术参数

型号	PGL-19 型	输送全长/mm	4000
产量/(t/h)	20	配备动力/kW	3.2（JO_2-42-8）
扒谷螺旋升降范围/(°)	0~40	主电动机转速/(r/min)	720
扒谷螺旋左右摆动角度/(°)	40~0~40	外形尺寸（长×宽×高)/mm	4450×780×1820
扒谷螺旋输送长度/mm	1355	机重/kg	1600

8. 移动式吸粮机

移动式吸粮机主要由罗茨鼓风机、卸料器、高效集尘器、关风器、输粮软管、吸粮嘴及其他部件组成。根据组合形式的不同，可分为负压吸粮机和正、负压相结合的组合式吸粮机。负压吸粮机装车或入仓作业需与移动式皮带机及转向带式输送机相结合，由于其吸口位置可在 3~20m 的距离内随意调节，大大减少了设备的移动次数，操作灵活、方便。正、负压相结合的吸粮机增加了卸料段的输送距离，可以实现单机直接装仓、补仓及装车要求，简化了平房仓的工艺作业流程、减少了中间环节，提高了进出仓的效率。吸粮机存在着耗电量大、增加破碎率等不足。移动式吸粮机举例技术参数见表 2-13。

表 2-13　QH-20 型移动吸粮机技术参数

项目	型号					
	QH3	QH-5	QH-10	QH-15	QH-20C	QH-30C
最大输送量/(t/h)	3	5	1	15	20	30
风机功率/kW	5.5	7.5	11	15	22	37
闭风器功率/kW	0.75	0.75	0.75	1.1	1.1	1.5
机器总功率/kW	6.25	8.25	11.75	16.1	23.1	38.5
主电机型号	Y132S1-2	Y132S2-2	Y160M1-2	Y160M2-2	Y180M-2	Y200L2-2
闭风器电机型号	Y90S-6	Y90S-6	Y90S-6	Y90L-6	Y90L-6	Y100L-6
风机转速/(r/min)	3300	3600	4100	3700	4100	4100
闭风器转速/(r/min)	60	60	60	60	60	60
空气压力/(mmH_2O)	940	1000	1500	1600	2200	3300
空气流量/(m^3/h)	780	800	1000	1600	1800	1800

续表

项目	型号					
	QH3	QH-5	QH-10	QH-15	QH-20C	QH-30C
气流速度/(m/s)	26	24	24	25	25	25
进料管直径/mm	124	124	150	150	160	160
输送管直径/mm	70	100	124	150	160	160
水平最大输送距/m	20	30	50	70	120	170
最大吸距/m	6.5	8.5	10	20	30	50
最大扬程/m	5	5	8	12	18	30
整机重量/kg	400	415	460	530	600	900
外形尺寸(长×宽×高)/mm	1780×1050×1550	1780×1058×1550	1780×1058×1550	2380×1148×1800	2320×1320×2720	2380×1600×2720

注：$1mmH_2O=9.80665Pa$。

9. 清理设备

清理设备是平房仓的必备设备，入库的粮食，经移动式清理筛进行必要的清理减少粮食的含杂量。

(1) 脉冲除尘组合清理筛　脉冲除尘组合清理筛用于粮食入平房仓清理除杂和谷物加工前清理，更换不同筛目可进行不同谷物的清理，能在当地气候、环境条件下露天工作，在负荷状态下连续、稳定、可靠地清除粮食中的杂质。脉冲除尘组合清理筛举例技术参数见表 2-14，环保脉冲除尘组合清理筛如图 2-26 和图 2-27 所示。

表 2-14　环保脉冲除尘组合清理筛举例技术参数

参数		型号	产量/(t/h)
粗筛网孔径	玉米	Φ16~24	80~150
	小麦	Φ10~16	80~150
	大豆	Φ14~16	80~90
	水稻	根据用户要求	30~80
细筛网眼孔径	玉米	Φ4.5~6.5	
	小麦	长孔（1.6~1.8）×20	
	大豆	长孔（1.8~2.0）×20	
	水稻	Φ4.5~5.5	
外形尺寸（长×宽×高)/mm	移动式	7500×2100×4500	

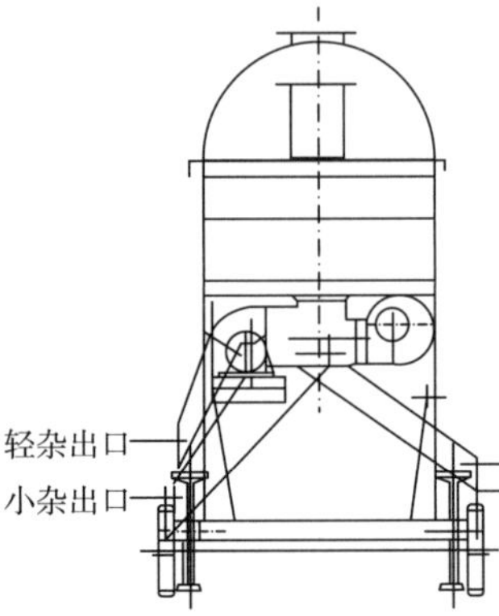

图 2-26　脉冲除尘组合清理筛结构图

图 2-27　脉冲除尘组合清理筛

（2）移动式振动清理筛　移动式高效振动清理筛是粮食收购、仓储和进行粮食清理除杂的设备。移动式高效振动清理筛的主要工作原理包括利用筛选法按物料的粒度进行分离、利用吸风通道将低密度杂质随吸风通道气流进入分离、利用收集绞龙汇集后导入绞龙关风器由绞龙关风器将低密度杂质排出等。移动式振动清理筛举例技术参数见表 2-15，移动式振动清理筛如图 2-28 和图 2-29 所示。

表 2-15　移动式振动清理筛示例技术参数

型　号	筛面尺寸/mm（长×宽）	总体尺寸/cm（长×宽×高）	产量/（t/h）	电机功率/kW			振幅/mm
				振动	吸风	出灰	
TQZY100	100×100	2760×1900×3110	30	0. 37×2	1. 5×2	0. 55	5~5. 5
TQZY150	150×150	3260×2400×3110	50	0. 55×2	1. 5×2	0. 55	5~5. 5
TQZY200	150×200	3440×2400×3480	50	0. 55×2	2. 2×2	0. 55	5~5. 5

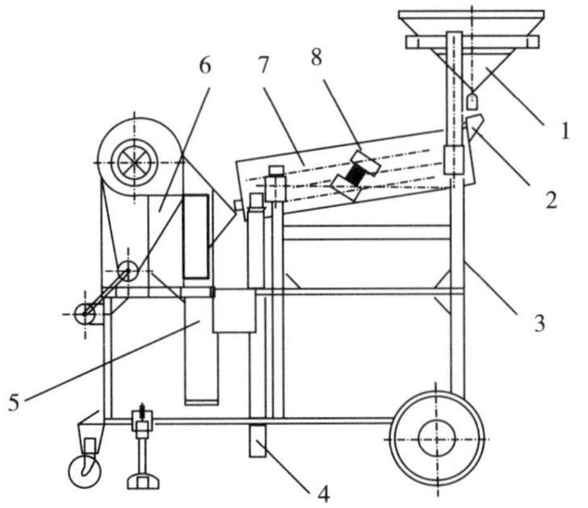

图 2-28　移动式振动清理筛结构图

1—进料斗　2—布筒　3—机架　4—大杂出口

5—排粮口　6—吸风系统　7—筛体　8—振动电机

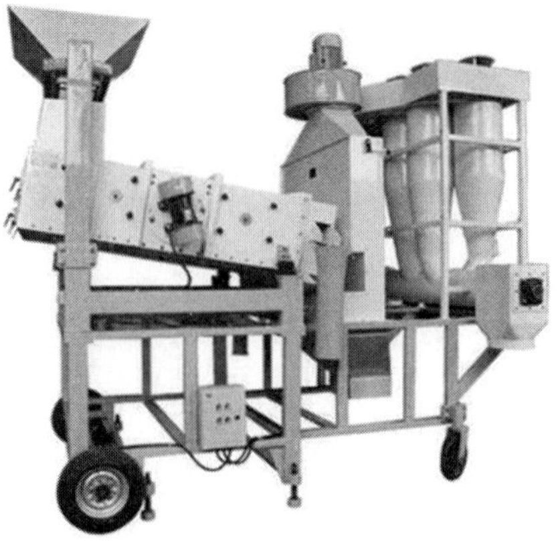

图 2-29　移动式振动清理筛

10. 称重设备

平房仓大部分情况下都是接收汽车来粮和火车来粮。汽车来粮一般用汽车衡进行计量，火车来粮一般用轨道衡进行计量。

（1）汽车衡　汽车衡可分为机械汽车衡、电子汽车衡。电子汽车衡又分为模拟式汽车衡和数字式汽车衡。根据汽车衡的安装方式不同可分为无坑基和浅坑基两种。汽车衡的台面一般为钢结构，也可以用钢筋混凝土结构。汽车衡主要技术参数见表2-16，模拟式汽车衡主要示例技术参数见表2-17，汽车衡的主要技术规格见表2-18，数字式汽车衡的主要技术参数见表2-19，汽车衡安装形式见图2-30，汽车衡结构见图2-31。

表2-16　汽车衡的主要技术参数

称量范围/t	10~100
秤台组合长度/m	7~18
最大安全过载/%	130%
电压/V	220
频率/Hz	50
相对湿度/%	<95
工作温度/℃	
仪表	-10~+40
秤台和传感器	-30~+65

表2-17　模拟式汽车衡的技术参数

项目		型号						
		SCS-10 ZCS-10	SCS-20 ZCS-20	SCS-30 ZCS-30	SCS-50 ZCS-50	SCS-60 ZCS-60	SCS-80 ZCS-80	SCS-100 ZCS-100
最大称量/t		10	20	30	50	60	80	100
分度值 *d*/kg		5	10	10	20	20	20	20
传感器容量/t		5	10	15	20	20	30	30
台面尺寸（宽×长）/m		优选规格						
3×7		△	△					
3×10			△	△				
3×12	3.4×12			△	△	△		
3×14	3.4×14			△	△	△		
3×15	3.4×15			△	△	△	△	△
3×16	3.4×16				△	△	△	△
3×18	3.4×18				△	△	△	△

表 2-18　　汽车衡的主要技术规格

称量范围/t	30~100
称台组合长度/m	10~24
安全过载	130%Max
信号传输最大距离/m	30
工作温度/℃	
仪表	-10~+40
传感器	-30~+65
相对湿度/%	<95
电压/V	220
频率/Hz	50

表 2-19　　数字式汽车衡的主要技术参数

项目		型号				
		SCS-30D ZCS-30D	SCS-50D ZCS-50D	SCS-60D ZCS-60D	SCS-80D ZCS-80D	SCS-100D ZCS-100D
最大称量/t		30	50	60	80	100
分度值 d/kg		10	20	20	20	20
传感器容量/t		22.5	22.5	22.5	45	45
台面尺寸（宽×长）/m		优选规格				
3×10	3.4×10	△				
3×12	3.4×12	△	△	△		
3×14	3.4×14	△	△	△		
3×15	3.4×15	△	△	△	△	△
3×16	3.4×16		△	△	△	△
3×18	3.4×18		△	△	△	△
	3.4×20				△	△
	3.4×22				△	△
	3.4×24				△	△

（2）轨道衡　轨道衡适用于港口及大型粮仓火车装运粮食的整车计量，轨道衡属于静态计量，附有承重系统休息装置。当不计量时，允许车辆与机车以小于 5km/h 的速度在衡器轨道上行驶或制动，轨道衡与公路相结合可作为汽车衡使用。

轨道衡可分为机械和电子的两种，电子轨道衡应用比较广泛。轨道衡主要技术参数

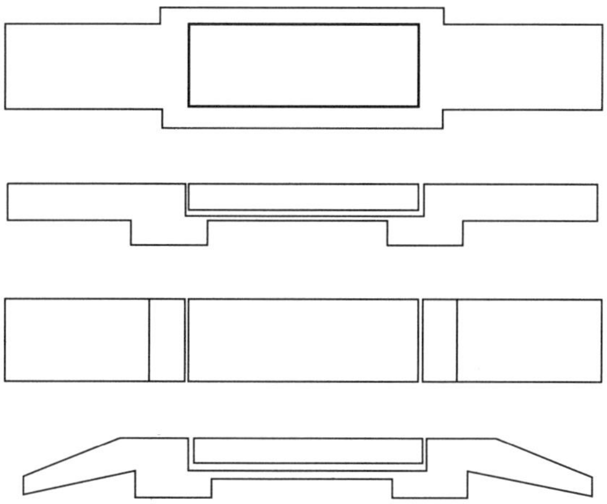

图 2-30　汽车衡安装形式

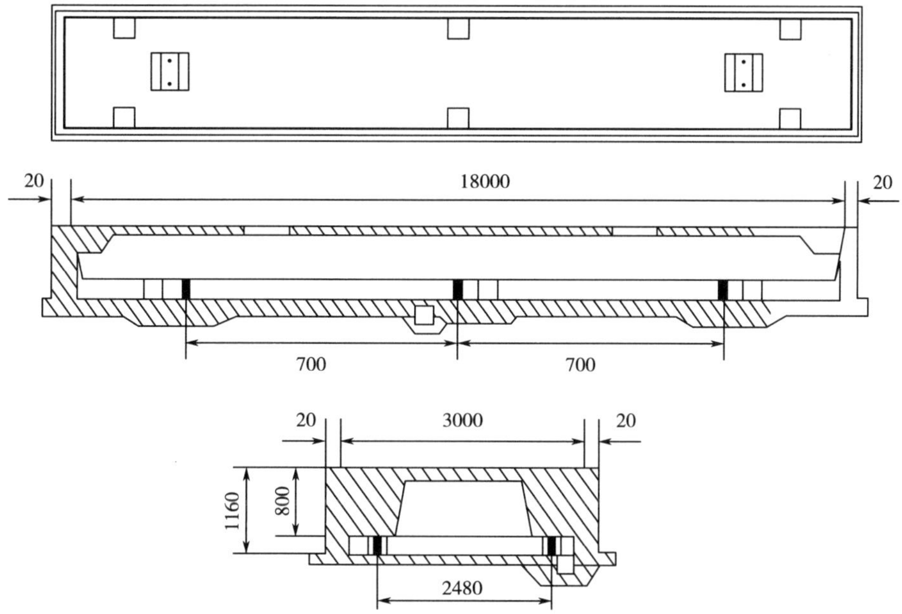

图 2-31　某汽车衡结构图

见表 2-20，某型号轨道衡结构见图 2-32。

表 2-20　轨道衡主要技术参数

称重能力/t	100	传感器安全过载能力/%	125
最大称重能力/t	120	工作温度/℃	-30~65
载板长度/m	16	精度等级	OIMC3
传感器数量/个	8	分度值/kg	20

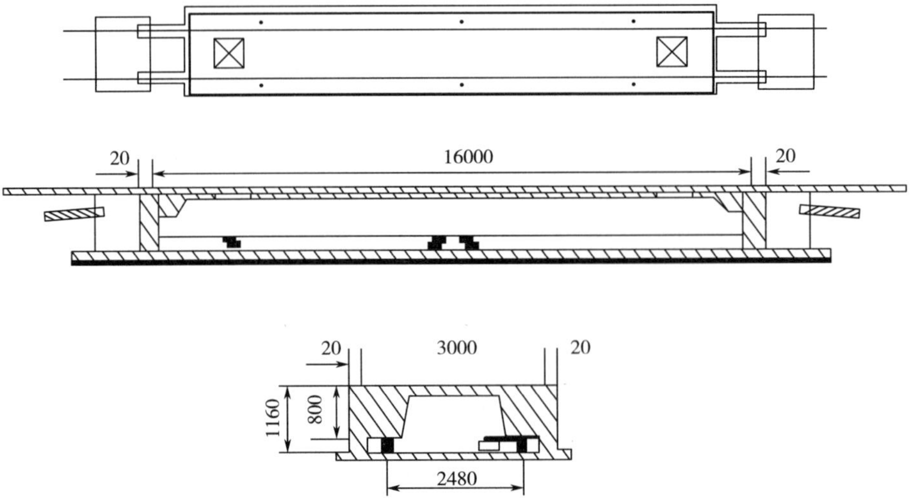

图 2-32　某型号轨道衡结构图

11. 其他设备

粮库可根据库内的实际情况配置打包设备。粮库应配备容重、水分、杂质与常规检化验设备和粮食品质测定仪器。

三、平房仓储粮技术应用设备

（一）通风设备

平房仓的通风系统包括通风道（通风笼）、风道口、支风道、风机等，一般安装于平房仓窗口的为不同功率的轴流风机，用于粮堆下部通风道口处的包括轴流风机，离心风机或混流风机。用于粮堆局部粮情处理时还会用到单管通风机或多管通风系统。储粮通风系统配套自动控制系统时，系统结构更为复杂，既增加了相应的机械控制装备，也配置有相应的软件系统等。

1. 轴流风机

轴流式风机的空气轴向流入，轴向流出。轴流式风机风量大，风压小，降温慢，时间长，电耗低，适用于阻力较小的通风系统，一般用于降仓温和缓慢降低粮温。仓房轴流风机的数量原则上以通风道组数为上限，单侧通风仓房以风道组数+2、双侧通风仓房则按每侧安装通风道组数+2 为下限，最低为 2 台轴流风机；房式仓同时还要符合每 1000~1500t 配置 1 台轴流风机满足通风量的要求。例如，在 24m×60m 仓房内，布有一机三道地上笼风道 4 组，属单侧通风，可将风道 4 个通风口布在仓房北侧，2 台轴流风机则安装在南侧檐墙上。在 30m×60m 仓房内，布有一机 4 道地上笼风道 8 组，属双侧通风，可选用 4 台轴流风机，南北檐墙上各安装 2 台。常用轴流风机的主要技术参数见表 2-21。

表 2-21　常用轴流风机技术参数

机号	叶轮直径/mm	叶片角度/（°）	功率/kW	电压/V	转速/（r/min）	流量/（m^3/h）	全压/Pa
2. 5	250	30	0. 09	220	1450	1010	38
		30	0. 09	380	1450	1010	38
		30	0. 18	220	2900	2010	152
		30	0. 18	380	2900	2010	152
3	300	30	0. 25	220	1450	1740	55
		30	0. 25	380	1450	1740	55
		30	0. 55	220	2900	3480	219
		30	0. 55	380	2900	3480	219
3. 5	350	30	0. 25	220	1450	2760	75
		30	0. 25	380	1450	2760	75
		30	0. 75	220	2900	5520	298
		30	0. 75	380	2900	5520	298
4	400	30	0. 25	220	1450	4120	97
		30	0. 25	380	1450	4120	97
		30	1. 50	220	2900	8240	390
		30	1. 50	380	2900	8240	390

2. 离心风机

离心风机的风量大、风压大、降温快、时间短、电耗高，适用于阻力较大的通风系统，主要用于粮堆降温和降水通风。在房式仓通风过程中多连接仓底的通风口进行压入式通风。常用离心风机的主要技术参数见表 2-22。

表 2-22　常用离心风机技术参数

型号	风压/mmH_2O	风量/（m^3/h）	功率/kW	转速/（r/min）	重量/kg	外形尺寸/mm
4-72-2. 8A	60-97	1330-2450	1. 5	2840	75	492×577×570
4-72-3. 2A	80-127	1975-3640	2. 2	2840	120	526×649×596
4-72-3. 6A	109-165	2930-5408	3	2890	140	619×725×694
4-72-4A	134-204	4020-7420	5. 5	2900	170	712×792×734
4-72-4. 5A	170-258	5730-10580	7. 5	2900	190	743×891×766

续表

型号	风压/mmH_2O	风量/（m^3/h）	功率/kW	转速/（r/min）	重量/kg	外形尺寸/mm
4-72-5A	224-324	7950-14720	15	2930	290	856×984×934
4-72-6C	231-370	12300-22629	30	2600	250	817×1183×1009
4-72-8C	188-252	17920-31000	22	1600	390	995×1570×1313

注：$1mmH_2O=9.8Pa$。

3. 混流风机

混流风机性能介于轴流与离心风机之间，适用于阻力适中的通风系统。风机工作环境温度在-40~45℃，环境相对湿度在20%~99%。具有结构紧凑、效率高、噪声低、运行平稳、使用方便等特点，常用混流风机的主要技术参数见表2-23。

表2-23 常用混流风机技术参数

型号	转速/（r/min）	风量/（m^3/h）	全压/Pa	配用电机		
				型号	功率/kW	A声级/dB（A）
3	2900	4652	5812	Y90L-2	2.2	73
	1450	2312	121	Y7124	0.25	66
	960	1512	67	Y6326	0.12	60
3.5	2900	5745	564	Y100L-2	3	74
	1450	3320	125	Y7124	0.25	68
	960	1938	76	Y7116	0.18	62
4	2900	7228	654	Y112M-2	4	78
	1450	4512	128	Y7124	0.37	71
	960	2642	860	Y7126	0.25	64
4.5	2900	9169	672	Y132S-2	5.5	80
	1450	4728	182	Y802-6	0.55	73
	960	3592	88	Y7126	0.25	66
5	2900	12110	801	Y132S-2	5.5	83
	1450	8652	196	Y90S-4	1.1	77
	960	5624	96	Y8026	0.37	68
5.5	2900	16820	824	Y132S-2	7.5	84
	1450	9126	258	Y90L-4	1.5	78
	960	6532	119	Y8036	0.55	69

续表

型号	转速/（r/min）	风量/（m³/h）	全压/Pa	配用电机		
				型号	功率/kW	A声级/dB（A）
6	2900	19230	836	Y132S-2	7.5	85
	1450	11625	165	Y90L-4	1.5	79
	960	8025	128	Y90S-6	0.75	70
6.5	2900	25124	524	Y132S-4	7.5	82
	1450	15064	282	Y100L-4	2.2	80
	960	10544	155	Y90S-4	0.75	71

（二）平房仓气调设备

1. 变压吸附制氮机

当前粮库采用的固定式制氮设备主要是变压吸附制氮机，它是根据一定温度下空气中不同组分在吸附剂上吸附容量或吸附速率的差异，在不同压力下不同组分在吸附剂上吸附容量的差异等将空气中的氧气分离，得到较高浓度的氮气。变压吸附制氮机主要包括空气压缩系统、空气净化系统和变压吸附制氮系统（图 2-33）。

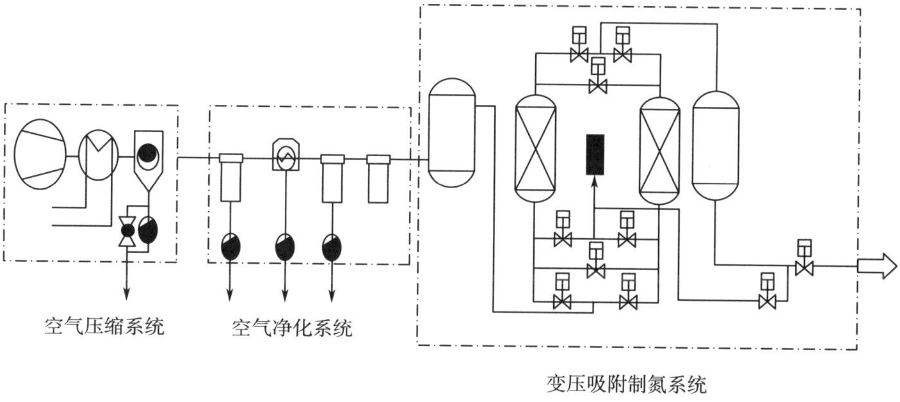

图 2-33　变压吸附制氮机组系统构成

2. 膜分离制氮机

膜分离制氮机主要是将空气通过中空纤维膜，在一定的温度和压力条件下，分离出氧气并得到高浓度氮气的设备，膜分离制氮机系统构成见图 2-34。

（三）平房仓熏蒸设备

现代粮食储藏的杀虫技术主要为磷化氢环流熏蒸技术与装备的应用。平房仓磷化氢环流熏蒸系统包括仓底通风系统、环流熏蒸管道系统、浓度检测系统、环流风机与施药

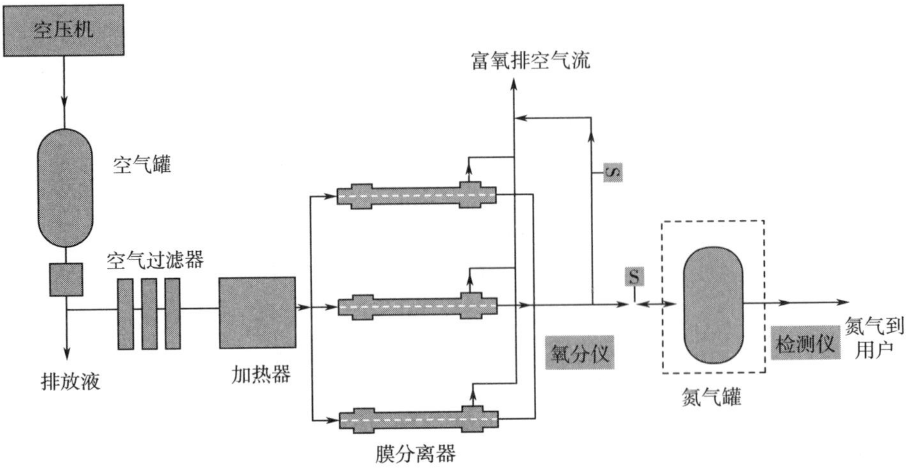

图 2-34 膜分离制氮机系统构成

装置。采用仓外施药技术时，所需要的施药设备主要有磷化氢发生器和磷化氢钢瓶施药装置。

施药装置可采用仓外磷化氢发生器或磷化氢钢瓶施药装置。仓外磷化氢发生器一般由投药反应器、过滤净化器、磷化氢气体与二氧化碳混合器、二氧化碳减压释温装置、感应压力表及控制器等组成。一般要求磷化氢气体与二氧化碳气体混配后磷化氢气体含量达到 1%~2%（体积分数）。

钢瓶施药装置为将钢瓶内的磷化氢和二氧化碳混合气体由高压状态转化成低压状态，由液态转化成气态的装置。一般由钢瓶、钢瓶运载工具、减压器、释温装置、计量器械、软（硬）连接管等组成。钢瓶混合气中磷化氢纯度不小于 99.9%，磷化氢气体与二氧化碳气体质量比为 2∶98。磷化氢钢瓶施药装置也有采用高纯度磷化氢钢瓶气及释放系统的设备。

环流装置由气密、防腐及防爆离心环流风机、环流管道、施药检测口及必要的调节控制装置等部分组成，可分为移动式和固定式两种形式。

磷化氢气体浓度检测装置的作用是检测熏蒸期间仓内磷化氢浓度和工作环境磷化氢浓度，由气体取样端头，取样管，取样阀门，检测箱及取样泵等组成，通常每廒间配置两套气体取样装置，且取样点不少于 5 个，并应设回气管，气体取样管应选用柔性塑料或橡胶管，内径不小于 2mm，管壁厚度应不小于 1mm，取样管及回气管穿墙采用法兰或螺纹密封方式，取样管根数应与取样点一致并编号。

（四）平房仓粮情测控系统

一般储存期在 6 个月以上的平房仓必需设置粮情测控系统。粮情测控系统通常以检测温度和仓内相对湿度为主，近年来检测水分、害虫、磷化氢、氧气、二氧化碳等功能的粮情检测在不断发展中。

粮情检测系统的粮温传感器要求在平房仓中水平方向行列间距不大于5m，垂直方向间距不大于3m，距粮面、仓底、仓壁0.3~0.5m。仓温仓湿传感器要求每个廒间内设温度、湿度传感器各一只，布置于粮面（设计装粮面）上空间的中心位置。气温和气湿传感器设于库区内空旷地带，置于距地面1.5m处。可在水分容易变化的部位设水分传感器。

仓内测控装置宜采用建筑预留孔洞仓内暗装方式。仓外测控装置应置于防护箱内，防护箱的防护等级不低于GB/T 4208—2017《外壳防护等级（IP代码）》规定的IP 55等级要求，防护箱的安装位置应避让仓外设施，并留有不小于1m的操作空间。

四、平房仓围护配套条件

（一）平房仓防漏防潮

仓房的防潮性要求主要指仓墙、地坪不透湿、不返潮，屋顶不漏雨，即所谓“上不漏，下不潮”。

粮食储备平房仓的屋面防水等级要求为Ⅱ级，其他使用功能的平房仓屋面防水等级要求不低于Ⅱ级。屋面防水材料宜采用合成高分子、高聚物改性沥青等新型防水卷材。当卷材防水屋面坡度不能满足坡度要求时应采取防止材料下滑的措施。屋面宜采用无组织排水形式，檐口出墙不宜小于600mm。南方地区可采用有组织排水形式，当采用悬山形式时挑檐出山不宜小于500mm。压型金属彩板屋面宜采用悬山形式。

平房仓墙体采取措施隔绝地下潮气。砌筑墙体在0.06m标高处应设置有防水水泥砂浆水平防潮层，墙体水平防潮层严禁采用沥青或卷材等柔性材料。外墙堆粮线以下部分在内侧设置有垂直防潮层。内墙面平整、并具有一定的吸湿性，且采用材料对粮食无污染。砌体外墙面做砂浆粉刷，并设置粉刷分格缝。外墙四周做有勒脚。

平房仓地面防潮层应采用延性较好的卷材或涂膜防水材料，接头位置高于地面不应小于300mm，墙体垂直防潮层应有可靠的搭接。墙体与室内地坪交接处应设置沉降缝，并应留有防潮层的变形余量，结构层厚度应根据地基条件及荷载计算确定，不采用对粮食有污染的面层及嵌缝材料。当采用地槽通风时，防潮层遇地槽处不得断开。

（二）平房仓保温隔热

仓房良好的隔热性可以减少气温对粮温的影响，使粮温趋于稳定，提高储粮的安全性。

1. 平房仓隔热要求

平房仓的保温、隔热应根据所在地区的气候条件及储粮工艺提供的技术参数综合确定。钢筋混凝土屋盖保温层应采用憎水型非散粒状保温材料，炎热地区钢筋混凝土屋盖宜做架空隔热层，或采用新型隔热材料。金属压型彩板屋顶应采用轻质、阻燃型保温材料。仓盖、墙体外表面应为浅色或用高反射率的材料。拱板屋盖上、下弦板面均宜做保温或隔热层。拱脚处宜采取保温措施。应有排除拱顶内热空气的可靠措施。

用于低温储藏的平房仓仓墙体应有良好的隔热性能，其传热系数不同地区要求不同，中温高湿储粮区和高温高湿储粮区在 0.46~0.52W/(m^2·K)，中温干燥储粮区和中温低湿储粮区在 0.53~0.58W/(m^2·K)，高寒干燥储粮区、低温干燥储粮区和低温高湿储粮区在 0.59~0.70 W/(m^2·K)。

平房仓仓盖传热系数中温高湿储粮区和高温高湿储粮区要求不大于 0.35W/(m^2·K)，在中温干燥储粮区和中温低湿储粮区不大于 0.40W/(m^2·K)，在高寒干燥储粮区、低温干燥储粮区和低温高湿储粮区不大于 0.50W/(m^2·K)。平房仓仓盖传热系数达不到以上要求时，仓内顶部应喷涂发泡聚氨酯等隔热材料或加设隔热吊顶，吊顶与仓盖的间距应在 0.3m 以上。

2. 平房仓的隔热方法

在平房仓储粮中，控温隔热应做到全方位，一般从操作层面采用的隔热方式主要包括以下。

①静态隔热：对仓房或粮堆增设隔热材料，形成隔热层以减弱热传递的措施，包括发泡聚氨酯隔热层、仓顶反光涂料、吊顶、空心墙体、粮面压盖等。

②动态隔热：在仓顶和粮面间或在粮面上铺设的双层塑料薄膜间，采用流动空气，形成隔热层以减弱热传递的措施。一般指用空调制冷空气的隔热方式。

③架空通风隔热层：在粮仓屋顶上面设置架空结构，通过其间的流动空气带走架空层中的热量。

④吊顶隔热：在仓房屋顶下部加设隔离空气的结构层（也称吊顶）以延缓仓温上升的措施。

⑤聚氨酯发泡层：以聚氨酯为原料，加入一定量的发泡剂、催化剂、稳定剂等辅助材料，通过预制或现场发泡或喷涂等方式在仓顶内面或外面或墙体外设置的隔热层。

⑥粮堆密闭：采用特定的材料和方法将粮堆密封的措施，一般指利用塑料薄膜对粮堆表面或整体进行的密封。

⑦粮面压盖：在粮面上覆盖一定厚度的隔热材料以达到粮食与外部空气隔离的措施。

3. 平房仓仓体隔热技术要求

（1）隔热材料的要求　平房仓隔热材料的导热系数一般小于 0.23W/(m·K)，要求孔隙大、密度小。密度一般小于 500kg/m^3。所用材料要防火性能好，不易燃烧，能防水或不易吸水，不易被虫蛀，不易霉烂。

对聚氨酯发泡材料导热系数不大于 0.04W/(m·K)，发泡层聚氨酯硬泡闭孔率不低于 95%，低温（-50℃）时不脆裂，高温（150℃）时不流淌，不粘连。要耐弱酸、弱碱等化学物质侵蚀，延展性大于 5%，与金属、混凝土、木质等基面有较强的黏结能力。

对隔热涂料的要求包括：隔热、防腐、防水、耐老化、耐酸碱、耐污染、附着性强；无污染、无辐射、无毒，易于清洁；环境适应性和柔韧性好。

吊顶材料的要求：导热系数不大于 0.05W/(m·K)，热收缩率小于 0.3%，氧指数大于 35%，燃点 3000℃以上，吸水率小于 15%，吸湿率小于 4%。

架空层材料要求具有一定的强度，满足抗折、抗压要求；吸水率不大于 7.1%；采用防水施工与处理后，达到 GB 50345—2017《屋面防水工程技术规范》规定的Ⅲ级防水要求；外表面宜为浅颜色，较光滑。

（2）屋顶架空层隔热　隔热结构应具有良好的建筑适应性，质量轻，综合造价低。架空层高度应根据屋面宽度和坡度确定，一般为 100~300mm，以便架空层中的热空气顺利排出。屋面较宽时，宜采用较高的架空层，使隔热屋面层内外温度差不小于 5.5℃。架空层施工应符合 GB 50345—2017《屋面防水工程技术规范》的相关要求。

（3）仓顶隔热　采用聚氨酯发泡层隔热在仓顶外发泡，应增设保护层，防水性能应达到 GB 50345—2017《屋面防水工程技术规范》规定的Ⅲ级防水要求。在仓顶内发泡，发泡层应均匀，表面整齐，周边与仓房结合紧密。施工应符合 JGJ/T —2011《混凝土小型空心砌块建筑技术规程》的相关要求。

刷涂隔热涂料在隔热仓顶施工时，基层达到平整、清洁、牢固等要求后再涂刷。

吊顶隔热时防火性能应符合 GB 50222—2017《建筑内部装饰设计防水规范》的相关规定。吊顶应满足仓房及承重部位的负载、热胀冷缩性能和气密性要求，并不影响通风、扦样等作业。吊顶与墙体结合紧密，本身无孔、洞、缝等；吊顶与屋面间的空间适宜，应设有自然通风排热孔，以利于热空气排出和冷空气进入。采用风机排除吊顶内积热时应设置有足够换气量的进风孔，减少负压对吊顶的影响；吊顶与粮堆表面之间的空间应不影响正常的入仓检查或作业。

（4）仓墙隔热　在仓墙外聚氨酯发泡层隔热应增设保护层，防水性能应达到 GB 50345—2017《屋面防水工程技术规范》规定的Ⅲ级防水要求。在仓墙内发泡层应均匀，表面整齐，周边与仓房结合紧密，应符合 JGJ/T —2011《混凝土小型空心砌块建筑技术规程》的相关要求。

刷涂隔热涂料墙体施工时应清除墙体表面的砂粒和浮尘后再涂刷，对仓房墙体上的坑、洞、缝先用专用腻子修补，在腻子干透后再涂刷。

（5）门窗孔洞隔热　仓门隔热可采用仓门内安装塑钢组合门、薄膜密闭、砖墙密封、在仓房背阴面或山墙改造进仓小门等措施。窗户隔热可采取嵌入泡沫板或海绵等隔热材料、内墙一侧塑料薄膜密闭、减少窗户数量等措施；通风道口隔热可采取隔热材料封堵、盲板改为保温门或隔热处理、设置双层通风口等措施。轴流风机口一般用隔热材料封堵，再用双层粮膜密闭。高温非熏蒸期间，通常应关闭环流熏蒸管道的阀门。

4. 粮堆隔热技术要求

粮堆压盖材料导热系数一般小于 0.14W/(m·K)，孔隙大，重量轻，不易被虫蛀、不易霉烂，无毒、无污染。

采用稻壳包压盖时采用新加工干燥无虫稻壳（大糠），拌和 2%~5%的储粮防护剂，灌包缝口。稻壳包铺到粮面时应达到平、紧、密、实的要求。可采用单层或两层压盖，压盖厚度不宜少于 40cm。压盖后可再用塑料薄膜密封。

采用散稻壳压盖时用新加工干燥无虫稻壳（大糠），拌和 2%～5% 的储粮防护剂，在粮面上铺 30～50cm 厚，稻壳上可用塑料粮膜密封。

使用化工材料压盖时，在粮面铺一层无虫麻袋片，麻袋上平铺化工隔热材料（如聚乙烯板、聚苯乙烯板等），板与板之间用宽胶带密封或单面塑料薄膜密闭。

采用棉被或毡毯压盖时，在粮面上铺一层棉被或保温毡毯隔热材料，搭接处重叠不宜少于 5cm，隔热材料的上层或下层可铺上一层塑料薄膜。

压盖物厚度应能满足隔热需要，铺设应达到平、紧、密、实的要求。冬季通风达到目标低温的粮堆，应在春季气温回升以前完成粮面压盖。密闭压盖时应预留有必要的粮情检测孔。应定期检查塑料薄膜下及粮面有无结露、霉变现象以及粮堆内是否存在局部发热等异常情况。在仓外气温下降的秋冬季节应适时拆除压盖，排除湿热，避免结露。

5. 平房仓气密性

（1）平房仓气密性要求　平房仓气密性以 500Pa 的压力半衰期分为三个等级，平房仓内薄膜密封的粮堆气密性以 300Pa 的压力半衰期分为两个等级。平房仓气密性分级指标见表 2-24，平房仓内薄膜密封的粮堆气密性分级指标见表 2-25。

表 2-24　平房仓的气密性等级

用途	气密性等级	压力差变化范围/Pa	压力半衰期
气调仓	一级	250～500	$t \geq 5min$
	二级	250～500	$4min \leq t < 5min$
	三级	250～500	$2min \leq t < 4min$
熏蒸仓	一级	250～500	$t \geq 180s$
	二级	250～500	$100s \leq t < 180s$
	三级	250～500	$40s \leq t < 100s$

表 2-25　平仓内薄膜密封的粮堆气密性等级

用途	气密性等级	压力差变化范围/Pa	压力半衰期
气调储粮	一级	-300～-150	$t \geq 5min$
	二级	-300～-150	$2.5min \leq t < 5min$
	三级	-300～-150	$1.5min \leq t < 2.5min$
熏蒸储粮	一级	-300～-150	$t \geq 90s$
	二级	-300～-150	$100s \leq t < 180s$
	三级	-300～-150	$50s \leq t < 90s$

（2）仓房密封材料　仓房的密封材料应具有柔韧性和延展性，具有良好的黏附力，能抗紫外线辐射、抗腐蚀，在各种储粮气体的环境中应保持稳定。应易于施工，具有良

好的耐磨性，对粮食无毒无污染。仓房板缝及墙板连接处可采用气密材料处理，板缝里宜涂嵌缝胶，板缝外宜涂密封涂料，其性能技术指标应满足要求，也可选用其他具有类似性能满足气密要求的产品。各类缝隙所涂密封胶的强度、弹性、黏结力应达到 GB/T 14683—2017《硅酮和改性硅酮建筑密封胶》的要求，在墙体、屋面板、地面变形时不应断裂，并应达到无毒无污染的要求。

仓房密封材料通常为黏结强度大于 1.0MPa。温度 80℃下 2h 无流淌、滑动和集中性气泡。在 10℃低温时 2h 弯折无裂纹。材料不易变性和老化，无毒无污染，不易燃烧或能自熄，不应被虫蛀、霉烂，能防水或不易吸水。要求施工方便，易于修补。

平房仓气密设计和气密性改造可供选用的气密材料参见表 2-26。

表 2-26　　气密性处理常用材料

构件名称	推荐采用的气密性材料	备注
门窗	硅酮橡胶、塑料薄膜	新型挡粮门、新型气密保温窗、单砖墙
风道通风口	硅酮胶、橡胶垫	新型保温密闭通风口
环流熏蒸孔	硅酮胶	—
穿线孔	石蜡加热沙、硅酮胶	—
轴流风机孔	塑料薄膜	新型气密保温窗、密闭罩
人员出入孔	硅酮胶、塑料薄膜	—
围护结构衔接处	硅酮胶、聚酰胺环氧树脂、无纺布、气密涂料、丙烯酸	—
屋面、墙面	硅酮胶、无纺布、气密涂料、聚氨酯、聚酰胺环氧树脂、弹性腻子、沙浆水泥、丙烯酸、丙烯酸酯	—

（三）平房仓有害生物防护措施

1. 防虫线和防虫网

仓房门窗等易于害虫等有害生物爬入的部位应设置防虫线或防虫网等。防虫线可用惰性粉物质，也可用固体吸湿物浸留持效性杀虫剂。一般布设防虫结的宽度应不小于 10cm。在门、窗、通风口处设防虫网，防虫网所用筛网应在 80 目以上。

2. 防鼠措施

清洁并保持库区环境卫生，硬化仓库四周地坪，封堵鼠洞。密实仓库地坪、墙角、檐口空洞缝隙。在仓门处安装防鼠板。

3. 防雀措施

仓门悬挂防雀帘，在仓窗、排风扇口、环流风机罩等位置安装防雀网，所有穿墙管道、配电间电缆管两端应密实无缝隙。

（四）平房仓远程视频监控系统

1. 系统组成

粮仓远程视频监控系统主要由视频采集设备、传输线路及监控管理中心组成。控制中心可分为总控中心和分控中心。总控中心布设到上级监管部门，可以实时查看各粮仓仓内实景视频，并能调用远程粮仓本地历史视频进行回放，根据管理需要可在监管部门或粮库设置分控中心。视频采集设备包括粮仓仓内监控摄像机云台、补光灯等。传输线路包括粮仓内外线路、粮库内计算机局域网络和远程传输计算机网络，用于传输视频信号和控制指令。监控管理中心包括视频管理软件、视频服务器、存储服务器及显示设备等，监控管理中心可布设在总控中心和分控中心。

2. 仓内视频监控装置安装位置

如平房仓内有梁，视频摄像头应安装在仓房中间梁的中间位置。如仓内无梁应安装在仓房侧壁。安装高度高于装粮线且距离粮面不低于1m，保证监控无死角，设备支架安装要求平稳、牢固。

3. 布线要求

仓内视频监控装置线路布置合理，应满足走向合理、整齐，安装牢固、安全可靠的要求。视频采集装置至仓外设备间线缆应一线贯通，不可接续。导线连接和分支处不应受机械力的作用。布线要保持横平竖直并应加套管保护。

4. 设备供电

仓内视频监控装置采用AC或DC24V供电。

五、平房仓储粮基本要求

（一）粮仓条件基本要求

1. 工艺设备

平房仓应根据粮食储备、中转、收纳功能的需要，设计相应的仓储工艺，配置相应的设备。

2. 建设标准要求

粮仓应符合《粮食仓库建设标准（修订本）》的规定，能够承载粮堆的动、静载荷，能够满足储粮防潮、防水、气密、隔热、通风、防止储粮有害生物危害等要求，减少不利环境条件特别是高温、高湿对储粮的影响，保障粮油储藏安全。平房仓的结构应符合GB 50320—2014《粮食平房仓设计规范》的规定。仓内地面应完好、平整、坚固并设防潮层。仓房内侧墙面应完好、平整并设防潮措施；墙体无裂缝；墙壁与仓顶、相邻墙壁、地面结合处应严密无缝；墙面应按设计最大的仓容量标明装粮线及高度标尺，并在装粮线处设置密封槽。仓盖应完好，并有隔热层和防水层。仓盖、墙体外表面应为浅色或用高反射率的材料。

3. 隔热气密要求

用于低温储藏的粮仓墙体应有良好的隔热性能，应满足气密测试中正压由500Pa降至250Pa的压力半衰期≥40s。门窗、通风口要严密并有隔热、密封措施。门窗、孔洞处应设防虫线和防鼠雀板、网。

4. 用电安全

粮仓内应安装防尘、防爆照明灯具。

（二）粮食进出仓要求

1. 粮食入仓准备

入仓前对空仓、设备、器材和用具进行检查和维修，确认粮仓、门窗完好，所有设备运转正常。发现粮仓破损，产生孔洞、缝隙，应及时维修、填补完好。空仓、货场及作业区应清扫干净，并清除仓内的残留粮粒、灰尘和杂物。空仓、包装器材、装粮用具和输送设备有活虫时，应采用国家允许使用的杀虫剂进行杀虫处理并做好隔离工作。装粮用麻袋应符合GB/T 24904—2010《粮食包装　麻袋》的规定，编织袋应符合GB/T 8946—2013《塑料编织袋通用技术要求》的规定；面粉袋应符合GB/T 24905—2010《粮食包装　麻袋》的规定。

2. 粮食入仓质量要求

入仓粮食的水分等于或低于当地粮食储藏的安全水分值，可直接进入正常储藏过程。入仓粮食的水分高于当地粮食储藏的安全水分值1%以内可进入正常储藏过程，但要加强日常的检查工作。防止局部结露和局部发热生热。入仓粮食的水分高于当地粮食储藏的安全水分值1%以上，要经过晾晒、烘干。入仓粮食的水分不均匀时，冬季入仓，结合冬季通风，降低粮温，平衡水分；夏季入仓，利用晚间低温进行通风，平衡水分。

按照国家粮食收购的规定，储藏于房式仓的粮食杂质的质量分数（含量）应保持在1.0%以下。收购的粮食符合国家规定时，机械进粮应经常变换进粮机的位置或抛粮角度，减轻杂质的自动分级。粮食入仓前把杂质含量降低到国家标准的允许范围内方可进仓。如果收购的粮食达到了国家粮油质量标准的中等以上的要求，可直接进仓储藏；若收储的粮食没有达到国家粮油质量标准的中等以上的要求，必须经过处理如降低水分、杂质等，待粮食质量符合要求后，方可入仓。

3. 粮食出仓的要求

平房仓出仓时，要注意保持相邻廒间隔墙两侧压力平衡，避免倾倒。移取挡粮板时应先关闭卸粮口。处理结块前应停止所有出仓设备运行。仓容量较大的低温或准低温仓，在高温季节出仓时，应使用塑料薄膜或糠包等将粮堆隔离，或将未出仓的粮堆进行封闭，防止结露。出仓前应进行质量检验，出具粮仓出仓检验报告。卫生指标应有有资质的检测机构出具检测报告。

（三）检查检测要求

1. 温度检测

平房仓储粮温度检测包括粮温、仓温和气温的检测，根据检测结果绘制三温“曲线图”。高大平房仓储粮还要关注和检测不同层次的粮温。

对于粮温的检测时间与频率根据具体粮情而定。粮温15℃及以下时，安全水分粮食或基本无虫粮15d内至少检测1次；半安全水分粮食与油料或一般虫粮10d内至少检测1次；危险水分粮食5d内至少检测1次。粮温高于15℃时，安全水分粮食或无虫、基本无虫粮7d内至少检测1次；半安全水分粮食或一般虫粮5d内至少检测1次；危险水分粮食每天至少检测1次。新收获的粮食入仓后3个月内应适当增加检测次数。

2. 相对湿度检测

采用湿度传感器、干湿球温度计或其他湿度计检测仓内外空气的相对湿度，湿度传感器检测粮堆内的相对湿度。

3. 水分检测

安全水分粮食每季度至少检测1次；半安全水分粮食每月至少检测1次；危险水分粮食应根据粮温每3~5d检测1次，发现粮温异常升高时应随时扦样检测。监测点位置应设置在水分容易变化的地方。平房仓应分上、中、下三层在距粮面、仓底、仓壁0.3m处均匀设置检测点，并应按粮堆大小在粮堆中部增设3~10个水分检测点。靠近门、窗和通风道的部位应增设检测点，各检测点扦样量不少100g。安全水分粮食以层为单位进行扦样方法，将每层各检测点的扦样量各取50g混合均匀作为1个检测样，半安全水分、危险水分粮食除以层为单位外，应在水分容易变化的地点设置检测点并按点分别扦样，各检测点扦样量不少于100g，发现粮温异常点应及时对该点扦祥。

4. 害虫检测

通常平房仓储粮害虫的检测依照粮温进行，粮温低于15℃时，每月检1次；粮温在15~25℃时，15d内至少检测1次；粮温高于25℃时，7d内至少检测1次。危险虫粮处理后的3个月内，每7d至少检测1次。此规定是基于按规定采样方法取样和过筛检查害虫的结果而定，采用其他检查和监测害虫的方法时，应该对应进行调整。

（1）散装粮采样方法　在仓房长方形粮面的粮仓四角各设1点，墙的长边设两点，短边设1点，仓内柱子周围、仓门内、人员进出口、排风扇口、通风道口、温度异常变化点和曾发生过虫害的部位各设1点，每点距墙0.1~0.5m，按照粮堆大小应在粮面中部区域设3~10个点。粮堆内采样层按粮堆高度设置2~4层，即粮堆高3m以下设两个采样层，分别设置在距底部0.5m以下和距粮面0.5m以上，粮堆高3~6m的，在上、下两层之间等距离增设1~2个采样层，粮堆高度6m以上的酌情增加采样点。

表层粮食可人工采样，深层粮堆用电动扦样器在每一采样点处分层采样。每层每点采样量不少1kg。每层每点所采样品作为一个检测点的样品。

（2）包装粮采样方法　以货位为取样单位，根据包装粮总包数确定采样比例，500包以下的取10个采样包，500以上的按2%确定采样包，采样包最多不超过500包。分区分层确定采样包位置，外层适当多设采样点。分区分层参照散装粮采样点设置。扦取包内样品，每包采样不少1kg。必要时可拆包或倒包采样。每包样品作为一个检测点的样品。

5. 粮食质量检查

度夏的粮食应在进仓后、出仓前和每年春、秋季各检测 1 次，不度夏的粮食应在进仓后、出仓前各检测 1 次。储存品质检测指标和方法按 GB/T 20571—2006《小麦储存品质判定规则》执行。质量检验应着重检验水分含量、生霉粒等在储藏过程中容易发生变化的指标。质量检测的扦样方法按《中央储备粮油质量检查扦样检验管理办法》执行。卫生指标及转基因粮食应由总公司系统内有资质的检测机构出具检测报告。

6. 检测结果登记与处理

粮温、相对湿度、害虫密度以及粮食水分等粮情检测结果应登记在粮情检测记录簿上，并对检测结果进行统计分析（每月至少进行一次分析），掌握粮情变化规律，检测分析中发现异常情况应及时采取措施处理，确保储粮安全。

质量检测结果应及时登记并上报库级主管部门，根据品质情况确定继续储藏或轮换出库。

第二节 浅圆仓储粮

20 世纪 90 年代初，我国“利用世界银行贷款改善中国粮食流通”项目将新型浅圆仓作为一种新仓型引入中国，1998 年以来又相继在全国各地建造了一批用于粮食储备的浅圆仓。圆筒式地上粮仓（图 2-35），作为中转与储备粮仓，大多为钢混结构，直径 18~25m，粮高 17~45m，容量 4000~30000t，仓底落地或架空，固定设备进粮，侧壁发放，全（部分）自流或按平房仓模式出粮。据 2013 年粮油仓储设施统计，我国浅圆仓储粮占总仓容 4.3%。近年来，浅圆仓的直径、高度及容量又有大型化发展，单仓容量 2 万吨以上的浅圆仓不断增加。

图 2-35 中储粮某钢筋混凝土浅圆仓

一、 浅圆仓类型与结构

（一）浅圆仓的类型

按照仓房的建筑条件可分为钢筋混凝土浅圆仓和钢板浅圆仓。钢筋混凝土浅圆仓具有受力结构好、机械化程度高、用人少、仓体孔洞少、隔热气密、通风、防水（渗、潮、漏）和密闭等性能要好于传统的平房仓这一优点，可为粮食安全存储提供较好的设施条件。

钢板浅圆仓由于自重轻，因此对基础要求低、土建造价较低、施工方便、施工周期短，同时具有便于机械化作业、平面布置也较灵活（既可单独建造，又可组合成群）的优点。近几年，钢板浅圆仓开始向大容量方向发展，其直径增大到 10~20m，储粮高度可达 20m 左右，大大增加了可储粮数量。

根据仓底是否落地浅圆仓可以分为落地式和架空式。落地式浅圆仓为便于出粮，沿仓内地坪中轴线方向布置 3~7 个卸粮口，以 5 个为宜。架空式浅圆仓采用多锥斗的架空结构，为实现粮食的全自流出仓，各锥斗的中央底板也布置 1 个卸粮口，配套仓下所布置的单条或多条固定式水平输送设备实现粮食出仓。

（二）浅圆仓的结构

1. 平面布置浅圆仓的平面组合形式

浅圆仓的平面组合形式因实际需要、机械化、场地情况等有所变化，单筒容量较小的浅圆仓可采取独立、双联式、三联式和四联式等加以建造，直径大、单筒容量大和储粮高度高的浅圆仓常选择独立建仓。图 2-36 中的浅圆仓（群）通常采用人工进粮和机械出粮，也可采用移动式输送机进粮，小型气力吸粮机出粮。

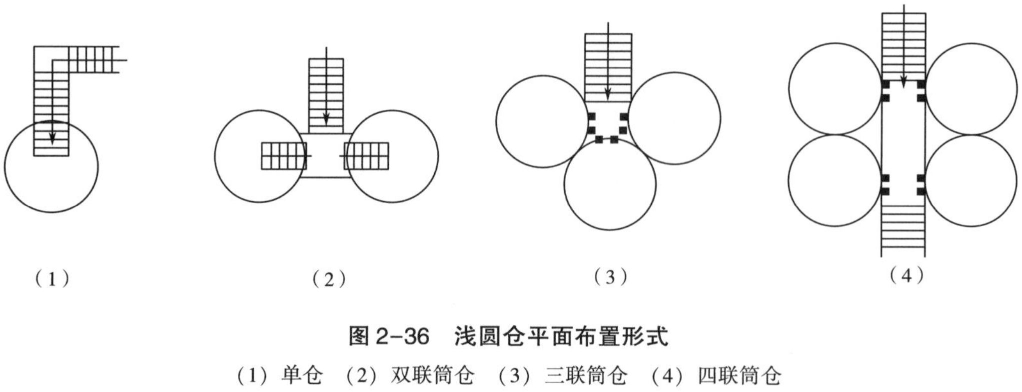

图 2-36 浅圆仓平面布置形式

（1）单仓 （2）双联筒仓 （3）三联筒仓 （4）四联筒仓

国家粮食储备库的浅圆仓直径多采用 25m 或 30m，以 30m 为宜，如图 2-37 存粮高度一般可以按“存粮高度 = 地基设计承载力/粮食容重的上限值”估算。

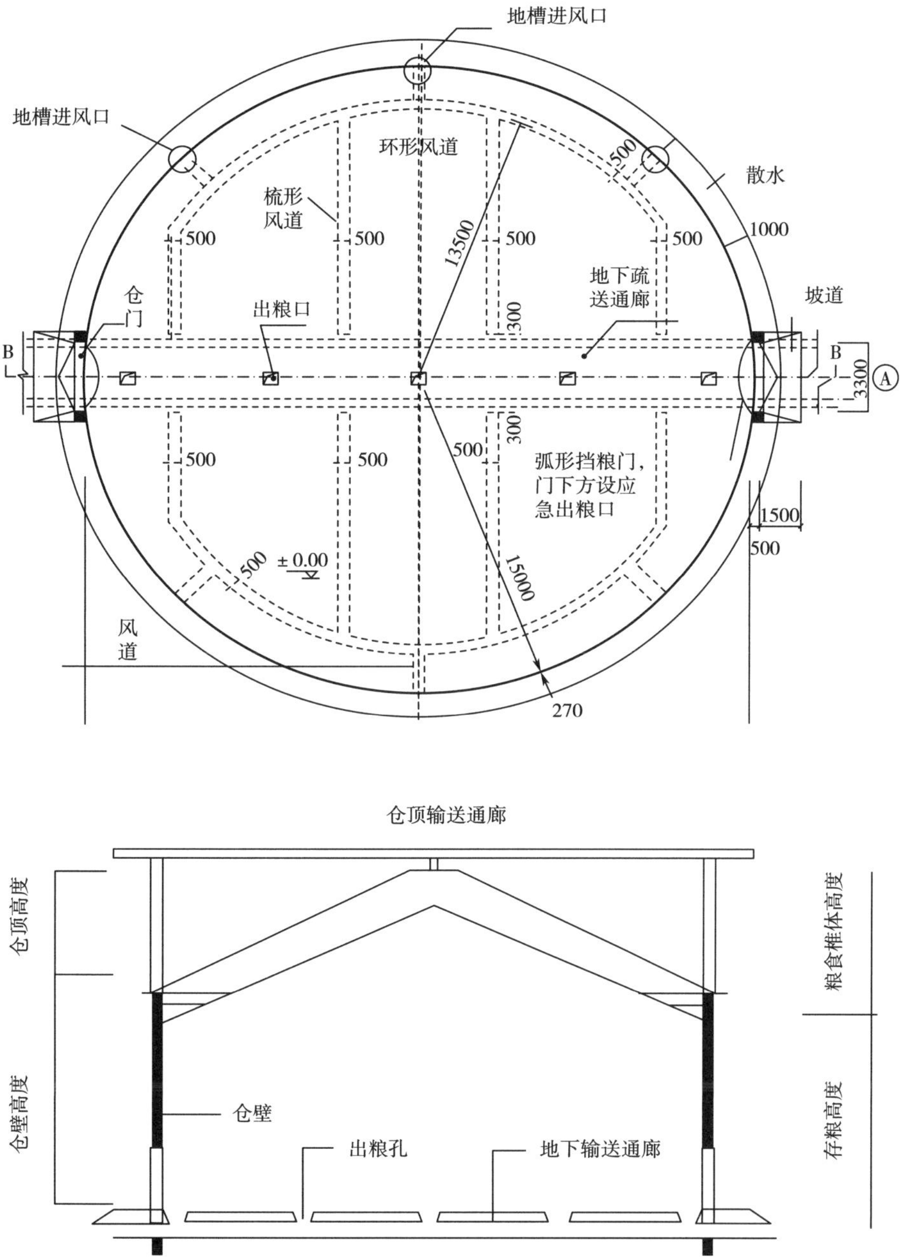

图 2-37　浅圆仓平面及立面结构

2. 浅圆仓的仓顶结构

浅圆仓仓顶结构具有跨度大、自重大的结构特点，根据施工工艺不同可以分为现场浇筑钢筋混凝土与预制装配式钢筋混凝土两种方式。预制装配式钢筋混凝土结构（RC）具有优越的经济、社会、环境效益和良好的结构性能，在国外经济较发达地区已普遍使用，在国内的研究和应用也方兴未艾。国内装配式 RC 建筑的发展尚处于过渡阶段，技术条件仍不够成熟、产业布局也不够完善、成本偏高，且成本偏高已成为限制装配式

RC 建筑应用的主要因素。

3. 配套孔洞

（1）测温电缆穿线孔　浅圆仓的测温系统入仓结构包括总线制和多线制。总线制电缆采用总线制入仓时，测温电缆在仓内先按区域汇总，通常汇合成 4 根总线，各总线从 1 个较大的穿线孔内穿出，穿线孔通常位于仓顶上环梁附近。多线制电缆入仓时，测温电缆在仓顶外汇总，每根测温电缆分别通过不同的穿线孔穿过仓顶板。一般 30m 直径浅圆仓通常有 31 根电缆，25m 直径浅圆仓有 26 根电缆。

（2）料位器电缆穿线孔　结合进出仓设备自动控制，一般在浅圆仓内顶部设置一套料位器。为了便于维护，料位器的电缆穿线孔通常位于仓顶板上、仓内进人孔周围且人手可触及的部位。

（3）通风吸环流管结构　浅圆仓通风口及环流管结构：浅圆仓仓体上开设有与通风有关的孔洞，主要包括仓下通风孔、仓顶通风孔（包括自然通风孔和轴流风机孔）和环流管穿线孔，如图 2-38 所示。

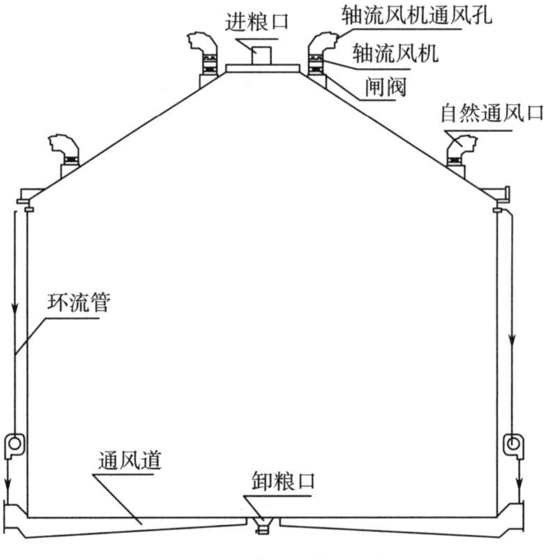

图 2-38　浅圆仓的通风系统

有的浅圆仓配置有中心减压管装置，用以减缓粮食入仓的破碎率，该装置可进行仓内径向通风、内环流均温、环流熏蒸、充氮、谷物冷却等。

①仓下通风孔：位于浅圆仓壁的下部，是仓内风道通过仓壁延伸至仓外的部件，主要用于与风机的对接。通风孔数量与风道布置形式有关，通常 1 组风道有 1 个通风口，常见浅圆仓风道布置方式对应通风孔数量如表 2-27 所示。

表 2-27　　浅圆仓风道布置方式对应通风孔数量表

风道布置方式	通风孔数量	风道布置方式	通风孔数量
放射形/梳形/圭字形	2	环形/丰形	4

②仓顶通风孔：包括自然通风孔和轴流风机孔。自然通风孔一般有4个，均匀分布在仓顶靠近仓壁处。轴流风机孔一般为4个，均匀分布在靠近仓顶中间位置。

③环流管上端的穿墙孔：应设在距檐口下10~20cm的仓壁处。若将穿墙孔位置向上延伸到仓顶，一是增大环流管安装的难度；二是穿过仓顶的防水层，存在破坏防水层的可能，增加了仓顶漏水的隐患。

（4）进出粮口　浅圆仓与进出粮有关的孔洞可分为仓顶进粮口、仓底卸粮口和侧壁发放口三类。

①仓顶进粮口：浅圆仓进粮口为粮食进仓入口，位于仓顶部中央。一般每个粮仓设置1个进粮口，一些大型浅圆仓为减轻粮食在入仓过程中自动分级和减少平仓工作量，通常会设置2个或4个进粮口。

②仓底卸粮口：位于浅圆仓的仓底上的卸粮口数量与浅圆仓底部构造及出仓方式有关。落地式浅圆仓，如有地下卸粮通廊，则在仓内沿中轴线上分布有3~7个卸粮口，以5个居多。无地下卸粮通廊时，则其地坪上无卸粮口。架空式浅圆仓，若筒下层有固定输送线，则仓内沿中轴线上开有卸粮口，同时在两侧仓底上各开2个卸粮口，用于减少粮食自流后的清仓工作量；若筒下层无固定输送线，则在仓内沿中轴线的垂直方向形成3条卸粮接收线，分别开有3个、5个、3个卸粮口，用于移动式输送机接粮出仓。若底部为多锥斗时，则卸粮口布置于各锥斗的中央，数量可达12个。

③侧壁发放口：侧壁发放口通常按对称原则布置，对落地式浅圆仓而言，需设置2个低位发放口和2个高位发放口，对架空的浅圆仓而言，则需设置2个或4个高位发放口。侧壁发放无须动力，散粮自流特性即可完成部分出仓。

只有在发放溜管最小倾角大于粮食的静止角（小麦为23°~38°）时，粮仓才能够顺利从仓房侧壁流出，不同粮食的静止角各不相同。

（5）仓门　浅圆仓的仓门主要用于仓内设备的安装、进出和剩余粮食的出仓。当浅圆仓有固定输送线或卸粮通廊时，其仓门常位于仓壁下方的中轴线上，偏离中轴线10°，有利于设备的进出、缩小仓房间距和降低建仓成本。现在大多数浅圆仓将仓门设在中轴线的垂直方向。

浅圆仓的仓门分为内门和外门，其中内门作为挡粮门，用于承受粮堆的侧压力。外门作为防护门，用于隔热和密闭，由于外门尺寸较大，目前市面上尚无气密性符合要求的合格产品，仍需在内门与外门间加一道薄膜密闭门以保障仓门的气密性。早期浅圆仓有设计成2个仓门的，仓门多对整仓气密性影响较大，现有浅圆仓多采用1个仓门的设计方案。对仓内有卸粮口的浅圆仓，考虑到方便挡粮门的开启，应将1个卸粮口靠近仓门。对采用地上笼风道通风的浅圆仓，其风道布置不能影响仓内挡粮门的开启。

二、浅圆仓储粮工艺及配套设备

（一）浅圆仓进出仓工艺

浅圆仓输送工艺设备根据不同需求配置有所不同，这里浅圆仓接收火车及汽车散粮、发放火车散粮或汽车（散）包粮接收作业及发放作业，示例见图2-39和图2-40。一般配置有火车（汽车）接卸地坑、工作塔及火车或汽车散粮发放设施，作业线内有初清、取样、计量、汽车发放溜管、除尘设备等，汽车包粮发放可采用移动或固定式打包机完成。

图2-39 浅圆仓的接收作业流程图

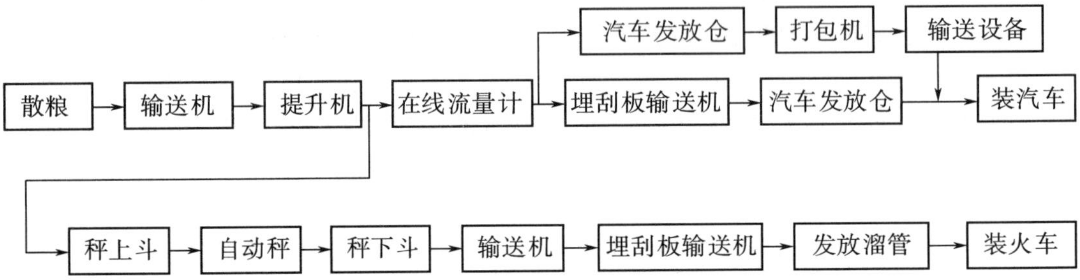

图2-40 浅圆仓发放作业流程图

1. 接收作业

火车或汽车散粮卸入卸粮坑，火车包粮需人工拆包倒入卸粮地坑后，均需要经输送设备输送至工作塔，经初清、取样、计量入浅圆仓。

2. 发放作业

浅圆仓散粮自出粮孔由仓底输送出仓，经仓下输送通廊至工作塔提升，入汽车发放仓暂存，由发放溜管装散装汽车，经汽车衡计量后出库。或入打包暂存仓，经固定式称重打包机打包，装汽车或火车包装发放。或经计量、取样化验，至火车发放刮板输送机、发放溜管装火车散粮发放。

（二）浅圆仓储粮工艺及配套设备

浅圆仓散粮储存的配套设备主要有输送机、清理设备、称重设备、通风设备和粮情测控系统。

1. 输送机

（1）移动式皮带输送机　移动式皮带输送机在浅圆仓的进仓作业中起着长短各种距离的输送、设备间的衔接及送料的作用。不同种类的移动式皮带输送机在浅圆仓的进仓及倒仓工艺中起着不同的作用，具体分类、结构、特性及适用范围可参见本章第一节平房仓的进出仓设备。

（2）埋刮板输送机

①埋刮板输送机作为一种刮板输送机，由普通刮板输送机发展而来。用于仓内外散

装粮的连续输送，其主要技术参数及适用范围见表 2-28。

表 2-28　埋刮板输送机的技术特性及适用范围

分类	类型	输送角度	输送长度/提升高度	进（卸）料方式	适用范围
固定式	水平型（MS）	水平，小角度倾斜 $\beta \leq 15°$	输送长度 80 ~ 120m	多点	一般性散粒物料
	给料型（MG）			多点进料	一般性散粒物料，流动性差、卸料难得物料
	垂直型（MC）	$\beta \leq 90°$	提升高度 30m	—	—
	扣环型（MK）	水平、倾斜、垂直	—	水平部分多点卸料	—
	混合型（MZ）	水平、垂直、水平	上水平段提升高度 20m	水平部分多点卸料	—
	平面环形（MP）	—	—	多点	—
	立面环形（ML）	—	—	多点	多个料仓间的循环输送，物料进仓、出仓、倒仓、出仓

②埋刮板输送机的主要形式如图 2-41 所示。

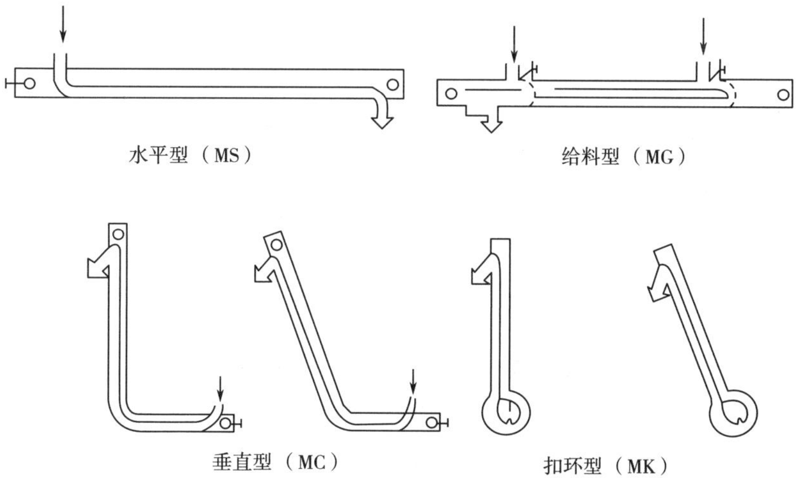

图 2-41

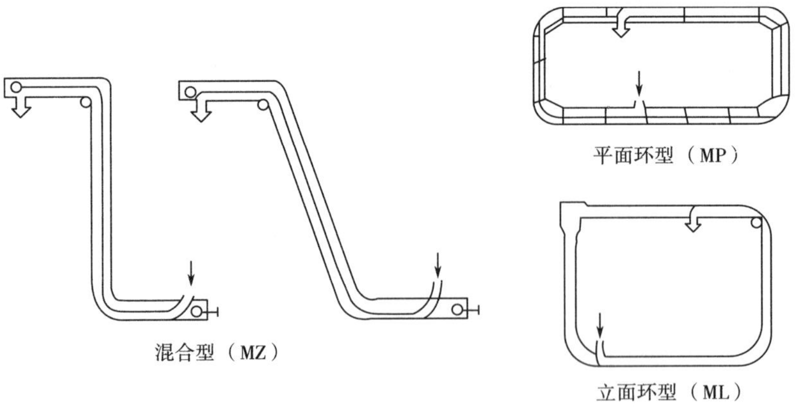

图 2-41 埋刮板输送机的主要形式

（3）斗式提升机 简称斗提机，是一种在垂直或大倾角向上输送小麦的连续输送机械，多用于单个浅圆仓或仓数较少仓群的散粮入仓。国产带式斗提机物料提升最大高度为 80m，链式为 50m；输送量在 1000t/h 以下，动耗在 0.0039～0.0060kW・h/(t・m) 范围内。料斗宽度是垂直斗式提升机的主要参数之一，根据 JB/T 3926—2014《垂直斗式提升机》规定，提升机斗宽度应符合表 2-29。

表 2-29 垂直斗式提升机斗宽度范围

斗宽/mm	100，160，250，315，400，500，630，800，1000，1250，1400，1600

斗提机自下而上可分为：机座（包括进料斗、张紧机构、底轮等）、中筒（包括牵引机构和承载机构等）、机头（包括传动机构、止逆机构、卸料管、头轮等），结构见图 2-42。

斗提机按照物料输送的方向可分为垂直和倾斜两种；按照牵引构件的类型可分为带式和链式两种；按照使用链条的根数又可分为单排链式和双排链式两种；按照物料进入斗提机的方向、位置可分为逆向式、顺向式、料堆取料式三种；按照物料卸出的形式可分为离心式、重力式、混合式三种。

根据 JB/T 3926—2014《垂直斗式提升机》，料斗宽度是垂直斗式提升机的主要参数之一，料斗宽度系列值为 100mm，160mm，250mm，315mm，400mm，500mm，630mm，800mm，1000mm，1250mm，1400mm，1600mm。粮食行业有时仍用 SB/T 10081—1992《粮食斗

图 2-42 斗式提升机的结构图

式提升机》标准，该标准尺寸规格多。型号举例：TDTG 头轮直径×畚斗宽度，其中 T 为专业代号，粮油通用机械；DT 为品种代号，斗式提升机；G 为形式代号，固定式；头轮直径×畚斗宽度为产品规格，单位：cm。

（4）溜管　溜管为浅圆仓特有的侧壁发放装置，在不施加外力条件下，依靠小麦自重向下方或斜下方输送小麦。溜管的主要技术特性参数见表 2-30、表 2-31。

表 2-30　　溜管截面尺寸与产量关系

输送量/（t/h）	圆管直径/mm	方管边长/m	输送量/（t/h）	圆管直径/mm	方管边长/m
8~15	140~170	120×120	50	250	180×180
30	150	150×150	100	300	200×200

表 2-31　　溜管输送最小倾斜角

物料名称	钢板溜管最小倾角/（°）
小麦	27~31

溜管一般由底端法兰和中间管体连接组成，多使用具有美观、耐磨、流动通畅等优点的喷漆钢板溜管，对于与闸阀门相连接的溜管，一般用 2~3mm 的钢板制造，内加耐磨衬板。在溜管中部或底部做一定距离的水平弯曲，以减低粮食下落速率，降低或避免小麦的机械损伤。在溜管的易磨损部位应使用耐磨衬板，耐磨衬板材料为超高分子质量聚乙烯，厚度 4~6mm，一般安装在溜管的底面，以及两侧 2/3 高度处。

2. 清理设备

浅圆仓的清理设备有的类似于本章第一节房式仓的清理设备。

3. 称重设备

浅圆仓的称重设备类似于房式仓储粮中的称重设备，以及包含非连续累计料斗秤，用以分批称重计量，并累加获得整批散装小麦的总质量。非连续累计料斗秤的主要技术特性参数及安全装置见表 2-32。

表 2-32　　非连续累计料斗秤的主要工作参数

物料名称	单斗最大称量值/（t/m^3）	准确度/级	安全装置
小麦	0.75	0.2	粉尘防爆产品（泄爆门/片等装置）

非连续累计料斗秤的机械结构由秤上斗、称量斗、秤下斗三部分组成。控制部分由称重显示控制器、粉尘防爆、称重传感器、电气及气动控制系统组成。该类型料斗秤的工作过程如图 2-43 所示。

4. 通风设备

浅圆仓内宜采用地槽通风系统，风道可采用梳形、放射形或环形等形式，风道风速一般不大于 12m/s。为了将上层粮堆自然散发出的湿热气体排出仓外，防止结露结顶，

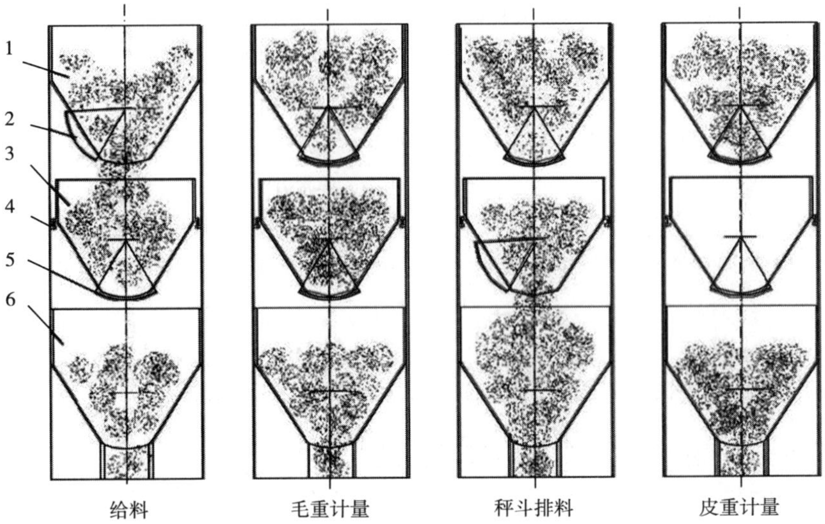

图 2-43　非连续累计料斗秤工作过程

1—秤上斗　2—秤上斗闸门　3—秤斗　4—称重传感器　5—秤斗闸门　6—秤下斗

仓顶在离中心 4m 处应设置 2~4 台轴流风机，并在尽量靠近仓壁处设置不少于 4 个自然排风口。

5. 粮情测控

浅圆仓内粮情检测系统由主机、分机和测温电缆组成。测温电缆和系统分机装设在浅圆仓内，系统分机与主机之间使用通讯电缆连接。一般情况下，浅圆仓每栋设一个分机，一定数量的电缆及分线器等。测温电缆水平间距不大于 6m，测温传感器纵向间距不大于 3m，最外层测温电缆距仓壁不大于 1m，测温传感器距粮面、仓地面均不大于 0.5m。

三、 浅圆仓围护配套条件

1. 浅圆仓防漏防潮的措施

浅圆仓需要加强墙体、地坪、风道等处的防渗漏返潮处理。常用的防水材料有高聚物改性沥青卷材、合成高分子防水卷材、细石防水混凝土、沥青基防水涂料、刚性防水层、平瓦等。防潮层布置遵循使水汽进难出易的原则，一般在保温层的高温侧设置防潮层以防止保温材料内部出现水分凝结而影响隔热效果。浅圆仓的卸粮通廊与沉降缝应按防渗标准处理，仓房上部排风扇孔洞的外侧应有挡雨盖，避免雨水渗入，内侧有密封门，避免熏蒸时漏气。

2. 浅圆仓保温隔热的措施

为增强粮仓的隔热保温效果，应用聚氨酯 A、B 双组料对仓顶钢板外层进行处理，厚度一般为 3cm，密度应不小于 30kg/m^2。

3. 浅圆仓气密措施

浅圆仓因仓顶有进人孔洞、仓顶风机口，仓底有通廊而影响仓房的气密性。仓顶进人孔可用 10cm 厚的聚苯乙烯泡沫板外包一层塑料薄膜进行密闭，聚苯乙烯泡沫板的尺寸根据进人孔的实际尺寸量取。仓顶风机口可通过调整风机口控制蝶阀的闭合角度，在控制蝶阀完全调整到位后，通风口用一层塑料薄膜在风机的筒壁上用密封胶粘接处理。对仓内的环流管、入粮孔、仓内爬梯等部位用发泡填充剂进行局部处理。

4. 浅圆仓远程视频监控系统

浅圆仓内视频监控装置安在仓壁和屋顶的交界处，其系统组成、布线要求及设备供电情况可参见本章第一节平房仓远程视频监控系统。

四、 浅圆仓储粮基本要求

（一）浅圆仓长期安全储粮的基本要求

浅圆仓应具有良好密闭性能，应配置通风冷却系统、环流熏蒸系统及粮情测控系统。储藏的粮食必须是杂质少、水分含量低、质量符合国家标准中等以上的粮食。浅圆仓储粮还应配备杂质清理筛、谷物防护剂施药装置、布料器、测压计、深层扦样器、温度巡检仪及传感器、害虫检验筛、快速水分测定器、测氧仪以及粮油品质测定仪器等设备及仪器。

（二）粮食的进出仓要求

1. 入仓前的准备

仓壁、仓底未干燥或受潮均不得装粮，做到有效仓顶防水及隔热。通风系统的设计及设备选择应符合《中央直属储备粮库浅圆仓设计规定》，通风孔板安装要牢固，风道应畅通。粮情测控系统符合《中央直属储备粮库粮情测控系统技术质量要求》。正式装粮前进行空仓检测调试，测温电缆间距不大于 5m，垂直方向点距 1.5~3m，距离粮面、底部及仓壁各 30cm 左右处必须设点检测。电缆安装应牢固，粮食进仓冲击不漂移，能承受粮食出仓产生的拉力，在粮食自出粮口出仓后，应能使其不妨碍清仓作业且不被损坏。仓内所有通气孔、门及进、出粮口等密封后 500Pa 压力下半衰期不小于 1min。

新建浅圆仓初始装粮应进行试装粮压仓试验，进行沉降观测。正式使用装粮后 2~3 年内，应每隔 3~6 个月进行一次沉降观测。压仓方法按《中央直属储备粮库新仓初始装粮压仓的规定》执行。

2. 粮食入仓要求

入仓粮食水分必须严格控制在当地安全储藏水分范围内。入仓前必须进行除杂清理，入仓粮食杂质含量应在 0.5%以内。入仓储备粮食的品质必须符合《粮油储存品质判定规则》中“宜存”指标的规定。不同粮种、不同类型、不同品质的粮食要分仓储存。同一浅圆仓分批次入粮时，各批次间的粮食温度差应小于当时的露点温差。若达到或超过露点温差时，应及时采用机械通风，平衡粮温。对发热、霉变、有虫的粮食或不符合粮食卫生指标的粮食不得入仓储存。

浅圆仓装粮入仓时间宜在秋后至初春的低温季节进行，使入仓粮食处于低温状态。从进粮口入仓必须经过布料口（均分器），使粮食比较均匀地分散入仓，以减少粮食自动分级，还可使粮面易于平整。粮食入仓开始阶段装于底层约 30cm 的粮食以及入仓最后阶段装于顶部约 30cm 的粮食，在入仓前宜喷洒防护剂。

对长期储存的粮食，入仓高度不宜超过浅圆仓筒体部分，进仓后应平整粮面，并做好覆盖密封准备工作，必要时进行密封。

仓顶进人孔处必须备有扶梯、站人护栏、软梯，以及人员进仓的保护设施、防爆灯等。工作人员进入仓内平整粮面、取样、检查粮情以及处理可能发生的局部发热等作业前，为预防仓内缺氧发生意外，要打开仓顶通风口，在确认仓内不处于缺氧状态及熏蒸后药剂残留不超过卫生标准后，方可进仓作业。进仓检查、作业的人员必须有 2 人以上，不得进行明火作业。

3. 粮食出仓要求

根据出粮口的数量，必须先从中心出粮口卸粮，待中心出粮口卸完粮后，再开启一组对称出粮口，调节控制两个出粮口流量使对称均匀出粮，防止输送机阻塞。待一组出粮口卸完粮后，最后再开启另一组出粮口，调节控制流量使对称均匀出粮。自流卸粮时，严禁人员进入仓内。出粮口卸完粮后，由于粮食本身摩擦力使仓内仍留存 20%～30%粮食，此时，应小心在清除靠仓门内的粮堆后打开仓门，使清仓机械进入仓内清除残留粮食。由于不同粮食摩擦力不同、静止角不同，存留在门后的粮堆高度不一，有可能无法全部打开仓门，因此应考虑在挡粮板上设置出粮口。清仓机械进入仓内作业时，应将测温电缆提升悬挂或集并，注意不要损伤测温电缆和通风孔板，注意防尘防爆以及废气污染。清仓机械清仓作业完成后，由人工将仓房清扫干净。出仓粮食数量应严格计量，按有关粮食检验规定，扦取样品测定粮食水分、杂质及其他品质指标，并按仓统计粮食实际损耗（扣除水分、杂质的损溢）。

（三）浅圆仓储粮技术应用要求

1. 温湿度检测及处理原则

采用粮情测控系统，设置定时巡检粮温时间，春、夏、秋季气温较高时，每 1～2d 巡检一次；秋、冬、春季气温较低时，5～7d 巡检一次。除系统设置的检测点外，必要时对粮温敏感区随机增设检测点，不定时进行检测（进仓巡检）。如发现粮堆中部长期存在温度高于周围的“热心”，或粮温分层温差过大等“结露”先兆，必须及时处理。新仓储粮后的前 3 个月内，定时对仓内各检测点的粮温每天巡检一次。测控系统定时自动对仓内各检测点的粮温进行检测，同时检测仓温、仓湿及气温、气湿。系统能对检测的数据进行动态分析，判断某点粮温是否偏高，温升是否过快，是否超过温度临界值，有无发热迹象。根据分析判断结果及时采取通风降温措施。

2. 粮食水分检测及处理原则

根据仓筒直径和储粮高度，参照测温点设置，分层随机取样，每层扦取一份混合样品。在离粮面和仓底各 5~30cm 处，分别在离向阳面仓壁和向阴面仓壁各 5~30cm 及中心点定点取样（共 6 份样品）。每份样品扦取 1kg 以上。每季度至少取样测定一次。在每年气温由低转高和由高转低的月份（即冬春及夏秋季节之交）各取样测定一次。粮情有异常变化时要及时取样测定。水分测定结果应分层分点登记建卡，发现水分有陡升现象，应查明原因并及时采取通风降水及防霉措施。

3. 虫粮检查及处理原则

虫粮检查取样点、检查期限、害虫密度计算方法及虫粮处理原则除按粮油储藏技术规范有关规定执行外，还应根据不同季节及粮温变化情况，对粮堆中易发生虫害的部位进行随机抽样检查，及时掌握粮堆中害虫的发生与变化情况。熏蒸杀虫按《磷化氢熏蒸技术规程》规定执行。

4. 结露及霉变的检查与处理

在春夏气温上升和秋冬气温下降季节，由于粮温、仓温、气温的变异，粮温仓温相差大时，在粮堆表层及靠仓壁的部位较易引起“结露”，应经常入仓检查（每周至少进仓检查一次）。另外，根据粮情检测系统对温湿度检测的结果，发现异常应立即进仓检查。进仓检查可采用粮食水分测定仪及简易温度巡测仪对易“结露”及异常部位随机检测粮食水分及粮堆温度。根据粮情及时通风或降温处理。

5. 发热粮的检查与处理

通过粮情检测系统检测的粮温及进仓检查粮堆的温度，观察是否有发热迹象，如有发热应及时查明原因。针对发热原因，采取适当的机械通风、冷却降温或熏蒸杀虫措施，并做好隔热防潮工作。

6. 粮食品质检测与处理原则

参照粮食水分检测的取样点，分层扦取混合样，同时对粮食品质最易变化的顶部及底层仓壁附近的粮食随机各扦取一份样品。分别在每年的 4 月和 10 月各取样检测一次。检测项目同平房仓对储粮品质不符合“宜存”指标的粮食应及时出仓处理（加工、销售等），防止储粮品质陈化变劣。

7. 机械通风技术的应用及技术要点

粮食入仓后，利用冬季自然低温进行机械通风，分阶段将仓内粮食温度逐步降低至适当低温。通风结束后，应做好仓底出粮口及各个通风口的密闭、隔热工作。通风冷却后的粮面应适时进行覆盖密封。在春夏气温上升季节，应利用仓顶风机进行通风，适时排除仓顶积热，降低仓温、粮温差异。

为应急所需，库内应配置 1~2 套移动式单管通风机组，以处理粮堆局部发热的问题。有关机械通风的技术条件及操作要求按 LS/T 1202—2002《机械通风储粮技术规程》执行。

第三节
立筒仓储粮

一、立筒仓类型与结构

1. 按照建筑材料分类

（1）钢筋混凝土立筒仓　我国的钢筋混凝土立筒仓直径一般为6~8m，筒身较高，是最好的现代化仓型。施工方法又分为现浇、装配和滑模施工三种，现在多采用滑模法。这种仓型造价高，设计和施工周期长，用量最多。

（2）砖立筒仓（砖砌立筒仓、砖圆仓）　筒身用砖砌成，为了增加强度，每隔1.2~1.5m设钢筋混凝土圈梁，仓顶一般用预制板或现浇水泥，保温好，储粮高度一般不超过10m，直径稍大。由于作为主要材料的砖容易得到，所以已建成的砖筒仓容量占立筒仓总仓容的比例较大，但是随着建材的发展和今后砖的生产将受到限制，这种仓型将会逐步减少。

（3）钢板立筒仓　常用材料为镀锌铁板，由于自重轻、造价低，标准化程度高，施工期短，用途广泛，便于实现机械化且可以工厂化生产。所以钢板立筒仓发展快，直径一般大于钢筋混凝土立筒仓，有的直径在20m左右，按结构和施工方法分为装配式、焊接式和螺旋卷边三种钢板。建设快但保粮性能不太好，一般用于加工厂、港口。

2. 按作业功用分类

（1）收纳仓　接纳农民和农场送交的粮食，不做长时间储存，通常建小型钢板仓或砖筒仓，配移动式粮仓机械。

（2）储藏仓　是长时间储粮的立筒仓，建钢筋混凝土立筒仓有利于粮食终年保管，配有固定的进出粮、整理、计量、通风等设备，储粮防治功用比较完善。

（3）中转仓　港口、江河码头及铁路沿线库房的粮食吞吐量大，周转次数多，要求快装快卸，通常是建大、中型的钢筋混凝土或钢板立筒仓，装备相适应的粮仓设备。进出口粮食的立筒仓容量通常在50000t以上，要有较高的机械化和主动化程度，使用装卸能力强的设备，使立筒仓的作业保持高效。如天津新港的钢板仓，单仓容量4500t，共14个仓筒，总容量达60000t。港口来粮后，卸粮机从船中将粮食提升至岸上的运送设备，经过计量和清杂设备后送入粮仓。

3. 按单仓容量分类

可分为大、中、小三种立筒仓，通常单仓容量在200t以下为小型，200~1000t为中型，1000t以上为大型。

4. 按仓底形状分类

（1）锥底式立筒仓　锥底式的仓底呈漏斗状（图2-44），锥底斜度要大于储粮的自留角，粮食从仓底中间出粮口流出，经过运送机送往外接的运输系统。

图 2-44　锥底式立筒仓

（2）平底式立筒仓　平底式仓没有锥底式的下面圆锥形构造（图 2-45），但是出仓式与锥底式仓相同，粮食在仓底中间出粮口自流到达天然坡角的方位，发动螺旋运送机将剩余粮推入出粮口，直到仓筒内的一切粮食出清停止。

5. 按仓筒截面积方式分类

可分为圆形、方形、矩形、和多边形，中国建的立筒仓多为圆形（图 2-46）。

图 2-45　平底式立筒仓

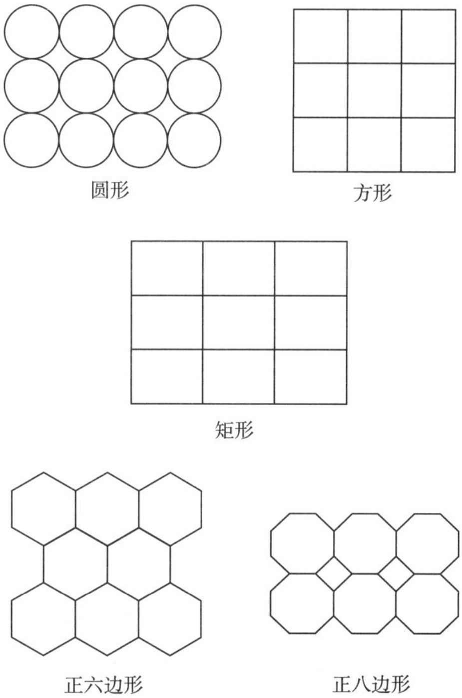

图 2-46　立筒仓平面形状

6. 筒仓的组合形式

从组合形式上有单仓、对仓和多仓组成的群仓。

立筒仓的平面布置应结合筒仓规模、功能、工艺要求及场地等实际情况确定。立筒库的布置以工作塔为基准，布置成单翼式或双翼式，仓群可为单排或多排。粮食立筒库单翼式双排布置如图 2-47 所示，粮食立筒库双翼式双排布置见图 2-48。

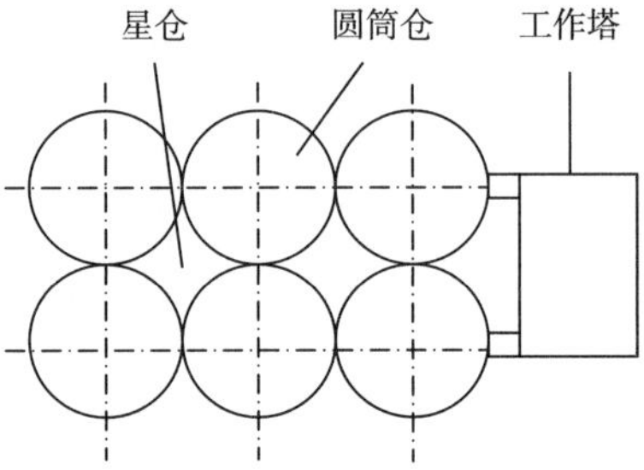

圆筒仓单翼式双排布置（行列式布置）

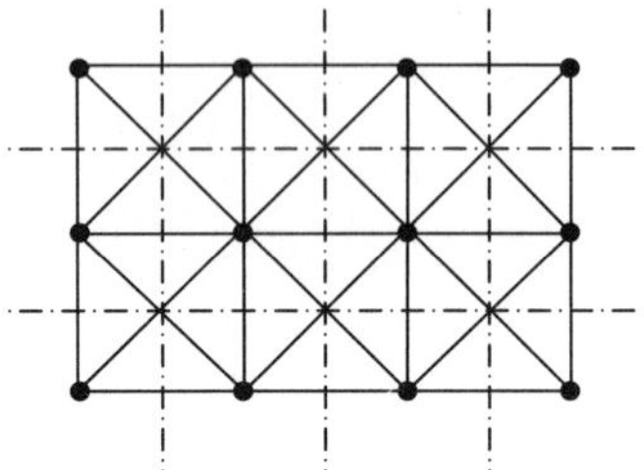

矩形仓双排布置（行列式布置）

图 2-47　立筒库单翼式双排布置

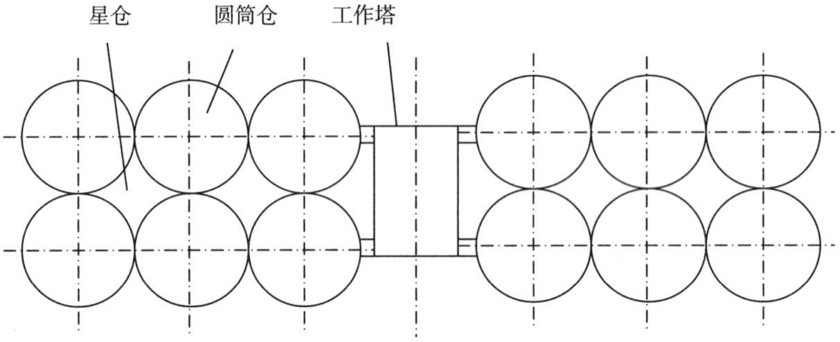

图 2-48　立筒库双翼式双排布置

当立筒仓直径大于 15m 时，宜采用独立布置形式。其间距应满足工艺作业及基础设计的要求。仓群可采用单排或多排、布置成单翼式或双翼式。

7. 筒仓工作塔的布置形式

（1）工作塔的尺寸规格　筒仓工作塔层高及柱网尺寸一般依据我国现行的建筑模数要求，层高、开间、跨度一般为 300mm 的倍数，开间可采用 2.4m，2.7m 及 3m 等，柱距可采用开间的 2 倍，跨度可根据工艺要求采用 6.0m，6.6m 及 7.2m 等。工作塔的楼梯宽度一般不小于 1.1m，当工作塔高度超过 24m 时，设一台载重量不小于 500kg 的客货电梯。

工作塔门窗面积根据自然采光、泄爆面积和建筑节能等确定。工作塔内吊物洞采用活动盖板封闭，吊物作业时采取临时安全措施。当采用敞开式吊物洞时，四周设高度不小于 1.2m 的安全栏杆。

当工作塔有地下室且室内地面标高低于地下水位时，其外墙采用强度等级不低于C30的自防水钢筋混凝土结构，且应设置一道外防水。地下室设一个平面尺寸不小于500mm×500mm，深度不小于500mm的集水坑。

（2）工作塔布置　工作塔配置有完成立筒库各种工艺系统所必需的机械设备，将接收的粮食经输送、提升、清理、计量、除尘再输送到各个筒仓，可将出仓的粮食经输送发放出库，或进行倒仓作业。有的工作塔内还装有烘干设备。

工作塔建筑面积及高度根据各楼层所选的工艺设备尺寸及布置情况决定。整个工作塔建筑面积的大小，应根据所布置设备尺寸最大的楼层来计算，并要考虑电梯、楼梯、吊物洞的布置位置。在合理地布置机械设备的同时，还应考虑到设备的检修、装卸方便等因素。各楼层的高度要根据每一楼层设备的高度，安装与维护的方便性和保证粮食自流管角度等具体情况来确定。

二、　立筒仓的配套设备

（一）立筒仓的进出仓设备

1. 散粮接收

（1）火车来粮　对于散粮专用车来粮，一般利用其自流性使粮食自动流出，在铁道站台的地坪下挖卸粮坑，粮食先入卸粮坑，然后流入输送机，卸粮机械化，卸车效率高。使用短的刮板输送机或绞龙卸棚车时，只能将该输送机由棚车车门插入粮堆，仍需人工喂料，生产效率不高，劳动强度不小，而且环境灰尘很大。对于敞车车皮可采用抓斗和链斗式提升机卸车，用抓斗卸车产量受车厢大小的限制，产量仍不是很高，而车厢不能卸净，清理厢底工作量很大。链斗式提升机产量虽然高，但周围灰尘飞扬，劳动条件很差，这两种都用的很少。国外敞车车皮将转子式翻车机和封闭式卸车棚联合使用。转子式翻车机是将一节车厢固定，然后将整个车厢翻转一周，车内粮食在车厢旋转过程中倒出，卸入卸粮坑。封闭式卸车棚是三面封闭，两面让车皮进出。车厢进入后，关上卷帘式门或气幕门，卸车棚尽量密闭，以保证棚内吸尘效果。棚内安装翻车机，轨下为卸粮坑，坑口装有缓冲板或导流板，减少坑的开口面积，提高除尘效果，这种装置产量大，车厢不剩粮，棚内外灰尘少可实现全部机械化。

（2）汽车来粮　通常采用散粮汽车的卸载机构，它有固定式液压卸车台和龙门吊式倾卸器，适用于不能自动倾卸的汽车。固定式液压卸车台又称液压卸车翻板（图2-49），靠多级液压缸顶升翻板，有时可配备计量装置，同计算机联网进行管理。龙门吊式倾卸器工作时，将车前轮置于龙门吊架下的平板上，将车后轮顶住，然后起升平板，车体倾斜，达到40°左右时，车厢内粮食经后门自动流入卸粮坑。

汽车散粮卸载方式可分为移动式和固定式两种，移动式是将接收粮柜做成移动式，粮柜为锥形底，下面配备移动式输送机械，汽车来粮首先经输送机卸入粮柜，在粮柜暂存，然后再经输送机械送出。固定式汽车散粮卸载同火车卸粮相同，汽车来粮卸入卸粮

图 2-49　工作中的液压卸车翻板

坑（地下式卸粮坑），然后由卸粮坑下的输送机送往它处。

（3）港口码头来粮用卸船机　码头来粮用卸船机，常用的一般有吸粮机、抓斗卸船机、埋刮板卸船机等几种。

码头吸粮机作为一种输送机械，主要适合安装在沿海、沿江、沿河港口码头，用于吸卸散装颗粒状状物料。目前，我国港口码头使用的吸粮机主要有固定式（图 2-50）和移动式两种形式，以水运较为发达的广东珠江水系和江浙运河水系应用得比较广泛。吸粮机的输送效率高，每小时产量可达数百吨，在整个输送过程完全密闭，受气候环境条件影响小，不仅改善了工作条件，而且被运送的物料不致吸湿、污损或混入其他杂质，从而保证被运送物料的质量。吸粮机设备简单，结构紧凑，工艺布置灵活，占用面积较小，选择输送线路容易，同时易于对整个系统实现集中控制和自动化，操纵人员劳动强度低，无粉尘外泄飞扬，工作环境好。

图 2-50　固定式码头吸粮机

与连续式工作的吸粮机相比，抓斗卸船机属于间歇式（又称周期性）卸船机械（图 2-51），在小麦的装卸过程中，利用钢丝绳控制抓斗抓取散装粮食传输至皮带机或卡车，广泛应用于小麦的装卸搬运。主要由主梁、门架、拉杆等金属结构，起升机构/开闭机构、小车运行机构、大车行走机构和臂架俯仰机构，供配电系统、驱动与控制系统、保护系统等组成。抓斗式卸船机一般根据船型的不同、卸船效率的不同有多种型号，表 2-33 列举了某型抓斗卸船机中的几种典型的型号，一般不同港口、码头可以采用个性化的定制方案。

图 2-51　某码头卸船机实况

表 2-33　某型抓斗卸船机的典型型号表

项目	型号		
	400/(t/h)	1750/(t/h)	3000/(t/h)
最大起升速率/(m/min)	65	130	190
最大开闭速率/(m/min)	130	180	190
总起升高度/m	20	34.5	42.6
轨上起升高度/m	13	22	21.3
轨下起升高度/m	7	12.5	21.3
小车运行速率/(m/min)	80	220	240
前伸距/m	19	33	40
后伸距/m	7.5	14	44
大车运行速率/(m/min)	0~20	0~20	0~25
轨距/m	10	20	20
抓斗	4 绳抓斗	4 绳抓斗	4 绳抓斗

抓斗卸船机的主要缺点是作业时抓斗取料、卸料容易产生粉尘，增加工作环境的污染，抓斗合拢过程中，合拢不严会使小麦撒落，增加损耗，同时也会增加小麦的破损率，且清船工作量较大，抓斗及牵引钢丝绳等较易磨损。但是，抓斗的价格相对较低，大大降低卸船成本，除了抓取小麦，还可有效抓取其他多种货物，增加其适用性。抓斗卸船机在我国港口和码头广泛使用。

2. 称重设备

按秤的称量状态不同，用于筒仓称量设备可分为静态和动态。静态即被称物料处在静止状态时进行称量，这种秤称量精度高，使用较多。动态秤即被称物料于流动状态下进行称量，在粮食部门较多使用。

（1）汽车衡　汽车衡在粮库主要用以计量汽车来粮，故称为汽车衡。汽车衡有纯机械式，也有机电结合式，即称量部分为机械（杠杆）式，计量（表示结果）部分采用电子系统。汽车衡的称重台板与地面持平，称重杠杆系统置于地坑内，计量杠杆在地面以上，距地面10~15m，台板中心距计量杠杆21~27m，一般将计量部分设在秤房内，而台板设在秤房处的罩棚内，以便保护设备，雨天可继续工作。

（2）非连续累计料斗秤　筒仓用的非连续累计料斗秤同前述浅圆仓的设备。

（3）轨道衡　轨道衡适用于港口及大型粮库的火车装运货物的整车厢计量，目前使用的轨道衡仍多属于静态计量，来保证称量的精度，动态计量仍属研究阶段。轨道衡除非有承重系统休息装置，当不作计量时，允许车辆和机车以小于5km/h的速度在衡器的轨道上行驶。常用的轨道衡为机电结合产品。

（4）电子皮带秤　电子皮带秤根据重力作用对皮带输送机所输送的松散物料进行自动连续称重。皮带上连续通过的物料量由称重传感器转换成mV级电信号，经过放大及模数转换成数字量A后经微机处理，由测速电机送来的速度信号B也送入微处理器中。皮带上通过的物料总量和瞬时流量可用数学积分的方法进行计算表达。

3. 筒仓散粮清理设备

（1）圆筒初清筛　圆筒式初清筛主要用来清除粮粒中的粗杂、尘土等轻杂，清除率为50%。水平安装在机架上的筛筒分进料段和出料段两部分，由带摆线针轮减速器的电机通过链条传动。筛孔出料筛设有排大杂的导向螺旋，在筛筒上行方向的外侧安装有清理刷。

当物料进入筛筒时，由于筛筒的旋转把物料带到一定的高度，然后在重力的作用下，沿倾斜的筛面作相对滑动和滚动。随着运动的进行，物料不断得到翻滚，为粮食与杂质提供了分离的条件。筛理时，粮食穿过筛孔到出料端，从而实现粮食与大型杂质分离。

（2）振动筛　常用的振动筛是TQLZ系列自衡振动筛，该振动筛是在借鉴和吸收国外先进技术的基础上，综合我国各种振动筛的优点设计而成，主要用于清除原粮中的大、中、小杂质。在使用该设备时，还可配用吸风分离器，对物料进行风选，使轻杂、灰尘得以清除。

（3）磁选设备　近年悬挂式磁选机得到推广应用，结构如图 2-52 所示。该机自带动力，悬吊安装在带式输送机卸料端上方，被吸出的铁磁性杂质自动排送到机外。该机使用电磁铁或永磁体产生吸力，除净率可达 96%以上。对使用电磁铁的磁选机，要考虑铁心的冷却。

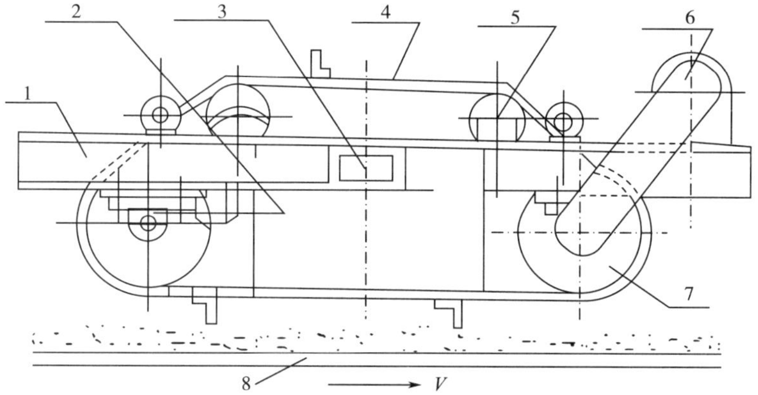

图 2-52　悬挂式磁选机结构图

1—机架　2—电磁槽　3—接线盒　4—胶带　5—托辊　6—传动装置　7—滚筒　8—输送带

永磁滚筒是采用永久磁体的旋转滚筒，在旋转过程中能自动排除吸住的磁性金属杂质。CXY 型永磁滚筒的结构如图 2-53 所示，主要由机壳、进料装置、旋转滚筒、磁体和传动装置等部分组成。工作时，物料从进料口进入，经压力门匀料，然后流经滚筒，铁杂被磁芯所对应滚筒外表面吸住，并随外筒转动而被带到无磁区。由于该区磁力消失，铁杂自动落下，从铁杂出口排出，被清理的物料则从出料口排出。永磁滚筒具有结构合理，体积小，除铁效率高，不需人工清除铁杂等优点。

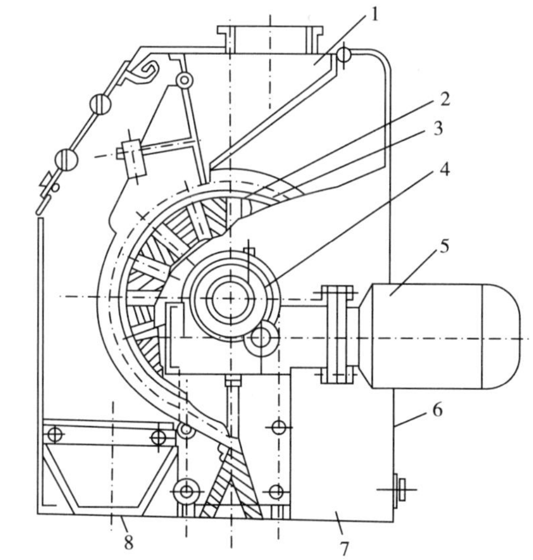

图 2-53　CXY 型永磁滚筒结构图

1—进料斗　2—磁体　3—旋转滚筒　4—传动装置
5—电机　6—机壳　7—磁性金属杂质出口　8—粮食出口

磁体由铁氧体永磁块和铁隔板以一定顺序排列成 170°的圆弧形，安装在固定的轴上。铁隔板起集中磁通的作用，将铁氧体永久磁块分成 8 组排列，形成多极头开放磁路。磁体圆弧表面与滚筒内表面间隙为 2mm。滚筒由非磁性材料（表铜、黄铜或不锈钢等）制成，外表面涂有无毒耐磨涂料（聚氨酯）作保护层，以延长其使用寿命。滚筒通过蜗轮蜗杆变速机构由电机带动旋转。

4. 散粮的入仓设备

（1）带式输送机　筒仓用带式输送机是一种固定连续输送机械，它用一根闭合环形输送带作牵引及承载构件，将其绕过并张紧于前、后二滚筒上，依靠输送带与驱动滚筒间的摩擦力使输送带产生连续运动。依靠输送带与物料间的摩擦力使物料随输送带一起运行，从而完成输送物料的任务。带式输送机的结构如图 2-54 所示。带式输送机主要由输送带、滚筒、支承装置、驱动装置、张紧装置、卸料装置、清扫装置和机架等部件组成。带式输送机的产品型号按专业代号、品种代号、型式代号和产品的主要规格的顺序编写。例如 T DS Q 50×60 带式输送机，其中，T 表示专业代号：粮油通用机械；DS 表示品种代号：带式输送机；Q 表示型式代号：全气垫式；50×60 表示产品规格：带宽（cm）×头尾轮中心距（m）。

型式代号中：B—半气垫式，D—波纹挡边式，F—封闭式，G—固定式，Q—全气垫式，P—水平式等。

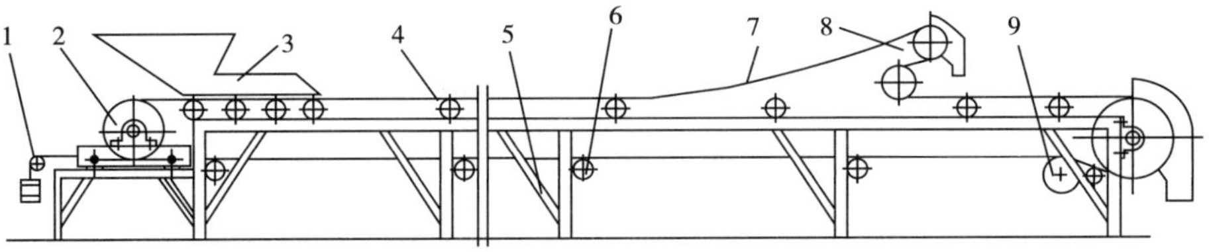

图 2-54　带式输送机结构图

1—张紧装置　2—张紧滚筒　3—上托辊　4—下托辊　5—输送带
6—导向滚筒　7—清扫装置　8—驱动滚筒　9—端部卸料

依据 GB/T 10595—2017《带式输送机》的规范要求，其名义带速一般有 0.125m/s，0.15m/s，0.20m/s，0.25m/s，0.315m/s，0.4m/s，0.5m/s，0.63m/s，0.8m/s，1.0m/s，1.25m/s，1.4m/s，1.6m/s，1.8m/s，2.0m/s，2.25m/s，2.5m/s，2.8m/s，3.15m/s，3.55m/s，4.0m/s，4.5m/s，5.0m/s，5.6m/s，6.0m/s，6.3m/s，7.1m/s 这几种带速，带式输送机的带宽、滚筒长度、滚筒直径也应首选表 2-34 的推荐组合尺寸。

表 2-34　带式输送机带宽、滚筒长度、滚筒直径的推荐组合　单位：mm

带宽 *B*	滚筒长度 *L*	滚筒直径 *D*
200	260	114，120，160，200，250
250	320	
300	400	200，250，315，400
400	500	200，250，315，400，500
500	600	
650	750	200，250，315，400，500，630，800

续表

带宽 *B*	滚筒长度 *L*	滚筒直径 *D*
800	950	200，250，315，400，500，630，800，1000，1250，1400
1000	1150	250，315，400，500，630，800，1000，1250，1400，1600，1800
1200 1400	1400 1600	250，315，400，500，630，800，1000，1250，1400，1600，1800
1600 1800	1800 2000	315，400，500，630，800，1000，1250，1400，1600，1800，2000
2000 2200 2400	2200 2500 2800	500，630，800，1000，1250，1400，1600，1800，2000
2600 2800	3000 3200	630，800，1000，1250，1400，1600，1800，2000，2200
3000	3400	800，1000，1250，1400，1600，1800，2000，2200，2400

注：滚筒直径 *D* 不包括层厚度在内，与带宽组合为推荐组合。

（2）刮板输送机　刮板输送机是借助于牵引构件上刮板的推力作用，使散粒物料沿着料槽移动，从而输送物料的连续输送机。刮板输送机可分为普通刮板输送机和埋刮板输送机。

图 2-55 是普通刮板输送机的结构图。牵引构件 1 上固定着刮板 2，刮板可以在机壳 4 内沿着料槽（机壳）的下部分运动，机壳上开设进料口，下方开设卸料口，牵引构件环绕在驱动轮 3 和张紧轮 7 上，牵引构件由驱动轮驱动，由张紧轮张紧，为防止牵引构件的无载分支下垂，其下方装设托辊 5，为防止牵引构件的有载分支上浮，其上方装设压辊 6。

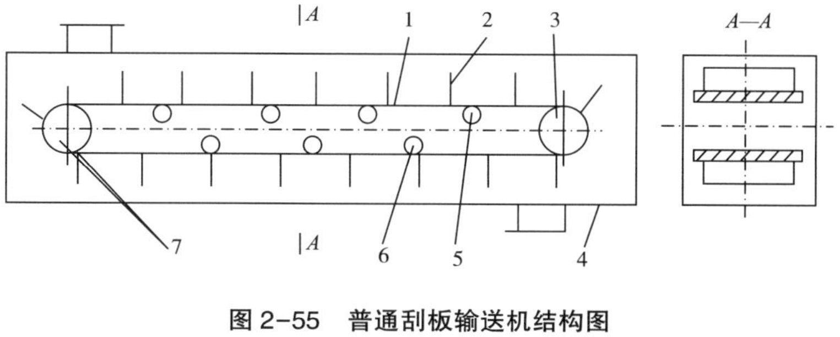

图 2-55　普通刮板输送机结构图

1—牵引构件　2—刮板　3—驱动轮　4—机壳　5—托辊　6—压辊　7—张紧轮

普通刮板输送机工作时，物料从进料口流入机壳，在刮板的推动下进入料槽。当物料在运动方向上受到的刮板推动力足以克服料槽对物料的阻力时，物料将随刮板一起沿着料槽前进。当物料行至卸料口时，物料在自身重力作用下，从料槽底部的卸料口卸出。按照物料的输送方向，普通刮板输送机可分为水平型、倾斜型及混合型三种。在粮油工业中刮板输送机使用的最大输送倾角为35°。倾斜输送时，随着输送机倾角β的增加，生产率有明显下降。

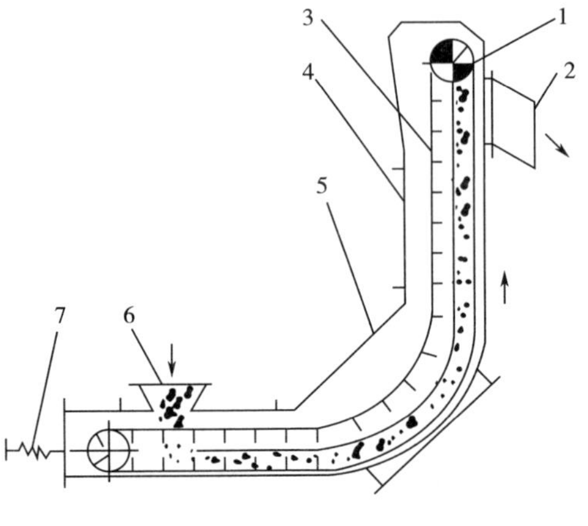

图 2-56 埋刮板输送机结构图

1—头部 2—卸料口 3—刮板链条 4—中间机壳
5—弯曲段 6—加料段 7—尾部张紧装置

埋刮板输送机是由封闭形的机壳，刮板链条，驱动装置和张紧装置等部分组成（图 2-56）。埋刮板输送机在工作时，物料由进料口进入机壳，在料槽（机壳的一部分）内，受到运行刮板的推力，与刮板链条结成整体，一同向前运动，到达料槽的卸料口时，物料自行卸出。驱动装置的作用是将电动机的动力传递给刮板链条。张紧装置的作用是保持刮板链条具有一定的初张力。

埋刮板输送机分为固定式和移动式两种，固定式的机壳固定安装在厂房的基础上，移动式的机壳安装在可移动的机座上，悬吊式埋刮板输送机可固定、可移动。固定式又分水平型（MS 型）、垂直型（MC 型）、混合型（MZ 型）、扣环型（MK 型）、平面环型（MP 型）、立面环型（ML 型）、给料型（MG 型）等多种。

水平型（MS 型）埋刮板输送机，可水平输送，也可小角度倾斜输送（$\beta \leqslant 15°$），其输送长度可达 80~120m，适用于一般性散粒物料，可多点进取和多点卸料。

垂直型（MC 型）埋刮板输送机，输送倾角可达 90°，提升高度可达 30m，它能满足工艺设计的特殊需要，适用于一般性散粒物料，也可输送流动性差、卸料难的物料。

混合型（MZ 型）埋刮板输送机，其中水平—垂直—水平型使用较为普遍，上水平段可进行多点卸料，提升高度一般为 20m，上水平段长度不大于 30m，多用于向料仓进料。

扣环型（MK 型）可以水平输送、倾斜输送和垂直输送，占用空间较少，还可以从料堆中自行取料，水平部分可多点卸料。

平面环型（MP 型）刮板输送机，可以进行多点进料和卸料，还可以将物料分配到各个使用点，也可将各点物料收集后统一卸出，整机除有矩形环外，也可以制成其他形状的平面环形。

立面环型（ML 型）刮板输送机，它可多点进料和卸料，适用于多个料仓间的循环输送，可以完成物料的进仓、出仓、倒仓、清仓等多种作业。

刮板输送机按结构分为 5 种型式：水平型（S 型）、垂直型（L 型）、Z 型、扣环型

(K 型) 和 U 型 。粮食仓库中水平型、U 型用得较多，油厂中 L 型、Z 型用得较多。型号表示方法为：刮板输送机型号由专业代号、品种代号、型式代号和规格组成，专业、品种、型式代号均用汉语拼音字母的大写表示。规格以机槽宽度的厘米数表示。刮板输送机的机槽宽度 B、刮板输送机承载机槽高度 H 见表 2-35。

表 2-35 埋刮板输送机料槽宽度系列

项目	机槽有效宽度代号									
	12	16	20	25	32	40	50	63	80	100
机槽有效宽度 B/mm	120	160	200	250	320	400	500	630	800	1000
机高槽度 H/mm										
S、U 型	120	160	200	250	320	400	500	630	800	1000
L、Z、K 型	100	120	130	160	200	250	280	320	—	—

刮板链条速度系列为：0. 16m/s，0. 20m/s，0. 25m/s，0. 25m/s，0. 32m/s，0. 40m/s，0. 50m/s，0. 63m/s，0. 80m/s，1. 0m/s。粮仓用的刮板输送机因为输送量大，所以刮板链条速率一般均在 0. 50m/s 以上。

(3) 斗式提升机 筒仓用斗提机与浅圆仓用的相似，一般采用的输送高度会较大。其自下而上也可分为三部分：下为机座，包括进料斗、张紧机构和底轮等；中为机筒，包括牵引构件和承载构件等；上为机头，包括传动机构、止逆机构、卸料管和头轮等。斗式提升机的牵引构件可以是带，也可以是链条。它环绕于头轮和底轮之间，被张紧装置张紧。在带或链的全长上，每隔一定距离，安装一个料斗（承载构件）。为防止物料的抛撒和灰尘的飞扬，外面用机壳封闭。工作时传动机构将动力传递给牵引构件，带动料斗运动。在机座内，物料进入运动着的料斗，再被料斗沿机筒向上提升。在机头处，物料从料斗中卸出，经接料斗卸至机外。悬吊式斗提升机，用来接卸船舱中的散装物料。其结构的主要特点是机头用支架悬吊起来，支架可以升降；机座没有外壳，工作时料斗直接自物料堆中取料。这种斗提机除用作卸船外，尚可有来卸车或散粮出仓。

(4) 气垫带式输送机 气垫带式输送机用气垫取代托辊支承装置，使托辊支承的接触支承变为气垫接触的非接触支承，减少了输送机运转部件，既节省了大量的支承托辊轴承，又改善了输送机的运行性能，减少了摩擦损耗。同时运行阻力的减小，使得输送带张力减小，可以采用较薄的轻型输送带。弧形断面的托槽使物料在输送时处于稳定状态，不需要设置防止输送带跑偏的装置，适于双向输送。据有的资料介绍，用气垫支承输送带，可使输送带寿命延长 0. 5 倍，造价比同样长度的普通带式输送机约低 30%，输送成本可降低 31%。

DD 型固定式气垫带式输送机系列产品规格以带宽表示分别为：500mm，650mm，800mm，1000mm，1200mm 和 1400mm 6 个规格。带速为 0. 8~5. 0m/s，带速、带宽与输送量的匹配关系见表 2-36。

表 2-36　　不同带宽、带速下的体积输送量

带宽/m	带速/(m/s)									
	0.8	1.0	1.25	1.6	2.0	2.5	3.15	4.0	4.5	5.0
500	69	87	108	138	173	216	—	—	—	—
650	127	159	198	254	317	397	—	—	—	—
800	198	248	310	397	496	620	781	—	—	—
1000	324	405	507	649	811	1013	1277	1621	—	—
1200	—	594	742	950	1187	1484	1870	2375	2672	2969
1400	—	826	1033	1322	1653	2066	2603	3305	3719	4132

气垫机适宜选择高带速，建议选用高带速、小带宽的气垫机来满足使用需求。对于较长的水平输送机，应选择高带速；输送机倾角越大、输送距离较短时，则应选择较低带速。输送粉尘很大的物料时，应选择低带速。若卸料装置采用犁式卸料器时，带速不宜超过 2.0m/s。输送成件物品时，带速小于 1.25m/s。

（5）粮食防破碎装置　立筒仓大多采用和仓顶中心进粮，在入仓过程中由于入仓口离地面距离较高，粮食入仓落差较大，粮食入仓后在粮粒重力加速度的作用下，籽粒以较大的速率撞击仓底，加上籽粒间的相互碰撞，极易导致粮食破碎率升高，降低粮食的品质等级，不仅影响粮库的经济效益，还降低了储粮的稳定性。因此，在筒式仓内设置缓冲装置，改变粮流呈自由落体的进仓状况，控制粮食的下降速率是减少玉米籽粒在入仓过程中撞击破碎的最有效的措施。目前在立筒仓内安装的缓冲装置，如伸缩软管式、缓冲溜槽式、溜管导流式、双漏斗溢流式等，虽然在结构形式上有所不同，但从原理上讲，都是通过控制籽粒入仓时的下降速率达到减缓入仓破碎的目的。

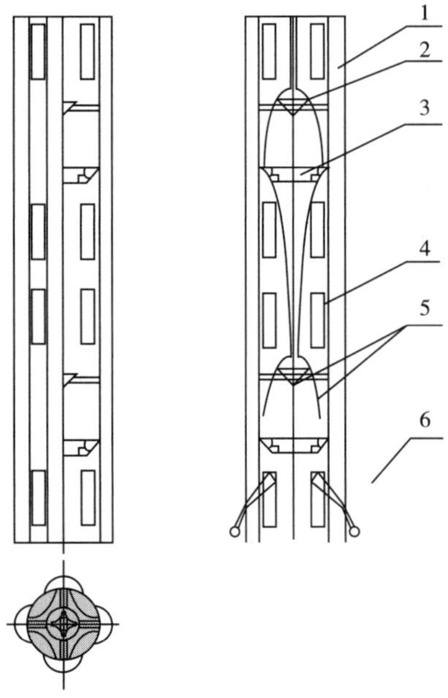

图 2-57　双漏斗溢流式导流器结构图
1—多功能减压管　2—小漏斗　3—大漏斗
4—排料口　5—物料流　6—物料堆

双漏斗溢流式导流器基本结构包括设立在筒式仓中心的减压管、固定在减压管内的上漏斗缓冲板和下漏斗缓冲板（图 2-57）。其中减压管的顶端与进粮口相接，减压管底端与出粮口相连，减压管的管壁上均布有出粮孔。减压管内设有多组双层漏斗导流器，下漏斗缓冲板的大口端的直径等于进粮套筒的内径，且直接与进粮套筒的内壁相结合。上漏斗缓冲板的大

口端的直径稍大于下漏斗缓冲板的小口端的直径，通过镂空结构的支撑与进粮套筒的内壁相结合。上漏斗和下漏斗的间距为500mm，每2组导流器的间距约为5m。

入仓的粮食先被装置上部的小漏斗承接，小漏斗的下口较小，在进粮时会使小漏斗内的粮食形成溢流现象，滞留在小漏斗内的粮食起到缓冲作用，不仅有效控制粮流的下降速率，还减少了粮流对导流器的冲刷磨损，较好解决了玉米入仓破碎问题。

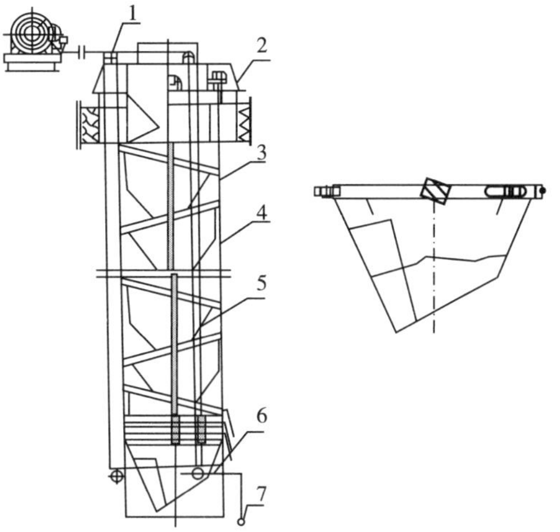

图2-58　可伸缩叠放的装仓溜管结构图

1—导向滑轮　2—钢平台　3—吊带　4—锥形筒体
5—钢丝绳　6—出料筒　7—水银开关

可伸缩叠放的装仓溜管主要由多个锥体串接而成的筒体、钢平台、卷扬机构、行程控制装置等部分构成（图2-58），其特点是钢平台的上层板上设有导向滑轮，下层板上设有吊带节点，并在吊带节点下安装有成双的压力传感器；通过吊带将多个锥形筒体串联在一起，锥形筒身内长斜面的一侧装有耐磨板，最下一节为锥形筒体底部的出料筒；卷扬机构的钢丝绳，通过钢平台上的导向滑轮，经锥形筒体导向槽，与出料筒体上的定滑轮连接。

当入仓时，粮食进入料管，粮流沿着锥形筒体内侧折流而下，减缓了粮流冲击，从而减小粮食破碎；由于在锥形筒体内侧长斜面上设有耐磨板，可以承受粮流的冲击，使用寿命长；由于卷扬机架上的行程控制装置可以控制伸缩行程的上下极限位置，使用安全可靠；收缩叠放的锥形筒体适用于不同高度的筒式仓。

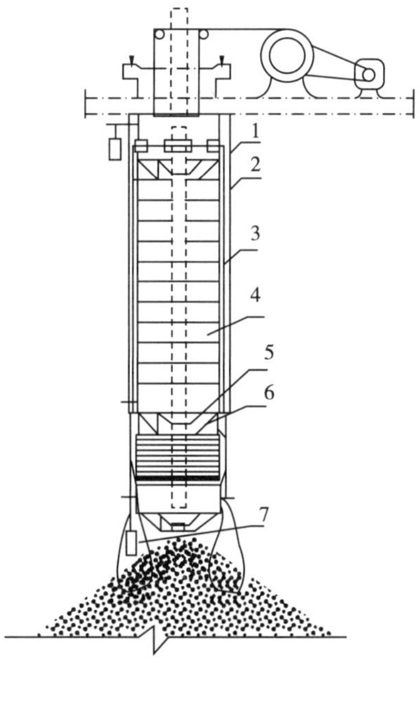

图2-59　散粮伸缩减速溜管结构图

1—钢丝绳　2—吊带　3—伸缩布筒　4—粮流
5—内锥形漏斗　6—外锥形漏斗　7—料位传感器

散粮伸缩减速溜管由数个减速器及将其相互连接的伸缩布筒、卷扬机和控制系统组成（图2-59）。减速器是实现落料减速的基本构件，由内外2个圆锥形漏斗构成，内锥形漏斗的上口面积等于或略大于外锥斗的下口面积，其下口面积很小；在垂直方向上由钢丝绳、牵引带和伸缩布筒连接各落料减速器，按散料落料减速器所处相对高度不同，分别是顶部减速器、中间标准段减速器和底部减速器。超长高度伸缩布筒构成了一个封闭的散料降落通道。

当上部减速器落料时，首先落在内圆锥斗中，因内漏斗下口较小，散料来不及排出从而形成拱堵积料，继续下落的散料只能沿积料坡减速滑落，落入内、外漏斗的空间，沿外漏斗坡面下滑至其下口排出，达到减速的目的；入仓散料结束时，内漏斗的积料会通过其下口排出。物料位逐渐升高时，通过控制系统，可使布筒随之收缩上升。在工作过程中，散料伸缩减速溜管的出料口，始终接近下部料堆，粉尘很少逸出。

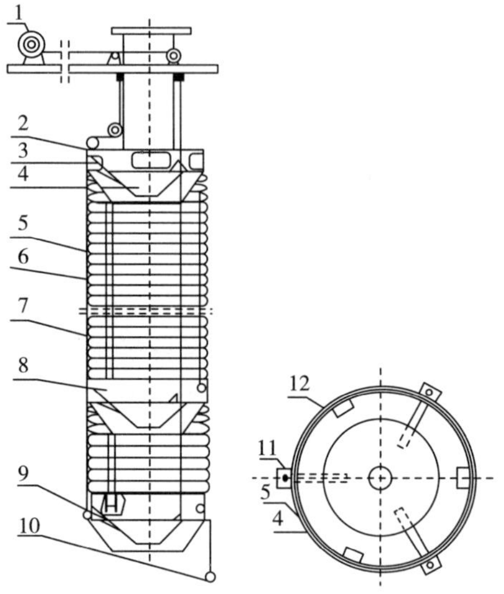

图 2-60　自动伸缩式高仓进粮减速溜管结构图

1—卷扬机构　2—顶部溜管　3—溢流孔　4—缓冲斗　5—外筒　6—筒扎　7—吊带　8—中部溜管　9—底部溜管　10—自动伸缩传感器　11—钢绳限位座　12—吊带座

自动伸缩式高仓进粮减速溜管包括卷扬机、机架、控制电器和多个串联的溜管等（图 2-60）。该溜管由一个顶部溜管、多个中部溜管和一个底部溜管通过软质外筒轴向串联而成，每个溜筒均设有底部缓冲斗。

从仓顶入仓的粮食，落入由带有圆锥形缓冲斗锥筒的顶部减速溜筒内，在盘中形成粮垫以降低后续粮食的碰撞强度。连续的进粮使粮食从缓冲斗的四周溢出并落入中部溜筒。顶部溜筒的上部圆筒上开了若干个溢流孔，当仓内粮食接近装满，溜管处于收缩到上限位置，底部出粮口被堵时，粮食可从上方溢流口流出，以保证粮食继续进仓，而不减少额定仓容量。同时，在粮食进仓过程中，中部溜筒上的粮食与外筒形成一个封闭的空间，迫使随进仓带入的空气仅能上升至上部溜筒的溢流孔溢出，这就形成一个上升空气流的气阻，达到降低粮食下降速率的目的。在底部溜筒的下端还装有自动伸缩控制传感器，可通过电控箱控制溜管的出粮口始终紧贴着粮堆表面，使进仓的粮食碰撞减至最小的程度。

附壁溜槽式缓冲装置是在筒仓的进料口下设置固定的两道（或一道）溜粮角度为30°~35°的敞开式溜粮槽，溜粮槽的末端接在筒仓的两侧（或一侧）的附壁溜粮槽，附壁溜槽是用钢构架及溜粮槽板组接成斜度为 30°~35°的回转折叠式排布的若干个敞开式溜槽（图 2-61）。粮食进仓后，沿缓冲溜槽落到仓内，从而避免了粮食的坠落冲击。缓冲钢构架是组装的，已建好的筒仓也可以安装。

伸缩式导流伞缓冲器：主要由接粮斗、导料伞、稳流翼、提升机构和控制器等组成（图 2-62）。导料伞通过支脚固定在接粮斗内，接粮斗下口安装着稳流翼。该缓冲器悬挂在筒式仓的进粮口处，通过连接绳将多个接粮斗依次吊接。

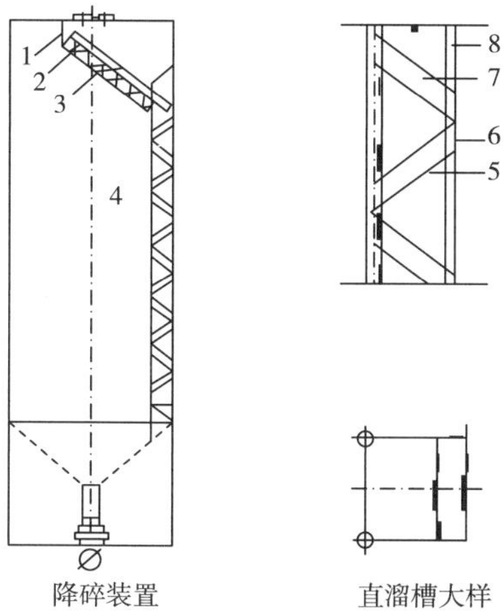

图 2-61　附壁溜槽式缓冲装置结构图

1—导料槽　2—斜段溜槽　3—桁架　4—直段溜槽
5—底板　6—后侧板　7—旁侧板　8—承载架

图 2-62　伸缩式导流伞缓冲器

入仓时，从仓顶进粮口落下的粮食被导料伞分散，进入接粮斗内，再沿着接粮斗锥壁滚向出口，在稳流翼的约束下，粮食不会四处流散，直接落入下一个接料斗。通过导料伞逐级吸收粮食下降的势能，大幅度减缓了粮食下落的速率，避免了原粮入仓后下降越来越快、落地撞击破损严重的弊端。当固定在底部接粮斗上的料位器被粮堆掩埋超过 30cm 时，控制系统提升导流伞缓冲器，使底部接料斗距下面的粮堆面高度不超过 2.5m，使下降的粮食冲击力控制到最小范围。

防破碎自流卸料器包括安装在底座上的筒体，筒体内自上而下间隔安装锥斗与锥体，筒体侧壁与每个锥体相对应处开有物料溢出口，在筒体内设有可调整锥斗出口角度的调节阀，在物料溢流出口处设有调整门（图 2-63）。整个装置安装在筒式仓的中部，入仓粮食直接进入自流式卸料器，经锥斗流出，自由降落到锥体上，沿锥体下滑自行进入下一个锥斗，依次循环，达到粮食在入仓过程中自然降速的目的。粮食降落到仓底后经物料溢流出口自然流出，当粮堆增至一定高度，将仓底物料溢流出口堵住，仓内物料不断增高，达到上一个物料溢流出

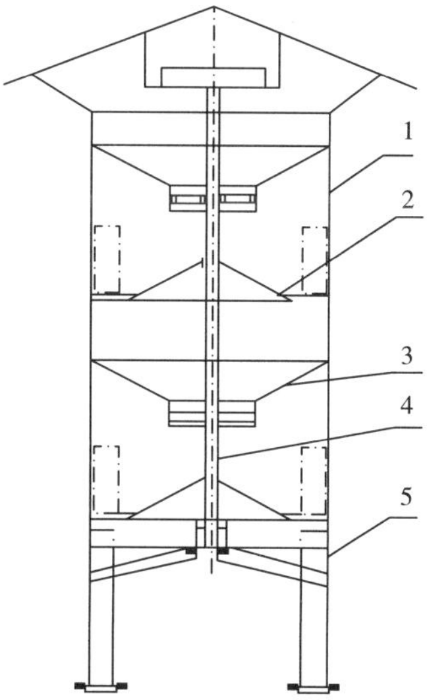

图 2-63　防破碎自流卸料器结构图

1—筒体　2—缓冲锥体　3—缓冲锥斗
4—调节阀　5—底座

口的高度后，物料将由上一锥体相对应的物料溢流出口流出，依次上行，直至粮仓装满物料。该设备具有结构简单，不需要动力，使用寿命长等优点。

在筒体内设有可调整锥斗出口角度的调节阀，通过调整锥斗与调节阀之间的角度，可以改变粮食在锥斗内的下滑角度，达到控制粮食颗粒大小的目的。在筒体上的物料溢流出口处设有调整门，当下层的物料溢流出口出料时，可将上层的物料溢流出口关闭，防止物料从此溢出，可以更好地达到防止物料破碎的目的。

（二）筒仓通风设备

1. 多功能管道通风

立筒仓利用防破碎装置的多功能管还可以进行通风、熏蒸等功能。在安装过程中一般选择支撑与吊挂相结合，即管道的上端固定于仓顶板（或梁）上，下端支撑在仓底锥斗部位。支撑管道重力的主要部位是仓底。多功能通风熏蒸降碎减压装置采用中心导流上层卸料，其结构主要有上部固定装置、汇风悬挂装置、进出粮减压管装置、通风过渡装置、下部支承装置和进风投药底盘装置等。整套装置全部安装在仓内，上下固定采用两级固定连接，不改变和影响仓内外原有设施，几乎不占仓容，无须单独操作，安全可靠。

2. 风机

（1）轴流风机　轴流式风机通常用在立筒仓通风中多安装于仓顶通风，表 2-37 列举了一种型号的轴流风机功率与风量、风压、噪声的对照表。

表 2-37　　某型号轴流风机技术参数

型号/功率	风量/（m^3/h）	全压/Pa	电机功率/kW	风机噪声/dB（A）
0.37kW	5763	124.8	0.37	58.8
0.55kW	7907	145.5	0.55	59.5
0.75kW	8712	164.6	0.75	61.3
0.55kW	8097	156.1	0.55	61.1
0.75kW	10168	162.6	0.75	61.8
1.1kW	12239	206.0	1.1	62.5
1.5kW	15817	230.5	1.5	66.1
2.2kW	17426	260.7	2.2	67.3

（2）离心风机　筒仓用离心风机由旋转的叶轮和蜗壳式的外壳组成，旋转的叶轮使空气获得能量，蜗壳（外壳）收集空气，并将空气的动压有效地转化为静压能。离心风机的风量和风压范围较大，在立筒仓通风过程中多连接仓底的通风口进行压入式通风。表 2-38 列举了两种型号的离心风机功率与风量、风压、噪声的对照表。

表 2-38 两种型号离心风机技术参数

型号/功率	风量/(m^3/h)	全压/Pa	电机功率/kW	风机噪声/dB(A)
A-5.5kW	8442~14734	1370~881	5.5	81.3
A-7.5kW	9497~16576	1736~1116	7.5	85.1
A-11kW	10552~18418	2147~1308	11	86.5
B-7.5kW	12224~15705	1209~1166	7.5	84.2
B-11kW	15633~25297	1487~1106	11	85.3
B-15kW	17508~28332	1865~1387	15	86.7
B-18.5kW	18934~30356	2168~1594	18.5	87.1

(3)单管风机　立筒仓中常用的单管风机有 1.5kW 和 2.2kW 两种规格，也有一些厂家生产了 5.5kW 的多管通风机，对一些局部发热明显的粮堆使用更方便，可以根据需要选配。单管风机由负压离心风机、通风管、电控箱及压管减速机组成（图 2-64），适用于粮堆内局部发热处理、通风、降温、降水之用，也可用于环流熏蒸扦样等功能。

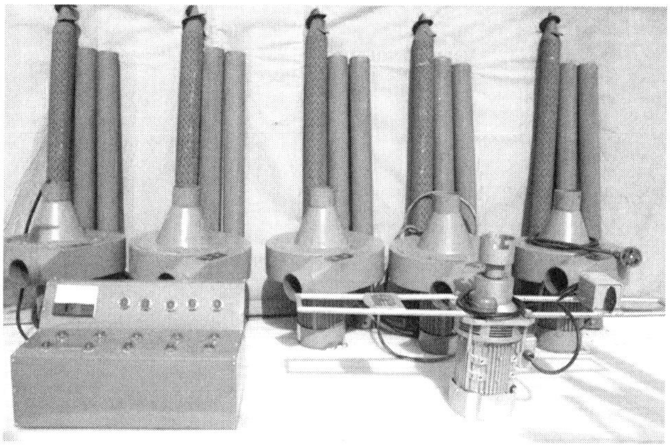

图 2-64　单管风机

（三）筒仓熏蒸设备

1. 熏蒸管道

利用前述多功能减压管道，仓顶环流风箱与仓内减压管及空间相连，将仓顶安装环流风机与环流风箱相连接，粮面施药产生磷化氢。内环流熏蒸气流运行路线按照环流风机正压端（空气及磷化氢混合气体）→环流箱管道→多功能管梅花管部分→浅圆仓地槽风网（立筒仓立式风网即多功能管通风段）→粮堆渗透扩散→仓内空间→环流箱负压端→环流风机，形成一个循环。

2. 环流风机

环流风机多用于仓内内环流通风和内环流熏蒸过程中（图2-65）。一般采用防爆防熏蒸设计，铝制涡扇及外壳，电机功率为0.75kW或1.1kW，带保护罩和散热孔，有的环流风机采用保温填充物聚氨酯发泡保温材料，两种功率所对应的风机参数如表2-39。

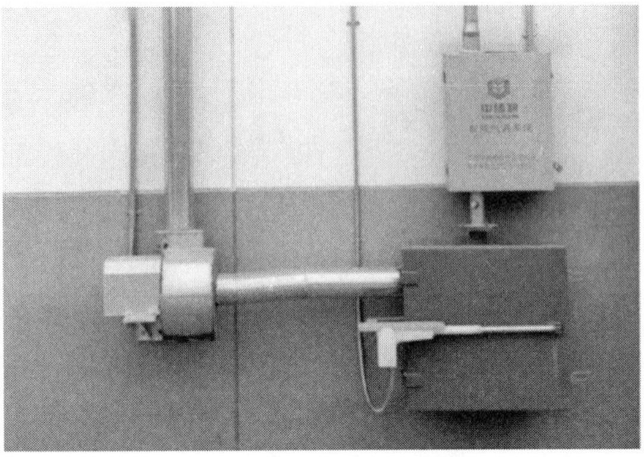

（1）环流风机安装示意图

（2）环流风机保护壳内部图

图2-65 环流风机安装

表2-39 两种环流风机技术参数

型号/功率	风量/（m^3/h）	全压/Pa	电机功率/kW	风机噪声/dB（A）
0.75kW	1000	1000	0.75	66
1.1kW	1458	1380	1.1	68

三、立筒仓围护配套条件

（一）筒仓防潮

1. 立筒仓防潮性能要求

仓房要注意防潮隔汽，对普通仓房进行隔热改造的同时，还应通过增设防潮层或对原防潮层进行修补完善，以及对仓顶、仓壁、检查口等易受潮部位进行维护。

2. 仓墙及仓壁防潮处理

仓墙堆粮线以下部分应在内侧设置垂直防潮层并具有一定的吸湿性，且不得采用对粮食有污染的材料。仓壁可用水泥基防水涂料、聚合物改性水泥、防水砂浆、白灰砂浆、沥青等做防潮层。仓顶防水材料还可采用高分子聚氨乙烯防水卷材、高聚物改性沥青等新型防水卷材。

3. 防潮材料选择及技术要点

屋面防潮层做法应符合现行国家标准GB 50207—2002《屋面工程质量验收规范》中的有关规定。储备仓屋面防水等级应为Ⅱ级。屋面防水等级为Ⅱ级的防水材料有高分子聚氯乙烯防水卷材、高聚物改性沥青防水、合成高分子防水涂料、合成高分子防水卷材、高聚物改性沥青防水涂料、细石防水混凝土、平瓦等材料。防水层耐用年限 15 年。采用二道防水设防，其中应有一道卷材。也可采用压型钢板进行一道设防。聚氯乙烯防水卷材是以优质聚氯乙烯为主要原材料生而成的多层合成屋面防水卷材，多用于防水等级高的建筑屋面防水处理。SBS 改性沥青防水卷材更适合于严寒地区的工程防水。App 改性沥青防水卷材适用于炎热地区各类建筑工程的防水、防渗、防潮等。高聚物改性沥青卷材和涂膜防水屋面应有隔热层、保温层和隔汽层。

建筑外墙防水采用的防水材料及配套材料除应符合外墙各构造层的要求外，还应满足安全及环保的要求。

（二）筒仓隔热保温

1. 仓壁和仓顶隔热保温

筒仓外壁均匀涂刷厚度为 0. 12mm 的热反射涂料，减少筒壁对太阳光的吸收。筒仓内壁围圆筒自上而下悬挂 0. 14mm 厚的聚氯乙烯薄膜，隔绝筒壁湿热水汽和潮气对储粮的影响。

仓底进风孔、仓顶出风孔、风机孔等孔洞，先用两层 50mm 厚的聚苯烯泡沫板放于孔内以隔热，再用钢板盖板盖封，并用密封胶糊封住盖板与孔口之间的缝隙。进人孔则用内装膨胀珍珠岩的 300mm 厚的保温袋隔热。

仓顶经过防渗漏处理后，可与外壁一样用热反射涂料涂刷。

在仓外温度高于仓内时，应关闭所有密封闸阀门，严格确保仓房密闭。尽量减少进仓次数或缩短在仓中的工作时间。

2. 保温材料选择及技术要点

可通过铺设不同材料的保温层实现仓房保温。材料不同，铺设方法及要注意的技术要点各不相同。

对于松散保温材料，含水率不得超过规定要求，在铺设时应采取分层铺设，压实后不得直接在保温层上行车或堆放重物，施工人员宜穿软底鞋进厅操作。保温层施工完成后，应及时进行下一道工序，完成上部防水层的施工。

板状材料保温层应紧靠在需保温的基层表面上。平铺的板状保温材料应铺平垫稳；分层铺设的板块上下层接缝应相互错开，板间缝隙应采用同类材料嵌填密实；粘贴的板状保温材料应贴严、铺平。在雨季施工的保温层应采取遮盖措施，防止雨淋。

整体现浇的保温层，如采用水泥膨胀蛭石、整体沥青膨胀蛭石、沥青膨胀珍珠岩保温层等，施工不得在雨天、雪天和五级风及其以上情况下进行；当施工中途遇到下雨、下雪的情况时，应采取相应的遮盖措施。

低温仓的围护结构多是由多层材料组成的，要注意各层材料间在结构上应有坚固的拉结，施工时对承重结构应尤其注意，要防止在低温仓使用期间，由于仓内外温差大、各层材料热胀冷缩程度不同而产生结构变形，影响仓房寿命甚至出现危险。

（三）立筒仓气密性能

筒仓机械化程度高，设备设施预留孔多，且互连互通，保证筒仓的密封性工作显得尤为重要。影响立筒仓气密的主要部位包括进卸粮口、进人口、通风口以及各类管线口等。

1. 立筒仓气密性的性能要求

立筒仓仓壁与仓底、仓壁与仓顶板连接处以及入孔，观察孔、通风孔或进、出粮孔等处为易漏气部位，均应采取可靠的密封措施。如在安装粮情测控系统时，测温电缆宜采用建筑预留孔洞，仓顶安装方式。仓顶的孔洞应做好防雨和密封处理，测温电缆下应设固定装置，以保证在装粮时电缆不漂移，出粮时易解脱。若仓顶不宜预留孔洞时，也可采用内吊方式，并由建筑预留测湿电缆吊挂装置。仓顶及测湿电缆吊挂装置的荷载应考虑测温电缆在装卸粮时对其产生的拉力，详细参数参阅 LS/T 1203—2002《粮情测控系统》。

2. 气密材料选择及技术要点

可采用密封涂料对仓房的盖板类和闸阀类孔洞加以密封。对经常开启的孔洞，可用螺栓将盖板、胶垫、法兰等压紧后用密封胶密封，如通风口、进人孔需用厚度大于 4mm 的盖板，厚度大于 10mm 的柔性橡胶垫间接口用阶梯形或缺口形对接，螺钉固定时要对称紧固、均衡压紧，否则很难保证气密。对常开启的孔洞宜做成密封门密封。

立筒仓进、出粮口须采用气密闸阀。气密闸阀分为两类，仓顶上安装的气密闸阀要求下气密，而仓底下安装的气密闸阀则要求上气密。

薄膜密封门窗孔洞或压盖粮面既是我国适用于温带、亚热带地区较为成熟的一种储粮技术，又是作为气密性较差仓房进行密封的一种补救措施。通过粮面薄膜密封，既可以明显改善仓房的气密性，又可以提高仓房熏蒸杀虫效果，还可采用粮面压盖，同时还具有隔热作用，能延缓粮温上升的速度。在实际生产中，采用这种双槽管嵌压薄膜的密封方式不会发生密封部位漏气或薄膜脱落现象，使压力半衰期达到 3min 以上。

（四）监控设施

立筒仓要设置料位器监控设施及自动控制系统，出入仓作业能自动换仓。如当入料仓满，可控制并自动切换到下一个所选的入料仓；当出料仓空，控制将自动切换到下一个所选的出料仓。

利用粉尘传感器测量密闭空间的粉尘浓度，对刮板机、斗提机、气垫皮带机、溜管以及仓内等内部粉尘进行监测，以便及时采取有效的措施，如开启除尘设备、通风设备，降低密闭空间的粉尘浓度，从而避免发生粉尘爆炸。

利用仓内设置的粮情监测系统，及时检查粮情。立筒仓中的粮情监测系统还要具有防爆功能，满足 GB 17440—2008《粮食加工、储运系统粉尘防爆安全规程》的相关要求。

（五）防爆技术及要求

持续悬浮在空气中一段时间的粮食粉尘是一种不导电的可燃性粉尘。粮食立筒仓设计阶段，应根据工艺、物料特性、场所结构和布局，对粉尘爆炸危险场所范围和等级进行界定和划分，可通过对仓体进行合理结构设计或者加入合理的通风除尘工艺达到防爆的目的。

1. 仓体结构设计

设计时，立筒仓应设置通风窗、泄爆口、检查孔等安全装置，以保持仓内常压。筒仓及料仓内应设置料位器，以便发出满仓信号，防止提升机、输送机堵塞。对局部易受损坏的场所（如通廊、栈桥等），设置防爆窗，以达到泄爆的目的。还可采用避雷针或避雷带等。

2. 合理的通风除尘工艺

合理的通风除尘工艺可对防止粉尘爆炸起到积极作用，风管风速以15~17m/s为宜。在粉尘产生点直接收集粉尘，经除尘器净化后排至室外。采用局部排风和吸风相结合的方式，全面通风或自然通风（利用外风压或温差）。考虑到吸风管内负压的均匀性，粮粒、尘粒、设备及其相互之间碰撞、摩擦，管道内速率的均匀性等，出风口处应设置风帽。

设计风网时，去石、清理等设备应设独立风网，输送提升系统宜设组合风网。通风除尘系统应与相关的电气设备连锁。尽量采用吸风罩和防护罩。选择合适的吸点位置及风罩结构形式，尤其对下粮部位，做到下粮时与外界形成风带，以杜绝粉尘飞扬。在靠近尘源处安装吸风罩，使粉尘限制在较小的范围内，既保证吸风罩内有足够的负压，又不会引起粉尘扩散。罩内气流均匀，收缩角不大于60°，风速一般选取3~5m/s（粮粒），0.5~1.5m/s（粉料）。粉尘浓度大，相对密度大，吸口与尘源距离长时，吸口风速应取大值，反之取小值。否则会使粉尘飞扬扩散严重。吸风罩四周加法兰后，因减少无效气流，吸风量可节省25%，设计时风速可采用0.5~2.5m/s。因工艺限制，机械设备无法密封时，可选用敞口吸风罩和外部吸风罩。风机等吸风口处应有防护罩。

还可采用除尘防爆新技术如喷雾抑尘技术，对于粒度30μm以下的细微粉尘进行抑制。

有效地预防粮食立筒仓的粉尘爆炸还包括在积极采取除尘防爆措施的同时，加强筒仓使用过程中除尘防爆技术管理和技术培训工作。

四、立筒仓储粮基本要求

（一）入仓前的准备

1. 新仓干燥与压仓

对于新建仓房，入粮前应对干燥程度进行检查，只有当仓房完全干燥后才能入仓进粮，否则极容易坏粮粒。

新仓房建好后有一个自然沉降过程，通过对新仓房的堆载预压，使新仓地基均匀沉降逐步压实然后再进入正式满载储粮，防止仓房在未完成沉降时承受较大负载，出现地基不均匀沉降，破坏仓体结构和气密性能。试装粮和沉降观测要求控制装粮数量，全部仓容以 30%—25%—25%—20%，分四次装满，其中前三次的间隔期不少于一个月，第四次不少于两个月。每次装完后的静置时间内应做好沉降观察，并详细记录各观测点的沉降量。一般每 10d 观测一次，最后 10d 观测的沉降量不得大于 3mm，否则应延长静置压仓时间。

粮仓中应配置计算机粮温检测系统，谷物冷却机、风机、深层扦样器和环流熏蒸系统。

2. 待入仓小麦的质量要求

小麦储存时，其品质应符合 GB/T 20571—2006《小麦储存品质判定规则》要求，即色泽、气味正常，面筋吸水量≥80%，品尝评分值≥70 分。

长期储藏的小麦质量应符合国家质量标准规定，水分含量不宜超过当地安全水分。

由于立筒仓直径小，高度大，内部粮食压力及阻力大，一般不进行就仓干燥，宜直接储存已干燥好的安全水分以下的原粮。

入仓粮食的杂质含量不宜大于 1.0%，杂质含量较高时应进行清理。入仓时应采用布料器、减压管等减少自动分级和破碎，同时应采取措施防止测温电缆移位。

（二）粮食检查与检测

1. 检测点布置

筒仓粮堆较高，中下层水分较低，表上层水分高。每周检测一次 4m 深以下的粮食水分、虫害情况，每季度检测一次中下层粮情。筒仓入孔处、中心减压管附近、外筒壁处、星仓四个角是检查水分和虫害的重点部位。对检查的数据逐层逐点与上一周乃至与去年同期进行对比、分析，观察是否有异常情况，发现问题及时处理，把隐患消灭在萌芽状态。

对于每个独立的单仓和星仓内分别设温度、湿度传感器各一只，布置于粮面（设计装粮面）上空间的中心位置。

水分检测点分上、中、下三层，按东、南、西、北、中五个方位均匀布置，在每个独立的单仓和星仓内距粮面、仓底、筒壁 0.3~0.5m。靠近检查孔、进粮口、出粮口和通风道的部位应增设检测点。

害虫检测点按每个独立单仓和星仓的东、南、西、北四个方位靠筒壁，距两面 1m 深以内各设置一个检测点，另外应根据仓虫生活习性在其容易滋生的地方适当布置监测点。

磷化氢/氧气/二氧化碳传感器检测点布置在每个独立的单仓和星仓内，在东、南、西、北及中央位置距粮面 0.3~0.5m 深处均匀布置。

2. 粮情检查要求及技术要点

按规定检测粮温，发现粮温异常，及时采用通风降温等措施，防止粮温升高，防止结露，防止储粮发热霉变。秋冬季节应适时通风降温，防止结露。局部发热就应及时单管通风，局部霉变就应及时局部挖掘。季节交替时，要注意进行分阶段通风，及时通风散湿，均衡粮温，消除形成温热扩散的条件，避免粮堆水分转移发生结露、结顶和挂壁现象。预防采取冬通风，夏密闭，春秋保平衡措施。冬季利用干冷空气进行机械通风降温、降水；夏季由于粮温低，外温高，主要是外结露，水源来自外界，因此应对各仓进行密闭，采用相应隔热措施，并结合防虫治虫。春秋两季一般是白天热，晚上凉，应选择有利时机开动风机，平衡粮层温度，尽量缩小粮层温差，减少结露。

根据粮情对部分粮食进行自循环倒仓，一般每年冬季进行一次。定期放粮可有效地防止减压管内粮食的板结，在放粮过程中取样检测底层粮食质量情况，以做到对全仓粮食心中有数。同时在倒仓中检修机械运行情况。每季度运转一次机械设备，对其定期养护，以防锈蚀，确保粮食出入库工作顺利进行。

（三）粮食出仓的要求

出仓期间，禁止人员进入仓内。仓内粮食、油料结拱或堵塞无法自流出仓时，应立即停止出仓作业。必须由人员进仓破除结拱、消除堵塞时，应采取有效的安全措施，防止人员被埋、砸伤等事故发生；待人员及工具全部撤离后方可继续出仓作业。

（四）储粮技术应用要求

对于立筒仓而言，自然通风很难实现气流的穿透，需要借助机械通风，风机的功率需要考虑对粮堆的穿透性。在雨季来临前对仓房进行密封，防潮。

只靠依赖自然界的机械通风不能达到降温目的可采用谷冷机降温。

在中温干燥储粮生态区及以南储粮地区小麦收获后可在夏季高温晾晒后入仓，次年夏初前进行机械通风，降低粮温，在春季气温回升前密封。

第四节 农户储粮仓

一、农户储粮仓分类

农户小粮仓是用于农户小规模储藏原粮的设施，一般储藏规模在10t以下，按照仓体的材质主要包括金属板仓、金属网仓、高分子材料仓和砖混仓。

1. 金属板仓

以金属板为主要原材料加工成农户小型粮仓，典型仓型包括彩钢板组合仓、双层彩钢板保温仓、热浸镀锌（铝）钢板仓等，适用于各地农户储存小麦、稻谷、玉米等。彩钢板组合仓采用单层彩钢板材料制作，能够层叠安装和收拢。双层彩钢板保温仓（采用双层彩钢板结构，具有较好隔热保温性能。热浸镀锌（铝）钢板仓采用热浸镀锌（铝）钢板材料制作，能够层叠安装和收拢。

2. 高分子材料仓

以高分子材料为主要原材料加工成的农户小型粮仓，典型仓型包括聚乙烯板组装仓、玻璃纤维增强塑料仓、聚氯乙烯（PVC）涂塑革软体仓等。其中，聚乙烯板组装仓采用优质聚乙烯板制作，能够层叠安装。玻璃纤维增强塑料仓采用不饱和聚酯树脂和玻璃纤维布材料制作。PVC 涂塑革软体仓采用尼龙基料，双面喷涂聚氯乙烯，经热压黏合、胶冷黏合等工艺制作。

3. 砖混仓

采用砖、混凝土或预制钢筋混凝土板为主要原材料建造成的农户小型粮仓，典型仓型包括砖混普通仓，砖混梯下仓、水泥板组合仓等。其中，砖混仓采用砖混结构修建。砖混梯下仓和水泥板组合仓等目前已较少使用。

随着我国农业农村经济发展，一些新型农业经济体不断增多，一些适用于大农户、农场的小型钢板仓也在积极发展中。

二、农户储粮仓的技术要求

（一）主要性能要求

农户储仓的基本技术要求除了应符合 LS/T 8005—2009《农户小型粮仓建设标准》要求外，还应满足下列性能要求。

1. 防潮性能

农户储仓应选择具有防潮性能的材料制作，或在装粮前将塑料薄膜衬于仓内再装粮。

2. 气密性能

粮仓气密性良好是关系到一些储粮技术实施效果的，也可以在一定程度上防止虫害的感染。采用气体熏蒸杀虫的储仓要有足够的气密性，并保证杀虫效果和熏蒸安全。

3. 防鼠性能

农户储仓应具有良好的防鼠性能，防止鼠类对仓体的破坏和对粮食的危害。

4. 进出粮方便

农户储仓仓体上应设计有进出粮口，高度不宜超过 1.5m，且与地面要有一定距离，便于出粮操作。

5. 容量适中

农户储仓的外形、容量应与农户的储粮数量和房间的建筑尺寸相适应，便于拆卸出入房间，一般高度不要超过 1.5m，以方便入粮。通常容量一般在 1000kg 左右较为适宜。

另外，还要考虑装具的美观和移动收藏的方便性。

6. 隔热性能

农户一般储粮在室内，对粮仓的隔热要求不强烈。如有条件也可在高温季节到来前对仓体进行隔热保冷处理，如仓顶盖棉被、棉褥、稻壳等。

（二）农户储粮仓的主要技术指标

1. 金属板仓的主要技术指标

金属板仓由镀锌钢板或彩钢板卷制成的钢板仓一般设计成多层套叠式，既可方便进粮和仓的移动，又可根据储粮数改变仓容量。仓盖可做成平顶也可造成锥顶，仓体接近底部设有出粮口，方便出粮，见图 2-66。

图 2-66　镀锌金属板仓

热浸镀锌（铝）钢板仓仓体形状为多个仓圈连接的圆仓体，仓顶为平顶或锥形。材料应符合 GB/T 2518—2019《连续热镀锌和锌合金镀层钢板及钢带》或 YB/T 167—2000《连续热镀铝硅合金钢板和钢带》规定要求，厚度不小于 0.5mm。

金属板仓仓体为多个仓圈组装圆仓体，材料应符合 GB/T 12754—2019《彩色涂层钢板及钢带》规定要求，厚度不小于 0.4mm，每个仓圈上、下边缘及连接处应光滑无毛刺，每个仓圈应压制出不少于 2 道波纹。上、下两个仓圈之间应紧密套接，套接后上下缝隙不应大于 2mm，套接部分不应小于 25mm。上仓圈翻转 180°后应能够收叠于下部仓圈之中。仓体直径宜在 1.0~1.4m，3 个圈仓高度宜在 1.35m 左右，4 个仓圈高度宜在 1.8m 左右。每个仓圈的咬口连接重叠部分不应小于 5mm。正常使用年限不应小于 15 年。

2. 双层彩钢板保温仓的主要技术指标

双层彩钢板保温仓仓体为双层圆仓体，夹层内填充保温材料，热阻不小于 0.7m^2·K/W。仓体材料应符合 GB/T 12754—2019《彩色涂层钢板及钢带》规定要求，厚度不小于

0.4mm。仓体保温层厚度不应小于 30mm，仓体直径宜在 1.0~1.5m，高度宜在 1.0m 左右。正常使用年限不应小于 15 年。

3. 金属网仓的主要技术指标

（1）无骨架钢网式圆仓的主要技术指标　无骨架钢网式圆仓仓体形状为方孔钢丝两道仓圈组合的圆仓体，仓顶采用帆布、彩色压型钢板或镀锌压型钢板等材料覆盖。钢丝直径应不小于 1.2mm，钢丝网网孔应不大于 6mm×6mm，钢丝网边缘应进行圆边编制或卷边处理，不得有毛边、毛刺。仓底应架空放置，架空高度不小于 200mm 作为自然通风道。仓体直径大于 1.5m 时，应在仓中央设置垂直通风道，其截面积应不小于 0.04m^2。出粮门宽度不小于 0.5m，出粮门与仓体间隙应小于 5mm。仓体直径在 2.5~4.5m，高度在 2.0m 以内。正常使用年限不应小于 15 年。

（2）有骨架钢网式圆仓的主要技术指标　有骨架钢网式圆仓仓体形状为钢骨架和方孔钢丝网或钢板网上下两层销锁接圆仓体，顶盖可采用彩色压型钢板、镀锌压型钢板或 PVC 涂塑布等材料。圆仓体钢丝直径应大于 0.5mm，钢丝直径应不小于 1.2mm，钢丝网网孔应不大于 6mm×6mm。圆仓体由若干钢丝弧形片装配联结，可根据实际储粮量增减钢丝网状弧形片，仓体上下边缘应设置加强板。圆体仓上、下连接钢带表面应光滑，端口无毛刺，并在上层圆体仓的上边缘设置防鼠檐。仓体直径小于 1.5m 时可采用自然通风，直径大于 1.5m 时应在仓体中心设置垂直通风管，其截面积应不小于 0.04m^2，并通过管道上端的转换器实现自然通风与机械通风。出粮门宽度不小于 0.5m，高度不小于 0.6m，中间设直径 110mm 排粒弯头，用插板调节排粮流量。出粮门与仓体间隙应小于 5mm。仓体直径在 1.5~3.5m，高度在 2.5m 以内。正常使用年限不应小于 15 年。

（3）钢骨架矩形仓的主要技术指标　焊接式钢骨架矩形仓仓体用钢骨架、钢板网、方孔钢丝网为受力件，顶盖可采用彩色压型钢板、镀锌压型钢板等材料，安装时需进行焊接操作。焊接应符合 GB 50661—2011《钢结构焊接规范》的要求。钢板网丝梗尺寸应大于 2.5mm×2mm，镀锌锰钢丝网钢丝直径应大于 1.2mm，防鼠用镀锌钢丝网钢丝直径应大于 0.3mm，钢丝网网孔应不大于 6mm×6mm。进粮门宽度不小于 0.6m，高度不小于 0.9m，出粮门宽度、高度均不小于 0.5m，进、出粮门与仓体间隙应小于 5mm。仓体宽度大于 1.5m 时宜设置水平三角形自然通风道，通风道边长不小于 0.25m，通风道垂直间距不大于 1m。正常使用年限不应小于 15 年。

组装式钢骨架矩形仓仓体用钢骨架、钢板网、方孔钢丝网为受力件，顶盖可采用彩色压型钢板、镀锌压型钢板等材料，安装时需用螺栓或插销锁定等方式连接。部件连接处应连接牢固，安装、拆卸方便。钢板网丝梗尺寸应大于 2.5mm×2mm，镀锌锰钢丝网钢丝直径应大于 1.2mm，防鼠用镀锌钢丝网钢丝直径应大于 0.3mm，钢丝网网孔应不大于 6mm×6mm。进粮门宽度不小于 0.6m，高度不小于 0.9m，出粮门宽度、高度均不小于 0.5m，进、出粮门与仓体间隙应小于 5mm。仓体宽度大于 1.5m 时宜设置水平三角形自然通风道，通风道边长不小于 0.25m，通风道垂直间距不大于 1m。正常使用年限不应小于 15 年。

木骨架金属网仓仓体形状为木骨架长方体，内壁为钢丝网。木骨架截面积不小于 50mm×50mm，底部木板厚度不小于 15mm。仓壁应设置钢丝网，网孔尺寸不大于 2mm×2mm，钢丝直径不小于 0.5mm。框架间连接采用榫头连接，连接时需要在榫头上涂乳胶进行加固和防腐。出粮口宽度不小于 150mm，高度不小于 100mm。仓体大小为长 2.2m×宽 0.7m×高 1.6m。仓体主体材料正常使用年限不小于 15 年。

（4）高分子材料仓的主要技术指标　聚乙烯板组装仓仓体形状为优质聚乙烯板多个仓圈搭接的圆仓体，见图 2-67。材料应符合 GB 9687《食品包装用聚乙烯成型品卫生标准》的要求，卫生指标应符合 GB 4806.7—2016《食品安全国家标准　食品接触用塑料材料及制品》的要求。聚乙烯板厚度应不小于 2mm，拉伸强度应大于 20MPa。仓体在 40℃下无变形，在-15℃下无冻裂。仓体直径在 1.0~1.3m，3 层高度在 1.5m 左右。正常使用年限不小于 15 年。

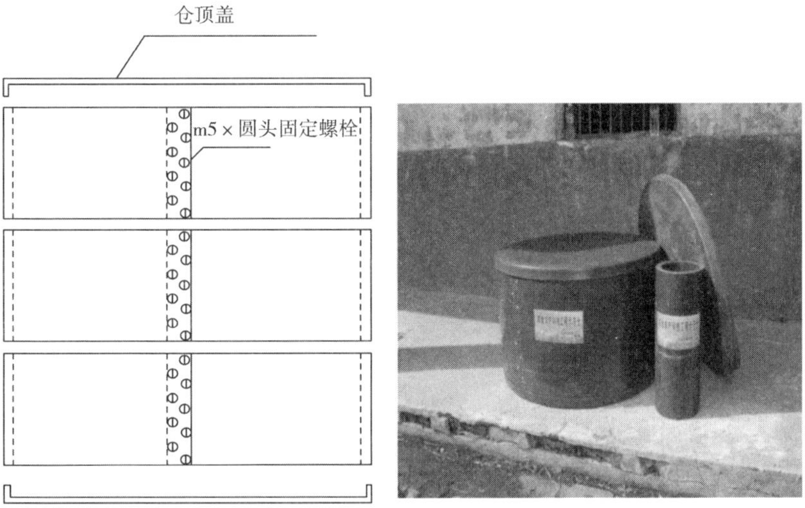

图 2-67　聚乙烯板组装仓

玻璃纤维增强塑料仓仓体形状为圆形。材料应符合 GB/T 8237—2016《纤维增强塑料用液体不饱和聚酯树脂》规定通用型树脂的技术要求，卫生指标应符合 GB 4806.6—2016《食品安全国家标准　食品接触用塑料树脂》规定的要求。仓壁厚度应不小于 0.8mm，接缝处缝隙应小于 2mm。仓体直径在 1.0~1.2m，2 层高度在 1.7m 左右。正常使用年限不小于 15 年。

（5）PVC 涂塑革软体仓的主要技术指标　聚氯乙烯（PVC）涂塑革软体仓仓体采用维纶 PVC 双面涂塑革为原料。PVC 涂塑革软体仓仓体材料符合 GB/T 20463.1—2006《防水用橡胶或塑料涂覆织物　第 1 部分：聚氯乙烯涂覆织物》规定的 2×3 涤纶 PVC 涂革布要求，厚度不小于 0.7mm。最小断裂经向拉伸应不小于 2300N，纬向应不大于 40%。在-20℃下无冻裂。接缝最小剥离负荷不小于 15N/cm。仓体直径在 1.0~1.25m，高度在 1.3~1.85m。正常使用年限不小于 15 年。

（6）砖混仓的主要技术指标　砖混仓以砖混普通仓为主，仓体为长方体，仓体顶部应设置进粮口，仓体下部应设置出粮口，进、出粮口应设置密封盖。仓体高度小于1.4m时，墙体厚度应不小于120mm；仓体高度超过1.4m时应不小于240mm；仓体高度宜不大于1.8m。仓体应架空，架空高度不小于300mm。仓体内壁和底部应平整并做防潮处理；出粮门宽度不小于0.5m，高度宜不大于1.0m。仓门宜采用双层设计，里层为挡粮板，嵌入在门框槽沟中，外层为密闭门。进、出粮门宽度不小于0.5m，高度不小于1.0m。仓体大小可因地制宜，尺寸为长2.4m×宽1.3m×高1.8m。正常使用年限不小于15年。

（三）农户储粮仓安装和维护要求

1. 安装

选择干燥、平整、通风良好的地点（室内或室外）安装或建造。不宜放在卧室、厨房、畜舍等处。仓体放置场地应符合满载时的承重要求。远离污染源、水源和火源，并保持周围干净、整洁。进出粮作业方便。金属网仓长边要迎风，四周距离其他建筑物不小于1.5m，远离易燃堆积物。

2. 使用及维护

小粮仓应保持外表面干燥和清洁，装粮前做好清洁卫生工作。应避免撞击、重压。软体仓应避免接触尖锐物体，高分子材料仓应避免太阳光直射，避免接触有机溶剂。配有通风设施的仓体在通风时应打开仓门或仓盖，通风结束后应及时关闭。

三、大农户适用的粮仓

（一）钢板仓

钢板仓主要用于粮食和其他散装物料储存，具有高强度、高性能、高性价比、易维护、长寿命等特点。钢板仓按照安装形式可分为螺旋钢板仓，组装钢板仓，焊接钢板仓等，见图2-68。

图2-68　钢板仓

组装钢板仓由钢板折叠而成，层层相连。其结构决定了钢板很薄，使用寿命短，适用于5000t以下的小型仓库。优点是密封性能好，适合于粮食储存。

焊接钢板仓由焊接在一起的钢板制成，气密性好、使用寿命长、储存容量大，与螺旋式钢板仓和组装钢板仓相比，单个仓库可储存5000~100000t，也常用于大型储备库、加工厂粮食的储存。

螺旋式钢板仓是通过机械冲压钢板并用高强度螺栓连接和组装钢板而成。其结构决定了该钢板仓有一定的局限性，只适用于2000~3000t以下的小型仓库。螺旋式钢板仓不适合储存易变质的粉状物质，其透气性和密封性能差。国内外大农户适用粮仓主要为螺旋式筒仓，仓容10~100t。螺旋式筒仓的技术特征是螺旋咬边，以其施工速度快、封闭性能好、结构新颖而得以推广。

螺旋式钢板仓由仓顶、仓体和锥底组成。仓顶配制伞状骨架，骨架材料通常选用C型普碳钢，顶板采用镀锌板制成瓦板，压条及螺栓均镀锌处理。仓顶配有自然通风窗、人孔、仓顶爬梯、安全护栏等设施。

螺旋式钢板仓仓体是由优质热镀锌板经专业设备压制成波纹形，制成标准化模具冲钻成标准连接孔，用高强度螺栓连接而成，使筒仓根据所受压力不同相应配置壁板厚度，加强筋断面形状为几字形断面。仓筒仓壁板为波纹状，内壁光滑且没有台阶或法兰，从而使存储的粮食容易从筒仓排出。

螺旋式钢板仓锥底粮食钢板仓竖立在支撑钢架结构上，使存储的产品可在重力作用下轻松自卸载。锥底式钢板仓钢支撑结构坚固、锥底强度较高。锥底坡度为40°，45°，60°三种，其中60°锥底钢板仓适用于储存黏度较大的颗粒和粉状物料。锥底与地面有一定的高度，从而防止存储物料潮湿并使相邻钢板仓之间通过传送装置互连互通，从而方便粮食按需提取。

（二）小型房式仓

房式仓结构简单，施工方便，取材容易，建设周期短，成本低，投资小。既可适用于散装粮，也可用于包装粮，灵活方便，除了储藏粮食之外，还可以临时用于其他物质的存放及产品的加工车间等，利用率高，在大农户中应用广泛。房式仓在使用过程中也存在占地面积大、屋顶面积大、接收太阳热辐射量大的缺点，导致隔热性差、密闭性差等问题，同时因仓房低矮，不利于机械设备的使用和移动，造成机械化程度低、进出粮较困难、效率低、费用高的问题。

大农户中使用的小型房式仓仓容多为10~200t，主要用于小批量、短期储存的粮食。

四、农户储藏配套技术

（一）清理与干燥

1. 粮食清理

粮食在收获时夹带的秸秆、灰尘、碎粒等杂质在粮堆中容易生虫、吸潮发霉，影响储粮的稳定性。因此，粮食在入仓前应尽量将杂质清除。风扬可除去与粮食轻重不同的害虫、残秸、瘪粒、杂草种子、砂石等杂质。风扬可用人力，也可用机械。利用粮粒与杂质大小形状不同的特点，选用适当大小的筛孔可将粮粒与杂质分离。

2. 干燥

农户储粮降水处理主要是充分晾晒，日光曝晒不仅可降低粮食的水分，还可以杀灭其中的害虫。储藏小麦的水分不能高于12%，最好在11%以下。晾晒粮食的晒场最好用水泥地面（或房顶）等。沥青马路不宜晾晒粮食，沥青可污染粮食。整晒后的粮食要尽快入仓，避免粮食吸湿和害虫感染。缺乏晾晒物质条件和天气条件的情况下，应配备适当的烘干干燥设备，或请专门机构代为烘干。

3. 装粮准备

储藏在同一装具内的粮食要保证粮情一致。即不同品种的粮食分开储藏，不能储藏在一起；高水分粮和低水分粮分开储藏；有虫粮和无虫粮分开储藏；新粮和陈粮分开储藏。

根据当地市场供应、家庭经济条件、各种装具的特点、储存粮种、储藏年限等情况选择农户储粮专用装具，应选用进出粮方便，具有防潮、防虫、防鼠等性能的粮仓。特别是采用熏蒸杀虫（即用气体杀虫剂，如磷化铝）的装具，一定要能够保证气密。储藏期较长的粮仓最好用性能好的粮仓，无论采用哪种装具储粮，均应保证清洁、干燥、无虫。

装具使用前，应对储粮装具先内后外进行清扫，扫净残存的粮食、杂质等。可用储粮防护剂喷洒杀虫。对于可移动的装具，也可进行日光曝晒杀虫。经清理和杀虫处理过的装具应经充分晾干或晒干后方可装粮。经处理后的装具要尽快装粮。装粮前要将装具封好，防止外界害虫感染。

气密性较差的粮仓在使用前应进行气密处理，最简单易行的气密处理，是在仓内加一层塑料薄膜内衬。可根据仓的直径或其他尺寸，在市场上购买筒状塑料薄膜（或农膜）完整地衬于仓内，再装粮。

粮仓要安放在干燥清洁整齐的房间，最好靠房间一角，如准备将粮仓按放在楼上，则应考虑楼板的承重能力，以免造成事故。装仓时注意保持装具不变形、不出现皱褶（软体仓）、不倾斜，装粮后及时清扫周围散落的粮食，清理周围杂物，保证储粮安全。对于采用化学药剂杀虫的储粮装具，要有专门的房间放置，与卧室分开，并保证房间空气流通。

（二）农户储粮检查

1. 感观检查

（1）检查内容　粮食的色泽是一个重要的感官鉴定指标，每种新鲜的粮食会带有不同的色泽，在储藏期间这些颜色由于储粮温湿度地变化和微生物的感染会发生不同的颜色变化，如色泽加深或变浅，在粮粒上出现绿色、红色斑点或“褐胚”均说明储粮品质发生了变化。

粮食气味也是重要的感官鉴定指标之一。每种粮食均会带有一些本身所固有的气味，而这些气味在储藏期间，由于粮食内部发生变化、微生物感染等原因会不断地变化，并可在一定程度上反映粮食的状况及稳定性，如粮食长期储存会逐渐出现陈粮味。当在检查粮情时发现粮食气味发生明显变化时，应引起足够的重视，有些气味与粮食的发热霉变关系密切，如甜味、酒味、酸味、霉味等都会出现在发热霉变的不同时期。因此及时发现粮食气味的变化可帮助判断粮情。

粮食籽粒的散落性可在一定程度上反映粮食的储藏稳定性。安全储藏的粮食总是具有良好的散落性。如果粮食出汗、返潮，水分增大，霉菌滋生，就会使散落性降低；严重的发热结块会形成90°角的直壁状，完全丧失了散落性。所以粮食储藏期间若能及时发现粮食散落性的变化，有助于尽快尽早处理不正常的粮食，减少储粮损失。

（2）检查时机

①粮食入仓前检查：粮食入仓时要仔细观察新粮的色泽、气味和散落性等感官状况，以便作为原始状况与以后储粮期间的感官检查进行对比。

②粮食入仓后要定期检查：储藏期间要视粮食的稳定状况定期检查，如果在非高温季节粮食比较稳定时，可与温度水分的检查结合起来，15d 检查一次，否则应增加检查次数。另外由于外观检查简单方便，在每次取用粮食时，均可进行外观的检查。

③高温高湿时节要随时检查：高温高湿季节也是粮食比较容易出现问题的时候，应相对增加检查的次数，但要在检查时要注意选择检查时机和缩短检查持续的时间，尽可能减少由于检查而带来的粮食水分和温度的增加。

（3）检查方法　用眼观看粮食的色泽是否正常和新粮的颜色是否一致。

①嗅味：鼻嗅粮食中是否有甜味、酒味、酸味、霉味等异味，并与新粮的气味进行比较。

②触摸：用手抓粮食或将手插入粮堆，观察粮食散落性是否发生变化。

③牙咬：将粮粒放入口中牙咬，听声音是否清脆，并观察横断面整齐程度。

2. 温度和水分的检查

（1）检查内容　粮食的温度是否正常　粮堆温度的变化是粮堆内外热交换的具体反映，粮堆温度的高低是说明储粮稳定性的重要标志之一。检查粮温时应注意局部发热情况。

粮食水分是反映粮食安全性、稳定性的灵敏指标，所以粮食含水量的测定是粮情检测的重要内容之一。

（2）检查时机　在粮温高于15℃时，每隔 15d 至少检查一次粮温。注意粮温是否有突然升高的现象，特别是季节交替时，容易发生粮堆发热现象，此时应增加检查次数。若粮食入仓时水分不高，检查的间隔时间可长于粮温的检查。

粮食水分检测对于粮食的征购、加工、储藏、运输都具有重要意义，在我国，由于水分检测手段的不完善和落后，每年有大量的粮食因水分含量过高在储藏与运输过程中霉烂变质，损失巨大。因此，粮食水分一直是国内外粮食部门控制的一项非常重要的质量指标，采用正确的水分检测方法，对粮食水分做出准确的测定。

在特殊的环境条件下，如高温、高湿、梅雨季节，要随时检查，确保粮食安全。

（3）检查方法 温度检查时最好是将温度计插入粮堆测量；或将手插入粮堆，若感觉凉爽，则表明粮温正常；若感觉有热气，表明已发热；若感觉烫手，则为高热。

硬质小麦检查水分时，用牙咬时，麦粒断面光滑呈玻璃质，组织结构坚实紧密。软质检查水分时，用牙咬时表粒断面呈粉质状、组织结构松软。

手插入粮堆，感觉阻力小，有滑感。再抓起一把，紧握时有咔咔声，同时从拳头两端麦粒溢出较快，麦粒水分在13%以内。手插时，感觉有一定阻力，紧握时声音较小，举头两端外溢较少较慢，其水分在14%左右。若手插时，阻力较大，有潮湿感觉，紧握麦粒无声，拳头两端麦粒不易溢出。其水分在15%以上。

用牙咬时，声音清脆，横断面整齐，无毛边，硬质小麦，表明水分大致为12%。如咬10粒，有8粒稍震牙，能发出声响，断面欠齐，稍有毛边，有2粒较软，水分约为13%。牙咬时响而不脆，稍带软感，断面起毛边，表示水分约为14%。牙咬时声小，断面不齐，甚至呈锯齿状，不起粉状，表示水分约为15%；牙咬时声微，横断难分，中部难分开或中部呈凹形，又粘牙，表示水分约为16%。

可在仪器专卖店购置用于粮食储藏的快速水分温度检测仪，使用方便，也可以将普通的温度计插入粮堆检测粮温。

3. 虫害检查

（1）检查的时机

①粮食入仓前检查：粮食在入仓时应仔细检查虫霉感染情况，准备长期储存的粮食最好是新收获的无虫霉粮，如在入仓时发现虫霉应及时处理。

②粮食入仓后要定期检查：规定的检查害虫的期限：粮温低于15℃，易于发生害虫时间一个月至少检查一次；粮温低于15~20℃，15d内至少检查一次；粮温高于25℃，7d内至少检查一次；高温高湿时节要随时检查。

（2）检查方法 散装粮采用定点与易发生害虫部位相结合的方法，至少设2个取样点。堆高2m以下的，采用粮面取样；堆高2m以上的，上下两层取样。每点取样量为1kg。包装粮10包以下的粮堆，逐包取样；11~100包的粮堆，取10包；100包以上的粮堆，按10%的比例取样。先检查包外害虫头数，再拆包取样，每包取样量为1kg。

分别从粮堆顶部和出粮口两个部位各取1kg粮食，分别过筛后检查筛出的害虫头数。

（三）农户储粮防虫处理

1. 装具防虫

粮食入仓前必须做好清仓杀虫，以防附着仓内壁，造成感染和繁殖。主要措施是在做好空仓清洁卫生的基础上，使用杀虫剂杀虫。辛硫磷、马拉硫磷及其他储粮保护剂可用于空仓杀虫。

2. 环境防虫

做好粮食周围的清洁工作，切断害虫传播的途径。

每次进出仓作业后及时清理散落的粮食，清理后的垃圾要妥善处理。器材、工具及空仓内的残存粮也是感染入仓粮食的虫源，用过的器材、工具及刚出完粮食的空仓，须及时清理其中的残存粮，避免害虫的滋生。

存放粮食房间的墙壁、地面、梁柱等处的孔洞和缝隙，也是害虫喜欢藏匿的场所，储粮前清除房间四壁、地面、梁柱等处所有缝隙、孔洞中藏匿的害虫及残存粮、尘杂，然后用水泥或石灰等严密堵嵌缝洞。

3. 应用防护剂防虫

防护剂是专门用来拌和在粮食中防止储粮害虫感染的一类化学药剂。我国目前允许在粮食中使用的防护剂有：防虫磷乳油（优质马拉硫磷）、杀虫松乳油（优质杀螟硫磷）、甲基嘧啶磷、保粮安乳油、凯安保乳油、保粮磷和谷虫净。其他农用化学药剂不得用作防护剂拌和粮食。

防护剂的作用主要是防虫，当粮食中害虫较多时难以奏效，应该在粮食还没有生虫时使用防护剂。防护剂乳油需按照说明书的比例加水稀释后喷洒在粮食上，然后拌和，这种方法称为喷雾法。也可以将计算好的药量喷洒在干净的稻壳上，阴干后制成药糠，然后将药糠与粮食拌和均匀，这种方法称为载体法。药糠与粮食的重量比控制在1：1000，即1000kg粮食拌和的药糠不超过1kg。

防护剂与粮食按一定的比例入仓前在晒场上拌和，也可以粮食边入仓边拌和。粮仓的底部、边脚、粮面可以适当多拌药。平时做好防止外界害虫感染的工作，一般可以保持粮食半年或更长时间没有虫害。

施用防护剂，害虫密度应属于基本无虫粮。防护剂只能用于原粮和种子粮。除载体（或粉剂）施药外，直接喷雾法施药后，粮食应经一安全间隔期才能加工食用，以保证粮食的卫生安全。防虫磷的安全间隔期一般为3~4个月，杀虫松和保粮安的安全间隔期一般为3~8个月，其他药剂可按照产品说明书科学使用。

防护剂应由专人保管，储存在阴凉干燥处。配好的载体不宜久储。乳油加水稀释后，应一次用完不能久储，以防药剂分解失效。配药和施药人员必须长袖工作衣裤，戴乳胶手套，佩戴防毒面具或防毒口罩和风镜，防止药液沾染皮肤或进入呼吸道。

撒拌载体时，也可戴纱布手套、风镜和纱布口罩。施药时应敞开房门，施药后必须及时更换衣服，用肥皂洗净手脸。施药或配药一次操作时间不得超过1.5h，1d不得超过3h。施药前后不要饮酒，要注意休息。如发现人员中毒，应及时抢救并尽快送医院治疗。

（四）农户储粮杀虫

农户储粮杀虫物理防治方法主要有：日光曝晒杀虫、仓外冷冻杀虫和压盖粮面防虫。

（1）日光曝晒杀虫　日光曝晒杀虫适用生虫的小麦杀虫，在夏季高温季节采用。选择晴朗、无风的天气，上午9点钟以后将生虫的粮食薄摊在晒场上（粮食厚度不超过10cm）曝晒，下午3点钟后可将粮食收拢，然后热焖1~2h，达杀虫目的后，将高温粮适当摊凉，接近气温时入仓。将小麦装入具有保温的粮仓时，也可热入仓并保温以助高温杀虫效果。小麦热入仓时，开始时先少量装入粮食使高温粮适当提升仓壁温度，减小粮食与环境装具的温差，防止结露现象发生。

晒场最好是水泥面。如果天气允许，可连续曝晒2～3d，但晚上应将粮食盖好，以免吸潮。为防止害虫避热逃窜，可在场地四周距粮食2m外喷洒杀虫剂。

（2）仓外冷冻杀虫　在寒冷季节，可采用室外薄摊冷冻的方法杀虫。首先准备好一定面积的场地及能防露、霜、雪等的覆盖物，然后选择晴朗、干燥的且寒冷的夜晚，于下午6点钟左右，将储粮薄摊在场地上冷冻。粮层厚度以7～10cm为宜。场地如为泥土地面，应铺一层席子。冷冻期间应勤扒、勤翻，使粮温均匀一致。冷冻杀虫的效果与温度有关，8～15℃时，害虫停止活动；-4～8℃时，害虫处于冷麻痹状态；-4℃以下时，害虫致死。

（3）压盖粮面防虫　该法主要用来防治蛾类（主要是麦蛾）成虫。采用此法的粮食，水分要合乎安全保管标准，粮温正常，没有其他甲虫。压盖时间选择在新粮收获后储存时，将仓（囤）顶的粮面摊平，盖上无孔洞的塑料薄膜，粮面和薄膜之间要紧紧贴实，把无虫的异种粮（如以豆类压盖小麦）装入洁净的麻袋，然后将麻袋压盖在薄膜上。压盖要平紧密实，袋与袋之间没有空隙。

（五）农户储粮防鼠灭鼠

1. 建筑防鼠

房屋的墙基、地面、墙壁、门窗、房顶和管道等都应做防鼠处理。墙基要深入地下1m，最好用水泥填缝，缝隙不能超过1cm。地面如果用水泥而且无裂缝，一般可以防鼠，否则必须砸实，不留缝隙。发现鼠洞时要立即用碎玻璃和石灰等堵紧。墙壁要尽量光滑。门窗与框的缝隙不要超过1cm，在门窗的下端最好钉上20cm高的铁皮。平的房顶一般可以防鼠，瓦顶房屋必须抹严瓦缝。最重要的是管道、电线进房处要套铁圈，使管线从圈中通过。此外，房屋附近种的树木和爬藤植物，甚至晒衣杆、晾衣绳等都能被老鼠利用，应当注意。

2. 断绝鼠粮

老鼠的食物不仅包括人的各种食物，也包括饲料、垃圾以至粪便等，所以断绝鼠粮，并不仅限于收藏好食物。最好选择能防鼠的储粮装具。若用水缸等装粮，粮缸的盖子要略大于缸口。储粮装具周围散落的粮食要清理干净。零星食物若不能存放在能防鼠的容器内，可放在篮子里，用装有挡鼠板的绳子吊起来。袋装粮食要离墙堆放在架子上，离地面20cm以上。禽畜饲料要保存好。每次添加的量不要过多，残料及时清理。粪坑结合灭蝇，加上适当的盖子，或采取其他措施。

3. 搞好环境卫生

老鼠喜住宅四周杂草丛生，屋内黑暗无光，家具物品摆放杂乱无序等条件。经常清扫室内外，及时地起畜圈、换禽窝，各种用具杂物要收拾整齐。衣柜、衣箱，以及书籍、鞋帽等经常检查，不使老鼠营巢。暂时不用的物品要排列整齐，架高至离地面 33cm 左右。各种燃料（柴草、麦秸、稻草等）尽可能堆离住宅。由野外向住宅区装运麦秸、禾草等物，在堆垛之前也应过目，注意检查有无老鼠。

4. 器械灭鼠

使用平板夹捕鼠法时，首先要收藏好室内的食物，放置鼠夹时插牢诱饵。横梁尖端铁锈磨干净，微微搭在架夹上，饵料一受力就能牵动弹簧。听到鼠夹声要立即进行处理。捕到老鼠后，要及时清除夹上的血迹、气味。在连续捕鼠时，鼠夹要经常更换地方。

使用钢丝夹捕鼠法时，要收藏好室内的食物，放置鼠夹时插牢诱饵。饵料用家鼠爱吃的荤腥食品和面粉饵、小粒粮食等。横梁尖端铁锈磨干净，微微搭在架夹上，饵料一受力就能牵动弹簧。一般放置鼠夹都应靠近鼠洞或鼠类经常出没的地方。听到鼠夹声要立即进行处理。捕到老鼠后，要及时清除夹上的血迹、气味。在连续捕鼠时，鼠夹要经常更换地方。在有鼠洞口一侧挖一浅坑，使洞口与地面平行，然后把支好的夹子横放在浅坑中，踏板一定要靠近洞口，并用野草或细土隐蔽起来，不要改变洞口原形，鼠出入时无路可走，一触动踏板即可被捕。

器械灭鼠还有竹筒套鼠法、铁丝套捕鼠法、挑杆套捕鼠法、闸板笼关鼠法、抽屉扣鼠法、用碗扣鼠法、堆沙堵洞法、混合剂粘鼠法、高分子胶粘鼠法等。

5. 化学灭鼠

使用毒饵灭鼠时，要使用慢性鼠药，严禁使用剧毒急性鼠药灭鼠。灭鼠药应配置成毒饵使用，有市售配好的毒饵，可直接购买使用，也可根据具体情况自行配制。毒饵既要投放到老鼠最容易发现和取食的地点，又要尽量避开小孩和禽畜。毒饵可投在墙边、家具下面等比较隐蔽之处。如有可能，最好准备适当的布毒容器。每个投饵点放毒饵 50~200g，视鼠患严重程度而定。毒饵处理时间 3~4d 或 3~4 周，视情况而定，一般直到毒饵停止消耗为止。毒饵处理结束后，彻底收集剩余的毒饵和鼠尸，深埋或烧掉。

使用硫黄熏鼠法时，先将硫黄捶成黄豆大小的碎块，用干的瓦钵盛装，加入少许酒精放入阴沟内燃烧，熏杀家鼠。燃烧前必须检查沟道是否有裂缝，如有裂缝要全部用泥土严密封闭，以免漏烟。硫黄在空气中产生二氧化硫，老鼠对二氧化硫非常敏感。用硫黄消灭褐家鼠很有效。大阴沟用 2~3kg，一般家庭用小阴沟，用 250~300g 即可，经过 6~8h 老鼠即可死亡。

使用苍耳烟雾炮熏鼠法时，用苍耳子 10%~20%，牛马粪末、锯木屑等 50%~60%（作燃料），硝酸铵 15%~20%（作助燃剂）做配方。根据燃料吸水能力，按比例用开水将硝酸铵溶解（比例 1：1），再将溶解的硝酸铵水浸泡晒干的燃料，500g 溶液浸 750g 燃料左右，待其充分吸收后，再摊开晒干，另外再用开水溶解硝酸铵，以浸泡废报纸作炮壳用（比例 4：1）。把废报纸逐张在硝酸铵溶液中泡湿晒干（这主要起助燃作用），裁成 32 开。用直径 2cm 的小圆棍，把 32 开纸横卷成筒，用糨糊粘住一头，即成烟雾炮壳。将苍耳子等原料（除燃料）按比例配给，碾细成粉，越细越好，然后和燃料拌匀后装入炮壳，封口即成。500g 配好的原料可制烟雾炮 25 个。制作质量要求易燃、烟大、喷力强，不冒火，封口结实，1min 左右燃完。使用前要把烟雾炮在阳光下晒干。用火柴点燃，冒烟后投入鼠洞，随即密封鼠洞。

使用石蒜烟雾炮熏鼠法时，将石蒜茎粉与硝酸钾（比例 4：2）混合拌匀，然后装入 12～15 层，直径 2.5cm，长 8cm 的废纸卷成的纸筒内，再插入导火捻，塞紧后用泥封底。使用此法，一般 3～10min 可把老鼠熏死。

使用闹羊花烟雾炮熏鼠法时，将闹羊花粉与助燃剂硝酸钾分别碾细、过筛，按 2：1 混合。再装入用氯酸钾溶液浸泡过的报纸做成的炮壳，每支用药量 8～10g，封口即成。用前把烟炮放在太阳下晒干，用时点燃，冒烟后投入鼠洞。水平洞头向里，垂直洞头向上。风雨天田鼠常堵洞，不宜用烟炮熏杀。

6. 生物灭鼠

生物灭鼠法一般是指猫捕鼠法。

7. 电子灭鼠

超声波灭鼠法利用一种电子仪器发射超声波来驱杀老鼠的方法。这种驱鼠器对食品和物品无污染、无腐蚀，对人无危害。

一般超声波灭鼠器机型尺寸为 250mm×220mm×150mm，有效驱杀作用范围在 200～400m^2。输出声压 80～100dB。使用时只要将仪器安放在空气流通良好的库房，便可驱赶老鼠，直至老鼠绝迹。以后每天开机 1h 即可。在频率选择上，不同的品种老鼠对频率的反应也不同，可在 15kHz，17kHz，20kHz 任选一挡。

电子捕鼠器是根据强脉冲电流对生物机体具有强烈杀伤破坏作用设计，线路由捕杀电路和报讯电路组成。输入电源 220V，经电子设备作用产生可控电压 1700～1800V。将电子捕鼠器的电网布放在老鼠经常出没的地方，再将高压端接到已布好的网上就行了。当老鼠触及电网时即被发出的高压放电击昏。此时，机上红灯闪亮，并发出“嘟、嘟”的叫声。这时值班人员要随即关闭电源，沿布线方向寻找已被击昏的老鼠，使用者只要掌握老鼠的活动规律，熟悉老鼠经常出没的场所和线路，便可取得理想的捕捉效果。

使用电子捕鼠器时需要注意电网应与地面绝缘，以离地 3～4cm 为宜，过低则易接触地面，过高则易被老鼠通过。当机上发出老鼠捕获信号后，应继续开机 5s 左右，不宜太长。使用电子捕鼠器时应接好地线，注意安全，严格按照操作规则进行操作，并禁止人畜进入布网区。寻找死鼠时必须切断电源，以确保安全。老鼠触及电网时有火花产生，不宜布置在易燃易爆物品附近。捕鼠时值班人员不能随便离开。

（六）农户储粮防潮防霉

常规储藏条件下粮食霉变发生的关键因素是粮食水分的变化。除了直接渗、漏导致粮食水分增加外，很多状况可导致粮堆局部水分的升高。粮堆局部温差导致水分转移也是局部粮食水分升高的重要因素。

粮食储藏的稳定性与粮食自身品质密切相关，简单地说，粮食品质应当达到“干、饱、净”的要求。干燥的粮食水分活度低，是抑制微生物生长的重要因素；饱满的粮食质地坚实，组织完整，微生物可以直接利用的小分子物质较少，对微生物的生长具有明显的抗性；“净”是指粮食中的泥杂含量少，对粮食的储藏稳定性有重要的影响。

当发现储粮水分增高，有霉变迹象时，应立即出仓晾晒。当粮食水分降至安全水分后再入仓继续储藏。

控制保证粮食的质优、饱满，控制粮食含水量、杂质的含量对预防粮食的霉变是至关重要的。另外，气调储藏、低温储藏、臭氧处理对储粮均有防霉作用。

第五节 简易仓囤

简易仓囤是临时使用，固定的或活动的简易仓棚，其建筑条件比较差，使用寿命较短（一般在10年以内），且仓内缺少机械设施，但其具有构造简单，造价低廉，建筑时间短以及使用方便等特点，因此常作为应急或临时储粮设施。

一、基本类型与结构

简易仓囤（Temporary Facility）是指能够采取技术措施，保证储粮安全的简易储粮设施，主要包括简易仓、罩棚、简易囤等。

1. 简易仓

简易仓（Grain Storage Shade）的梁柱采用钢制结构，顶部由彩钢板、防火材料构成，四壁简单围挡全封闭，是用于安全储存粮食的简易储粮设施，主要包括围包散存简易仓、包装粮垛简易仓和散装粮简易仓，用于短期存放粮食。

2. 罩棚

罩棚（Awning）梁柱采用钢制结构，顶部由彩钢板、防火材料构成，四周不封闭或未完全封闭，是用于安全储存粮食的简易储粮设施，主要包括散存罩棚、包装粮垛罩棚，用于短期存放粮食。

3. 简易囤

简易囤（Simple Silo）用于安全储存粮食的钢结构圆囤，主要包括钢筋囤与千吨囤，一般作为短期储粮设施。

二、简易仓囤建设要求

（一）选址要求

简易仓、罩棚、简易囤的选址应按照GB/T 29890—2013《粮油储藏技术规范》及住建部行业标准建标172—2016《粮食仓库建设标准》相关要求执行。

简易储粮设施应建在地势高、地面坚固干燥、地下水位低、通风良好、排水通畅、车流相对较少的地段，避开低洼水患处，同时要避免修建在输电线路下方，设施之间要留出必要的消防通道。露天囤（垛）、垛的基座离地面高度不得低于0.4m，应具备足够的强度，能承受储粮作业产生的动、静载荷，且具备一定的防潮、防鼠和通风性能。露天囤（垛）、垛顶部可以采用架空、起脊或用粮包、粗稻壳包等做成坡度不小于40°的屋管形状。堆垛应使用牢固的防水隔热材料苫盖严密，苫盖后堆垛表面应平整、无凹陷，苫盖物应固定牢固。露天囤（垛）应能满足通风降温和熏蒸杀虫要求，应具备防风和防雨雪能力。

应设立相对独立的安全区域，避免设置在高压电力线路的下方，与高压电力线路的水平距离参照《电力设施保护条例》中相关规定，根据电压强度来设定安全水平距离，仓房之间要留有足够的消防通道。

安全卫生方面，应与居民区和库内生活区保持不小于100m的安全距离；应距离垃圾处理厂、污水处理站等单位保持不小于500m的安全距离；与污染源（含有害元素的矿山、塑料、化工、油漆、农药和化肥等排放有毒气体的生产单位）、危险源（易燃易爆场所）保持不小于1000m的安全距离，原则上应选择在污染源全年最小频率风向的下风侧，并保持一定的距离。

租赁场地的租期原则上应满足简易仓囤批次储粮周期需求。交通道路运输方面要求应符合粮食流通方向，交通便利，四周道路交通应坚实、有序、通畅，能满足粮食运输和消防等车辆正常通行的需求，同时应考虑到粮源、粮库与销售区的相对位置符合粮食流向以减少往返运输，提高经济效益。对于道路的宽度，也有一定的要求，道路宽度主要由车辆的类型和通行量来决定，按照功能可分为主干道、次干道、人行道和消防车道。对于运输任务较重的主干道，一般设宽为7m的双车道，其他次干道可设计宽为3.0~3.5m的单车道；人行道宽度不宜小于0.75m；消防车道宽度不应小于4m。

简易仓、罩棚、简易囤应尽量避开已有的管道线路与暗沟渠等。其他还应考虑到水、电与生活物资等是否供应充足、方便，考虑与周围现有企业或正在计划建设的企业是否有合作的可能性，应当实地考察，到当地气象部门了解有关气象方面的资料，主要为当地的风玫瑰图。

（二）建筑要求

1. 简易仓囤建筑的总体要求

建筑的各个环节，如搭建方案制定、设计、制作、安装和实施作业均应确保结构的安全性。

简易仓囤的设计、搭建单位或产品生产单位应提供使用说明、应急预案、安全使用期限及日常维护要求等一些必要的资料。

若简易仓、罩棚、简易囤建设在同一储存区内，应保证各自分区明确、分开布置，避免混合布置。罩棚、简易仓（区）间距不得小于16m，单一（每区）简易仓、罩棚的总储量不得大于20000t。

囤体结构应保持大小一致，横竖成行且排列整齐，多个简易囤应采用分组、分区布置方案。单囤的总储量不大于1000t，每组的总存储量不大于5000t，每区的总存储量不大于20000t。囤（外沿）间距不小于2m，组间距不小于囤高的2倍。区间距不小于30m，当单区总储量小于5000t时，区间距保持在25m及以上。

2. 配套要求

简易仓囤应配备机械通风、熏蒸杀虫等仓储工艺设备，并采取保温隔热等仓储工艺技术措施。

机械通风设备应符合LS/T 1202—2002《储粮机械通风技术规程》的相关规定。搭建时应根据储粮周期设计通风、防虫和杀虫方案，预留安全储粮工艺所需的孔洞以便设备安装和配置。仓墙、地坪与仓顶部分应当修建得尽量平整光滑，达到“仓内面面光”的要求，杜绝害虫、鼠类与鸟雀隐蔽滋生的条件，同时门窗要相应设有防鼠雀网与防虫线等。地坪和基础的强度应能承受储粮作业所产生的动、静载荷，地坪应高出地面400mm以上。堆基部位每隔1~2m安装1组系绳装置，用于固定苫盖物和熏蒸帐幕等。

简易仓、罩棚、简易囤的苫盖、围护等建筑材料应具备一定的防火性能。当搭建高度达到2m及以上时，为确保建筑施工人员安全，应采取安全防护措施，并配置相关登高作业设备。施工区相应位置应设有明显、清晰的警戒线以及防火等安全标识。为确保机械设备正常作业和粮食运输，作业面与周边设施间距不小于15m。动力电源、照明灯具等按GB 17440—2008《粮食加工、储运系统粉尘防爆安全规程》中相关要求执行。

安装符合GB 50057—2016《建筑物防雷设计规范》相关规定并可达到覆盖全区要求的防雷设施。宜安装可覆盖全区的电子监控设施。

3. 简易仓、罩棚的建设要求

①应根据粮食的堆装方式、预存时间及工艺需求等来确定简易仓、罩棚方案的设计方案。

②四周道路、地坪的建设面积不宜超过简易仓、罩棚面积的1.5倍。

③主体结构设计使用年限不少于25年。

④采用包装粮垛及围包散存等形式的简易仓、罩棚，粮堆与非承载粮食侧压力的结构柱（包括边柱和跨中柱）的距离应不小于1m，作业时严禁接触结构柱。

⑤采用建设挡粮墙散装储粮的简易仓和罩棚，其挡粮墙强度设计、施工和应用都应满足所装粮堆高度的粮食侧压力要求。

4. 简易囤的建设要求

①装卸粮工艺的设计应科学合理，确保进出粮加载、卸载均匀，不偏载，安全可靠。

②应根据储粮质量检查取样作业的要求设置可密封的扦样口，同时便于操作，保证安全。

③入仓门及囤梯的设置应方便人员安全进出。

④囤体顶部应安装排风装置。

⑤机械作业设备与车辆不得与囤体接触、碰撞。

⑥搭建过程应实行封闭管理，设置安全警戒线的距离不小于 10m，无关人员禁止进入。

三、简易仓囤的储藏要求

（一）入粮前准备

入粮前的各准备事项，按 GB/T 29890—2013《粮油储藏技术规范》相关规定执行。入仓前对空仓和用具设备进行检查维修，确认仓房无破损、渗漏情况，粮仓门窗完好，可正常开合，照明灯可正常使用，所有设备运转正常，发现有破损及产生孔洞和缝隙的地方要及时进行填补维修。入仓前清除仓内残余的粮粒及杂物，空仓及作业区清扫干净。当空仓及用具设备发现有活虫活动时，需采用国家允许投放使用的杀虫剂进行空仓杀虫处理，并做好隔离防护工作。

采用包装粮食储藏时，粮食包装麻袋规格、质量均应按照 GB/T 24904—2010《粮食包装　麻袋》相关要求执行，编织袋规格、质量均应按照 GB/T 8946—2013《塑料编织袋通用技术要求》相关要求执行。出入粮作业期间，应在沿储粮区四周不小于 5m 处设置安全警戒线，无关人员禁止进入。

（二）入粮作业

简易仓囤入仓安全操作和管理应按 LS/T 1206—1992《挂面、生产工艺技术规程》相关规定执行。粮食和油料的储存品质指标符合 GB/T 20569—2006《稻谷储存品质判定规则》、GB/T 20570—2015《玉米品质判定规则》、GB/T 20571—2006《小麦储存品质判定规则》及 GB/T 31785—2015《大豆储存品质判定规则》的宜存标准，质量指标应符合相关国家标准和规定的要求，卫生要求应符合 GB/T 2751 和 GB/T 19641—2015《食品安全国家标准　食用植物油料》的相关规定。已感染害虫的粮食应单独存放，并根据虫粮等级按 GB/T 29890—2013《粮油储藏技术规范》规定处理，若发现粮食、油料中有检疫性病虫和杂草种子，应当封存并按国家有关规定执行处理。

在简易仓和罩棚内，采用围包散存储粮形式的挡粮墙应满足所装粮堆高度的粮食侧压力要求。包装粮码包时要有序整齐、合理交错、尽量牢靠避免歪斜，堆垛的高度应便于粮食散热散湿，以确保储粮安全及作业人员的人身安全。粮垛应当距离墙、柱 0.6m 以上，其中高水分粮堆垛高度不大于 3m。采用围包散装储粮，围包高度不大于 4.5m，采用包装堆垛高度不大于 5m。

散粮入仓适时调整入粮落粮点，对简易囤要做好平衡保证均匀入粮，必要时可通过人工干预减少粮堆自动分级。根据入仓粮食及油料的质量，考虑到仓库实际条件和预期计划储藏期进行合理堆存，减少重复搬动的次数。

为防止仓内扬尘发生粉尘爆炸，入仓前的除尘作业应当在仓外进行。入粮过程中，为保证入仓粮食符合储存要求，要分配专人全程实时监控检查，如发现粮垛囤体歪斜、凹陷等异常情况时，应立刻停止入粮并及时补救。为确保囤体装载系数小于 85%，简易囤的装粮高度应低于囤体檐高 1.2m 以上。

入粮后，应进行平整粮堆粮面、铺设粮面走道板、布置粮情检测设备，苫盖处理仓囤顶部时，应准备运行正常、安全可靠的机械设备。在确保安全的情况下，宜由 2 名及以上操作人员乘升降平台到囤顶，按 GB 24543—2009《坠落防护安全绳》标准系好安全绳，完成仓囤顶作业等。

粮情检测设备应符合 GB/T 26882.1—2011《粮油储藏　粮情测控系统　第 1 部分：通则》相关规定。同一仓囤分批次入粮时，各批次间的粮温差要小于露点温差。

（三）日常巡查

仓囤巡查管理工作应采取固定到人责任制，做到定岗、定责。为便于管理人员巡查，可在简易仓囤的显著位置上放置储粮卡。每天要巡查 2~3 次。巡查内容包括囤、垛苫盖的完整度，囤体、粮堆垛体的结构安全性，有无鼠、雀活动危害，是否存在火险隐患，储粮场所的排水设施的畅通性等。

巡查时如发现粮垛囤体有歪斜、凹陷等异常情况，储粮单位应设置安全警戒线将其隔离，并由专人看护，并查明原因，及时处理，将损失降到最低。遇到风、雨、雪等不利于安全储粮的恶劣气候条件时，应安排管理人员在确保安全的情况下及时检查粮情并做好防护以应对恶劣天气带来的危害。遇紧急情况时，及时封闭风道口与漏水孔，可采用苫布罩住粮堆，苫布底部嵌紧于堆基上的压膜槽或用沙袋等压实封闭。

如遇季节交换期，应提前做好防控措施，如加强对结露隐患的巡查，对危险点进行取样检查等。加强安全管理与监测，做好防火、防汛等工作，防止有害生物危害。

（四）粮情检查

1. 检查期限

散装粮温度的检测方法按 GB/T 22184—2008《谷物和豆类　散存粮食温度测定指南》的规定执行。粮情检测系统巡测，当粮温在 15℃以下时，5d 内至少巡测一次；当粮温在 15~25℃时，3d 内至少巡测一次；当粮温超过 25℃以上时，应每天巡测一次。对于新收获的粮食，入仓后的 3 个月内要适当增加检测频次。

2. 检查内容

除巡测外，每周应按照 GB 5491—1985《粮食、油料检验扦样、分样法》及相关要求入仓随机抽查粮温，同时检测仓温和气温以绘制三温曲线图，并扦样检查水分、虫害、霉变等情况。对粮情变化异常点，应安排管理人员入仓查明原因、及时处理，应根据实际情况对粮堆进行检查。

通过扦样或结合测温点的布置，对粮食水分分层取样或在线检测。应适当增加表层和上层粮食水分的检测点和检测频次，表层粮食水分应每周检测一次，中上层粮食水分每月至少检测一次，在季节交替和气温突变过程中，应增加对表层粮食水分的检测频率，及时通风，散热散湿。风、雨、雪天气随时检测，及时清除积水积雪。

3. 质量检验

质量检验按 GB/T 29890—2013《粮油储藏技术规范》及相关规定执行。

（五）通风处理

粮堆出现局部发热、水分分层严重、粮堆局部结露、高温发热等应及时通风处理。若粮堆发热或粮食分层温差过大，通风处理达不到效果应采取翻倒、拆囤、倒囤等措施。通风结束及时关闭门窗，用具有防潮、隔热性能的材料将各个风道口堵住，对通风过程中使用到的仪器设备进行清理检修，保养后妥善保管以备下次使用。

（六）日常防虫

1. 害虫检查

害虫检查按照 GB/T 29890—2013《粮油储藏技术规范》要求执行。当粮食温度在15℃以下时，每月都应检测一次；粮食温度在 15~25℃范围时，15d 内至少检测一次；粮食温度在 25℃以上时，每 7d 内至少检测一次；危险虫粮处理后的 3 个月内，每 7d 内至少检测一次。

2. 防虫措施

入粮前简易仓囤堆基、粮食包装麻袋、苫盖材料等杀虫处理按 GB/T 29890—2013《粮油储藏技术规范》要求执行。控制入粮品质，要避免将感染虫害的粮食进入仓内。

简易仓囤入粮后对粮堆表层喷施储粮防护剂，或采取其他防虫技术措施。

简易仓囤四周、底部等部位喷布防虫线和杀虫剂，在季节交替及虫害高发期可适当增加喷布频次。粮堆局部发生虫害时，应采取相应的局部处理措施。

（七）杀虫处理

1. 熏蒸要求

按照 GB/T 29890—2013《粮油储藏技术规范》检查仓囤粮堆内的储粮害虫密度，当达到熏蒸处理标准时，进行熏蒸杀虫。当进行熏蒸作业时，要在沿储粮区四周不小于20m 的地方设置安全警戒线，无关人员禁止进入。

根据储粮数量、所感染害虫的密度及危害程度、环境条件和熏蒸目的，参照 SN/T 1123—2010《帐幕熏蒸处理操作规程》要求制定可行有效的熏蒸方案，可采用粮面施药、埋藏施药或缓释熏蒸等施药技术。有压膜槽的堆基，宜采用五面熏蒸帐幕密封熏蒸，无压膜槽的堆基，宜采用沙袋压封熏蒸帐幕，再进行熏蒸。

密封熏蒸的用药量应根据虫害发生情况及堆垛的密封状况而定。应符合 SN/T 1123—2010《帐幕熏蒸处理操作规程》和 GB/T 29890—2013《粮油储藏技术规范》中附录 D 的要求。

2. 注意事项

熏蒸施药前要详尽了解一周内气象情况，备好防风网、防风固定绳等，严禁在阴雨天、大风天等恶劣气候条件下进行熏蒸作业，如投药后遇到风雨天气应及时处置。

粮堆进行熏蒸作业时，要切实预防火灾和中毒等事故发生。在使用磷化铝熏蒸时，为防止熏蒸起火事故发生应严格按照 GB/T 22497—2018《粮油储藏　熏蒸剂使用准则》规定中操作规程实施，不得自行随意增大用药剂量。

操作人员应佩戴正压式空气呼吸器等安全防护器具，若逆风倒退施药时，周边人员应及时撤离到 30m 以外的区域，熏蒸期间要安排人员日夜值班巡逻，以防止人畜中毒事故发生。

（八）氮气气调

用薄膜六面密封简易仓中的粮食，保证达到一定的气密性能，对简易仓存放的粮食进行储藏和密闭充氮杀虫。简易仓氮气气调应特别注意防虫、防鼠问题。气调结束揭膜散气作业做好缺氧防护，避免上粮堆揭膜时因低氧眩晕而导致跌落等意外事故的发生。

（九）防止结露与霉变

1. 结露防止

在季节交换期加强对粮堆表层、四边、拐角、过道板下的粮食进行结露和霉变检查。高温季节定期翻动粮面，以排散粮堆顶层积热，降低温度。苫盖时先在粮面铺设一层具备吸湿隔热性能的物料，再用苫布覆盖，可在一定程度上提高防结露性能。

2. 结露处理

粮食表层发生轻微结露时，首先应拆去覆盖粮堆的篷布和苫盖材料，均匀翻动粮面，开启门窗自然通风，散热散湿。露天囤粮食上层结露时，适时揭开篷布，均匀翻动粮面，进行自然通风散热散湿。在结露部位，采用局部通风方式来降低局部结露部分粮食的水分。必要时可将已经结露、霉变的湿粮移出，并及时采取干燥等处理措施。

（十）防鼠雀

1. 防鼠

堵塞住所有鼠洞，做好清洁卫生工作，清除仓外杂草瓦砾，改善储粮场所的环境。硬化储粮场所周围地坪。改进储粮的堆基的结构，宜采用防鼠材料围裹，并做光滑处理。增加防鼠墙或防鼠板的投放量，布置毒鼠屋或毒鼠盒等，也可用电子驱鼠器、电子捕鼠器、捕（粘）鼠板等防鼠、捕鼠设施。每日安排作业人员检查有无鼠类活动痕迹，检查麻袋有无被鼠类咬噬。

2. 防雀

仓房通风口应设置有防雀网防止鸟类进入粮仓，每日安排工作人员检查有无雀类活动的痕迹。随时将散落的粮食打扫干净，以保持储粮区的清洁卫生。粮堆垛堆顶部和四周应光滑坚实，遮盖严密。

四、出粮作业

（一）简易仓、罩棚仓出粮

围包散存堆垛出粮时，首先将挡鼠网、挡鼠板撤除，再揭下苫盖物。拆除堆垛挡粮墙，按照由上到下、由外向内的顺序逐层移开粮包，拆除挡粮墙的高度、宽度应与粮堆自流角相一致。当将挡粮墙拆到垛底时，应边出粮边拆除垫底材料。拆除挡粮墙时，由安全员现场指挥，严格按照登高作业安全要求实施，拆包时要关闭粮食输送设备。拆除挡粮墙后，可采用扒谷机、皮带输送机等出粮设备进行出粮，边出粮边拆除地上设置的通风笼。机械作业设备与车辆不得与简易仓、罩棚的结构柱发生接触、碰撞。出粮过程中，要安排专人实时检查，如发现粮垛堆及设施歪斜等异常情况，应立刻停止出粮并及时处理。分批次出粮，应确保粮情检测设备、通风系统能正常工作运转。采用大型铲车装卸粮食时，应安排专人进行现场指挥，避免刮碰作业人员及损坏储粮设施，确保出粮安全。

出粮后，应及时对场地、相关设备、器材进行清洁整理工作。

（二）简易囤出粮

出粮前应提前将升降平台和运行正常、安全可靠的出仓机械设备准备妥当。要拆除囤顶苫盖物后进行出粮，按登高作业安全要求实施。进行出粮作业时，囤顶和粮堆表面的作业人员必须返回到地面，待确认安全后，方可开机出粮。将出粮机械设备对准出粮口，为防止出现囤身偏载、倾倒等异常情况，应打开仓囤对称的出粮口同时出粮，使其流速保持一致，均匀缓慢地出粮。如不能连续出完，剩余粮食应保证做好安全防护措施。机械设备及车辆不得与囤体相接触、碰撞。

出粮过程中，要安排专人实时检查，发现简易囤出现歪斜和凹陷情况，应立刻停止出粮并及时处理。对于自流出粮后残存于囤内的粮食，在首先确保操作人员人身安全的情况下，方可进行人工清理出粮。

出粮结束后，应及时对场地、相关设备、器材进行清洁整理工作。

五、简易仓囤储粮安全要求

（一）消防要求

1. 消防条件要求

按照 GA 1131—2014《仓储场所消防安全管理通则》的规定执行消防设施的配置，灭火器的配置应符合 GB 50140—2019《建筑灭火器配置设计规范》的相关规定。总储量小于 1000t 的储粮区，可沿储粮区一条长边设置消防车通道。总储量为 1000~5000t 的储粮区，或占地面积不大于 $1500m^2$ 的罩棚，沿储粮区两条长边设置消防车通道。总储量大于 5000t 的储粮区，或占地面积大于 $1500m^2$ 的罩棚，应设置环形消防车通道，每 5000t 应至少配备 1 具灭火器级别不小于 6A 的推车式灭火器，且每个场所不应少于 2 具。

消防通道应符合 GB 50016—2018《建筑设计防火规范》的相关规定，消防车通道中心线与仓囤外沿边界的距离应不小于 5m。供消防车取水的天然水源、消防水池应设消防通道，库区道路与消防车道合用时，应满足消防车通行与停靠的要求。消防通道、安全出口、应设置明显标识，确保通道保持畅通，不得堆放其他无关物品，不得设置障碍物。临时储粮的消防用水按 GB 50974—2014《消防给水及消火栓系统技术规范》中相关规定执行。

2. 防火要求

储粮场所内的可燃、易燃材料应保存在安全位置，严禁在储粮场所周围 100m 范围内焚烧杂草、秸秆等易燃、可燃物。机械作业前，应首先检查电器设备和电源线路设施是否完好无损、正常作业，要注意避免由电器、线路短路或过载引发火灾。库区应设置高度不低于 2. 2m 的阻燃实体围墙，围墙周围禁止燃放烟花爆竹，应于存在飞火、烧荒等火灾隐患的区域设置明显、清晰的安全警示牌。加强值班看守巡查，储粮场所明火及电气焊作业应符合有关规定，在 6 级及以上大风天气时，除取暖锅炉和烘干塔锅炉等进行必要的生产作业外，严禁在储粮区内进行其他生产作业。

3. 火灾扑救措施

发生火灾首先应堵截、截断火头，阻遏火势蔓延。由电气故障所引起的火灾事故，扑救时应确保先切断电源。因磷化铝熏蒸所引起的火灾事故，应用干粉类、二氧化碳灭火器或干河沙扑救，扑救时应注意防止发生人员、牲畜等中毒事故。储粮火灾，容易出现飞火，为避免造成新火源，在扑救燃烧火堆的同时，应及时监视和扑打飞火。应彻底扑灭被压在粮堆下的隐火和余烬，消除复燃隐患。火灾扑灭后，及时处理、整晒受灾粮食，将损失降至最低。

（二）人员操作安全要求

人员入仓作业按 LS 1206—2005《粮食仓库安全操作规程》有关要求执行。作业人员上岗前需对其进行岗前技能培训。作业时，现场不得少于 2 名作业人员，要安排专职安全员现场负责检查并督促作业人员正确使用安全防护用具，应佩戴安全帽，确保做好安全措施。

作业人员进行登高作业时应确保系好安全绳、安全带，作业区域应设置安全网等相应的防护设施，不得向下抛掷物品。

（三）电气安全要求

使用粮仓机械时，其电源应由橡套电缆引入操作区内，且橡套电缆不得损坏或有接头，电器开关及易产生火花的部位应安装金属防护罩，配电箱的引入、引出线应采取防爆、防破损措施，以上作业均应安排专业技术人员操作。简易仓外应配备有独立的配电箱，仓内照明配置应满足夜间作业要求。照明系统及配电箱的防护系统均需采用防尘型，具体参照 GB 12476. 1—2013《可燃性粉尘环境用电气设备　第 1 部分：通用要求》要求执行。对于移动式和携带式电气设备所采用的线路，应采用五芯重型橡套电缆。

（四）防雨雪、防洪要求

遇到雨雪等非常规天气时，作业人员在确保自身安全的情况下应及时检查仓房的门窗框是否完整牢固，门窗是否可以关闭紧密，及时加固门窗框，维修无法关严的门窗，或者采用塑料薄膜等防水材料堵塞门窗。检查仓房房顶的瓦片和防水层是否有破损，要及时更换破损的瓦片，维修防水层。检查露天粮堆及囤垛的铺垫物和苫盖物是否完好，及时修复或更换破损的苫盖物。检查仓房与露天储存堆垛周围的排水设施是否正常畅通，要及时清理与疏通出现堵塞情况的排水道中的杂草、污泥等。

大雪过后，作业人员应及时清除积雪，保障安全；雨后要安排工作人员检查仓房屋面、墙壁与地坪有无渗水，各门窗是否进水或被损坏，堆垛四周是否有积水，要及时排出积水，防止粮食受潮。对于已经受潮的粮食，要及时采取不同方式进行晾晒与干燥，以保证粮堆处于安全状态。

（五）防风要求

搭建在地势较高或处于风口地方的储粮区，可适当降低装粮高度。围包散存堆垛和囤顶苫盖的苫布和熏蒸帐幕应设有加固防风措施。用 PVC 维纶双面涂塑革或篷布苫顶防雨雪的粮仓，应将顶罩四周环孔内的绳子扎紧，分别从四周固定于囤身或系紧于基处预留的系绳装置上。苫盖应平实，苫盖物连接时应采用上压下的方式搭接，重叠尺寸宜为 200~300mm，搭接处应严密，接缝应牢固。将苫盖物与地面结合部位压紧压实或捆绑固定。当风力达到 5 级及以上时，严禁任何人员进入储粮区。

第三章
小麦储藏技术

第一节
进出仓作业

粮食进出仓要严格按照 LS 1206—2005《粮食仓库安全操作规程》的要求，规范进出仓作业的各项操作程序，采取切实有效的安全防范措施，确保粮库安全生产。

一、粮食进仓前准备

（一）人员与条件

1. 人员

做好生产操作人员和检化验人员的组织和定岗工作。

2. 备仓方案

根据接收粮食的运输方式、品种和数量，制定接收方案。不同品种、不同等级、不同品质的粮食应分仓储存。制定接收方案时，还应考虑立筒仓群和砖圆仓群荷载的均衡，避免仓群长期偏载。根据接收粮食的品种和数量，制定检化验方案。

3. 检查粮仓

仓底和仓壁未经干燥或受潮、仓顶防水及隔热失效均不得装粮；通风口、门、窗、进人口、进出粮口等应能良好密闭，打开自然通风口；壁挂式爬梯应牢固可靠；装粮前进行清扫工作（检查灰仓、灰箱、灰房内的堆积）。

（二）设备与器材

1. 生产作业线设备

检查生产作业线上的设备，应使其处于正常状态。其中，清理筛筛孔的大小应适合接收粮食的品种，并保证筛孔畅通。计量设备应符合有关技术标准。设备的进口、出口及溜管、灰杂管、风网管道等应畅通；仓下设有闸门的，闸门应处于关闭状态。

2. 检查通风系统

该系统应符合 LS/T 1202—2002《储粮机械通风技术规程》的有关要求；通风盖板或地上笼安装应牢固，应确保装粮后通风道内不漏入粮食。

3. 检查粮情测控系统

该系统应符合 LS/T 1203—2002《粮情测控系统》的有关要求，并确保测温传感器的有效性。

4. 检查磷化氢环流熏蒸系统

该系统应符合 LS/T 1201—2002《磷化氢环流熏蒸技术规程》的有关要求。

（三）清扫检查

1. 清扫

清除仓内和设备的灰尘、杂物、残留粮粒，清扫干净卸粮坑及其周围的场地，清扫仓外移动设备作业场地，应清扫附着在地面、墙体、坑道等表面上的粉尘。

2. 检查

检查灰仓、灰箱、灰房内的堆积情况，如影响生产，应立即清除。检查准备生产需用的备品及工具。

二、入仓过程与注意问题

（一）入仓粮食质量

检化验人员按粮食接收检化验方案进行质量检验。入仓粮食的水分应严格控制在储粮安全水分范围内，入仓粮食杂质含量应 ≤ 1%。发热粮、霉变粮、虫粮或不符合粮食卫生指标的粮食不得入仓。长期储存小麦应符合 GB/T 20571—2006《小麦储存品质判定规则》中“宜存”指标的规定。

（二）设备启动和停止

1. 操作程序

应严格按照程序启动和停止设备。首先启动封闭工作空间的排风设备，保证通风良好。所有设备均停车后方可关闭排风设备。除尘系统应在设备启动前 5min 启动，先开集尘器，再开除尘风机，除尘系统应在停止作业后 10min 停车，先关除尘风机，再关集尘器。作业线上的设备应按与粮食流向相反的方向依次启动，设备停车顺序与开车顺序相反。相邻设备的启动、停止应有一定的时间间隔。停车时，应先将设备内的粮食排空，再按顺序关停设备。

2. 注意问题

①作业线上的设备全部启动后，应经空载运行，查看设备运转是否正常，如有异常，应停车检修。空载运行正常后方可进粮。

②作业线中各种设备的额定产量不平衡时，应以最小额定产量确定作业线的产量。进粮时，初始流量宜控制在额定产量的 50%左右，待粮流到达作业线的终点，并且作业线运转正常后，再逐渐加大流量，达到额定产量。

③对于立筒仓和砖圆仓，粮食入仓时，严禁人员进入仓内，且仓内空气应能顺利排出，避免仓内形成过大的正压。随时清除卸粮坑格栅和蔽尘活页上的杂物，及时清除设备进出口和管道内的杂物。

④生产作业时，经常检查作业线上的设备有无“跑、冒、滴、漏”等现象。保证移动式设备平稳，防止倾倒。随时检查设备轴承。随时检查传动装置。

⑤运转中如听到风管或集尘器内有粮粒的撞击声时，应找出原因，采取相应措施。风管或集尘器堵塞时，禁止用棍棒或其他工具敲打，应打开补风门或检修门进行疏通。调节好各吸风点的风量，既要防止灰尘外溢，又要防止吸走粮粒。

⑥生产过程中一旦出现故障，需停车处理的，应立即停止送粮。故障点以前的设备应紧急停车。故障点以后的设备宜根据故障的性质和排除难度确定是否停车。故障的排除方法按单机操作的有关规定执行。

⑦根据生产情况，及时组织换仓操作，定时清除设备清理出的杂质。

⑧进行通风口的开关和设备维护等仓顶作业时，若无爬梯和护栏，应系好安全带，并有专人保护。雨雪天气应注意防滑。设备运转时，严禁接触机械设备的任何转动或传动部位。严禁在运转设备上行走。装粮高度不得超过安全装粮线。粮食入仓结束后，必要时可平整粮面，做好覆盖密封工作。

3. 生产作业善后工作

对所有设备进行检查。如发现问题，应按规定进行维修。将仓上闸门、进人口、通风口等关闭。将移动式设备电源切断，清理干净，移回仓库或指定位置保存。按要求建立保管卡。

三、出仓过程与注意问题

（一）准备工作

根据出仓粮食的运输方式、品种和数量，制定出仓方案。制定出仓粮食方案时，对于立筒仓和砖圆仓应考虑卸载时仓群荷载的均衡性，避免仓群长期偏载。

根据出仓粮食的品种和数量，制定检化验方案。使用过杀虫剂的粮食必要时应取样化验药剂残留量，确认药剂残留量符合卫生标准的要求后，方可出仓。

准备好粮食出仓所需的器材和器具，并对其严格检查，若发现有虫或虫卵，处理后方可使用。清扫干净装粮处及其周围的场地。

（二）出仓过程与注意问题

1. 检验记录

检化验人员按粮食出仓检化验方案进行质量检验。应严格计量出仓粮食，统计粮食实际损耗，并做好记录。

2. 人员安全

自流出粮时，禁止人员进入仓内。人员从仓顶进仓作业时，应备有扶梯、站人护栏、软梯、安全带、吊篮等安全防护设施。应先打开仓顶通风口，启动轴流风机，确认仓内不处于缺氧状态，熏蒸后药剂残留量已达到安全要求后，人员方可进仓。

进仓作业必须保证 2 人以上。仓外必须有人监护，进仓作业人员必须系好安全带，并保证安全带有效。仓内使用的灯具应属粉尘防爆型，电压应不超过 36V。

（三）浅圆仓出仓

1. 操作顺序

出仓时，必须先从中心出粮口出粮，待中心出粮口停止自流后，再开启一组对称出粮口，调整控制两个出粮口的流量使出粮对称均匀。待一组出粮口停止自流后，再开启另一组出粮口，直至出仓完成。

2. 排堵与清仓

在粮食出仓过程中，若出粮口堵塞，宜打开仓下地沟处出粮溜管的检查门，进行排堵。出粮口停止自流后，仓内仍留存20%~30%粮食，此时应打开仓门，开启挡粮门（或挡粮板）上的出粮口，当靠近挡粮门（或挡粮板）的粮食流出后，小心拆下挡粮门（或挡粮板）。按清仓机械的操作要求进行清仓作业。清仓机械作业前，应打开仓门和启动仓上轴流风机，降低仓内粉尘浓度。

清仓机械作业时，不得损伤测温电缆和通风盖板。注意粮堆的流动情况，若出现直立或“鹅头”状粮堆，应立即停止作业，以防止粮堆塌陷，造成伤亡事故，待安全处理后再继续作业。禁止人员从仓顶进人口进入仓内。

若出现粮食挂壁现象，宜站在离挂壁粮食足够远的安全距离处用长竹竿清除粮食。清除粮食时应从挂壁粮食的顶部开始，自上而下，并随时注意可能发生的危险情况。清仓作业完成后，及时清除仓内积存的粮食和灰尘，检查仓内设施，关闭仓上、仓下闸门及进人口、通风口等。

（四）立筒仓出仓注意问题

粮食出仓时，应及时补充仓内空气，避免形成过大的负压。在粮食出仓过程中，若出粮口堵塞，宜打开仓下出粮溜管的检查门进行排堵。粮食出仓过程中，应随时观察仓内粮食流动情况，出现挂壁、结拱时，应关闭仓下出料闸门，停止出粮作业，进行有效处理。必要时组织人员进仓处理。

（五）砖圆仓出仓

1. 作业顺序

粮食出仓时，必须先从中心机道中心出粮口出粮。待中心出粮口停止自流后，再开启中心机道一组对称出粮口，调节控制两个出粮口的流量使出粮对称均匀，直至中心机道出粮口停止自流后，才能开始两侧机道出粮口出粮。两侧机道出粮时必须先从中心出粮口出粮，再从对称出粮口出粮。

2. 安全与清仓

出粮口停止自流后，通过仓上进人口确认仓内无结拱、挂壁的情况下，小心打开仓壁上的仓底检查门，在仓外有人监护的情况下，人员进入仓内清除残留粮食。

清仓作业时，打开仓门，启动仓上轴流风机，以降低仓内粉尘浓度。保护通风、熏蒸、测温等设施，不得损坏。

锥底仓清仓作业时，必须关闭仓下闸门，采取安全措施，人员才能进仓清仓。平底仓清仓作业时，应防止作业人员滑入出粮口。

应及时清除仓内残留的粮食和灰尘。清仓完毕后，检查仓内设施，关闭仓上下闸门以及进人口、通风口等。

（六）平房仓出仓

1. 环境准备

应打开门、窗及轴流风机，保持良好通风。清扫干净装粮处及其他作业场地。

2. 作业顺序

首先打开仓门，然后开启挡粮门或挡粮板上的出粮口，当靠近其的粮食流出后，按照顺序拆下挡粮板，再按照出仓作业顺序进行出仓。应注意保护地上笼，边出粮边拆卸、整理、存放，并做好维护工作。要注意适时取出测温电缆并妥善放置，以免损坏。

3. 安全观察

随时观察仓内粮食流动情况，出现异常应停止出粮作业，组织人员进行有效处理，并注意采取安全防护措施。部分粮食出仓后，剩余的粮食应扒平粮面，避免长期偏载，并保证测温系统、通风系统、熏蒸系统的正常工作。全部粮食出仓后，应及时清除仓内积存的粮食和灰尘。

第二节 粮情检测技术

一、粮情检测的内容

粮情是指粮食在储藏中粮食生理与质量状态、环境综合因子及其相互影响的情况。

GB/T 29890—2013《粮油储藏技术》规范规定，粮情检测包括温度（粮堆温度、粮仓温度、大气温度）、相对湿度（粮堆相对湿度、粮仓相对湿度、大气相对湿度）、水分、害虫等方面的检测内容。

粮情检测可由仓储管理员按照相应的操作方法进行手工检测，也可以通过粮情测控系统进行自动检测。粮情测控系统是指利用计算机技术、网络技术和电子技术对粮情进行检测、数据传输、数据存储与分析，并通过对储粮设备进行控制而达到改善粮情的系统，由硬件和软件两部分组成。硬件系统通常包括上位机、传输接口、分机、传感器、执行器或受控装置等，其典型结构如图 3-1 所示。

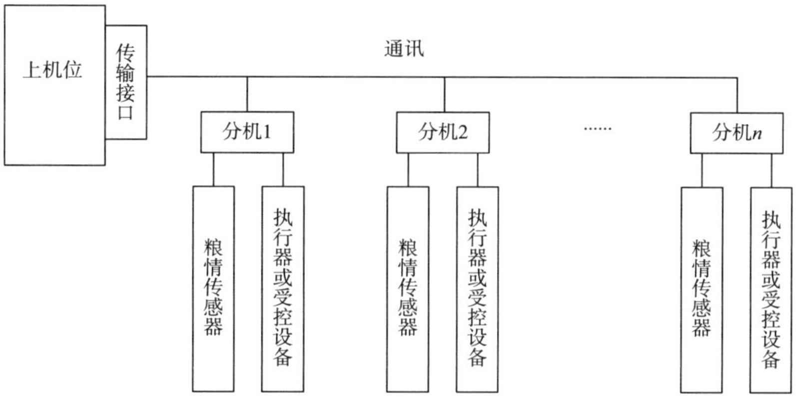

图 3-1 粮情测控系统典型结构图

二、温湿度检测

（一）人工温度检测

1. 感官检测

在储粮过程中，用手感觉粮食温度或赤脚踩踏粮食，有热烫感时，说明被碰触部位的粮食温度过高。

2. 人工检测

粮温可采用粮食测温杆（扦）选点进行检测，仓温和气温通过温度计或温度传感器进行检测。通常测温杆（扦）的端部采用锥形铁管作保护套，内装玻璃质酒精或水银温度计，侧面有铗槽观察孔，以便观察温度的升降，可根据需要在铁管上旋接适当的长铁杆。测温杆（扦）适用范围较广，既可用于散装粮，也可用于包装粮。测温时，只需将锥形尖端插入相应测点，10~15min 后拔出，读数即可。

多点检测到的温度值求平均后作为粮堆温度填入相应的温度检查记录表中。

粮堆相对湿度采用湿度传感器检测。仓内外空气的相对湿度可采用湿度传感器、干湿球湿度计或其他湿度计检测。

粮仓温、湿度检测点应设在粮堆表面中部距粮面 1m 处的空间，检测点周围不应有照明灯具及其他热源；气温、气湿检测点应设在仓外空旷地带距地面 1.5m 处的百叶箱内。

粮堆温度检测通过分区设点的方式进行。房式仓人工检测粮温时，每区不超过 $100m^2$，各区设中心与四角共 5 个点作为检测点，两区界线上的两个点为共有点，粮堆高度在 4~6m 时，分四层；粮堆高度 6m 以上的酌情增加层数。上层、下层检测点应分别设在距粮面、底部 0.3m 处；中间层检测点垂直均等设置；四周检测点距墙壁 0.3m。包装粮食、油料和地下仓、简易储粮设施粮温检测点参照上述原则设置。处于后熟期、水分和杂质分布不均匀、局部有害虫的粮食、油料，应增设机动检测点。

粮堆湿度每区 $100~400m^2$，各区设中心与四角共 5 个点，分两层，分别设在距粮面、底部0.3m处，四周检测点距墙壁0.3m处。

仓储管理员应如实记录检测数据，手动绘制“三温三湿”曲线图。

（二）温度电子检测

电子检测是利用计算机技术、电子技术和物联网技术，通过部署温、湿度传感器完成温、湿度的自动检测、数据传输、数据存储与分析，并以曲线、层次或云图等多种形式展示检测的结果。

1. 系统组成

由模拟传感器组成的温度检测系统通常由微型计算机、测控主机、测控分机、测控分线器、测温电缆（温度传感器）等组成。由数字传感器组成的温度检测系统通常由微型计算机、测控分机（测控单元）、测温电缆（温度传感器）等组成。

当工作人员通过计算机、主机下传命令至分机时，分机经过对命令的判断后，执行工作人员所要求的操作。当命令为检测时，由分机完成各点的温度传感器的检测，并将检测信号经转换成为数字信号后，回传至主机。在模拟系统中，分机向分线器发出选点信号，分线器选择不同的温度点；在数字系统中，选点由分机完成。

2. 温度传感器布点原则

为了及时检测到粮堆中各部位的温度变化，并考虑经济性、有效性，温度测量点的布置密度应遵照以下几项原则。

（1）平房仓的布点原则　检测点水平间距不大于5m，垂直方向点距不大于2m，距粮面、仓底、仓壁0.3~0.5m。

（2）浅圆仓布点原则　浅圆仓、立筒仓检测点按环形布置，水平方向相邻检测点间距不大于5m，垂直方向间距不大于3m，距粮面、仓底、仓壁0.3~0.5m，各点之间设置成等间距。

（3）其他仓型布点原则　其他仓型测温点的布置应参照以上原则进行安排，对于储存期较短的中转库可适当减少测温点的布置。

目前常用的粮情测控系统都是采用将温度传感器固化在电缆内的形式，称为测温电缆。测温电缆由护套、导线、抗拉钢丝、数字温度传感器等部分组成，电缆中传感器的数量按照检测点垂直方向布置原则执行。平房仓测温电缆在封仓之前插入粮堆，通过通讯电缆连接至仓内分机；浅圆仓电缆在入粮前采用顶部吊装的形式，多条电缆在仓内吊装时，应注意吊装点可能承受的拉力及电缆本身的强度，尽可能对称放置，并在向阳方向、中心部位和入粮口处设置测量点。

3. 检测要求

（1）检测周期　粮温15℃及以下时，安全水分粮食或基本无虫粮15d内至少检测1次；半安全水分粮食或一般虫粮10d至少检测1次；危险水分粮食5d内至少检测1次。粮温高于15℃时，安全水分粮食或无虫、基本无虫粮7d内至少检测1次；半安全水分粮食或一般虫粮5d内至少检测1次；危险水分粮食每天至少检测1次。

新收获的粮食入仓后3个月内要适当增加检测次数。

（2）粮情测控系统选型 选用的粮情测控系统的软、硬件产品应符合LS/T 1809—2017《粮油储藏 粮情测控通用技术要求》、LS/T 1810—2017《粮油储藏 粮情测控分机技术要求》、LS/T 1811—2017《粮油储藏 粮情测控软件技术要求》、LS/T 1812—2017《粮油储藏 粮情测控信息交换接口协议技术要求》、LS/T 1813—2017《粮油储藏 粮情测控数字测温电缆技术要求》等标准的规定。

4. 检测数据记录

温度、相对湿度的人工检测结果应如实登记在粮情检测记录簿上，通常粮堆温度、粮仓温度和大气温度应记录在同一张记录表中，以便进行对比，湿度的记录也是如此。电子检测结果自动记录在粮情测控系统自带的数据库中，数据库的数据项应符合LS/T 1811《粮油储藏 粮情测控软件技术要求》附录A中的规定，同时也应提供指定条件的数据查询与统计功能。

5. 检测结果展示

人工检测的结果可以通过数据直接展示，也可以绘制成三温三湿曲线图进行更形象的展示。

电子检测的结果常用的展示形式有曲线展示、三维立体展示和云图展示等，但无论采用哪种展示方式，都应按照用户自定义的报警值，以不同颜色显示安全温度与预警温度。

6. 检测数据的使用

温、湿度检测结果能反映粮食储藏的安全状况，仓储管理员应对典型粮温值、粮温变化速率等能够反映粮食储存状态的数值进行分析，必要时对粮堆表层、中间层和底层、杂质或不完善粒聚焦区等敏感区域，以及温差过大的粮堆部位，增加人工检测点，缩短检测周期，以检查是否发生粮堆发热现象，并结合湿度、水分情况检查是否存在结露现象，为是否采取相关处理措施（如通风、散湿、局部处理等）提供依据，确保储粮安全。

三、水分检测

（一）人工检测水分

按照电子检测方法中给出的检测点选择原则，将每层各检测点扦样粮食各取50g混合均匀作为1个检测样，按照GB 5009. 3—2016《食品安全国家标准 食品中水分的测定》第一法给出的直接干燥法测量粮食水分，利用粮食中水分的物理性质，在101. 3kPa（1个大气压）、温度101~105℃下采用挥发方法测定样品中干燥减失的质量，包括吸湿水、部分结晶水和该条件下能挥发的物质，再通过干燥前后的称量数值计算出水分的含量。也可以采用GB 5497—1985《粮食、油料检验水分测定法》标准给出的定温定湿烘干法、隧道式烘干法和两次烘干法测量粮食水分值。

（二）电子检测水分

水分的电子检测方法也是通过水分传感器或者是固化了水分传感器的电缆进行。水分传感器应设置在水分含量容易变化的区域。

平房仓检测点分上、中、下三层，在距粮面、仓底、仓壁 0.3m 处均匀设点，并应按粮堆大小在粮堆中部增设 3~10 个检测点；靠近门、窗和通风道的部位应增设检测点。立筒仓检测点分上、中、下三层，各仓按东、南、西、北、中五个方位在距粮面、仓底、筒壁 0.3m 处均匀设点，并应按粮堆大小在粮堆中部增设 3~10 个检测点；靠近检查孔、进粮口、出粮口和通风道的部位应增设检测点。浅圆仓检测点分上、中、下三层，各仓按东、南、西、北、中五个方位在距粮面、仓底、筒壁 0.3m 处均匀设点，并应按粮堆大小在粮堆中部增设 3~10 个检测点；靠近检查孔、自然通风孔、进粮口、门、出粮口和通风道的部位应增设检测点。其他仓型参照以上要求设置检测点。

（三）检测要求

粮食水分检测要采取定期和不定期，定点和不定点相结合的方法进行，水分偏高的粮食要求增加检测次数，除每年 3 月、9 月两次检测粮堆的平均水分外，每次通风（冷却）作业前后各检测一次，对易吸湿、返潮部位进行不定期检查。人工检测时各检测点扦样的粮食数量不少于 100g。仓储管理员应如实将粮食水分人工检测值记录在粮情检测记录簿上，电子检测方法检测值记录在系统数据库中，数据库的数据项应符合 LS/T 1811—2017《粮油储藏　粮情测控软件技术要求》附录 A 中的规定，同时也应提供指定条件的数据查询与统计功能。

（四）检测结果的展示

人工检测的结果可以通过数据直接展示，也可以绘制成曲线图进行更形象的展示。电子检测的结果可参照温度、湿度检测同样的方式进行展示。

四、气体检测

（一）人工检测气体

人工检测方法，一般是在仓房内布设取样管和回气管，延伸至仓外，在仓外进行气体检测。

平房仓每廒间设取样装置至少 1 套。每套取样装置设取样点不少于 5 个，即在仓房的四角和中央设气体取样点。气体取样点要上、中、下层均匀分布。必要时可在其他部位增设气体取样点。每廒间设检测回气管 1 根。取样管应具有截面不变形的性能，内径不小于 2mm，管壁厚度不小于 1mm。取样端头应防止尘屑堵塞。取样泵的取样距离不小于 45m。立筒仓和浅圆仓在环流管道上设置气体取样监测点。取样管及回气管穿过仓墙体时采用法兰或螺纹密封方式。取样管根数应与取样点数一致，并对应编号。置于仓外的气体取样管编号要与粮堆内的检测点编号相对应。取样管的护管采用抗腐蚀的材料。检测箱固定在仓房外方便检测的墙壁上，并应对每根取样管单独设置阀门（或夹）、阀门（或夹）的编号应与预留在仓内的取样管编号一致。

（二）电子检测气体

粮堆气体电子监测方法是通过设置于粮仓或粮堆中的可连续感知粮仓内气体的传感器和配套的通讯、网络、控制等技术（监测可处于网络连接状态的“在线”），实时了解仓内气体状态的监测技术。

粮食专用气体传感器通过对成膜技术、叠层技术、温度修正技术及芯片封装、三电极系统的排布技术等技术，降低电化学系统的内阻，利用气体的极限电流的变化检测粮仓中气体浓度，可以直接输出已经经过标定校准的串口信号和模拟电压信号。通过 ZigBee 无线网络和 CAN 总线网络传输气体浓度数据，在控制终端的数据接收节点接收到数据后，对数据进行处理和分析后，将结果发送到上位机，同步传输至电脑和移动终端，方便作业人员做出相应的决策，促进粮库作业过程中的安全生产。

1. 平房仓气体传感器布置原则

（1）粮堆内部气体检测布点　粮堆内部检测点按照水平方向分为两个截面，上层截面距离粮堆表面不超过 0.3m，测点布置形式如图 3-2 所示，除中心点外，其余检测点距离仓壁不超过 1m，检测点宜靠近温湿度检测点。

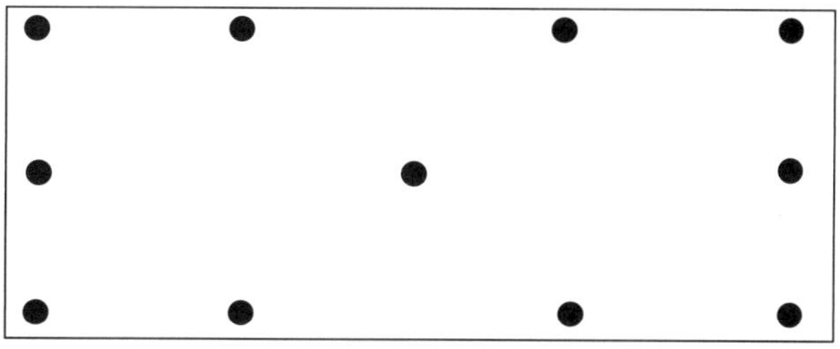

图 3-2　粮堆内部气体检测点上层平面布置

下层截面距离仓房底部不超过 1m，测点布置形式如图 3-3 所示，除中心点外，其余检测点距离仓壁不超过 1m，检测点宜靠近温湿度检测点。

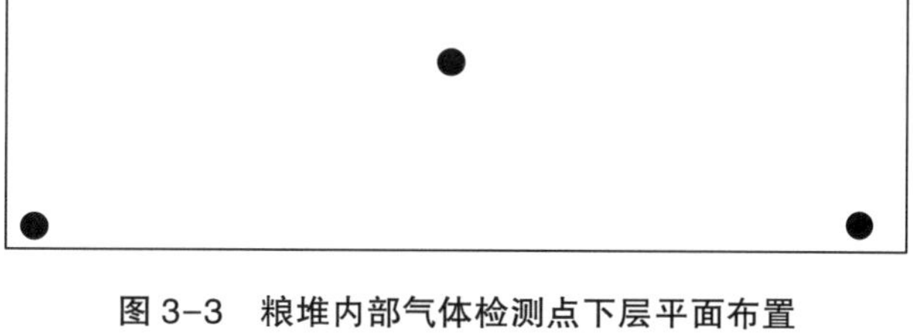

图 3-3　粮堆内部气体检测点下层平面布置

在粮堆中心位置，布置一个气体检测点。

（2）膜下粮面气体检测点布点　膜下粮面布置 5 个测点，布置形式如图 3-4 所示，除中心点外，其余检测点距离仓壁不超过 1m。

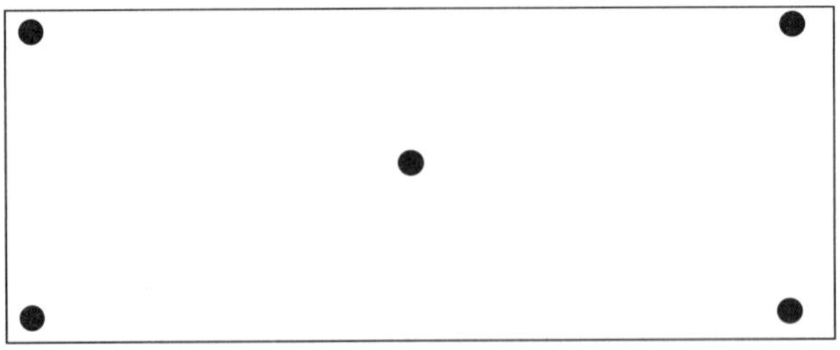

图 3-4　膜下粮面气体浓度检测点布点

（3）仓房空间气体检测点布点　在仓房空间中间位置和检查门附近设置检测点。

2. 筒仓气体传感器布置原则

按照三层布点，第一层距离粮面 0.5m，第三层距离仓底不超过 1m，第二层安装在第一层和第三层中间。每层布点按照十字交叉法布置，除中心点外，其余各点距离仓壁 1m 处，紧贴温度检测点。

3. 检测要求

可自定义条件（仓型、仓号、气体种类、时间）采集氧气、二氧化碳、磷化氢浓度等数据。利用图表形式展示各个仓的气体信息情况坐标图（图 3-5）。

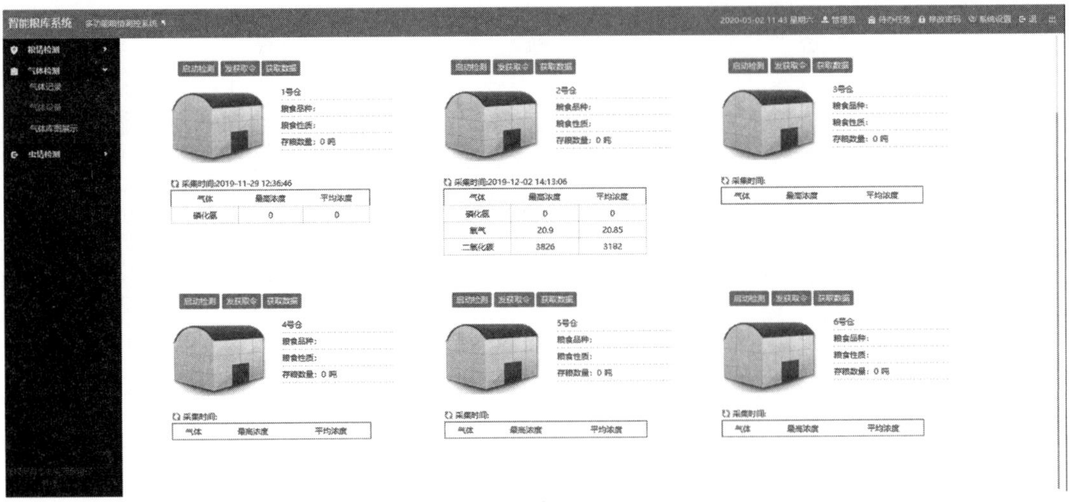

图 3-5　气体检测（根据实际软件界面更换）

通过分析仓内气体数据，实现仓库作业行为判定，并将结果及时通过手机 App 消息或短信方式提醒。

气体检测范围与精度应达到一定要求，磷化氢：0~1000mL/m^3，氧气：0~30%（体积分数），二氧化碳：0~50000mL/m^3。检测误差：≤±5%FS。

4. 检测结果的展示和使用

(1) 气体数据采集和查询 系统能够将检测条件进行分项说明，可以根据需要对采集条件进行选择。所有已检测的气体数据，均进行对比存储，能够满足多条件的自定义筛选查询。

(2) 气体数据展示与分析 气体检测系统能够根据检测的仓储粮食虫害情况，在储粮专家系统的指导下，利用磷化氢、氧气、二氧化碳浓度在线传感器，实时监测熏蒸过程中各种气体的浓度变化情况，并根据传感器检测的结果，自动控制熏蒸作业进程，通过对熏蒸数据的分析、判断，结合粮库周边生态环境，智能决策熏蒸控制方式，形成科学合理的熏蒸方案，自动控制杀虫气体浓度和流量，有效减少安全生产事故，为安全生产提供准确依据，示例见图 3-6。

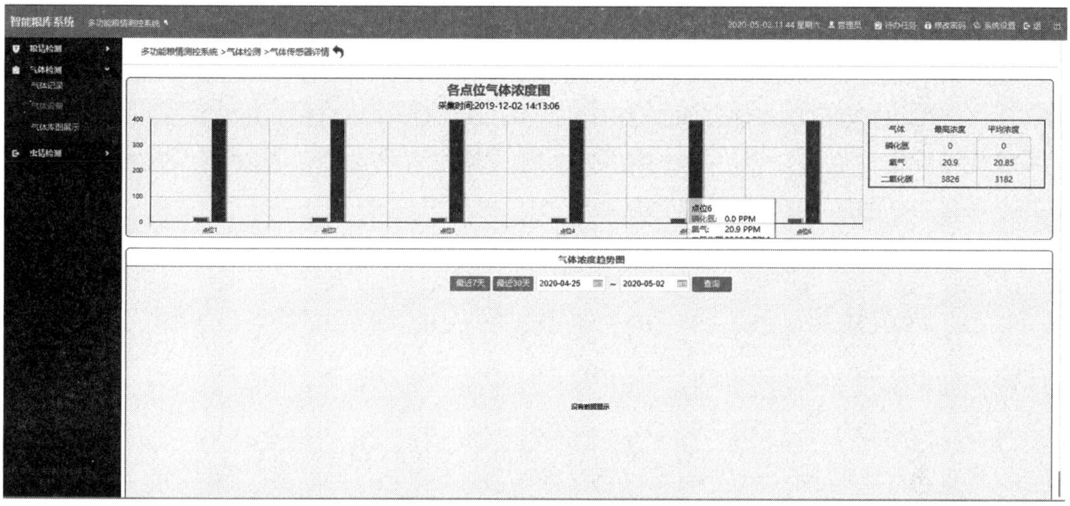

图 3-6 气体数据图表展示

五、粮堆害虫检查监测

(一) 人工检测

取样过筛是一种传统而常用的人工检测方法，利用扦样器按区分层定点扦取或吸取粮食样品，然后由工作人员将样品过筛，人工鉴别害虫种类并确定害虫密度。该法受环境因素影响较小，容易确定害虫的密度，是国家规定的粮食仓储部门标准检查方法。在取样过程中，害虫完全处于被动状态，无论是哪种害虫、哪个虫期或其是否处于运动状态，都会连同粮样被取出。扦样法对于大宗粮食来讲工作量较大，且由于保管人员素质的差别，人为因素造成的误差也较大。

取样过筛法主要包括扦样和检测两个步骤。长方形粮面的粮仓四角各设 1 点，墙的长边设置 2 点，短边设 1 点；圆形粮面外周围均匀设点，浅圆仓设 6 点，筒式仓和地下仓等圆形粮面设 4 点；柱周围、仓门内、人员进出口、排风扇口、通风道口、温度差异变化点和曾发生过虫害的部位各设 1 点，每点距离 0.1～0.5m；按粮堆大小应在粮面中部区域设 3～10 点。粮堆内扦样层按粮堆高度设置 2～4 层，即粮堆高 3m 以下设 2 个扦样层，分别设置在距底部 0.5m 以下和距粮面 0.5m 以上；粮堆高 3～6m 的，在上下两层之间等距离增设 1～2 个扦样层。用电动扦样器在每一扦样点处分层扦样，表层可人工扦样。每层每点扦样量不少于 1kg。每层每点所扦样品作为一个监测点的样品。包装粮以货位为取样单位，根据包装粮总包数确定扦样比例，500 包以下的取 10 个扦样包，500 包以上的按 2%确定扦样包，扦样包最多不超过 500 包。分区分层确定扦样包位置，外层适当多设扦样点。分区分层参照散装粮扦样点设置。扦取包内样品，必要时可拆包或倒包扦样。每包扦样不少于 1kg。每包样品作为一个检测点的样品。

采用虫筛筛理采集的粮食、油料样品，筛出粮粒外部的害虫、拣出筛上的害虫合并计数，结果以每千克样品筛出活的害虫头数表示，即为害虫密度。

直接清点粮包外部活的害虫的头数，以每包活虫头数表示，即为包外害虫密度。按 2%～5%比例抽样装具和其他器材，直接清点害虫头数，以每件活虫头数表示害虫密度；参照散装粮扦样方法在空仓、货场铺垫苫盖物等处设置检测点，直接清点害虫头数，以每平方米活虫头数表示该点害虫密度。

包装粮食、油料应先检测包外害虫密度，再检测包内粮食、油料害虫密度。

（二）诱集检测

根据储粮害虫的生物学特性，利用害虫诱捕器或化学物质，将储粮害虫引诱到仪器或器具内，检查粮堆或空间内害虫有无和数量。

粮堆害虫电子监测方法是通过设置于粮仓或粮堆中的可连续感知储粮害虫的装置（如害虫诱捕传感器、气体传感器、视频图像等，即感知害虫“在线”），和配套的通讯、网络、控制等技术（监测可处于网络连接状态的“在线”），实时了解害虫发生状态的监测技术。连续感知的装置和技术路径可以是感知因害虫活动相关的温度传感器、二氧化碳气体传感器，可以是诱捕害虫并将相关信息远程监测的传感器，也可以是通过远程图像观测害虫的视频摄像装置等。

目前，在国内实践应用可行且有一定应用面积的主要包括探管式诱捕器在线检测害虫方法、波纹板式诱捕器在线检测害虫方法、黏胶诱捕器在线检测害虫方法等。

1. 探管式诱捕器在线检测

探管式诱捕器在线检测系统由硬件和软件两部分组成。硬件一般包括上位机、传输接口、测控分机、通道选通器、测量管道、粮虫诱捕器、测温电缆等和其他必要部件。软件包括外提取探管诱捕系统控制与监测软件，有的配套有粮情测控专用软件。

用于抽取粮堆陷阱里的粮虫和周边气体的负压设备可以 24h 连续运转。额定电压 DC24V，负载电流<800mA，抽气峰值流量 25L/min，抽气平均流量 15L/min，相对真空度约为-67kPa。

系统主要具备检测探管诱捕器诱捕并采集至仓外的害虫进行图像采集传输功能，有时可配套检测其他参数。从发出控制指令到受控设备响应的时间应不大于 10s。测量时工作压力显示应达到-0.015~0.055MPa。图像采集传输装置最大分辨率 2592×1944。图像采集传输装置传输速率 1000Mbps。测量管道长度≤70m。通讯方式可有线或无线，工业标准 RS485 通讯方式或 TCP/IP 通讯方式，上位机（传输接口）至分机之间的最大传输距离不小于 3km，分机至传感器或受控设备之间的传输距离应不小于 0.2km。

系统工作环境相对湿度 10%~99%，工作环境温度-30~60℃，工作电压 AC220V±22V，工作频率 50±5Hz，抽气速率 15L/min，抗雷击电压不低于±4kV。

2. 波纹板式诱捕器在线检测

波纹板式诱捕器在线检测中波纹板诱捕器能够引诱害虫进入诱捕，防止诱集到集虫杯的害虫逃逸，可安装摄像头以进行图像监测，采集的图像信息可通过网络远程传输等。

波纹板式诱捕器摄像头 DC12V 供电，适用温度范围-10~55℃，适用相对湿度范围 10%~90%，功率消耗≤3.2W，光源采用 LED 白光源，有效像素不低于 130 万，视频压缩标准 H.264，视频频≤25 帧，视频码率 32Kbps~8Mbps，镜头搭配 3.6mm，WiFi 功能与工作模式；网络协议为标准 http、tcp/ip、udp、smtp 等。

波纹板式诱捕器在线检测仓外系统主机 220V 供电，仓内直流 12V，连接电缆用 RVVP2×0.5 镀锡护套线，防腐接头连接。手机 App 软件用 Andriod 系统，支持远程动态监控、录像、图片拍摄、图片保存、图片查询等功能。

3. 黏胶诱捕器在线检测

黏胶诱捕器在线检测系指基于黏虫板诱集的害虫数据监测采集装置，包括粘虫板、粘虫胶，以及抗熏蒸采集装置外壳、摄像头、补光器、温湿度传感器、二氧化碳传感器和处理电路板。板材原材料是改性聚丙料（PP）。粘虫板基板的厚度为 0.15~1mm。粘虫板颜色应为黄色。粘虫胶采用高黏度防水胶，高温不流淌，抗日晒雨淋，持久耐用。单面涂布黏胶厚度为 0.12~0.04mm，在温度-10~70℃的环境中粘虫板无明显变形，胶体不流化。

黏胶诱捕器外壳通过四角支架支撑，粘虫板放在支架底部。摄像头在诱捕器正上方，补光器环套在摄像头镜头外，温湿度传感器、二氧化碳传感器数据输出端、摄像装置的数据输出端及电源均和数传终端相连。

4. 检测结果的展示

粮堆害虫电子检测系统一般具有以下功能展示特点：

①可实现智能粮虫分析、报警和控制，设备故障显示及报警，远程维护与在线升级。

②具备实时或定时检测功能。

③可用三维立体、曲线方式、三维图示方式展示。

④可在线查看检测到的害虫图像，并能在每个通道检测完成后自动保存测虫图像。

⑤可与仓储业务管理系统和粮情监控系统进行对接。

⑥适用于粮仓害虫仓外采集检测系统、移动式电子测虫器。

以上结果展示的部分示例见图 3-7、图 3-8、图 3-9。

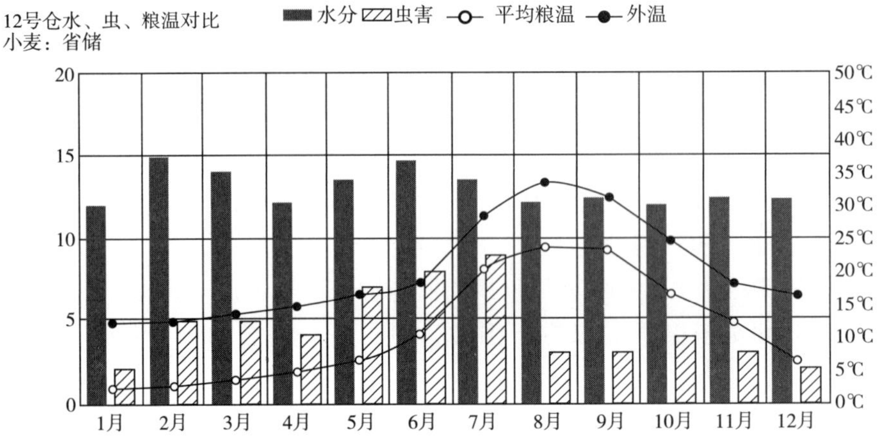

图 3-7 水分、虫情、粮温对比显示

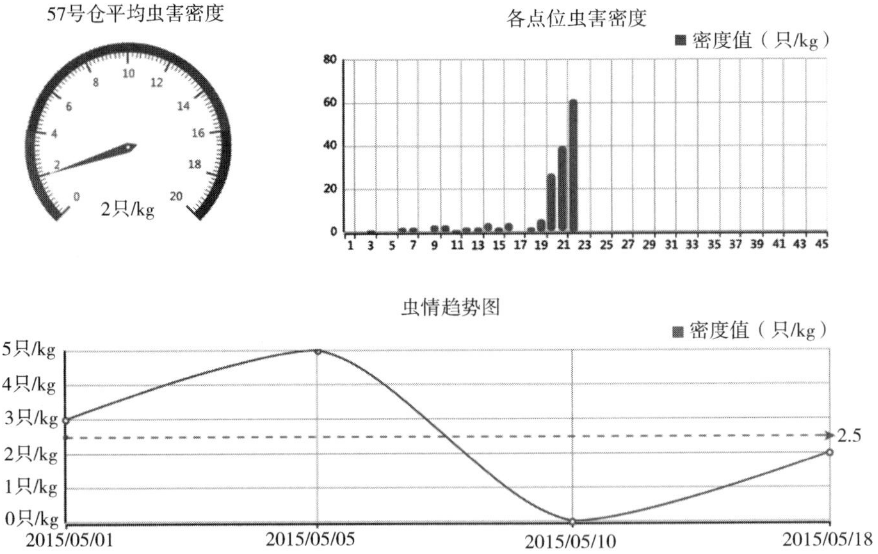

图 3-8 虫口密度显示

5. 电子粮情检测数据的使用

（1）在线监测二氧化碳检测结果的使用　在确认粮堆无霉变发生的情况下，同一监测点二氧化碳浓度 1 周内升高 2 倍以上，或二氧化碳浓度在 1000mL/m^3以上，可推测为二氧化碳浓度异常点，应对其 2m 范围内取样检查害虫。

对于封闭的粮仓内二氧化碳浓度 1 周内升高 2 倍以上，或二氧化碳浓度在 1000mL/m^3以上，则应对仓内易于发生害虫的部位进行取样检查害虫。

（2）对不同监测点结果的使用　当一个单一粮堆中不同诱捕器发现不同的害虫数量

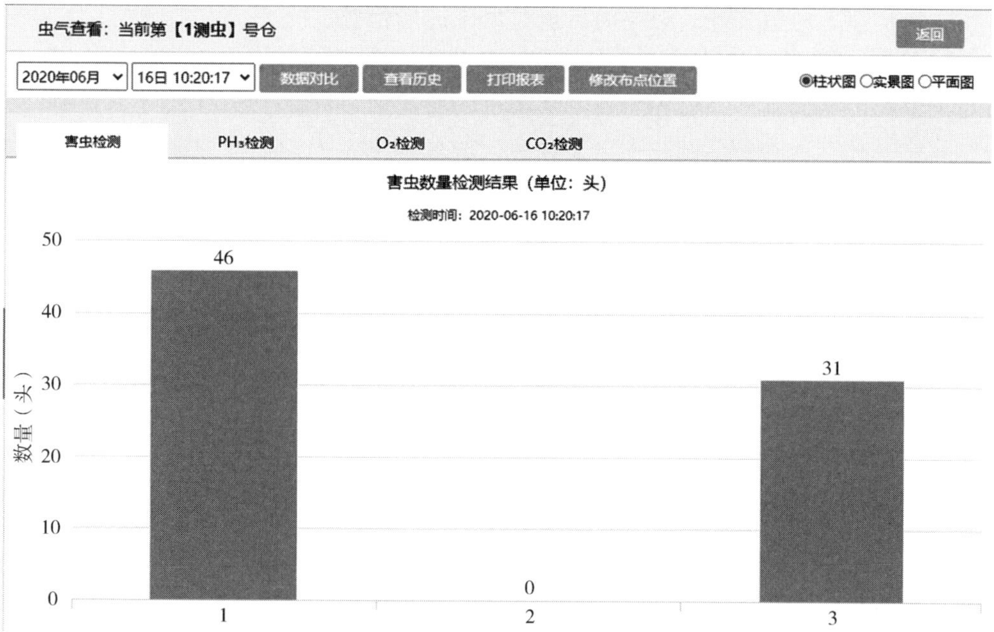

图 3-9　虫情数量显示

时，以最高点的数量代表全仓。诱捕方法下的检测结果可用一定时间内发现的害虫头数表示，现取样检测方法结果的单位重量粮食中，害虫数量的关系会因环境温度、害虫种类、害虫活动习性等而变化，需要结合具体情况注意观察、比较和积累相关结果。

六、储粮数量检测

（一）人工检测方法

粮食库存实物检查常用的人工检测方法有测量计算法和称重法，检查时根据货位的堆装方式具体确定。

1. 测量计算

测量计算法是根据粮堆体积和粮堆平均密度计算粮食数量的方法，适用于形状规则的散装粮堆和非定量包装粮货位的数量检查，便于对粮食数量进行快速估算，但不是法定的计量方法，检查结果只用于对单个货位粮食数量的账实相符情况进行判断，不能作为修改粮食库存保管账的依据。

（1）测量粮堆体积　测量粮堆的外形尺寸，根据粮堆几何形状计算粮堆体积。测量计算中需注意要扣除粮堆中设施占用的空间，如地上笼通风道、仓房入口处工作间等。对埋藏在粮堆内部不便直接丈量的设施，可根据仓房设计图纸中标注的尺寸计算体积。要注意粮堆形状是否规则，采取有效措施，尽可能使测量计算结果与粮堆实际体积接近。计算席茓囤下部圆柱体粮食体积时需扣除囤壁厚度，上部锥体体积根据锥高和坡度仪测量的坡角进行计算。验证货位内存粮的真实性。对席茓囤，可利用手持式扦样器探测存粮的真实性。对包装粮，必要时可进行局部拆垛检查。

（2）计算粮堆平均密度　粮堆中不同部位的密实程度有较大差异，利用常规方法很难直接测定粮堆平均密度。检查时通常从粮堆中提取部分样品，用仪器（容重器或特制大容器）测量粮食在自然散落状态下的密度，利用标准仓确定修正系数进行校正，获得与粮堆实际状态接近的平均密度。容重器法测量粮食容重，利用容重器测量小麦容重应尽量结合质量扦样提取样品。

利用标准仓确定修正系数，用修正系数对仪器方法测定的粮食密度进行校正，计算粮堆平均密度，具体步骤如下：

第一步，选择标准仓。标准仓是指与被查仓储粮品种相同，储存条件类似，粮食数量和粮堆体积已知的仓房，同时满足以下条件：入仓时间在一年以内，储存期间未发生过货位移动，粮堆形状比较规则，入仓后粮食水分含量无明显变化。

第二步，计算标准仓粮堆平均密度。标准仓的粮食数量以保管账记载的数量为准，粮堆体积可现场测量。标准仓粮堆平均密度（kg/m^3）= 标准仓保管账数量（kg）/标准仓粮堆体积（m^3）。

第三步，计算修正系数。标准仓粮堆平均密度与标准仓粮食容重（或单位体积粮食重量）的比值即为修正系数。利用容重器测量标准仓粮食容重时，修正系数=标准仓粮堆平均密度（kg/m^3）/标准仓粮食容重（g/L）。

第四步，校正修正系数。影响粮堆密度的因素很多，同类条件下，质量等级高的粮食籽粒饱满、内部结构紧密，粮堆密度大于质量等级低的粮食。储存时间长的粮食，粮堆内部逐渐密实，粮堆密度大于储存时间短的粮食。装粮高的货位，粮堆密度大于装粮低的货位。人工入仓的货位，粮堆密度大于机械入仓的货位。位于公路、铁路、机场以及大型震动源附近的粮仓，粮食受震动的影响逐渐压紧，粮堆密度较高；机械通风仓粮堆密度大于非机械通风仓。通常情况下，粮堆密度大的，修正系数也偏大。各地实验表明，散装粮的修正系数一般在 1.01～1.08，正常情况下应该在 1.03～1.05。考虑到上述因素，如被查仓和标准仓储存条件差异较大，可根据实际情况将修正系数适当调高或调低。如检查现场选择标准仓有困难，正常情况下，修正系数按 1.03～1.05 取值，被查仓情况特殊的，按上述规律适当调整。

被查仓粮堆平均密度（kg/m^3）= 被查仓粮食容重（或单位体积粮食重量）（g/L 或 kg/m^3）×校正后修正系数

（3）计算被查仓粮食数量　计算被查仓粮食测量计算数，测量计算数（kg）= 被查仓粮堆平均密度（kg/m^3）×被查仓粮堆体积（m^3）。

计算应记粮食损耗：

第一步，计算保管自然损耗，保管自然损耗（kg）= 被查仓保管账数量（kg）×0.2%×被查仓粮食储存年数。

第二步，计算水分减量，水分减量（kg）= 被查仓保管账数量（kg）×（入库水分%-实测水分%）/（1-实测水分%）。上式中入库水分和实测水分指被查仓粮食平均水分，入库水分以粮食入仓时质量检测记录为准，实测水分可以引用距检查日期最近一次的粮食质量检测数据。

第三步，计算应记粮食损耗，应记粮食损耗（kg）=保管自然损耗（kg）+水分减量（kg）。

计算被查仓粮食检查计算数，检查计算数（kg）=测量计算数（kg）+应记粮食损耗（kg）。

（4）账实相符情况判断及认定粮食实际数量　计算被查仓粮食检查计算数与保管账数量的差数和差率，差数（kg）=保管账数量（kg）-检查计算数（kg）；差率（%）=差数（kg）/保管账数量（kg）×100%。

判断账实相符情况，认定粮食实际数量。被查仓粮食检查计算数与保管账数量的差率在±3%以内，认定为账实相符，保管账数量（注意：不是检查计算数）即可作为被查仓在检查当日的粮食实际数量，记入《粮食实物检查工作底稿（测量计算法）》的“粮食实际数量”栏目。差率超标的，要认真查明原因，复核保管账数量。

（5）抽包检斤法检查定量包装粮数量　抽包检斤并确认是否属于定量包装粮。抽包前要仔细检查包装袋的完好情况，抽取的包装不应有散口、破损现象，抽包位置应尽量选择货位表面两层包以下。按规定，抽包比例不小于货位中包装总量的5%，为提高效率，检查中遇特大型货位，可按每个货位10~20包抽包检斤。粮食包装物单件重量按称重取平均值的方法确定（一般抽5~10条称重）。

计算单包粮食称量平均净重：

$$\text{单包粮食称量平均净重（kg/包）}=\frac{\text{抽包粮食毛重（kg）-包装物重量（kg）}}{\text{抽包包数（包）}}$$

认定是否属于定量包装粮，单包粮食称量平均净重与包装定量的差率在±0.5%以内的，认定货位中的粮食全部为定量包装粮。差率超标的，需按照非定量包装粮检查粮食数量。

$$\text{差率（%）}=\frac{\text{包装定量（kg/包）-单包粮食称量平均净重（kg/包）}}{\text{包装定量（kg/包）}}\times 100\%$$

点包计算货位中的粮食实际数量。对认定为定量包装粮的货位，单包粮食称量平均净重与货位中实际包数的乘积即为被查货位在检查当日的粮食实际数量，记入《粮食实物检查工作底稿（抽包检斤法）》的“粮食实际数量”栏。清点粮食包数时应注意粮垛码放是否规则，内部是否设有人工通风道，是否有空心、缺包、夹包等现象，必要时可进行局部拆垛检查，确保清点数量准确。

$$\text{粮食实际数量（kg）}=\text{单包粮食称量平均净重（kg/包）}\times\text{实际包数（包）}$$

（6）验证账实差数的合理性　对粮食实际数量与保管账数量之间的差数，应验证是否属于超耗。

①计算账实差数：

账实差数（kg）= 保管账数量（kg）-粮食实际数量（kg）

按上述方法计算的账实差数即为利用抽包检斤法核定的被查货位粮食实际损耗数量。

②计算应记粮食损耗：应记粮食损耗包括保管自然损耗和水分减量两项，具体计算方法参见“测量计算法检查粮食数量”相关内容。

③核定是否存在超耗：

判定值（kg）= 账实差数（kg）-应记粮食损耗（kg）

判定值≤0，说明货位中粮食的实际损耗数量在合理范围内，检查结束后填报《粮食库存数量汇总表》时，账实差数记入“损耗”栏目；如判定值>0，说明货位中粮食存在超耗问题，判定值数量即为超耗数量，超耗数量过大的，要延伸核查具体原因，填报账实差数原因。

（7）直接称重法检查粮食数量　对数量较少且体积不便测量的散装粮食或非定量包装粮，必要时可利用直接称重法检查粮食数量。对非定量包装粮，可先脱包后称重，也可采用先过秤检斤然后统一扣除包装物质量的方法计算粮食净重。对散装粮，可利用移动式称重设备检斤，也可用车辆装载通过地中衡检斤。为避免卸粮不净造成误差，应采取每车回皮的方法，即先对重车过秤检斤，卸载后再对空车过秤检斤，二者质量差即为车辆装载的粮食数量。为防止人为因素干扰检查结果，检斤前要周密布置作业环节，原始货位处、过磅处、检斤后形成的新货位处应安排检查人员和被检查单位人员同时在场，每个环节详细记录，过磅码单一式三份，分别留底，便于核对。

货位中全部粮食过秤检斤后，检斤粮食净重为被查货位检查当日粮食实际数量，记入《粮食实物检查工作底稿（直接称重法）》的“粮食实际数量”栏目。

对直接称重法核定的账实差数，也要与应记粮食损耗验进行比较，验证是否属于超耗，具体验证方法以及账实差数的填报处理方式参见“抽包检斤法检查定量包装粮数量”的相关内容。

2. 称重法

称重法包括抽包检斤法和直接称重法，两者都属于法定计量方法。由于称重法工作量大，时间长，费用高，动用人力、物力大，库存检查中只在特定场合使用。抽包检斤法适用于定量包装粮的数量检查。直接称重法适用于货位形状不规则、不具备测量条件的少量散装粮或非定量包装粮的数量检查，以及检查发现有重大问题需要称重复核的情况。

（二）粮食数量电子检测方法

近年来，以电子检测技术为主的粮食数量检测方法逐渐得到推广应用。从技术方法上讲，粮食和数量电子检测技术主要包括了三维激光扫描检测技术、压力传感器检测技术、电磁波检测技术等。其中，技术相对成熟且已经推广应用的主要是三维激光扫描检测的方法。目前，该技术配合精准计算算法，粮食体积测量相对误差可小于 0.3%，测量计算的粮食数量误差可达 3%以内，良好条件下，误差可小于 2%。目前，基于此技术的数量监测与视频监控一体机（图 3-10）已在中储粮系统以及河北、山东、辽宁、吉林、河南、浙江、上海等多地粮库应用。

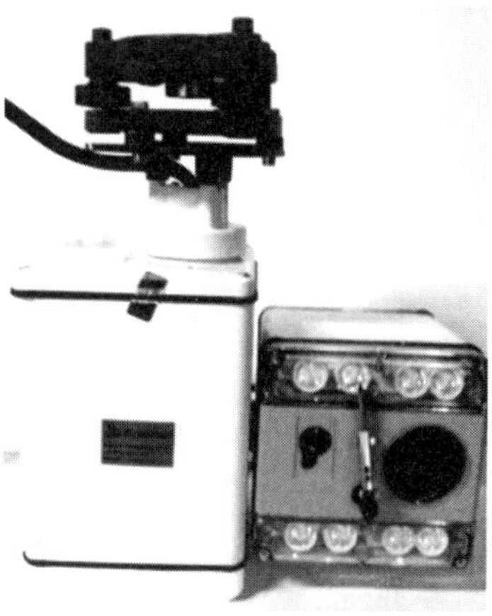

图 3-10 数量监测与视频监控一体机

三维激光扫描技术通过高速激光扫描测量的方法，大面积高分辨率地快速获取被测对象表面的三维坐标数据，快速建立物体的三维模型。对粮堆表面形态精准测量时，测量机构需要实现水平面内和垂直面内的高精度转动，配以高精度长距离的激光测距传感器实现三维扫描。

1. 三维激光扫描技术自适应扫描方案

三维激光扫描技术根据测量机构自动测得的仓房尺寸、测量机构的位置和高度，利用内置计算机软件程序自动生成体积扫描方案。该扫描方案将粮面均匀划分成若干网格，既能根据粮面的平整状态，自动加密或减少测量点数；又能自动识别粮堆边界，避免扫描点在粮面以外；而且能够对粮仓边角自动补点，赋予了其人工智能的成分，实现了粮堆表面的高精度自动扫描（图 3-11）。

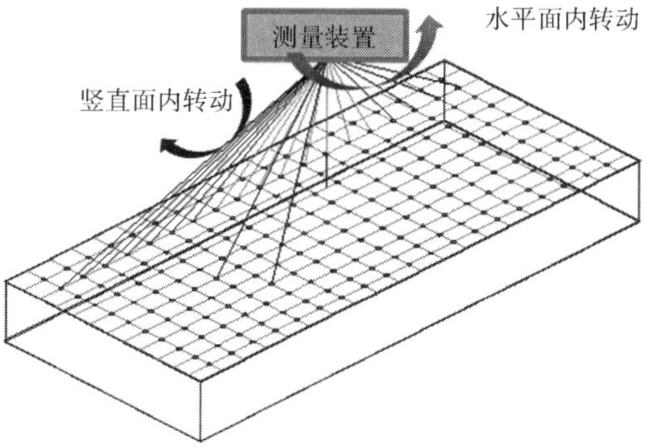

图 3-11 电子数量检测采集点位示意图

2. 三维激光扫描技术中的散装粮体积算法

三维激光扫描技术中的散装粮体积算法是粮食数量精确计算的前提，进行根据仓房尺寸、粮食摩擦角和休止角等粮食自身特性对原始测量数据进行过滤处理，能够有效判断地面点、墙面点、粮面点、突变误差点和边界点，剔除异常数据，利用极坐标形式下的微积分进行粮堆体积精确计算。平房仓电子数量检查系统示意图如图 3-12 所示，浅圆仓电子数量检查系统示意图如图 3-13 所示。

图 3-12 平房仓电子数量检测系统示意图

图 3-13 浅圆仓电子数量检测系统示意图

3. 粮堆平均密度

粮堆中不同部位的密实程度有较大差异，粮食属于散粒体，有摩擦特性和压缩特性。在自身重力、通风和外界微小震动等因素的作用下，产生弹性和塑性变形，使得体积逐渐变小到趋于稳定，粮堆平均密度也随之逐渐增大到趋于稳定。通过长期观测、反复试验和数学算法，获得较好的粮堆平均密度型。

4. 配置与功能

采用光电检测技术的非接触式测量技术手段，每廒间装置数量不超过 1 套。控制装置设在仓外，自带散热风扇，具有防尘功能，控温功能，防水功能。通信网络支持 TCP/IP 以太网协议，支持光纤和双绞线传输介质。具备防静电、防电磁场、防雷击、防冲击振动性能。气密性满足仓房内磷化氢熏蒸条件下正常工作的要求。具备防潮、防水、防尘能力。

采用流行的计算机操作系统和关系型数据库系统以及流行的程序设计语言。采用模块化编程方式，便于升级和嵌入扩充功能。具备单机运行和网络运行版本，支持TCP/IP协议。提供基于WebService的软件接口，提供接口协议，支持用户二次开发和应用。提供基于TCP/IP的应用层传输协议。安全性上漏电流不应超过0.7mA交流峰值或2mA直流值。保护接地电阻≤0.1Ω。绝缘电阻≥4MΩ。运行环境中电源交流220V（-20%~+15%）；电源频率：45~55Hz；环境温度：-40~+85℃。环境相对湿度：5%~99%（包括凝露）。

5. 布置位置

①平房仓布置位置：基于光电技术的粮食数量在线监测装置应布置在平房仓屋架下梁体上接近中心位置。

②楼房仓布置位置要求：基于光电技术的粮食数量在线监测装置应布置在楼房仓顶部接近中心位置。

③浅圆仓布置位置：基于光电技术的粮食数量在线监测装置应布置在浅圆仓顶盖接近中心位置。

④立筒仓布置位置：基于光电技术的粮食数量在线监测装置应布置在立筒仓顶盖接近中心位置。

6. 检测数据的记录

检测数据应满足国家粮食库存实物检查有关数据要求，具体记录格式参见表3-1、表3-2、表3-3和表3-4。

表3-1　粮食实物检查工作底稿（测量计算法）

被检查企业（盖章）：　　检查时点：　　实际查库日：　　年　月　日

货位号		品种		性质	
所在库区				仓房类型	
收获年度		储存形式		保管账数量/kg	
质量等级		入仓方式		人工入仓□　机械入仓□	
是否重度不宜存		储存方式		本省储存本省所属□ 本省储存外省所属□ 未纳入检查范围□	
粮库入库质量	容重/(g/L)（出糙率、纯粮率/%）		实测粮食质量	容重/(g/L)（出糙率、纯粮率/%）	
	水分/%			水分/%	
	杂质/%			杂质/%	

续表

<table>
<tr><td colspan="3">1. 计算粮堆体积</td><td colspan="3">粮堆形状及基本尺寸</td></tr>
<tr><td>粮堆测量体积/m^3</td><td></td><td></td><td colspan="3" rowspan="10"></td></tr>
<tr><td>需要扣除体积/m^3</td><td></td><td></td></tr>
<tr><td>粮堆实际体积/m^3</td><td></td><td></td></tr>
<tr><td colspan="3">2. 计算实际平均密度</td></tr>
<tr><td rowspan="3">标准容重器法□</td><td>粮食容重/(g/L)</td><td></td></tr>
<tr><td>校正后修正系数</td><td></td></tr>
<tr><td>粮堆平均密度/(kg/m^3)</td><td></td></tr>
<tr><td rowspan="3">特制大容器法□</td><td>单位体积粮食重量/(kg/m^3)</td><td></td></tr>
<tr><td>校正后修正系数</td><td></td></tr>
<tr><td>粮堆平均密度/(kg/m^3)</td><td></td></tr>
<tr><td colspan="3">3. 计算粮食数量</td><td colspan="3">4. 认定粮食实际数量</td></tr>
<tr><td colspan="2">测量计算数/kg</td><td></td><td rowspan="2">检查计算书与保管账数量比较</td><td>差数/kg</td><td></td></tr>
<tr><td rowspan="2">应记粮食损耗/kg</td><td>水分减量</td><td></td><td>差率/%</td><td></td></tr>
<tr><td>保管自然损耗</td><td></td><td colspan="2">账实是否相符</td><td>是□ 否□</td></tr>
<tr><td colspan="2">检查计算数/kg（合计）</td><td></td><td colspan="2">粮食实际数量/kg</td><td></td></tr>
<tr><td colspan="2">备注</td><td colspan="4"></td></tr>
</table>

检查人（签字）： 保管责任人（签字）： 被检查企业负责人（签字）：

填表说明：

1. 根据检查情况表在表内相关项目后的“□”内打“√”。

2. “储存形式”按散存、包存、围包散储类型填写。

3. “仓房类型”按照平方仓、浅圆仓、立筒仓、地下仓、楼房仓、简易仓（含储粮罩朋、藏剑罩棚、铁路罩棚）、其他简易仓、异形仓填写。

4. 粮堆实际体积=粮堆测量体积-需要扣除体积。

5. 粮堆平均密度=粮食容重（单位体积粮食重量）×校正后修正系数。

6. 测量计算数=粮堆实际体积×粮堆平均密度。

7. 水分减量=保管账数量×（入库水分%-实测水分%）/(1-实际水分%)。

8. 保管自然损耗=保管账数量×0.2%×粮食储存年数。

9. 应记粮食损耗=水分减量+保管自然损耗。

10. 检查计算数=测量计算数+应记粮食损耗。

11. 差数=保管账数量-检查计算数；差率=差数/保管账数量×100%。差率在±3%以内的，认定账实相符，保管账数量即为粮食实际数量。账实不符的要附详细说明。

12. 储存方式属于本省储存外省所属的，在备注栏中标明省外委托方企业名称。

13. 表中以 kg、g/L 为单位的栏目保留整数，以 m、kg/m^3、% 为单位的保留 1 位小数，修正系数保留 2 位小数。

表 3-2　　粮食实物检查工作底稿（抽包检斤法）

被查企业（盖章）：　　检查时点：　　实际查库日：　　年　月　日

<table>
<tr><td>货位号</td><td></td><td>品种</td><td></td><td>性质</td><td></td></tr>
<tr><td>所在库区</td><td colspan="3"></td><td>仓房类型</td><td></td></tr>
<tr><td>保管账包数量/包</td><td></td><td>保管账数量/kg</td><td></td><td>包装定量/kg</td><td></td></tr>
<tr><td>收获年度</td><td></td><td>储存形式</td><td></td><td>质量等级</td><td></td></tr>
<tr><td>是否重度不宜存</td><td></td><td>储存方式</td><td colspan="3">本省储存本省所属□
本省储存外省所属□
未纳入检查范围□</td></tr>
<tr><td rowspan="3">粮食入库质量</td><td>容重/(g/L)(出糙率、纯粮率/%)</td><td></td><td rowspan="3">实测粮食质量</td><td>容重/(g/L)(出糙率、纯粮率/%)</td><td></td></tr>
<tr><td>水分/%</td><td></td><td>水分/%</td><td></td></tr>
<tr><td>杂质/%</td><td></td><td>杂质/%</td><td></td></tr>
<tr><td colspan="6">一、抽包检斤</td></tr>
<tr><td colspan="2">1. 抽包数量/包</td><td></td><td colspan="2">2. 抽包粮食毛重/kg</td><td></td></tr>
<tr><td colspan="2">3. 包装物平均单重/kg</td><td></td><td colspan="2">4. 单包粮食称量平均净重/kg</td><td></td></tr>
<tr><td colspan="2">5. 单包平均差数/kg</td><td></td><td colspan="2">6. 差率/%</td><td></td></tr>
<tr><td colspan="3">7. 是否为定量包装粮</td><td colspan="3">是□　　否□</td></tr>
<tr><td colspan="6">二、点包计算</td></tr>
<tr><td colspan="2">1. 水分减量/kg</td><td></td><td colspan="2">2. 保管自然损耗/kg</td><td></td></tr>
<tr><td colspan="2">3. 应记粮食损耗/kg</td><td></td><td colspan="2">4. 账实差数/kg</td><td></td></tr>
<tr><td colspan="2">5. 判定值/kg</td><td></td><td colspan="2">6. 是否参在超耗</td><td>是□　否□</td></tr>
<tr><td colspan="2">超耗原因</td><td colspan="4"></td></tr>
<tr><td colspan="2">备注</td><td colspan="4"></td></tr>
<tr><td rowspan="3">常见定量包装量标准/(kg/包)</td><td>小麦</td><td>大米</td><td>大豆</td><td>稻谷</td><td>玉米</td></tr>
<tr><td>90</td><td>90</td><td>90</td><td>70</td><td>80 或 85</td></tr>
<tr><td colspan="5">说明：
(1) 辽、吉、黑、内蒙古四省或自治区玉米标包为 80kg。
(2) 标准麻袋的皮重应为 927g，目前实际常用麻袋皮重为 840～860g。
(3) 对省间贸易双方有定量包装协议的，可参照协议确定的每包重量进行抽包检斤。</td></tr>
</table>

检查人（签字）：　　保管责任人（签字）：　　被检查企业负责人（签字）：

填表说明：

1. 根据检查情况在表内相关项目后的“□”内打“√”。
2. “储存形式”按散存、包存、围包散储类型填写。
3. “仓房类型”按照平房仓、浅圆仓、立筒仓、地下仓、楼房仓、简易仓（含储粮罩棚、仓间罩棚、铁路罩棚）、其他简易仓、异型仓填写。
4. 单包粮食称量平均净重 =（抽包粮食毛重 - 包装物平均单重×抽包数量）/抽包数量。
5. 单包平均差数 = 包装定量 - 单包粮食称量平均净重。
6. 差率 = 单包平均差数/包装定量×100%，差率在±0.5%以内的，认定为定量包装粮。
7. 实际粮食数量 = 实际包数×单包粮食称量平均净重。
8. 水分减量 = 保管账数量×（入库水分% - 实测水分%）/(1 - 实测水分%)。
9. 保管自然损耗 = 保管账数量×0.2%×粮食储存年数。

10. 应记粮食损耗=保管自然损耗+水分减量。
11. 账实差数=保管账数量-粮食实际数量。
12. 判定值=账实差数-应记粮食损耗。
13. 如判定值>0，判定值即为超耗数量，超耗数量过大的要延伸核查具体原因。
14. 储存方式属于本省储存外省所属的，在备注栏中标明省外委托方企业名称。
15. 表中水分、杂质栏保留 1 位小数。抽包检斤栏目的 3~6 项保留 2 位小数，其他栏目保留整数。

表 3-3　　粮食实物检查工作底稿（直接称重法）

被检验企业（盖章）：　　检查时点：　　实际查库日：　年　月　日

货位号		品种		性质	
所在库区				仓房类型	
堆装方式	非定量包装量□　散装粮□			保管账数量/kg	
收获年度		储存形式		保管账包数量/包	
是否重度不易存		储存方式	本省储存本省所属□　本省储存外省所属□　未纳入检查范围□		
粮食入库质量	容量/(g/L)（出糙率、纯粮率/%）		实测粮食质量	容量/(g/L)（出糙率、纯粮率/%）	
	水分/%			水分/%	
	杂质/%			杂质/%	
一、过秤检查货位中粮食实际数量					
1. 全部粮食（含皮重）检斤重量/kg					
2. 全部包装物重量或皮重/kg					
3. 检斤粮食净重（粮食实际数量）/kg					
二、验证账实差数是否合理					
1. 水分减量/kg			2. 保管自然损耗/kg		
3. 应记粮食损耗/kg			4. 账实差数/kg		
5. 判定值/kg			6. 是否存在超耗		
超耗原因					
备注					

检查人（签字）：　　保管责任人（签字）：　　被检查企业负责人（签字）：

填表说明：

1. 根据检查情况在表内相关项目后的“□”内打“√”。
2. “储存形式”按散存、包存、围包散储类型填写。
3. “仓房类型”按照平房仓、浅圆仓、立管仓、地下仓、楼房仓、简易仓（含储粮罩棚、仓间罩棚、铁路罩棚）、其他简易仓异型仓填写。
4. 检斤粮食净重=全部粮食（含皮重）检斤重量-全部包装物重量或皮重，检斤粮食净重即为检查认定的货位中粮食实际数量。
5. 水分减量=保管账数量×（入库水分%-实测水分%）/(1 -实测水分%)。
6. 保管自然损耗=保管账数量×0.2%×粮食储存年数。
7. 应记粮食损耗=保管自然损耗+水分减量。
8. 账实差数=保管账数量-粮食实际数量。
9. 判定值=账灾差数-应记粮食损耗。
10. 如判定值>C，判定值即为超耗数量，超耗数量过大的要延伸核查具体原因。
11. 储存方式于本省储存外省所属的，在备注栏中标明省外委托方企业名称。
12. 表中以%为单位的保留 1 位小数，其余保留整数。

表 3-4　**粮食实物检查结果登记底稿**

被检查企业（盖章）：　　　　实际查库日：　　年　月　日

货位号	品种	性质	收获年度	所在库区	仓房类型	储存方式	清查方式	保管账数量/kg	粮食实际数量/kg	粮食实际数量与保管账数量比较		备注
										差数/kg	差数原因	

检查人（签字）：　　　　被检查企业负责人（签字）：

填表说明：

1. 本表按同品种、同性质粮食分别汇总。
2. 被检查企业本省储存外省所属以及未纳入检查范围的粮食需单独列表填写，并在备注栏中说明情况。
3. 表中数据保留整数。

7. 检测结果的展示和使用

通过三维激光扫描仪对空仓房进行扫描，可用于测量仓房的长、宽、高等基础参数，确定基本仓容等信息，为仓房的数字化管理提供基础数据支持。使用三维数据显示功能把所测粮堆的三维几何形状展示出来，标识出长、宽、高、角度等参数，通过视频功能在不同的视角和放大倍数下进行查看，使用基准平面标示出粮面的起伏情况。

（1）基础信息管理　在基础信息管理的粮仓管理里的粮仓信息中录入企业名称、库点名称、粮食存储信息等基础信息，见图 3-14。

图 3-14　基础信息管理展示

（2）数量检测管理　主要进行粮食库存数量远程监管和仓内视频实景查看。按照数量监管管理需要，选择仓房编号，点击进入单仓操作界面，可以启动数量监测，并可以查看实时仓内视频。启动数量监测后，系统自动生成扫描方案，并将该扫描方案写入设备，启动运行，运行结束后自动获取并计算得到该仓房的粮食数量等数据；进入实景查看后，可以查看仓内实景，并可以控制视频转动和变焦，见图 3-15。

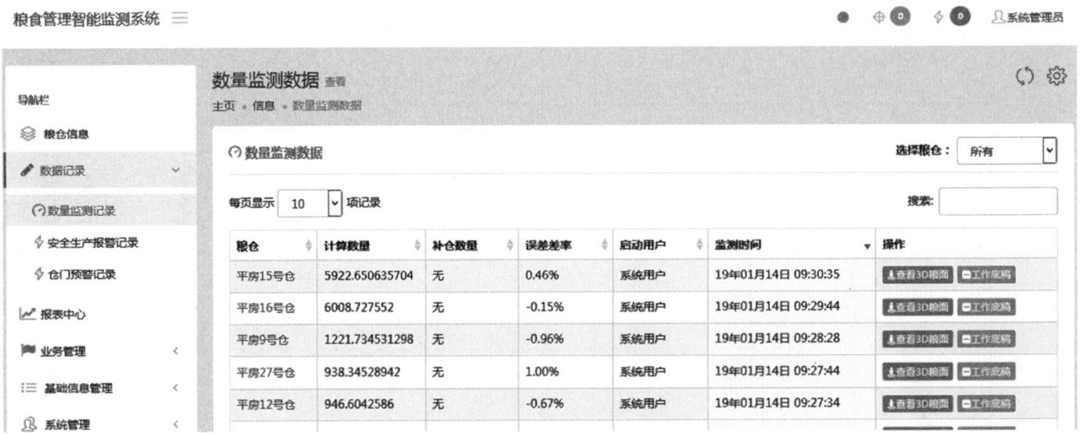

图 3-15　数量检测管理展示

（3）数据记录及报表输出　点击数据记录，可以查看历史的测量数据和三维粮面展示，选择仓号，可以获取后台数据并将数据生成粮食实物检查相关报表并进行导出。

（4）数据上传　软件系统具备与国家粮食管理平台的对接接口，能够将检查数据上传至国家平台进行统计、汇总。系统测量和计算完成后，能够生成完整的检查结果数据，该数据完全遵循国家库存检查规定的数据格式和国家平台数据接口，通过数据接口可将结果数据上传至国家平台，从而实现全国数据的集中统一汇总和统计分析。

第三节
机械通风技术

一、机械通风的功能

储粮机械通风是将一定条件的外界气体在通风机产生的压力差作用下沿着粮堆中的空隙穿过粮层以改变粮堆和仓房内气体介质的参数，调整粮堆环境温度等，实现粮食安全储藏。储粮机械通风的功能包括降温通风、降水通风、调质通风和其他功能通风。

（一）降温通风

降温通风在于降低储粮的温度，主要用于在低温季节通风降低粮温，处理发热粮或高温粮，降低机械烘干后粮食温度。

粮食在储藏过程中，由于受到外界条件和内在因素的共同影响，常常会出现局部或大面积粮温升高，利用通风系统选择合适的环境条件进行降温处理，可以有效防止粮堆发热现象产生，为粮食安全储藏奠定基础。粮食经过机械烘干后的温度较高，通风系统可用作烘干机的冷却系统，降低烘后粮食的温度，使其安全储藏。

（二）降水通风

降水通风目的在于降低粮食含水率，提高储粮稳定性。水分是影响粮食储藏稳定性的最重要的因素之一。采用大风量通风可降低高水分粮自然发热的危害，带走霉菌所产生的积热，降低霉菌生长的速度，使其进行短期储藏。如果采用大于一般降温通风 15~30 倍的单位风量，也能收到较好的降水效果。

（三）调质通风

在粮食加工前，向粮堆内通入高湿度的空气，适当调整粮食水分，以改善粮食加工工艺品质。通常粮食的储藏水分要低于粮食加工时的最佳水分值，直接加工会降低粮食的产率与品质。利用湿空气，对储粮进行缓慢通风，可将其水分调整至适合加工的范围，改善加工品质，提高企业的经济效益。由于调质后的湿粮不易再保管，调质通风只能在粮食加工前进行。

（四）通风的其他功能

储粮机械通风还可以平衡粮堆温度、湿度，防止或消除水分转移、分层和结露，预防高水分粮发热，排除粮堆内异味，熏蒸后散气，在高温季节排除仓内空间积热。通风不仅仅是降温，而是通过通风降温散湿，均衡粮温，防止水分转移而形成的粮堆结露或产生结顶、挂壁现象。

二、机械通风系统的组成、分类与要求

（一）机械通风系统组成

储粮机械通风系统主要由风机、供风导管、通风管道、粮堆以及风机操作控制设备等所组成，如图 3-16 所示。

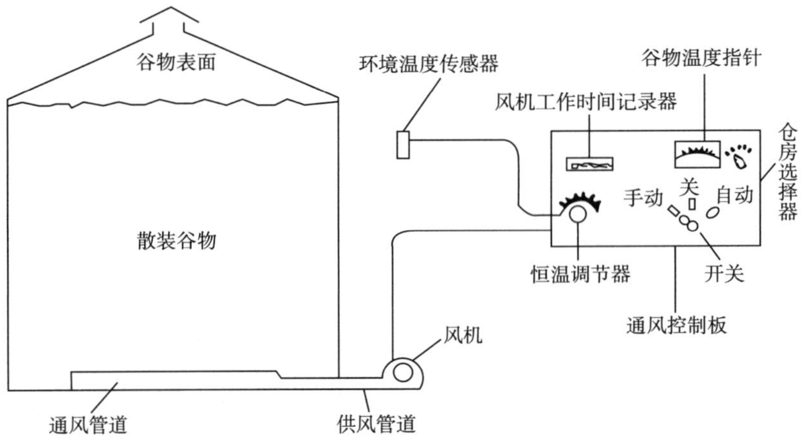

图 3-16　储粮机械通风系统的组成

风机的作用是向粮堆提供足够的风量，克服系统阻力，促使气体在粮堆里流动，保证通风作业的完成。常用的风机为离心式风机或轴流式风机。

供风导管由管壁密封的管子构成，分别与风机和通风管道相接，起着输送空气的作用。

通风管道，俗称风道或通风道，是指安装在粮堆内由孔板或筛网构成的管道，在粮堆内起着均匀分配气流，防止局部阻力过大的作用，达到通风作业的目的。生产中常把设在仓房地坪上的风道为称为地上笼，设在仓房地坪下的风道称为地槽，如果仓房整个地坪设置有冲孔板，则称为全地板通风。

粮堆是机械通风的对象。

通风操作控制系统是指在通风过程中控制风机启动、停止的仪器，简单的仅起开启或关闭风机的作用，复杂的能自动选择通风时机，减轻保管人员的劳动强度，实现自动

开机和关机的操作。

（二）机械通风系统的分类

1. 按通风范围分类

①整体通风：即对一个独立的储粮廒间、一个整体的堆垛进行的通风。

②局部通风：对一个整体粮堆和堆垛的局部部位的粮食进行的通风。

2. 按粮堆下通风管道型式分类

①地槽通风：通风道固定且不占仓容，出粮时仓内易于清理，可适用于多种仓型。目前浅圆仓多采用地槽通风系统，地槽形式有放射形、梳形和环形等。

②地上笼通风：利用一个仓房廒间、堆垛或货位地坪上设置的通风管道为主要方式的通风方式称为地上笼通风。地上笼通风系统风道布置灵活，不破坏原有地坪结构，通风时气流分布较均匀。地上笼需要进出安装、出仓后拆卸，需要作为器材安排存放。该系统常用于平房仓。

③移动式通风：利用移动式风机和通风管道对独立的廒间、堆垛或货位局部进行的通风方式。常用来处理局部有问题的粮食。系统移动灵活，可多仓共用。移动式通风分为单管通风和多管通风。

④箱式通风：在粮堆内预埋箱型空气分配器的负压通风系统，结合粮面揭膜方法或配置导风管应用，适用于小型房式仓的整体通风或局部通风。

⑤径向通风：将筒状空气分配器竖置于粮堆中央，顶端封闭，通入的空气气流经分配器后沿粮仓径向流动，适用于筒式仓或粮囤通风。

⑥夹底通风：利用粮仓底部设置的全开孔底板进行通风的系统。适用于小型房式仓的干燥通风或立筒仓中粮食的慢速干燥及干燥后的冷却。压力损耗小、气流分布均匀、通风量较大的一种通风形式。由于这种通风形式造价较高，且均匀性好，多采用此种形式作为通风干燥仓来处理较高水分的粮食。

3. 按送风方式分类

①压入式通风：又称正压通风，它利用风机产生的正压力将外界空气经风道压入粮堆再经湿热交换从粮面和打开的门窗排出仓外。压入式通风对于降水通风和粮堆的中、上层发热降温通风效果较明显。

②吸出式通风：又称负压通风，利用风机产生的负压吸力使外界空气从粮面进入粮堆再经风道、风机排至仓外，或先使外界空气经风道进入并穿过粮堆最后经风机排至仓外。吸出式通风对于降温通风、调质通风、预防结露通风等效果较明显。

③压入与吸出相结合式通风：在粮堆风网中，空气输入端由通风机正压送风，空气输出端由另一台通风机负压吸风实现压入与吸出相结合。此方式适用于粮层较厚 、阻力较大的场合通风。在通风过程中还可一个通风阶段采用压入式通风，另一阶段采用吸出式通风，适用于粮层较厚或水分不易平衡条件下的通风。

④环流通风：是指通风机的空气输入端和输出端分别与粮堆风网的空气输出端和输

入端相连接的循环通风系统。

4. 按气流方向分类

①上行式通风：外界空气从粮堆底部进入经粮堆向上并穿过粮层后排出仓外的通风。

②下行式通风：外界空气从粮堆表面进入粮堆向下流动穿过粮层后由仓底风道（及负压风机）排出仓外的通风。

③横流式通风：外界空气从粮堆一侧横流穿过整个或部分粮堆后进入另一侧，再排出仓外的通风，一般适合于较小跨度仓房的通风。近来发展的横向通风即属于横流式通风。横向通风系统包括仓房和粮面覆盖的密封薄膜组成的密闭粮堆、固定于平房仓檐墙两侧的通风口、主风道、竖向支风道和仓外一侧通风口连接的吸出式风机等。

横向通风中支风道固定安装在两侧檐墙上，免去粮食进出仓时装拆地上笼，有利于实现粮食进出仓全程机械化作业。

5. 按空气温度调节方式分类

①自然空气通风：直接通过打开门窗靠空气自然流通引外界空气进入粮堆的通风。

②加热空气通风：外界空气经适当加热升温后结合通风系统进入粮堆的通风，多用于降水通风。

③冷却空气通风：将外界空气经机械制冷后结合通风系统送入粮堆的通风。

6. 按储粮堆装形式分类

①包装粮堆机械通风：对包装粮堆进行的机械通风。

②散装粮堆机械通风：对散装粮堆进行的机械通风。

7. 按通风机械设备类型分类

以采用风机的种类进行分类相应称为某某通风，主要包括以下类别。

①离心通风机通风：离心通风机通风适用于风网阻力较大的大型粮仓的通风及发热粮的处理，通风降温降水速度快。

②轴流式通风机通风：轴流式通风机通风适用于风网阻力较小状态下的通风。其中排风扇通风，适用于低风压缓速降温通风。在冬季低温条件充足，并且储粮粮情稳定，对在安全水分内的粮食通风，降温效果较慢但比较经济。装粮线高时不宜采用。

③混流式通风机通风：混流式通风机通风适用于风网阻力适中状态下的通风，其风机压力大于轴流式通风机压力，经济性优于离心式通风机。

④谷物冷却机通风：谷物冷却机通风适用于环境温湿度较高时的冷却通风。特别是在夏季处理问题粮时常用，效果较好。

（三）通风管网设计的基本要求

机械通风系统中风道的布置应能满足均匀、有效通风的要求，风网工艺尽量简单，通风系统阻力要小。连接通风管道的风网中的弯头可采用多环节形式，避免使用直角弯头，弯头的弯曲半径大于于风管直径的 1.5 倍。风网中应尽可能减少弯头、三通等管件的数量。

空气分配系统向粮堆内送风应均匀，风机静压应能克服通风系统的总阻力，通入粮堆的风量应能满足通风目的（降温、降水、调质等）的需要。排风扇与风道进风口要在仓房两侧。

设置于粮堆下的通风道要能够承受粮食和机械设备的载荷，通风设备须安全可靠，操作简便。

（四）通风机的类型与要求

1. 通风机的类型

储粮机械通风系统的风机可以采用离心、轴流和混流风机。

离心式通风机主要由叶轮、机壳、进风口、出风口和电机等部件组成。通风机的叶轮在电动机的带动下随机轴高速旋转，叶轮叶片间的空气随着叶轮旋转获得离心力，空气在离心力作用下由径向甩出而汇集到机壳，同时在叶轮吸气口形成真空，大气中的空气在大气压力作用下而被吸入叶轮，以补充排出的空气，这样叶轮不停旋转，则有空气不断地进入风机和从风机排出。外部能量通过风机叶轮旋转传递给空气，从而保证风机连续地输送空气。储粮机械通风中的离心风机一般采用中、低压风机。中压风机风压为1000~3000Pa，用于管道较长、粮层较厚，系统阻力较大的风网，一般应用在新型高大房式仓和浅圆仓的机械通风系统中。低压风机风压低于1000Pa，一般应用在老型房式仓储粮机械通风系统中。

轴流风机的叶轮安装在圆形风筒内，叶轮上的叶片是扭曲的，另外有一个圆弧形进风口以避免进气的突然收缩。当电动机带动叶轮旋转后，空气由进风口吸入，经过叶片，获得能量，再经扩散筒。这时部分动能转为静压，空气流出，送到风网，空气在风机中始终是沿叶轮轴向进行流动。轴流风机按压力区分，可分为低压轴流风机、高压轴流风机。按型式结构可分为筒式、简易筒式和风扇式。

混流式通风机结合了轴流式和离心式风机的特征，外形看起来更像传统的轴流式风机。混流式通风机的叶轮让空气既做离心运动又做轴向运动，壳内空气的运动混合了轴流与离心两种运动形式。混流通风机的风压系数比轴流风机高，流量系数比离心风机大，它填补了轴流风机和离心风机之间的空白，同时具备安装简单方便的特点。

2. 通风机的主要参数

通风机的性能参数主要包括风量、风压、功率、效率等。

①风量：通风机在单位时间内所输送的气体体积称为风量 Q，其单位是 m^3/s 或 m^3/h。

②风压：通风机的风压 H 指的是空气在通风机内压力的升高值，它等于风机出口空气全压与进口空气全压的差值（或绝对值之和），单位用 Pa 或 kPa 表示。

③功率：空气从风机获得能量进行运动，风机本身消耗了能量，消耗在风机轴上的功率 N 要靠外部供给能量才能运转。通风机在单位时间内传递给空气的能量称为通风机

的有效功率 N，其单位是 W 或 kW，可用式（3-1）表达：

$$N_y = \frac{HQ}{3600} \tag{3-1}$$

式中　N_y——风机有效功率，W 或 kW；

H——风机的风压，Pa；

Q——风机产生的风量，m^3/h。

实际上，由于风机运行时轴承内有摩擦损失，空气在风机内有碰撞和流动损失，消耗在风机轴上的功率 N 要大于有效功率 N_y。轴功率 N 与有效功率之间的关系如下：

$$N = \frac{N_y}{\eta} = \frac{HQ}{3600\eta}\ (\mathrm{W}) \tag{3-2}$$

式中　η——通风机效率。

一般离心式通风机的轴功率随着风量的增加而变大。

④效率：通风机的效率是有效功率与轴功率的比值，用式（3-3）表示。

$$\eta = \frac{N_y}{N} \times 100\% \tag{3-3}$$

3. 通风机的工作特性要求

所选通风机在额定转速下，由 $Q_{风机}$和 $H_{风机}$确定的工作点应在该通风机标称的工作区间内，并应尽量接近全压效率较高的工作区间中间段。所选通风机总效率 $\eta_{总}$应不低于 75%。

$$\eta_{总} = \eta_{风机} \cdot \eta_{传动} = \frac{Q_{实} \cdot H_{实}}{1000 \times 3600N}\% \tag{3-4}$$

式中　$\eta_{总}$——风机总效率，%；

$\eta_{风机}$——风机全压效率，%；

$\eta_{传动}$——机械传动效率，%；

$Q_{实}$——实际测定出的通风机风量，m^3/h；

$H_{实}$——实际测定出的通风机风压，Pa；

N——电动机输入的有效功率，kW。

4. 储粮机械通风常用通风机

（1）T4-72 离心式通风机　用于一般通风换气，输送空气或其他不含易燃易爆、无腐蚀性的气体，气体内无黏性物质，所含的尘土及硬质颗粒物不大于 150mg/m³，温度不超 80℃。

离心风机传动形式分为电机直联型（A 型）、皮带传动型（B 型、C 型、E 型、F 型）和联轴器传动型（D 型）三种，具体见图 3-17。

离心风机分为右旋转或左旋转两种型式，从电动机一端正视，叶轮按顺时针方向旋转，称为右旋转风机，以“右”表示。按逆时针方向旋转，称为左旋转风机，以“左”表示。

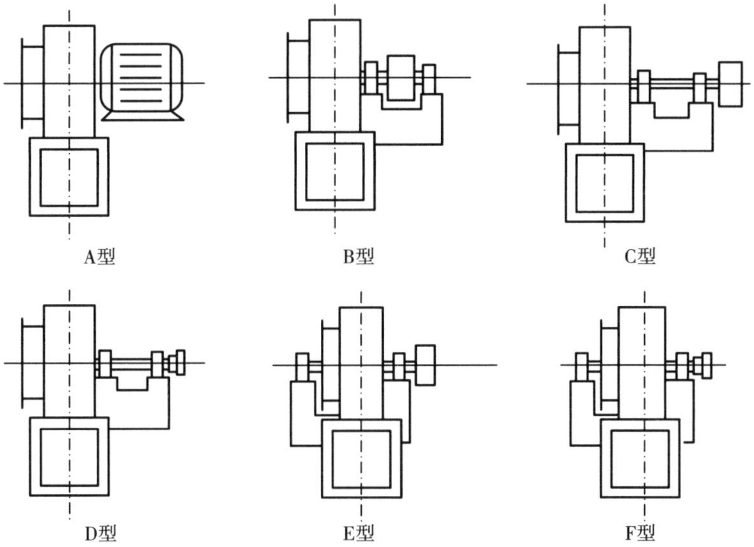

图 3-17　离心风机传动形式

A 型—电机直联型　B、C、E、F 型—皮带传动型　D 型—联轴器传动型

离心风机的出口位置，以机壳的出风口角度表示。T4－72 离心风机性能参数见表 3-5。

表 3-5　　T4-72 离心风机性能参数表

机号	转速/（r/min）	风量/（m^3/h）	全压/Pa	内效率/%	内功率/kW	所需功率/kW	电动机	
							型号	功率/kW
3.2A	2900	1688	1300	69.3	0.88	1.23	Y90S-2（B35）	1.5
		1955	1263	73.2	0.93	1.31		
		2209	1220	75.5	0.99	1.38		
		2476	1160	76.8	1.03	1.34		
		2729	1091	76.9	1.07	1.39		
		2996	1006	75.6	1.10	1.43		
		3250	918	73.2	1.13	1.47		
		3517	792	69.3	1.11	1.45		
	1450	844	324	69.3	0.11	0.16	Y801-4（B35）	0.55
		978	315	73.2	0.12	0.17		
		1104	304	75.5	0.12	0.19		
		1238	289	76.8	0.13	0.19		
		1365	272	76.9	0.13	0.20		
		1498	251	75.6	0.14	0.21		
		1625	229	73.2	0.14	0.21		
		1758	198	69.3	0.14	0.21		

续表

机号	转速/（r/min）	风量/（m³/h）	全压/Pa	内效率/%	内功率/kW	所需功率/kW	电动机	
							型号	功率/kW
3.5A	2900	2664 3045 3405 3786 4146 4527 4887 5268	1578 1531 1481 1419 1343 1256 1144 989	74.2 77.8 80.3 82.1 82.6 81.8 79.5 74.3	1.56 1.65 1.73 1.81 1.86 1.92 1.95 1.94	2.03 2.15 2.25 2.35 2.42 2.50 2.53 2.52	Y90L-2（B35）	3
	1450	1332 1522 1703 1893 2073 2263 2444 2634	393 381 369 353 335 313 285 247	74.2 77.8 80.3 82.1 82.6 81.8 79.5 74.3	0.20 0.21 0.22 0.23 0.23 0.24 0.24 0.24	0.29 0.31 0.33 0.34 0.35 0.36 0.36 0.36	Y802-4（B35）	0.75
4A	2900	4012 4506 4973 5468 5962 6457 6924 7419	2014 1969 1915 1830 1723 1606 1459 1320	77.0 80.3 82.5 84.1 84.6 83.7 81.4 77.5	2.89 3.05 3.18 3.28 3.35 3.42 3.43 3.49	3.47 3.66 3.82 3.94 4.02 4.11 4.11 4.19	Y132S1-2（B35）	5.5
	1450	2006 2253 2487 2734 2981 3228 3462 3700	501 490 476 455 429 400 363 329	77.0 80.3 82.5 84.1 84.6 83.7 81.4 77.5	0.36 0.38 0.40 0.41 0.42 0.43 0.43 0.44	0.54 0.57 0.60 0.62 0.63 0.64 0.64 0.66	Y90S-4（B35）	1.1

续表

机号	转速/（r/min）	风量/（m³/h）	全压/Pa	内效率/%	内功率/kW	所需功率/kW	电动机	
							型号	功率/kW
6C	2240	10314 11818 13251 14755 16187 17692 19124 20628	2734 2698 2637 2541 2396 2202 2004 1733	77.6 81.8 84.7 86.0 86.1 84.6 82.1 77.6	10.00 10.73 11.35 12.00 12.41 12.69 12.87 12.71	12.10 12.98 13.74 14.53 15.02 15.36 15.57 15.39	Y160L-4	15
	2000	9209 10552 11831 13174 14453 15796 17075 18418	2176 2147 2099 2022 1907 1753 1595 1380	77.6 81.8 84.7 86.0 86.1 84.6 82.1 77.6	7.11 7.64 8.08 8.54 8.83 9.03 9.16 9.05	8.61 9.24 9.78 10.34 10.69 10.93 11.09 10.95	Y160M-4	11
	1800	8288 9497 10648 11856 13008 14216 15367 16576	1760 1736 1697 1635 1542 1418 1291 1116	77.6 81.8 84.7 86.0 86.1 84.6 82.1 77.6	5.19 5.57 5.89 6.23 6.44 6.58 6.68 6.60	6.28 6.74 7.13 7.54 7.79 7.97 8.08 7.98	Y132M-4	7.5
	1600	7367 8442 9465 10539 11562 12637 13660 14734	1389 1370 1339 1291 1217 1119 1019 881	77.6 81.8 84.7 86.0 86.1 84.6 82.1 77.6	3.64 3.91 4.14 4.37 4.52 4.62 4.69 4.63	4.60 4.94 5.23 5.53 5.71 5.84 5.92 5.85	Y132S-4	5.5

续表

机号	转速/（r/min）	风量/（m³/h）	全压/Pa	内效率/%	内功率/kW	所需功率/kW	电动机	
							型号	功率/kW
6C	1250	5756	846	77.6	1.74	2.38	Y100L2-4	3
		6595	835	81.8	1.86	2.55		
		7395	816	84.7	1.97	2.49		
		8234	786	86.0	2.09	2.63		
		9033	742	86.1	2.16	2.72		
		9873	682	84.6	2.20	2.79		
		10672	621	82.1	2.34	2.82		
		11511	537	77.6	2.21	2.79		
	1120	5157	679	77.6	1.25	1.71	Y100L1-4	2.2
		5909	670	81.8	1.34	1.83		
		6626	655	84.7	1.42	1.94		
		7378	631	86.0	1.50	2.05		
		8094	595	86.1	1.55	2.12		
		8846	547	84.6	1.59	2.17		
		9562	498	82.1	1.61	2.20		
		10314	431	77.6	1.59	2.17		
	1000	4605	541	77.6	0.89	1.31	Y100L1-4	2.2
		5276	534	81.8	0.95	1.31		
		5916	522	84.7	1.01	1.38		
		6587	503	86.0	1.07	1.46		
		7227	474	86.1	1.10	1.51		
		7898	436	84.6	1.13	1.54		
		8538	397	82.1	1.14	1.57		
		9209	344	77.6	1.13	1.55		
	900	4144	438	77.6	0.65	0.96	Y90L-4	1.5
		4749	432	81.8	0.70	1.03		
		5324	422	84.7	0.74	1.09		
		5928	407	86.0	0.78	1.15		
		6504	384	86.1	0.80	1.19		
		7108	353	84.6	0.82	1.21		
		7684	322	82.1	0.83	1.23		
		8288	278	77.6	0.82	1.22		

续表

机号	转速/（r/min）	风量/（m³/h）	全压/Pa	内效率/%	内功率/kW	所需功率/kW	电动机	
							型号	功率/kW
6C	800	3684	346	77.6	0.46	0.72	Y90S-4	1.1
		4221	341	81.8	0.49	0.72		
		4733	334	84.7	0.52	0.76		
		5270	322	86.0	0.55	0.81		
		5781	303	86.1	0.57	0.83		
		6319	279	84.6	0.58	0.85		
		6830	254	82.1	0.59	0.86		
		7367	220	77.6	0.58	0.85		
7C	1800	12521	2406	75.1	11.05	13.38	Y160L-4	15
		14166	2369	78.3	11.81	14.29		
		15812	2310	80.8	12.46	15.08	Y180M-4	18
		17457	2225	82.6	12.96	15.69		
		19102	2093	83.5	13.20	15.97		
		20747	1945	82.8	13.44	16.26		
		22392	1744	80.2	13.44	16.26		
		24038	1506	75.1	13.32	16.12		
	1600	11130	1897	75.1	7.76	9.39	Y160M-4	15
		12592	1868	78.3	8.29	10.04		
		14055	1822	80.8	8.75	10.59		
		15517	1755	82.6	9.10	11.02		
		16980	1651	83.5	9.27	11.22		
		18442	1534	82.8	9.44	11.42		
		19904	1376	80.2	9.44	11.42		
		21367	1189	75.1	9.35	11.32		
	1250	8696	1155	75.1	3.70	4.67	Y132S-4	7.5
		9838	1137	78.3	3.95	4.99		
		10980	1109	80.8	4.17	5.27		
		12123	1069	82.6	4.34	5.48		
		13265	1005	83.5	4.42	5.58		
		14408	934	82.8	4.50	5.68		
		15550	838	80.2	4.50	5.68		
		16693	724	75.1	4.46	5.63		

续表

机号	转速/(r/min)	风量/(m^3/h)	全压/Pa	内效率/%	内功率/kW	所需功率/kW	电动机	
							型号	功率/kW
7C	1120	7791	927	75.1	2.66	3.36	Y112M-4	4
		8815	912	78.3	2.84	3.59		
		9839	890	80.8	3.00	3.79		
		10862	857	82.6	3.12	3.94		
		11886	807	83.5	3.18	4.02		
		12909	750	82.8	3.24	4.09		
		13933	673	80.2	3.24	4.09		
		14957	581	75.1	3.21	4.05		
	1000	6957	738	75.1	1.89	2.59	Y100L2-4	3
		7871	727	78.3	2.02	2.56		
		8785	709	80.8	2.14	2.70		
		9699	683	82.6	2.22	2.81		
		10612	643	83.5	2.26	2.86		
		11526	597	82.8	2.30	2.91		
		12440	536	80.2	2.30	2.91		
		13354	463	75.1	2.28	2.88		
	900	6261	598	75.1	1.38	1.89	Y100L2-4	3
		7083	588	78.3	1.48	2.02		
		7906	574	80.8	1.56	2.13		
		8729	553	82.6	1.62	2.22		
		9551	520	83.5	1.65	2.26		
		10373	484	82.8	1.68	2.30		
		11196	434	80.2	1.68	2.30		
		12019	375	75.1	1.66	2.28		
	800	5565	472	75.1	0.97	1.33	Y100L1-4	2.2
		6296	465	78.3	1.04	1.42		
		7028	453	80.8	1.09	1.50		
		7759	437	82.6	1.14	1.56		
		8490	411	83.5	1.16	1.59		
		8221	382	82.8	1.18	1.61		
		9952	343	80.2	1.18	1.61		
		10683	296	75.1	1.17	1.60		

续表

机号	转速/(r/min)	风量/(m^3/h)	全压/Pa	内效率/%	内功率/kW	所需功率/kW	电动机	
							型号	功率/kW
7C	710	4939	372	75.1	0.68	1.00	Y90L-4	1.5
		5588	366	78.3	0.72	1.07		
		6237	357	80.8	0.76	1.13		
		6886	344	82.6	0.80	1.17		
		7535	324	83.5	0.81	1.19		
		8184	301	82.8	0.82	1.32		
		8833	270	80.2	0.82	1.22		
		9482	233	75.1	0.82	1.20		
8C	1800	19646	3143	77.6	21.85	26.45	Y200L-4	30
		22511	3101	81.8	23.46	28.39		
		25240	3032	84.7	24.83	30.05		
		28105	2920	86.0	26.25	31.77	Y225S-4	37
		30834	2754	86.1	27.12	32.83		
		33699	2531	84.6	27.74	33.58		
		36427	2302	82.1	28.13	34.05		
	1600	17463	2478	77.6	15.35	18.58	Y180L-4	22
		20010	2445	81.8	16.47	19.94		
		22435	2390	84.7	17.44	21.10		
		24982	2303	86.0	18.43	22.31	Y200L-4	30
		27408	2171	86.1	19.05	23.06		
		29954	1996	84.9	19.49	23.59		
		32380	1816	82.1	19.76	23.92		
	1250	13643	1507	77.6	7.32	8.86	Y160M-4	11
		15633	1487	81.8	7.86	9.51		
		17527	1454	84.7	8.31	10.06		
		19571	1401	86.0	8.79	10.64		
		21412	1321	86.1	9.08	11.00		
		23402	1215	84.9	9.29	11.25		
		25297	1106	82.1	9.42	11.40		
	1120	12224	1209	77.6	5.26	6.37	Y132M-4	7.5
		14007	1193	81.8	5.65	6.84		
		15705	1166	84.7	5.98	7.24		
		17487	1124	86.0	6.32	7.65	Y160M-4	11
		19185	1060	86.1	6.53	7.91		
		20968	975	84.9	6.68	8.09		
		22666	887	82.1	6.78	8.20		

续表

机号	转速/（r/min）	风量/（m³/h）	全压/Pa	内效率/%	内功率/kW	所需功率/kW	电动机	
							型号	功率/kW
8C	1000	10914	963	77.6	3.75	4.73	Y132S-4	5.5
		12506	950	81.8	4.02	5.08		
		14022	929	84.7	4.26	5.38		
		15614	895	86.0	4.50	5.68	Y132M-4	7.5
		17130	844	86.1	4.65	5.87		
		18721	777	84.9	4.76	5.76		
		20237	707	82.1	4.82	5.84		
	900	9823	779	77.6	2.73	3.45	Y112M-4	4
		11255	769	81.8	2.93	3.70		
		12620	752	84.7	3.10	3.92		
		14052	725	86.0	3.28	4.14	Y132S-4	5.5
		15417	683	86.1	3.39	4.28		
		16849	629	84.9	3.47	4.38		
		18213	572	82.1	3.52	4.44		
	800	8732	615	77.6	1.92	2.42	Y100L2-4	3
		10005	607	81.8	2.06	2.60		
		11217	594	84.7	2.18	2.75		
		12491	572	86.0	2.30	2.91		
		13704	540	86.1	2.38	3.01		
		14977	496	84.6	2.44	3.08		
		16190	452	82.1	2.47	3.12		
	710	7749	485	77.6	1.34	1.84	Y100L1-4	2.2
		8880	478	81.8	1.44	1.97		
		9956	468	84.7	1.52	2.08		
		11085	450	86.0	1.61	2.20		
		12162	425	86.1	1.66	2.28	Y100L2-4	3
		13292	391	84.6	1.70	2.33		
		14368	356	82.1	1.73	2.36		
	630	6876	381	77.6	0.94	1.38	Y100L1-4	2.2
		7879	376	81.8	1.01	1.38		
		8834	368	84.7	1.06	1.46		
		9837	355	86.0	1.13	1.54		
		10791	334	86.1	1.16	1.59		
		11794	308	84.6	1.19	1.63		
		12749	280	82.1	1.21	1.65		

（2）通用 T35、BFT35、T40 轴流通风机　性能参数见表 3-6、表 3-7。

表 3-6　　T35、 BFT35 轴流通风机性能表

机号	叶轮直径/mm	叶轮周速/(m/s)	主轴转速/(r/min)	叶片角度/(°)	风量/(m^3/h)	全压/Pa	全压效率/%	所需轴功率/kW	采用轴功率/kW	配用电机	
										型号	功率/kW
4.5	450	34.2	1450	15	2838	86.8	0.67	0.102	0.117	YSF-6314	0.120
				20	3914	95.2	0.71	0.146	0.168	YSF-6324	0.180
				25	4991	96.5	0.72	0.186	0.214	YSF-7114	0.250
				30	5480	112.0	0.71	0.240	0.276	YSF-7124	0.370
				35	6067	126.0	0.67	0.317	0.364	YSF-7124	0.370
5	500	38.0	1450	15	4289	112.6	0.71	0.189	0.217	YSF-7114	0.250
				20	5763	124.8	0.75	0.266	0.306	YSF-7124	0.370
				25	7273	129.6	0.77	0.338	0.389	YSF-8014	0.550
				30	7907	145.6	0.75	0.426	0.490	YSF-8014	0.550
				35	8712	164.6	0.71	0.561	0.645	YSF-8024	0.750
		25.1	960	15	2839	49.1	0.71	0.055	0.035	YSF-8026	0.370
				20	3815	54.4	0.75	0.077	0.089		
				25	4792	56.8	0.77	0.098	0.112		
				30	5235	63.5	0.75	0.123	0.141		
				35	5768	71.8	0.71	0.162	0.186		
5.6	560	42.5	1450	15	6025	140.9	0.71	0.332	0.382	YSF-7124	0.370
				20	8097	156.1	0.75	0.468	0.538	YSF-8014	0.550
				25	10168	162.6	0.77	0.590	0.686	YSF-8024	0.750
				30	11110	182.1	0.75	0.749	0.861	YT90S-4	1.1
				35	12239	206.0	0.71	0.986	1.137	YT90S-4	1.1
		28.1	960	15	3989	61.8	0.71	0.096	0.110	YSF-8026	0.370
				20	5361	68.4	0.75	0.136	0.156		
				25	6732	71.3	0.77	0.173	0.199		
				30	7355	79.8	0.75	0.210	0.241		
				35	8103	90.3	0.71	0.286	0.329		

续表

机号	叶轮直径/mm	叶轮周速/（m/s）	主轴转速/（r/min）	叶片角度/（°）	风量/（m^3/h）	全压/Pa	全压效率/%	所需轴功率/kW	采用轴功率/kW	配用电机	
										型号	功率/kW
6.3	630	47.8	1450	15	8579	178.3	0.71	0.598	0.688	YSF-8024	0.750
				20	11528	197.6	0.75	0.844	0.971	YT90S-4	1.1
				25	14477	205.8	0.77	1.075	1.236	YT90L-4	1.5
				30	15817	230.5	0.75	1.350	1.553	YT90L-4	1.5
				35	17426	260.7	0.71	1.777	2.044	YT100L-4	2.2
		31.7	960	15	5680	78.2	0.71	0.174	2.00	YSF-8026	0.370
				20	7632	86.6	0.75	0.245	0.282	YSF-8026	0.370
				25	9585	90.2	0.77	0.312	0.359	YSF-8026	0.370
				30	10472	101.0	0.75	0.392	0.451	YT90S-6	0.750
				35	11534	114.3	0.71	0.516	0.680	YT90S-6	0.750

表 3-7　T40 型轴流通风机性能表

机号	转速/（r/min）	叶片		全压/Pa	风量/（m^3/h）	轴功率/kW	电动机	
		数量/个	角度/（°）				型号	功率/kW
4	2900	4	15	321	4630	0.605	Y802-2	1.1
			20	355	5918	0.822	Y802-2	1.1
			25	359	7639	1.039	Y802-2	1.1
			30	382	8240	1.200	Y90S-2	1.5
			35	473	9310	1.732	Y90L-2	2.2
	1450	4	15	80	2318	0.0756	AO27114	0.25
			20	88	2959	0.1027		
			25	90	3820	0.1299		
			30	95	4118	0.1500		
			35	119	4658	0.2168		
5	1450	4	15	125	4522	0.231	Y802-4	0.75
			20	138	5789	0.314		
			25	140	7448	0.396		
			30	149	8050	0.457		
			35	184	9090	0.662		
	960	4	15	54	2992	0.0669	Y90S-6	0.25
			20	61	3830	0.0909		
			25	62	4939	0.1149		
			30	66	5332	0.1327		
			35	81	6019	0.1920		

续表

机号	转速/(r/min)	叶片		全压/Pa	风量/(m³/h)	轴功率/kW	电动机	
		数量/个	角度/(°)				型号	功率/kW
6	1450	4	15	180	7808	0.575		
			20	200	9990	0.780	Y90S-4	1.1
			25	202	12899	0.986		
			30	215	13900	1.138	Y90L-4	1.5
			35	267	15700	1.650	Y100L1-4	2.2
	960	4	15	79	5159	0.167	Y90S-6	0.75
			20	87	6610	0.227		
			25	88	8510	0.286		
			30	94	9202	0.331		
			35	117	10400	0.476		
7	1450	4	15	245	12398	1.240	Y90L-4	1.5
			20	272	15901	1.690		
			25	274	20498	2.130	Y100L1-4	2.2
			30	294	22100	2.470	Y100L2-4	3
			35	363	24998	3.570	Y112M-4	4
	960	4	15	108	8201	0.360		
			20	119	10501	0.490	Y90S-6	0.75
			25	121	13500	0.619		0.75
			30	128	14602	0.715		0.75
			35	159	16494	1.034	Y90L-6	1.1

（3）SWF 混流风机　SWF 混流风机型号说明：

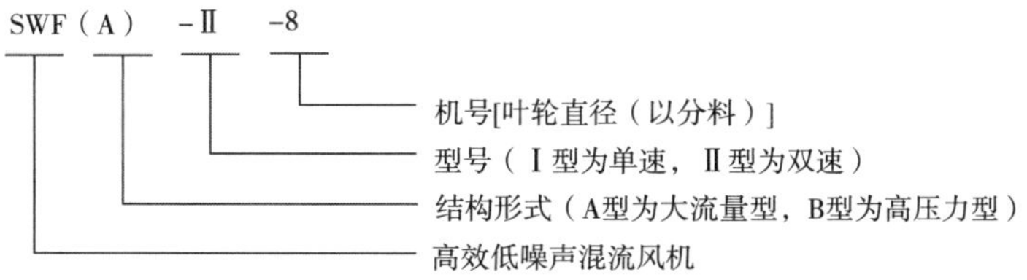

注：SWF（A）型可制成屋顶式结构，表示方法：机号后面加字母“W”；SWF（B）型可在进风口加设消声集流器以降低风机运行噪声，表示方法为 SWF（B）-X；市场对应型号：SEF、XHL、XLF、HL3-2A。

SWF（A）-Ⅰ型风机性能参数如表 3-8 所示。

表 3-8　　　　SWF（A）-Ⅰ型风机性能参数

机号	转速/(r/min)	风量/(m³/h)	风压/Pa	功率/kW	质量/kg	机号	转速/(r/min)	风量/(m³/h)	风压/Pa	功率/kW	质量/kg
3.5	2900	5745~4127	564~986	3	68	5.5	2900	16820~12264	760~950	7.5	116
	1450	3320~2130	125~257	0.25	38		1450	9126~7431	258~354	1.5	80
	960	1938~1234	76~146	0.18	38		960	6532~4893	119~175	0.55	72
4	2900	6801~5688	710~950	4	80	6	2900	19230~17210	780~960	7.5	125
	1450	4302~3053	143~212	0.37	41		1450	10000~8121	200~326	1.5	88
	960	2642~1743	86~156	0.25	41		960	8025~4986	128~236	0.75	84
4.5	2900	8731~7561	720~960	5.5	100	6.5	2900	25124~21864	520~950	7.5	164
	1450	4552~3392	207~265	0.55	56		1450	15064~10840	282~382	2.2	116
	960	3592~2240	88~162	0.25	51		960	31380~27330	600~980	11	207
5	2900	13110~11342	750~960	5.5	108	7	1450	31380~27330	600~980	11	207
	1450	7433~5252	220~326	1.1	64		960	12050~7799	124~206	1.1	116
	960	5624~3215	96~182	0.37	60						

SWF（B）-Ⅰ型风机性能参数如表 3-9 所示。

表 3-9　　　　SWF（B）-Ⅰ型风机性能参数

机号	转速/(r/min)	风量/(m³/h)	风压/Pa	功率/kW	质量/kg	机号	转速/(r/min)	风量/(m³/h)	风压/Pa	功率/kW	质量/kg
2.5	2900	2253~1340	402~554	0.75	30	5.5	1450	11993~7136	486~670	3	128
	1450	1126~670	100~139	0.55	29		960	7941~4724	213~294	1.1	119
	960	746~444	44~61	0.37	29		720	5955~3543	120~165	0.75	119
3	2900	3893~2316	578~798	1.1	41	6	1450	15571~9264	578~798	5.5	172
	1450	1946~1158	145~200	0.55	38		960	10309~6133	253~350	1.5	148
	960	1289~767	63~87	0.37	38		720	7732~4600	142~197	1.1	146
3.5	2900	6181~3678	787~1086	2.2	56	6.5	1450	19797~11778	679~937	7.5	213
	1450	3091~1839	197~272	0.55	45		960	13107~7798	298~411	2.2	178
	960	2046~1217	86~119	0.37	43		720	9830~5849	167~231	1.1	168
4	2900	9227~5490	1028~1419	5.5	101	7	1450	24726~14710	787~1086	11	283
	1450	4614~2745	257~355	0.75	59		960	16370~9340	345~476	3	223
	960	3055~1817	112~156	0.55	58		720	12278~7305	194~268	1.1	203
4.5	2900	13138~7816	1301~1796	7.5	128	7.5	1450	30411~18094	904~1247	15	307
	1450	6569~3908	325~449	1.1	79		960	20135~11979	396~547	4	247
	960	4349~2586	143~196	0.55	80		720	15101~8984	223~308	1.5	227
5	2900	18022~10722	1606~2217	15	205	8	1450	36908~21959	1028~1419	18.5	369
	1450	9091~5361	402~554	2.2	110		960	24436~14538	451~622	5.5	245
	960	5966~3549	176~243	0.75	97		720	18327~10904	253~350	2.2	225

三、机械通风工艺参数的确定

（一）谷物数量

当一个仓房给定以后，通风设计的第一部就是要计算需要通风的谷物数量 G。通风谷物量的计算公式见式（3-5）：

$$G=\gamma V=\gamma Fh \tag{3-5}$$

式中　G——储粮质量，t；

V——仓房体积，m^3；

F——仓房面积，m^2；

h——装粮高度，m；

γ——粮食容重，t/m^3。

（二）单位通风量 q

单位通风量是指每吨粮食每小时通风时所需的风量。单位通风量用符号 q 表示，其单位是 $m^3/(h \cdot t)$，国外也有用每立方米粮食每小时所需的风量作为单位通风量，其单位是 $m^3/(h \cdot m^3)$。两者关系为：后者乘以粮食容重（t/m^3）即等于前者。

单位通风量根据不同的粮种、不同的仓库、不同的通风条件等综合考虑决定。以降温为主要目的的通风系统中，房式仓或较矮圆仓通风的 q 选小于 $20m^3/(h \cdot t)$，其中低风压缓速降温通风（排风扇通风）的 q 选小于 $8m^3/(h \cdot t)$。浅圆仓通风的 q 选小于 $12m^3/(h \cdot t)$。立筒仓通风的 q 选小于 $10m^3/(h \cdot t)$。环流熏蒸通风的 q 选小于 $3m^3/(h \cdot t)$。

以降水为主要目的的通风应根据粮食水分不同，选择不低于表 3-10 中的最低单位通风量。

表 3-10　　降水通风最低单位通风量

粮食水分/%	14	16	18	20
最低单位通风量 q/［$m^3/(h \cdot t)$］	25	30	40	60

（三）总通风量 Q

当需要通风的粮食质量确定后，根据选择的单位通风量，即可按式（3-6）求出谷物总通风量。

$$Q=G \cdot q \tag{3-6}$$

式中　Q——谷物总通风量，m^3/h；

G——粮食总质量，t；

q——单位通风量，$m^3/(h \cdot t)$。

（四）通风管槽的数量

由风机吹进通风系统中的空气，经由通风泄流管槽然后分散在粮堆中。在分散过程中，管槽附近的气流流速相对较高，但是在仓库某些区域内，特别是距管槽较远的区域，如在墙角或地坪附近，气流的流速相对较低，这样就造成粮堆内气流的不均匀。

为了在粮堆内均匀、合理地分配空气，确保粮堆的各个区域都能得到足够的通风量，根据气流在粮堆内的分布规律，提出了通路比这样一个定义，即空气由泄流管槽到达粮堆表面所通过的最长通路（途径）与最短通路（途径）的比值。在仓储上，用于通风降温目的通路比一般为（1.5∶1）~（1.8∶1），用于通风降水目的，则通路比一般保持在（1.25∶1）~（1.5∶1）。只要能满足上述通路比的要求，在通风过程中就能够达到预期的通风效果。

（五）风道长度

风道长度用 L 表示，单位为 m。风道长度主要取决于出风口的开始端和末端至两对应墙壁之间的距离，即两个出风口至墙壁的最长通路与最短通路之比也应小于1.25∶1的要求。为了保证通风的均匀性，一般通风泄流管道的长度不超过 25m。

（六）空气分配孔的数量

空气分配孔主要指的是不全开口系统，也就是说在泄流管道上分段开孔，为了使粮堆的各个部位都有足够的风量，对风口与风口之间的距离也有一定的要求，即通路比也应不超过 1.25∶1，然后计算出一个泄流管上需要开几个风口，风口数用 n 表示。

（七）管道风速

当管道的流量确定之后，管道里的风速与管道的截面积成反比的关系，即截面积越大，风速越小，截面积越小，风速越大，它们之间的关系用式（3-7）计算。

$$v_{管} = \frac{Q_{管}}{3600F_{管}} \tag{3-7}$$

式中　$v_{管}$——管道内风速，m/s；

$Q_{管}$——管道内风，m^3/h；

$F_{管}$——管道截面面积，m^2。

为避免机械通风的泄流管道风速过高造成通风阻力损失过大，风管的截面积应大些，有时截面积过大会影响仓容（地上笼），或给施工增加困难，所以对管内的风速有一定的要求。以便所需的空气量，能以一定的速率流过。主风管中空气速率应控制在 12m/s 以下，最大不超过 15m/s，支风道风速一般控制在 6m/s 以下，最大不超过 9m/s。在实际设计过程中，应使风量、风速，及管道截面积三者之间统筹兼顾，全盘考虑。

（八）泄流管槽截面积 $F_{管}$

当管道里的风量及风速确定之后，管道的截面面积用式（3-8）进行计算。

$$F_{管} = \frac{Q_{管}}{3600v_{管}} \quad (3-8)$$

式中　$F_{管}$——泄流管槽的截面面积，m^2；

$Q_{管}$——泄流管槽内的风量，m^3/h；

$v_{管}$——泄流管槽内的风速，m/s。

若为圆管：则直径 $D = \sqrt{\frac{4F}{\pi}} = 2\sqrt{\frac{F}{\pi}}$

若为矩形管，则 $F=a\times b$ 先确定一个，再求出另一个，精确时要用当量直径计算，ab 是指矩形管道的边长（单位：m）。

（九）空气分配孔流量 $Q_{分}$

管槽内的风量已知，空气分配孔的个数确定后，则空气分配孔的流量用式（3-9）进行计算。

$$Q_{分} = \frac{Q_{管}}{n} \quad (3-9)$$

式中　$Q_{分}$——空气分配孔的流量，m^3/h；

n——空气分配孔的数量，个。

（十）分配器表观风速 $v_{分}$

空气分配器的表现风速是指气流穿过分配器通气孔板表面积的流速，用符号 $v_{分}$ 来表示，单位为 m/s。

在地槽式通风道中，空气分配器是平面式的，也可做成半圆式的。在地上笼通风中，空气分配器就是整个带孔眼的风道。

空气分配器风速的计算式（3-10）为：

$$v_{分} = \frac{Q_{分}}{3600F_{分}} \quad (3-10)$$

式中　$Q_{分}$——通过分配器的风量，m^3/h；

$F_{分}$——分配器开孔板的表面积，m^2；

$v_{分}$——分配器表观风速，m/s。

分配器表观风速推荐在 0.1~0.15m/s，最大不超过 0.3m/s。如果是地槽式通风采用全程开孔分配器的 $F_{分}$ 应为地槽宽度乘以地槽的长度。如果分配器是圆形地上笼，则其分配器表面积为整个圆形风道表面积的 80%。

在推荐的风道分配器表观风速范围内，分配器的阻力不大于 50Pa，计算风网时，可取分配器阻力等于 50Pa。分配器的开孔率，可选在 30%~50%。孔板上的孔眼有圆形、长方形、鱼鳞板形以及编织的不规则形，不漏粮粒是基本要求，孔板的开孔率一般不小于25%，如能做到40%~50%则更好。

（十一）空气分配孔的面积 $F_{分}$

空气分配孔面积的确定是根据求出的空气分配孔的流量和所选择的空气分配孔空气射流速率而算出的。空气分配孔面积的计算公式见式（3-11）：

$$F_{分} = \frac{Q_{分}}{3600v_{分}} \tag{3-11}$$

式中 $F_{分}$——空气分配器的面积，m^2；

$Q_{分}$——空气分配孔的流量，m^3/h；

$v_{分}$——空气分配孔的表观速率，m/s。

（十二）通风系统总阻力

通风系统总阻力主要包括风道阻力、分配器阻力和粮层阻力。其中，风道阻力不宜大于100Pa，分配器阻力不宜大于50Pa，降水通风和调质通风的通风系统总阻力不宜大于1000Pa。降温通风的系统总阻力可以由表3-11确定。

表3-11 降温通风的系统总阻力

堆粮高度/m	通风系统总阻力/Pa
≤6	≤750
≤15	≤2000
≤20	≤2400

1. 风道阻力计算

风道阻力可由式（3-12）计算：

$$H_m = L \times \frac{\lambda}{d} \times \frac{\rho v^2}{2} \tag{3-12}$$

式中 H_m——风道阻力，Pa；

L——风道长度，m；

λ——摩擦阻力系数；

ρ——空气密度，kg/m^3；

v——风道中空气流速，m/s；

d——风道直径（或矩形管道的当量直径），m。

2. 分配器阻力

国内外一些资料常将分配器阻力作为局部阻力处理，即：

$$H_{分配器} = \xi \frac{\rho v^2}{2} \tag{3-13}$$

空气分配器的阻力系数为：

$$\xi = (1 - k) + \left(\frac{1 - k}{k}\right)^2 \tag{3-14}$$

式中 k——筛孔板的开孔率。

3. 粮层阻力

散装粮食的粮层阻力可以按式（3-15）计算：

$$H_{粮} = 9.8 \times ah\nu_{表}{}^{b} \tag{3-15}$$

式中 $H_{粮}$——粮层阻力，Pa；

h——粮层厚度，m；

$\nu_{表}$——粮面表观风速，m/s；

a、b——阻力系数，小麦的阻力系数 a 为 681.399，b 为 1.321。

压紧粮堆的粮层阻力，应根据压紧程度，可以将计算所得粮层阻力数值乘以压紧系数，压紧系数一般为 1.30~1.55。

四、机械通风的操作条件

（一）确定通风的原则

原则一：通风达到的目的要与通风具有的功能、通风的合适时机相协调。这里以不协调的情况举例加以说明。储粮因虫害局部发热时，采用机械通风降温可以暂时抑制储粮发热，但会导致虫害在粮堆中大量扩散，引发更大面积的害虫发生，这是一种不协调。又如在严寒季节进行机械通风降水时，即使大气的湿度很低，此时大气的焓值比较低，水分的蒸发微弱，降水效果也不会显著，这又是一种不协调。

原则二：通风时的大气条件应能满足通风目的的需要。降水通风要求大气湿度较低，温度要高，而调质通风则要求大气湿度较高，二者的要求正好相反。一种特定的大气条件参数不可能同时满足所有通风目的的要求，必须根据通风的目的来选择不同的通风条件。

原则三：确定通风大气条件时，既要保证通风有较高的效率，又要保证有足够的机会。对降温通风来讲，气温低于粮温温差越大，通风的冷却效果越好。如果要求的温差太大就使得自然气候中满足这种温差条件的机会大大减少，甚至丧失通风的机会。

原则四：确定通风的大气条件能限制不利的通风副作用。例如，一般要求在降温通风时粮食的水分不应增加。在降水通风或调质通风时，粮食的温度不应超过安全保管的临界温度，等等。

原则五：通风中必须确保储粮的安全。例如，在通风过程中，要严格防止粮堆出现结露等危及储粮安全的现象发生。

（二）降温通风

1. 允许降温通风的条件

（1）温度条件

①开始通风时，粮堆平均温度与仓外大气温度之差不小于 8℃（亚热带地区不小于 6℃）。

②通风进行时，粮堆平均温度与仓外大气温度之差要大于 4℃（亚热带地区要大于 3℃）。

（2）湿度条件

①粮食水分不高于当地储粮安全水分进行降温通风时，对湿度条件不做要求。

②粮食水分高于当地储粮安全水分进行降温通风时，应满足以下条件：即时粮温下的粮食平衡绝对湿度不小于即时大气绝对湿度；或者粮堆的平衡相对湿度不小于粮堆温度下空气相对湿度。

2. 结束降温通风的条件

①粮堆平均温度与仓外大气温度之差不大于 4℃（亚热带地区要不大于 3℃）。

②粮堆温度梯度不大于 1℃/m 粮层厚度，粮堆上层与下层温度差：房式仓不大于 3℃，浅圆仓一般不大于 10℃。

③粮堆水分梯度不大于 0.3% 水分/m 粮层厚度，粮堆上层与下层水分差不大于 1.5%。

（三）降水通风

降水通风时小麦水分不应超过 16%，粮堆高度不宜大于 3m。

1. 允许降水通风的条件

①温度条件：粮堆平均温度大于大气露点温度。

②湿度条件：按粮食水分减 1 个百分点后的水分值和即时大气温度值所查得的平衡绝对湿度应大于即时大气绝对湿度。

2. 结束降水通风的条件

①底层压入式通风时，干燥区前沿移出粮面；底层吸出式通风时，干燥区前沿移出粮堆底面。

②粮堆水分梯度不大于 0.5%水分/m 粮层厚度。

③粮堆温度梯度不大于 1℃/m 粮层厚度。

（四）调质通风

1. 允许降温通风的条件

（1）温度条件

①粮堆平均温度大于大气露点温度。

②通风后粮堆最高温度不得超过该批粮食增加水分后的安全储存温度。

（2）湿度条件　按粮食水分增加 2.5 个百分点后的水分值和根据即时大气温度值所查得的平衡绝对湿度应小于大气绝对湿度。

2. 结束降温通风的条件

①粮堆水分达到预期值，但不得超过安全储存水分。

②粮堆水分梯度不大于 0.5%水分/m 粮层厚度。

③粮堆温度梯度不大于 1℃/m 粮层厚度。

（五）防结露通风

1. 允许防结露通风的条件

（1）温度条件

①粮堆平均温度大于通风需要达到的目标粮温。

②粮堆平均温度与仓外大气温度之差不小于 8℃（亚热带地区不小于 6℃）。

（2）结露条件

①上行式通风：粮堆下层平均粮温大于大气露点温度。

②下行式通风：粮堆上层平均粮温大于大气露点温度。

2. 结束防结露通风的条件

①粮堆平均温度不大于通风需要达到的目标粮温。

②粮堆温度梯度不大于 1℃/m 粮层厚度，粮堆上层与下层温度差：房式仓不大于 3℃，浅圆仓一般不大于 10℃。冷却峰面移出粮堆。

③粮堆水分梯度不大于 0.3%水分/m 粮层厚度，粮堆上层与下层水分差不大于 1.5%。

（六）排积热通风

1. 允许排积热通风的条件

①第一、二、三、四生态储粮区：仓内空间温度高于大气温度 3℃以上。

②第五、六、七生态储粮区：仓内空间温度高于大气温度 2℃以上。

2. 结束排积热通风的条件

仓内空间温度不高于大气温度 1℃。

五、机械通风的操作与管理

（一）机械通风操作的工艺要求

1. 降温通风

①在秋冬季节，可以充分利用自然低温进行降温通风；通风时机多的地区，采用分阶段通风，逐步降低粮堆温度；通风时机有限的地区，充分利用每次冷空气南下的短暂时期进行通风降温。

②高温入仓的粮食，优先利用外界环境低温及时进行降温通风。在粮食入仓过程中，在外界环境条件允许的情况下，可以边入粮边通风；外界温湿度不满足降温通风条件时，采用谷物冷却机进行冷却降温通风。

③秋季第一次通风时，要连续通风使冷锋面移出粮堆后才能停止通风，防止结露层

停滞在粮堆内部。在气温较低、通风时间充裕的情况下，降温通风优先采取轴流风机负压吸风。对于竖向通风系统，中上层粮温偏高时，采用上行式降温通风，下层粮温偏高时，采用下行式降温通风，这样冷空气先接触冷粮面，可以提高通风效率。

④根据气候条件、度夏粮温要求、节能保水要求等因素，合理确定通风的目标粮温。保水通风时，优先选用小单位通风量通风。保水降温通风时，选择在夜晚、凌晨等湿度较大的时机通风效果较好。

2. 降水通风

①降水通风的粮食要求基本无虫，没有发热、发霉的发生，粮食的杂质含量不高于1%。小麦的水分不能过高，在16%以内才能降水通风。当粮堆高度超过6m时，入仓的粮食不能够超过2%的安全水分。

②通风前或通风过程中，在粮堆通风死角和通风阻力较大、风量偏小的部位增加导风管，可以显著提高通风效果。秋季粮食的干燥，最好在日平均温度不低于10℃前完成，春季干燥最好在日平均温度达到22℃前完成，这样可以提高干燥效率。

③中、下层粮食采用上行式通风干燥。当中、下层粮食已完成干燥且上层粮食水分含量不高于安全水分1.5%时，可以采用下行式通风将上层粮食干燥到安全水分含量以内。

④降水通风时，需要配置符合要求的粮情测控系统，配备温度、湿度和水分检测系统，如果具备通风决策软件的自动控制系统则更好。在环境湿度较高的地区，可以配置辅助加热设备或除湿加热设备，加热能力至少要使空气升温5℃，通风效果才比较明显。粮食在入仓过程中，要采取措施减少杂质聚集，尽可能地避免入仓粮食的自动分级。

3. 调质通风

①调质通风是对粮食进行增湿，湿粮不能够继续储存，因此调质通风仅在粮食出仓前的一个月内进行。进行调质通风时，平均粮温要求在25℃以内，调质后的粮食水分不能超过安全水分。调质通风只能把符合要求的湿空气送入粮堆，不能把含有明水的空气送入粮堆。

②当环境大气温度等于或高于粮温时，环境湿空气可以直接送入粮堆。当环境大气温度低于粮温时，要采用环流通风进行调质通风，缓慢地提高粮食水分。调质通风最好采用下行式通风方式，当上层粮食水分较大时可采用缓苏通风进行水分均衡。当水分峰面已超过2/3的粮堆，进气层和出气层粮食水分梯度较大时，可改变通风方向，均衡粮食水分。

③需要配置符合要求的粮情测控系统，配备温度、湿度和水分检测系统，配备带有决策软件的自动控制系统效果则更好。

4. 防结露通风

①夏季新入仓的粮食，或者过夏的热粮到秋季后，当仓温降低接近表层粮食露点时，当粮堆层间温差接近露点温差时，应及时进行通风，预防储粮结露。

②在通风过程中，适时判断通风条件，确保仓温、粮堆表层温度与外界环境温度差小于结露温差。防结露通风冷峰面移出粮堆前不要停止通风；在每个阶段通风结束前，

要确保粮堆内层间温差、粮堆与仓间温差小于结露温差。

③采用下行式通风可以有效防止粮堆表层和仓内壁结露。采用上行式通风，应开启仓上轴流风机及时排除仓内积热和积湿。

5. 排积热通风

①在气温变化季节，需要及时开启轴流风机，排除仓内积热。轴流风机的总风量要能够使仓内空间的换气次数达到 4~8 次/h。

②排积热通风时，开启离风机最远处的仓窗进行。在不进行排积热通风时，及时关闭通风窗，做好储粮害虫和鸟类的预防。

6. 散气通风

①采用仓上轴流风机进行通风散气时，先开启通风口，关闭仓上的所有窗户。采用环流风机进行散气通风时，要关闭通风口和仓上的所有窗户，开启环流风机排气阀门并关闭环流风机出口的环流阀门。

②散气时仓房要设置警戒标示，人员远离散气口。根据检测到的粮堆和仓内不良气体的浓度来确定散气时间，浓度减小到安全浓度之前，通风散气不能够停止。

7. 环流通风

①当粮堆温度和水分梯度较大，又不满足降温通风的大气条件时，可以采用环流通风来均衡粮温和水分。当粮堆冷心蓄冷量大，可以只利用粮堆冷心的冷量进行环流均温均湿。当粮堆冷心蓄冷量较小时，需要利用空调或小型谷冷机补充冷源进行环流均温均湿。当仓温明显高于粮堆温度时，采用膜下环流均温方式。

②环流通风的方向和环境参数条件，要能够预防粮堆层间结露。当表层粮温较高时，补冷环流通风采用上行式，不补冷环流通风采用下行式，避免结露。环流均温通风的单位通风量应≤$6m^3$/(h·t)。

（二）机械通风的操作管理

1. 通风前的准备工作

①粮食入仓前对通风系统进行全面检查。要求地上笼通风道的衔接部位严丝合缝，装粮后不能漏入粮食。通风道内不得有积水和异物。采用“一机多风道”的平房仓机械通风系统，要求安装风量调节阀，装粮前将各支风道的风量调节均匀。

②粮食入仓过程中，要采取减少自动分级的措施，并随时检查通风道在粮食入仓过程中的完好情况，粮食入仓结束后进行粮面平整。首次通风前，对送风的均匀性和通风机的工作状态进行测定。测定粮食的温度、水分以及大气温度、湿度，依据通风操作条件规定，判断能否进行通风。

③风机与风道口的连接使用软连接，要牢固、密封；风机运转时，防止通风机反转；采用移动式通风机进行作业时，通风机要平稳放置。根据通风方式的要求打开或关闭门窗，以便于气体的交换，减少通风时对仓体的压力载荷，防止气流短路。采取揭膜方法通风时，通风前将薄膜覆盖于粮面上，通风机运转后，检查薄膜的完好情况，对查

出的漏气孔隙要及时贴补。冷却通风的仓外连接管道，要采取隔热保温措施。

2. 通风过程的操作与管理

①多台通风机同时使用时，逐台单独启动，待运转正常后再启动另一台，严禁几台通风机同时启动；禁止通风机直接并联或串联使用。吸出式通风作业，通风机的出风口避免直接朝向易损建筑物和人行通道，必要时在通风机出口处安装散风板以改变气流方向。设备自动停机时，先查清原因，待故障排除后再重新启动；电机升温过高或设备振动剧烈时要停机检修，设备不能继续运转。

②通风过程中，随时检查各部位粮温变化，对粮温不降或下降缓慢的死角部位，采取插入导风管、使用单管或多管通风等对其进行散热降温处理，以确保全仓粮温的均匀性。同时加强对粮情和设备运行情况的巡回监测，发现问题及时处理。

③冬季机械通风降温时，若出现粮面或局部结露现象，继续通风，必要时辅以粮面或粮堆局部翻动，使结露现象逐步消失。箱式通风采用吸出式，揭膜要从距风机最远处开始，每次揭膜距离不超过 2m，并采取埋设导风管和开侧孔的方法以减少通风死角。

3. 通风过程的检查要求

①通风过程中要对门窗的打开和关闭、通风机的运转和揭膜的完成情况进行检查；吸出式通风还要经常观察出风口是否有异物或粮粒被吸出，发现问题要及时停机处理。

②通风开始前、通风进行时和通风结束后的粮情检测项目、测点和取样点的布置要合理布置，符合规定。降温通风、调质通风每 4h 至少测定一次温度，降水通风每 8h 至少测定一次，并根据粮温、粮食水分、大气温度、大气湿度的变化，判断是否能够继续通风。降温通风每个阶段结束后，要分层设点检测粮食水分。降水通风、调质通风每 8h 分层定点测定一次水分。

4. 通风结束后的管理

通风结束后关闭门窗，用防潮、隔热物料封闭风道口，在气温回升前做好粮堆的隔热密封工作。通风结束后对设备进行检修、保养和防腐处理并妥善保管，对本次通风的单位能耗进行评估，详细填写“储粮机械通风作业记录卡”，如表 3-12 所示。

表 3-12　　储粮通风作业记录卡

省（市）　　县（市）　　库（站）　　仓（货位）号

仓型		尺寸	
粮食种类		数量/t	
通风目的		实际装粮高度/m	
风机类型及型号		送风方式（吸/压）	
风机数量		气流方向（上行/下行）	
单台风机风量/(m^3/h)		单位通风量/[m^3/(h·t)]	

续表

<table>
<tr><td colspan="2">仓房总风量/(m^3/h)</td><td colspan="2"></td><td>单台风机功率/kW</td><td></td></tr>
<tr><td colspan="2">风网总阻力/Pa</td><td colspan="2"></td><td>风机总功率/kW</td><td></td></tr>
<tr><td colspan="2" rowspan="2">粮面表观风速/(m/s)</td><td colspan="2" rowspan="2"></td><td>理论值</td><td></td></tr>
<tr><td>测试值</td><td></td></tr>
<tr><td rowspan="4">风网布置</td><td>地槽或地上笼</td><td colspan="2"></td><td>开始通风时间</td><td></td></tr>
<tr><td>地槽或地上笼尺寸</td><td colspan="2"></td><td>停机时间</td><td></td></tr>
<tr><td>空气途径比</td><td colspan="2"></td><td>结束通风时间</td><td></td></tr>
<tr><td>孔板开孔率</td><td colspan="2"></td><td>累计通风时间/h</td><td></td></tr>
<tr><td colspan="2">通风时参数</td><td>最高值</td><td>最低值</td><td>平均值</td><td rowspan="3">粮温和水分最大梯度(℃/m 粮层厚度和%/m 粮层厚度)</td></tr>
<tr><td colspan="2">大气温度/℃</td><td></td><td></td><td></td></tr>
<tr><td colspan="2">大气相对湿度/%</td><td></td><td></td><td></td></tr>
<tr><td rowspan="2">粮食温度/℃</td><td>通风前</td><td></td><td></td><td></td><td></td></tr>
<tr><td>通风后</td><td></td><td></td><td></td><td></td></tr>
<tr><td rowspan="2">粮食水分/%</td><td>通风前</td><td></td><td></td><td></td><td></td></tr>
<tr><td>通风后</td><td></td><td></td><td></td><td></td></tr>
<tr><td colspan="2">总耗电/kW·h</td><td></td><td colspan="2">单位能耗/[kW·h/(℃·t)]</td><td></td></tr>
<tr><td colspan="2">通风失水率/%</td><td></td><td colspan="2">单位通风失水率/(%/℃)</td><td></td></tr>
<tr><td colspan="2">操作人（签章）</td><td></td><td colspan="2">负责人（签章）</td><td></td></tr>
<tr><td colspan="2">备 注</td><td colspan="4"></td></tr>
</table>

5. 对操作管理人员的要求

①机械通风的操作管理人员应具有一定的机电设备使用、维修和储粮机械通风专业知识，经培训考核合格后方可上岗，并保持相对稳定。

②机械通风操作管理人员的培训考核工作应根据国家粮食局有关规定，由省级粮食部门组织进行，操作管理人员经考核合格后发给《储粮机械通风操作许可证》。

6. 通风常见问题与排除方法

储粮通风常见问题与排除方法见表 3-13。

表 3-13 储粮通风常见问题与排除方法

故障	产生原因	排除方法
进仓时地上笼风道位移与损坏	进粮操作不规范	按操作规程进粮，粮堆接近风道时，先用粮食压住风道后，再继续进粮
	被行进中的机械损坏	移动仓储机械时，要注意避免破坏风道
	风道的质量差	选用材质符合要求的风道

续表

故障	产生原因	排除方法
风道内漏粮与堵塞	在进粮过程中，风道错位或筛网被破坏	按操作规程进粮，粮堆接近风道时，先用粮食压住风道后，再继续进粮
	质量差或筛网的孔眼太大	更换符合质量的筛网
出仓过程中的风道损坏	风道被出仓机械碰坏	按操作规程出粮，注意避免碰坏风道
出仓后风道表面有粮食结块与霉坏现象	通风口的隔热气密性能不良	改善通风口结构，达到隔热气密要求
	通风操作不当	合理选择通风时机，在通风初期风道周围粮食的水分可能会增加，但通风一定要持续到水分降低为止
电机电流过大和温升过高	启动风机的进风口未关闭	关闭风机进风口，大风机采用空载启动
	输入电压过低或电源单相断电	检查电路，保证正常供电
	联轴器连接不正，皮圈过紧或间隙不匀	调整联轴器的位置或皮圈的松紧度
通风时风机不转或风量不足	无电	接通电源
	通风口未完全打开	完全打开通风口
	风机叶轮反转	改变旋转方向，即改变电机电源接法
通风机转数符合，但风压、风量不足	风机叶轮反转	改变旋转方向，即改变电机电源接法
	系统漏风	堵塞漏风处
	系统阻力过大或局部堵塞	核算阻力，清除杂物
	风机轴与叶轮松动	检修、紧固拉紧皮带
通风机转数符合，但风量过大	传动皮带太松	调整转速
	选择不当	增设调节闸门
风机震动过大	系统阻力小	检查、校正
	风机叶轮不平衡	平衡叶轮
	安装不稳固	紧固地脚螺栓
	轴承装置不良	校正轴承装置
	风机叶轮不清洁	清洗风机叶轮
	风机轴与电机轴不同心；联轴器装歪；机壳与支架、轴承箱与支架等连接螺栓松动；风机和电机的皮带轮不在同一直线上	检查、校正、紧固
风机噪声异常	调节闸松动	安装好调节闸
	无防震装置	增加防震装置

续表

故障	产生原因	排除方法
各支风道的风量分布不均匀	支风道布置不合理	重新布置或调整风道间隔
	空气气流分布状态与实仓的不同，风量调节板未发挥作用	厚粮层粮堆可以直接依靠粮层阻力来平衡各支风道的风量分配
通风过程中的粮食失水较多	通风的空气湿度太低	合理选择通风时机
	选择的风量偏大	干燥低温地区可采用小风量通风
	通风时间长	适当提高温差值，可缩短通风时间
通风时局部粮温居高不下	粮堆内有杂质的分级点	清理杂质或插入导风管解决
	设计不合理，有通风死角存在	风道重新设计或布置
通风中粮温下降太慢	风量偏小	适当提高风量
	通风时的温差值较小	适当提高温差值，可缩短通风时间
通风时，仓房内壁上、屋面下有结露现象	出风面过小，废气不能通畅排放	打开仓房所有的门窗，包括启动轴流风机换气，使废气畅通排放
	粮堆内温度高、湿热大、通风时机偏晚	适当提前低温季节开机通风降温的时机
	粮堆内外的温差过大	在通风初期容易发生，连续通风自然会消除

六、通风系统的测定与效率评估

（一）管道风压、风速和风量的测定

1. 压力计

用来测量各种压差的仪器称为压力计。常用液柱压力计，它所测得的数值均为相对压强。这种液柱压力计不仅可以测量气流的压强，而且可以通过对气流动压的测量，间接得到气流的速率和风量。经常采用的液柱压力计有两种，一种是 U 形压力计，另一种是微压计。

（1）U 形压力计　U 形压力计的构造如图 3-18 所示，图中 1 为玻璃管，其内径为 5mm，弯成 U 形，A、B 为接口。2 为液体，可采用纯水、酒精和水银。由于纯水密度为 $1000kg/m^3$，且 $1kg/m^2 = 1mmH_2O = 9.81Pa$，因此，用水作为工作液体最为简便。若工作液体采用酒精时，因为酒精密度为 $800kg/m^3$，且 $0.8kg/m^2 = 1mm$ 酒精柱，所以读数需

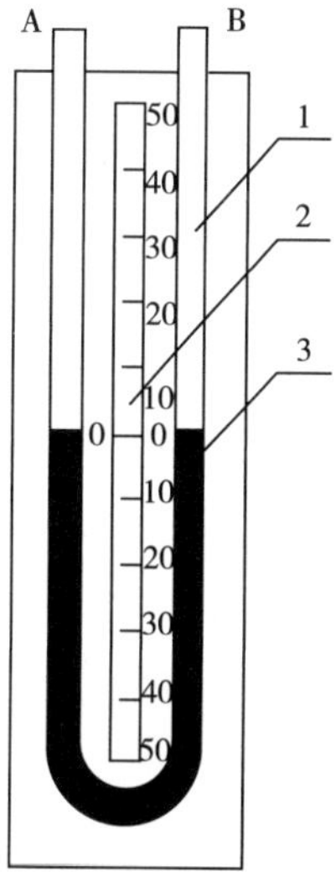

图 3-18　U 形压力计构造

1—玻璃管　2—刻度尺　3—液体

要换算，这就带来不便。但酒精在玻璃管内形成的凹面比水柱明显，故便于读值。在压强较大时才采用水银作为工作液。3 为刻度尺，尺面上刻度范围 0～100cm。

U 形压力计读数所示的相对压强可由式（3-16）进行计算：

$$\Delta p = P_A - P_B = r\Delta h \tag{3-16}$$

式中 Δp——U 形压力计所示的相对压强，kg/m^2；

P_A、P_B——测压点压强，kg/m^2；

r——U 形管内工作液体密度，kg/m^3；

Δh——A、B 两管液面高度差值，m。

测压时，只需将所预测的压强通过橡皮管传递至 A、B 孔口，便可在 U 形玻璃管内显示液柱高差。U 形压力计的测压范围很广，但其误差较大，一般误差总在±0.5mm 上下，测量小于 $15mmH_2O$（$1mmH_2O=9.8Pa$）的压强误差较大。

（2）倾斜式微压计　在测量较小的压差时，微压计具有较高的准确度。倾斜式微压计可将 U 形压力计读值放大一定的倍数，其原理如图 3-19 所示。它是由一个杯形的容器和一个与它相连的可以调节成不同角度的玻璃管组成。玻璃直径与容器的直径相比为（1∶10）～（1∶15）。

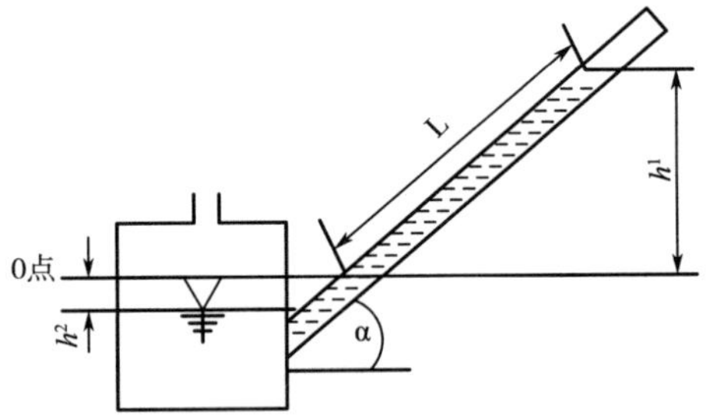

图 3-19　倾斜微压计原理

在无压差存在时，液面均在图 3-19 中的水平面上，当测压时，玻璃管内的液面与容器的液面高差为 h。

图 3-19 中，$h=h_1+h_2=L\sin\alpha+h_2$　因

$$LF_1 = h_2F_2 \tag{3-17}$$

式中 F_1——玻璃管横断面积，m^2；

F_2——杯形大容器横断面积，m^2；

h_1——水平面 0 点以上液位高度，mm；

h_2——水平面 0 点以下液位高度，mm；

L——玻璃管液柱长度，mm。

因为 $F_2 \gg F_1$，所以

$$h_2 = L\frac{F_1}{F_2} \tag{3-18}$$

则

$$h = L\sin\alpha + L\frac{F_1}{F_2} = L\left(\sin\alpha + \frac{F_1}{F_2}\right) \tag{3-19}$$

那么

$$\Delta p = \gamma L\left(\sin\alpha + \frac{F_1}{F_2}\right) \tag{3-20}$$

式中 Δp——被测压差，kg/m^2；

γ——工作液体密度，kg/m^3；

L——玻璃管液柱长度，mm；

α——玻璃管与水平的夹角，(°)。

Y-61 型倾斜微压计是测量管倾斜角度可以变更的微压计，其结构如图 3-20 所示。图中宽大杯形容器中充有工作液体酒精，与它相连的是倾斜测量管，在倾斜测量管上标有长为 250mm 的刻度，宽大容器装在有两个调平螺钉和一个水准指示器的底板上，大底板上还装着弧形支架，用它可以把倾斜测量管固定在五个不同倾斜角度的位置上，得到五种不同的测量范围。

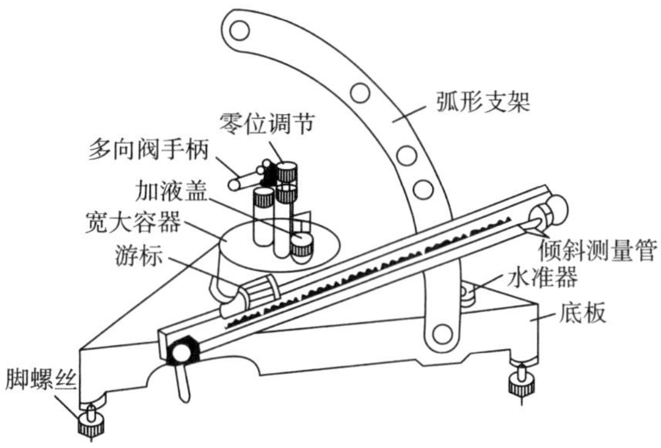

图 3-20　倾斜式微压计

把工作液体调整到零点，借助零位调整旋钮，调整浮筒浸入工作液体的深度，改变宽大容器内酒精的液面，从而将测量管内的液面调整到零点。

在宽大杯形容器上装有多向阀门，用它可以使被测压力与容器相通，或与测量管相通。仪器的水准位置可根据底板上的水准指示器用底板左右两个调平螺钉来定准。

测量压强时的使用步骤如下：

①先将仪器放平，调整仪器底板左右两个调平螺钉，使其处于水平位置，游标移至零位，倾斜测量管固定在预定的常数因子数上。

②将加液盖打开，缓缓加入密度为 800kg/m^{3}的酒精，使其液面在倾斜测量管上的刻度零点附近为止，将多向阀门拨在“测压”处，用橡皮管接在阀门的“+”接头上后轻轻吹橡皮管，使倾斜测量管液面上升到接近于顶端处，排出宽大容器和测量管中的气泡，反复多次，直到排尽气泡为止。

③将多向阀门仍拨回“标准”处，旋动零位调整旋钮校准液面为零点，如旋钮已旋至最低位置仍不能使玻璃管内的液面调整到零点，则可再加少量酒精使液面高于零点，然后再旋调整旋钮校准液面为零点。如调整旋钮全开启仍不为零时，说明酒精加多了，可轻轻吹套在“+”接头上的橡皮管，使其从倾斜测量管的上端接头溢出多余的酒精。多向阀门的通道结构见图 3-21。

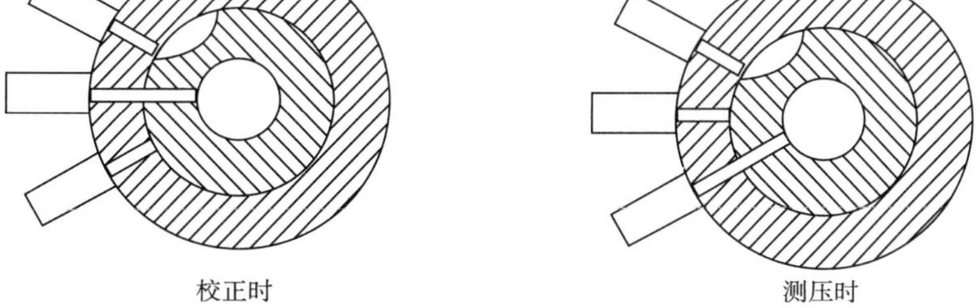

图 3-21　多向阀的通道结构图

④测量时，把多向阀门拨在“测压”处，如被测压力高于大气压力时，将被测量的压力管接在阀门的“+”接头上；如被测压力低于大气压力时，先将阀门中间的接头的倾斜测量管上端的接头用橡皮管连通，将被测量的管子接在阀门的“-”接头上；如测压差时，则将被测的高压管接在阀的“+”接头上，低压管接在“-”上，阀门中间接头和倾斜测量管上端的接头用橡皮管连通。

⑤在测量中，若想较对液面是否在零位，可将阀门柄拨至“校准”处进行校对。

⑥使用后，近期仍欲用时，酒精不必排出，只将多向阀门拨至“校准”位置，防止酒精蒸发，若需排空酒精，则将多向阀门拨至“测压”处，轻吹套在“+”接头上的橡皮管，使酒精从测量管上端孔口排出，直至排尽。

2. 测压管

应用和计算时，必须用测压管将管流中的压强准确地传递至压力计。经常采用的测压管为普通毕托管。毕托管是感受和传递压力的仪器。普通毕托管的构造如图 3-22 所示。

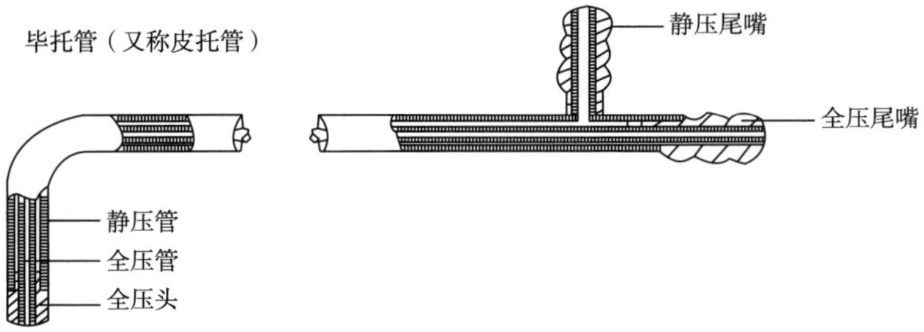

图 3-22 普通毕托管

测压管是由两根铜质套管组成的，弯成 90°的一端在测压时伸入风管内承受气流的压强，称为测压端，头部有一个连通内铜管的小孔，该小孔是承受气流全压力的。离头部 30mm 的地方，沿外铜管的圆周径向均匀地钻 4 个或 8 个直径为 0.5mm 的小孔，以承受静压。为了减少毕托管对气流运动的干扰，要求毕托管直径不宜过大，一般外铜管外径取 8mm，壁厚取 1mm 左右。内铜管则可取外径 4mm，壁厚 0.8~1mm 的紫铜管。内、外管应严格气密。

3. 测定和计算方法

（1）测量时仪器的布置　若要准确地进行压力测定，必须合理地使用和布置仪器。在风网中，吸入段的全压、静压为负值，压出段的全压、静压为正值，而动压不论在吸入段或是压出段均为正值。因此测压管与测压计的连接方式在吸入段与压出段不同。具体接法如图 3-23 所示。

（2）测量位置的确定　由于风管内速度分布是不均匀的，一般管中心风速最大，越靠近管壁风速越小。在工程实践中所指的管内气流速率大都是指平均风速。为了得到断面的平均风速，可采用等截面分环法进行测定。

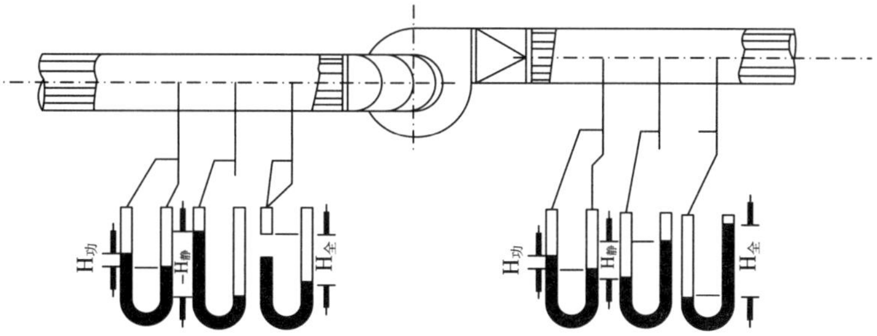

图 3-23　测量风压时仪器连接方法

①圆形风管：可将圆管断面划分若干个等面积的同心环，测点布置在等分各小环面积的中心线上，如图 3-24 所示，把圆面积 F 分成 m 个等面积的环形，则：$F_1=F_2=\cdots F_n=\frac{F}{m}$，然后将每个等分环面积再二等分，则此圆周距中心为 y_n，与直径交点分别为 1、2、3…n 点，这些点就是测点位置。设管道的半径为 R，则该圆管断面积为 πR^2，分成 m 个相等的环形面积可写成：$F_1=F_2=\cdots F_n=\frac{F}{m}$

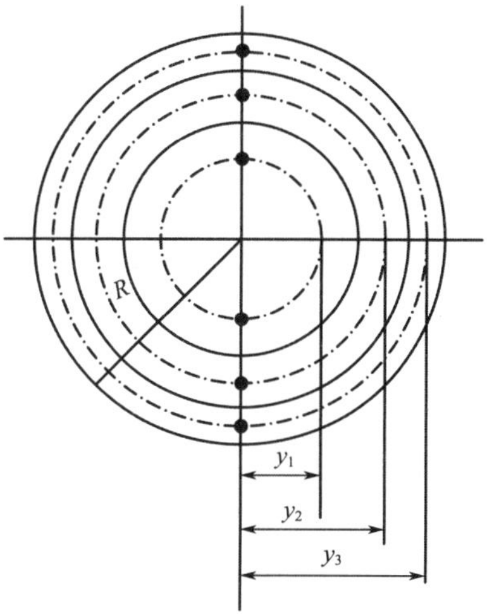

图 3-24　圆管测点布置

因　$$\pi R^2=\frac{\pi R^2}{2m}+\pi y_n^2=n\frac{\pi R^2}{m} \tag{3-21}$$

所以　$$R^2+2my_n^2=2nR^2 \tag{3-22}$$

故　$$y_n=R\sqrt{\frac{2n-1}{2m}} \tag{3-23}$$

式中　R——风管半径，m；

n——从圆心算起同心环的序号；

m——根据风管直径决定划分的环数。

各小环划分的原则：环数取决于风管直径，划分的环数越多，测得的结果越接近实际，但不能太多，否则将给测量和计算工作带来极大麻烦，一般参照表 3-14 划分。

表 3-14　测量时不同管径所分环数

风管直径/mm	≤130	130～200	200～400	400～600	600～800
划分环数	1	2	3	4	6

已知风管直径 $d=200$mm，参考表 3-14 可划分为三个同心环，计算各测点距管道中心的距离。为简化现场测试的计算工作量，现将 y_n/R 列于表 3-15。

表 3-15 圆管测点位置值

从圆心算起同心环序号	划分总环数				
	1	2	3	4	5
1	0.0707	0.500	0.409	0.354	0.290
2		0.866	0.707	0.612	0.500
3			0.914	0.790	0.646
4				0.936	0.764
5					0.866
6					0.957

在上例题中：$d=200\text{mm}$，$m=3$，查表 3-15，通过计算：

$$y_1=100\times0.409=40.9\text{（mm）}$$

$$y_2=100\times0.707=70.7\text{（mm）}$$

$$y_3=100\times0.914=91.4\text{（mm）}$$

为了将测压管准确地放在风管中预定的位置，必须在测压管上做出标志。由测压端中心线向管柄方向取风管直径的一半即 R 为刻度中心，如图 3-25 所示，再根据计算出来的 y_1、y_2、y_3…y_n 在管柄上逐次标出测点位置。

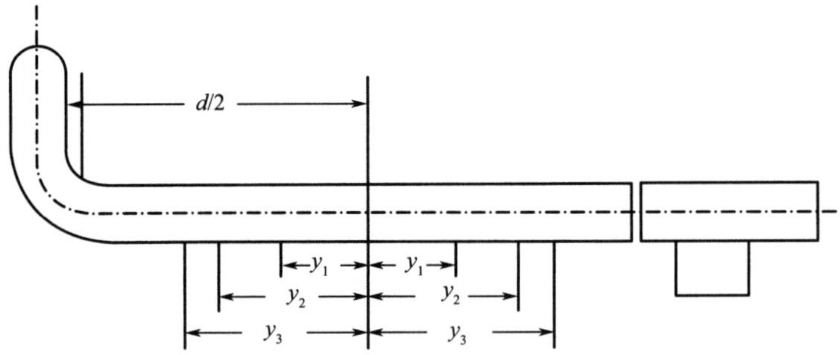

图 3-25 测压管标定测点位置

②矩形风管：对于矩形管道断面可划分为若干等面积的小方块，测点位置居于每个小方块的中心，如图 3-26 所示。其划分原则是：各小方块面积不大于 0.05m^2，小块数目不少于 9 块。具体可参考表 3-16。

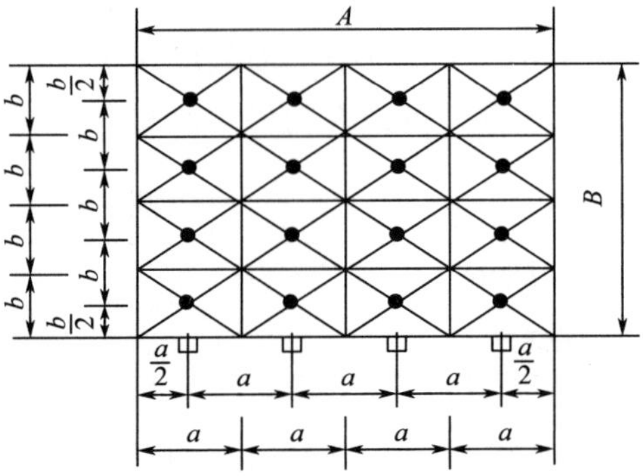

图 3-26 矩形风管测点位置

（3）测定数据的整理计算　对于所测得的全压或静压，只要将各测点的读值平均即为该断面的全压或静压值，但

表 3-16　　矩形风管测定点的确定表

风管面积/m^2	≤0.01	0.01	0.1~0.4	0.4~0.6
每边等分数 m	3	4	5	6
测点数 $n=m^2$	9	16	25	36

须注意正负。对于动压它永为正值，按上述方法测得某断面各测点的动压值后，按以下方法进行数据整理：

因为
$$v_{cp} = \frac{v_1 + v_2 + \cdots + v_n}{n} \tag{3-24}$$

且
$$v = 4.04\sqrt{H_{动}} \tag{3-25}$$

所以
$$v_{cp} = \frac{1}{n} \times 4.04(\sqrt{H_{动1}} + \sqrt{H_{动2}} + \cdots + \sqrt{H_{动n}})$$

为精确计算起见，其动压应计算为：

$$H_{动CP} = (\frac{\sqrt{H_{动1}} + \sqrt{H_{动2}} + \cdots + \sqrt{H_{动n}}}{n})^2 \tag{3-26}$$

或
$$H_{动CP} = \frac{v_{CP}^2 \gamma}{2g} \tag{3-27}$$

当 $t=20℃$，$\gamma=1.2kg/m^3$，$g=9.81m/s^2$，则：

$$v_{CP} = 4.04\sqrt{H_{动CP}} \tag{3-28}$$

式中　v_{CP}——风速，m/s；

$H_{动CP}$——动压平均值，kg/m^2。

将所测得的平均动压与静压相加即为风管平均全压。

通过计算某断面的平均风速后，可按连续方程求该断面的体积流量：

$$Q=Fv_{CP}\times 3600\ (kg/m^3) \tag{3-29}$$

（二）粮堆静压及粮面表观风速的测定

1. 粮堆静压的测定

（1）粮堆静压测试原理　粮堆静压管是测试粮堆内静压均匀分布的一套专项测试设备，测试原理和毕托管的测试原理相同，但因为毕托管测压端和压力输出端成90°弯曲，因此，无法将毕托管的测压端准确放到粮堆内测压点的位置，而粮堆静压管就是根据粮食仓储系统通风实际需要而制作的一套专门测试设备。根据生产实际需要和测点深度位置不同，粮堆静压管可以方便对接，从而满足测点深度变化的需要。

（2）粮堆静压测试方法　将静压管的测压端（带锥度端）插入粮堆内测点位置，尾部输出端通过外径 Φ10mm，壁厚 1mm 的橡胶管或乳胶管与倾斜式微压计的测压端连接。根据压力的大小，适当调节倾斜式微压计斜管的角度，以满足测量需要为准，然后根据读数和倾斜角度换算出测量的粮堆静压值，见式（3-30）。

$$\rho = 9.81\gamma L\left(\sin\alpha + \frac{F_1}{F_2}\right) \tag{3-30}$$

式中 ρ——被测压力，Pa；

γ——工作液体密度，kg/m^3；

L——玻璃管液柱长度，mm；

α——玻璃管与水平的夹角，(°)；

F_1——玻璃管横断面积，m^2；

F_2——杯形大容器横断面积，m^2。

如果粮堆通风形式为负压通风，此时粮堆静压为负值，既被测压力低于大气压力时，先将阀门中间的接头与倾斜测量管上端的接头用橡皮管连通，再将被测量的管子接在阀门的“-”接头上，计算方法同上。

2. 粮面表面风速的测定

（1）粮面表面风速的测定原理　通风气流穿过粮堆从粮堆表面逸出，然后进入仓内空间，为了掌握通风气流在粮堆内分布是否均匀，除了通过测量粮堆静压来加以判断外，还可以通过测定粮面表面风速的方法来进行判断。由于粮面表面风速往往比较低，所以粮面表面风速的测定通常采用收集粮面气流方法进行测量，具体做法是采用天圆地方集气罩收集粮面气流，集气罩示意图见图 3-27。

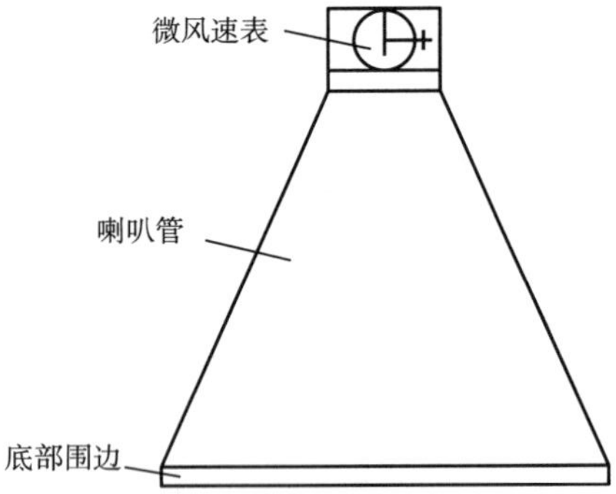

图 3-27　集气罩示意图

（2）粮面表面风速的测试方法　将风速仪或毕托管测试探头深入顶部圆管内，按照圆管测点布置方法合理布置测点位置，在风速仪上直接读取风速数据或在倾斜式微压计上读取动压数据，动压数据通过换算求出圆管风速。然后根据圆管与方口面积比值换算成粮面表面风速。

（三）机械通风均匀性测定与效果评价

通风均匀性是指通风过程中整个粮堆的不同粮层、不同位置的通风量的均匀程度，是判断通风系统设计合理性及通风效果的重要指标之一。如果通风均匀，则粮仓不同粮层、不同位置的通风量差异较小，通风效果能够达到预期要求。通风系统设计不合理，通风操作管理不当均会影响机械通风的均匀性。

1. 通风均匀性的评价参数

由测定通风过程中粮堆的静压值、通风结束后 24h 粮食温度综合评价。

2. 通风均匀性的测定方法

（1）静压检测　静压采用静压管和压力计测定。通风时选择粮堆高度 2/3 处为静压测量层，在通风系统的每个风道取前、中、后三点（风道前、后位置为距两端墙壁1.5m处，中间位置为风道的1/2处）正上方对应的粮堆位置插入静压管，将压力计与静压管相连测定静压。另在相邻两个风道中间也分别按前、中、后三个位置进行同样检测。

（2）粮温检测 通风结束后24h，使用粮情检测系统或粮温检测仪器检测粮堆内各点温度值。

3. 通风均匀性的评价方法

机械通风均匀性用粮堆静压、粮温等参数的变异系数 C_p、C_t 表示，变异系数反映了测量值的离散程度的大小，值越小表示通风越均匀。

粮堆静压变异系数 C_p 由式（3-31）计算：

$$C_p = \frac{S_p}{\bar{p}} \times 100\% = \frac{\sqrt{\frac{1}{n-1}\sum_{i=1}^{n}(p_i - \bar{p})^2}}{\bar{p}} \times 100\% \tag{3-31}$$

式中 C_p——粮堆静压变异系数，各检测点的静压标准差与平均静压的比值；

S_p——粮堆各检测点的静压样本标准差；

p_i——粮堆各检测点静压值，Pa；

$\bar{p}$——各检测点静压的平均值，Pa。

粮堆各层粮温变异系数 C_t 由式（3-32）计算：

$$C_t = \frac{S_t}{\bar{t}} \times 100\% = \frac{\sqrt{\frac{1}{n-1}\sum_{i=1}^{n}(t_i - \bar{t})^2}}{\bar{t}} \times 100\% \tag{3-32}$$

式中 C_t——粮堆各层粮温的变异系数；

S_t——粮堆各层温度检测点的样本标准差；

$\bar{t}$——各层测点粮温的平均值,℃；

t_i——按照GB/T 26882—2011《粮油储藏 粮情测控系统》要求设置的粮堆各测温点温度值,℃。

粮堆静压变异系数<16%，粮堆各层温度变异系数<15%，可以达到机械通风均匀性要求。

（四）机械通风的单位能耗评估方法

单位能耗可以用来评价机械通风系统的工作效率，单位能耗越低，则通风效果越好，通风效率越高。

1. 降温通风的单位能耗

降温通风的单位能耗是指每吨粮食降温1℃所消耗的电能，用符合 E_t 表示，单位为kW·h/(t·℃)，其计算式如下：

$$E_t = \frac{\sum W_t}{(t_{初} - t_{终})G} \tag{3-33}$$

式中 E_t——降低粮温的单位能耗，kW·h/(t·℃)；

$\sum W_t$——降温通风实际累计耗电量，kW·h；

$t_{初}$——通风前粮堆平均温度,℃；

$t_{终}$——通风结束后 24h 粮堆平均温度,℃；

G——被通风的粮食重量，t。

降温通风的单位能耗要求：

①地槽通风：$E_t \leqslant 0.075$kW·h/(t·℃)。

②地上笼通风：$E_t \leqslant 0.04$kW·h/(t·℃)。

③单管、多管通风：$E_t \leqslant 0.10$kW·h/(t·℃)。

④箱式通风：$E_t \leqslant 0.08$kW·h/(t·℃)。

⑤低压缓速降温通风（风扇式通风)：$E_t \leqslant 0.01$kW·h/(t·℃)。

⑥冷却通风：$E_t \leqslant 0.8$kW·h/(t·℃)。

2. 降水通风的单位能耗

降水通风的单位能耗是指每吨粮食降水 1%所消耗的电能，用符号 E_w表示，单位为 kW·h/(1%水分·t)，其计算式如下：

$$E_w = \frac{\sum W_w}{(w_{初} - w_{终}) \cdot G} \tag{3-34}$$

式中 E_w——降低粮食水分的单位能耗，kW·h/(1%水分·t)；

$\sum W_w$——降水通风实际累计耗电量，kW·h；

$w_{初}$——降水通风前粮堆的平均水分,%；

$w_{终}$——降水通风结束后 48h 粮堆平均水分,%。

3. 调质通风的单位能耗

调质通风的单位能耗是指每吨粮食增加 1%水分所消耗的电能，用符合 E_w表示，单位为 kW·h/(1%水分·t)，计算式如下：

$$E_w = \frac{\sum W_w}{(w_{终} - w_{初}) \cdot G} \tag{3-35}$$

式中 E_w——调质增加粮食水分的单位能耗，kW·h/(1%水分·t)；

$\sum W_w$——调质通风实际累计耗电量，kW·h；

$w_{初}$——调质通风前粮堆的平均水分,%；

$w_{终}$——调质通风结束后 48h 粮堆平均水分,%。

第四节 制冷降温储粮技术

一、谷物冷却低温储粮

（一）谷物冷却机的类型

谷物冷却机是一种可移动的制冷控湿通风机组，将制冷技术、通风技术、自控技术合为一体，包括制冷系统、温湿度调控系统、送风系统（图 3-28）。其主要部件包括风机、空气过滤设备、压缩机、冷凝器、膨胀阀、蒸发器、后加热装置、控制设备、机架等。其工作原理为：经过滤网过滤掉灰尘等杂质的空气首先被离心风机吸入，之后被输送到蒸发器进行热交换冷却，冷却后的空气由后氟加热器加热以降低空气相对湿度，当空气的温湿度均达到预设值时，即由离心风机将空气压入粮堆。

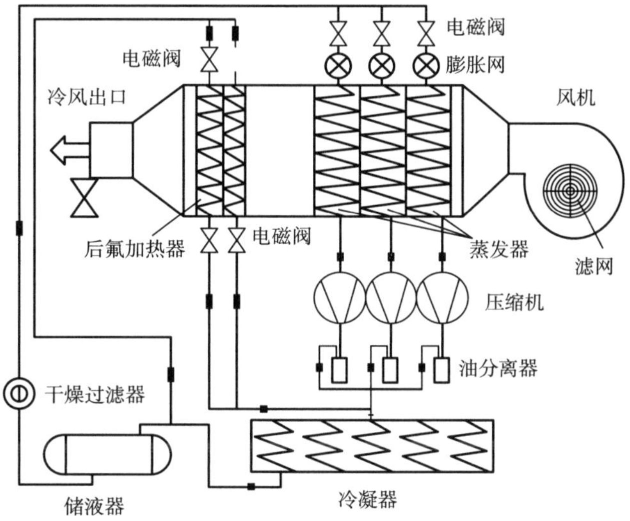

图 3-28 谷物冷却机的系统组成

按照风机与蒸发器的相对位置，谷物冷却机可分为前置式（风机安装在蒸发器之前）和后置式（风机安装在蒸发器之后）两种。按照制冷量，谷物冷却机可分为大型、中型、小型三类。按照适用的气候环境，谷物冷却机可分为热带型（GLA 型）和温带型（GLB 型）两种。

（二）谷物冷却机操作要点

1. 开机前准备

谷物冷却机在开机运行之前，应先检查进风滤网是否清洁，若不洁净应拆下清洗；

检查谷物冷却机与仓房之间的连接管路是否牢固、有无漏气；按照说明书检查并连接设备电源；按照说明书预热谷物冷却机的制冷压缩机，保证其润滑性能。

2. 参数设定

谷物冷却机启动之前，应预先测定仓房内温湿度、粮温、粮食水分含量、大气温度和相对湿度，并根据制冷目标，按照说明书设置谷物冷却机的出风温度和蒸发器出口温度。因过低的温度设置会造成设备运行成本提高，所以谷物冷却机的出风温度应不低于10℃。

3. 开关机过程

谷物冷却机启动后，要及时观察设备运行情况，一般至少保持运行15min后方可停机，且停机后再启动的时间间隔不应少于10min。在启动约30min后，设备运行可达到稳定状态。

谷冷通风结束之后，要立即拆除设备与仓房之间的通风管路，密闭仓房、压盖粮面、保持粮堆冷量；并按说明书要求对谷物冷却机进行维护和保养，对进风滤网进行冲洗清理。

4. 运行中的管理

（1）随着谷冷通风的进行，粮情会不断地发生变化，要及时进行粮情检测并依据最新数据，调整谷物冷却机的出风温湿度等参数。

（2）当气温较低而粮温偏高时，在谷冷通风的初期，可能会在低温部位如仓墙、粮堆表层等出现结露现象，此时应继续进行谷冷通风作业并可加强仓房内外的空气流通，直至结露消失。

（3）每2h应检测一次入仓冷空气的温湿度，若其与设定温度的差值大于1℃或与设定相对湿度的差值大于6%，应检查谷物冷却机的自控调节情况及环境温度、湿度变化情况。

（4）谷物冷却机在运行过程中，若出现设备报警或自动停机的情况，应按设备提示查清原因，排除故障，并按说明书进行恢复操作。

（三）谷物冷却机的经济运行模式

1. 谷物冷却机的科学选型

储粮的生产实践中，常常出现谷物冷却机选型不合理而造成粮堆降温速率慢、时间长、甚至出现制冷量与环境对粮堆的热传递相抵消的情况，不但导致吨粮电耗大大提升、也无法达到预期的粮堆降温效果。因此在谷冷通风作业之前，需要科学合理地选择谷物冷却机的型号和数量。

一般而言，在北方地区，对仓容量不超过1500t的平房仓和立筒仓，可以配置1台GLA 55谷物冷却机；对仓容量为1500~3000t的平房仓和立筒仓，建议配置2台GLA 55或1台GLA 85谷物冷却机；对仓容量大于3000t的平房仓、浅圆仓及立筒仓，则应依据仓房具体大小，配置相应数量的GLA 85型谷物冷却机。在南方地区，对仓容量不超过

1000t 的平房仓和立筒仓，可配置 1 台 GLA 55 谷物冷却机；对仓容量为 1000~2000t 的平房仓和立筒仓，可配置 2 台 GLA 55 或 1 台 GLA 85 谷物冷却机；对仓容量大于 2000t 的平房仓、浅圆仓及立筒仓，则应依据仓房具体大小，配置相应数量的 GLA 85 型谷物冷却机。

在小麦的仓储作业中，可优先选用带变频器的谷物冷却机，因变频器能够根据谷物冷却机出口风量的大小调节风机的转速，有利于风机在经济、高效的情况下工作；相比之下，无变频器的谷物冷却机的风机在运行中会始终处于满负荷状态。实践证实，选用带变频器的谷物冷却机可节约 30%左右的能耗。

此外，从经济、节能的角度而言，还可优先选择风机后置式的谷物冷却机。因外界空气进入风机前置式的谷物冷却机的蒸发器之前需要先通过风机，而风机的高速运转会使得空气加热升温 0.2~0.5℃，空气的升温会增加谷物冷却机制冷系统的运行负荷，增大制冷所需的能耗。而风机后置式的谷物冷却机运行中空气经过风机升温较小，相较而言有一定的节能作用。

2. 仓房的隔热气密改造

小麦是我国的主要储备粮种之一，一般储藏于高大平房仓和浅圆仓中，此两种仓型配备谷物冷却机使用也较为经济有效。但由于低温储粮的效果不单纯取决于制冷，仓房的隔热保冷性能也同样重要，因此若配合仓房的隔热气密改造，会大大地提升小麦谷冷通风的经济运行水平。

仓房的隔热气密处理一般包括：增加仓墙的隔热层和防潮层，仓房顶部加装吊顶，仓房的门窗、通风口、进人口及各类工艺孔洞酌情采用不同的方式进行密封隔热。例如：比较大的孔洞可用高密度海绵等隔热材料堵塞；小的孔洞及缝隙等可喷涂发泡聚氨酯或用塑料薄膜密封；门窗缝隙等可采用白乳胶和无纺布进行“两布三涂”处理，以提高仓房的气密性。

3. 依据小麦状态选择合理储粮温度

因谷物冷却机低温储粮相对成本较高，其中对储粮成本影响最大的为储粮温度，而粮食的准低温储藏相较于低温储藏而言，有明显降低储粮成本的作用。

对于小麦而言，应依据不同区域小麦储藏安全水分值和小麦的储存周期，以及不同区域的环境温度等来确定小麦的储藏温度。如在我国北方大部分气温较为凉爽的地区，小麦可以采用低温储藏的形式，依托有利的气候条件在能耗尽可能低的情况下保证小麦粮堆的低温环境；而在我国南方的部分地区，气候条件高温高湿，综合考虑储粮能耗及经济效益，则可选择小麦的准低温储粮，在保证小麦品质的前提下减少降温电耗，减少谷物冷却机的运行成本、提高经济效益。

当小麦出现发热或大量高水分小麦需要紧急处理时，需要使用谷物冷却机应急处置，此时应适当提高出风温度，这样就能够加大谷物冷却机输出的冷风量，而大量的冷风可以在较低电耗的情况下快速处理高温小麦，有助于减小谷物冷却机的运行成本、获得较好的综合效益。

4. 科学利用环境条件制冷降温

对于谷物冷却机而言，在出风温湿度一定的条件下，其输出的冷风量会显著地影响粮堆的降温速率，若输出的冷风量大，则会加速粮堆降温、相应地降低谷物冷却机的运行成本；反之则会增加运行成本。而谷物冷却机输出的冷风量会随着环境温度的下降而增大，因此选择环境温度较低的条件进行小麦谷冷通风作业，对于提高谷冷通风的经济性很有帮助。

由于小麦的收获季节多集中在6、7月份，此时可利用白天温度高、夜间温度低，而昼夜之间空气的绝对湿度却相差不大的特点，选择白天停机、夜间作业，尤其是在凌晨日出前的几个小时进行小麦的谷冷通风降温作业，可在一定程度上降低储粮能耗、提高经济效益。

此外，在小麦的谷冷通风过程中，应及时检测空气温度、仓温、粮温的变化，若穿过粮堆的空气温度低于外温，即可采用具备隔热保冷作用的回风管路将穿过粮堆的空气引回谷物冷却机的进风口，同样可以起到节约能耗、降低储粮成本的作用。

5. 分阶段分仓房冷却小麦

小麦的分阶段谷冷通风，即按照目标粮温逐步降低谷物冷却机的出风温度，即小麦首先进行偏高温度冷却通风，然后进行中温冷却通风，最后进行低温冷却通风。如上分阶段降温，实践证明可有效地提高冷量的利用率，降低谷冷通风的单位能耗。尤其在我国南方的部分省市，环境条件相对高温高湿，或者小麦粮堆本身粮温偏高的情况下，采取分阶段谷冷通风的作业形式，能够加快小麦粮堆的降温速率、减少谷物冷却机的运行电耗、还可以减小谷冷通风中小麦的水分损失。

若同一库区的几个仓房同时进行小麦的谷冷通风降温作业，可依据不同仓房中小麦粮温的实际情况，集中冷量优先处置粮温偏高、急需进行冷却作业的仓房（此时中止其他仓房作业），待该仓房的冷却通风结束后，再继续进行其他仓房的谷冷通风降温作业。

6. 有效利用小麦粮堆的蓄冷能力

处于安全水分范围内的小麦粮堆热传导能力差，因此，可抓住有利的自然低温气象条件，在秋末、冬季、冬末春初等低温季节，选择自然或者机械通风降低小麦粮堆的温度，并及时采取仓房密闭、粮面压盖等形式将冷量储存于粮堆内。尤其对于储藏于高大平房仓、浅圆仓内的小麦而言，其“冷芯”冷量更为可观，即便夏季外温升高，粮堆也仅在一些靠近外界热量进入的部位（如粮堆顶部、向阳仓壁等处）出现缓慢升温的现象，而粮堆内部仍可在较长的时间内维持相对低温的状态。实践证明，拥有大“冷芯”的小麦粮堆在度夏时，往往只需一次谷冷通风降温作业，便可实现小麦的全年低温或准低温储藏。

因此，合理有效地利用小麦粮堆的蓄冷能力，可减少谷物冷却机的开机次数，在较少经济成本投入的情况下，保证小麦的储藏品质。

7. 把控小麦入仓质量标准

谷物冷却机低温储粮是相对成本较高的一种储粮形式，因此，采用该方式储存的小麦其质量应符合国标规定的质量标准，严格控制粮堆杂质含量，并在小麦自流入仓时采取相应措施以减缓小麦的自动分级。如此，小麦品质良好、不易生虫发热有利于减少谷物冷却机的启动次数与运行时间，进而减少能耗、提高小麦储藏经济效益。

8. 依据制冷目的设置谷冷通风参数

小麦储藏一般分为低温储藏和准低温储藏，在仓储实践中，还会遇到高温小麦的应急处理。上述三种不同情况下谷物冷却机通风降温的目标也不同。可通过谷物冷却机出风参数的设置来控制出风口的冷风量，达到节约电能、降低成本、提升经济效益的目的。

若小麦是低温储藏，一般应在粮堆平均温度为15~20℃启动谷冷通风作业，将小麦粮温降至目标粮温-12℃左右。因此，谷物冷却机的出风温度应设置在温度10~15℃，相对湿度80%~85%。

若小麦是准低温储藏，一般应在粮堆平均温度为20~25℃时启动谷冷通风作业，将小麦粮温降至目标粮温-15℃左右。因此，谷物冷却机的出风温度应设置在温度12~18℃，相对湿度80%~85%。

若是应急处置高温危险小麦，则应选择大风量谷冷通风，以便快速降低小麦粮堆温度。因此，谷物冷却机的出风温度可设置在温度18~20℃，相对湿度80%左右。

（四）谷物冷却机操作安全注意事项

1. 移动注意事项

谷物冷却机应在平整路面移动，避免剧烈颠簸。可使用机动车进行牵引，但车速不应超过6km/h，若路遇弯道，应由工作人员在一旁防护。到达使用地点应将谷物冷却机平稳摆放、可靠定位，避免运行时出现溜车和不应有的振动。设备电缆不宜在地面拖拽并严禁碾压，以免造成事故。

2. 检修注意事项

一般应在谷物冷却机开机启动的30min内，及时检查电源供电情况、压缩机、蒸发器运行及冷凝水排放情况、空气过滤网安装情况等，发现故障时应立即停机检修，不允许在谷物冷却机运行状态下进行维修。

3. 校正调试

当谷物冷却机平稳运行30min后，即可于通风软管开口处检测出风温度和湿度，若检测温度和预定目标温度偏差超过1℃，检测湿度和预定目标湿度偏差超过6%，就需要对谷物冷却机的温湿度进行补偿校正，并反复检测、调试，直至出风温度和湿度均符合要求且设备平稳运行为止。

4. 运行检测

当谷物冷却机出风温湿度符合要求且平稳运行后，可在每日早、中、晚各检测一次谷物冷却机的出风温度和湿度，发现问题及时校正、调整；若环境气候条件不稳定，需酌情增加检测次数。

5. 连接注意

同一仓房若使用多台谷物冷却机同时进行谷冷通风作业，可酌情采用“一机一口”或“一机多口”的连接方式。不允许多台谷物冷却机串联使用。

6. 预热事项

为保证压缩机的润滑性能，长时间未使用的谷物冷却机在开机启动前需要接通电源进行预热。气温高于25℃时，需要预热2～4h；气温在25℃以下时，则需要预热24h左右。

7. 相序检查

一般谷物冷却机的电源线接好后需要进行相序检查（若相序错误会导致设备损坏），检查时应停机，单独开启谷物冷却机的冷凝风机，测试冷凝风机的运行风向。若冷凝风机下吸风、上出风则为正确顺序，否则应立即改变相序。必须强调，每次重新连接电源时，都需要首先进行上述试验以确定电源相序的连接是否正确。

8. 过滤器使用

不允许在谷物冷却机上清洗进风口过滤器，未安装进风口过滤器的谷物冷却机也不允许开机运行。

9. 线路保护

工作人员用水冲洗谷物冷却机时，应严防各类线路的接线处及控制系统沾水，以免造成设备短路。不允许生硬拉扯设备中的各类线路，清理冷凝器时应避免造成散热翅片变形。

二、空调制冷低温储粮

（一）空调制冷方法

夏季气温较高，粮温和仓温难以达到低温和准低温的要求，以人工制冷辅助可获得有效低温。人工制冷的方法可以有液体气化法、气体膨胀法、热电法、固体绝热去磁法等，不同的制冷方法适用于获取不同的温度。根据制冷温度不同，制冷技术分为普通、深度、低温和超低温制冷。低温储粮的制冷技术属于普通制冷，主要采用液体汽化制冷，包括蒸气压缩式制冷、吸收式制冷和蒸气喷射式制冷。

1. 蒸气压缩式制冷

蒸气压缩式是应用最广泛的制冷方法。实际采用的蒸气压缩式制冷是由两个定压过程、一个绝热压缩过程和一个等焓节流过程组成的。蒸汽压缩式制冷主要设备包括压缩机、冷凝器、膨胀阀和蒸发器，如图3-29所示。

蒸气压缩式制冷循环分四步：第一步为等熵过程，来自蒸发器的制冷剂湿蒸气1被压缩机绝热压缩成饱和蒸气2，它具有较高温度和压力；第二步是等压过程，制冷剂的饱和蒸汽在冷凝器中被水或空气冷却，冷凝成饱和液体3，放出相变热；第三步是等焓过程，制冷剂的饱和液体在膨胀阀中膨胀变为低温低压液体4；第四步是等温等压过程，低温低压制冷剂液体在蒸发器中蒸发吸热，变为湿蒸气1，此步为制冷步骤。

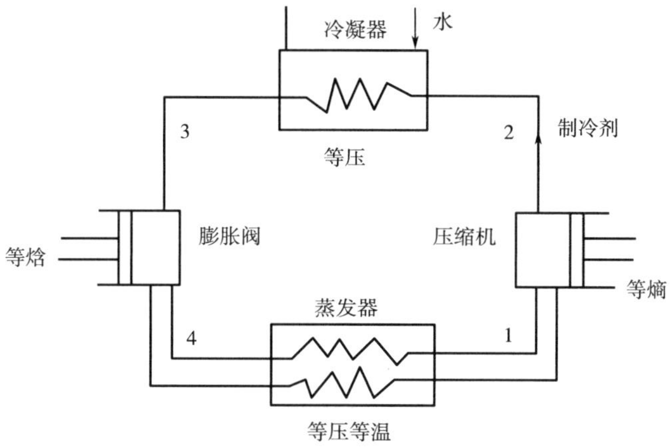

图 3-29 蒸气压缩式制冷

2. 吸收式制冷

吸收式制冷是用热能作为动力的制冷方法，也是利用制冷剂汽化吸热来实现制冷的，吸收式制冷与蒸气压缩式制冷有类似之处，不同的是两者实现把热量由低温处转移到高温处所用的补偿方法不同，蒸气压缩式制冷用机械功补偿，吸收式制冷用热能来补偿。从设备上看，吸收式制冷用吸收器-发生器组代替了蒸气压缩式制冷的压缩机。图 3-30 是吸收式制冷工作原理。

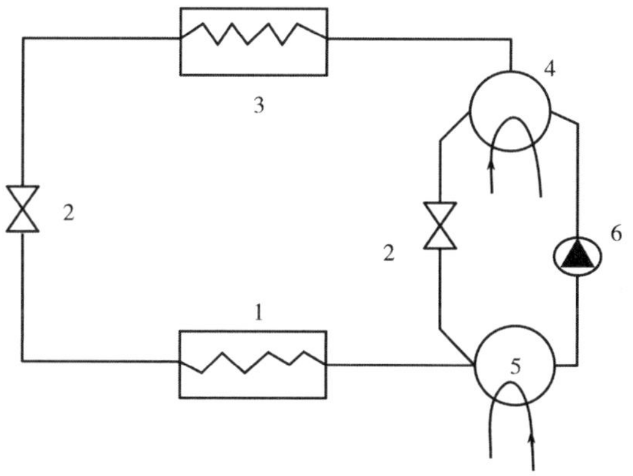

图 3-30 吸收式制冷原理

1—蒸发器 2—膨胀阀 3—冷凝器 4—发生器 5—吸收器 6—溶液泵

吸收式制冷机中所用的工质是由两种沸点不同的物质组成的二元混合物（溶液）。低沸点的物质是制冷剂，高沸点的物质是吸收剂。

吸收式制冷机中有制冷剂循环和溶液循环两个循环。

（1）制冷剂循环 由发生器出来的制冷剂蒸气在冷凝器中冷凝成高压液体，同时释放出相变热。高压制冷剂液体经节流阀膨胀节流到蒸发压力，进入蒸发器中。低压制冷剂液体在蒸发器中蒸发成低压制冷剂蒸气，并同时从外界吸取热量实现制冷。低压制冷剂蒸汽进入吸收器中，而后吸收器、发生器组合将低压制冷剂蒸气转变成高压蒸气。

（2）溶液循环　在吸收器中，由发生器来的稀溶液吸收蒸发器来的制冷制蒸气，成为浓溶液，吸收过程放出的热量用冷却水带走。由吸收器出来的浓溶液经升压泵提高压力，并输送到发生器中。在发生器中，利用外热源对溶液加热，其中低沸点的制冷剂被蒸发出来，形成较高压力的蒸气送入冷凝器，浓溶液变成稀溶液。从发生器流下的高压稀溶液经膨胀阀节流降低压力，而又回到吸收器中。溶液由吸收器→发生器→吸收器的循环实现了将低压制冷剂蒸气转变为高压制冷剂蒸气。

吸收式制冷机中制冷剂循环的冷凝、蒸发、节流三个过程与蒸气压缩式制冷机是相同的，不同的是低压蒸气转变为高压蒸气的方法。蒸气压缩式制冷机是利用压缩机来实现的，消耗机械能；吸收式制冷机是利用吸收器、发生器等组成的溶液循环来实现的，消耗热能。

最常用的工质氨-水二元溶液、水-溴化锂二元溶液。氨-水二元溶液作工质时，氨为制冷剂，水为吸收剂。水-溴化锂二元溶液作工质时，水为制冷剂，溴化锂为吸收剂。无水溴化锂为白色结晶，熔点549℃，沸点1265℃，可认为常温不挥发。溴化锂极易溶于水，常温浓度可达60%。溴化锂水溶液呈淡黄色，无毒，有较强的吸水能力。水-溴化锂二元溶液作工质的制冷设备已广泛应用于大型中央式空调系统中。

3. 蒸汽喷射式制冷

如图3-31所示，蒸汽喷射式制冷是利用高压水蒸气在喷射器内高速喷射造成低压，并使水在此低压下蒸发吸热的原理实现制冷的。这种方法的制冷剂是水，消耗的是产生高压蒸汽的热量。

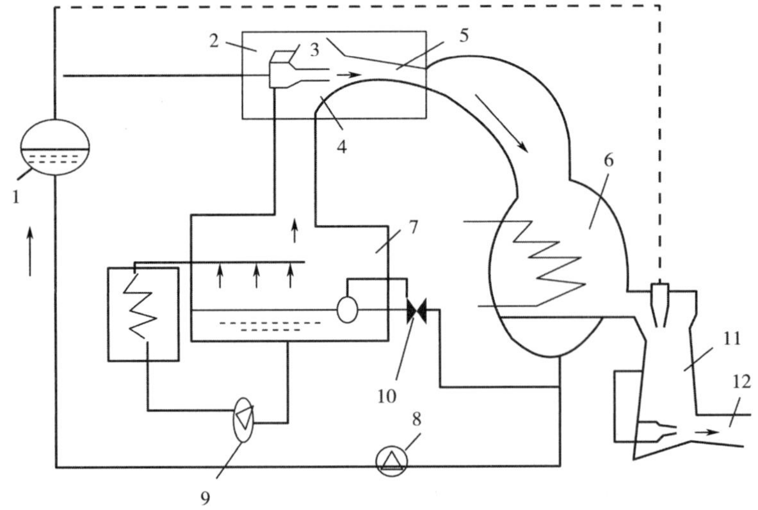

图3-31　蒸汽喷射式制冷系统

1—锅炉　2—蒸汽喷射器　3—喷管　4—混合室　5—扩压室　6—冷凝室　7—蒸发室
8—冷凝水泵　9—冷冻水泵　10—浮球式膨胀阀　11、12—第一、二辅助喷射器

水和其他制冷剂一样，压力越低则相应的饱和温度就越低。例如，在绝对压力1.23kPa下，水的饱和温度为10℃；而在0.87kPa下，饱和温度为5℃。在蒸汽喷射式制冷机中，蒸汽喷射器相当于压缩式制冷机中的压缩机。锅炉产生的具有较高压力的工作蒸汽，通过渐缩渐扩喷嘴进行绝热膨胀，在喷嘴出口达到很高的速率和很大的动能，使蒸发室内保持很低的压力，随着饱和水喷入该蒸发室，水就会在这个蒸发室内蒸发。这种蒸发作用会从余下的水中吸热，使水温从10℃下降至5℃，产生5℃的制冷温差。蒸发出的水蒸气被主喷射器不断抽出，此后，高速工作蒸汽与吸入的低压蒸汽在混合室内进行能量交换，流速逐渐均一。在扩压室内，随着流速的逐渐降低，气流动能转化为压力能，使得压力逐渐升高，到出口达到冷凝压力。如果将几个蒸汽喷射器对水的制冷作用串联起来，就会对水产生更大的制冷温差。蒸汽喷射式制冷主要用于空气调节的降温操作。

空调制冷是蒸发冷却空调制冷和移动式空调制冷。蒸发冷却空调制冷的原理是外界空气使水分在短时间内极速气化，大量吸热，经加压或横向通风将气化的气体送入积热的仓内，使热气体通过敞开的门窗排出，从而完成仓内降温的过程。移动式小空调的最大特点是其灵活性，可有效解决一些条件差的非标准仓房控温储粮的问题，同时，移动式小空调操作简便，对标准仓房的一些局部发热有良好的控制。

（二）空调制冷降温储粮的特点

早期空调低温储粮技术中使用过窗式空调器，目前使用较多的是分体挂壁式空调器，也有采用风管式中央空调，空调器的压缩机为全封闭式，冷凝器为风冷式，因而运行简单可靠，管理方便，易于安装，不需要水源及冷却塔。蒸发器为机械吹拂式，节流机构为毛细管，使用制冷剂常为氟利昂。

空调低温储藏的缺点是温度偏高，如果普通房式仓未进行隔热改造，则仓温很难达到20℃以下，如仓房按照低温仓要求进行改造，则仓温可维持15～20℃，即达到准低温。

（三）空调器的选择与安装

空调器的选择除了厂家、品牌，主要是型号、台数的确定，其主要依据是低温仓的总冷负荷量。因此在进行空调低温储粮设计时，仍然需要先计算出低温仓的冷负荷，然后确定机型与台数。另外也可根据低温仓的平面面积大小，由经验估出空调器台数，根据经验每100～200m^2的平面面积仓房约需安装制冷量为3500W左右的空调器1台。

空调器对仓温的调节，主要靠人为设定的制冷温度及送风风力，根据仓温的高低自动开启与关闭，不需人工操作。

挂壁式空调器的室内机应安装在离地面较高的窗口上，尽可能靠仓间顶部，以防止从空调器中吹出的冷风直接接触粮面而产生结露。室外机要安装牢固，最好安装在背阴处，仓外机与仓内机之间的冷气管外要包裹保温隔热材料，以防冷量损失。

（四）仓用空调的组成与类型

粮库专用空调分为室外机和室内机两部分，如图 3-32 所示，室外机由机组壳体、保护装置、压缩机、换热风机、高效换热器、电子膨胀阀、电子压力调节阀等组成；室内机由镀锌钢板壳体、底座、检修门、防腐型铝质蒸发器、电机全密闭式风机、循环空气过滤装置、易拆式高效过滤网等组成。

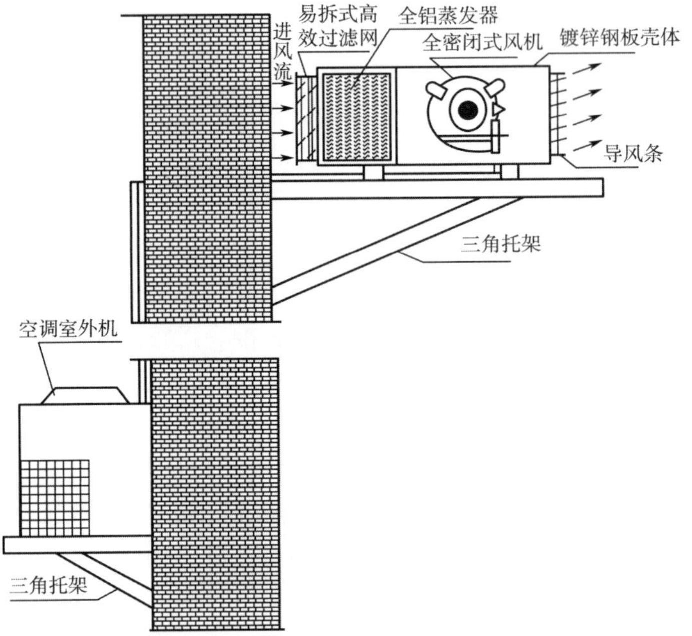

图 3-32　粮库专用空调的安装示例

空调制冷工作模式为全回风模式，使隔离密闭冷源控温层内热湿空气通过风机循环进入室内机，与蒸发器进行冷热量交换，经交换后的热空气变成冷空气通过风网送出，而其中的湿气凝结在蒸发器上形成水滴通过排水弯头排出系统外。室外机通过外部环境风将低压气态制冷剂再冷却成高压液态形式进入室内机蒸发器进行热量交换，这样干冷的空气就在隔离密闭冷源控温层内循环运动，保持粮仓常年低温及合理仓房湿度，从而达到低温保质保量的目的。

（五）在粮库中的使用工艺

1. 空调水管道系统

空调水管道系统包括有空调冷冻供水（空调热水供水）管、冷冻回水管（热水回水）和凝结水管。凝结水管是排除在夏季空调系统运行时风机盘管、空调机组、新风机组等设备中产生的凝结水。在大型公共建筑内，空调水管道一般布置在吊顶内，空调总立管布置在管道竖井内，所以供回水管、凝结水管适宜平行敷设。空调水管道系统多布置成上供上回异程系统和下供下回异程系统形式。在一些小型建筑内，当设有地沟或地下室设备层时，可采用下供下回的布置形式。

室外排水管材应满足以下要求：①管材内壁应光滑，具有耐蚀和耐冲刷性；②管材本身应具有一定的机械强度和承受来自土壤及地面荷载的能力；③管材应具有一定的抗渗能力。

2. 通风管道设计的基本任务

风管设计的基本任务是，首先根据生产工艺和建筑物对通风空调系统的要求，选用风管材料，确定风管系统的形式、风管的走向和在建筑空间内的位置，以及风口的位置，并选择风管的断面形状和风管的尺寸，然后计算风管的沿程（摩擦）压力损失和局部压力损失，最终确定风管的尺寸并选择通风机或空气处理机组。

3. 通风管道的布置

在风口布置已定的情况下，如何布置管道的走向将对整个系统的优劣及经济性产生重要的影响。

（六）仓用空调的运行过程

对于空调控温系统可采用计算机程序控制，空调的基本状态显示在计算机屏幕画面上，包括：运行状态，粮仓实时温度。学习命令区可以学习到遥控器的红外码值，这个区域是有操作权限的，只有技术员才能够进行操作；控制区可以选择手动或自动，选择手动时按下开按钮空调启动，按下关按钮空调停止。选择自动时空调根据设定的温度自动开关空调，当粮仓的空间温度到达上限温度时空调启动，当空间温度到达下限温度时空调停止运行，如图 3-33 所示。

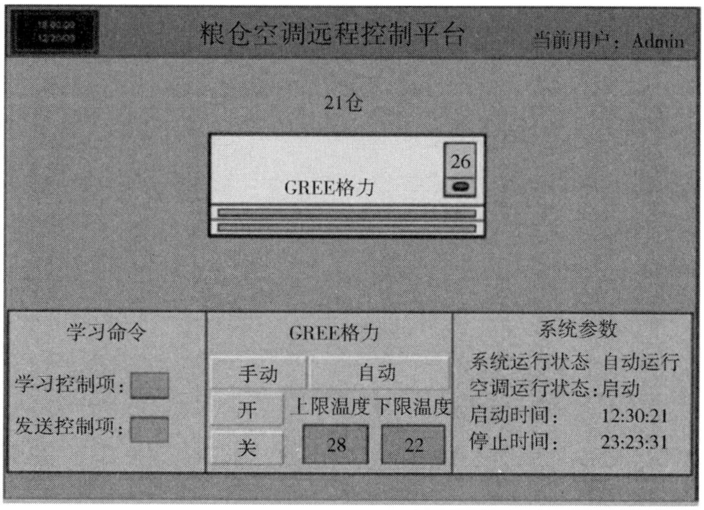

图 3-33　监控画面

（七）仓用空调操作安全注意事项

粮库专用空调的蒸发器为全铝材质（铝质管材与翅片），蒸发器表层浸镀特种导热防腐材料，并用防腐漆浸泡处理温度传感器，可有效解决室内机腐蚀问题，延长空调的使用寿命。为保证有效的换热面积，专用空调蒸发器通片设计间距为1.2~1.5mm，可有效防止粉尘堵塞问题。另外，在实际操作中，专用空调启动风机送风，应先将附着在蒸发器表面的粉尘吹掉，之后再开启压缩机制冷，这样可有效减少在蒸发器上的泥垢并解决换热效率下降的问题。

在专用空调蒸发器的下部还设计有高水位的接水盘和直径较粗的排水管，使用一段时间后，直接用喷水壶对蒸发器进行清洗，清除蒸发器上附着的粉尘，清洁后的蒸发器效果与新机性能相近。

专用空调在冷媒管路上安装有压力调节阀，通过调节蒸发压力，控制蒸发温度，使蒸发温度与仓温间的差值始终高于结露的临界点，从而避免在空调运行中的结露或少结露，可达到粮堆保水保质的效果。

随着粮仓建设规模越来越大，仓房跨度达到24~30m，专用空调的设计风程接近30m，在节能高效运行的同时，大风量送风设计可保证仓内温度的均衡。经测算，安装在仓房阴面的空调机组相对于阳面运行的环境，能节能10%左右。

三、浅层地能低温储粮

浅层地能是指地球浅表层数百米内的土壤沙石一地下水中所蕴藏的低温热能。受太阳辐射和地心热流综合作用，广泛分布在地下的土壤、沙石、地下水以及江河湖海水体中，温度常年维持在18℃左右。相对夏季35℃左右的空气温度，浅层地能是一种优良的冷源，相对冬季5℃左右的空气温度，浅层地能又是一种优良的热源，也就是人们常称的“冬暖夏凉”。

（一）浅层地能的采集方式

1. 地下水采集方式

如图3-34所示，以抽取的地下水作为冷源载体，通过低温储粮系统将粮仓热负荷排放到地下水中，实现对粮仓内部的供冷。该系统不仅热交换率高，无需对水源净化，且措施简单。但存在以下几方面的问题：①据现行地下水资源开采法规，部分区域禁止地下水开采；②可供地下水资源有限；③在开采利用地下水资源的同时，必须实现对地下水进行等量回灌。

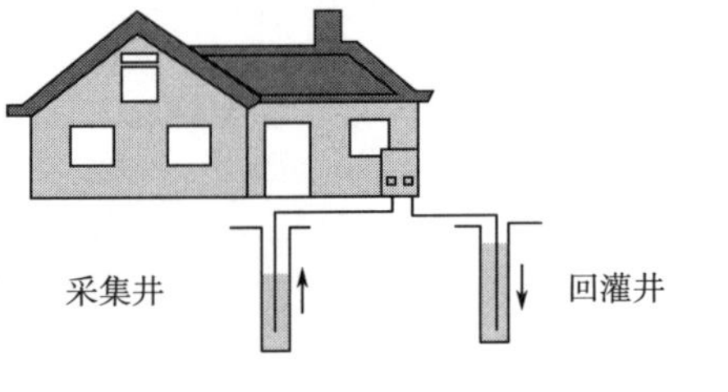

图3-34 地下水采集形式（开路系统）

2. 地表水采集方式

如图 3-35 所示，可利用江河湖海深层水体相对大气温度较为稳定的特性提供冷量，适合于附近有江河湖海的项目使用，换热方式可采取直接抽取地表水和水中铺管隔水换热两种方式。它利用池水或湖水下稳定的温度和显著的散热性，不需钻井挖沟，初投资最小。但需要建筑物周围有较深、较大的河流或水域。

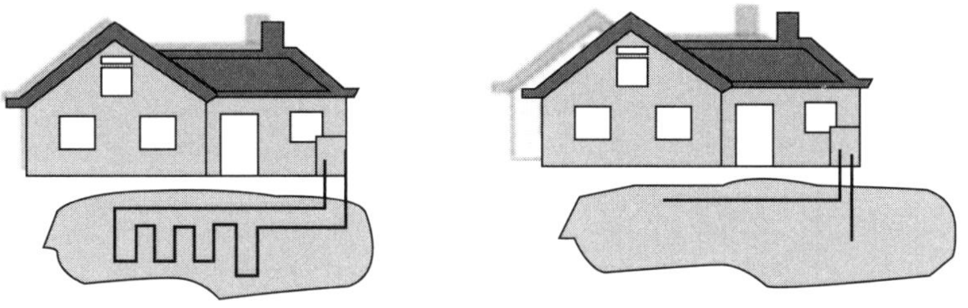

（1）水中铺管换热　　（2）直接抽取地表水

图 3-35　地表水采集形式

3. 地埋管采集方式

以大地作为冷源载体（恒温层），通过低温储粮系统将粮仓热负荷排放到封闭循环的水管路中，再通过封闭的水管路与土壤恒温层换热，将热负荷排放到土壤恒温层中。根据地下热交换器的布置形式，主要分为水平埋管和垂直埋管两类（图 3-36）。

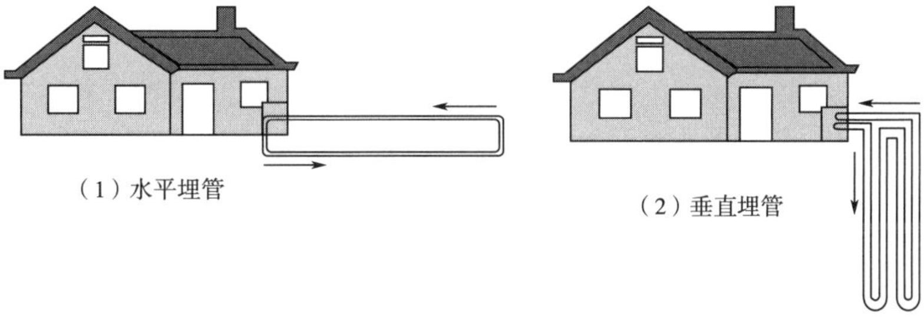

（1）水平埋管　　（2）垂直埋管

图 3-36　地埋管采集形式（闭路系统）

水平埋管通常是浅层埋管，可采用人工开挖敷设，初投资小于垂直埋管，但换热性能远不如垂直埋管，且占用土地也远大于垂直埋管。

垂直埋管热泵系统优势在于：①占地面积小；②土壤温度和热特性变化小；③所需埋件少、泵耗能低、能效比高，但需专业设备和人员施工，增大了系统造价。

（二）浅层地能制冷系统

如图 3-37 所示，浅层地能制冷设备一般包括四个系统，分述如下。

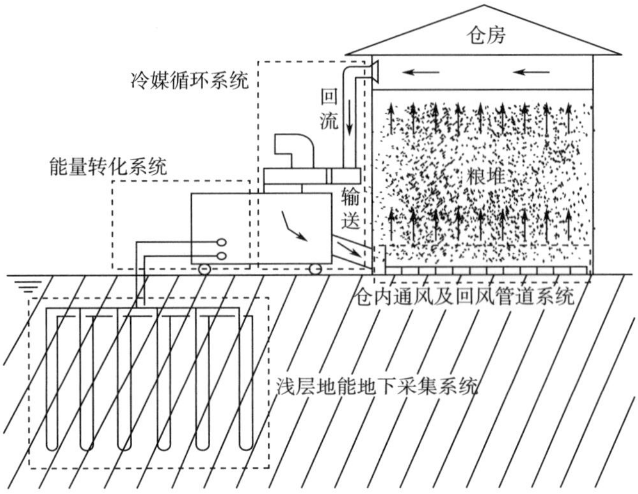

图 3-37 浅层地能制冷系统

1. 浅层地能地下采集系统

浅层地能地下采集系统需考虑当地的地质条件，一般多采用地埋管采集方式。如单孔钻深 30m，孔径 200mm，孔内安装浅层地能专用采集管，可实现采集温度最低 18℃、供回水最大温差 4℃。

2. 能量转化系统

能量转化系统的作用是将采集的浅层地能提供给制冷系统用于仓房降温。

3. 冷媒循环系统

冷媒循环系统将粮仓的地上笼通风口与制冷主机的冷风出口相连接，冷风即通过地上笼从下到上穿透小麦粮堆并吸收粮食热量；因吸收小麦热量而升温的冷风则通过回风管道被重新抽回制冷主机，并在制冷主机里将吸收的小麦热量传递给制冷剂；之后冷风温度重新下降，并再次被送入小麦粮堆吸收热量，如此循环往复，降低粮堆温度。

4. 仓内通风及回风管道系统

仓内通风及回风管道系统对接冷媒循环系统。一般而言，通风系统即为仓房地坪上铺设的地上笼通风装置；而回风管道可采用镀锌钢板制作，如口径为 480mm×480mm，外贴 30mm 保温板，最外层粘贴铝箔纸用于反射太阳辐射。

（三）浅层地能低温储粮实例

我国四川省粮食行业基于低温储粮和浅层地能的特点，开发并应用了两种浅层地能低温储粮设备。

1. 复合型浅层地能设备

该设备采用了空气显热能、空气潜热能和浅层地能三种冷源。其中空气显热能是指空气因温度变化所发生的热量改变，制冷时，空气温度每升高 1℃带走的热量，在夏季温度较高时，理论上能将制冷剂冷却到35~40℃。空气潜热能是指空气中水蒸气含量的变化引起的热量变化，而水蒸发需要以吸热为推动力，制冷时可以通过水分蒸发提升空气中水蒸气的饱和度，一般夏季较热地区，理论上能将制冷剂冷却到25~28℃。浅层地能是地层长期受内部地核和外部大气宇宙的热量传递与平衡所形成的相对恒温的一种温度资源，全国大部分地区温度为15~18℃，理论上也能将制冷剂冷却到这个温度。

复合型浅层地能设备所用三种冷源各有特点，空气显热能的优点是获取方便，缺点是吸热量低，温度最高；空气潜热能的优点是单位吸热量最大，缺点是温度一般，消耗水资源；浅层地能的优点是温度最低，吸热量也大，缺点是获取复杂，造价最高。

复合型浅层地能低温储粮设备以能耗最低为主要目标，兼顾系统造价，将空气显热能、潜热能和浅层地能三种冷源综合利用，梯级降温，将造价最高的浅层地能利用放在最关键的位置，既保证了最佳的冷却效果，获得了最低的能耗，同时对浅层地能的采集数量也降到了最低，一套低温设备配备一口标准地埋管采集井（100m竖井）即可，但设备较为复杂。

2. 单一型浅层地能设备

该设备全部采用浅层地能作为冷源，设备较为简单，但需要配备复杂的浅层地能采集体系。目前一般采用河水和地埋管循环水两种方式，地下水方式受环保和水资源严控政策等因素影响，基本已放弃使用。

河水一般抽取过来简单处理一下就可以使用，只要有靠河的便利条件，很容易获取大量的河水。地埋管方式要用机械钻井埋入循环换热管道，由于地层传热系数较小，单口竖井能够获取的冷源数量有限，往往需要布置大量的采集竖井，同样的一台设备需要5~8口竖井，但这样的方式优势也很明显，即使用不受地域限制。

四、辐射制冷技术

传统防太阳辐射以保持粮仓温度的技术中，日间物体对于太阳辐射（能量密度为1000W/m^2，波段主要为0.3~2.5μm）的吸收往往超过自身向外太空的辐射散热（100~150W/m^2），仓体难免受到太阳辐射升温。辐射制冷技术是近来发展的一种新技术，其通过自身物体热辐射效应，将热量以红外线的形式透过大气层传递至深空冷源，不消耗额外能量实现物体被动降温制冷的一种技术。大气层会吸收、散射电磁波，那些透射率高的波段称为大气窗口，其中8~13μm波段与室温黑体辐射峰值重合，是最有效的能量传递通道。日间辐射制冷需要物体基本不吸收太阳辐射，同时自身在大气窗口波段向外太空冷源高效辐射电磁波，使物体的太阳辐射得热小于自身辐射散热，实现日照下自身温度不断降低，不额外消耗电能进行制冷。这种技术可广泛应用于粮食仓储、建筑节能、石化仓储、电子与电力设施等诸多领域物体外表面，节能降温、提质增效。

该技术依赖于材料的光谱特性，国内企业采用一种复合薄膜（图3-38），不仅具有优异的光谱选择特性，可实现24h连续高效显著的辐射制冷效果，还可实现规模化生产制造，使辐射制冷技术的规模化应用成为可能。

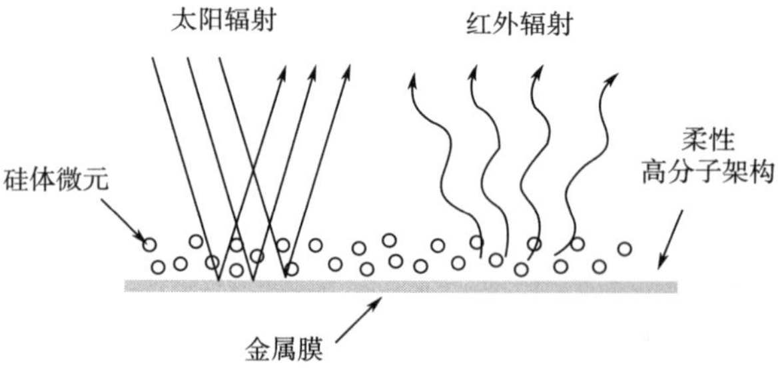

（1）

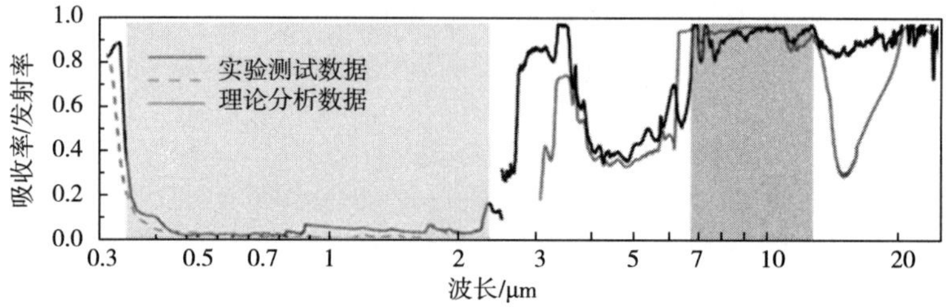

（2）

图3-38 辐射制冷薄膜结构（1）及其吸收率/发射率曲线（2）

第五节 隔热保冷储粮技术

一、仓房隔热技术

低温储藏中通常高达30%~35%的机械制冷量用于围护结构自身耗冷，为减少能量消耗，大多数粮仓采用静态隔热材料减弱热传递。静态隔热是国内低温仓中常采用多层具有阻燃性能、不易吸水、无污染、价格适宜、易于施工及保管的隔热材料［表观密度小于600kg/m^3，导热系数小于0.23W/(m·K)］组成的围护结构（仓顶、墙体、门窗、孔洞及地坪等），用于隔热保冷。

（一）低温仓围护结构隔热性的要求

1. 低温仓围护结构传热系数

通过表3-17中推荐的围护结构传热系数（K）可实现我国对低温储藏围护结构隔热性的要求，且传热系数一般应低于0.5W/(m^2·K)。

表 3-17　　低温仓围护结构传热系数低限值

室内外温差/℃	传热系数/[W/(m²·K)]	室内外温差/℃	传热系数/[W/(m²·K)]
15~10	0.58~0.70	35~30	0.35~0.41
20~15	0.52~0.58	50~35	0.29~0.35
25~20	0.46~0.52	65~50	0.23~0.29
30~25	0.41~0.46		

2. 低温仓围护结构传热系数与低温储粮的经济性

为提高低温储粮的经济性，其相关围护结构的传热系数不但因地域而异，而且因围护结构所处位置（仓顶与仓墙）而异，建议如表 3-18 所示。

表 3-18　　我国不同地区粮仓围护结构的传热系数建议值

地区	传热系数/[W/(m²·K)]	
	仓顶	仓壁
南方（高温区）地区	≤0.35	0.46~0.52
中部（中温区）地区	≤0.40	0.52~0.58
北部（中温区）地区	≤0.50	0.58~0.70

（二）仓房隔热技术

1. 仓顶隔热

（1）直贴式仓顶隔热（附贴材料/反光涂料隔热）适用于已具备防潮层、仓顶平滑整洁且无横梁阻挡的仓房，其结构如图 3-39（1）所示。所需附贴隔热材料应与底基有良好的黏合力，适应相应工作环境温度，并耐酸碱等化学物质侵蚀，具有一定的延展性、耐老化、抗吸湿性能；而反光涂料还应满足如下要求，即反射率小于 0.85，无毒、无污染、无辐射。仓墙内外附贴隔热材料的具体要求因隔热材料所处位置而异，当其位于仓墙外面时，应布设保护层；而其位于仓墙内面时，应表面均匀、整齐且无间隙，且周边应与仓房紧密结合。

（2）阁楼式仓顶隔热（屋面架空通风隔热层隔热）是目前低温仓普遍采用的一种隔热仓顶结构，且隔热效果优于直贴式。阁楼式仓顶隔热适用于仓顶内表面不平滑或有梁阻挡的仓房，其结构如图 3-39（2）所示。这种结构可选用板状/散粒状隔热材料，且防潮材料常用塑料薄膜，用于防潮的同时，也能防止散粒状隔热材料的飞溅流失。架空通风隔热层应牢固、平整，强度足够，符合屋面承载及相应建筑技术规范要求。其高度宜为 100~300mm，以利于空气流通。同时应采取防雀防鼠措施。

（3）吊顶隔热　吊顶隔热层要满足架空通风隔热层的基本要求，为尽可能减少负压对其的影响，采用轴流风机排热时应布置足够换气量的进风孔。该隔热层不可影响正常的入仓作业及检查。

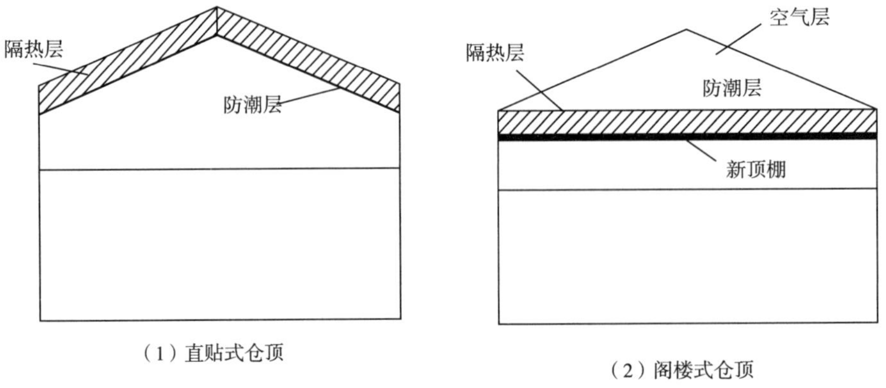

图 3-39　仓顶隔热示意图

2. 隔热原理

仓顶隔热是依据常用的隔热材料实现国内低温仓的静态隔热，如果选用板型隔热材料如聚苯乙烯泡沫塑料板，则施工更方便，也可采用聚氨酯喷涂。其中阁楼式仓顶/吊顶隔热是利用阁楼层使仓顶与仓房隔开，且两者之间留有空气层。利用空气的隔热性进一步降低了由于室外温度影响和太阳辐射进入仓内的热量，提高了隔热效果。

（三）墙体隔热

1. 隔热墙——夹心墙通风隔热层隔热

夹心墙通风隔热层为我国低温粮仓常用的隔热墙结构，如图 3-40 所示。该隔热层位于具有足够强度且无裂缝的建筑外墙与仓结构墙之间，宽度为 50~100mm，其内部可由若干隔热单元组成，以 6m 为宜的间距间隔设置壁柱即可。

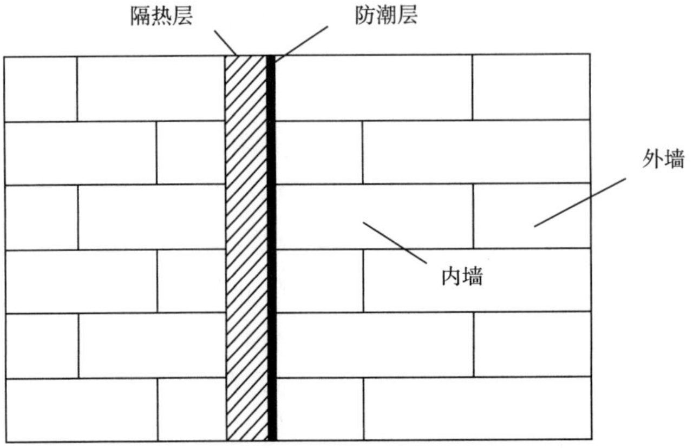

图 3-40　隔热墙结构图

2. 隔热原理

墙体隔热的基本原理是利用空气的隔热性进一步降低了由于室外温度影响和太阳辐射进入仓内的热量，如图 3-40 所示。在正压下，因隔热层的内外侧存在温差，致使大气中的水蒸气与空气一起进入隔热层，并向水气压更低、低温的内侧渗透，因此需要布设防潮层。隔热材料的孔隙为非完全封闭的，水蒸气可以逐渐通过隔热层进入仓内，不但增加了仓内湿度，还破坏了隔热材料的隔热性能，所以隔热保冷结构中应在隔热层的高温侧设置防潮层。

（四）门窗隔热密封

1. 门窗结构

低温储粮的仓房门窗多应封死以利于密闭。仓窗内面采用隔热材料堵塞并用塑料薄膜密封边缘，双层隔热仓门用作供进出粮的仓门。一般依据门的尺寸大小，选用白铁皮或铝合金做好厚壳子，中间则填充如超细玻璃棉、聚苯乙烯泡沫塑料、硬质聚氨酯泡沫塑料、膨胀珍珠岩等隔热材料。近年来，随着新技术材料的发展，一些用于冷藏货柜、低温库的隔热气密门也在粮库中得到了应用。

2. 门窗隔热原理

门窗隔热的基本原理同前。双层隔热仓门应选用质轻、强度高、耐低温、隔热性能好和不易变形的材料制作，以实现轻巧、启闭灵活、密封性好等，隔热层应有足够的厚度，在门边缘还应装有密封条，利用其弹性，使门缝密闭。双层隔热仓门则应尽量少开，也可在其上部装设气幕装置，也可在仓门的右下方开设一个小门，供仓门较大时检验人员出入及平时操作，以避免进出粮时过多的热量进入低温仓（图 3-41）。

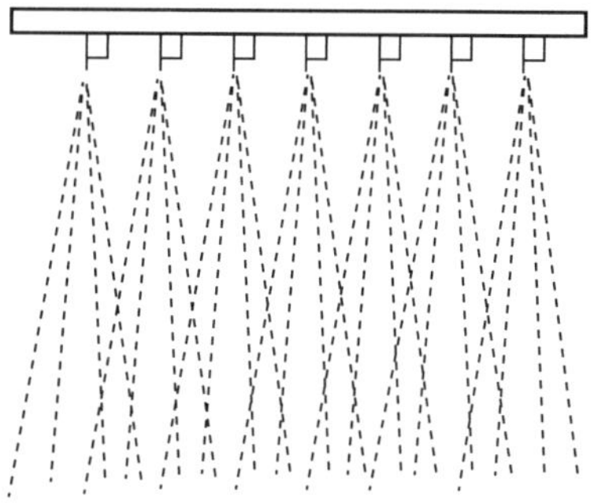

图 3-41 气幕装置示意图

（五）孔洞隔热密封

在夏季到来之前，仓体上的通风孔、检查孔、风机口、人孔等都要采用不同的方法进行密封隔热处理，小孔洞可用塑料薄膜、发泡聚氨酯等材料进行密封，较大的孔洞可用袋装或板状的隔热材料进行堵塞。也采用效果很好的“两膜夹泡沫板”隔热层，即可先用孔洞同样大小尺寸的泡沫板嵌入孔洞内，内外再各用一层塑料薄膜密封。

孔洞隔热密封结构应符合仓房气密性要求，具有符合储粮要求的隔热性能，必要时要采用塑料薄膜密闭或隔热材料封堵。孔洞填充的隔热材料应具有阻燃、防水功能。排风扇或轴流风机口须用隔热材料处理；对固定式环流熏蒸管道，要有闸阀和管道口隔热盖（不熏蒸时须关闭并做隔热处理）。在不影响仓房储粮作业的情况下，应尽量减少门窗及孔洞数量。仓墙上的爬梯不能影响对粮面或孔洞的密封。

1. 通风口隔热密封

（1）通风进风口隔热密封　因通风进风口经常打开，故需要更换5mm以上厚度的软橡胶垫或接口处打胶。另外，机械通风口、管道口，应注意将二者用螺栓与钢板连接，中间加密封垫，所有接缝处用密封胶嵌缝，其中留一个口做测压检测孔；机械通风口装有密封门的，保证密封门周围不漏气。

（2）轴流风机口隔热密封　轴流风机口处的电源线应走暗线，如若采用临时密封措施处理，风机口四周装有密封槽，然后用塑料薄膜压入密封槽进行气密性处理。

2. 入粮口、进人口隔热密封

立筒仓仓顶入粮口、进人口用10mm钢板为盖，在盖的下方用2mm钢板焊成30mm×30mm的槽，槽内嵌有30mm高、30mm宽的海绵和橡胶垫，与对接口相扣，用螺栓紧固，作为入粮口、进人口密封盖。立筒仓进人口钢板密封盖上焊有直径为100mm管道，用阀门控制。

3. 粮情检测口隔热密封

注意各类电源线、测温电缆线、浓度检测管等穿线孔的密封，采用的密封黏胶应对各类电源线和电缆线无腐蚀性。

4. 出粮口隔热密封

出粮口用直径为250mm的气密性阀门控制。

5. 其他隔热措施

如搭建遮阳篷、种植遮阳树藤等。

（六）仓房隔热注意事项

屋面架空通风隔热层应具有国家标准Ⅲ级防水功能。用吊顶隔热、夹心墙隔热应在合理部位设置合理风量的排积热装置和通风孔洞，以利于隔层间的热空气排除，以免形成“闷顶”或“死角”现象。

二、粮堆压盖隔热技术

（一）粮堆压盖隔热材料

1. 稻壳

稻壳价格低廉，取材容易，一次性投资小，并有较好的隔热效果。其干容重为150kg/m^3，导热系数随含水量不同而变化，在0.093~0.16W/(m·K)。稻壳的主要缺点为憎水性差，吸湿性强，易生虫、霉烂、鼠咬；堆放时占用场地，易引起书虱发生。使用前应充分干燥，使用中应定期检查。

2. 成卷保温毛毯

保温毛毯多以无机玻璃纤维纱束为原料，其使用的玻璃纤维极细微，经连续缝制形成毛毯状，具备防火、隔热保温的效果。成卷保温毛毯使用方便、压盖速率快，毛毯之间存留的缝隙小，粮面整洁美观。缺点为单块毛毯面积较大、重量较重，经济成本投入较高。

3. 聚苯乙烯泡沫板

聚苯乙烯泡沫板一般分为自熄性和非自熄性两种，在粮堆压盖隔热中以使用自熄性泡沫板为宜。聚苯乙烯泡沫板加工方便，能制作为不同厚度、不同大小的板材。其容重小，隔热保温性好，导热系数在 0.034W/(m·K) 左右；且具备一定的憎水性及抗压强度，不易腐烂变质。施工中要注意聚苯乙烯泡沫板板块间的连接，做到连接不留缝隙。

4. 聚乙烯泡沫塑料板

聚乙烯泡沫塑料板是一种导热系数低 [约为 0.036W/(m·K)] 且兼具防水防潮性能的粮面隔热材料。该材料重量轻，可折叠翻卷，有较高的气密性，使用寿命长，并且操作方便、粮面美观。缺点为材质较为柔软、压盖时缝隙不易挤紧，一次性投资较大。

5. 隔热充气气囊

隔热充气气囊一般采用 PVC 薄膜制作，需先按照粮面尺寸定制相应规格的气囊。

（二）粮堆压盖隔热方式

进行粮堆密闭压盖隔热的小麦，水分需控制在安全储藏水分范围内，且杂质、不完善粒等符合国家小麦质量标准。

1. 稻壳压盖

新加工的干燥无虫稻壳，过筛后拌和储粮防护药剂，装入麻袋包并缝口，每包厚度可在 20cm 左右。将稻壳包分两层，采用密实平铺、交互错缝的方式压盖于小麦粮面。

2. 成卷保温毛毯压盖

预先在小麦粮面上铺一层塑料薄膜防潮，然后在塑料薄膜上依据粮面尺寸铺设相应规格的保温毛毯。注意毯片与毯片之间采用密实平铺的方式，搭头处重叠不小于 5cm。

3. 聚苯乙烯泡沫板压盖

预先定制尺寸为 200cm×100cm，厚度为 8cm 的聚苯乙烯泡沫板，并在小麦粮面压盖之前采用塑料薄膜对板材进行包膜处理，然后将聚苯乙烯泡沫板压盖于粮面上，注意板材之间不留缝隙。

4. 聚乙烯泡沫塑料板压盖

预先定制尺寸为 200cm×100cm×2cm 的聚乙烯泡沫塑料板，然后将板材采用平铺方式压盖于小麦粮面之上，因材质较软，板材与板材之间可用宽胶带密封。

5. 隔热充气囊压盖

预先按照小麦粮面尺寸定制相应规格的气囊（例如：每个气囊尺寸为 9m×1.5m，每四个气囊采取无缝连接的形式），将气囊平铺于粮面上，利用充气泵充气，使气囊隆起，厚度达到 16cm 左右。

（三）粮堆压盖隔热时机及注意事项

1. 粮堆压盖隔热时机

经过冬季通风达到低温/准低温储藏要求的小麦，应在春季温度回升前实施并完成粮面的压盖隔热处理。

2. 注意事项

小麦粮面压盖要留有必要的粮情检测孔；在小麦隔热压盖储藏期间，应定期检查压盖物之下及粮面有无结露、霉变；定期检查粮堆内是否发生虫害、板结、局部发热等异常情况。

三、仓内控温保冷技术

（一）仓内排积热控温保冷

小麦无论是储存于高大平房仓、浅圆仓或立筒仓中，都可在高温季节利用夜间气温较低的时段，打开房式仓仓墙或立筒仓、浅圆仓仓顶上安装的轴流风机，及时排除由外界通过围护结构传进仓内的热量，降低仓内空间的温度。对于经过吊顶隔热改造的高大平房仓，可在粮面与吊顶之间的窗户上，以及吊顶与原天花板之间的山墙上均安装轴流风机，同样利用夜间气温较低的时段开启轴流风机，控制仓温和粮温的升高。

对于配有通风自动控制系统的仓房，可预先设置好利用轴流风机排除仓内积热的通风控制程序。一般而言，需要在仓房排积热操作前预先检查仓内外温湿度，在仓温高于外温，且不会引起仓内湿度增加的同时，开启轴流风机，排除仓顶积热，降低仓内空间温度。此外还需注意，仓房排积热过程结束后，应及时关闭门窗，防止外界湿热空气进入仓房内。

（二）内环流控温

1. 粮仓内环流简介

粮仓内环流即内环流控温储粮技术，是由仓内地坪上安装的通风地笼，仓外安装的通风口、环流风机、保温管，以及仓内空间与粮堆形成的闭合回路。

如图 3-42 所示，首先启动环流风机，经由仓房地坪上的地笼将冷气自粮堆底部抽出，再经由仓外保温管将冷气引入粮仓粮面上部空间，使粮堆内部气体及粮面以上的空气在闭合回路中循环运行，实现不与外界空气接触的“粮仓内环流”，起到调节仓温与表层粮温，实现小麦低温/准低温储藏的作用。

一般而言，仓房的控温效果与其隔热性能、气密性能、风机及风道设计、环流管道选用、冬季粮堆蓄冷量等关系密切。实践证明，高大平房仓的控温效果相对较好，且粮堆越大，控温效果越好。

2. 粮仓内环流系统配置

一般而言，粮仓内环流控温系统包括通风管道、保温环流管路、环流风机以及控制

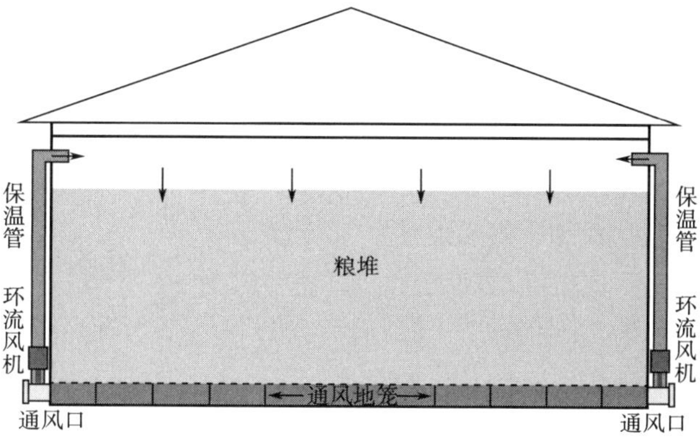

图 3-42　粮仓内环流示意图

系统。

内环流控温所用通风管道即为高大平房仓的地上笼通风系统。保温环流管路多为套管结构，如外管采用不锈钢管、直径 133mm，内管采用 PVC 管、直径 90mm，两管之间可填充保温材料，如发泡聚氨酯。

内环流控温环流风机可选用功率为 0.75kW 的三相异步防爆风机。控制系统一般由温度传感器、控制单元、控制柜、液晶显示屏等组成。温度传感器安装于小麦粮堆粮面以上中央部位，用来检测粮面上的温度并向控制单元传输检测信号；控制单元接收温度传感器的信号，并根据信号调整各项运行指令，以及存储各项运行参数；而控制柜用于实现系统各部件的运行控制。

3. 粮仓内环流技术操作要点

①内环流系统运行前的准备工作：处理小麦使其杂质含量≤1.0%、水分含量不超过当地安全储存水分；检查仓房隔热保温情况，包括门窗、管道、通风口等。

②冬季通风蓄冷：利用当地有利的气象条件及时给小麦粮堆通风蓄冷。为减少小麦储藏过程中的水分损失，均采用小功率轴流风机进行缓慢通风降温。可将小麦粮堆的平均粮温降至 5℃及以下，最高粮温降至 10℃及以下。

③春季保温隔热：小麦粮堆在冬季通风蓄冷之后，在第二年春季天气回暖之前，要及时做好仓房各部位，如门窗、通风口、环流管道及各类工艺孔洞的保温隔热工作。

④避免死角：内环流通风时，仓壁四角易出现通风死角，此时可在仓壁四角处增加通风道。

⑤保温改造：对于仓壁隔热性能较差的浅圆仓而言，可增设仓壁保温层，并适当增大环流风机的功率以及环流管道的内径，以便更好地控制靠仓壁部位的小麦粮温。

（三）局部通风控温技术

1. 单管通风控温

小麦在储藏期间，若有高水分、高杂质等现象，易引发虫霉滋生进而造成粮堆发热，而粮堆局部发热更为常见，此时可采用单管通风来降温控温。

（1）单管通风系统组成　单管通风即一台风机与一根风管组成的移动式通风系统。单管通风系统主要由四部分组成。

①单管风机：常见参数为电机功率 0.75kW，风机风量 1000m^3/h，风机全压 800Pa；或者工作电压 380V，电机功率 1.5kW，风机风量 1180m^3/h，风机全压 1160Pa。单管风机的作用是提供正压力或者负压力，促使空气流动。

②通风管：其长度依据粮堆高度而定，管径一般为 80~100mm。通风管下部 500mm 长度范围内开有直径 2.5mm 的圆孔，通风管末端焊接一个 200mm 的锥形头。

③扦插器：其作用是将通风管打入粮堆。

④电源箱：其作用是给扦插器和单管风机提供动力。

（2）单管通风操作要点

①单管通风系统的工作深度为 3~6m。

②通风时可将 8~10 根通风管均匀分布在发热点周围。

③应依据小麦储藏环境的具体情况来选择通风方式，若外界气温偏低，适用压入式通风；若外界气温偏高，适用吸出式通风。

④若小麦粮堆局部发热是由虫害引起，此时不适用单管通风，可选用粮堆局部熏蒸。

⑤若小麦粮堆局部发热是由湿热扩散引起，且局部水分已经增大甚至出现结露，此时也不适用单管通风，可将该部位小麦挖出，进行干燥处理或者晾晒。

⑥若小麦粮堆局部发热是由于杂质聚集、通风孔隙度小、通风死角等原因造成，此时可选择单管通风进行粮堆局部降温处理。

2. 多管通风控温技术

多管通风一般是在粮堆内打入多组通风管并结合粮堆顶面布管，通过风机组成风网，采取吸出或压入两种通风形式，解决小麦粮堆局部发热的问题。

多管通风系统一般包括多管通风机、不同组数的通风管、连接软管和风管打管机等组成。

多管通风机技术参数为：转速 2900r/min，风流量 5268m^3/h，全压 1578Pa，电机功率 3kW，或转速 2900r/min，风流量 7419m^3/h，全压 2014Pa，电机功率 5.5kW。

3. 箱式覆膜通风控温

箱式覆膜通风是在粮堆内预埋箱式空气分配器的负压通风系统，需结合粮面覆膜，可用来处理小麦粮堆的局部发热。

（1）主要设备　箱式通风又称存气箱通风，其主要设备包括风机、连接管道、存气箱、塑料薄膜。

在小麦已经入仓且仓内无通风设施的情况下，箱式通风可作为一种补救措施处理粮堆局部发热。使用时需将仓门口一部分小麦搬移，沿仓门并列安装两个中空的长方体存气箱，再用小麦回堆，将存气箱无支撑的一面通过连接管道和风机的吸风口对接，存气箱其余部位埋入粮堆内即可通风。

（2）通风操作过程　除了发热局部的粮面之外，用塑料薄膜将小麦粮堆其余部分粮面全部覆盖，之后启动风机，采取吸出式通风的形式，强迫外界气流从未覆膜部位通过粮堆内部的发热区域，并经由存气箱吸出仓外。随着吸出式通风的进行，薄膜可逐渐向四周揭开，即可扩大粮堆的通风区域。

箱式覆膜通风只能采用吸出式、无法采用压入式，小麦粮堆若是表上层发热，在通风运行过程中，粮堆中下层即有升温的可能性，因此需谨慎采用该通风形式。

第六节
小麦干燥技术

干燥是小麦收获后的重要环节，干燥方式和干燥条件是否合适对于小麦储藏质量和储藏时间长短起着至关重要的作用。目前，根据干燥方式的不同，小麦干燥可分为人工晾晒、机械干燥与就仓干燥。表 3-19 所示为小麦不同干燥方式特点。

表 3-19　不同干燥方式干燥特点

项目	干燥方式		
	人工晾晒	机械干燥	就仓干燥
水分要求	收获水分	收获水分	偏高水分
场地要求	占用场地巨大	占用场地较小	不占用场地
天气要求	依赖性大	天气影响小	天气影响大
可操作性	劳动强度大	劳动强度小	全自动控制
环境保护	环境友好	存在少量污染	环境友好
处理能力	3~5d/批次	1~10t/h	5000t/仓
干燥品质	好	影响小	好
投资成本	土地成本	50 万~100 万元+土地成本	40 万~80 万元
运行成本/[元/(t·1%水)]	6~10	10~15	3~5

由表 3-19 可知，传统的人工晾晒，工作效率低、干燥耗时长，若赶上连续的低温多雨天气，小麦容易产生霉变，造成严重的经济损失。机械干燥很大程度上提高了小麦的干燥效率，避免了自然气候对小麦干燥的影响，同时，干燥均匀性较好，有利于小麦长时间储存，但若干燥条件不合适，则会对干燥后小麦品质有影响。就仓干燥对小麦干燥初始状态、外部环境要求稍高，但运行成本低，自动化程度高。

一、小麦干燥影响因素

我国小麦按种植时间可分为春小麦和冬小麦。春小麦春天种植，8、9 月份收获，若收获时小麦含水率较高，一般选用塔式连续型粮食干燥机进行干燥后入仓储存。冬小麦在10、11月份种植，在次年5、6月份收获，收获时含水率较低，一般收获后只需进行简单晾晒，再简单除杂降温后即可直接入仓。但在极端天气下，小麦收获后可能会出现水分含量较高的情况，则需选用机械干燥方式对小麦进行降水降温处理，待含水率达到入库安全含水率后，才能入库储存。由于小麦栽培种植遍及全国，小麦产地、种植方式不同，产地气候等因素都可造成小麦储前粮情的不同，故应根据入仓前小麦含水率、温度、含杂率、含水率不均匀度等具体粮情，选择不同的工艺对小麦进行处理，以此达到小麦最佳干燥效果。

（一）小麦含水率和粮温

小麦含水率和粮堆温度是小麦能够长期储藏的两个重要指标，只有当小麦含水率和粮堆温度都在安全范围之内，小麦才能达到较长的储藏时间（图3-43）。粮堆水分过高容易造成霉变、虫蚀等问题的发生，使小麦质量损失、品质下降、发热霉变。干燥可以除去小麦中多余的水分，把小麦含水率降低到安全水分以下，从而达到抑制微生物活性、抑制害虫生长的效果，保证小麦安全储藏。同样，入仓前小麦温度较高或者小麦温度与环境温度相差较大，也会引起储藏期间小麦粮堆内部湿热迁移，从而导致粮堆含水率不均匀，进而带来霉变、虫害、结露等不良情况的发生，需在小麦临储仓内对小麦进行机械通风降温处理，待粮温全部降至安全温度以下，再进行正常入仓干燥。

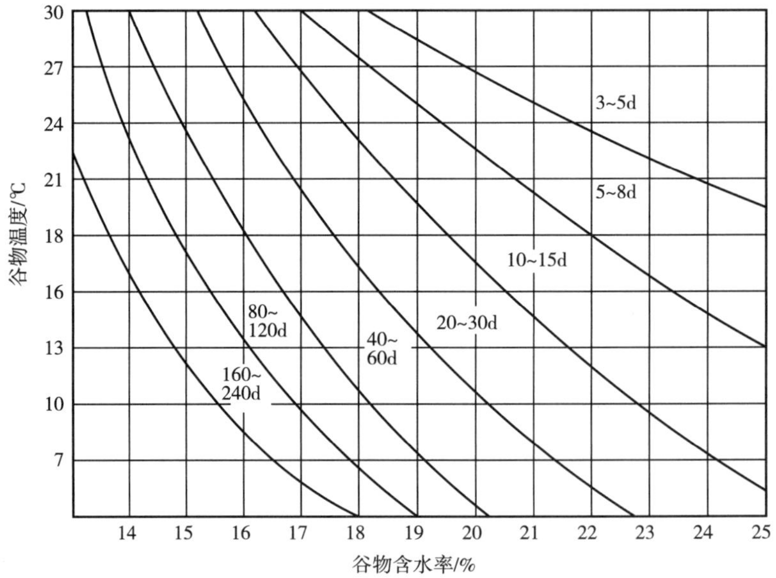

图3-43 谷物在不同含水率和温度下的储藏时间

（二）小麦含杂率

一般入仓小麦含杂率不超过2%，其中长茎秆含量不超过0.2%。若入仓小麦含杂率超过规定水平，则进入干燥机前小麦应进行初清，或在提升装置进料口或干燥机储粮段入料口处安装网筛，以保证粮食含杂率不超过规定水平。除杂后不仅可有效保障穿过小麦层的气流通畅，避免干燥死角，同时也防止有大的异物（如玉米芯、木块、石头、工具等）进入机内，损坏排料机构。

（三）小麦含水率不均匀度

若小麦含水率不均匀度高，直接入仓后，将导致小麦粮堆内部的水分迁移，不利于小麦长期安全储存。干燥前使小麦含水率尽量一致有利于干燥处理。入机小麦含水率不均匀度不宜过大，一般应不超过3%。为解决含水率不均问题，应在干燥前对小麦含水率进行严格测定，将含水率差值在允许范围内的小麦存放在一起，根据不同小麦含水率选择不同的干燥工艺。

（四）干燥介质参数

根据国家粮食干燥技术标准与粮食质量标准，对于干燥后的小麦，针对不同的用途，是有品质要求的，干燥介质参数对小麦干燥后品质有较大影响。根据小麦干燥初始状态与干燥机机型的不同，选择不同的干燥介质参数对小麦进行干燥。目前大批量小麦的干燥大多选择热风干燥，其中热风干燥最重要的介质参数为风温与风速。

在其他干燥参数相同的情况下，风温越高，风速越高，小麦干燥速率越大，干燥过程中麦粒温度越高，干后小麦发芽率较低，容易使小麦表皮破裂，食用品质较差；风温越低，风速越低，小麦干燥时长越长，干燥能耗越大，机器利用率较低。所以应根据不同的干燥粮情与干燥设备选择相应的干燥介质参数，以达到小麦最佳干燥效果，相应参数见本节小麦干燥过程与关键参数中相应表述。

（五）处理量与干燥方式

根据每天干燥小麦的规模总量确定干燥机的规格型号及设备数量。连续式干燥机标定的工作能力为日处理量，也就是机器每天工作24h所干燥的小麦总质量。针对这种干燥设备，用户只需根据每天计划干燥的小麦总量直接选定机型即可。循环式批式小麦干燥机所标定的作业功效则是每批次所干燥的小麦质量，这类干燥机在作业时是按批次循环作业，也就是干燥机每次只干燥一批小麦。工作中，小麦反复循环干燥直至达到设定水分值。不同种植方式、不同收获条件、不同产地等因素皆可导致同一种品种小麦的收获含水率存在很大差异。因此，需先结合所要干燥的小麦品种以及当地该作物收获后的原始水分含量，换算出单台不同规格干燥机的日处理量，然后才可以结合用户每天的谷物干燥计划测算出所需要的机型及台数。

二、小麦干燥过程与关键参数

（一）小麦干燥过程

小麦干燥过程是一个复杂的质热传递过程，涉及生物、化学、热力学以及流体力学等多学科领域。根据小麦干燥床层厚度的不同，这里介绍小麦薄层干燥与小麦固定床干燥。

小麦薄层干燥通常分为三个阶段：预热、干燥和冷却。

1. 预热阶段

这一阶段干燥介质的温度高于小麦温度，小麦籽粒吸收热量升温，水分含量变化不大。

2. 干燥阶段

干燥阶段分为等速干燥阶段与降速干燥阶段。在等速干燥阶段，小麦表面温度保持在湿球温度，内部水分很快转移到表面。在降速干燥阶段，小麦表层湿润表面不断减少，小麦的干燥逐渐从表面深入内部，干燥速率不断下降。

3. 冷却阶段

小麦温度要求下降到不高于环境温度5℃左右，冷却过程中小麦水分基本保持不变，水分含量降低幅度为0~1%，整个小麦干燥结束。

对于固定床的厚粮层干燥，其干燥过程与薄层干燥有较大差别。

当干燥介质进入固定床后，首先与最底层的小麦起作用，干燥介质干燥小麦后，吸收了底层小麦汽化出来的水分，再向上运动，其温度逐渐降低，而湿度逐渐增加。这样造成整个粮层上、中、下各层小麦干燥不均匀，底层先干燥，上层缓慢干燥的现象。在厚粮层干燥中，下层与上层小麦干燥速率的变化正好相反。在干燥过程中，上下层小麦含水率必然出现差异。干燥不均匀是固定床厚粮层干燥的特点，要解决固定床厚粮层中上下层小麦干燥不均匀的问题，就要增大单位通风量使固定床的厚粮层向薄粮层转化。

（二）小麦干燥过程关键参数。

1. 小麦干燥平衡含水率

将小麦放在一定温度、湿度条件的空气中，麦粒与空气相互作用，水分最终要达到与该条件相平衡的状态。麦粒具有从空气中吸收水分或者向干燥空气中释放水分的能力，其与周围环境互相作用达到最终含水率，成为小麦平衡含水率。小麦平衡含水率 M_e 如式（3-36）。

$$M_e = 0.01 \times \left(\frac{-\ln(1 - RH)}{8.654 \times 10^{-5} \times (T + 49.81)} \right)^{\frac{1}{1.8634}} \tag{3-36}$$

式中　RH——孔隙中空气相对湿度,%；

T——小麦温度,℃。

2. 小麦允许受热温度

小麦允许受热温度如表 3-20 所示。

表 3-20 小麦允许受热温度

小麦水分/%	允许受热温度/℃	小麦水分/%	允许受热温度/℃
>17	≤46	≤17	≤54

3. 小麦干燥热风温度

小麦干燥所用机械工作方式不同、小麦水分含量不同，干燥中采用的热风温度有所差异，小麦干燥的热风温度参数见表 3-21。

表 3-21 小麦干燥热风温度

小麦水分/%	热风温度/℃			
	循环干燥机	顺流干燥机	横流干燥机	混流干燥机
>17	45~50	80~90	50~60	55~65
≤17	50~55	90~100	55~65	60~70

注：优质强筋小麦干燥宜采用下限温度。

4. 小麦干燥指标

小麦热风干燥除降低水分含量外，还会影响其他相关指标参数，小麦干燥后应满足表 3-22 所示一些指标。

表 3-22 小麦干燥后指标

项目	指标值
水分	安全水分或者规定水分
干燥不均匀度/%	
降水幅度≤5%	≤1.0
降水幅度>5%	≤1.5
破碎率/%	≤0.3
色泽、气味	正常
湿面筋降低值/%	0

除上述之外，小麦干燥过程相关参数还有不少，如小麦干燥成本、小麦干燥效率等，本节未逐一列举。

三、小麦干燥机械

世界上一些发达国家或地区的粮食干燥已有 70 多年历史，其中最具有代表性的干燥设备有 Mathews 公司生产的横流干燥机、GSI 公司生产的塔式混流干燥机、佐竹公司生产的循环式缓苏干燥机以及三久公司生产的循环谷物干燥机等。我国自 20 世纪至今，粮食干燥技术持续发展，已有粮食干燥机企业近 500 家，粮食干燥机拥有量达 7 万套，干燥机的产销量仍在逐年上升。目前市场上的粮食干燥机，按结构及干燥原理分类，可分为混流式干燥机、横流式干燥机、顺流式干燥机、顺逆流式干燥机以及圆筒内循环式干燥机等。根据具体情况，不同初始状态下的待干小麦可选择不同型号不同结构的干燥机进行干燥，下面对各式粮食干燥机进行说明。

（一）混流式干燥机

1. 混流式干燥机的构成

混流式干燥机一般由储粮段、热风干燥室、冷却室、排粮段组成。在干燥室和冷却室内安装有角状管（如图 3-44 所示）。

小麦干燥时，热空气进入热风室 6 后，再进入干燥室 5，在干燥室内与依靠重力自上而下流动的小麦接触，将小麦中的水分置换出后带走，从废气室 7 排出。

干燥后小麦经过一段隔风段 8，缓苏后进入冷却室，在冷却室内与冷空气接触，小麦得到冷却，随后经排粮机构排出。冷却后的空气变成废气，由废气室排出。塔顶部的储粮段的主要作用是储存一定量的高含水率小麦，起到缓冲作用，另外也起到防止废气短路，进入储粮段由进粮口逸出。

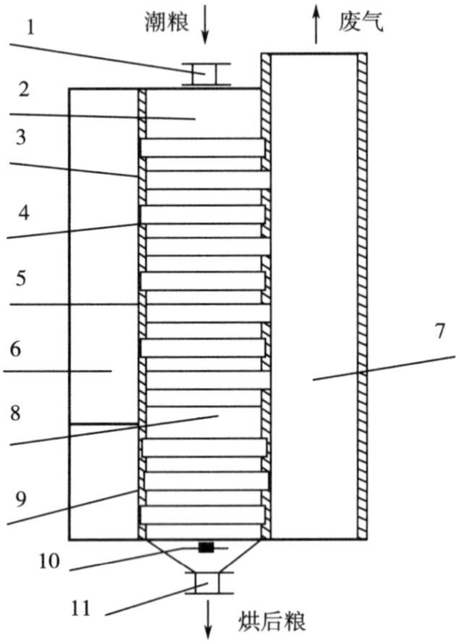

图 3-44 混流式干燥机

1—进粮口 2—储粮段 3—废气角状管 4—进气角状管 5—干燥室 6—热风室 7—废气室 8—隔风段 9—冷却室 10—排粮板 11—排粮斗

2. 混流式干燥机的性能参数

混流式干燥机是目前世界上应用最广泛的一种粮食干燥设备，生产的混流式干燥机品牌也有很多，详细见表 3-23。

表 3-23 国际主要混流式干燥机参数及性能

参数	生产企业					
	Cinbria	Law-denis	Carier	Svegma	Allmet	Bentall
生产率/t	25	20	20	20	20	20
降水率/%	4	5	5	5	5	5

续表

参数	生产企业					
	Cinbria	Law-denis	Carier	Svegma	Allmet	Bentall
水量/t	100	100	100	100	100	100
总功率/kW		38	29	24.75	23.9	26.85
单位电耗/(kW/kg)		0.032	0.025	0.021	0.020	0.023
干燥机高度/m	13.7	8.68		8.215	6.98	8.03
干燥塔数目	1	2	1		2	2
标准段数	8	8			14	10
角状管总排数	32	32			28	40
每排角状管数	5	3			4	10
角状管总数	160	96			112	400
热风风量/(m^3/h)	67200					84940

我国在20世纪50年代就引进了塔式干燥机，随后虽然陆续引进各国的干燥设备，但应用推广不多，20世纪90年代开始，随着国际发达国家先进干燥设备的大量引进以及国内对粮食安全储藏的日益重视，引进、消化、吸收国外先进的粮食干燥技术促使我国的粮食干燥行业迅速发展壮大起来，结合我国实际情况，先后开发出5HX、5HG、5HF、5GSH、5HT、5HST、5HH等系列混流式粮食干燥机。目前，我国已有上百厂家生产各型号的混流式干燥机。以某公司生产的5H-22B混流式干燥机为例，对混流式干燥机各项技术参数进行介绍。表3-34为5H-22B混流式干燥机相关技术参数。

表3-24　　5H-22B混流式粮食干燥机相关技术参数

产品型号		5H-22B（混流式）
干燥方式		批式循环
粮箱容积/m		47.66
小麦处理量/kg		5000~22000
整机质量/kg		8100
外形尺寸（长×宽×高）/mm		3890×3350×11500
箱体尺寸（长×宽×高）/mm		3700×2000×10500
热源	型式	热风炉
	点火方式	人工
	燃料消耗量	50~70kg/h（木柴）
	燃料	生物质、柴、无烟煤、天然气、柴油、电热泵

续表

离心风机	型号	305E
	额定风量/(m^3/h)	10478~19428
电力	电压/频率	三相 380V；单相 220V/50Hz
	电机总功率/kW	15.24
性能	进料时间/min	40~60
	出料时间/min	40~60
	干燥能力/(kg%/h)	≥10000
	降水率/(%/h)	0.5~1.0
	处理量/(kg/h)	1000
各项装置	安全装置	在线水分监测仪、谷物温度传感器、故障报警、满粮报警、超温报警、热继电器、热风温度传感器、过载保护装置、漏电保护装置
	标准装置	输送系统、排粮系统、干燥系统、缓苏段、提升机、低噪声抽风机、自动控制系统

混流式干燥机采用横向多槽和纵向多槽式干燥，粮食纵横交错循环，换热蒸发均匀充分，机身低，安装方便，清扫方便，有多种燃料可供选择，高水分的粮食也能优质干燥。另外，设置了防止爆腰的定制干燥控制，降水率和热风温度由电脑控制，不需人工设定。

3. 混流式干燥机特点

①适于干燥稻谷、油菜籽、小麦、大豆、玉米等小粒种子和粮食。

②由于粮层厚度比横流小、气流阻力降低、风机功率较小，单位电耗的生产率较高。

③采用积木式结构，按二、四、六等多排角状盒作为一个标准段进行生产，每一个标准段具有一定的生产率，便于系列化生产。

④粮食不是连续的暴露在高温气流中，而是受到高低温气流的交替作用，干燥后谷物品质好，裂纹率和热损伤相对较小。

（二）横流式干燥机

1. 横流式干燥机构成

横流式干燥机是粮食流动方向与干燥热风相互垂直的连续流动式干燥机。传统的横流式干燥机采用矩形断面的竖箱，箱内设有冷、热风配风室，粮食流经通道分列两侧，下端设有排粮装置。其工作过程为高水分粮在重力作用下由储粮段流至干燥段，干燥热风由热风室受迫横向穿过粮层进行干燥，干燥后粮食经过冷却段、排粮段排出。横流式干燥机可分为横流循环式和横流-缓苏式两种，横流循环式干燥机为中小型干燥机。横流式干燥机结构简单、制造方便、加工成本低、干燥速率较快，是目前应用较广的干燥方式。

图 3-45（1）所示为带有冷却段的筛网柱式干燥机，适用于玉米、小麦干燥，其冷却段的废气可以回收，从而能降低干燥机的热能消耗。

图 3-45（2）所示为不带冷却段的干燥机，适用于稻谷干燥，稻谷干燥后不能立即用空气冷却，必须给这种干燥机再配备缓苏冷却仓。该机的进料是靠提升机，将粮食输送到干燥机顶部的储粮斗内，然后粮食可自流进入干燥机的塔体内。该机的排粮机构是叶轮装置，由排粮叶轮和排粮绞龙组成。排粮叶轮的叶片一般有 6 片，叶轮的转速一般为 20r/min，叶轮的转速根据需要可以调整。如果有杂物堵塞，可转动调节螺杆，将活门向内顶，然后清除杂物。

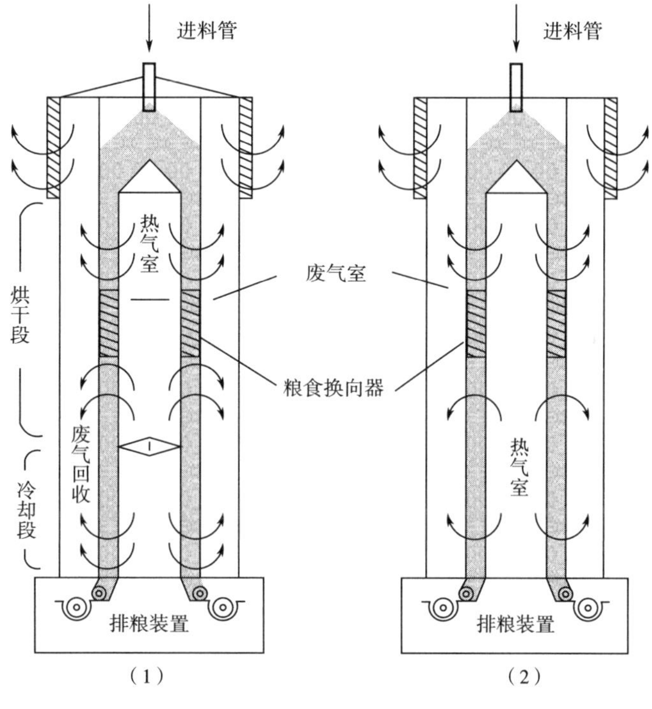

图 3-45　筛网柱式干燥机

（1）带有冷却段的筛网柱式干燥机　（2）不带冷却段的干燥机

2. 横流式干燥机的性能参数

国内外横流式干燥机生产厂家有 Berico、Zimmerman、Airstream、M-C、三久等公司，目前横流式干燥机的发展主要放在提高干燥后粮食水分均匀性上。这里以国内某公司生产的 DC125 粮食干燥机为例对该类干燥机的相关性能参数进行说明。表 3-25 为 DC125 粮食干燥机相关技术参数。

表 3-25　DC125 粮食干燥机相关技术参数

产品识别号		DC125
产品型号		5HXG-12.5
干燥机型式		批式横流循环
小麦容量/kg		12500~12500
外形尺寸（长×宽×高）/mm		13577×2973×10405
燃烧炉型式		热风炉
点火方式		手 动
使用燃料		煤、秸秆、稻壳、木柴等
燃料消耗量/(kg/h)	秸秆	70
	煤	35
配套电源		三相、380V、50Hz
整机功率/kW		9.74
空机质量/kg		3040
性能	进料时间/min	50~60
	排料时间/min	45~55
	降水率/(%/h)	0.5~1.2

DC125 横流式粮食干燥机采用低转速螺旋输送，粮食破碎率低，干燥后品质高；薄层大风量干燥层，干燥效率高；配置了粮食杂质除尘装置，可有效降低含杂率；搅龙采用不锈钢等特殊耐磨材料，降低运转速度，提高耐磨性并减少粮食损伤。全自动干燥监控系统，操作更简单、管理更方便；可选用多种供热方式及燃料，干燥成本低。

3. 横流式干燥机特点

①粮食装在两层带孔的通风板中间，粮粒基本为上下自由流动，使用的热风温度比混流干燥机低一些，风温高降水快，但易出现干燥后粮食干湿不均的现象，蒸发水分所需的热风量相对较大。

②可干燥玉米、稻谷、大豆、小麦等粮食。

③由于粮层厚度小，加上干燥机内外孔板开孔率的原因，气流阻力略大，风机功率略高，单位电耗较高。

④结构简单，制造成本低，但排粮机构较为复杂。

⑤粮食连续受热，通常是内层粮食受热温度高，外层受热温度低，交替段不能保证全部交换均匀，北方使用易受外界低温和风向影响，易使干燥后粮食干湿不均。

⑥通常单机一次降水幅度范围 8%~15%。

（三）顺流式干燥机

1. 顺流式干燥机的构成

多级顺流干燥段加逆流冷却段构成的干燥机，称为顺流式干燥机。在顺流式干燥机中，热风和粮食的流动方向相同，最热的空气首先与最湿的粮食接触，因而可以使用较高的热风温度。顺流式干燥机中设有干燥段、冷却段和排粮段。在干燥段热风与粮食运动方向相同，温度高的空气首先对温度低、水分高的粮食进行干燥。粮食在流动过程中完成干燥，经过缓苏段、冷却段后由排粮段排出。在干燥过程中，粮食高温加热时间短，中温加热时间较长，因此干燥均匀，水分梯度小，干燥质量好，可适用于含水量高的粮食；高温热风首先与含水量最高的粮食相遇，试验证明顺流式干燥机比横流式干燥机节能30%，具有较高的热能利用率。但顺流式干燥机的结构比较复杂，制造成本相对其他几种干燥设备较高；粮层较厚，气流阻力大，热风入口位置高，所需高压风机功率大，故热损失大，能耗较高。

图3-46是顺流式干燥机示意图。这个干燥机有两个顺流干燥段和一个逆流冷却段。当粮食由进料口进入顶部储粮段后，粮食在重力作用下，均匀进入塔体，向下流动，经过分粮漏斗后，粮食进入第一干燥段，在这里与热空气接触，进行湿热交换，热空气与粮食自上而下运动，热风变成废气后排出塔体。粮食经过一段缓苏后，再进入第二干燥段，最后进入冷却段，在这一段内，粮食得到冷却，这时，粮食向下流动，冷空气向上运动冷却粮食，因为粮食与冷空气运动方向相反，所以这一段称为逆流冷却段。顺流干燥段，可以是一段、二段、三段或更多段，这要根据粮食原始水分的大小来设置。

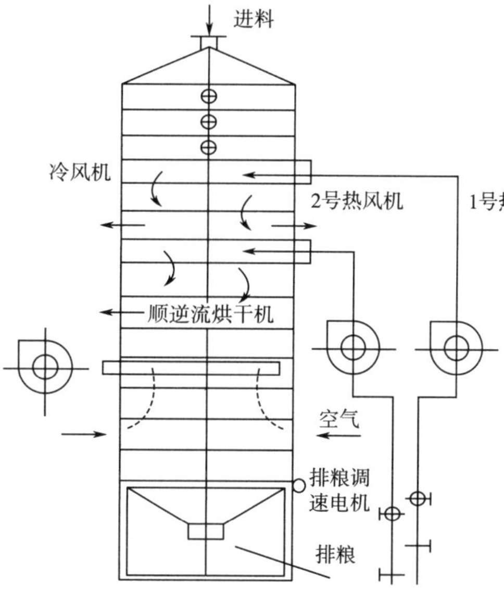

图3-46 顺流式干燥机

2. 顺流式干燥机的性能参数

国际上生产顺流式干燥机的厂家有York、Farrell-Rose、Bird公司以及Westlaken公司等。顺流式干燥机适合干燥水分含量较大的粮食作物，比如玉米、小麦等，单纯的顺流式干燥机应用较少。这里以河南省某公司5HXG-150粮食干燥机为例说明该类干燥机的性能参数（表3-26）。

表 3-26　　5HXG-150 粮食干燥机性能特点

项目型式		5HXG-150
整机空机质量/kg		3200
小麦处理量	容量范围/kg	7500~16850
	最大处理量/(kg/h)	450~1080
机台尺寸	全高/mm	9070
	全长/mm	4228
燃烧机	型式	枪型双喷嘴，双风门比例式自动控制，高压喷雪式燃烧
	点火方式	高压自动点火
	最大燃烧量/(L/b)	高温型：35.5L/h；低温型：25L/h
单位耗热量/[kJ/(kg·水)]		5800 以下（国家标准以下）
单位耗能量/[kJ/(kg·水)]		6000 以下
使用燃料		煤油或符合国家标准的 0~50 号轻柴油（请以当地外气温选择能完全雾化燃烧的适用牌号）
所需动力	定格电压/kW	三相 220V/380V/440V，50Hz/60Hz
	输送功率/kW	2.25kW（3HP）
	排风功率/kW	3.75kW（5HP）
	排侍功率/kW	0.25kW（1/3HP）
干燥性能 性能	入粮时间/min	63
	出粮时间/min	58
	小麦减干率/(%/h)	0.6~1.2

3. 顺流式干燥机的特点

5HXG-150 小型干燥机是针对粮食干燥的特点，将顺流干燥、分段差别缓苏和横流冷却形式充分结合而成的新型连续式粮食干燥技术。该粮食干燥机针对粮食内部温度和水分分布，交错采用顺流干燥和差别缓苏，低温大风量均匀干燥，中间设计短缓苏段，使粮粒内外进行合理的湿热平衡，粮食干燥后水分均匀，保证了烘后品质，同时提高干燥效率。下部设置长缓苏段使粮食缓苏与干燥时间有合适的比例，进一步保证干燥后粮食品质。不论产量如何变化，干燥机均可设计为单台，占地面积小，附属设备少；不增加操作人员数量；露天生产，不需罩棚。因此，产量越大，系统投资总费用与循环式干燥机相比越低，效率高的优势越明显。小型粮食干燥机生产线工作热风通透设计，拥有宽阔的干燥面积，通过恒温通风装置，自动快速的调温方式，热风间接加热使粮食无任何污染，确保每一粒粮食干燥均匀，色泽、气味俱佳，具有品质出众的干燥效果。且投资小，使用费用低，可自动控制工作过程，自动停机，操作简单省力，符合中小型农场及农户的需要。配备有自动在线测温测湿装置，自动化程度大大提高。清扫方便、彻底，不会混种，特别适合干燥粮食种子。出料口可根据客户需求任意加长，直接输送到运输车上，也可以直接装袋。

顺流式干燥机特点可概括如下：

①进气角状盒多为漏斗式或五角盒，排气角均为五角盒，粮食以扩散堆积方式向下流动，混合均匀，由于每个加热段后都有一个缓苏段，因而使用的热风温度比混流、横流干燥机都高。因热风温度高，一次蒸发水分量较大。

②可以干燥玉米、小麦等高水分粮食。

③由于粮层厚度大，热风温度高，降水速率快，单位能耗的生产率较高。

④粮食不是连续地暴露在高温气流中，每次受到高温气流受热交换后，都有一个缓苏段平衡水分，保证干燥后粮食品质，裂纹率和热损伤较小。降水幅度大，单机一次最大降水幅度可达 14%~18%，但漏斗式结构制造成本较高。

⑤由于顺流，在第一干燥段，高水分粮食最先与高温干燥介质接触，低温粮粒迅速升温，热风温度急骤降温，粮粒与热风接触时间很短，粮粒表面水分快速蒸发，因此，可采用高温干燥介质而不损伤粮食。实践表明，第一干燥段的热风温度应控制在 200℃以内，推荐使用 180℃的干燥介质。

⑥干燥介质温度在第一干燥段最大，第二干燥段稍小，然后依次降低干燥介质温度。

⑦降水幅度可达 10%~15%。

该干燥机进行干燥时粮层厚度大，系统阻力也大，风机选的大，电能消耗大。另外，金属材料消耗较多，管道多，缓苏段多。

在使用顺流干燥机时，要根据不同地区、不同粮种、不同的原粮水分，调整各个干燥段的热风温度。冷却段配置的风量不得过低，至少为粮食质量的 1.2~1.5 倍，否则，冷却后粮温难以达到要求。各个干燥段的缓苏段，其缓苏时间不小于 40min。

（四）逆流式干燥机

1. 逆流式干燥机构成

在逆流式干燥机中，热风与粮食的流动方向相反，最热的空气首先与最干的粮食接触，粮温接近热风温度，故使用的热风温度不可太高，而低温潮湿的粮食则与温度较低的湿空气接触，因而易产生饱和现象。纯逆流谷物干燥机不能连续作业，所以目前很少使用。通常情况下，将多级顺流干燥段与一级逆流干燥段加逆流冷却段构成的干燥机称为顺逆流式粮食干燥机，也是逆流干燥机的一种，见图 3-47。这是目前国内外使用最为广泛的干燥机型之一，对粮食品种、气候环境的适应性很强，可用于干燥玉米、水稻、大豆、小麦、高粱、油菜籽等粮食和油料作物。顺逆流粮食干燥机是采用“顺流-逆流”

的组合干燥工艺，并根据粮食受热温度实行“分段变温干燥”的粮食干燥机，各干燥段之间设计有缓苏段，“干燥-缓苏”交替进行。在顶端的干燥段采用较高的热风温度使粮食快速升温，并带走一部分表面水分。中间干燥段采用中等热风温度脱去大量水分。经过以上干燥段后，粮食籽粒温度已经升高，所以底部干燥段采用较低温度，既可达到脱去在粮粒内部吸附力较强的水分，又避免粮温升得过高的目的。最后经过冷却段的充分冷却，达到安全水分和温度条件的出机粮食可以直接入库储存。

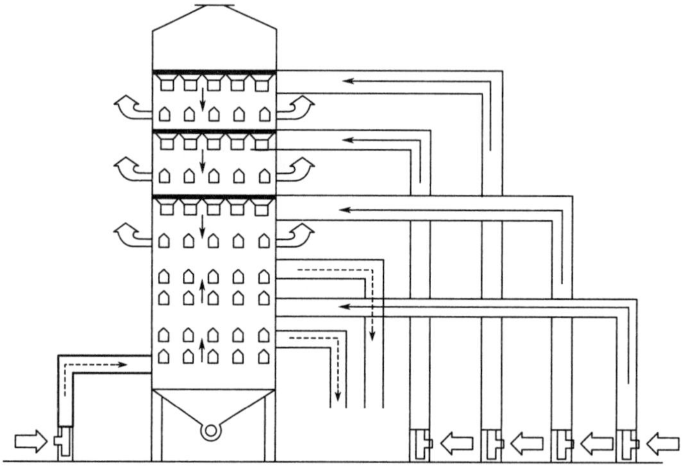

图 3-47　顺逆流干燥机

2. 顺逆流干燥机的性能参数

在顺逆流干燥机中，最后一个干燥段采用的是逆流干燥，高温干燥介质首先与低水分、高温粮食接触，随着干燥介质向上运动，有利于热风与粮粒间的湿热交换，并保证粮食的烘后品质。国外生产逆流式干燥机的公司有 Shivvers、Sukup、Stormore、金子、山本制机株式会社等。这里以河南省某公司生产的 WGH200 顺逆流式粮食干燥机为例进行介绍。表 3-27 为 WGH200 顺逆流式粮食干燥机主要技术参数，该类型顺逆流式干燥机吸收国外先进机型的优点，基于公司多年的设计生产制造经验，结合我国各地区实际情况研制而成，可露天安装使用，适合在各粮库及粮油加工厂等场合使用。

表 3-27　WGH200 顺逆流式粮食干燥机主要技术参数

型号	WGH200
处理量/(t/d)	200
降水幅度/%	4~16
加热介质	空气
热风温度/℃	<120
粮食最高受热温度/℃	55

续表

干燥不均匀度/%	<2
破碎率增值/%	<0.5
单位热耗/(kJ/kg H_2O)	5800
煤耗（标煤）/(kg/h)	120~460
装机容量	根据环境、条件、降水幅度及配置而定
主机外形尺寸/m	5×3.2
主机高度/m	13~17.5

3. 顺逆流式干燥机的特点

WGH200 顺逆流式干燥机一次干燥降水幅度大，单机单次最大降水幅度可达 16%；使用范围广，可以干燥玉米、水稻、大豆、小麦、高粱、油菜籽等多种谷物和油料作物；烘后粮食品质好；出机粮食的水分均匀，在进机水分不均匀度不超过 3%的情况下，出机粮食的水分不均匀度小于 2%；干燥粮食的破碎率增值低，干燥机中粮粒爆腰率增加量少。

顺逆流式干燥机特点可概括如下：

①粮食装在带孔板的通风板上侧，基本为静态干燥，使用的热风温度与横流干燥机接近，风温高降水快，但粮食易出现干燥后底部干、上部湿的不均匀现象，蒸发水分所需的热风量相对较大。

②可干燥小麦、玉米、稻谷、大豆等。

③由于粮层厚度大加上干燥机孔板开孔率的原因，且逆向送风，气流阻力略大，风机的功率高，单位电耗高。

④结构简单，制造成本低。

⑤逆流干燥段的热风与粮食逆向交替时间较长，受热较均匀，蒸发水分相对较多。

（五）圆筒内循环式干燥机

圆筒内循环式干燥机具有生产率高、干燥速率快、使用方便、粮食循环速率快等特点。既可牵引又可驱动，方便进行流动作业；粮食循环速率快，比混流、横流式干燥机的粮食流速快 3~5 倍；可使用较高的风温，而不致使粮温过高，且干燥均匀。国外生产圆筒内循环式干燥机的有 GT-380、Moridge8830、GSI620-B、Master、Opico380、Law-denis 以及 Agrex 等公司。国内也有不少厂家生产，如三久、万谷等，这里选取河南省某公司生产的圆筒内循环移动式小麦干燥机 5HCN-2.5 进行举例说明（图 3-48）。

图 3-48　圆筒式循环式粮食干燥机

该设备是在借鉴国外同类产品的基础上，结合我国粮食生产现状，研制出的一种小型行走式内循环粮食干燥成套设备。适用于玉米、小麦、水稻等多种粮食作物的干燥，干燥小麦、玉米品质好，干燥水稻爆腰率低、碎米少、色泽洁白，是该机最为突出的优点；可广泛应用于农村、小农场及中、小型饲料厂。该干燥机由喂料装置、干燥塔、燃煤高效热风炉、主风机、引风机、除尘器、电气控制系统、行走装置等组成；具有温度自动控制、节能无污染、作业成本低、降水幅度大（一次可降到安全水分）、造价低、操作简便、移动方便等特点。

圆筒内循环式干燥机特点：

①结构紧凑，喂料、循环、排料合用一个提升机，且重量轻、体积小、占地面积小。其中行走式干燥设备移动方便，可边收边烘。

②循环速度快，混合均匀，干燥后粮食品质好，能保持粮食原貌色泽和营养成分，碎米少，爆腰率低。

③自动控制，节省劳力。操作简便，易于掌握。

④装机容量小，适应广大农村现有电容量水平。

⑤热耗、电耗、可靠性系数指标先进。

⑥价位低，适合于广大农村的经济承受能力，作业费用也低于马路晾晒所需费用。

近年来，随着计算机技术以及人工智能的发展，小麦干燥设备得到了充分发展，逐步走向自动化智能化。本小节所述干燥设备为应用较为广泛的热风干燥机，目前市场上的一些基于新型干燥原理的智能干燥设备，如射频、远红外、真空等设备，未被逐一列出。

四、小麦就仓干燥

就仓干燥是使用自然空气或者加热空气作为干燥介质对略高于安全储藏水分的仓内粮食进行强制机械通风处理，确保仓内粮食安全储藏的一种干燥形式。其特点是一次性处理湿粮数目大，适宜批量干燥处理，满足粮食规模化生产需要，减少仓外晾晒或干燥环节，入仓后可确保储粮品质。粮食就仓干燥在一些发达国家已经应用将近60年，干燥的粮种多、应用范围广，已成为粮食干燥的重要手段之一。目前，国内小麦就仓干燥技术主要以地槽式、地上笼式通风干燥为主，移动式插管通风干燥为辅。

以筒仓固定床通风干燥为例对固定床通风干燥进行说明，该类型干燥设备主要包括进风室、载料室、出风室等，进风室与载料室及进风室与出风室之间通过冲孔板隔开。干燥作业时，粮食装满环状筒仓，底部承料板和顶部盖板均为实心板。环状筒仓外侧为进风室，内侧为出风室，介质空气从进风室底部风道进入进风室，充分混合后，穿过外冲孔板进入环状粮层，介质空气在从外层向内层粮食穿透过程中温度逐渐降低，相对湿度逐渐增加，吸湿能力逐渐降低，但通风面积逐渐减少，单位面积通风量逐渐增加。而单位面积通风量的增加，可增加介质空气对物料的吸湿能力和干燥速率。因此，设置合理的结构和通风参数，使温度降低、湿度升高导致的干燥能力降低和单位面积通风量增加导致干燥能力加强尽可能平衡，从而达到整个粮层均匀干燥的目的。表 3-28 为小麦固定床就仓通风干燥相关技术参数。

表 3-28 小麦固定床就仓通风干燥相关技术参数

粮种	水分含量/%	最低单位通风量/[m^3/(h·t)]	粮堆最大高度/m
小麦	18	80	3.6
	16	30	6.0

注：表中所列为平均每天有效通风时间 12h、小麦 25~28℃条件下推荐值。

固定床干燥处理过程中常出现小麦水分分布不均匀，如底部小麦过度干燥而顶层小麦水分降幅较小。粮仓插管式通风系统旨在提高粮食就仓干燥的均匀性，减少通风死角，实现快速、均匀、保质就仓干燥。粮仓插管式通风系统包括粮仓主体、粮堆、通风道、扦插管、阀门、静压箱、通风机、窗户；其中粮仓主体内是粮堆，粮堆内设若干根通风道，粮仓主体的顶部两侧设有窗户，通风道中的仓外通风道一端连接通风机，另一端连接静压箱；通风道中的仓内通风道一端连接静压箱前部风口，静压箱前部风口上设有阀门，静压箱前部风口的垂直方向的端口与扦插管相连并设有阀门。

插管通风干燥解决了高大平房仓粮堆通风不均匀问题，适用于多种仓型，同时插管通风系统大大降低了劳动强度，避免了管道的机械损坏；可与多种设备相结合，实现多种节能环保储粮技术，还可以对粮堆进行局部处理；通风系统无须改造，仅需要将通风机换成谷物冷却机、磷化氢环流熏蒸机，即可对粮堆进行冷却作业和环流熏蒸作业。

组合式多管通风风道安装注意事项：

①在完成粮食入仓作业并平整粮面后安装。

②组合式立管下部 1/3 段应均匀开孔，开孔尺寸大小应适宜（不得漏粮），开孔面积应不小于该段总面积的 15%。

③组合式立管间距不宜大于 3.0m。

④通风前或通风过程中可在粮堆内空气途径长、风量偏小的部位增加导风管。

另外，小麦就仓通风干燥中，粮仓应符合 LS/T 1211—2008《粮油储藏技术规范》对粮仓的基本要求，小麦含杂率应不高于 1%，含水率高于 18%时，应配置臭氧防霉设备，完成入仓的时间应控制在安全干燥期的 25%以内；干燥期间如果发生虫害，小麦水分不高于安全水分 1.5%时，应密闭熏蒸 10~15d 后继续通风干燥；每通风 24h 至少检测一次小麦水分含量，干燥较快和干燥较慢的部位应设点扦样检测，干燥较快的部位可适当缩短水分含量检测间隔时间。

第四章
小麦储藏中的有害生物与治理

第一节
常见害虫与防治

一、 常见储粮害虫

（一）主要害虫

1. 玉米象 [*Sitophilus zeamais* (Motschulsky)]

（1）分类地位 鞘翅目（Coleoptera）、象甲科（Curculionidae）。

（2）外部形态识别 成虫体长3~5mm，圆筒形，全体锈褐色至暗褐色，甚至黑色，背面稍有光泽。头部向前延伸呈象鼻状，称为“喙”。雄虫的喙短粗，表面粗糙；雌虫的喙比较细长，表面光滑。触角膝状，无刻点，柄节长大，第3节与第4节长度之比为5∶3；端节呈长椭圆形，由形态学第8、9两节越合而成。前胸背板前缘较后缘狭，与头部相连接的部分呈一窄领状，中央稍向后方凹入。在领状的后缘生有刻点，呈一横列，并生有淡黄色叶状毛。整个前胸背板布着圆形刻点，中央仿佛有一隆起线似的，但有的个体不明显。鞘翅长形，后缘细而尖圆。两鞘翅刻点和隆起线不明显，约有13条纵刻点行。每鞘翅基部和端部各有一个橙黄色的椭圆形斑纹。后翅发达，膜质透明。足三对，前足最粗大，次之为后、中足。各节以腿节最粗，特别是前足腿节。跗节5节，第1、2等长，第3节二裂，第4节微小隐于第3节背面的凹陷内，第5节细长，具2爪（图4-1）。

图4-1 玉米象

（3）主要生活习性 玉米象是危害小麦粮粒的主要隐蔽性害虫之一，成虫和幼虫均可危害小麦粮粒。在我国小麦主产区北方，玉米象一年可发生1~2代，在中原地区可发生3~4代，而在亚热带地区可高达6~7代。主要以成虫越冬。玉米象发育的温度范围17~34℃，最适温度27~31℃；当气温下降到15℃以下时成虫便不再活动。发育的相对湿度范围45%~100%，最适相对湿度70%。幼虫有4龄。在温度27℃及相对湿度66%~72%条件下，幼虫的卵期一般为3~16d，幼虫期13~28d，前蛹期1~2d，蛹期4~12d。

2. 米象 [*Sitophilus oryzae* (Linnaeus)]

（1）分类地位 鞘翅目（Coleoptera）、象甲科（Curculionidae）。

（2）外部形态识别 该种与玉米象极其近缘，外部形态十分相似。成虫体长2.3~3.5mm。圆筒状，红褐色至暗褐色，背面不发亮或略有光泽。触角8节，第2~7节约等长。前胸背板密布圆形刻点。每鞘翅近基部和近端部各有1个红褐色斑，后翅发达（图4-2）。

（3）生活习性　幼虫和成虫均可危害小麦籽粒，幼虫在寄主内蛀食为害。在世界不同国家和地区其一年可发生4~12代。在我国七个储粮生态区均有分布。研究显示，在第六储粮生态区如我国贵州省一年可发生4~5代，第一代和第四代的历期为42~52d，第二代和第三代的历期为38~40d。米象发育的温度范围17~34℃，最适温度26~31℃；发育的相对湿度范围45%~100%，最适相对湿度70%。在相对湿度70%条件下，要完成一个发育周期，在30℃下需要26d，在21℃下需要43d，在18℃下需要96d。在温度25℃和相对湿度70%条件下，卵期4~6.5d，幼虫4龄，幼虫期18.4~22d，蛹期8.3~14d，预蛹期3d，完成一个发育周期需34~40d。成虫寿命7~8个月，最多达2年之久。

图4-2　米象

3. 谷蠹［*Rhyzopertha dominica*（Fbricius）］

（1）分类地位　鞘翅目（Coleoptera）、长蠹科（Bostrichidae）。

图4-3　谷蠹

（2）外部形态识别　成虫体长2~3mm。长圆筒形，赤褐至暗褐色，略有光泽。触角叶片状，共10节，第1节和第2节几等长，末端3节扁平膨大呈三角形。前胸背板遮盖头部，前半部有成排的鱼鳞状短齿呈同心圆排列，后半部有扁平小颗瘤。小盾片方形。鞘翅颇长，两侧平行且包围腹侧；刻点成行，着生半直立的黄色弯曲的短毛（图4-3）。

（3）主要生活习性　在不同储粮生态区一年发生代数差异较大。在华中地区一年发生2代，在广东可发生4代。此虫有较强的耐热、耐干能力，能在最低含水量为9%的小麦中完成发育。但抗寒力差，在0.6℃以下存活7d，在0.6~2.2℃下存活不多于11d。发育温度范围18~39℃，最适发育温度32~34℃；发育相对湿度范围25%~70%，最适相对湿度50%~60%。在最适条件下发育1代需要25d。成虫寿命120~240d。在最适条件下每4周的虫口增长率可达20倍。据广西省试验结果显示谷蠹的卵期11~13d，幼虫期28~71d（一般4龄，偶尔也有5~6龄），前蛹期1~4d，蛹期3~7d，完成一代需43~93d，成虫寿命可长达一年，飞翔力强。

以成虫越冬，越冬场所常在发热的粮堆中，或当粮温降低时向粮堆下层转移，蛀入仓底与四周木板内，以仓板和储粮接触处为最多。也有的潜伏在粮粒内或飞至野外树皮裂缝中越冬。越冬成虫于翌年4月开始活动，交尾产卵，至7月发育成第一代成虫，8~

9月间为第二代成虫，此时为害最严重，尤以9月为甚。

卵单产或集产于谷颖或粮粒裂缝中，产在粉屑中或粮粒外面的较少，有时也产在包装物或墙壁缝隙中。卵的孵化率高，一般能达100%。孵出的幼虫一般钻入粮粒内为害，直至羽化成为成虫始钻出，未注入粮粒内幼虫则在粮粒间或粉屑中生活，侵入粮粒表面，尤喜食害胚部。谷蠹幼虫在蛀食为害的过程中，可在小麦粮粒间产生大量白色粉末。这些粉末可减少粮堆的孔隙度，影响熏蒸剂的扩散，导致杀虫效果下降。

4. 大谷盗 [*Tenebroides mauritanicus*（Linnaeus）]

（1）分类地位　鞘翅目（Coleoptera）、谷盗科（Trogossitidae）。

（2）外部形态识别　成虫体长6.5~11mm，长椭圆形，略扁平，黑色，有光泽。前口式，头呈近三角形，触角棍棒状，共11节，末3节向一侧扩展呈锯齿状。前胸背板宽略大于长，前缘明显凹入，两前角明显呈尖状突出。前胸背板后缘与鞘翅间形成颈状。鞘翅的长度为宽度的2倍，末端圆，表面具纵刻点行7条，行间宽阔。前足基节窝后方封闭，跗节呈5-5-5式，第1节很小，隐于胫节的端部凹陷内（图4-4）。

图4-4　大谷盗

（3）主要生活习性　该害虫对温度要求较高，每年发生的世代数较少。温带地区一年发生1~2代，而在热带地区每年可发生3代。最适发育和繁殖的温度和相对湿度为28~30℃和70%~80%，在此条件下，卵期为7d，幼虫期为48d，蛹期10d，完成1个世代约需65d。在21℃下完成1个世代需285~352d，而在温湿度和食物不适宜时可长达3年。在15℃时停止繁殖，12℃时停止活动。

在15℃下成虫可耐饥饿114d，幼虫可耐饥饿33d，幼虫和成虫均可越冬。越冬时常潜伏于木板等各种缝隙或包装内。大谷盗也可以生活在室外的树皮下和蛀木性昆虫的隧道内，营捕食性生活。成虫寿命和羽化的时间关系较大，若在春季羽化，寿命只有6~7个月；若在秋末羽化，寿命可达1年以上。雌虫将卵产在碎屑或附近的缝隙内，每次可产卵20~30粒，可持续产卵2~14个月，每雌产卵量为430~1319粒。幼虫3~7龄，完成一个世代需65~400d。小麦饲喂的幼虫期为69d。

5. 麦蛾 [*Sitotroga cerealella*（Oliver）]

（1）分类地位　鳞翅目（Lepidoptera）、麦蛾科（Gelechiidae）。

（2）外部形态识别　成虫体长4.0~6.0mm，翅展8~16mm。虫体淡黄色或黄褐色，似麦粒色或稻粒色，且有光泽。头顶无丛毛。复眼圆形，黑色，触角细长多节呈丝状，较前翅为短。有喙，下唇须3节，向上弯曲，超过头顶，第2节披有粗圆鳞片，腹而粗糙；末节长于第2节，细长而尖且弯曲。前翅竹叶状，翅端较尖，翅面灰黄色，通常在翅端部及翅中横线处各有一若干黑色鳞片形成的小黑点。后翅菜刀形，翅端较突出，前翘在近翅中室中部的位置向内凹入，翅面银灰色，缘毛均较长，尤以后缘毛更长，其长

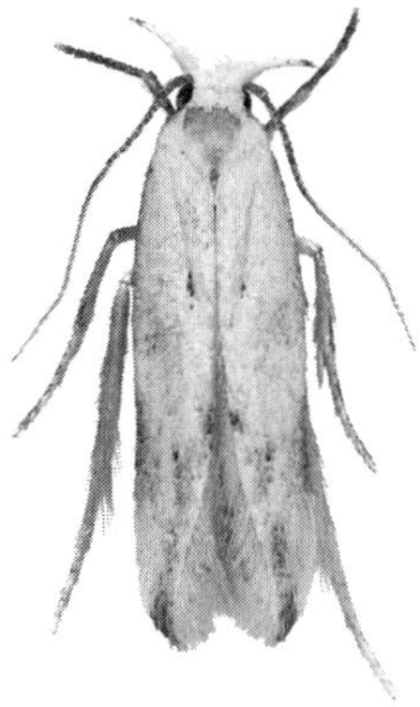

图 4-5 麦蛾

度约为后翅宽度的 2 倍（图 4-5）。

（3）主要生活习性　在小麦储藏过程中以幼虫形式危害。一年发生的代数随温度、湿度等环境条件不同而呈现差异。一般在温暖地区一年发生 4~6 代，寒冷地区一年发生 2~3 代。在江西，此虫从越冬幼虫到次年 6 月出现第一代成虫，大部分在田间产卵繁殖，随着小麦储藏入仓后孵化产生幼虫开始危害粮粒，因此在新入仓小麦中该害虫发生率高。麦蛾生长发育的最适温度为 21~35℃，发育最低温度为 10~12℃。在温度 30~33℃、相对湿度 75%、水分 14.5%~15%条件下，卵期为 5~7d，幼虫期 15~21d，蛹期 5d，完成一代发育的日数为 25~33d。当粮食含水量在 9%以下则不能生长。温度 44℃经过 6h，各虫期均死亡。幼虫在低温-17℃中经 25h 死亡。卵在 10℃以下即不能孵化。

麦蛾大部分以老熟幼虫在小麦粮粒内越冬，到次年春暖化蛹。在距粮面 30cm 以内羽化的成虫，则爬出粮而进行交尾，交尾后 24h 开始产卵；在粮面深度 30cm 以下羽化的成虫因不能钻出粮面而死亡。在仓内产卵多产于粮堆表层，并多数产在小麦的胚部、腹沟、顶部。在田间产卵时多数产在灌浆后近黄熟的麦上。孵化的幼虫一般从粮粒的胚部或损伤处侵入粮粒内蛀食，在粮面孵化的幼虫钻入粮堆侵入粮粒的深度，一般为 18~21mm，95%在 18mm 以内。初孵化的幼虫耐饥能力为 3~4d，若找不到食物则死亡。幼虫侵入粮粒后边食边生长，至老熟化蛹前在蛀食成空洞的顶端与粮粒的皮层下咬成一个直径 1~2mm 的羽化孔。这个孔仅留着一层薄薄的膜和外面隔开，孔的周围有的被咬穿，有的未咬穿，彼此交错着，以备羽化后成虫顶破此薄膜从粮粒钻出。老熟幼虫将羽化孔凿好后，则结一白色薄茧，在其中化蛹至羽化脱出。

6. 印度谷螟（印度谷蛾）[*Plodia interpunctella*（Hübner）]

（1）分类地位　鳞翅目（Lepidoptera）、斑螟科（Phycitidae）。

（2）外部形态识别　成虫体长 6~7mm，静止时连翅长 9~10mm，赤褐色，有喙，额前有一锥状鳞片脊，下唇须向前平伸。前翅长三角形，亚基线与中横线之间为灰黄色，其余为赤褐色并散生有紫黑色斑点。后翅灰白色。前、后翅缘毛均短（图 4-6）。

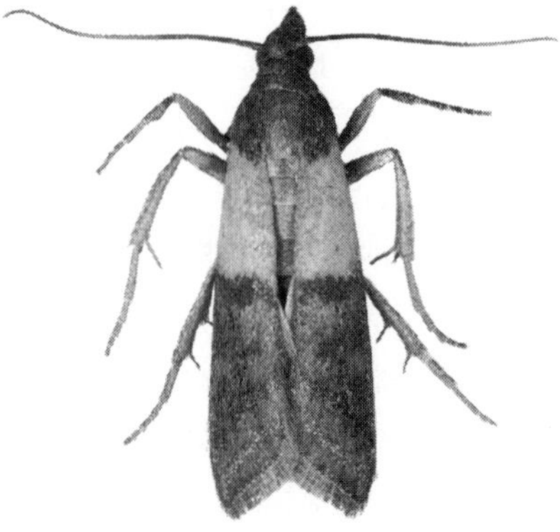

图 4-6 印度谷螟

（3）主要生活习性　以幼虫形式危害储藏小麦，每年可发生 4~6 代。在温度 18~33℃、相对湿度 25%~95%条件下，印度谷螟可顺利地完成发育和繁殖，最适条件为温度 26~29℃、相对湿度 70%~75%。1 个月内虫口的最高增长速率为 30 倍。

常在仓内的包装物及梁柱、天花板、缝隙或仓内隐蔽的角落越冬，翌年春化蛹。成虫羽化后即行交尾和产卵，卵产于粮粒表面或包装物的缝隙中，单产或集产，每头雌虫可产 40~400 粒卵，平均 170 粒，卵通常在交尾后 4d 内产完。成虫寿命 5~13d。卵期 2~17d。幼虫有 5 龄，幼虫期 13~288d。老熟幼虫做茧，化蛹于其中。蛹期 4~33d。在低于 20℃或其他不利的条件下，某些幼虫可进入滞育，使生活周期延长。

（二）一般害虫

1. 嗜卷书虱 [*Liposcelis Bostrychophila*（Bodonnel）]

（1）分类地位 啮虫目（Psocoptera）、书虱科（Liposcelididae）。

（2）外部形态识别 体长 0. 87~1. 16mm。身体一致的褐色至深褐色。复眼具小眼 5~8 个，通常 7 个。腹部 3~7 节背板后缘均有浅色的膜质横带。前胸背板侧叶肩刚毛（SI）毛短小，稍长于或约等于周围小毛的长度；小毛 5~6 根，无端部平截长刚毛（PNS）。前胸腹板前缘具 3~4 根末端平截的长刚毛，后半部两侧还各具 1 根长刚毛。中胸腹板前缘具长刚毛 6~9 根。头顶、胸部及腹部背板具中至大型瘤突，并常有由瘤突分隔形成的鳞状副室。下颚须末节近端部感觉毛 s 和 r 细长，其长度均超过邻近感觉毛的 2 倍以上（图 4-7）。

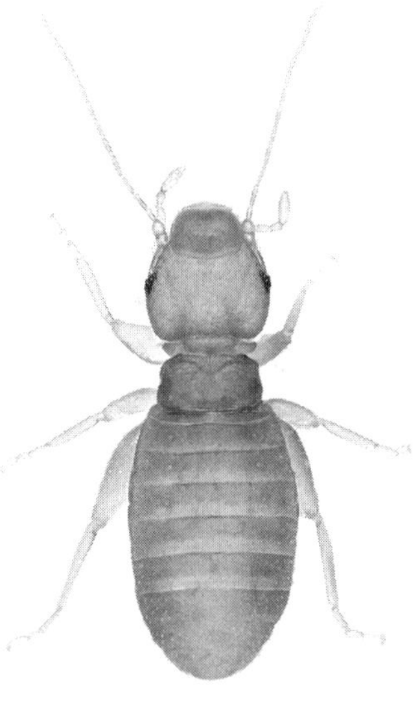

图 4-7 嗜卷书虱

本种与储藏物中常见的嗜虫书虱 [*Liposcelis Entomophila*（Enderlein）] 形态特征较为相似。

（3）主要生活习性 可生活于室内外，室内发现于小麦、书籍、厨房、昆虫标本、灰尘及多种储藏物中。一年多代，世代重叠。此虫是目前发现的储藏物书虱中唯一孤雌生殖的种类，并为产雌性孤雌生殖，没有雄虫。发育历期经卵、若虫至成虫，若虫 3~4 龄。发育最适条件为温度 35℃、相对湿度 88%，此时完成一个世代仅需 22d 左右，产卵前期平均 3. 8d。发育的高温极限温度为 38℃；在相对湿度 32%条件下不能存活。成虫一般将卵散产于生活环境中，每头成虫每天最多产卵 5 粒，通常 1~2 粒。在温度 25℃、相对湿度 76%条件下，以酵母为食物，成虫平均寿命为 175d。

2. 嗜虫书虱 [*Liposcelis Entomophila*（Enderlein）]

（1）分类地位 啮虫目（Psocoptera）、书虱科（Liposcelididae）。

（2）外部形态识别 体色黄褐色，腹部 3、4 节和 6~9 节背板通常有一褐色横带，横带中部有明显的间断，无浅色膜质横带；复眼小眼数 6~8 个，通常 8 个；前胸背板侧叶刚毛 SI 毛长，远长于周围小毛的长度；PNS 毛 3~5 根，前胸腹板刚毛排列前缘具长

图 4-8　嗜虫书虱

刚毛 4~7 根，后半部无刚毛（图 4-8）。

（3）主要生活习性　该害虫为两性生殖，适合其发育和繁殖的最适宜条件为：温度 28℃、相对湿度 80%。在该条件下，世代存活率、种群内禀增长率和成虫繁殖力都比较高。温度是影响嗜虫书虱生长发育和繁殖的重要生态因子，温度 20~35℃时，随着温度的升高，发育速率加快，发育历期缩短；我国南方大部分地区气温均可满足嗜虫书虱生长发育和繁殖的要求，加之南方比较潮湿，因此嗜虫书虱容易建立种群。高湿有利于嗜虫书虱的生长发育及繁殖，相对湿度 80%~90%最有利于种群增长。在 50%和 55%两种相对湿度条件下，卵均不能孵化，而且若虫、成虫均不能存活。在温度 26℃，相对湿度 75%条件下成虫羽化后第 2~7 天开始交配，其在成虫后第 3~4 天及黑暗后 4h 达到交配高峰期。

3. 锈赤扁谷盗［*Cryptolestes Ferrugineus*（Stephens）］

（1）分类地位　鞘翅目（Coleoptera）、扁谷盗科（Laemophloeidae）。

（2）外部形态识别　成虫体长 1.70~2.34mm，赤褐色，扁平，具光泽。头部和前胸背板上的刻点少而稀。雄虫触角长约等于体长的 1/2，雌虫触角略短。前胸背板两侧缘向基部方向显著收缩，雄虫更明显；前角略突出。鞘翅长度为两鞘翅总宽度的 1.6~1.9 倍；第一、第二行间各有 4 纵列刚毛（图 4-9）。

图 4-9　锈赤扁谷盗

（3）主要生活习性　雌虫产卵于小麦粮粒裂隙或破损处，尤喜产于小麦粒的胚部。最适发育温度 32~35℃，最适相对湿度 70%~90%。在此温湿度条件下，1 个月的增殖速率为 60 倍。在温度 20~40℃、相对湿度 40%~95%条件下可顺利完成发育和繁殖；在-20℃和相对湿度 10%条件下仍然可以存活。

成虫羽化后 1~2d 开始交尾。在温度 35℃、相对湿度 70%条件下，每头雌虫产卵可多达 423 粒，平均产卵 6 粒/d。在温度 32℃、相对湿度 60%~90%条件下，卵期平均为 3.8d，一龄幼虫平均龄期 4.1d，二龄幼虫平均 3.0d，三龄幼虫平均 3.5d，四龄幼虫平均 6.8d，蛹期平均 4.3d，由卵孵化到成虫羽化平均 25.37d。在温度 40℃、相对湿度

70%条件下，卵的孵化率只有50%。温度影响成虫寿命，在21℃下雄虫的寿命180d，雌虫寿命214d；在32℃下雄虫的寿命仅90d，雌虫寿命仅134d。

锈赤扁谷盗也经常被发现于仓外树皮下、土壤内或植物性材料的堆放处。除取食植物性物质外，还可兼营捕食性生活，并具有同类相残习性。

4. 土耳其扁谷盗［*Cryptolestes Turcicus*（Grouvelle）］

（1）分类地位　鞘翅目（Coleoptera）、扁谷盗科（Laemophloeidae）。

（2）外部形态识别　体色赤褐色，光泽显著。触角雄虫末3节两侧缘各自基部向端部略扩张。雌虫触角长过体长的1/2，各小节较粗长。前胸背板近方形，宽度不明显大于长度。后缘较前缘略窄，侧缘较直。鞘翅长为两鞘翅宽的2倍。幼虫丝腺的末端游离，较大，略向中线弯曲。末端刚毛明显，端部略弯曲，从背面看不见。腹末腹面围肛门的环形骨片完整无缺口（图4-10）。

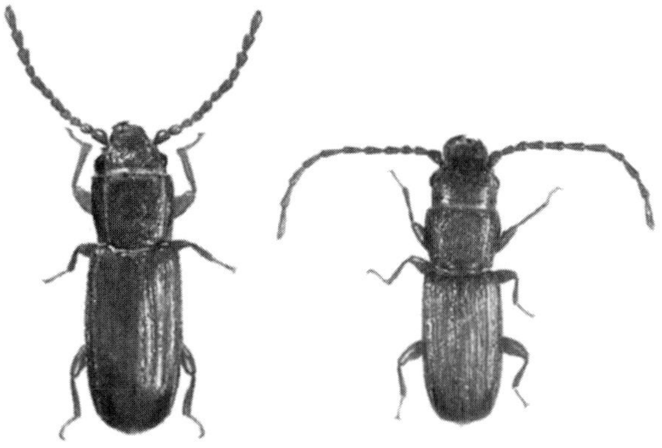

图4-10　土耳其扁谷盗

（3）主要生活习性　幼虫喜食小麦种胚。成虫行动迅速且善飞，野外多生活于树皮下。成虫羽化后即行交尾产卵。老熟幼虫结茧，化蛹于其中。面粉中滋生的霉菌对该虫的发育有利。以小麦下脚料进行饲养观察，发育的最适温度接近27.5℃，最适相对湿度90%。在上述条件下，平均发育周期为33.9d，但卵的死亡率甚高。在温度32℃及相对湿度90%的条件下，卵期3.5d，幼虫期20.1d，蛹期4.4d，从卵发育至成虫需要28d。在相对湿度为90%时，该虫发育温度17.5~35.0℃。若相对湿度降至70%，在上述极端的温度下则不能发育。即使在最适温度下，若相对湿度低于40%，此虫也不能发育。该虫抗寒力较强，故在我国的最北部地区仍有发生。

5. 长角扁谷盗［*Cryptolestes Pusillus*（Schönherr）］

（1）分类地位　鞘翅目（Coleoptera）、扁谷盗科（Laemophloeidae）。

（2）外部形态识别　体色黄褐色至赤褐色，光泽不显著，触角雄虫末3节两侧缘近于平行。雌虫触角短，不超过体长的1/2，各小节较短小。前胸背板近方形，宽度明显大于长度。但雄虫的后缘比前缘明显窄。鞘翅长为两鞘翅宽的1.5倍（图4-11）。

（3）主要生活习性　1年可发生3~6代。该虫发育的温度18~38℃、相对湿度45%~100%。发育最适温度35℃，最适相对湿度90%。每月虫口最大的增殖速率为10倍。温度32.5℃、相对湿度90%时最适于产卵。

以成虫在较干燥的碎粮、粉屑、底粮、尘芥或仓库缝隙中越冬。在相对湿度50%~90%条件下，产卵量随湿度的增加而锐增。在温度32℃、相对湿度90%条件下，卵期

3.5d，幼虫4个龄的龄期分别为4.0d，3.6d，3.3d和7.0d，蛹期4.4d。在相对湿度90%、温度17.5℃条件下，雄虫寿命336d，雌虫168.7d；在相对湿度90%、温度37.5℃条件下，雄虫寿命112.7d，雌虫57.4d。除温度、湿度条件外，食物对该虫的发育也有很大影响。例如，在温度28℃、相对湿度75%时，饲喂英国小麦，生命周期平均37.1d。同样温湿度条件下若饲喂加拿大面粉，生命周期平均43.4d。在不利的营养条件下可发生同类相残现象。

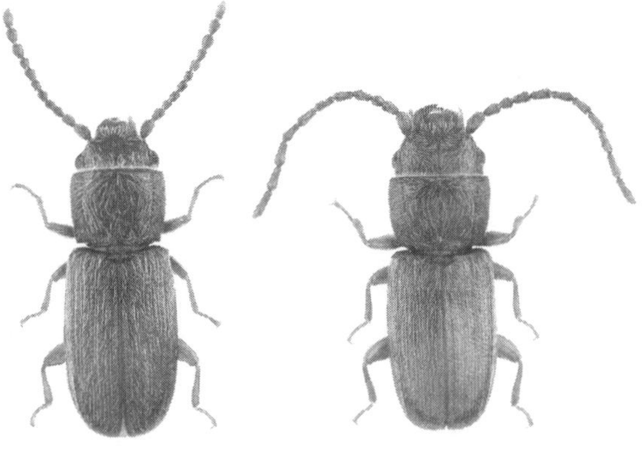

图4-11 长角扁谷盗

6. 赤拟谷盗 [*Tribolium Castaneum*（Herbst）]

（1）分类地位 鞘翅目（Coleoptera）、拟步甲科（Tenebrionidae）。

图4-12 赤拟谷盗

（2）外部形态识别 成虫体长3~4mm，长椭圆形，全身赤褐色，略有光泽。全身密布小刻点，头部、前胸背板和鞘翅上的刻点大于小眼面的1/2。头部扁而宽，复眼内侧无明显的脊。复眼黑色，较大。腹面观，两复眼的间距等于复眼的横直径。侧面观，复眼被颊外侧分割后所剩留的最窄部分为5个小眼面的宽度。触角11节，末3节明显膨大成锤状。前胸背板横长方形，前角略下倾。小盾片近横长方形。鞘翅具纵刻点行10条（图4-12）。

（3）主要生活习性 赤拟谷盗为粉食性害虫，在小麦面粉中常见，在原粮储存时伴随着蛀蚀性害虫的发生而发生。一年最多可发生4~6代。食物的种类对成虫和幼虫的生存及幼虫期的长短影响较大。用小麦类饲喂幼虫，发育最适温度35℃，在相对湿度100%时幼虫期最短，平均为11d。温度对各虫态的发育期影响较湿度明显。据报道，在10℃时有部分幼虫能生存140d；在0℃时各虫态7d内均死亡。如温度20~40℃时，卵的孵化率及卵期的长短不受湿度的影响。在温度35℃时卵的孵化率最高，温度37.5℃平均卵期最短；但卵在温度40℃、相对湿度10%或温度15~17.5℃、相对湿度10%~90%时不孵化。实验室结果显示，当小麦储藏于温度0.5~5℃下，经1个月各虫态均可死亡。

以成虫形式群集潜伏在包装、围席的夹缝、杂物或仓库、加工厂内的一些缝隙中越冬；以幼虫或蛹越冬者颇少。幼虫一般为6~7龄，因食物不适宜时最多可达12龄。幼虫老熟时常爬至粉类表面化蛹。成虫喜黑暗，具负趋光性，有假死性，能飞翔。体内有臭腺，能分泌臭液污染粮食，使被污染的面粉带有一种极难闻的霉臭味。成虫寿命为226~547d，雄虫寿命最长可达3年。

7. 杂拟谷盗 ［*Tribolium Confusum*（Duval）］

（1）分类地位　鞘翅目（Coleoptera）、拟步甲科（Tenebrionidae）。

（2）外部形态识别　该种的外形与赤拟谷盗十分相似，以下特征区别于赤拟谷盗：复眼小，腹面观，两复眼间的距离约为复眼横径的3倍；背面观，在两复眼的背区有明显的内侧脊；触角末5节形成触角棒（图4-13）。

图4-13　杂拟谷盗

（3）主要生活习性　呈世界性分布。我国大部分省（直辖市、自治区）分布。1年发生5~6代，主要以成虫在仓内缝隙及其他杂物内越冬。幼虫和蛹也可以越冬，但在低温仓内则以成虫越冬。在温度37. 5℃和25℃条件下，卵期分别为3. 9d和7. 7d；在温度22. 5℃和17. 5℃条件下，卵期分别为11. 5d和30. 4d。成虫寿命长达730~1080d。

8. 锯谷盗 ［*Oryzaephilus Surinamensis*（Linnaeus）］

（1）分类地位　鞘翅目（Coleoptera）、锯谷盗科（Silvanidae）。

（2）外部形态识别　成虫体长2~3. 5mm，扁长形，无光泽，深褐色，密被金黑色细毛。头部近三角形，复眼圆形、突出、黑色。复眼后的颞颥大而钝，其长度约为复眼直径的2/3。触角棍棒状，共11节，第9节和10节宽度大于长度，且背面观基角圆滑。前胸背板长大于宽，略呈长方形，每侧各具锯齿6个；背面有3条明显的纵脊，中脊直，两侧脊呈弧形。鞘翅长，直达腹末，两侧近于平行，表面各有刻点行10条，且有相距较远的4条纵脊。雄虫后足腿节腹面近端部有1小刺突（图4-14）。

图4-14　锯谷盗

（3）主要生活习性　呈世界性分布。我国除吉林、西藏、宁夏未发现外，其余各地均有发现。一年发生3~4代，最适发育温度30~35℃，最适发育相对湿度80%~90%，有效发育温区是17. 5~40℃。在25℃时完成一代需30d。以成虫越冬，少数在小麦仓内的缝隙中、多数爬至仓外附近的墙缝或砖石、树皮、杂物下越冬，来年春天再返回仓内繁殖。发育速率快，产卵量大，死亡率低，其种群数量增长很快。成虫爬行迅速，虽有后翅，但不飞翔。在其栖息场所受到扰动时，常常会快速逃窜。成虫和幼虫均取食破碎粮粒和粉屑，在含水量适宜其生活的粮食中，发育和繁殖的速率会随粮食破碎率的增加而加快。

9. 粉斑螟 [*Cadra Cautella*（Walker）]

（1）分类地位　鳞翅目（Lepidoptera）、斑螟科（Phycitidae）。

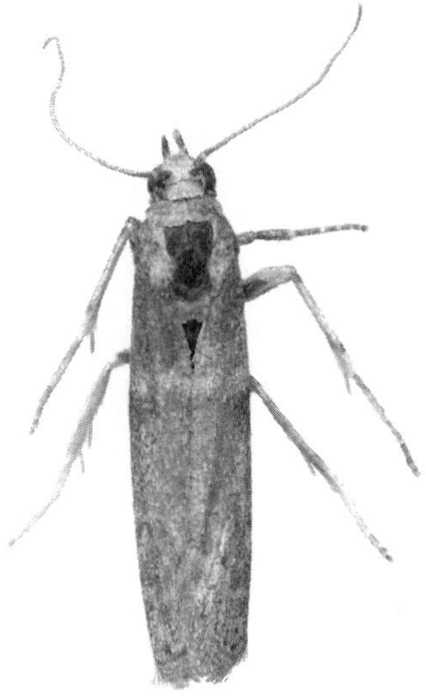

图 4-15　粉斑螟

（2）外部形态识别　成虫体长 6.5~7mm，静止时连翅长 8~9mm。灰黑色。有喙，下唇须发达，弯向前上方，可伸达复眼顶端。前翅长三角形，翅面暗灰色，近翅基 2/6 处即近内横线处从翅的前缘至后缘有一条淡色较宽而直的横带纹，紧靠该横带纹的外侧还有一条较直的黑色横纹，另外在翅端 1/6 处即亚缘线处有一条呈小波浪状的淡色纹。后翅灰白色。前、后翅缘毛均短（图 4-15）。

（3）主要生活习性　1 年发生 4 代。以幼虫结茧越冬，翌年春暖化蛹羽化为成虫，交尾产卵。卵产于粮粒的表面。幼虫有吐丝结网或连缀食物并潜伏其中为害的习性，幼虫老熟后离开麦粒，上爬至墙壁、梁柱、天花板及各种缝隙中吐丝结茧化蛹或越冬。夏季完成一代需 1~2 个月，如温度在 25℃时，完成一代需 41~45d。在温度 0℃时，各虫态经 1 周即死亡。

10. 亚扁粉盗 [*Palorus Subdepressus*（Wollaston）]

（1）分类地位　鞘翅目（Coleoptera）拟步甲科（Tenebrionidae）。

（2）外部形态识别　体长 2.50~3.0mm，宽 0.90~1.0mm。红褐色，有光泽。颊高于唇基，向后突出，从背方遮盖复眼端部区域；复眼多数情况下小（但非洲的个体复眼发达），腹面观，复眼间距为其横径的 2.7~4.1 倍。前胸背板横宽，两侧略圆至两侧近平行，刻点小而颇密，近两侧的刻点稀，在两侧基半部通常有无刻点小区。鞘翅稍扁平，有刻点行，刻点小而密，行间有 1 列刻点，部分个体内侧的行间有两行不规则刻点（图 4-16）。

图 4-16　亚扁粉盗

（3）主要生活习性　该种在我国分布广泛，包括内蒙古、河北、山东、陕西河南、江苏、浙江、江西、安徽、湖南、湖北、云南、贵州、四川、广东、广西等地。亚扁粉盗为第二食性害虫，取食小麦粉。在仓库内通常与玉米象和米象属害虫一起生活，取食象虫取食后的粮食碎屑。成虫有明显的趋光性。温度 20~35℃条件下幼虫可以完成发育，最适温度 30~32℃。在相对湿度 70%条件下，温度 17.5℃和 37.5℃时幼虫不能成活，1、2 龄幼虫全部死亡。当温度 20℃，25℃及 30℃的条件下幼虫期分别为 96.3d，38.5d 及 30.9d，蛹期分别为 14.5d，7.3d 及 4.2d，幼虫多数有 7 龄，少数有 8～9 龄。

11. 姬粉盗 [*Palorus Rateburgi* (Wissmann)]

（1）分类地位 鞘翅目（Coleoptera）、拟步甲科（Tenebrionidae）。

图 4-17 姬粉盗

（2）外部形态识别 体长 2.4～3.0mm，宽 0.9～1.0mm。褐色至暗褐色，有中等强的光泽。头布中等密度的刻点；腹不突出不隆起，与唇基几乎位于同一水平，稍高于触角着生处；复眼小，背面观，复眼长度不大于小盾片的宽度；眶上脊十分突出。前胸背板宽大于长，最宽处位于近端部，有时两侧缘近平行；中区的刻点小，刻点间距为 4～5 个刻点直径，两侧刻点粗大，刻点间距为 1～2 个刻点直径。鞘翅有刻点行，行间扁平且有 1 行刻点（图 4-17）。

（3）主要生活习性 在我国广泛分布，包括东北三省、内蒙古、河北、山东、山西、陕西、河南、湖北、湖南、江苏、浙江、福建、江西、四川、广东、广西、贵州和云南；在粮仓内普遍发生。多与玉米象、米象生活在一起，取食谷物象虫为害形成的粮食碎屑，温度 17.5℃和 40℃的条件下幼虫不能成活；卵在 15℃和 42.5℃条件下不能孵化。在相对湿度 70%，姬粉盗温度分别为 20℃，25℃，30℃和 35℃条件下，卵期分别为 16.2d，8.0d，3.8d，3.9d，幼虫期分别为 55.1d，34.7d，22.5d，18.3d，蛹期分别为 13.8d，8.1d，5.0d 及 3.9d。

12. 阔角谷盗 [*Gnathocerus Cornutus* (Fabricius)]

（1）分类地位 鞘翅目（Coleoptera）、拟步甲科（Tenebrionidae）。

（2）外部形态识别 体长 3.5～4.5mm。长椭圆形，赤褐色，平滑而有光泽，身体两侧平行。触角细长，末端略粗，触角棒不十分明显。雄虫的上颚极发达，内缘附多数细齿，基部宽，端部尖而内弯，头顶在两复眼间有 1 对瘤状突；雌虫的上颚不发达，头部两复眼间的瘤状突不明显。前胸背板宽于头，宽略大于长，两侧在中部之前最宽，前角显著突出，后角尖，后缘几乎直。鞘翅两侧平行，长为两翅合宽的 2 倍，刻点行规则而细（图 4-18）。

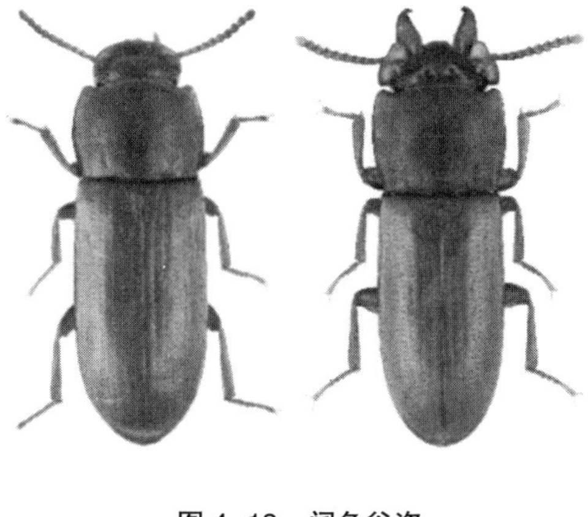

图 4-18 阔角谷盗

（3）主要生活习性 呈世界性分

布，在我国主要分布云南、贵州、四川、广西、广东、福建和江苏。1 年多发生 1 代，每代需要 7 个月。发育的最低温度 16℃，最适温度 30℃，可发育最低相对湿度 40%。肉食性，常食阔角谷盗或其他仓虫的卵及蛹。成虫寿命 10 个月以上，产卵期持续长达 8 个月，因此各虫态往往同时出现。在 25℃条件下卵期 10d，幼虫有 7~8 龄。老熟幼虫以分泌物缀寄主碎屑做蛹室化蛹。蛹期 7~15d，最长达 1 个月。

13. 长头谷盗 [*Latheticus Oryzae*（Waterhouse）]

（1）分类地位　鞘翅目（Coleoptera）、拟步甲科（Tenebrionidae）。

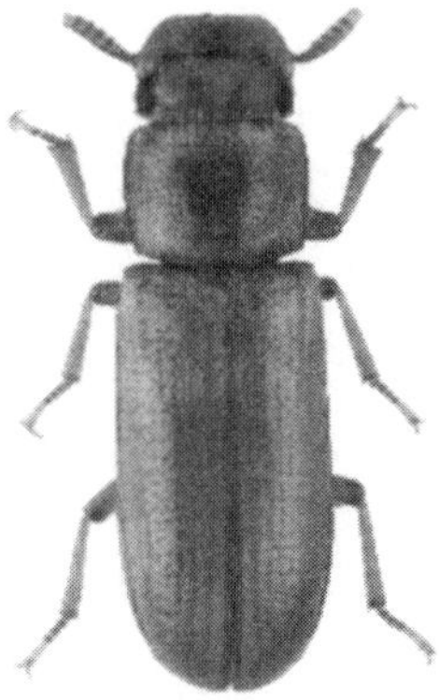

图 4-19　长头谷盗

（2）外部形态识别　体长 2~3mm。长椭圆形，瘦长，黄赤褐色，略有光泽。头宽大呈方形，略窄于前胸背板，头长约为前胸背板长的 5/6；复眼黑色，圆形；触角短，端部 5 节构成触角棒，末节小而近方形。前胸背板宽略大于长，前缘比后缘略宽，近梯形，后角呈直角，前角钝，有细缘边。鞘翅与前胸几乎等宽，两侧平行，光滑无毛，有刻点 7 行，刻点行间无刻点；基角近方形，末端圆（图 4-19）。

（3）主要生活习性　此虫在非洲和亚洲的热带和亚热带为害最重。在我国分布于云南、广东、江苏、湖北、四川、山东、山西、河北、河南、陕西和内蒙古。在仓内及面粉厂中易发现。1 年发生 4~5 代，主要以成虫群集在包装物、仓储用具杂物或仓内各种缝隙中越冬，极少以幼虫或蛹越冬。该虫发育的最适温度 33~37℃，最适相对湿度 70%。在温度 25℃及相对湿度 75%条件下，卵期 8~9d，在温度 37℃及相对湿度 5%条件下，卵期 3~4d。幼虫在 30℃以上 4~5 龄。在温度 27.5℃及相对湿度 75%条件下，幼虫期 28~33d。在温度 37℃及相对湿度 75%条件下，蛹期 6~8d，完成一个发育周期需要 18~22d。

14. 谷斑皮蠹 [*Trogoderma Gruarim*（Everts）]

（1）分类地位　鞘翅目（Coleoptera）、皮蠹科（Dermestidae）。

（2）外部形态识别　谷斑皮蠹为我国禁止入境危险性害虫，国内无分布。成虫雄虫体长 1.6~2.8mm，平均 2.2mm；雄虫体较宽大，长 2.6~3.1mm，平均 2.8mm。体呈长椭圆形或倒卵形，背面隆起，被有红褐色、深褐色或黑褐色的毛；腹面被有淡黄色或暗黄色的毛。头稍向下弯，大部分折藏在前胸背板的下面，头和前胸背板为暗褐色；触角和足淡褐色；鞘翅色泽单一，花斑模糊，显示出基部的环形带、中部的亚中带和端部的亚端带斑纹。触角 11 节，雄虫棒节 5 节，末节长为第九、十两节之和；雄虫棒节 3~4 节，末节长略大于宽。触角窝宽而深，后缘隆线雄虫消失 1/3，雌虫消失 2/3。复眼内缘略凸，绝不凹入。颏前中间深凹，仅为两侧长的一半。前雄胸背板中突，无中隆线，端部有瘤状隆起；中胸腹板中沟两侧隆起呈矩形；后胸腹板的陷线短；腹部第一腹板无侧中陷线。

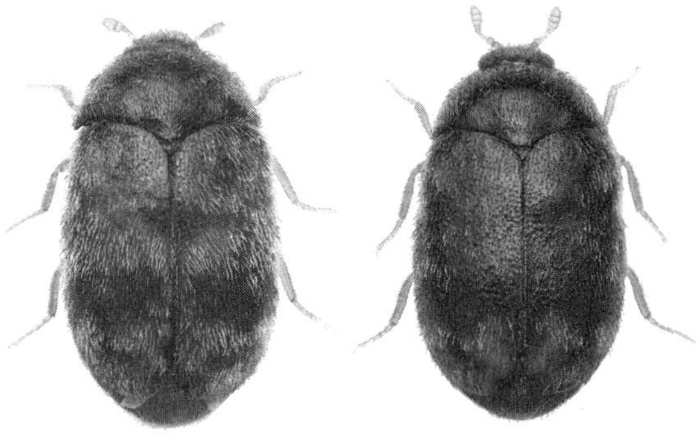

图 4-20　谷斑皮蠹

雄虫第九腹节腹面圆形（图 4-20）。

（3）主要生活习性　该虫是我国规定的禁止进境的检疫性有害生物害虫，在进口小麦中偶有发现。在东南亚，1 年发生 4~5 代或更多，4~10 月为繁殖为害期，至翌年 3 月以幼虫在仓库缝线内越冬。谷斑皮囊耐干性强，在食物含水量 2%的情况下仍能顺利发育和繁殖，发育相对湿度 1%~73%。耐冷耐热的能力十分突出。谷斑皮蠹发育最适温度 33~37℃。在 10℃时个别成虫仍可交尾，在-10℃下处理 25h，幼虫死亡率为 25%，在-21℃下仍可经受 4h；21℃条件下完成 1 个发育周期需 220d，在温度 35℃条件下只需要 26d。成虫丧失飞翔能力。谷斑皮蠹还有明显的趋触性，幼虫进入 3d 后喜欢钻入缝院内群居。墙壁、席囤缝隙、地板缝、包装物及仓内梁柱裂隙均可能成为幼虫的隐匿场所。

15. 花斑皮蠹　[*Trogoderma Variabile* (Ballion)]

（1）分类地位　鞘翅目（Coleoptera）、皮蠹科（Dermestidae）。

（2）外部形态识别　体长 2.2~4.4mm，宽 1.1~2.3mm。头及前胸背板表皮黑色，鞘翅表皮褪色至暗褐色并有淡色花斑。鞘翅上的淡色毛着生于淡色斑上，形成清晰的亚基带环、亚中带及亚端带，但有时翅上的花斑变异很大。触角 11 节，雄虫触角棒 7~8 节，末节长于第 9、第 10 节之和，雌虫触角棒 4 节（图 4-21）。

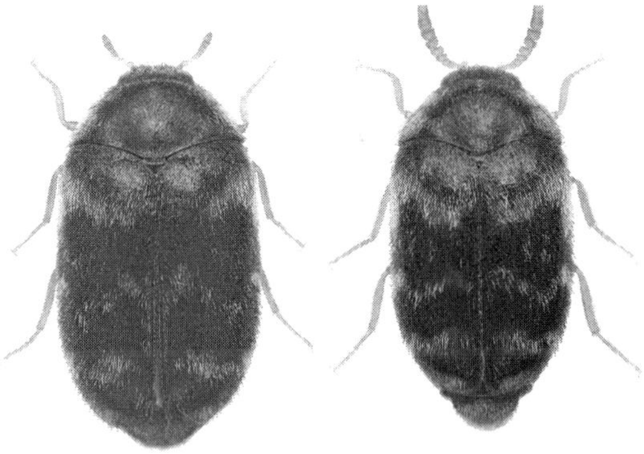

图 4-21　花斑皮蠹

（3）主要生活习性　几乎呈世界性分布，在我国也分布广泛，包括西北、华北、华东等地区。在仓房内普遍发生，取食小麦籽粒。1 年发生 1~2 代，以幼虫越冬。该虫发育的温度范围 17.5~37.5℃，最适发育温度为 30℃，最适相对湿度 70%，成虫寿命 8~58d。在最适温度 30℃条件下，卵期 5~6d，幼虫期约 20d，蛹期 3~4d，完成 1 个发育周期约 1 个月。幼虫常群集取食、化蛹。在斑皮蠹属害虫中，其危害性仅次于谷斑皮蠹。

16. 黑毛皮蠹　[*Attagenus Unicolor Japonicus* (Reitter)]

（1）分类地位　鞘翅目（Coleoptera）、皮蠹科（Dermestidae）。

（2）外部形态识别　成虫体长 3~5mm，椭圆形，体壁为单一黑色，仅在前胸背板边缘与鞘翅基部被金黄色毛外，余为褐色毛。触角11节，触角棒3节。雌虫触角末节略长于第9~10节之和，雄虫触角末节大约为第9~10节之和的3倍。后足第一跗节短于第二跗节的一半，第二跗节与第五跗节等长，第三、四跗节几乎等长（图4-22）。

图4-22 黑毛皮蠹

（3）主要生活习性　分布在我国东部大部分省区。一般情况下，黑毛皮蠹1年发生1代。完成一个世代至少需要6个月，长者可达3年。成虫常常飞到室外，取食花粉、花蜜或菌类补充营养后，在野外或飞回室内进行交尾，然后在储藏物中产卵。幼虫喜潮湿，耐饥饿能力很强，在食物极端缺乏时，常以自身蜕的皮为食物维持生存。在18℃的发育周期为卵期22d、蛹期18d；24℃时，卵期10d，蛹期9d；30℃时卵期6d，蛹期5.5d。在25~30℃时，幼虫期为65~184d。在29℃时，成虫的寿命为15~25d。幼虫有负趋光性，常群聚于地板、砖缝、仓内墙角、铺垫物、加工厂的机座下等处越冬。幼虫蜕皮次数差异较大，少的仅蜕皮6次，多者可多达20次。蛹化于老熟幼虫的皮蜕内。

17. 米扁虫 ［Ahasverus Advena（Waltl）］

（1）分类地位　鞘翅目（Coleoptera）、锯谷盗科（Silvanidae）。

图4-23 米扁虫

（2）外部形态识别　体长1.5~3.0mm。长卵圆，黄褐色，偶尔呈黑褐色，背面着生黄褐色毛。头略呈三角形，前窄后宽缩入前胸；后颊极小而尖，不及1个小眼面长；独角棒3节，第1棒节显著窄于第2棒节，末节星裂形。前胸背板横宽，前角为大而钝圆的瘤状突，侧缘在前角之后附多数微齿。鞘翅两侧近平行，长为两出合宽的1.5倍以上，端部圆、刻点行整齐，刻点浅圆（图4-23）。

（3）主要生活习性　我国各省均有分布。该虫发育最适温度27~30℃，最适相对湿度85%~92%，发育温度下限接近17.5℃。活泼但不善飞翔。卵期4d，幼虫有4~5龄，幼虫期11~19d，前蛹期1~2d，蛹期3~5d，成虫寿命159~208d。该虫取食霉菌，在27℃及相对湿度85%的条件下，用阿姆斯特丹曲霉（*A. amstelodami*）、白曲霉（*A. candidus*）和橘青霉（*Penicillium Citrinum*）饲养，生命周期分别为17~20d，25~34d和16~23d。

18. 拟裸蛛甲（*Gibbium Aquinoctiale* Boieldieu）

（1）分类地位　鞘翅目（Colcoptera）、蛛甲科（Ptinidae）。

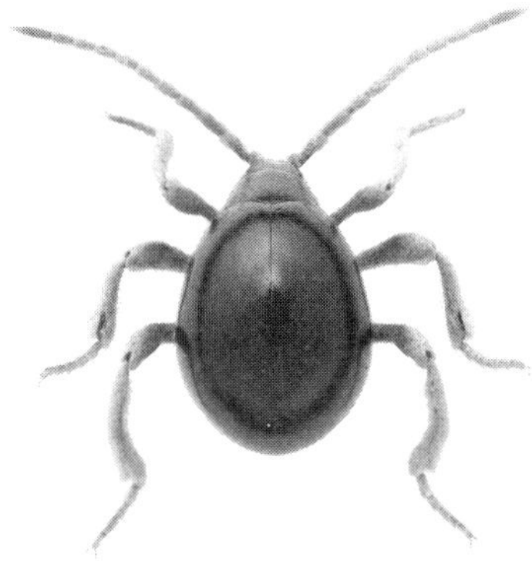

图 4-24　拟裸蛛甲

（2）外部形态识别　体长 2~3mm。棕红色，有强光泽，背面强烈隆起呈球形。头小，下垂；额区有 1 纵凹纹；在复眼上、下方和后方有许多条近平行的脊纹，伸达前胸背板前缘；两触角窝后缘在中央构成直角。前胸背板小，光滑、少毛、无刻点。鞘翅无毛，无刻点；两鞘翅越合，并向两侧扩展包围腹部，翅宽约为腹部腹板宽的 3 倍。腹部狭窄，有 4 节可见腹板（图 4-24）。

（3）主要生活习性　在我国各省市均有分布。为害小麦原粮和面粉。在我国武汉地区每年发生 2 代，成虫行动迟缓，有假死习性。在粮食碎屑内、地板下及包装物缝隙中越冬。越冬成虫于次年 4 月中旬开始活动，第 1 代幼虫于 5 月上旬孵化，6 月中、下旬结茧化蛹，7 月上旬出现第 1 代成虫。第 1 代卵期 20.8d，幼虫期 54.8d，蛹期 12.6d，共计 88.2d。第 1 代成虫于 7 月中旬开始产卵，卵期 6.4d，幼虫期 36.6d，8 月下旬开始结茧化蛹，蛹期 9.4d，9 月上旬出现第 2 代成虫。第 2 代发育共需 52.4d。

19. 细胫露尾甲［*Carpophilus Delkeskampi*（Hisamatsu）］

（1）分类地位　鞘翅目（Coleoptera）、露尾甲科（Nitidulidae）。

（2）外部形态识别　体长 2~4mm，宽 1.55~2.0mm 卵圆形，褐色至暗褐色。每鞘翅的肩部及端部各有 1 个黄色斑。鞘翅淡色斑不太鲜明，边缘不太清晰，色斑延伸至鞘翅翅近端部。体侧缘向外扩展较强，体长稍小于宽的 2 倍，向端部方向不显著加宽，腔节两侧相对平行（图 4-25）。

（3）主要生活习性　分布在高温高湿储粮生态区如南方各省区，广泛发生于粮仓、面粉加工厂等地。一年发生数代，在夏秋两季完成一代约需 20d。幼虫有群集性，行动敏捷。成虫善飞，常在黄昏活动。喜食腐败及发霉的小麦。

图 4-25　细胫露尾甲

20. 干果露尾甲［*Capophitus Mutilatus*（Erichson）］

（1）分类地位　鞘翅目（Coleoptera）、露尾甲科（Nitidulidae）。

（2）外部形态识别　形态特征体长 2.3~3.9mm。背面略隆起，两侧近平行。表皮淡锈褐色至黑色，略有光泽。触角第 2 节、第 3 节等长，第 8 节宽小于第 9 节宽的 1/2。前胸背板宽约为长的 1.5 倍，近基部处最宽。鞘翅两侧近平行，以端部 1/3 处最宽。前胸腹板中突无隆脊，前背折缘几乎无刻点而具小颗瘤。中胸腹板有1条光滑而略隆起的中纵纹。后胸腹板中足基节窝的后缘线与基节窝中部2/3平行，端部后弯，终止于后胸前侧片中部；腋区光滑无刻点。雄虫腹部有6个可见腹板，最末腹板中部凹陷。雌虫腹部有5个可见腹板（图4-26）。

图4-26　干果露尾甲

(3) 主要生活习性　分布在我国南方各省区，呈世界性分布。

21. 二带黑菌虫［*Aphitophagus Bifasciatus*（Say）］

(1) 分类地位　鞘翅目（Coleoptera）、拟步甲科（Tenebrionidae）。

(2) 外部形态识别　体长2.2~3.0mm，宽1.2~1.4mm。长卵形，略凸，锈赤色有光泽，粉状细毛。头前部及口器黄褐色，头顶黑色；触角黄褐色，11节，第2节小、第5~10节呈念珠状。前胸背板黑色，侧缘及后缘中央淡黄褐色；小盾片三角形，黄褐色，末端黄褐色至赤褐色；肩后及端部1/3处各有1条黄褐色横带，向内不伸达翅缝，第1条带近三角形，第2条长方形（图4-27）。

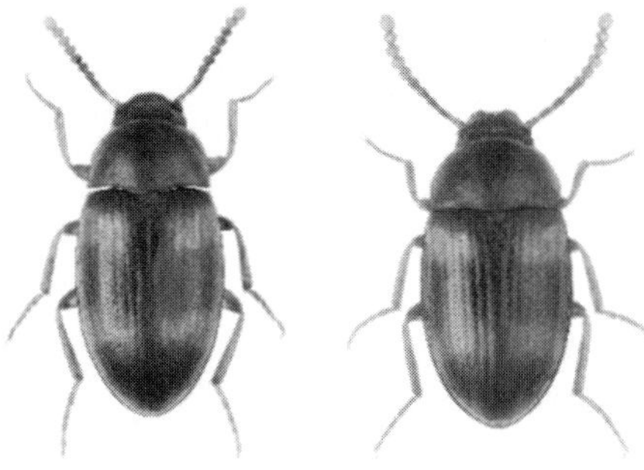
图4-27　二带黑菌虫

(3) 主要生活习性　在我国分布广泛，包括内蒙古、湖北、河南、河北、山西、山东、辽宁、吉林、北京、上海、广东、四川、陕西、甘肃、宁夏和新疆。取食真菌和霉菌，在面粉厂粮仓的废品堆内经常被发现，喜潮湿的环境。在仓外生活于树皮下及腐烂的木质内。

22. 小蕈甲［*Typhea Stercorea*（Linnaeus）］

(1) 分类地位　鞘翅目（Coleoptera）、小蕈甲科（Mycetophagidae）。

(2) 外部形态识别　成虫体长2.1~2.2mm，椭圆形，两侧近平行。背面中度隆起，略有光泽。暗褐色，头的前半部、触角、颚须、前胸背板两侧及鞘翅上的花斑黄褐色，腹面色暗。触角末节长，约等于其前2节之和，端部斜截形。触角末2~7节形成触角棒。前胸背板横宽，密布刻点。每个鞘翅上有2个大花斑，前一个由翅肩部斜向伸达翅缝前1/3处，后1个在翅中部之后，近横形。鞘翅遮盖腹末。雌虫的跗节形式为4—4—4，雄虫为3—4—4（图4-28）。

图4-28　小蕈甲

（3）主要生活习性　在海南、广东、云南、福建、浙江、湖北、河南、山东、辽宁等地的面粉加工厂均可发现小蕈甲，出没季节多在夏末和初秋。大多喜欢湿的小麦，以真菌为食，有趋光性。

二、害虫检查监测技术

（一）小麦储藏中害虫检测及影响因素

1. 小麦储藏害虫的发生与检测特性

小麦储藏过程中感染发生的害虫种类因储藏过程、储藏状态和环境条件不同而差异较大。通常储藏粮设施条件、环境清洁卫生程度、粮食质量状况等越好，其中发生的害虫种类和数量越少。同样害虫的发生和分布也与粮堆温度、杂质、水分分布和入仓粮食质量有关，不同害虫的自身习性影响其发生时间及空间位置，由此相应的检测方法多种多样。对于籽粒完整的小麦，储藏中难免发生的是一些蛀食性害虫，如谷蠹、玉米象、米象、谷象、麦蛾等。这些害虫的非成虫阶段通常隐蔽发生于粮粒内部，对其进行检测时较为适用的是隐蔽性害虫的检测方法。一些蛀食性害虫的成虫和其他粉食性害虫、缀食性害虫等的幼虫和成虫在小麦中往往在粮粒之间活动，或出现在粮堆的内部、表层及相应的活动场所，检测这些害虫的方法多种多样，包括取样过筛检查法、诱捕检查法等，甚至感观检测也能发现害虫的活动迹象。

小麦储藏中的害虫有些是在田间即开始感染，如玉米象、麦蛾等害虫，对于这些害虫的检测应从入仓环节即进行检查检测，以便针对害虫发生情况进行后期的储粮安排和防治处理。小麦储藏中害虫的发生来源包括粮粒内自身隐蔽或感染，也包括入仓后的感染。对于自身感染害虫的及时检查和处理有利于减少害虫发生和为害损失，对于后期感染害虫的及时检查检测则有利于及时采取控制措施以抑制其种群增长，或采取适当处理措施杀除害虫。

2. 影响小麦储藏中害虫检测的因素

（1）害虫危害方式与检测　小麦中发生的蛀食性害虫主要包括象虫、谷蠹和麦蛾，这些害虫可以在田间感染，在入仓时未发现成虫出现的情况下进行隐蔽性害虫的检测很有必要，早期发现有隐蔽性害虫存在有利于早防早治。入仓后储藏的小麦除自身可能携带隐蔽性害虫外，还可能受到后期蛀食性害虫的感染，对于后感染的蛀食性害虫可采用取样检查、诱捕检测等技术。

一些害虫的成虫和幼虫均在小麦籽粒外部生活，如印度谷蛾、粉斑螟等蛾类，它们的幼虫以缀食方式为害，能吐丝把粮粒或其他被危害物连缀起来，形成巢穴状或隧道状，或在粮面上铺盖一薄层绸子似的天幕，幼虫就躲在其内进行取食为害，对储粮的为害和污染很严重，损失也较大。对于蛾类幼虫的检查要基于习性观察、取样检查和采用适当诱捕技术检测。蛾类害虫的成虫善于飞行，通常观察蛾类飞行情况可知其发生，也可采用信息素结合诱捕器诱捕成虫等，在静止的粮面上撒粮也会激起蛾类飞起以便于发现之。此外，一些皮蠹科的种类也会发生于储藏小麦仓中，常见的有黑毛皮蠹和花斑皮蠹等，这些害虫多以幼虫发生和危害。大谷盗的成虫和幼虫则在粮粒外活动，可以为害完整粮粒。

小麦储藏中受到蛀食性害虫侵害后，或当杂质或不完善粒含量较高时，易于引发粉食性害虫的感染发生。此类害虫多是外部取食性害虫，大多只能取食粮粒的胚部或破损、粉状的粮食。这类害虫的所有发育阶段都在粮粒外部完成，又称后期性害虫，如赤拟谷盗、杂拟谷盗、锈赤扁谷盗、土耳其扁谷盗、长角扁谷盗、姬粉盗、亚扁粉盗、长头谷盗、锯谷盗、书虱等。这些害虫大部分以爬行为主，通常采用取样过筛检查，也可采用诱捕陷阱或诱捕器引诱发现。有些种类害虫的成虫具有趋光性，可采用灯光诱捕检查检测，还有一些利用昆虫信息素或引诱剂的诱捕检测技术引诱。

在小麦粮堆局部水分和温度升高，有湿热集中、霉变、害虫严重感染等情况下，一些腐食性昆虫和菌食性昆虫也会随之出现，如黑粉虫［*Tenebrio Obscurus*（Fabricius）］、小露尾甲［*Carpophllus Pilosellus*（Motschulsky）］、细胫露尾甲［*Carpophilus Hemipterus*（Linnaeus）］、紫斑谷螟［*Pyralis Farinalis*（Linnaeus）］等，这些昆虫的出现是小麦霉变严重的重要信号。对于这些害虫的检查包括现场察看、诱捕器诱捕、取样过筛检查等。

还有一些害虫在正常储藏小麦中不易发生，但是在下脚粮、粉屑中常发生，如米淡墨虫（*Anchonoma Xeraulella* Meyrick）、黑菌虫（*Alphitobius Diaperinus* Panzer）、黄粉虫（*Tenebrio Molitor* Linnaeus）等，它们往往也会成为储藏小麦感染的虫源。对这些害虫的检查除前述适用的技术方法外，还可结合储粮环境卫生、清洁等情况进行。

（2）环境因素与害虫检测　温度是影响储粮害虫生命活动最主要的环境因素，储粮昆虫的生长、发育、繁殖等行为受环境温度影响显著，尤其是在昆虫行为学上的趋温性、趋光性、趋化性等可结合用于害虫检测，提高早期有效发现害虫的效率。

由于温度的影响而引起昆虫运动的习性称为趋温性。昆虫是变温动物，温度对其生活有显著的影响。各种储粮害虫对温度都表现有明显的趋性，一般都趋向于适合它生活的最适温度。当表层粮温较高时，害虫多分布在表层；在秋冬季节表层粮温下降时，害虫会钻入粮堆的中下层部位。小麦储藏害虫的适宜发育和活动的温区范围一般为20～30℃，在此范围内温度越高，害虫活动越频繁，越有利于发现害虫，在使用诱捕技术检测害虫时的检测效果越好。当环境温度低于20℃时，害虫的活动减少，采用诱捕技术检测害虫时效果会较差。当环境温度低于15℃以下时，许多害虫几乎停止活动，一般的诱捕检测方法难以有效应用。

灯光诱捕监测害虫技术已有效使用多年，其对不同害虫的有效性差异很大。由光源因素引起的害虫运动行为称害虫的趋光性。多数甲虫类喜欢在黑暗处活动，为负趋光性（如玉米象等）。蛾类成虫通常有正趋光性，但在白天光照强烈时却表现出负趋光性。昆虫对不同波长的光线敏感性不同，比如很多昆虫对紫外光比较敏感，麦蛾成虫对紫外LED光源（365nm）的趋光率最高。在紫外光中，锈赤扁谷盗成虫对主波长为385nm的光源的趋性显著高于其他波长。利用昆虫对光的正趋性行为进行诱捕，是防止其感染的可操作方法之一。飞行对储藏物害虫传播、感染和检测有重要作用。在粮仓内，可以利用害虫的趋光性诱杀蛾类成虫、锈赤扁谷盗等善飞的害虫。近年来，国内也有利用黑光灯、紫外高压诱杀灯、频振式诱虫灯等诱捕储粮害虫。

昆虫对化学物质刺激的趋性反应为趋化性。趋化性在储粮害虫的寻找食物、两性交尾、产卵场所等活动中都占有重要地位。用信息素或食物诱集害虫，或利用驱虫剂避免害虫感染都是利用了害虫的趋化性。利用害虫对某些事物的喜爱也可诱集到粮堆内的害虫，如将害虫喜食的食物如甘薯、南瓜丝、炒过的米糠、花生等，放入在孔隙的竹筒内或塑料网袋内，埋入粮堆，定期取出检查有无害虫。不同的食物引诱剂可能因自身的物理或化学特性引起的信号释放速度不同，比如气味的刺激性和挥发性较好的香精、乙酸在短时间内就可引诱大量的害虫。有些食物引诱剂对不同的储粮害虫虫种引诱效果差别较大，有的对某一特殊虫种具有较高的敏感性，如谷蠹对花生油的敏感性最强，还有少部分引诱剂或多种引诱剂合成剂，比如小麦、刺槐豆、花生油按 1∶1∶1 的比例组成的混合物则具有较好的广谱性。

粮食本身对害虫有一定抗性，不同品种，抗虫程度不一致，不同品种小麦在相同含水量条件下对玉米象的抗性差异显著，但当小麦较为干燥时其抗性会明显增强。粮食本身和粮堆的状况也影响储粮害虫行为和检测效果，粮食的含水量、粮粒完好性、粮堆杂质含量等影响害虫分布，所以害虫检查过程中应结合粮食的状况考虑。储粮正常水分范围内，粮食水分相对较高的部位害虫易于发生。粮食水分集中会导致一些喜湿性害虫出现，如书虱、露尾甲、米扁虫、小蕈甲等。小麦籽粒完整、破损粒少的部位害虫不易发生，破损粮多、杂质较多的部位害虫易于聚集。一般储粮昆虫对湿度都有正趋性，尤其含水量高的粮食正趋性更明显。

储粮害虫在其生命活动中要进行呼吸，消耗氧气的同时还要排出二氧化碳。储粮害虫生态环境中氧气与二氧化碳浓度的变化，不仅直接影响着害虫呼吸调节作用，而且为利用储粮环境中二氧化碳含量监测害虫发生提供可能。在模拟储存环境中玉米象初始密度为 10 头/kg 的样品中，25℃条件下，4 个月内二氧化碳浓度增加到 18.2%。粮粒在储藏过程中也要进行新陈代谢作用。经过较长时间储藏的粮食，其粮堆内部可能充满二氧化碳，影响害虫的生存。如储粮害虫在粮堆表层多于中、下层，粮堆四周和袋与袋之间多于袋的中心，有新鲜空气的地方多于没有新鲜空气通入的地方，粮仓的通风口附近也是害虫喜欢聚集的地方。

昆虫对环境光照周期变化节律的适应所产生的各种反应称为光周期现象。光周期变化对昆虫的地理分布、形态、季节生物学、生长发育、新陈代谢和行为都有深刻的影响。光照的昼夜变化，使不同种类昆虫表现不同的生活方式，可分为夜出性如大多数蛾类成虫，昼出性如许多储藏物甲虫等。

储粮害虫个体间能够通过感受其他个体释放出的挥发性物质来进行信息交流，这种信息交流的方式称为昆虫的化学通信。昆虫的化学通信方式是昆虫本身的某些特殊腺体分泌到体外的一种或数种能刺激、诱导、调节或抑制其他个体行为活动的微量化学物质，这种物质就称作信息素。昆虫信息素主要包括性信息素、聚集信息素、告警信息素和追踪信息素等。性信息素是活性非常高的微量化学物质，雄虫可以灵敏地感受到雌虫释放的性信息素，从而很快找到雌虫完成交尾行为。聚集信息素又称集结信息素，在一些储粮害虫中也很常见。聚集信息素除了成虫可分泌释放外，幼（若）虫也可分泌释放。具有群集性的昆虫大多都可以释放聚集信息素，如赤拟谷盗、谷蠹、扁谷盗等。目前，常见储粮害虫信息素的化学成分和结构已研究较为清楚，且人工合成出了具有昆虫信息素同样效能的化学物质，作为引诱剂结合诱捕器可以高效、灵敏地诱捕到环境中的害虫。在害虫监测、诱杀等防治技术中发挥着越来越多的作用。

（二）害虫检测技术

小麦储藏中害虫的检查检测可根据其发生部位的不同分为环境空间害虫检测、粮堆（表层及内部）害虫检测和粮粒内部隐蔽性害虫检测等。

1. 粮仓环境与空间害虫检测技术

（1）直观检查法　直观检查法是用感官在现场检查害虫的方法，是一种直观、简便，但很粗放的方法。检查时用眼睛观察粮堆表面、仓壁、仓顶或包装粮垛的外部，注意是否有害虫活动的迹象，如有无害虫飞舞和爬行；有无虫蚀粮粒及害虫取食的粉末；有无蛾类幼虫的丝茧、结网、虫尸、虫蜕、虫粪等。可撒粮粒击动粮面，观察有无蛾类成虫飞翔。储藏物害虫大多有趋温性，检查时应根据季节及储藏物温度的变化，重点检查温度比较高的部位。

在自然条件下，天敌常常伴随着害虫的发生而出现。因此，害虫的天敌可作为一种指示性动物在害虫检查中加以利用。如在储藏环境中发现有米象小蜂，则可以断定有象虫类害虫的发生；如果发现有麦蛾茧蜂存在，则表明储藏物中发生了蛾类害虫。因此，在害虫直观检查中，除了观察害虫的活动情况外，还要注意观察储藏物的表面、周围、仓壁特别是窗台等处是否有天敌的活动。

直观检查仅是一种初步的检查方法，它很难准确地判定害虫的种类、密度等，所以只能作为一种辅助的检查手段。

（2）诱捕检查法

①灯光诱捕害虫：趋光性是昆虫对环境条件的选择性，是物种在长期适应过程中形成的本能。灯光诱捕的原理正是基于夜出型昆虫的趋光性，主要依靠紫外光及混合光的光源对害虫进行诱集。害虫对光谱有较强的选择性，一般害虫对波长330~400nm的紫外光有正趋性，大部分昆虫的复眼对365nm紫外线特别敏感。紫光灯可吸引10个目、100多个属、1000多种昆虫。有些昆虫种类对可见光也有一定的趋性，如谷蠹对500nm绿光和250nm紫外光的趋性较强，米象对蓝光的趋性较强，印度谷螟对紫外光、蓝光和紫光的趋性较强，特别是对405nm紫光的趋性最强。

灯光诱捕器正是利用害虫对特定波长光线的趋性而设计的一类诱捕器。灯光诱捕器由特定波长的光源、吸风通道、吸风扇、集虫袋等组成。吸风扇的使用可以提高害虫的诱集效果。由紫外灯管、高压电网、电器控制箱、集虫锥盘、集虫袋等构成的灯光诱捕器，采用电源电压 220V，功率 15W/h，辐射半径约 120m，在库区仓外可诱捕到储粮害虫种类有锈赤扁谷盗、谷蠹、赤拟谷盗、玉米象、黑菌虫等。在灯光诱捕害虫的过程中，诱捕效果与害虫活动节律有一定关系，如在第四储粮生态区的某地，夜间 20:00~22:00 是仓外谷蠹活动处于高峰期，此时间段诱杀到谷蠹较多，而在凌晨 2:00~4:00 是仓外谷蠹不活跃期，诱杀到谷蠹较少。夜间 20:00~22:00 是仓外锈赤扁谷盗的活动高峰，此时段诱杀到锈赤扁谷盗较多，而 2:00~4:00 是仓外锈赤扁谷盗不活跃时间，诱捕到的害虫较少。

②多重漏斗诱捕器（烟囱式诱捕器）：该诱捕器由带有引诱剂的漏斗和连接在下部的集虫装置组成，安放在仓内空间，可以诱集具有飞行能力的储粮害虫。可以多个漏斗中联套用，如 Lindgren 多漏斗诱捕器。集虫装置内装有浸润杀虫剂的布条或在侧壁粘贴黏胶纸用来杀死诱捕到的害虫。多漏斗诱捕器通常用于室外诱捕飞行昆虫。单漏斗诱捕器体型较小，更适用于粮仓内部诱捕蛾类昆虫，宜悬于屋顶或支架上，或直接置于堆垛上。通过检查桶内或接收器内蛾类成虫，统计被诱捕的蛾类数量。由于该类诱捕器不存在诱捕量饱和的问题，可用于灰尘和害虫密度高的环境，也可用于室外。

③黏胶诱捕器：采用黏性材料附着于色板上制作的一类诱捕器，所采用的高黏度防水胶高温不流淌，抗日晒雨淋，持久耐用。一般单面涂布黏胶厚度为 0.04~0.12mm，在温度-70℃~-10℃的环境中粘虫板无明显变形，胶体不流化。外壳通过四角支架支撑，粘虫板放在支架底部。

该类型诱捕器装置简单、价格相对便宜，布置方式通常直接布置在堆垛的顶袋上。此类诱捕器受空气浮尘影响大，当害虫发生密度较大或在粉尘环境中，黏胶面易被灰尘和虫体覆盖而失效。仓库较为清洁的环境中黏胶板诱捕器有效时间较长。

具黏胶膜折纸盒式诱捕器如图 4-29 所示，方形盒装，两端打开或侧面打开，底部具有黏胶层。此类诱捕器大多采用浸渍型的信息素诱剂做诱芯（有时也用基于食品的诱剂）。该类型诱捕器结构简单、设计便宜，但诱捕器的黏胶板易聚浮尘，应勤更换。

将黏胶涂于黄板上，置于粮堆表面，利用某些害虫对黄色的正趋性，可以诱捕一些粮堆表面活动的害虫。在此类黄板上方设置摄像头，可以通过远程通信系统获得诱捕到黄板黏胶上的害虫被诱捕的状况和图像。

具黏胶面帐篷式诱捕器如图 4-30 所示，整体呈帐篷状，两侧开口，底面具黏胶且放置信息素诱芯，尺寸为 27cm×17cm×10.5cm（长×宽×高），质量为 124g。具黏胶面的帐篷式诱捕器，使用方法类似于漏斗诱捕器。以帐篷下黏性表面诱捕害虫，受空气粉尘影响大。

④桶形诱捕器：桶形诱捕器由顶盖、悬挂诱芯吊柄、支撑柱、漏斗桶、集虫桶组成（图 4-31）。其中，顶盖一般为伞形，上置吊柄，下与支撑柱相连，可调节高度，吊柄末端安装诱芯。漏斗口为害虫入口，对于储粮害虫一般开口较小，略大于拟诱捕的害虫个体即可。

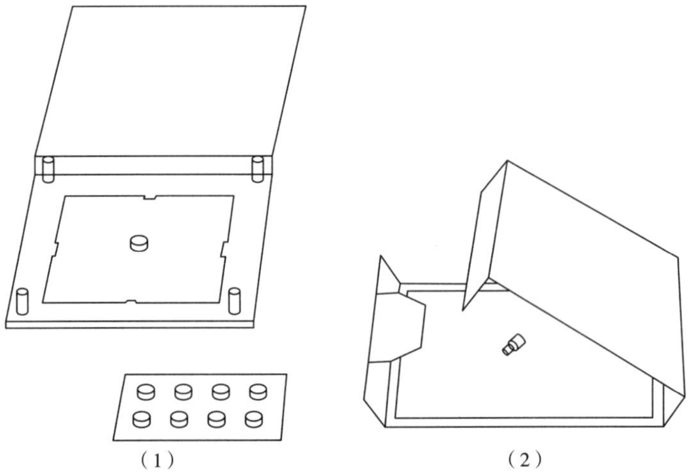

图 4-29　平板铰链盖黏胶诱捕器（1）和折纸盒黏胶诱捕器（2）

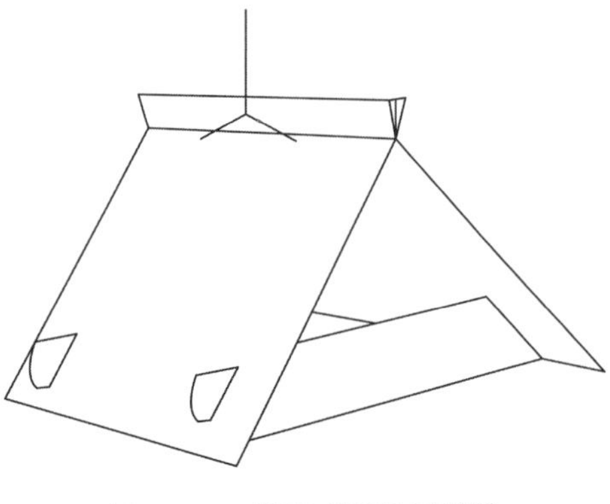

图 4-30　帐篷式黏胶诱捕器

图 4-31　桶形诱捕器

2. 粮堆中害虫的检测技术

（1）取样检查法　取样筛选检查是一种最为常见传统的害虫检查方法，即通过扦取一定的代表样品，进行粮食样品的筛选，然后检查样品中害虫的种类和密度。该方法受环境因素影响较小，是我国粮油储藏技术规范中推荐和粮食行业通行的方法之一，美国农业部联邦谷物检测服务中心也将该方法作为谷物中害虫检查与定等依据之一。在取样过程中，害虫完全处于被动状态，无论是哪种害虫、哪个虫期或其是否处于运动状态，都会连同粮样被取出。常见的取样装置有粮食取样管、真空探管、倾斜筛、鹈鹕取样器等。

取样得到的样品一般采用谷物害虫选筛进行检查。我国粮食仓库使用的害虫选筛直径有上下两层不同孔径的筛层，加筛底、筛盖共 4 层。上层筛孔径为 2.5mm，下层筛孔径为 1.5mm。使用害虫选筛检查害虫时，首先要按筛孔大小顺序套好，再将样品倒入上层选筛内。每次筛选的量不宜过多，以铺在筛面上的样品厚度来掌握，一般以不超过 2cm 厚为宜。然后加上筛盖，以双手回旋的方法筛动，每次筛动时间不低于 1min。筛后用手拣出害虫，以筛上拣出的害虫和筛下物中检查的害虫一并计算害虫密度，按每千克粮食样品中害虫头数计算，单位为头/kg。

不同储粮害虫的生活习性和分布活动规律不同，不同季节活动部位也在变化，害虫在某特定储粮环境和粮堆中的分布是不均匀的，存在有的部位害虫密度很大，有的部位害虫密度很小，有的部位甚至查不出害虫。对于同一仓房中不同部位检查的结果，要求以害虫密度最大的部位代表全仓（囤或垛）的害虫密度。在检查储粮害虫时，应采取定点与易发生害虫部位相合的办法设置取样点，机动性、灵活性很大。

取样时每点取样量不少于 1kg，所取各点样品应分别单独检查害虫密度，不应混合后取平均样品检查。这样容易引起管理者的重视，以便尽快采取措施进行处理，防止其传播蔓，造成更大的危害。

①散装粮取样点的确定：粮面在 100m^2以内，设 5 个取样点；100～500m^2，设 10 个点；500m^2以上，设 15 个取样点。堆高在 2m 以下，一般在粮面取样；堆高在 2m 以上，设两层取样，每点取样量不少于 1kg。

②包装粮取样点的确定：采取分层设点办法，外层可适当多设点。500 包以下的粮堆取 10 包；500 包以上的粮堆按 2%的比例取样。先检查露在外面部分的包外虫害头数，再用扦样器检查包内，必要时可拆包或倒包取样。对花生、蚕豆等大粒粮应采用拆包取样方法，取样不少于 1kg。如包外害虫头数多于包内每千克害虫头数时，则以包外害虫头数作为该点害虫密度，不能将两者相加或平均计算。

③物品和场所取样点的确定：装具、器材以件计算害虫密度，按 2%～5%的比例抽样检查；空仓、货场或铺垫苫盖物料等，按散装粮面选点办法检查，每点设 1m^2面积，结果按每平方米面积计算害虫密度。

（2）粮堆表面表层诱捕检测

①波纹板害虫诱捕器：波纹板害虫诱捕器主要利用害虫喜暗、避光等习性诱其到波纹板中，由内含放射形状诱虫通道的波纹板和集虫杯构成（图 4-32）。该诱捕器为 PVC 材质，其中波纹板直径 150mm；陷阱部分直径 70mm，高 50mm。使用时集虫杯埋入粮堆表层内，波纹板中的诱虫孔道与粮面平齐。诱捕的害虫可按每周发现的害虫数量计，计量单位可表示为头/台，每次统计完后清除诱捕器内的害虫。

该诱捕器适用于散装储粮粮堆表面诱捕储粮害虫，诱捕对象为能活动的虫种和虫态。由于储粮害虫的发生，一般首先出现在粮堆表面，且在粮面上的活动更为频繁，表面诱捕器能较快速地诱捕到害虫，更早监测到害虫的发生情况。

储粮中主要发生的鞘翅目和鳞翅目昆虫通常易于首先出现在粮堆上部和表层，因其多具有趋暗光性、趋钻孔性等而被波纹板诱捕器诱集。带有摄像头的波纹板诱捕器为集

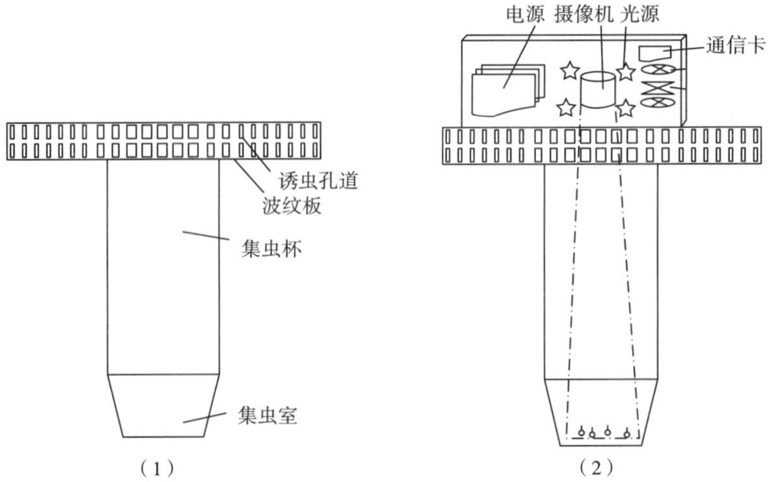

图 4-32　波纹板诱捕器（1）和带有摄像头的波纹板诱捕器（2）

成引诱、摄像、监视等于一体的粮堆表层诱捕器，其内放射状分布的诱虫通道可引诱害虫，置于集虫杯内底部视频观测平台的害虫可利用摄像头拍摄监测，监测的视频和图像可通过无线网络在手机 App 中观察到。

②诱饵网袋：诱饵网袋由内含混合食物引诱剂的 2mm 厚塑胶网构成，可排除鼠类侵扰（图 4-33）。引诱剂包括长角豆、刺槐豆、完整或破损的小麦和玉米、玉米片、燕麦、花生、糙米等，可按就地取材条件及目标害虫偏好选择。长角豆或刺槐豆在暴露状态下其芳香气味会逐渐减少。引诱剂的作用是将昆虫和螨类吸引留在网袋内，但不能阻止其逃离。大多数散装储粮情况下，诱饵网袋更适合于在粮仓内或包装物内检测活体昆虫和螨类。

图 4-33　诱饵网袋诱捕器

诱饵网袋大多用于包装粮场所。害虫被诱饵吸引于网袋，诱捕效果随诱饵老化而降低。典型食物诱饵包括粗碾过的刺槐豆、花生、小麦；在一些粮食加工厂的敏感部位，用玉米片取代坚果做诱饵，原因是坚果在此更易受到污染；燕麦对许多甲虫也具有较好的引诱性；糙米曾成功在大米储藏中用于引诱害虫。

③塑料杯式诱捕器：塑料杯式诱捕器如图 4-34 所示，状似塑料杯的诱捕器，直接埋置于粮堆表层，边口与粮面平齐，或略低于粮堆表面。害虫在活动过程中落入杯而被诱捕到，该方法简单直接。

④漏孔锥形诱捕器：结构为圆形具球面孔眼盖的诱捕器，以食物颗粒、粉料或信息胶囊为诱饵，内壁光滑可防止害虫脱逃，受环境中粉尘影响少。然而，螨类、蛾类幼虫及一些甲虫（特别是米象）能够爬过光滑的表面，具体形状见图 4-35。

图 4-34　塑料杯式诱捕器

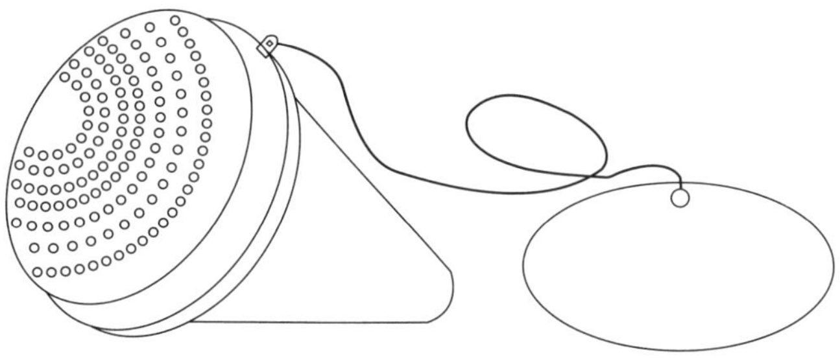

图 4-35　漏孔锥形诱捕器

还有一种在其顶盖面和主锥体上均具有诱虫孔的锥形诱捕器（图 4-36），插入粮堆后上顶盖的诱虫孔可诱捕粮堆表面活动的害虫，在其中配置诱芯后可利用昆虫信息素或引诱剂增强诱捕害虫的效果。诱捕到的害虫状况可通过增加配置图像采集装置和通信系统进行远程监测。

⑤具吸附诱芯诱捕器（图 4-37）：具吸附诱芯的诱捕器可以用纸质或塑料基座以及卡纸护盖制成，基座内设置诱虫诱芯，也可制作成塑料基座，并配置成型的塑料护盖。所采用的诱芯可以是昆虫信息素或食物诱饵，也可二者兼有。在基座中设置粘虫区，使得被诱芯引诱的害虫进入诱捕器向诱芯运动中被粘住，以防止逃逸。

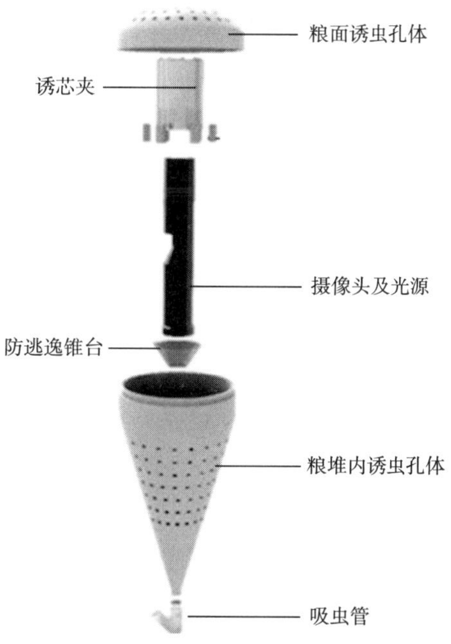

图 4-36　粮堆表面与堆内适用的锥形诱捕器

（1）　　（2）

图 4-37　具吸附诱芯诱捕器

（1）卡纸制作　（2）塑料制成

该类市场已有的诱捕器可引诱多种甲虫，为上下两部分的圆盘盒形构造，在下部圆盘设置含有 3 种昆虫信息素和 2 种食物引诱剂的诱芯，可引诱 10 种以上的爬行类害虫。使用时置于粮面上，定期检查其中发现的害虫。在我国第五储粮生态区某粮库应用时，从 5 月 5 日起设置于粮堆表面，可在 15d 后发现麦蛾［3 头/(台・3d)］，29d 后发现锈赤扁谷盗［4 头/(台・3d)］，其后 50d 内诱捕器中麦蛾数量在 0～10 头/(台・3d)，锈赤扁谷盗在 0~4 头/(台・3d)，此方法可在数量很少时检测到锈赤扁谷盗。

（3）粮堆内探管诱捕器检测　探管诱捕器也是一种陷阱诱捕器（图 4-38），一般结构为长 20～30cm，直径 3cm，用金属或塑料制成。在其上部管壁上开有众多（通常有数百个）直径 2.4～2.8mm 的小孔（一般是向下方倾斜的），通过孔眼使昆虫落入诱捕器中，粮食不会掉入，装置的底部为一个锥形斗或集虫瓶。使用时诱捕器尖端插入粮堆中的深度为上端约 50mm 露于粮面上，定期拔出探管，检查诱捕器中害虫的数量和种类。将诱捕器插入粮堆可诱捕到粮堆中在粮粒间活动的害虫如象虫、拟谷盗、谷蠹、扁谷盗

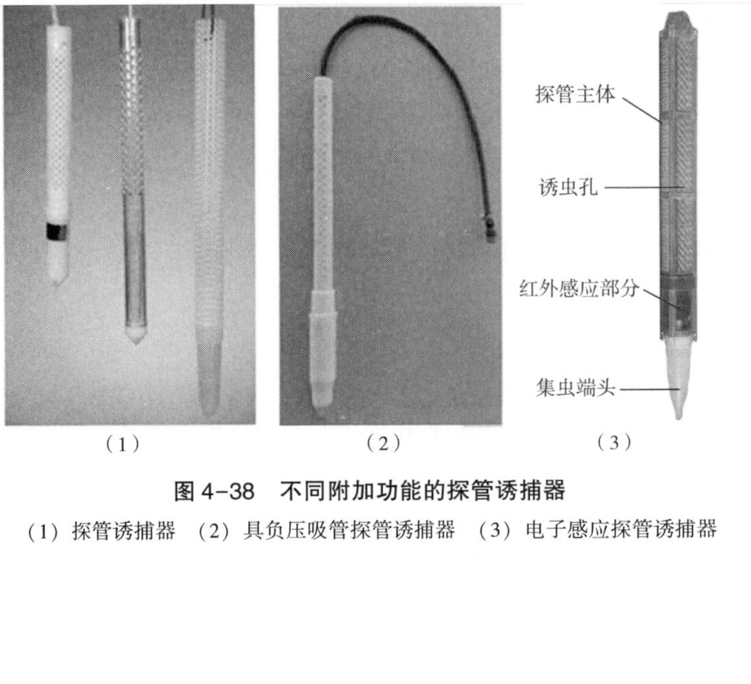

（1）　　（2）　　（3）

图 4-38　不同附加功能的探管诱捕器

（1）探管诱捕器　（2）具负压吸管探管诱捕器　（3）电子感应探管诱捕器

和书虱等。探管诱捕器结合信息素或引诱剂使用可提高诱捕效果，在许多国家是储粮害虫检测较常使用的一种技术。

图 4-39 具负压吸管探管诱捕器及布置于粮堆中的吸虫导管

探管诱捕器一般设置于粮堆内部，在检查诱集的害虫时，需要将诱捕器从粮堆内部取出，清理出其中的害虫，在实际生产中需要较多的人工操作和劳动体力，即使是带有电子（红外）感应的探管诱捕器也是如此。为避免埋入和再次拔出探管的劳动作业，我国有关科技人员研发出了在探管集虫端处设置了吸虫导管，在探管诱捕到害虫后不需要拔出探管，只需要通过整体系统中连接诱捕器吸虫管（图 4-38、图 4-39）和仓外主机的导管，将害虫吸至系统主机的集虫瓶中，保管人员既可在仓外检查主机中集虫瓶的害虫，也可对主机中集虫瓶中的害虫进行图像采集、传输和电脑监视。在害虫通过导管中串联的计数装置后，也可对抽取的害虫个体数计量统计，其工艺流程见图 4-40。

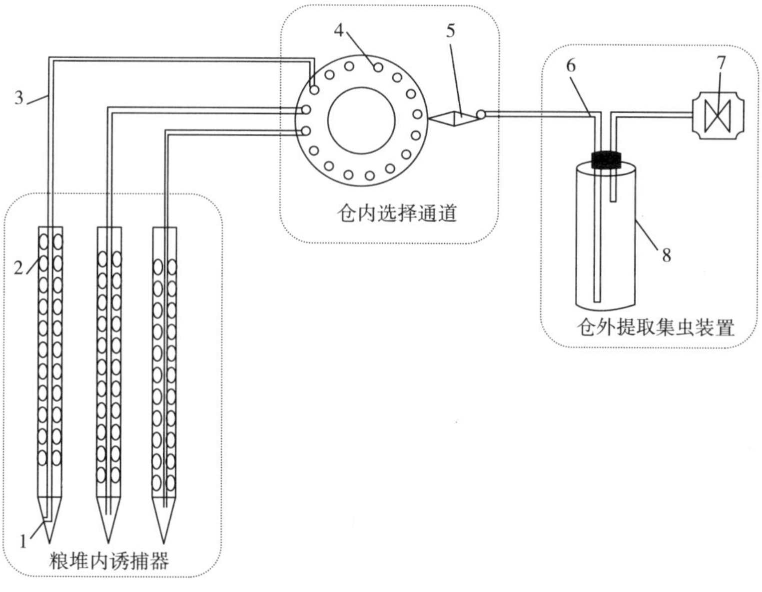

图 4-40 仓外害虫采集检测系统的组成

1—集中小室 2—带吸虫导管诱捕器 3，6—真空吸取导管 4—选通转换器

5—选通器对接点 7—真空泵 8—仓外集虫瓶

（4）视频监测技术 视频监测技术是利用置于粮堆内部或表层的害虫诱捕器并结合

远程控制技术在线监测储粮害虫的装置，所用的诱捕器可以是波纹板诱捕装置、探管式诱捕器、粘虫板诱捕等。采用粮堆表面在线害虫诱捕器监测害虫时，粮堆表面应当平整，或设置该类装置的位置粮面平整，储粮质量应符合长期安全储存的要求。粮堆表面在线害虫诱捕器装置应能够方便地布置于粮堆表面监测害虫，并方便清除其中害虫。不能对粮食造成污染，不影响储粮及生产安全。远程在线视频监测器装置，应采用带补光装置、有自动聚焦功能的低照度网络高清摄像机，最低彩色照度要求在0.002lx，内置旋转云台，可实现水平和垂直方向旋转，应具有防熏蒸腐蚀能力，并具备灰尘防护和自助除尘功能。

（5）诱捕与视频监测害虫的结果利用与评价　任何在线监测结果提示粮堆可能或已经有害虫发生时，应按照GB 5491—1985《粮食、油料检验　扦样、分样法》的要求进行核实检查，以取样过筛检查的害虫发生情况，按照GB/T 29890—2013《粮油储藏技术规范》的要求确定虫粮等级。目前我国尚缺少一般粮食储藏条件下诱捕技术方法或视频监测方法所得检查监测结果与虫粮等级的相关性研究，这里作者暂推荐诱捕和视频监测结果与虫粮等级的评估，参考数值见表4-1。

表4-1　在线监测储粮害虫结果与虫粮等级判定关系推荐参数

监测技术	诱捕或监测方式	害虫总数	主要害虫数	相当于虫粮等级
表面诱捕	波纹板诱捕	≤5头/7d	≤1头/7d	基本无虫
		6~10头/7d	2~3头/7d	一般虫粮
		≥11头/7d	≥4头/7d	严重虫粮
	粘虫板诱捕	7头/7d	≤1头/7d	基本无虫
		8~12头/7d	2~3头/7d	一般虫粮
		≥13头/7d	≥4头/7d	严重虫粮
探管诱捕	探管诱捕仓外提取装置	≤6头/7d	≤1头/7d	基本无虫
		7~10头/7d	2~3头/7d	一般虫粮
		≥11头/7d	≥4头/7d	严重虫粮
视频监测	视频监测	≤1头/(cm^2·7d)	0头/(格·7d)	基本无虫
		2~5头/(cm^2·7d)	1~2头/(格·7d)	一般虫粮
		≥6头/(cm^2·7d)	≥3头/(格·3d)	严重虫粮

3. 粮粒内害虫的检测

有些昆虫种类的某些发育阶段在粮粒内度过，有的从卵期开始直至成虫羽化而出，有的则以幼虫蛀入至成虫羽化出来。这些属于隐蔽性发生的害虫，其在粮粒内的发育过程中取食造成危害，至成虫羽化时被蛀食粮粒已损失严重。为避免其隐蔽性的危害，防止后期感染发展，应尽早加以有效治理，人们探索了基于不同技术原理的方法进行粮粒内隐蔽性害虫的检查检测。在这些方法中，有些方法较为适合于实验室研究，有的则可以在生产实践中推广应用，生产或工程应用的程度受到技术方法方便性、快捷性、有效性等影响。

（1）培养观察法检测　培养观察法又称基础培养方法，用于测定象虫一类的非成虫期虫态，这些虫态在粮粒内发育。该方法将样品置于适宜害虫生长发育的温度下，并保持适宜的相对湿度下培养，一定时间检查新羽化出的成虫来判定粮粒内部感染害虫的情况。通常这类害虫完成一个世代需要数周的时间，获得结果较为缓慢。

培养用的试验样品，如水分的质量分数<15%，每个样 200~300g；如水分的质量分数大于 15%，则每个样 70~100g。水分质量分数≤15%，则放在 65%~70%的相对湿度中培养；水分质量分数>15%的样品需放在 60%~65%的相对湿度环境中。按 3d 或 4d 的间隔过筛检查并移出发现的成虫。一般最少培养 36d，具体的培养时间根据样品存放温度、粮食的类型及出现的昆虫种类而定。

培养过程中样品应避免过高或过低的温度、湿度和阳光直射，以避免可能因热、冷及脱水导致的昆虫死亡而引起昆虫种群的改变。样品一般要求精确至 1g。

（2）剖粒法检测　采用分样器或“四分法”从扦取的粮食样品中得到代表性的少数样品，小麦取 5g，用锋利的刀片沿着小麦腹沟方向横向将粮粒逐粒剖开，检查其中是否有害虫，计算每千克粮食内隐蔽害虫的数量。对于干燥的小麦籽粒剖粒时，还可先将小麦粒放入塑料袋中，喷雾加湿后密封 10min 左右再剖粒，这时刀片剖解更为方便。

（3）二氧化碳测定法　干燥小麦新陈代谢率很低，昆虫的新陈代谢率相对很高。在防止其他二氧化碳来源的情况下，可利用密闭容器密闭样品一定时间后检测二氧化碳浓度及变化，以判断小麦籽粒内部有无隐蔽性害虫虫态。

装载样品的容器应密闭且容积不超过 750mL，将培养环境温度保持在（25±1）℃，采用气体分析装置、红外气体分析装置或高精度二氧化碳气体检测仪测定二氧化碳的体积分数，误差应±0.2%以内。

测试中用筛子去掉样品中所有细颗粒及昆虫，如需要鉴定昆虫种类，每种昆虫按成虫、蛹及幼虫分别记录。将样品放入气密样品容器前，过筛去除在制备期间出现的任何昆虫。将制备好的样品放入培养箱或气候调节室停留 24h 进行浓度检测。

在以气体定量分析法进行测定时，1kg 粮食 1min 在粮粒间产生的二氧化碳以 μL/L 表示。计算公式见式（4-1）：

$$\frac{c_1 + c_2}{2} \times \frac{1000}{m_0} \qquad (4\text{-}1)$$

式中　c_1 和 c_2——分别两次测定所得的二氧化碳体积分数，μL/L；

m_0——测定小样的质量，g。

如符合重复性条件，取两次测定结果的算术平均值。

注：相同分析者两次相邻的测定结果差异应不超过 2μL/min。

采用红外气体分析法时，1kg 粮食 1min 在粮粒间产生的二氧化碳浓度，以 μL/L 表示，计算公式见式（4-2）：

$$c \times \frac{1000}{m_0} \quad (4-2)$$

式中　c——测定小样 1min 时间内粮粒间产生的二氧化碳，μL/L；

m_0——测定小样的质量，g。

如符合重复性条件，取两次测定结果的算术平均值。

注：相同分析者两次相邻的测定结果差异应不超过 2μL/min。

对于小麦适于采用气体定量分析法进行测定，其具体范围及方法见表 4-2。

表 4-2　气体定量分析法获得的结果描述

1kg 粮 CO_2 产生速率/（μL/min）	描述
<0.2	可能无感染，重复测定另一个样品以确定
0.2	可能轻度感染，重复测定另一个样品以确定
0.3~0.5	轻度至中度感染，粮食不适于存放 2 个月以上而不处理
0.6~0.9	中度至严重感染，粮食应立即熏蒸
>1.0	严重感染，粮食处于危险状态，极不适于储藏

采用红外法评价时其获得结果评价参见表 4-3。

表 4-3　红外法获得结果描述

1kg 粮 CO_2 产生速率/（μL/min）	描述
<1.1	可能无感染，连续的低峰值可能表示很轻的感染，重复测定另一个样品以确定
1.0~1.9	可能轻度感染，重复测定另一个样品以确定
2.0~3.9	轻度至中度感染，粮食不适于存放 2 个月以上而不处理
4.0~5.9	中度至严重感染，粮食应立即熏蒸
>6.0	严重感染，粮食处于危险状态，极不适于储藏

本方法不适于磨粉的粮食加工品，因为其颗粒可能吸收空气中水分造成霉菌活动产生二氧化碳。水分质量分数大于 15%的粮食产品也会因为粮食自身及微生物可能产生二氧化碳而影响结果。已经吸附大量二氧化碳的粮食产品，采用二氧化碳气调储藏的粮食或有严重害虫侵染的粮食也不适宜使用此方法。

参照 ISO 6639-4—1987《谷物和豆类　虫灾隐患的测定　第 4 部分：快速法》，采用改进的方法可以更加简便、快捷地检测和判断粮食中隐蔽性害虫的发生与存在。ISO 方法中采用小密闭空间放置待测粮食样品的做法被采用，改进其原有的二氧化碳气体分析装置和方法以及红外方法，采用如图 4-41 所示方法更加方便、快速，且检测结果和精度一样可以满足需求。对于密闭容器中二氧化碳气体测定结果的利用仍然可参照 ISO 标准方法的推荐数值进行粮食中隐蔽性害虫的感染状况评估。

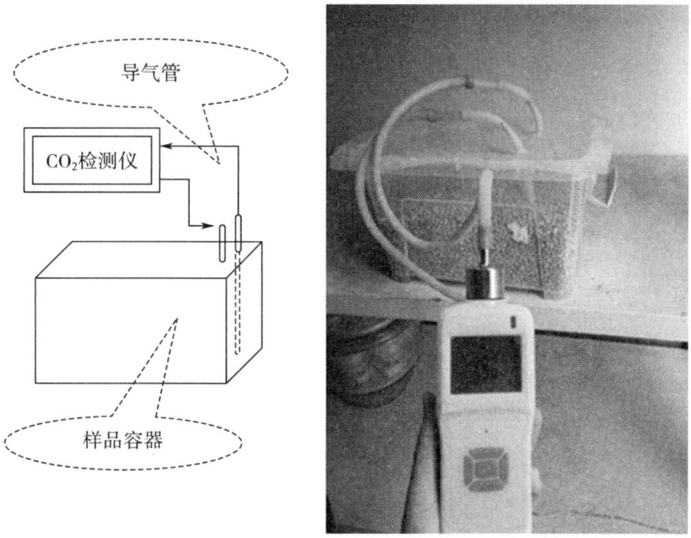

图 4-41　便携式二氧化碳气体检测仪检测隐蔽性害虫装置

（4）茚三酮染色法　在浸有茚三酮的白纸上碾压已去掉可见活虫的测定小样，当被感染粮粒被压碎时，昆虫体液中的氨基酸与纸中的茚三酮反应产生紫色斑点，计数纸上的紫色斑点，斑点数代表了样品中隐蔽性感染的程度。此过程中粮粒中的氨基酸不释放，则无显色反应。

茚三酮纸带制作方法：适当尺寸的白纸卷浸泡在含 10g/L 茚三酮的工业酒精溶液中，在温度 20~25℃、相对湿度 40%~60%条件下，无光处理 3d，干燥后锡箔包好避光存放备用（图 4-42）。

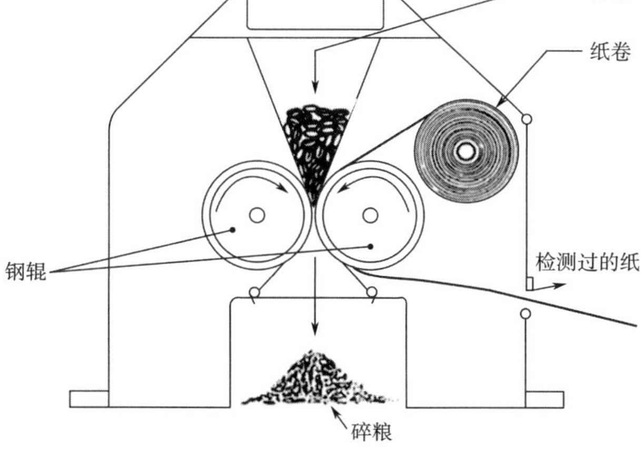

图 4-42　茚三酮检测隐蔽性昆虫感染器

用筛子去掉样品中所有杂质及活虫，称量，分样器分样得到小样至少1000粒，按操作说明将测定小样通过感染测定器。从测定器上取下纸带，计数标记的斑点数目。相同的测试样品测定2次，以每千克或每100粒粮中隐蔽性昆虫头数表示。

取纸带时，注意只能抓纸的末端，因为手指皮肤上的氨基酸也与茚三酮呈紫色反应（可以通过戴外科手套或使用镊子避免）。留一段时间加深紫色反应，在环境温度20℃或更高时，紫色反应1h，低温或需加速反应时，可将纸带放在50℃的烘箱中加热，或小心地经过酒精灯火焰或电灯泡进行烘烤（注意防燃）。

一般情况下，阳性结果表示储藏的粮食不安全。一个紫色斑点代表测定小样中有一头昆虫；如几次测定的结果相似，纸上不规则的、较少的紫色斑点表示轻度至中度感染；很多斑点表示严重感染，需立即进行处理。本方法可能检测不到卵及小幼虫，表面上无感染的粮食2~4周后最好重新测定。本方法的测定效果随昆虫的种类及测定粮粒的大小、种类而变化。

（5）飘浮法　感染隐蔽性昆虫的粮粒质量减轻，与完善粒一起浸入测试溶液中时，完善粒下沉而被害粮粒则上浮至溶液表面。

所需设备有浮力比重计（相对密度测定范围1.100~1.300）、500mL量筒、筛子、天平、粮食分样器、1000mL烧杯、漏勺。

用硅酸钠、硝酸铵或甘油溶于水可以得到合适的测定溶液。1000mL相应密度的测定溶液所需的溶质质量可以参照图4-43计算，用量筒及适当的浮力比重计校正溶液的相对密度，如需要加入少量水或溶质，得到所需密度的测定溶液，精确至±0.005。测定小麦溶液的相对密度为1.15。

操作过程主要包括：用筛子去除样品中的杂质，过筛后称量，用分样器分样成约500粒粮小样，计数测定小样的粒数。

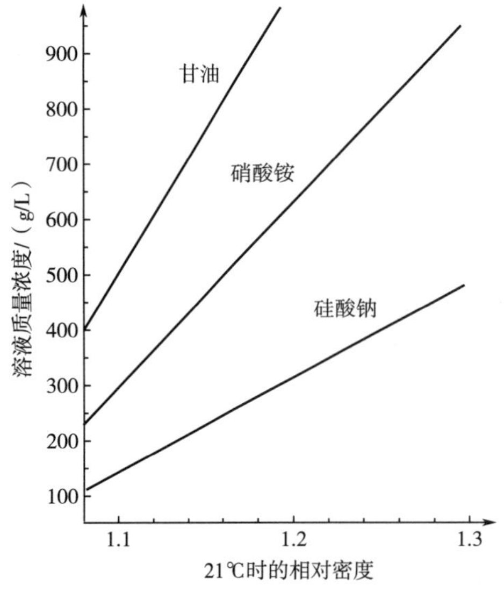

图4-43　制备不同相对密度测定溶液的参照曲线

将测定小样放入含有测定溶液的烧杯中，完全混合，放置10min，每隔1min搅动一次，以释放附着在粮粒上的气泡，最后一次完成后，用漏勺取出所有漂浮的粮粒，分出并计数所有可见昆虫感染迹象的粮粒（种皮内有可见的孔或孔道），用适当的工具切开其余的粮粒，记录发现有昆虫幼虫、蛹及成虫的粮粒数。含有低龄幼虫的粮粒也可能下沉，而种皮下带有气泡或有其他缺陷的没被感染的粮粒也可能会浮起来。

用被感染粮粒的百分数表示感染率，取两次测定值的算术平均数作为结果。每次测定值与平均数的差异应不超过图 4-44 所表示的极限，如超过这个极限，测定其他测试小样直到符合要求。检验报告应表明使用的测定方法、测定次数及结果。

本方法检测较快，但对幼虫和蛹的检测效果一般，对卵无效，极易严重低估存在的感染程度。

（6）籽粒染色法　籽粒染色法是利用象虫类成虫在粮粒产卵时，会分泌黏性物封闭产卵孔以形成“卵塞”，其中的物质可与染色剂如酸性品红、高锰酸钾等反应形成深色斑点，未感染虫卵的粮粒则无显色。

酸性复红溶液可用于检查稻谷、小麦、玉米等粮粒内部的害虫。在过筛后的样品中取 25g 代表性样品，浸入 30℃的水中 5min，再移入酸性复红溶液（冰醋酸 50mL、蒸馏水 950mL 及酸性复红 0.5g）中，经 2~5min 后取出，用清水冲洗。挑出具有红色斑点的粮粒，剖粒检查。

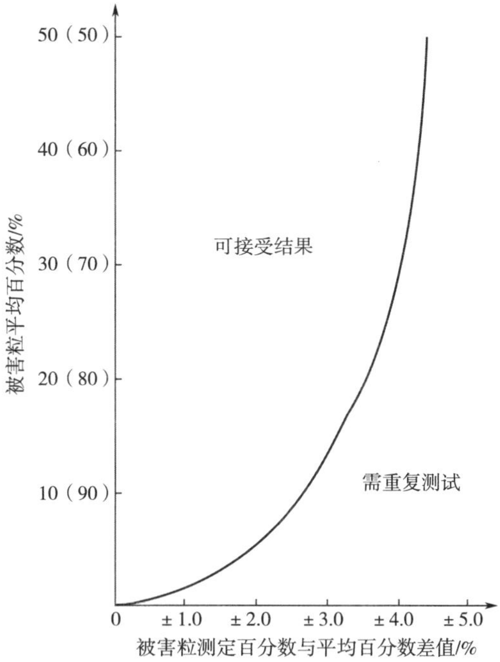

图 4-44　籽粒漂浮法重复性极限
（约 500 粒粮样品 95%置信限重复性曲线）

（7）声波法检测法　将测定小样放入样品容器并置于隔音性能良好的箱内，样品容器内固定一个与放大系统相连的声振动敏感元件，由敏感元件传送出隐蔽性昆虫取食活动产生的噪声，噪声可以直接收听或记录下来，从传递出的噪声强度估计隐蔽性昆虫感染的程度。

隔音箱内镶有高性能的隔音材料隔音（如石棉或带铅的高密度聚酯泡沫），箱盖能隔离外部的噪声，箱内有一个可以活动的厚塑料筒状的样品容器（如高密度聚氯乙烯，体积应不超过 1L），样品容器上配有密封盖，振动敏感元件放置在样品容器的中央，用一根软或有延伸性的电缆连接到箱体外的出口插座上，箱体安置在有弹性的缓冲系统上（如橡胶垫）。在使用过程中只要能达到对空气和机械振动的效果，就可以改变隔音和内元件的布置。

其电子放大系统包括一个 50~10dB 的前置放大系统，声敏元件能通过 600~4000Hz 的声波，信噪比至少-120dB/V。可附加滤波器以减低通过的声波宽度（米象的中央频率大约为 2kHz），提高信噪比。

计数及记录系统包括连接放大器的耳机或扬声器，用于直接收听隐蔽性昆虫产生的噪声，或采用电压或电流阈值指示器及记录系统用于记录超过可调阈值的电脉冲，或采用低阻抗输出端口用于示波控制器或磁带记录仪。

检测装置应采用高密度隔音材料垫，放置于箱体于水平支撑物之间，以防止机械振动的传导。

测定中，用筛子去掉所有自由活动的昆虫，用分样器分样成等于或稍多于装满隔音箱内样品容器所需的且不应少于 500g 的小样。将小样及容器放入隔音箱后密封箱子，让粮粒稳定 5min，然后打开测试系统开关，分 5 个周期监听昆虫活动的特征声音，每个周期 1min，或一次记录 5min。在录音时，可使用直接测听设备检查录音过程中出现的任何问题，调节检测阈值的设定。关闭仪器后，立即取出测定小样质量，精确至 1g。进行样品测定时，温度应不低于 20℃，为了增加昆虫活动，一些设备附加了样品加热系统，这种预加热过程在每次测定前约需 20min。相同的试样测定 2 次。

每分钟测听期的结果都应分别记录，并说明是否存在隐蔽性昆虫的活动，可以评估昆虫活动的相对强度，以区分昆虫危害程度。录音记数是 5min 内记录的脉冲数转换为每分钟的平均数。

每分钟测定的噪声数少于 1，可认为样品没有被感染；每分钟 1 次声音，样品可能被感染；每分钟 2 次声音，样品被轻度感染，应仔细观察；每分钟噪声数超过 5 次，样品感染非常严重，或有成虫留在样品中（重新过筛后再测试）。

本方法适用于大部分的谷物，用于谷类隐蔽性感染测定，检测速率较快，仅限于定性，适用于测定取食于粮粒内的活动昆虫成虫及幼虫，不适用于测定死的成虫或活的卵及蛹（非取食虫态）。与传统监测方法相比，害虫声音监测技术对监测条件和监测人员要求较高，环境噪声过大、操作不规范等都直接影响监测的准确性，检测费用较高，且由于现阶段数据较少，现场监测需要操作人员有丰富的经验，可以依据监测结果判断害虫的有无及多少。但易受外界环境影响，少量虫害感染不易检测出来。且本方法适用于测定取食于粮粒内的活动昆虫成虫及幼虫，不适用于测定死的成虫或活的卵及蛹（非取食虫态）。

（8）电导率法检测　电导率法又称电阻法，通过测量粮粒两端的电压来确定电导率，如果粮粒内部有虫害存在，电导率信号会突然降低，根据这一系统的电导率信号特征并通过计算电导率信号的电压变化幅度就可区分虫害粮粒，图 4-45 为基于电导率法开发的粮粒隐蔽性害虫检测仪。

与其他隐蔽性害虫检测方法相比，电导率法操作方便，过程快捷，但结果只为定性，对小卵和小幼虫难以检测。

（9）X 射线法检测检测　是将测定小样以一粒粮厚度平摊在 X 射线源与感光胶片之间，用软 X 射线曝光，冲洗后感官检验胶片，确定粮粒中昆虫的存在情况。

X 射线源应符合下列性能要求：①设备的电源供应消耗功率应不超过 2kW；②X 射线管应能产生低穿透力的 X 射线；③对大部分粮食品种而言，X 射线机通常使用约 20kV 的电压（峰值电压）、5mA 的电流产生 X 射线。但有时需使用到 50kV，此时，电压在 15~50kV、电流在 0~20mA 间应能连续或分段调节；④X 射线管的安装应使 X 射线束覆盖至使用的 X 射线胶片的全部范围；⑤使用的仪器及其安装应符合国家关于 X 射线机及

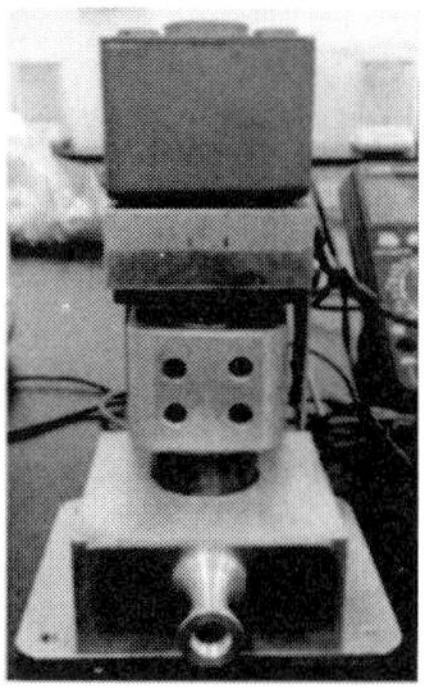

螺杆推压机械

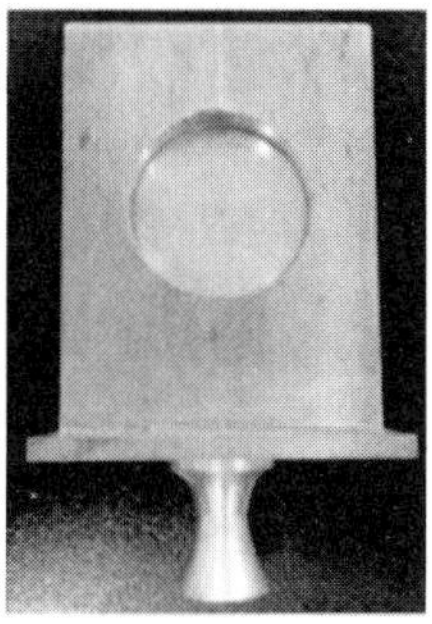

载料台

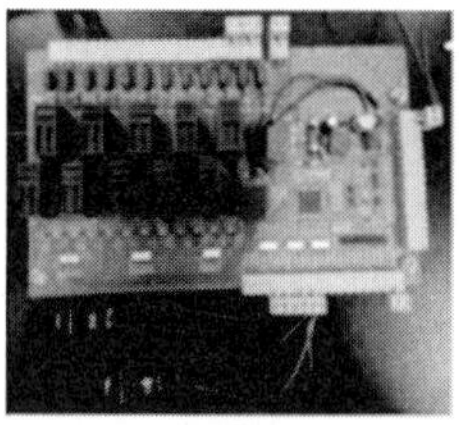

电路板

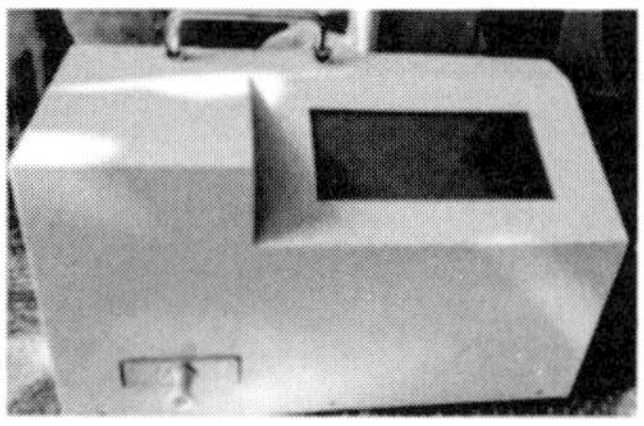

仪器外型

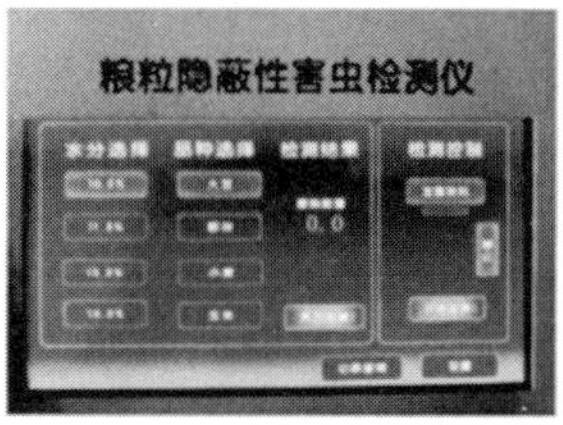

仪器控制与显示面板

图 4-45　粮粒隐蔽性害虫检测仪主要构成

其附件的制造、产品的安装以及 X 射线使用的规定；⑥仪器必须有效接地。

操作过程包括以下操作步骤。

①用筛子去掉待测试样品中所有活动昆虫。

②测定小样的准备：称量在摊薄至一粒粮厚度时可以完全覆盖至少 750cm^{2}的胶片面积的测定小样，精确至 0.1g。在 1200cm^{2}胶片面积上，对应数量大约为小麦 10000 粒。在可以接受的准确度范围内，可通过测定较少的测定小样（如 1000~1200 粒小麦）来检测感染。

③测定小样的散开：在带有胶片的胶片盒上放上金属网栅，将测定小样平摊成 1 粒粮厚，这样可以保证所有粮粒在胶片曝光时排列在网栅线的两边。

④胶片的区别：在粮粒一面，放置用不透 X 射线材料做成的数字或字母，这些数字或字母在胶片曝光后会出现在胶片上，这样就可以区别胶片。

⑤曝光：曝光期间，胶片一直保持在避光的胶片盒中。按使用机器的说明放置胶片，确保所有的安全条件都已达到。按样品的性质及使用的胶片，选择适当的曝光时间，以获得满意的胶片密度。

⑥冲洗胶片：曝光后，按厂商的说明冲洗胶片。所需的曝光时间及电压应根据被测定粮食、要求的穿透力及对比度而变化。低电压比高电压的穿透力低。较高水分的粮粒需要较高的电压以获得满意的 X 射线穿透力。

最佳的曝光时间可以按以下的方法确定：a. 用 20kV、5mA 对覆盖有粮粒的整个胶片曝光 15s；b. 用铁片或铜片（厚 1.25mm），遮盖有粮粒的胶片的 1/3 面积，再曝光

5s；c. 再遮盖 1/3 的面积，再曝光 5s；d. 这些胶片已分别曝光 15s、20s、25s。在确定了最适曝光时间后，如 20kV 下的穿透力太大或太小，可在 15~30kV 范围内，每 5kV 一挡调整，重复上述步骤，以找到最佳的电压值。按上述方法，胶片冲洗、定影后可以得到最满意的电压值及曝光时间，用于以后对相似粮粒的拍片。

⑦胶片的检查与描述：用读片屏检查并记录虫害粒数，通常谷物或豆类在负片上呈白色或灰色，粮粒内的任何孔洞显黑色，孔洞中的昆虫呈浅色。在一般试验曝光下，有时可发现卵及小幼虫，但发现的比例依赖于曝光时粮粒方向、仪器的电压、昆虫的种类、粮种以及操作条件。X 射线法不能可靠地检测到每一个卵及每一个时期幼虫，如这点非常重要，应将测定小样在测定后放在 25℃ 下培养，并在一定间隔期后再次检测。X 射线法可以准确地评估后期幼虫、蛹及成虫。如想检查被害粮粒，应先在胶片上定位，然后按网栅格寻找，可以解剖粮粒检查幼虫的存在。

⑧测定的次数：相同的试样测定三次。

⑨结果表示：记录 3 次测定中的虫害粒数，计算每千克虫害粒数；如果记录了测定小样的粮粒数，结果也可用虫害粒的百分数表示。

X 射线法能够检测出粮粒内外部的害虫以及区分死虫和活虫，是一种快速、非破坏性、准确率高、直接的储粮害虫检测方法，适用于测定粮粒内活的、死的幼虫及成虫，且能永久性记录实验结果，也可以用来检测粮食籽粒在运输和储藏过程中的受损情况，但是这种方法很难区分小幼虫和虫卵晶粒的致密部分，且不能用来检测粮粒内部微小的幼虫及虫卵，对于刚杀死的昆虫（如熏蒸引起的）可能难以与仍活着的昆虫区别，对低能量 X 射线的屏蔽等问题也有待解决提高。

（10）近红外光谱法（NIR 光谱法） 近红外光谱法是基于不同储粮害虫自身体内的 C、H、N 成分的差异，经近红外光谱扫描后，根据其反射和吸收的光谱不同来识别不同种类的害虫，将感染有害虫的粮粒与无虫粮粒区分开来，是一种快速、准确的谷物成分的分析技术。使用近红外光谱法检测粮粒中米象的低龄幼虫、老龄幼虫、蛹，检测准确率分别为 84%，92%和 94%。

近红外检测法能直接进行检测，节省大量时间，但检测虫害程度较轻的谷物时效果不佳，对于不同成虫或幼虫反差较小的情形种类鉴别达不到满意的效果，对谷物样本的湿度较为敏感，这些是有待解决的问题，而且此方法不能检测出死虫。

（11）气味分析法 粮食气味和粮食中挥发物质涉及粮食品质（新、陈和霉变）、粮食害虫感染、害虫监测和害虫防治。若粮食中感染了某种害虫，粮堆就会产生某种特殊气味，可以利用仪器检测出来。而且，粮食气味或某些挥发性物质对储粮害虫具有吸引作用，而且不同粮种、粮粒的不同部位吸引能力不同。利用这种特性可对害虫进行监测或诱杀。

气味分析的途径为：使气味经过净化器和收集器，把挥发性物质收集并浓缩在吸附剂上，经热解吸，再把解吸下的物质输送到气相色谱仪中进行分离，经红外检测器，最后再经质谱仪进行鉴别和测定。经鉴定以后，找出挥发性物质与某些特殊气味间的关系，从而确定是何种害虫感染了粮食并产生不同的挥发性物质，完成害虫的检测。经过几年的研究，已经检测出125种挥发性物质，初步明确了被赤拟谷盗、谷蠹等害虫感染的粮食中的挥发性物质，明确了粮食霉变初期及有发酵酸味的粮食中所含的挥发性物质。

三、害虫预防技术

（一）清洁卫生要求

害虫的预防措施中做好储藏管理和清洁卫生工作是很重要的，是贯彻“以防为主，综合防治”防治方针的一项十分重要的措施，是各项防治工作的基础。

1. 储藏场所的清洁卫生

储粮场所是粮食收获、脱粒、整晒、堆放的场所，储粮场所清洁卫生是防治工作的重要环节，要求做到平整、坚实、干燥、清洁。粮油仓库必须建立清洁卫生制度，各种仓房和一切储粮场所，都要求做到“仓内面面光，仓外三不留（杂草、垃圾、污水）”，经常保持仓房及环境的清洁卫生。对使用过的空仓，要彻底清扫，必要时要用化学药剂进行杀虫，然后密闭备用。对于加工厂主要是经常维持厂房、机具的清洁，使害虫不适于生存。在机器检修时，应清除积存在各个部位的原粮、成品、副成品和尘杂、害虫等，必要时可用药剂杀虫。对于仓储器材、装具和粮仓机械，必须保持清洁无虫。

2. 空仓和器材杀虫

空仓杀虫剂，习惯上也称空仓消毒剂。主要是指用于对空仓、包装器材、运输工具、铺垫物、装具、粮油加工厂及其车间等杀虫、防虫和喷布防虫线的化学药剂。

对空仓杀虫剂的毒性要求没有防护剂高，因此，除了批准用于储粮防护剂的化学药剂和熏蒸剂可用作空仓杀虫剂外，敌百虫烟剂、敌敌畏、辛硫磷等也可用于空仓杀虫剂。

空仓与器材杀虫剂可以用熏蒸剂、粉剂，油-水乳浊液或水分散喷雾剂、气雾剂或烟剂等，处理空仓、运输工具（车船等）、装具（麻袋等）和输送装置，并保持一定的有效残留，保证昆虫和螨类在通过这些物体表面进入农产品前被有效杀死。可用于空仓与器材杀虫的药剂及用量可参照表4-4。

3. 小麦入库前的害虫预防

小麦入库前准备是入库工作的第一个环节，要做好仓房和货位的清理、检查、整修、空仓杀虫等工作。每次粮食出完后都应该把剩余的零星粮食和尘杂从仓房中清扫干净，如平房仓的地面、墙壁、仓顶、墙角、窗台、仓门、出粮口、通风口、通风道等；立筒的底部、仓壁、进出粮管道、输送带槽内残留的粮食、有机尘杂等都要进行认真清理，清除隐藏其中的害虫，防止对后期来粮的感染。

表 4-4 常用空仓杀虫与器材药剂的用药剂量和密闭时间

药剂名称	有效成分含量/%	用药剂量/（g/m^3）	密闭时间/d	最少散气时间/d
磷化铝（片、丸剂）	56	3~6	≥14	1~10
磷化铝（粉剂）	85~90	3~5	≥14	1~10
敌敌畏（乳油）	80	0.2~0.3	2~5	
辛硫磷（乳油）	50	30	1~3	
杀螟硫磷（乳油）	50	30	1~3	
马拉硫磷（乳油）	50	30	1~3	
甲基嘧啶磷（乳油）	55	20	1~3	

4. 小麦入库过程中的害虫预防

严格检验是把住粮食入库质量的关键。因此，必须组织有关部门和检验人员严格按照国家规定的粮油检验标准及操作规程，对接收入库的小麦质量进行认真检查验质，验质时可采用感官检验与仪器检验相结合的办法进行。实践证明，破碎率、虫蚀率、杂质和尘埃含量低的粮食，仓库害虫就不易侵入粮粒，加之水分含量低，其粮堆生态体系不利于仓虫滋生繁殖。对质量差的粮源，入库前应进行相应处理（如过筛除杂、降水等），达到标准后再进仓储存。原则上应当做到无虫粮入仓，对于有虫粮要分别处理，及时杀虫。

5. 小麦储藏期间的害虫预防

①防止害虫感染：通过门窗隔离防止外界害虫感染到仓内，一般要采用防虫网防止飞虫入仓，通过防虫线防止爬虫入仓。减少进仓次数和门窗打开时间，避免和减少外界高温影响与虫害感染。采用防护剂拌粮防虫等。

②控制环境条件：利用季节温差在不同时期采取和制定不同防范措施。冬春季节以通风降温为主，抓住低温干燥、外界虫源少的时机，及时降低粮温；夏秋季应以密闭保温为主，有效保持粮堆低温。

③及时检查：检查害虫范围一般应包括粮堆、仓房、加工车间、仓储器材及储粮环境等。由于虫种和季节的不同，导致了它们生活习性和活动规律也不相同，因此检查害虫取样点的设置可采取定点与易发生害虫部位相结合的办法灵活掌握。在储藏过程中也可以通过检查储粮温度间接检查害虫发生情况。

④适时杀虫：当储粮中害虫发生到一定水平，如不杀除会影响到储粮安全和造成明显储粮损失时，要适时地进行杀虫处理。

6. 改善仓房条件

我国粮库目前还有一批储粮条件较差的老仓，仓房的改造工作是保证储粮安全的一个重要措施。要求做到上不漏下不潮，既能通风，又能密闭，保持仓内低温、干燥、清洁，不利于害虫生长繁殖，并消灭一切洞、孔、缝隙，使害虫和鼠类无藏身、栖息之处。包括地坪、仓墙、仓顶等方面的改造，使其在仓房隔热保温、熏蒸气密、害虫防治等方面功能加强和提升。

7. 隔离保护

储粮场所为了防止虫、鼠危害，巩固防治效果，还必须做好隔离工作。

有虫粮与无虫粮、有虫器材与无虫器材、潮粮与干粮、新粮与陈粮、原粮与成品粮及副产品，均应严格分开储存。

检查粮情时，应先查有虫粮，后查无虫粮。出入仓要随手关门，并严防害虫随人身、工具传播感染。

仓房（囤、垛）四周要定期喷布防虫线，门窗、通风口和进出粮洞口要安装防虫网。由于储粮害虫的个体大小不同，可钻过的空隙大小也就不同。仓房门、窗等处加装的防虫网孔尺寸要选择合适，不能大于阻止害虫穿过的尺寸（表4-5）。

表4-5　预防不同储粮害虫成虫防虫网网孔尺寸参考表

害虫种类	100%阻止		100%穿过	
	纱网网孔尺寸/mm	对应目数/mesh	纱网网孔尺寸/mm	对应目数/mesh
锈赤扁谷盗	0.25	65	0.71	25
锯谷盗	0.53	约32	0.93	约19
谷蠹	0.53	约32	1.20	约16
米象	0.71	25	1.35	约14
药材甲	0.71	25	1.40	14
玉米象	0.93	约19	1.70	12
赤拟谷盗和杂拟谷盗	1.05	约18	1.40	14
烟草甲	1.05	约18	1.70	12
黑毛皮蠹	1.35	约14	2.25	约8
黑粉虫和黄粉虫	2.00	10	2.25	约8

（二）储粮防护剂及其应用

1. 储粮防护剂的种类与特性

储粮防护剂（Grain Protectant，Contact Chemical）是一类持效期较长，通过触杀、胃毒、忌避等方式防治储粮有害生物的高效低毒的化学药剂，也称储粮保护剂、谷物保护剂。从药剂对害虫的作用方式来说，主要是触杀作用和胃毒作用。

我国目前使用的储粮防护剂主要包括：马拉硫磷、杀螟硫磷、甲基嘧啶磷、溴氰菊酯、惰性粉等，以及以上述防护剂为主要有效成分制成的其他剂型或混配剂型。

（1）马拉硫磷（Malathion） 化学名称为 *O*,*O*-二甲基-*S*-[1,2-双（乙氧羰基）乙基] 二硫代磷酸酯。

为了避免将纯度较低的农用马拉硫磷误用于储粮，特将原药纯度达到97%（化学分析法）以上的优质马拉硫磷作为储粮防护剂，商品名称为“防虫磷”。原药纯度97%的马拉硫磷对大白鼠的急性口投 LD_{50} 为5696mg/kg，属低毒。

马拉硫磷是一种高效、低毒、广谱性杀虫剂，对昆虫具有较强的杀虫活性，作用途径主要是触杀和胃毒，也有微弱的熏蒸作用。由于杀虫剂主要附着在粮粒表面，故对潜伏在粮粒内部的钻蛀性害虫的卵、幼虫和蛹均无杀伤作用。

马拉硫磷是世界上第一个作为储粮防护剂在储粮上应用的药剂。自1961年开始应用，至今已有近60年的历史。我国于1981年批准使用防虫磷，至今已有40年的应用历史。由于长期的使用，害虫抗药性增加明显，防虫效果下降，一些国家已经停止使用。

马拉硫磷在原粮中的残留标准我国定为8mg/kg。

（2）杀螟硫磷（Fenitrothion） 又称杀螟松、杀虫松、苏米松、苏米硫磷，化学名称为 *O*,*O*-二甲基-*O*-（3-甲基-4-硝基苯基）硫代磷酸酯。作为储粮防护剂使用的是原药纯度93%以上杀螟硫磷，也称杀虫松。杀螟硫磷对大白鼠的急性口投 LD_{50} 为501~584mg/kg，属低毒。

杀螟硫磷也是一种有机磷杀虫剂，具有触杀和胃毒作用。杀虫松的药效优于防虫磷，杀虫松防治玉米象的药效是防虫磷的2倍以上。杀虫松对其他储粮害虫的杀伤力也比防虫磷高。杀虫松对谷象、锯谷盗、锈赤扁谷盗的防治效果最好；对米象和赤拟谷盗的效果较好；而对谷蠹的效果较差。

杀螟硫磷在粮食中的降解也比较快，但比马拉硫磷稍稳定。杀螟硫磷在原粮上的残留标准我国定为5mg/kg。

（3）甲基嘧啶硫磷（Pirimiphos-Methyl） 又称甲基嘧啶磷、甲嘧硫磷，俗称虫螨磷，化学名称为 *O*-(2-二乙氨基-6-甲基-4-嘧啶基)-*O*,*O*-二甲基硫代磷酸酯。甲基嘧啶硫磷对大白鼠的急性口投 LD_{50} 为2050mg/kg，属低毒。

甲基嘧啶硫磷是一种有机磷杀虫剂，具有触杀、胃毒和一定的熏蒸作用，是一种广谱性杀虫剂。甲基嘧啶硫磷对甲虫和蛾类都有较好的防治效果，对螨类的防治效果更好，故名“虫螨磷”。甲基嘧啶硫磷用于防治谷象和锈赤扁谷盗的最低使用剂量与杀虫松一样，但用于防治其他储粮害虫的最低剂量比杀虫松都低。所以，甲基嘧啶硫磷的杀虫效果明显优于防虫磷。

甲基嘧啶硫磷国产主要剂型为55%乳油和2%粉剂。粮食水分的高低对甲基嘧啶硫磷的药效有一定的影响，其影响规律也和其他有机磷一样，粮食水分增高时其降解速率较快，但与防虫磷相比影响较小。环境温度对甲基嘧啶硫磷的稳定性影响较小。

甲基嘧啶硫磷在原粮上的残留标准我国定为5mg/kg。

（4）溴氰菊酯（Deltamethrin） 化学名称为（*S*）-α-氰基-3-苯氧基苄基-（+-顺)-3-(2,2-二溴乙烯基)-2,2-二甲基环丙烷羧酸酯。作粮食防护剂的溴氰菊酯剂型为凯安保（K-obiol），有效杀虫成分是溴氰菊酯，凯安保乳油的主要成分及含量是：溴氰菊酯 2.5%、氧化胡椒基丁醚（增效醚）25%，其余为乳化剂和溶剂。纯品溴氰菊酯对雌雄大白鼠的急性口投 LD_{50} 分别为 138.7mg/kg 和 128.5mg/kg，属于中等毒性。溴氰菊酯对眼睛和皮肤等有轻微至中度刺激作用。

溴氰菊酯属于拟除虫菊酯类杀虫剂。溴氰菊酯加入一定量的增效醚对害虫的防治具有明显的增效作用。溴氰菊酯对谷蠹的防治有特效，试验表明，保持 8~12 个月无谷蠹水平所需要的用药量谷蠹只需要 0.1mg/kg 的剂量，但玉米象需要用 1mg/kg 的剂量，米象、赤拟谷盗、谷斑皮蠹需要 0.9mg/kg 的剂量，杂拟谷盗成虫需要 1.5mg/kg 的剂量。

溴氰菊酯在粮食中较为稳定，分解较慢，在原粮上的残留标准我国定为溴氰菊酯 0.5mg/kg，增效醚 10mg/kg。

（5）保粮磷　保粮磷是 1.01%保粮磷微胶囊粉剂，其中杀虫松 1%、溴氰菊酯 0.01%。杀虫松和溴氰菊酯经微胶囊化处理后与填充剂混合而成。制成微胶囊粉剂，除具有杀虫松与溴氰菊酯二者杀虫谱外，还能延长残效期。保粮磷是粉剂，除国库使用外，还方便用于农户储粮。

（6）惰性粉　最常用的惰性粉防护剂是硅藻土（Diatomaceous Earth，DE）。硅藻土是新生代生活的藻类植物沉积的化石，其主要成分是无定型的二氧化硅。硅藻土由于化学性质稳定，在粮食中不会分解。通常作为储粮防护剂使用的硅藻土是食品级的，对人无毒。

硅藻土对害虫的致死机理，一般认为是黏附在害虫表皮上的硅藻土可吸收害虫上表皮层的类脂，或靠粉粒的摩擦损伤表皮，导致害虫表皮的保水结构破坏，害虫失水死亡。

硅藻土对常见储粮害虫如锈赤扁谷盗、赤拟谷盗、烟草甲、药材甲、谷蠹、锯谷盗、玉米象、米象等种类都有较好的触杀作用。通过近年来国内使用硅藻土的结果来看，对书虱的防治效果不太理想。

硅藻土粉既能够用于粮食防护剂，也能用于空仓杀虫、仓储器材和设施的杀虫。惰性粉尤其是硅藻土添加到谷物中，不会改变粮食的水分。而且，硅藻土也可以配合通风、熏蒸使用。

硅藻土也存在一些缺陷，主要包括：①降低粮食的散落性；②降低谷物的容重；③产生粉状环境；④粮粒表面粘有惰性粉颗粒；⑤在加工厂清理时，对除尘设施产生不利影响。

2. 储粮防护剂的安全间隔期

安全间隔期是指防护剂最后一次使用后至其在粮食中的残留量降至卫生标准要求的最大限量以下所经历的时间。由于防护剂的挥发性很低，靠通风等方式是无法快速清除的，只有等待其自身在粮食上逐渐降解。防护剂的用量大多都高于国家卫生标准限定的含量，因此防护剂使用后必须经过一定的时间等待其慢慢分解，在粮食中的含量降至国家残留标准以下后，这批粮食才可出仓使用。

使用粉剂或载体法药剂时，由于防护剂原药与粮食接触少，在粮食上的残留很少，可以不考虑安全间隔期问题。

粮食储藏上常用的防护剂的推荐用药剂量、残留标准及安全间隔期等见表4-6。

表4-6 常用防护剂用药剂量、残留标准及安全间隔期

药剂名称	中文通用名	有效成分含量及常用剂型	粮堆应用剂量/（mg/kg）	残留标准/（mg/kg）	安全间隔期
防虫磷	马拉硫磷	70%乳油	10~20，最高30	8	用药量10~15mg/kg，≥3个月；用药量15~20mg/kg，≥8个月；用药量20~30mg/kg，≥10个月
杀虫松	杀螟硫磷	65%乳油	5~15，最高20	5	用药量10mg/kg以下，≥8个月；用药量10~15mg/kg，≥15个月；用药量15~20mg/kg，≥18个月
甲基嘧啶硫磷	甲基嘧啶硫磷	55%乳油	5~10，最高15	5	用药量8mg/kg以下，≥8个月；用药量10~15mg/kg，≥12个月。
凯安保	溴氰菊酯+增效醚	溴氰菊酯2.5%乳油	0.4~0.75，最高1	溴氰菊酯0.5；增效醚10	用药量0.75mg/kg以下，≥4个月；用药量0.75~1mg/kg，≥10个月
保粮安	优质马拉硫磷+溴氰菊酯	马拉硫磷69.3%+溴氰菊酯0.7%乳油	10~20，最高30	参见防虫磷、凯安保	参照防虫磷、凯安保
保粮磷	杀螟硫磷+溴氰菊酯	杀虫松1%+溴氰菊酯0.01%微胶囊型粉剂	粉剂：原粮=1：2500	参见杀螟硫磷、凯安保	—
惰性粉杀虫剂	硅藻土	主要原料应符合食品添加剂标准	100~500	—	—

3. 储粮防护剂的施用技术

（1）防护剂的使用原则

①防护剂的使用不应该影响粮食的安全储藏。

②所有储粮防护剂只能用于原粮，不得在成品粮中使用。

③使用防护剂的储粮必须是长期储存的安全水分粮和基本无虫粮。

由于防护剂有安全间隔期问题，所以短期存放的粮食不宜使用防护剂，同时必须是安全水分粮。

使用防护剂的粮食应属于基本无虫粮。防护剂的主要作用是预防外部害虫感染储粮和抑制粮堆内的害虫发展。所以当粮堆中害虫大量发生时使用防护剂效果不佳。

④不具备熏蒸条件的粮食，如长途运输的粮食、不具备熏蒸条件仓房存放的粮食，可在基本无虫时使用防护剂。

⑤熏蒸后，防止再次感染害虫的粮食。

⑥要根据发生害虫的种类选用防护剂。

⑦防护剂除可用于储粮外，也可用做空仓、器材杀虫或打防虫线。

⑧要根据地区和粮食保护期合理选用防护剂。

⑨防护剂只能用于原粮，严谨用于成品粮。

各种防护剂推荐剂量的选用原则是：南方地区选高限，北方地区选低限；长期储藏的粮食选高限，短期储藏的粮食选低限；粮食水分较高的选高限；水分较低的选低限；储粮条件差的（如农户）选高限，储粮条件好的选低限。

（2）防护剂的施药方法

①机械喷雾整仓拌和法：具有机械化入仓装置的粮仓，防护剂乳油加水稀释后采用专用的电动喷雾机。喷雾机可安装在输送机上，粮食边入仓边喷施药液，喷施药量应与粮食流量相匹配。喷药量控制在加水稀释后药液总量不超过粮食质量的 0.1%。喷头设在背风处，贴近粮流，尽量减少药液的损失。

②超低剂量喷雾粮面拌和法：超低剂量喷雾法是使用专门的超低剂量喷雾器，喷出的雾滴细小，利于均匀分布。这种方法适合于无机械化入仓条件的仓房，或已入仓粮堆的表层施药。所喷防护剂的乳油不加水或少加水，这种施药方法不增加粮食水分或很少增加粮食水分，有利于储藏粮食的稳定。可按粮面 30~50cm 的粮食计算用药量，均匀喷洒后拌和。

③载体法：将计算好的药液均匀喷洒在合适的载体上，再将载体拌入粮堆。常用方法是砻糠载体法。砻糠载体法是选用干燥、洁净的砻糠作为载体，按粮食质量 0.1% 的比例，用超低剂量喷雾器将总药量（乳油可不加水）均匀地喷到砻糠上，阴干后备用。使用时，将药糠与粮食均匀拌和。载体法可以整仓拌和施药，也可粮堆表层施药。粮食加工前，需清除药糠。

④粉剂拌粮法：粉剂拌粮法是用药液加粉状填充料，可配制成不同含量的粉剂。粮食可在晒场上拌药，也可边入库边拌药。仓内表层拌和可采用喷粉机在粮面喷药，待粉

剂全部降落到粮面后再拌和。

⑤包装粮的施药方法：将稀释后的药液喷布在包装堆垛表面。如正在堆垛时，可每堆一层粮包，喷一层药；堆垛完成后，再在粮垛的四周及顶部喷一次药。必要时隔一段时间再喷一次。

（3）硅藻土的应用技术　硅藻土作为米类防虫物质的使用方法与粉类化学防护和一些植物源防虫粉使用技术相似，可以用于固体物面如空仓处理，更多是拌粮防虫。

①空仓处理：处理空仓（如仓库、货栈、立筒仓和房式仓），首先应该计算需要处理的全部表面（如地面、墙、顶棚），硅藻土推荐剂量为 $5g/m^2$。

②粮仓设备和运输工具表面处理：粮食输送设备往往因内部剩有粮食残余而藏有害虫，用硅藻土处理这些设备中可能隐藏害虫的部位，可起到杀虫作用。

③拌粮处理：一般使用硅藻土处理入仓平整后的粮堆表层，处理粮食深度 30~60cm。可采用将米先撒于粮面，再用工具拌和均匀；也可通过调整粮食流量，在进入刮板输送机和皮带输送机之前加入硅藻土。粮面可用喷粉机施用硅藻土。施用过程中要注意呼吸防尘保护，避免硅藻土与皮肤接触。

④惰性粉气溶胶防虫技术：固体小颗粒分散并悬浮于气体介质中即形成胶体分散体系，简称气溶胶。固体颗粒为分散相，分散介质主要为空气。惰性粉气溶胶防虫技术就是利用惰性粉这一物理特性，采用一定技术手段将惰性粉喷施至一定空间内形成气溶胶分散至空间，或通过气流将气溶胶施至粮堆间隙进行防虫杀虫的技术。如利用喷粉机，将惰性粉快速喷入安装有固定横向风网系统的机械通风道内，通过吸出式风机使惰性粉经通风道穿过粮堆并均匀分布。

使用惰性粉气溶胶防虫技术风机与通风系统的连接方式为吸出式。粮堆单位面积通风量横向通风系统大于 0.015 $[(m^3/s)/m^2]$，竖向通风系统中大于 0.0025 $[(m^3/s)/m^2]$。喷粉机喷管出口风速应大于 25m/s，喷粉机向粮堆空间或通风道口喷粉的速率为 4~20kg/h。按粮食总质量计算用粉量见表 4-7。人员需进入惰性粉处理后的粮仓内作业时，采用粉尘监测仪检测仓内粉尘浓度，仓内粉尘浓度超过 GB/Z 2.1—2007《工作场所有害因素职业接触限值　第 1 部分：化学因素》中惰性粉接触限值要求 $5mg/m^3$ 时，或者正在进行施粉操作时，操作人员应佩戴好防尘口罩、防风镜、工作服和手套等个人劳动保护用具。

表 4-7　　惰性粉气溶胶防虫处理推荐用粉量

储粮害虫种类	用粉量/（g/t）	储粮害虫种类	用粉量/（g/t）
扁谷盗类	4~8	赤拟谷盗、杂拟谷盗	12~20
米象、玉米象、锯谷盗、长头谷盗等	8~12	谷蠹、蛾类、皮蠹类	20~50

（4）防护剂施药注意事项　在配药和喷雾时，要戴防毒口罩和橡皮手套，穿长袖衣服。预防药液沾染皮肤或吸入呼吸道。撒药糠时要佩戴防毒面罩和手套。在仓内施药时

要敞开仓库的门窗，每人次在仓内连续操作不宜超过 2h，每天不宜超过 2 次。休息和施药完毕后，要用肥皂将手、脸彻底洗净，才能吸烟、喝水、吃饭。防护用品用完后，要及时认真清洗，妥善保管。当发现中毒时应立即采取急救措施，中毒人员应立即离开现场，至空气新鲜处，脱去药剂污染的衣物，用肥皂洗去皮肤上的药液。情况严重时，应及时送医院治疗。防护剂的残液或载体不得倒入河流、池塘或下水道中，以免污染环境。

四、杀虫技术

（一）熏蒸杀虫技术

熏蒸剂（Fumigant）是指在特定温度和压力下，能够以足够的气态浓度致死有害生物的化学品。使用熏蒸剂熏蒸粮食，可以在不移动商品的情况下，达到消除及控制害虫的目的。进行粮食熏蒸杀虫有时甚至不需专门的设备、电力或人力等，是目前最经济、简便、有效的方法。

1. 熏蒸剂的理化性质

熏蒸剂以气体状态经害虫气门、呼吸系统进入虫体。在熏蒸过程中，熏蒸剂在密闭环境中需保持有效的气态浓度以及足够的时间才可取得好的杀虫效果，其中涉及熏蒸剂的挥发性、扩散性和钻透性（或穿透性）等性状。

（1）挥发性　液体或固体熏蒸剂经过蒸发、升华或化学作用转化为蒸气或气体的性能，称为熏蒸剂的挥发性。挥发性能好的熏蒸剂施入密闭环境中后，在空气中易达到有效浓度，杀虫效果好。熏蒸剂的挥发性取决于其沸点的高低，沸点低的熏蒸剂挥发性好，沸点高的熏蒸剂挥发性差。液体的沸点除了熏蒸剂本身的物理性质外，还受外界压力的影响，外压高，沸点高；外压低，沸点低。在同一气压下，沸点低的药剂易于气化。如在一个大气压力下，硫酰氟的沸点为-55.2℃，磷化氢的沸点为-87.5℃，磷化氢的挥发性能要比硫酰氟好。

熏蒸剂的挥发性也与环境温度有关。环境温度越高，熏蒸剂的蒸气压也就越好，挥发性也就越好。在实际应用中，为保证熏蒸杀虫的效果，需对熏蒸剂最低处理温度进行规定。

熏蒸剂的挥发状况还与其在空间暴露的表面积有关。同体积的液体，表面积越大，其挥发速率也就越快。生产实践中常采用增大挥发面积的办法来提高熏蒸效果，如敌敌畏挂布条法等。

熏蒸剂的挥发性常用饱和蒸气压（简称蒸气压）表示。液体蒸气压的大小随温度的变化而变化，这是由气、液动态平衡决定的。温度升高，蒸气压增大，其挥发性也增强。

熏蒸剂的挥发性还可用挥发度表示，挥发度又称蒸气饱和度，是指熏蒸剂在单位容积内气体的重量。在不同温度下，熏蒸剂有不同的挥发度（表 4-8）。熏蒸剂对储粮害虫的有效致死浓度都低于其在常压下的挥发度。

表 4-8　两种熏蒸剂在不同温度下的挥发度　单位：g/m³

种类	沸点/℃	温度/℃				
		15	20	25	30	35
磷化氢	-87.4	1435.5	1411.0	1378.4	1364.5	1342.8
敌敌畏①	120②	0.08	0.13	0.21	0.32	0.48

注：①限制使用，仅用于空仓、器材杀虫；②在 184Pa 压力下测定。

（2）扩散性　熏蒸剂气体从密度大的施药部位向密度小的非施药部位进行热运动，或从浓度高的部位运动到浓度低的部位，称为熏蒸剂的扩散性。熏蒸剂的扩散性能好，气体分子扩散快，利于其在密闭环境内的均匀分布，充分发挥其药效；反之，杀虫效果则会差。

熏蒸气体的扩散速率与其分子质量有关。常压下，熏蒸气体扩散的速率与其分子质量的算术平方根成反比，即熏蒸气体分子质量越小，气体扩散得越快。

（3）钻透性　钻透性（穿透性）是指熏蒸剂穿透粮堆的能力。这种能力取决于熏蒸气体被熏蒸物吸着的情况。吸着包括吸附和吸收两种现象。吸附通常是指气体附着在被熏蒸物表面的物理现象；吸收通常是指熏蒸剂分子进入粮粒内部的化学现象。

沸点高的熏蒸气体容易被固体吸附。沸点高的药剂分子间引力大，容易液化，易为粮食等固体物面吸附，吸附后也不易解吸。气体被吸附后，不能再向粮堆进一步运动，从而钻透性差。

熏蒸气体相对密度的大小能影响其分子的分布。施药后相对密度大的气体一般下沉速率快，往往在（尤其是空仓内）中、下层浓度较高；相对密度小的气体，上浮性强，通常在粮堆上层和空间浓度较高。熏蒸气体在粮堆内的均匀分布还受吸附等因素的影响，如磷化氢比重较敌敌畏小，但其沸点低，不易被粮堆吸着，向粮堆内的钻透性较好。

（4）燃烧性　燃烧性是指有些熏蒸气体在一定浓度和一定温度下，与空气中的氧气发生化学反应而燃烧的性能。磷化氢燃烧性很高，燃烧形成的热量扩散迅速，燃烧剧烈进行，特称之为燃爆。药剂发生燃烧，会降低药效，还可能发生火灾事故。

2. 影响熏蒸效果的因素

（1）储粮害虫对熏蒸剂的敏感性

①虫种间敏感性的差异：储藏物害虫种类较多，由于其生物学特性、生活习性、生理机能等各不相同，因而对熏蒸剂的敏感性也不一样。如在温度 25℃、真空度 78.4kPa、磷化氢浓度 100g/m³的条件下，玉米象、谷蠹和嗜虫书虱种群全部死亡时间分别为 12h、9d 和 22d。

②虫态和生理状态的影响：对于同种害虫，一般卵期和蛹期对熏蒸剂的耐药力高于成虫期和幼虫期，隐蔽性害虫潜伏粮粒内虫态的耐药力较高。即使同一虫期，不同日龄对熏蒸剂的耐药力也不同。在卵期，初生卵对熏蒸剂的耐药力较强，到了发育后期其耐

药力逐渐降低。幼虫的耐药力则随着日龄的延长而增加。蛹期则出现前期和后期敏感，中期较为耐药。成虫随着日龄的增大对药剂的敏感性增加（图 4-46）。

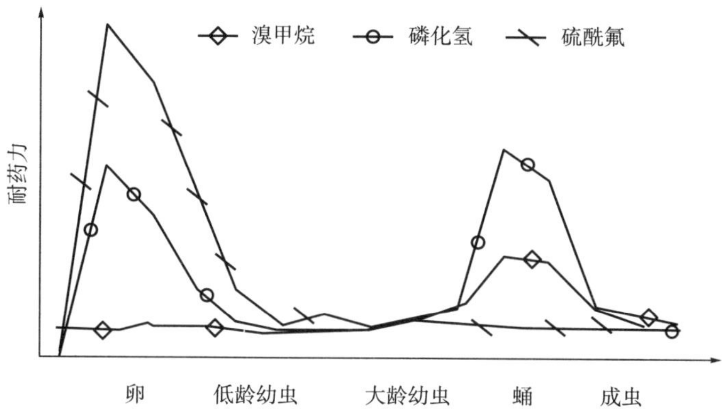

图 4-46 同种害虫不同虫态对 3 种熏蒸剂耐药力的差异

害虫的生理状态也会影响其对熏蒸剂的耐药力。害虫在越冬期间呈休眠状态，其呼吸率和新陈代谢率都比较低，耐药力较强，而夏季耐药力较差。害虫处于饥饿状态时，体内营养物质已大量消耗掉，对熏蒸剂的耐药力降低。

③品系的差异：同种害虫不同的品系由于长期生活在不同的地区或环境中，接触杀虫剂的历史有所差异，导致对熏蒸剂产生不同的耐药力，抗性品系的抗性系数可达几十、几百，甚至上千。

（2）害虫的抗药性　抗药性是指有害生物对长期反复接触的某一种农药所产生的耐受和抵抗能力。抗药性是一个有害生物群体的特性，是可以遗传的。凡是一种害虫对某种药剂显著地具有忍耐杀死其正常种群大多数个体的药量的能力，并发展成为一个种群（品系），可以说这种害虫对这种农药产生了抗药性。

在生产实践中不能一出现药效降低的现象就认为是抗药性。产生药效降低的原因是多方面的，不仅要考虑抗药性的问题，还应考虑农药的质量问题（包括有效成分、理化性质、剂型、有机溶剂等），使用药剂的技术问题和施药的环境条件以及害虫的虫态、龄期、生理状态等条件，只有在弄清楚上述条件的前提下，经过严格的抗药性生物测定，才能最后确定某种害虫是否产生了抗药性。

（3）仓房气密性　在化学药剂熏蒸杀虫过程中，如果仓房（或其他储粮设施）密封不严密，存在微小的缝隙，熏蒸剂分子就能通过这些缝隙外逸，从而降低熏蒸剂浓度，影响杀虫效果。

风的影响是造成熏蒸气体损失和导致熏蒸失败的主要原因。大多数的熏蒸仓房实际上是漏气的，风能使仓房的迎风面压力增大，同时仓房的背风面压力降低。在迎风面空气进入仓内，在背风面熏蒸剂向外漏出。熏蒸剂外漏的速率与风速成正比。因此，提高仓房或粮堆的密闭条件，避免在大风天气熏蒸，是保持熏蒸剂有效浓度，提高熏蒸效果的有效措施。

密闭是进行熏蒸工作的前提，对于磷化氢来说，杀死害虫需要保持较长的暴露时间，为保持有效浓度，需要更好的密闭条件。

整仓熏蒸时，要特别注意门窗和仓顶的密封。通常散装粮应尽量采用单面封或多面封，包装时应根据具体情况尽量分垛进行帐幕熏蒸。一般来说，采用单面密封比较切实可行，相对费用也比较小。

在采用环流熏蒸技术时，仓房的气密性也应达到一定的要求。否则，在环流风机的正压段会出现熏蒸气体的泄漏；在负压段则会出现外界空气的进入，从而稀释熏蒸环境中的有效气体浓度。当仓房密封条件不好又需进行熏蒸时，可采用膜下环流熏蒸或通过补充药剂的办法，以保持仓内所需的浓度。

在我国，熏蒸仓房的气密性要符合 GB/T 25229—2010《粮油储藏平房仓气密性要求》和 LS/T 1201—2020《磷化氢环流熏蒸技术规程》的相应要求，空仓测试压力由 500Pa 下降到 250Pa 的半衰期平房仓不低于 40s，浅圆仓、立筒仓不低于 60s。如果粮仓气密性达不到要求，可采用塑料薄膜密封粮面。在薄膜下面设置熏蒸管道，使薄膜与粮面之间形成一定空隙，进行环流熏蒸。进行帐幕熏蒸时，采用五面或六面封的密封方式，或膜下熏蒸时，以负压测定气密性。压力从-500Pa 回升到-250Pa 的时间不少于 90s。

（4）环境温度

①烟囱效应的影响：烟囱效应（Stack Effect）是指从底部至顶部具有流通空气的构筑物内，空气沿着垂直方向空间上升或下降，造成空气加强对流的现象。当温度或风引起仓外与仓内气体密度不同，产生压差时，烟囱效应会造成仓内熏蒸气体的纵向外漏（图 4-47），且气体外漏的速率与压差成正比。在高型仓（仓房高度与跨度之比大于 2∶1）中烟囱效应影响更大。

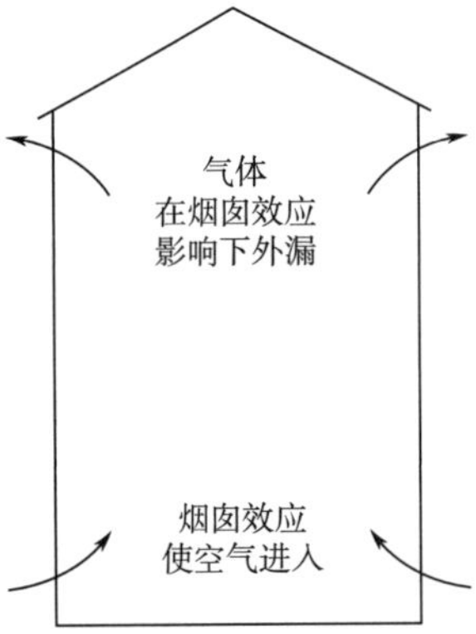

图 4-47 烟囱效应对密闭环境中熏蒸剂的影响

在大多数情况下，由风引起的熏蒸剂损失比烟囱效应要大。在高型仓的熏蒸中除非在无风的条件下，否则不会因烟囱效应的单独作用造成熏蒸剂的过量损失而引起熏蒸的失败。但烟囱效应可引起粮堆局部空气的进入，降低局部熏蒸剂的浓度，导致局部熏蒸失败。

②仓内温度变化的影响：如果仓房的气密性差，由于粮堆发热，仓内气压升高，熏蒸气体会被压出仓外；反之，如果温度下降，则压力下降，外界空气进入仓内，稀释降低局部熏蒸剂气体浓度。仓内空间（指粮堆与仓顶之间的空间）的温度在熏蒸期间（如昼夜）变化较大，对于要持续数天的熏蒸过程，特别是磷化氢熏蒸，熏蒸剂的损失严重，密封粮堆可减少温度变化对熏蒸的影响。

③仓内空气对流的影响：在密闭的仓房内，由于气体密度的梯度分布而产生对流，气体密度的差异使气体循环产生了动力，这种对流的模式在仓房的大部分区域为气体的循环，存在热核心的散装粮堆会产生很强的对流。

在密封的仓房中，合理利用对流进行施药，即使不将磷化铝均匀拌入粮堆，也可取得较好的杀虫效果。将磷化铝用于密封的房式仓和矮胖仓（仓房高度与跨度之比小于2∶1）的粮面，或用于土堤仓的PVC篷布下，2周后仓底即可达到有效浓度，但要至少密封20d。对于高度与宽度比大于2∶1的仓房和船舱，不宜用粮面施药法，此时只靠对流则不行，下部气体浓度常常不足，需辅助手段以促进气体扩散分布。

④温度对粮食吸附的影响：温度能影响粮食对熏蒸剂的吸着力。物理吸着作用与温度成反比，温度较低时熏蒸剂吸着量增加，分布到粮堆内的熏蒸剂浓度就降低，熏蒸效果就比较差；反之，环境温度较高，熏蒸剂不易被吸着，粮堆内的熏蒸剂浓度就较高，药效也就高。因此，温度下降时应增大熏蒸剂剂量。

⑤温度对药剂性能的影响：温度可以影响药剂的挥发性和扩散性，进而影响到熏蒸剂在密闭环境中的分布。

⑥温度对害虫的影响：温度高，害虫生理代谢旺盛，活动量大，耗氧量也大，吸入熏蒸剂的量也相应增加，从而使杀虫速度和效果得到提高。一般情况下，在10~35℃范围内，温度升高，磷化氢对害虫防治效果明显。使用磷化氢防治储粮害虫温度应在15℃以上，但也有报道谷蠹在高温时对磷化氢的耐受力增大。

（5）湿度和粮食水分　环境湿度对熏蒸剂杀虫效果的影响较温度相对小。相对湿度大时，害虫的呼吸、生长、发育等生理活动较为旺盛，吸入熏蒸剂量增加，中毒死亡的速率较快。相对湿度大时，也会使粮食吸附能力增强，影响熏蒸剂的扩散而降低药效。相对湿度大时，会使磷化铝分解产生磷化氢的速率加快。

粮食的含水量能影响其对熏蒸剂的吸着力，潮湿的粮食或其他物体不仅吸着性强，而且还不易解吸，特别是水溶性熏蒸剂，能渗入粮粒造成药害。所以，高水分粮、雨天及相对湿度过大时，不宜进行熏蒸。

（6）气体成分

①氧气的影响：正常情况下害虫呼吸是需要氧气的，如果环境中氧气浓度降低到一定程度，会促使害虫提高呼吸率，从而利于提高熏蒸剂的杀虫效果。

磷化氢在有氧时才能表现出对害虫的生物活性。在无氧的情况下，即使害虫气门张开，也不能吸收磷化氢气体。相反，在有氧的情况下，害虫则因为吸入磷化氢而表现出明显的毒力作用；即使气门关闭，磷化氢也可通过体壁进入虫体。

②二氧化碳的影响：二氧化碳可以刺激昆虫呼吸，有助于熏蒸气体达到虫体内的致毒部位，提高杀虫效果。在高浓度二氧化碳条件下也必须有氧才能提高磷化氢的活性，而且要求二氧化碳与磷化氢同时处理，才会起到明显的增效作用。在有些情况下，将二氧化碳混入熏蒸剂中熏蒸可以缩短熏蒸时间。在防治谷蠹、拟谷盗属害虫和谷斑皮蠹的活动虫态时，二氧化碳和磷化氢混合气体比单用磷化氢气体作用要快，对这些害虫的卵

和蛹影响则较小。

单用35%以上二氧化碳经过一定时间即可杀死害虫，但需要较长的密封时间和较高的气密条件。用熏蒸剂和二氧化碳混合熏蒸则不需要太高的二氧化碳浓度，5%左右的二氧化碳即有明显的增效作用。如在应用磷化氢发生器时，建议 1kg 磷化铝片剂（56%）混合 25kg 二氧化碳，使粮堆中二氧化碳的浓度达到 1%~2%。这样的二氧化碳浓度不足以增加害虫的呼吸率，但仍可通过提高磷化氢气体扩散和钻透速率，促进气体均匀分布，延长磷化氢在粮堆中的滞留时间等提高熏蒸杀虫效果。

（7）粮食种类　熏蒸中粮食的吸着作用会降低熏蒸环境中气体的浓度，从而对熏蒸杀虫效果产生影响。

粮堆过高，在粮堆顶部施药后，熏蒸气体从上向下的扩散过程中逐渐被吸着，粮堆下层熏蒸剂浓度较低，影响药效，应采取打探管或其他措施。对于立筒仓，直径与高度的比例为 1∶2 时，上部施药后，所得的磷化氢在仓中的分布结果比较好，比例超过1∶4 或 1∶5 时，仓底浓度逐渐减少。若直径与高度的比例为 1∶10，从上部施药后，即使在两周以后仓底浓度也不会超过 2mL/m^3。

在熏蒸过程中，初始时粮食对熏蒸剂的吸着率相当高，以后呈半对数变化。

（8）密闭时间　熏蒸是在密闭的环境中进行的，一般施药后熏蒸剂浓度变化的基本过程分三个阶段：A 阶段，为产生熏蒸气体阶段，从几分钟到几小时以至于数天；B 阶段，为密闭保持浓度阶段，也是气体浓度衰减阶段，可以是几小时或是数天；C 阶段，散气阶段，一般几小时或数天（图 4-48）。上述各阶段持续时间的长短，主要取决于所使用的熏蒸剂的种类、密闭程度及施药方法。

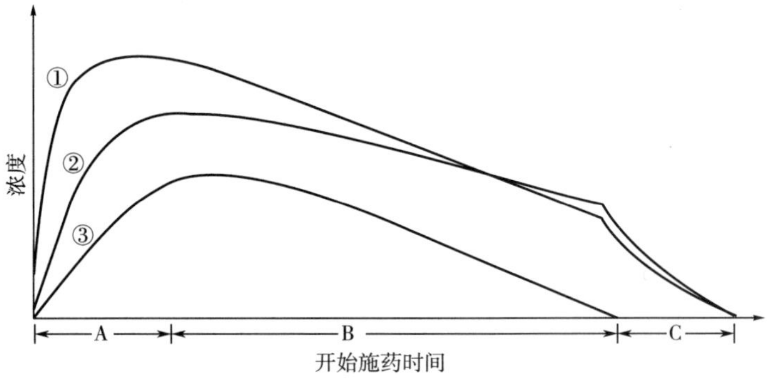

图 4-48　施药后熏蒸气体浓度随时间变化曲线

①气密良好，气体施药　②气密良好，潮解施药　③气密较差，潮解施药

有些熏蒸剂如磷化氢和二氧化碳，需要较长的密闭时间才能取得理想的杀虫效果。而在许多情况下，仓房的气密性并不满足施药后使熏蒸气体浓度一直保持有效，在必要的时候则需要补充施药以维持仓内的杀虫气体浓度。这些情况下的气体浓度变化可用图 4-49表示。

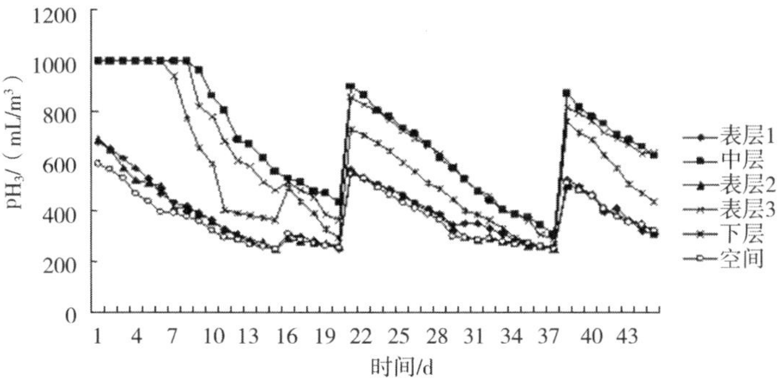

图 4-49　补充施药熏蒸过程中气体浓度变化

熏蒸密闭时间与药效有密切的关系，多数熏蒸剂在一定浓度范围内和一定温度下，杀死某一虫种所需的密闭时间与熏蒸剂浓度成反比关系。即浓度低需要密闭的时间长，浓度高需要密闭的时间短。

密闭时间与熏蒸剂浓度的关系可用公式 $C \times t = K$ 表示。式中 C 为浓度（单位：h · g/m^3），t 为时间，K 为常数（单位：h · mg/L）。在熏蒸中，Ct 可作为衡量有效熏蒸的指标，熏蒸剂只有达到或超过了所有建议的有效 Ct（Ct product），才能保证有效熏蒸。

Ct 的计算是用熏蒸剂浓度乘以密闭时间，Ct 就是浓度与时间的乘积。然而，在实际的熏蒸工作中，药剂浓度不是恒定的，而是在随时间变化，这时的 Ct 的计算方法最好用几何方法。由图 4-50 的浓度-时间曲线和熏蒸投药至放气的时间，可以计算出曲线下面的面积的积值，即浓度时间积。

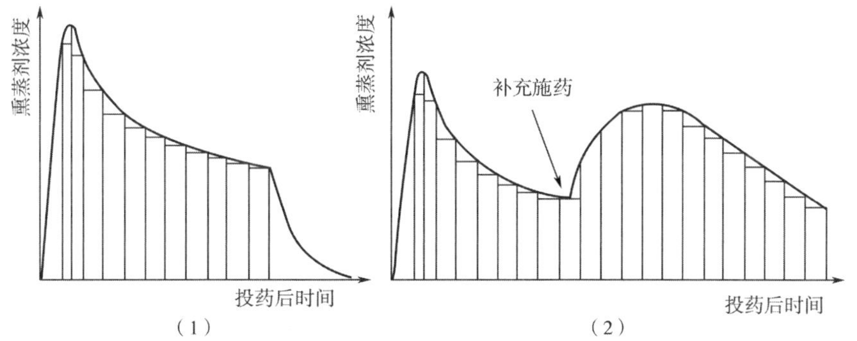

图 4-50　Ct 近似计算示意图

（1）一次性施药过程　（2）补充施药过程

在实际熏蒸工作中，Ct 的简单近似计算方法是：施药后测定 2h，4h，8h，12h，24h，36h，48h，72h……的即时浓度，然后依次将相邻两次测得的浓度相加除以 2 后再乘以两次测定的间隔时间（h）。从一系列测点中所得的 Ct 再相加就可计算出熏蒸累计 Ct。

由计算出来的累计 Ct 与建议有效 Ct 比较，可初步评估熏蒸的成败。

同一药剂杀死不同虫种、不同虫期所需的 Ct 不同；不同药剂所需的 Ct 也不相同。在实践中，因为处理的虫粮中有若干虫种和虫期，应用时要选用对药剂抵抗力最强的虫种或虫期的 Ct，以保证防治效果。使用时必须注意温度、空气相对湿度、粮食水分的变化对 Ct 的影响。

上述 Ct 规则并非对所有的熏蒸剂都完全适用，其关系式也只是一种近似值。具有普遍意义的关系是：

$$C^n \times t = K \quad (n<1)$$

式中 n 为毒力指数。$n<1$ 时，时间是剂量的关键因子；$n>1$ 时，浓度是剂量的关键因子；$n=1$ 时，时间和浓度同样重要。熏蒸工作的重点在于要知道所使用熏蒸剂和害虫的 n。磷化氢的 n 在绝大多数条件下都小于 1，磷化氢是以时间为主导因素的熏蒸剂。因此，在磷化氢熏蒸时，采用低浓度长时间处理，其杀虫效果比高浓度短时间的要好。但是，要做到这一点，熏蒸环境必须具有良好的气密性，以便气体保持较长的时间。也可通过不断地补充熏蒸剂的方法以满足所需熏蒸时间的要求。对于 $n>1$ 的熏蒸剂，在熏蒸中增加其浓度比延长时间更有效。

磷化氢环流熏蒸中所用的药剂量或剂量不应是一个固定值，应根据不同粮温、发生害虫种类、害虫密度、害虫发生状况、害虫抗性程度等确定应该保持的最低磷化氢浓度，并在保持浓度的基础上设定熏蒸时间（表 4-9）。粮食中害虫密度较大或呈明显发展状态时采用较高的磷化氢浓度，熏蒸密封时间可根据粮食储存时间、害虫死亡情况等适当延长。

根据设定的熏蒸中的磷化氢浓度，并考虑粮食吸附、仓房泄漏、粮堆温度、粮食水分、粮食种类等因素，计算用药量。处理小麦的磷化铝推荐用药量：设定浓度 100~300mL/m^3时，用药剂量 1.5~3g/m^3；设定浓度 300~400mL/m^3时，用药剂量 3~3.5g/m^3。需要补充施药时，按实际测定最低用药量与设定目标用药量差值确定补充用药量。

表 4-9　不同场景下磷化氢熏蒸推荐方案　单位：mL/m^3

代表性害虫	温度*/℃	密闭 14d 以上	密闭 21d 以上	密闭 28d 以上
玉米象、长头谷盗、杂拟谷盗、其他敏感害虫	>25	200	150	100
	20~25	250	200	150
	15~20	—	250	200
蛾类、谷蠹、米象、螨类、赤拟谷盗、米扁虫、其他抗性虫种	>25	300	250	200
	20~25	350	300	250
	15~20	—	350	300
扁谷盗属、书虱、其他高抗虫种	>25	—	300	300
	20~25	—	350	300
	15~20	—	400	350

注：*为害虫发生部位的最低粮温。

（9）施药技术　熏蒸剂的杀虫效果关键是尽快使熏蒸气体挥发、扩散并有效分布到熏蒸环境各处，不同的气体施入形式、有无辅助的促进气体分布的措施都有与药效相关。

从用药形式上直接施用熏蒸气体会使气体在熏蒸环境各处达到均匀有效的速率最快，采用压缩的液化气体也有相似的功效，而采用固体如磷化铝分解产生的气体，则会使熏蒸环境内熏蒸剂分布得相对慢一些。

从熏蒸气体产生并施入仓内后是否采用辅助的促进气体分布的方法也会影响到熏蒸效果。一般完全依靠气体分子的自身运动分布较慢，采用风力促进的方法则比较快。有时对有的熏蒸剂也可通过增大挥发面积的方法提高药效，或采用减压或真空熏蒸的方式。

在促进熏蒸气体均匀而有效分布的施药技术中，以促进密闭环境中气体循环的技术（环流熏蒸）最为有效，此技术不仅可以避免局部浓度过高，也可以避免出现熏蒸死角（浓度过低区域）。

3. 常用的熏蒸剂及其应用

常用的熏蒸剂有磷化氢、硫酰氟、敌敌畏和二氧化碳。

（1）磷化氢（Phosphine）

①主要理化性质：分子式 PH_3，相对分子质量 34，沸点 -87.5℃，气体相对密度 1.184，30℃时的蒸气压为 42×10^6Pa。

a. 气味：纯净的磷化氢是无色无味的剧毒气体，但在金属磷化物释放磷化氢气体时，会产生乙炔味或大蒜味的气体，使其暂时有一定的警戒作用。当磷化氢浓度低于 0.3mL/m^3的卫生标准时，这种气味可成为检查磷化氢存在的参考指标。由于被粮食等吸附，没有警戒性气味并不意味着没有磷化氢存在，这在常规熏蒸开仓放气和清渣时尤其值得注意。

b. 溶解性：磷化氢微溶于冷水，不溶于热水，易溶于酒精和乙醚。所以，在使用磷化氢前后操作人员应忌酒和忌食油腻食物。

c. 燃爆性：纯品磷化氢在常压下比较稳定。在空气中，当磷化氢的浓度超过 1.7%（26g/m^3）时就达到了燃爆混合比，加之双膦（P_2H_4）的存在即可自燃，产生白色烟雾（五氧化二磷）。

磷化氢的燃爆受其浓度、气体成分、空气流速、光线、温度、压力、火源等因素影响，其中，火源、气体成分和气体流速是主要因素。在有火源存在的情况下，磷化氢最低燃爆极限浓度为 0.28%。在气体流速为 10~15m/s 时，磷化铝水解自然产生的磷化氢混合气不燃爆。如果磷化氢与空气以（1∶1）~（1∶5）的比例混合时发生燃爆，当比值增到 1∶8 时则不发生燃爆。在使用磷化氢熏蒸时，一定要控制磷化铝的反应速率，使产生的磷化氢气体迅速扩散，避免局部浓度过高。

燃爆特性的实验证明，当大气压为 1470Pa，磷化氢的最低燃爆混合比是 1.67%，相当于 25g/L 左右。这个浓度远远超过在防治实践中所用浓度；如果在环流熏蒸中因风扇或气泵的运转而使大气压力降低到 1470Pa，引起磷化氢燃爆的危险性不大。为了防止燃爆，GB 17913—2008《粮油储藏　磷化氢环流熏蒸装备》规定，磷化氢发生器和钢瓶装磷化氢与二氧化碳混合气的气源中，磷化氢占比不得大于 2%。

d. 腐蚀性：磷化氢对一般金属的腐蚀性较小，容易与铜或铜合金等金属作用，导致金属被腐蚀。其腐蚀性因空气相对湿度、磷化氢浓度、空气中氧的含量和温度的增加，以及磷化氢处理的次数而加剧。在有氨气存在的情况下，其腐蚀性加剧（有时氨可由所用药剂配方如磷化铝片剂中的某些成分分解释放出，这在仓外投药水法发生时因氨易溶于水而可避免）。同时也发现在邻近沿海地区，空气中含有的水和盐分也会进一步增强这种反应。

因此，使用磷化氢熏蒸加工厂、仓库时，应将铜质机械部件、仪表等采用移出或涂油、罩塑料薄膜密封等措施保护起来。将重铬酸钾饱和溶液涂在金属表面，能够很有效地延缓腐蚀速度。

e. 磷化氢与硝酸银的显色反应：磷化氢能与硝酸银作用，生成黑色磷化银的显色反应，反应式如下：

$$PH_3 + 3AgNO_3 \rightarrow Ag_3P \downarrow$$

可用硝酸银溶液浸润的试纸检测熏蒸环境或粮堆中有无磷化氢的存在。如 5%～10% 的硝酸银溶液浸润的滤纸条置入空间，5～7s 内由黄变为黑色，表示磷化氢的浓度大约为 0.007g/m^3。或者用硝酸银溶液处理过的硅胶粉制成检测管，测定粮堆内的磷化氢气体浓度。

需要说明的是在有硫化氢存在时，含有硝酸银溶液的试纸也会变色，在进行磷化氢检测时应注意其干扰。

f. 磷化氢的分解：熏蒸后通风散气，磷化氢进入大气后降解，在紫外线的照射下在水气中与氧作用生成磷的低氧酸。溶于水中的少量磷化氢可逐渐降解为磷、氢和磷的低氧化合物。

②磷化氢对被熏蒸物的影响：磷化氢在大多数种类的粮食上只有轻微的吸附，且吸附的大部分在通风散气后很容易除去。磷化氢对农产品的反应残留物都是无害残留。一般认为，在常规剂量和安全水分下，磷化氢对种子发芽没有影响，但可能会稍微减小发芽势。磷化氢会降低高水分粮的发芽能力。

③磷化氢对人的毒性：磷化氢是剧毒气体，对人的毒性主要作用于神经系统，抑制神经中枢，刺激肺部，引起肺水肿和使心脏扩大。其中，以神经系统受害最早且最严重，还会影响到呼吸系统、心血管系统和肝脏。长期接触磷化氢，会出现人体染色体重排，移位先出现在 G 环淋巴细胞，造血系统癌症明显增多。磷化氢主要是由呼吸道吸入中毒，不能通过皮肤进行吸收。吸入磷化氢气体或误服或吸入磷化物粉末也可引起中毒。长期接触低浓度的磷化氢会慢性中毒。磷化氢对高等动物有积累毒性。吸入磷化氢的中毒症状有：

轻度中毒：头痛、失眠、乏力、鼻干、咽干、胸闷、咳嗽、恶心、呕吐、食欲减退、腹痛、腹胀、窦性心动过缓、低热等。

中度中毒：除以上表现外，伴有下列情况之一者，即嗜睡、抽搐、肌肉震颤、呼吸困难、肝脏损害或轻度心肌损害等。

重度中毒：除以上表现外，并出现昏迷、惊厥、肺水肿、呼吸衰竭、明显心肌损害、严重肝损害等。由于积水引起的胸痛（肺水肿）可引起人死亡。在浓度为2.8mg/L（2000mL/m^3）的空气中，极短时间内人就可死亡。

磷化氢中毒有一定的潜伏期，一般在24h内，偶有长达2~3d的，在此期间应密切观察。

GBZ 2.1—2019《工作场所有害因素职业接触限值　第1部分：化学有害因素》对磷化氢的时间加权平均容许浓度（PC-TWA）和短时间接触容许浓度（PC-STEL）未做规定。磷化氢的时间加权平均值（TLV-TWA），即每天工作8h，每周工作40h（5d）可接触的磷化氢平均浓度为0.3mL/m^3（0.0004g/m^3）。在操作中的目标应是将其视为可接受的最大程度。

美国和其他一些国家规定了磷化氢的短期接触极限值（TLV-STEL），即每天不超过4次暴露，且两次接触时间间隔在60min以上的接触浓度上限是1mL/m^3（0.0013g/m^3）。

④磷化氢的应用：

a. 磷化氢的使用范围。磷化氢适于熏蒸长期储存的干燥物品，主要用于实仓熏蒸，可熏蒸各种粮食、油料、成品粮。熏蒸种子粮时，粮食水分不得超过以下规定。

粳稻　14%	大麦　13.5%	玉米　13.5%	大豆　13%	籼稻　12.5%
小麦　12.5%	高粱　12.5%	荞麦　12.5%	绿豆　12.5%	棉籽　11%
花生仁 9%	菜籽　8%	芝麻　7.5%		

磷化氢也可用于熏蒸器材、空仓和加工厂等。

b. 磷化氢的安全浓度。我国对磷化氢气体浓度的卫生要求为2mL/m^3，在超过这个标准的环境中工作时必须戴防毒面具。

c. 磷化氢中毒急救。在磷化氢操作中如发生人员中毒，应及时抢救。首先要将中毒人员转移到新鲜空气处，脱掉污染衣服，清洗皮肤特别是暴露部分，注意保暖。

误服中毒者用1∶5000高锰酸钾溶液洗胃，无洗胃条件时，可用硫酸铜催吐，即每5~10min饮1%硫酸铜溶液一汤匙，至呕吐为止；或饮用大量水后再刺激咽喉引吐。

可用50%葡萄糖静脉注射或用10%葡萄糖缓慢静脉注射，输液量不宜过大。可服用硫酸镁泻剂，忌食油脂类食物或蓖麻油泻剂。咳嗽、胸闷时可内服镇咳药物及氨茶碱。肺水肿、抽搐、呼吸衰竭等要进行对症治疗，禁用吗啡类药物。

如中毒较重时，要及时住院治疗，治疗可参照GBZ 11—2014《职业急性磷化氢中毒的诊断》执行。

d. 磷化氢气体浓度检测。为了保证杀虫效果，尤其在长期密闭的中后期，应做好对磷化氢气体的浓度检测工作，以保证粮堆各部位总是维持有效的磷化氢杀虫浓度。为保障施药人员的人身安全，在熏蒸密闭期内应对仓房（堆垛）周围进行有无漏气的检测。特别是用塑料薄膜密闭的仓内上部空间，因为这关系到操作人员进仓查粮时是否安全。在开仓放气后进仓清渣前也应对仓内的磷化氢气体进行检测。

磷化氢气体检测仪：磷化氢气体检测仪是采用对磷化氢气体敏感的传感器，感知磷化氢气体的浓度值，并以电流的形式输出相应的电流值，把此微弱信号放大，转换成数字信号，由液晶显示其即时磷化氢气体浓度值。磷化氢气体检测仪的特点是携带方便，可连续工作，分次使用费用低，快速准确，操作简便等，是当前应用较为普遍的技术之一。

磷化氢浓度在线检测：在待熏蒸粮仓粮堆设置气体取样端、气体取样管、取样气泵、气体传感器、气体浓度显示装置等，即时启动控制系统，对环境中的磷化氢浓度进行检测。该技术装置在我国智能化粮库建设中开始得到应用。

硝酸银试纸显色检查法：将白色滤纸条放在5%的硝酸银溶液中浸湿后，在需要检查的处所挥动，如在5~7s，滤纸出现黄色，表明空间的磷化氢浓度达到0.007mg/L。随着磷化氢浓度的升高，滤纸的颜色会由黄色棕褐色变为黑色。此法只适于做定性检查。

磷化氢气体硅胶检测管：硅胶检测管是一根两端密封的细长玻璃管，上面标有刻度，磷化氢测定范围0.01~1.80mg/L，管内装有指示剂层和保护剂层。指示剂可用硅胶做载体浸润硝酸银和硫酸铜溶液，干燥后装入玻璃管中。保护剂为少量玻璃粉和棉花，用以固定指示剂的位置。用50mL的玻璃注射器采集粮堆内气体，在注射器嘴上套接一个三通开关即可。取气的方法是：三通开关的三个开口，一个接注射器，一个连接预先置入粮堆的橡胶管或塑料管（进气口），另一个为排气口。取气时，把排气口关闭进行抽气，把进气口关闭进行排气，如此反复数次，待把原有空气完全排除后，再准确地抽取粮堆内气体50mL，把三通关闭。测定时，先把硅胶管两端锯断，将管上有箭头一端插入橡胶管口内，200s的时间内将50mL气体均匀地注入硅胶管中。指示剂与磷化氢气体作用，产生黑色的变色柱段，变色柱端的刻度即为磷化氢气体浓度，也可以用一种手动泵代替注射器抽取气体。

红外分析仪：可根据磷化氢气体对红外线产生的效应，测定气体浓度。吸收量与受气体浓度影响的红外线的路径长度成正比。可在实地用来进行现场分析，分析磷化氢所用的波长为10.1μm，可分析的最低浓度为1.0mL/m^3，最大浓度近似值为1000mL/m^3。

e. 磷化氢的残留。磷化氢熏蒸粮食后，会有一部分残留在粮粒上，这些残留物有两类。一类为挥发性残留，主要是由粮食的物理吸附作用造成，这些残留物经过熏蒸后的通风散气，即可明显下降。另一类为非挥发性残留是由化学吸附作用造成，不会随通风时间的延长而降低。非挥发性残留物主要是磷的低氧酸盐，即次磷酸盐和亚磷酸盐。另外，还有可能是与粮食化学成分结合的非水溶性化合物。非挥发性残留物主要分布在粮粒的外层组织（麸皮、米糠）中。

GB/T 25222—2010《粮油检验　粮食中磷化物残留量的测定　分光光度法》规定了

粮食中磷化氢残留量的分析方法。GB 2763—2019《食品安全国家标准　食品中农药最大残留限量》规定，麦类、成品粮中的磷化氢最大残留限量为 0.05mg/kg。

⑤磷化铝：磷化铝（Aluminium Phosphide）是我国储粮害虫化学防治中最主要的熏蒸剂。磷化铝的分子式为 AlP，相对分子质量 58，是由赤磷与铝粉在高温下合成。磷化铝原粉是一种浅灰绿色粉末，暴露在空气中能吸收空气中的水蒸气，或与水反应，分解产生磷化氢气体，其化学反应式如下：

$$AlP+3H_2O \longrightarrow Al(OH)_3+PH_3\uparrow$$

磷化铝的剂型主要有以下几种。

a. 粉剂：商品粉剂就是磷化铝原粉，磷化铝含量为 80%~90%，其余为杂质。有的还含有氨基甲酸铵。氨基甲酸铵有极强的吸湿分解能力，在空气中分解生成二氧化碳和氨气，可以减缓磷化铝的反应速率，并能防止磷化氢燃爆。二氧化碳可以刺激昆虫呼吸，提高杀虫效果。其化学反应式为：

$$AlP+NH_4COONH_2+3H_2O \longrightarrow Al(OH)_3+PH_3\uparrow+CO_2\uparrow+2NH_3\uparrow$$

b. 片剂：片剂是加助剂后把磷化铝原粉制成直径为 20mm，厚度为 5mm 的圆片。片剂中磷化铝的含量为 56%~57%，杂质（氧化铝等）含量为 8.5%~9.5%。助剂有三种：氨基甲酸铵含量为 28%，石蜡含量为 4%，硬脂酸镁含量为 2.5%。石蜡和硬脂酸镁是黏合剂，便于压片成型。片剂每片约重 3g，含磷化铝 1.68g，完全反应可释放约 1g 磷化氢。

c. 丸剂：丸剂的组成成分同片剂，只是每丸重量为 0.6g。

d. 缓释剂：将磷化铝片剂装入 0.04~0.08mm 厚度的聚乙烯薄膜制成缓释袋，利用聚乙烯薄膜对磷化氢气体和水汽的阻隔与通透性控制磷化铝的分解速率，使磷化氢气体缓慢释放。可以根据粮食水分、空气相对湿度、环境温度等情况选择所用聚乙烯薄膜的厚度和产品种类，以使密闭环境中的磷化氢在所要求的时间内保持有效的浓度。

利用阻气性较好的铝箔对磷化铝制剂进行密封小包装，使之在存放期间磷化铝不能吸收水分而放出磷化氢气体。在使用时，可用针刺小孔，使水汽进入和磷化氢气体放出。此方法尤其适用于小包装货物的熏蒸处理。

在袋装磷化铝中加入比磷化铝吸水性强的物质，避免制剂在储存、运输和施药前开始等过程中大量潮解，利于安全操作。如在磷化铝制剂中加入沸石，可以使磷化铝释放磷化氢的时间延迟 30min 左右。

e. 香囊剂：将磷化铝粉装入用透气的塑料非编织物制成的袋囊中，使用时直接将其放入粮堆表面或内部。由于其形式类似于香囊，也有人称其为香囊剂。我国有的厂家生产的袋装粉剂每袋重 34g 左右，可产生 10g 磷化氢气体。

f. 袋毯剂：国外有将磷化铝粉剂药袋连在一起成袋毯剂使用的。每块袋毯剂由透气的塑料非编织物组成，长达 5m，内装两排共 100 个 Detia Gas-Ex-B 熏蒸袋，可释放 1.13kg 磷化氢。每张袋毯剂卷成卷放在密闭的金属罐中，操作时只需将熏蒸袋毯取出，在粮面上铺开即可，药剂吸收空气和粮食中的水分释放出磷化氢。这种技术已成功地用于船舱、钢板仓、立筒水泥仓、散装房仓和用塑料篷布覆盖的地下仓。用药剂量为每吨粮食0.5g磷化氢（地下仓，澳大利亚）至28g（散装袋，德国）之间。根据当时具体情况，暴露时间应在8~20d。

（2）硫酰氟（Sulfuryl Fluoride）

①主要理化性质：分子式SO_2F_2，相对分子质量102.06，无色，无味，不纯产品微带硫黄气味；熔点-120℃，沸点-55.2℃，气态相对密度2.88。在空气中不燃烧，在水中溶解度为0.078g/100g（25℃）。对酸稳定，在水中缓慢分解，遇pH7.5的碱性溶液会迅速分解，遇热稳定，40℃以上分解。

②药效：硫酰氟是广谱性的熏蒸杀虫剂，也是杀鼠剂。在较低的温度（-6~0℃）下仍能发挥良好的杀虫作用。对赤拟谷盗、黑皮蠹、烟草甲、谷象、麦蛾、粉蠹等害虫有良好的防治效果。尤其是对昆虫胚后期虫态，杀虫时间比溴甲烷短，用药量较溴甲烷低，散气时间比溴甲烷快。

硫酰氟熏蒸对主要中药材仓储害虫具有良好的防治效果。采用10g/m^{3}的硫酰氟在24℃条件下熏蒸48h，对药材甲、锯谷盗的成虫和幼虫均具有理想的杀灭效果。使用15g/m^3，20g/m^{3}和25g/m^{3}的硫酰氟熏蒸烟垛，熏蒸240h，均可100%的杀灭各虫态烟草甲。硫酰氟对烟草螟各虫态均具有很高的熏杀活性，用15g/m^{3}硫酰氟分别熏杀幼虫、蛹及成虫12h，试虫的校正死亡率均为100.00%；以15g/m^{3}硫酰氟熏杀卵48h，卵的校正死亡率为93.46%。此外，分别用36g/m^3，48g/m^3，72g/m^{3}和92g/m^{3}的硫酰氟熏蒸24h，可完全杀死糙米中的玉米象、玉米中的赤拟谷盗、小麦粉中的扁谷盗、烟叶中的烟草甲。

③熏蒸应用范围：硫酰氟化学性质稳定，可应用于仓库、货船、集装箱和建筑物、水库堤坝、白蚁防治，以及园林越冬害虫、活树蛀干性害虫和室内一般物料中害虫的防治。

在温度26.7℃条件下，48g/m^{3}的硫酰氟对黄铜、不锈钢、铝、锌、银、尼龙、涤纶、人造丝、羊毛、棉花、毛料、彩色纸样、小羊皮革、照相机、工艺品等无腐蚀、无残留气味、无色泽影响。50~150g/m^{3}的硫酰氟对纸张、棉布、软缎等熏蒸处理3d，对强度、白度、色泽等指标均无影响。70~100g/m^{3}的硫酰氟处理3d，对大豆、绿豆、黑豆、黄瓜、茄子、大白菜的种子发芽率没有影响。

④使用剂量和最大残留限量：在储粮应用方面，GB/T 22497—2008《粮油储藏　熏蒸剂使用准则》规定同一批粮食中不得重复使用高剂量硫酰氟（≥20g/m^3）。

硫酰氟熏蒸后可以降解为硫酸和无机氟化物，通风24h后，熏蒸物品上可存在少量残留物。GB 2763—2019《食品安全国家标准　食品中农药最大残留限量》规定小麦、稻谷、干果、坚果的硫酰氟最大残留量为0.1mg/kg，0.05mg/kg，0.06mg/kg和3mg/kg。

⑤对人的毒性：硫酰氟主要抑制人的神经系统和呼吸系统，吸入是进入人体的主要途径，中毒症状主要取决于接触的浓度和时间，严重者甚至中毒死亡。因此，国内外相继制定了硫酰氟的接触限量标准。GBZ 2.1—2019《工作场所有害因素职业接触限值

第 1 部分：化学有害因素》规定，工作场所空气中硫酰氟时间加权平均容许浓度（PC-TWA）为 20mg/m^3，短时间接触容许浓度（PC-STEL）为 40mg/m^3。

⑥对环境的影响：硫酰氟是一种温室气体，1kg 硫酰氟排放到大气中对全球变暖的效果是 1kg 二氧化碳的 4000~5000 倍，实际上每年的硫酰氟排放量远远低于由车辆、工厂排出的二氧化碳。

（3）敌敌畏（Dichlorvos，DDVP） 化学名称为 *O*,*O*-二甲基-*O*-（2，2-二氯乙烯基）磷酸酯，分子式 $C_4H_7O_4PCl_2$，相对分子质量 220.98。结构式为：

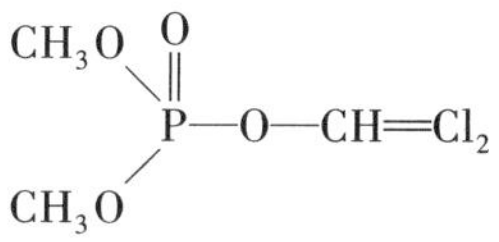

①理化性质：敌敌畏的纯品为无色油状液体，工业品为棕黄色液体，略带芳香味。比重 1.415（25℃），沸点 74℃（1mmHg），挥发性较强，在不同温度下，其挥发度见表 4-10。

表 4-10 敌敌畏在不同温度下的蒸气压和挥发度

温度/℃	蒸气压/mmHg	挥发度/（mg/m^3）	温度/℃	蒸气压/mmHg	挥发度/（mg/m^3）
10	4.5×10^{-2}	56.5	30	3.0×10^{-2}	350.0
20	1.2×10^{-2}	145.0	40	7.0×10^{-2}	800.0

注：1mmHg=133.322Pa。

敌敌畏难溶于水，在水中的溶解度为 1%，能溶于多种有机溶剂中，如苯、甲苯等。

敌敌畏乳油较稳定，有水则极易水解。当敌敌畏溶液呈酸性时，水解较慢，在中性溶液中的半衰期只有 0.5h，在碱性介质中水解更快。高温能加快敌敌畏分解，温度越高，水解越快，在沸腾状态下，经 1h 完全分解。水解产物为无毒的磷酸二甲酯和二氯乙醛，无杀虫作用。

②药效：敌敌畏具有较好的熏蒸作用，也有触杀和胃毒作用。它对某些昆虫的触杀毒力比敌百虫大 7 倍多，作用特点是迅速、击倒力强，但残效期短。

用 80%乳油，每立方米空间用量为 250mg，在 20℃密闭 12h，可杀死玉米象、谷象、赤拟谷盗、黑菌虫、长角谷盗、锯谷盗、麦蛾、地中海螟等害虫，效果可达 100%。

③对人的毒性：敌敌畏对高等动物的毒性要大于敌百虫，对白鼠口服 LD_{50} 为 56~80mg/kg，大白鼠经皮 LD_{50} 为 75~107mg/kg，属中毒农药。它可以通过呼吸道、皮肤和口腔引起中毒，对血液中胆碱酯酶活性有抑制作用。

联合国粮农组织与世界卫生组织规定、敌敌畏对人每日允许摄入量为 0.004mg/kg 体重。我国卫生部规定车间空气中敌敌畏的最高允许浓度为 0.3mg/m^3。

④使用范围：敌敌畏适用于空仓、加工厂、包装器材、铺垫材料等的杀虫处理。

用药量为：空仓、器材等杀虫为 0.2~0.3g/m^3，施药后密闭 2~5d。

⑤注意事项：

a. 施药时，必须穿工作服，戴风镜、橡胶手套及有机磷防毒口罩，或用双层纱布口罩，在中间加浸有5%~10%小苏打溶液的纱布，以防中毒。

b. 施药过程中，发现头痛、头晕、呕吐等症状，必须立即离开现场，注意休息。

c. 如药液沾染皮肤，立即用水冲洗。施药后，用肥皂洗手、洗脸。

d. 不得与碱性物质混合，以防分解失效。使用时应随配随用，不可放置过久。

（4）二氧化碳　使用二氧化碳处理粮食可以杀虫、防虫、抑菌、防霉，延续粮食品质劣变，处理过的粮食无残毒。

① 主要理化性质：分子式 CO_2，相对分子质量44，是一种无色、无味、不可燃的气体。二氧化碳气源可为液体，或温度降到-78.5℃以下成为固体“干冰”。沸点-78.5℃，气体相对密度1.51，液体相对密度0.96，在水中的溶解度为每100mL水中溶解0.145g（25℃）；60℃水中溶解0.058g。

②熏蒸效果：

a. 杀虫效果。二氧化碳浓度升高，会直接影响害虫的生理代谢和生命。二氧化碳含量达到一定程度，可以抑制和杀灭储粮害虫。二氧化碳浓度达到一定量时，即使氧浓度较高（20%）也能导致害虫全部死亡。

当二氧化碳浓度达到15%时，对储粮害虫已有防治效果。环境温度在25℃以上，当二氧化碳浓度都达到35%以上，密闭时间在15d以上，可杀死全部害虫。

b. 保质效果。二氧化碳对处理的粮食有一定保质作用，保质效果与二氧化碳浓度、粮食品种、粮食水分和储粮温度有关。二氧化碳浓度越高，保质效果越好，特别是二氧化碳浓度大于98%，效果最为显著。

c. 抑菌效果。二氧化碳对粮食中主要霉菌有较好的抑制作用，但不能致死。二氧化碳的抑菌效果与其浓度、粮食品种、粮食原始带菌量、菌相、粮食含水量和储粮温度等有关。二氧化碳浓度越高，抑菌效果越好；在相同的二氧化碳浓度下，水分越高，抑菌效果越差；环境湿度越低，抑菌效果越好；原粮的抑菌效果比成品粮好。二氧化碳适合处理安全水分的粮食，不然启封后不易再长期保管。

③对人和粮食的有害影响：

a. 对人的影响。二氧化碳正常情况下空气中的浓度为0.03%，许多国家的安全标准是0.5%以下（含0.5%）。二氧化碳的浓度达2%~5%时，人可感觉到呼吸次数增加；浓度达到5%~10%时，感到呼吸费力；浓度在10%时，可以忍耐数分钟；在12%~15%的浓度中会引起昏迷；浓度达到25%以上，数小时内可导致死亡。

从暴露在高浓度二氧化碳中抢救过来的人员，一般会完全恢复健康，不会有后遗症。

b. 对粮食品质的影响。目前还未有二氧化碳熏蒸会影响干燥谷物质量的报道。但对植物种子来说，因影响种用品质的因素较多，如二氧化碳、氧气的浓度、粮食水分、密闭时间等，要谨慎使用。

④使用范围：二氧化碳除种用粮和发芽用粮外，可用于原粮、成品粮、油料和粮油副产品的熏蒸杀虫。试验与实践证明，二氧化碳熏蒸有利于保持粮食原始品质。

在下列条件下，可选择应用二氧化碳熏蒸杀虫：谷物市场不接受用磷化氢熏蒸过的粮食；要求杀虫处理后粮食无农药残留；熏蒸环境与作业区和居民区邻近。

用二氧化碳熏蒸必须符合下列条件：该批粮食储存期在 15d 以上，即要保持 15d 以上的密闭期；不是种用粮和发芽用粮。

二氧化碳熏蒸时，最低浓度要保持在 35%以上，环境温度 25℃以上，密闭时间 15d 以上。提高二氧化碳的浓度，可缩短杀死成虫、幼虫时间，要杀死各虫期害虫，必须延长密闭时间。二氧化碳浓度达 100%时，在一定时间内对害虫的致死率反而降低。这是由于在高浓度下，害虫会立即处于昏迷状态，关闭气门，二氧化碳吸入量少的缘故；但随着时间的延长，害虫还会中毒死亡。

粮食对二氧化碳有吸附作用，有些粮种吸附量很大，要注意保持粮堆内各部位的有效浓度。一般情况下，二氧化碳熏蒸有效浓度保持在 40%以上，使用量为 2~3. 5kg/t 粮。

⑤安全防护：二氧化碳与其他药剂不同，要做好下列防护。

a. 二氧化碳漏气在自由空间一般不会达到危险的浓度，但与熏蒸设施连通的地下室或低洼处二氧化碳可能会达到危险浓度，要特别注意。

b. 进入高二氧化碳环境，不能戴一般防毒面具，应戴生氧面具或供氧装置。

c. 装二氧化碳的罐、钢瓶和输送管道，在充气时温度非常低，接触皮肤会导致“冷灼伤”，所以接触冷源时要戴手套。

d. 二氧化碳熏蒸放气后，由于粮食的解吸作用，在一段时间内仓内二氧化碳浓度一直较高，应引起注意，避免意外。

e. 所有作业过程，都必须是多人完成，不得少于 2 人。

4. 熏蒸剂的应用技术

（1）熏蒸剂的使用剂量与浓度　熏蒸剂的剂量是指密闭环境内单位容积或单位货物质量所用熏蒸剂（或熏蒸气体发生物）的数量，推荐数值参见表 4-9。如采用磷化铝发生磷化氢时，可以用每立方米容积所用磷化铝片剂的重量（如 kg/m^3），或每吨粮食所用磷化铝片剂的重量（kg/t）；如采用磷化氢气体计量时，以每立方米容积所用磷化氢的质量（如 kg/m^3），或每吨粮食所用磷化氢的质量表示（kg/t）。

熏蒸剂的体积质量浓度是指密闭环境内单位容积熏蒸剂的数量或容积，如磷化氢浓度用 g/m^3 或 mL/m^3 表示。

受密封条件、粮食吸附、施药方法、发生过程等因素影响，所用药剂剂量或熏蒸剂剂量与环境中检测浓度常不一致。通常在设定了熏蒸剂目标浓度后，还需要根据现场情况确定一个实际操作的用药剂量。通过目标浓度计算求出其施药剂量近似值，浓度值可以从单位体积重量换算成容积百万分比（如 mL/m^3），反之也是这样。

根据气体摩尔体积，在温度 0℃和压力 10^5Pa 条件下，1mol 物质的重量所占体积为 22. 4L。同样数量气体在其他温度和压力下的数值，可通过绝对温度和压力下的体积进行订正。

将体积质量（g/m^3或 mg/L）的熏蒸剂浓度换算成质量体积（mL/m^3）的过程为：

用气体相对分子质量除给定的值，再乘以 22.4，得到每升空气中熏蒸剂气体的容积数。

用 1000 乘以得到的这个数字得质量体积（mL/m^3）。

例如，换算 1g 磷化氢的气体 = 1×22.4/34 = 0.659L

$$1g/m^3 \text{的磷化氢体积比浓度} = 0.659\times10^3 = 659\ (mL/m^3)$$

在一个大气压，温度为 t℃时 $1g/m^3$的磷化氢质量体积浓度则为：

$$[(273+t)/273]\times22.4/34\times10^3\ (mL/m^3)$$

把气体容积的质量体积浓度（mL/m^3）换算成质量体积浓度（g/m^3或 mg/L）过程为：

用 1000 除以百万分比，得出每升空气中气体体积（以 m^3 计）。

用该气体的相对分子质量乘这个数字，然后除以 22.4。

例如，在设定所需磷化氢浓度后，所用磷化铝片剂量的计算示例如下：

设所需磷化氢浓度为 $200mL/m^3$，理论上每立方米所需磷化氢的质量（以 g 计）为：

$$200\div700 = 0.29\ (g/m^3)$$

这里，700 为磷化氢由质量体积浓度转换为体积分数浓度时的换算系数，一般 20~30℃时为 710~730，这里按 700 计算，一是为了计算方便，二是使结果稍偏高一些，确保浓度适宜。

56%的磷化铝片剂理论上每 3g 产生 1g 磷化氢，故理论上所需单位体积内磷化铝片剂的剂量则为：

$$0.29\times3 = 0.87\ (g/m^3)$$

磷化氢有效浓度是在一定的环境条件和熏蒸时间内杀死目标有害生物的最低磷化氢浓度。磷化氢熏蒸的成功是将密闭环境中耐药力最强的虫种虫态全部杀死，如果在密闭环境中存在浓度分布不够均匀，在熏蒸过程中应控制环境中浓度最低点在有效浓度以上，并密闭足够的时间。在施药后的熏蒸前期密闭环境内磷化氢达到有效浓度以后才能有效杀死害虫。密闭环境中维持有效磷化氢浓度达到设定浓度及以上的最短熏蒸时间即为有效密闭时间。

（2）气体扩散施药技术　气体扩散施药技术即将一定剂型、剂量的药剂施入熏蒸环境后，不采用任何辅助措施，完全靠熏蒸气体的自身分子热运动进行扩散分布的熏蒸方式。所采用的药剂可以是经一定反应后生成的气体，也可以是由固体或液体直接挥发的气体，也可用直接施入的气体。将熏蒸药剂施入密闭环境后，液剂或固体药剂直接释放出的熏蒸剂气体可以借助浓度差或气体分压差进行扩散，钢瓶装压缩气体可借其内部压力辅助熏蒸剂气体快速扩散，也包括释放至密闭环境和粮堆的熏蒸剂气体借助粮堆或空间的微气流进行扩散。

①补充施药熏蒸：在磷化氢浓度偏低时，通过补充施药以维持有效浓度，继续密闭

熏蒸的过程称为补充施药熏蒸，也称间歇施药熏蒸。

采用磷化铝产生磷化氢熏蒸时，开始施入适量的药剂，以使粮堆内保持一定的磷化氢浓度，杀死比较敏感的成虫和幼虫。对于难于杀死的卵和蛹，则待其孵化为幼虫和羽化为成虫后再将其杀死，可以收到彻底杀虫的效果。在此过程中要进行长时间密闭。具体为第一次施入一定剂量的磷化铝片剂，检测磷化氢浓度将到有效浓度或设定浓度下限时，再第二次施药；如害虫没能被完全杀死，再经上述间隔后施药。

比较科学的间歇投药熏蒸应该是在磷化氢浓度指导下进行，即保证熏蒸环境内的磷化氢气体浓度不低于 $100mL/m^3$（约 $0.14g/m^3$），在此基础上密闭 15~20d。处理较高抗性的害虫时，有必要进一步延长密闭时间或提高浓度。在磷化氢浓度指导下进行间歇熏蒸，可以避免在仓房密封性能不太好时仅凭时间间隔投药的盲目性。

间歇施药熏蒸时，应对粮堆实施有效密封，以利于低浓度磷化氢气体的保持。进仓施药时，尤其第二次、第三次施药时要特别注意安全防护。从对操作人员安全的角度和磷化氢的作用特性来说，不宜进入已施药但尚未通风散气的熏蒸环境中，尤其是进入粮面密闭的仓房空间进行作业。进行间歇施药熏蒸时，以进行仓外施药为宜。

仓外施药时，可用磷化氢发生器向仓内施药，可借助钢瓶装的磷化氢气体施药，也可借助仓房已有的通风道（及风机）施药；或在仓内布置可以进行仓外投药的施药管道。

②缓释熏蒸：利用物理或化学手段控制药剂缓慢释放磷化氢以利于有效浓度维持的熏蒸方法叫缓释熏蒸。这里是指利用聚乙烯薄膜袋等对水汽和磷化氢气体的通透与阻隔作用，控制磷化铝的分解反应速率和磷化氢的释放速率，以助于磷化氢气体在粮堆内能够较长时间保持的方法。其特点是由于延缓控制了磷化铝制剂的分解，可以长时间在粮堆内保持有效的磷化氢浓度，可杀死较易杀死的成虫和幼虫，也可使卵和蛹变为相应的幼虫和成虫，再将其杀死。在操作过程中，由于薄膜袋内的氧气含量相对少，磷化氢浓度也不致过高，避免了磷化氢燃爆问题。

聚乙烯薄膜缓释熏蒸的具体操作方法：将磷化铝 4~6 片装入 0.04~0.08mm 厚的聚乙烯塑料薄膜袋内（规格 8cm×10cm），扎紧袋口，然后将药袋埋入粮堆，埋入深度为 0.2~0.3m。施药点距离为散装粮间隔 1~1.5m，包装粮间隔为 4~5m。施药量一般散装粮用磷化铝片剂 $2\sim3g/m^3$，包装粮 $1\sim2g/m^3$。

所选用聚乙烯薄膜的厚度可根据粮食的水分和粮食的保管时期等而定。粮食水分高或保管时间长时应选厚一些的薄膜，水分低或保管时间短时可用薄一些的薄膜。如稻谷水分 13.5%以上时用 0.06~0.08mm 厚的薄膜；水分在 13.5%以下时可用 0.04mm 厚的薄膜。

聚乙烯薄膜缓释熏蒸应在具有很好的气密性熏蒸环境中进行，一般包装粮要用聚氯乙烯薄膜六面封，散装仓储粮至少要进行单面封。

③低氧熏蒸：通过密闭或其他降氧手段使熏蒸环境中氧气浓度低于 12%的条件下进行的磷化氢熏蒸称为低氧熏蒸，又称双低熏蒸。低氧熏蒸是低氧与低剂量熏蒸剂相结合

的综合防治措施，是根据一定程度的低氧或一定浓度的二氧化碳对磷化氢熏蒸杀虫有增效作用而设计的。

通过调节气体成分熏蒸不仅可以降低用药量，提高药效，而且还可以作为防治抗性储粮害虫的熏蒸对策。双低熏蒸时的药效与剂量及密封性能的好坏，与密闭时间的长短、粮食水分、相对湿度、温度、气体组分、害虫虫种、虫口密度等都有很大关系。其中，双低储粮时密闭时间一般情况下都是比较长的，通常在一个月以上。如果夏季粮食高温入库，立即进行密闭，粮堆中氧气浓度降到5%以下，也可不再施药，只要保持密闭和足够长的时间，低氧也可达到防治害虫的目的。

低氧熏蒸的具体操作方法是：先将粮堆用薄膜严格密封，检测粮堆中的氧气或二氧化碳浓度，当氧气浓度降到12%以下或二氧化碳浓度升到4%以上时，再开始施药。磷化铝用量1~2g/m^3。粮温高、害虫密度大、氧气浓度高，剂量应大一些；二氧化碳浓度高时，剂量可相对小一些。如温度31~35℃，粮食水分11%~12%，氧气浓度10%~12%，二氧化碳浓度5%~6%，磷化铝用量0.5~1g/m^3；或氧气浓度18%~20%，二氧化碳浓度5%~6%，磷化铝用量1.5g/m^3。

磷化铝可用小布袋分装，每袋用磷化铝片剂药量15~20g，将药袋均匀施放在密闭粮堆的上层表面或埋入粮堆。深层粮堆可借助探管施药。较好施药方法的是通过导气管进行仓外投药，这样可以更好地保持粮堆的低氧或低温状态。

低氧熏蒸对仓房的气密性要求较高。对于散装粮，至少要一面密封，或进行五面或六面密封。密封前要将粮面平整，再在粮面上铺一层麻袋等以防结露，然后再密封。在密闭和熏蒸过程中，要经常检查粮堆内的气体浓度、温度、害虫发生情况，查漏及防止薄膜内发生结露，必要时要测定粮堆内的磷化氢浓度。采用双低熏蒸，尽可能在粮食入库后害虫尚未大量发生以前进行，操作中剂量要合理，施药要均匀，密封要严格，使磷化氢较好地均匀地分布到粮堆的各部位并保持足够的密闭时间，力求将粮堆内害虫一次性全部杀死。

④磷化铝施药技术：

a. 表面施药。

药盘施药法：根据确定好的粮面施药点，采用行列式或梅花状的方式将施药盘摆放在粮面上。施药人员佩戴空气呼吸器和乳胶手套进仓，将磷化铝药剂施在粮堆表面的施药盘中，每施药盘放片剂或丸剂不超过150g，粉剂不超过100g。片剂或丸剂不得重叠；粉剂薄摊均匀，厚度不超过5mm。

粮面施药操作比较方便，但由于这种方法是把药剂放在粮面上，在磷化铝分解释放出磷化氢这一放热反应的微小上升气流和仓内温度不均的作用下，使得粮堆上方磷化氢浓度高，容易漏出仓房；由于磷化氢向粮堆运动相对量小，气体钻透到粮堆下部的时间较长，从而粮堆中、下部磷化氢浓度较低，有时达不到有效杀虫浓度。

小药袋施药法：在熏蒸包装粮时，可以将磷化铝用布袋等透气性材料分装，分别投放在粮垛上和堆垛的侧面包缝上，并系上一段细绳以便清渣时操作。如此尤其是放在侧面包缝的药包，可以避免或减少磷化铝潮解放热反应形成上升气流的影响，利于向粮堆的运动。熏蒸散装粮时，可用钩杆将小药袋埋入粮食表层内，以利于磷化氢气体向粮堆中运动。

袋毯剂表面施药法：在国外，有时是将磷化铝袋毯剂施于粮面，利用粮堆和仓内的气体对流使磷化氢得以分布全仓。

对于高的筒仓，将袋毯剂施于粮面后，可借助小型风机进行仓内气流的循环，促使在表面产生的磷化氢气体向粮堆运动和分布。

b. 埋藏施药。

小布袋埋藏法：将粉剂装入小布袋内埋入粮堆，埋入深度为50~80cm。每点片剂、丸剂不超过30g，粉剂不超过20g。小布袋的大小为长18cm，宽10cm左右。药袋埋入时袋口绳头应露出粮面，以便熏蒸后取出药袋。

探管施药法：在磷化铝施药中，使用探管可以提高磷化氢的钻透和扩散能力，并可以延长磷化氢气体在粮堆中的滞留时间。

c. 仓外施药法。

仓外施药熏蒸即在施药过程中施药人员不需进入仓房或密闭环境内即可完成作业。可实现仓外投药熏蒸的方法主要有仓外磷化氢发生器施药、钢瓶装磷化氢施药、预置施药管道施药等。预置投药管道施药的方法为：底层预埋横向投药管道，使磷化氢源自粮堆底层，在磷化氢自身的扩散和微气流的作用下，由发生部位向中、上部扩散运动，以解决表面施药时的中、下部熏蒸气体不易达到所需浓度的问题。利用仓外磷化氢发生器、钢瓶装磷化氢气体等仓外投药方法参见环流熏蒸技术中相关施药方法。

（3）环流熏蒸技术（Recirculation Fumigation）是指在仓外或仓内配置环流导气管，通过环流管道把风机、熏蒸剂扩散部分（粮堆和仓房）连接成一个闭合环流熏蒸回路，熏蒸药剂在封闭的状态下借助环流风机所产生的动力，促使熏蒸气体在粮堆内循环，强行使熏蒸气体快速分布，达到分布均匀完全杀死害虫的目的。

环流熏蒸包括整仓环流熏蒸、膜下竖向环流熏蒸和膜下横向环流熏蒸。整仓环流熏蒸是借助于环流风机和环流管道等，使所发生的磷化氢气体竖向通过粮堆、仓内空间以及相应环流装置进行熏蒸的方式。膜下竖向环流熏蒸是将仓内粮堆表层用塑料薄膜覆盖密封，利用置于塑料薄膜下的回流管道等装置进行竖向环流的熏蒸方式。膜下横向环流熏蒸是利用横向通风系统、环流管道和熏蒸设备，使磷化氢气体在覆膜密闭粮堆内部横向循环流动并均匀分布的熏蒸方式。

①磷化氢环流熏蒸的系统组成：环流熏蒸系统利用仓底通风系统，将磷化氢气体不断注入仓内，通过设在仓檐墙的环流熏蒸管道和设备，使熏蒸气体通过粮堆后形成循环，以促进磷化氢在粮堆中的均匀分布。该系统主要由施药装置、环流熏蒸装置、磷化氢气体浓度检测装置组成。

根据安装位置和形式不同，环流管道有仓外环流固定管道、仓外环流移动式管道、仓内环流管道三种形式。

a. 环流管道。仓外环流管道主要是环流熏蒸系统中的管道和风机安装在仓房外的形式。根据风机和管道布置的形式又可进一步分为固定式环流管道和移动式环流管道。

固定式环流管道（和风机）是环流管道固定在仓外墙壁上，风机位于环流管道的主管（回流管外），从由风机出口的主管分别通过支管与仓房的通风地槽或通风道相连，在各分支管上分别设有风量检测孔和风量调节阀，用以调节平衡各分支管道中的气体流量。

移动式环流管道是指环流管道的一部分安装在仓墙上，而大部分管道和风机则为移动式，为即用即安装的工作方式，可以做到一机多用，节省设备投资。移动式环流熏蒸中所用的风机通常为增加了一定附加功能的环流分配器，该环流分配器除了设于其中的环流风机外，还有便于气体分配的机箱体、气体分配器，便于流量调节与控制的流量计（有的用压力表）和配套阀门，以及施药孔和自动控制系统等。

仓内环流管道是指环流管道的一部分安装在仓内，而环流风机一般设在仓外的设置形式。这种形式中所设的环流管道固定在仓内，装粮后出粮前一般不能再行移动，比较适合于房式仓的膜下环流熏蒸。而实行膜下环流熏蒸后，对仓房上部的气密要求也相对宽松一些。

b. 环流风机。在磷化氢环流熏蒸中，风机是促使仓内熏蒸气体强力运动进而均匀分布的动力源，为了防止磷化氢气体燃爆问题，必须采用小风量环流。

风机安装的部位要使熏蒸气体先进入粮堆，然后再经过风机环流。严防磷化氢气体浓度过高而引起燃爆。

GB/T 17913—2008《粮油储藏　磷化氢环流熏蒸装备》规定，环流熏蒸中的风机要采用具有防泄漏、防爆（不含电机）和抗磷化氢腐蚀性能的粮食熏蒸专用离心风机。环流风机的主要规格参数应满足如下条件：

功率≤1kW，风压≤1000Pa，风量≤1000m^3/h；

环流风机应保证粮堆气体交换次数：2~10次/日；

环流风机叶片边缘线速度<40m/s；

环流风机与固定环流管路配套使用时，其电机应采取防雨、防晒措施。

c. 施药装置。GB/T 17913—2008《粮油储藏　磷化氢环流熏蒸装备》规定，磷化氢环流熏蒸装备中的施药装置是将磷化氢液化熏蒸剂或仓外直接产生的磷化氢熏蒸剂输送到环流管路的装置。

d. 检测装置。检测熏蒸过程中粮堆和施药环境中磷化氢气体浓度的装置。该装置由气体取样装置、浓度检测仪和报警仪组成。

②环流熏蒸及施药方式：磷化氢环流熏蒸及施药的方式要根据的储粮情况、设施配套情况、仓房及其环境情况来确定。采用磷化氢环流熏蒸时，所用气体可以使用在仓外已备好或发生好的气体，或将磷化铝施于粮堆表面。在我国新建大型房式仓和浅圆仓的熏蒸工艺要求中，磷化氢来源为磷化氢发生器发生磷化氢，再混合以二氧化碳气体，或者采用钢瓶装磷化氢和二氧化碳气体，以及与之相配套使用的辅助仪表和连接管道，也

可以在保证安全使用的前提下采用其他施药方式。

（4）气流熏蒸技术　气流熏蒸技术也称塞若气流法（SIROFLO®），主要用于密闭不好或难以密闭的筒仓熏蒸，也适用于房式仓等其他仓型。SIROFLO®是一种非常简单的、连续的熏蒸系统，磷化氢气体来源于钢瓶装气体，或者是磷化氢气体发生器。磷化氢气体可定量地与空气混合，形成气流从筒仓的底部进入仓内，在熏蒸的全过程中，在整个仓房内形成供入气体正压气流，从而避免仓外空气进入和仓内微气流的影响，并及时补充磷化氢。SIROFLO®技术是针对澳大利亚老式的、密封性差和仓顶开放的筒仓最有效的熏蒸方法。

SIROFLO®的应用特点：①在不密封或密封不好的情况下可进行熏蒸；②无金属磷化物的残渣，可满足市场消费者提出的无药剂残留的要求；③操作极为方便；④与应用防护剂和磷化铝混粮法相比成本低；⑤应用安全，不会燃爆；⑥可以控制熏蒸的全过程，在熏蒸期间可以随意、随时调整磷化氢浓度和熏蒸时间；⑦使熏蒸气体均匀地分布于整个粮堆。

（5）混合熏蒸剂技术　混合熏蒸是使用两种或两种以上的熏蒸剂进行的熏蒸，其目的在于充分发挥不同熏蒸剂的杀虫特点，或弥补其中药剂的某些性能方面的不足，如毒理机制不同的药剂可以克服害虫对单一药剂的耐药性或抗药性，降低易燃物质潜在的燃爆危险，增加熏蒸气体穿透性，提高药剂在粮堆内的分布均匀性和延长滞留时间，提高杀虫效果并降低残留量等。

磷化氢和二氧化碳混合熏蒸就是一种具有很高应用价值的混合熏蒸技术。

①增效机理：

二氧化碳和磷化氢混合熏蒸可以提高药效的主要原因有：二氧化碳的应用增大了磷化氢在粮堆中的扩散范围和钻透深度，更有利于杀虫气体的均匀分布；二氧化碳的混用也促进了磷化氢在粮堆中的扩散，可以使磷化氢气体在较短的时间内达到有效杀虫浓度；二氧化碳的介入可刺激害虫呼吸，增大磷化氢进入害虫虫体的量，同样也提高了害虫死亡的速率；二氧化碳的介入可相对减少粮食等对磷化氢的吸着，从而有更多的磷化氢气体存在于空间，有利于杀虫。同时，磷化氢在粮堆中保持有效浓度的滞留时间也得到延长。

以上诸点，对于仓房密闭条件不太理想的情况下，更显示出其优越性。尤其是仓外投药可以方便地补充熏蒸气体。

②磷化氢与二氧化碳混合熏蒸的应用：

a. 应用范围及有关要求。磷化氢与二氧化碳气体混合熏蒸主要用于实仓熏蒸，也可熏蒸空仓、器材和加工厂。可熏蒸各种粮食，油料及其加工产品。

对被熏蒸物水分的要求同磷化氢单独熏蒸。长期密闭（粮堆）混合熏蒸磷化铝片剂用药剂量 0.8～1.2g/m^3，二氧化碳浓度 5%～8%，施药后密闭时间应在 45d 以上，最低粮温应在 10℃以上。无论常规熏蒸还是长期密闭熏蒸，由于磷化氢的用药量都大为降低，熏蒸后放气时间也可相应缩短。

b. 仓外混合熏蒸操作中要注意的问题。进行仓外发生磷化氢并使用钢瓶装二氧化碳混合熏蒸时，要解决以下两个关键问题。

同步进仓：磷化氢与二氧化碳混合熏蒸时，要求两种气体同步混合进仓。两种气体同步混合进仓不仅有助于消除磷化氢着火燃爆的危险，而且能提高杀虫效果。

防止结露：在混合熏蒸操作过程中要防止粮堆表面结露。进行混合熏蒸时所采用的施药方式一般为仓外投药，如使用钢瓶装二氧化碳气源或磷化氢和二氧化碳混合钢瓶气源。由于压缩气体由液态变为气态的过程中要吸收热量，使得气态气体温度比较低。低温气体进仓后会造成出气口处局部粮温降低，产生温差而导致结露。因此，仓外施药混合熏蒸时，要求混合气体出气口的温度与粮温温差不超过 5℃，尤其导气管出气口与粮堆直接接触或相近时更要注意控制。

（6）硫酰氟熏蒸

①施药技术：仓房要预先进行气密性处理，仅留几个施药孔。装有硫酰氟的钢瓶置于室外，通过减压阀及导气耐高压软管（内径 9mm）连接至仓内施药出气点。在每个施药出气点附近的地面或粮面上设置轴流风机，风机电源开关设置在仓外，风机吹风方向为对向施药出气点 45°倾角向上。在施药前，启动风机以促进气体快速扩散到库房空间。施药工作全部结束，应用硫酰氟检测仪检测熏蒸仓房是否漏气。

硫酰氟熏蒸也可借助磷化氢环流系统进行环流熏蒸，采用硫酰氟钢瓶施药，整仓环流或膜下环流熏蒸。按 $15g/m^3$ 的设定浓度计算硫酰氟的施药量，按约 12kg/h 的速率从进气口通入磷化氢环流系统，在熏蒸的过程中保持环流风机开启。

②浓度检测：

a. 浓度监测。通常在施药当天和以后每天定时以及结束前用硫酰氟检测仪检测记录浓度，至少应对熏蒸空间内 3 个浓度取样点位，每点位分上、中、下 3 层，以了解硫酰氟气体是否在密闭场所均匀分布、是否有泄漏、是否在规定的时间内达到熏蒸杀虫所要求的最低有效浓度。然后，根据检测结果判定熏蒸效果，以及决定是否需要补充投药量或延长熏蒸时间。

b. 检测仪器。现场使用的检测设备，按检测技术分，主要有热导分析、电化学、红外检测等检测设备。国产的常见的有 JSA8 型硫酰氟检测报警仪（量程为 $0\sim1\times10^4$mg/kg）。国外的常见有 SF-ExplorIR 硫酰氟红外分析仪（量程为 0~100mg/kg，适用于硫酰氟残留量的测定）和 SF-ContainIR 硫酰氟红外分析仪（量程为 0~6000mg/kg，适用于硫酰氟熏蒸浓度实时测定）。

c. 残留检测。硫酰氟的残留检测可以 SF-ExplorIR 硫酰氟红外分析仪进行快速测定，也可以使用气相色谱法进行更准确的测定，检测后根据 GB 2763—2019《食品安全国家标准　食品中农药最大残留限量》规定的硫酰氟在谷物类的最大残留限量，来进行比较，判断残留是否超标。

（7）敌敌畏熏蒸

①悬挂法：在仓房或厂房的高处（约 3m 高）拉起绳索，行距 1.5m。将浸有敌敌畏原油的布条或纸条，均匀地悬挂在绳索上。

②喷雾法：用 80% 的乳油，加水 100～200 倍稀释后，搅拌均匀，用喷雾器进行喷洒，然后密闭 3d。熏蒸结束后，散气 24h，再进行清扫。器材铺垫物料消毒，可用 80% 乳油加水 10～20 倍稀释后进行喷洒处理。

5. 磷化氢熏蒸操作规程

（1）熏蒸装备及器具要求

①熏蒸装备要求：钢瓶施药装置和磷化氢发生器、环流风机、环流管路、气体取样装置、磷化氢检测仪、磷化氢报警仪等符合 GB/T 17913—2008《粮油储藏　磷化氢环流熏蒸装备》的要求。磷化氢发生装置符合安全施药防止燃爆的要求。

② 竖向膜下环流管道：竖向膜下环流管道在安装布置和管道开孔上应保证能促使熏蒸气体分布均匀、管道开孔的直径小于粮食籽粒最小粒度尺寸，防止粮粒的进入。管道采用耐磷化氢腐蚀、移动连接方便、截面固定并有足够强度的材料。管道设计压力不小于 1000Pa。

③仓内竖向回流管道：置于仓内的竖向回流管道采用耐磷化氢腐蚀、截面固定并有足够强度的材料。回流管道与膜下环流管道、风机或通风道的连接要防止气体泄露。管道设计压力不小于 1000Pa。

④膜下横向环流熏蒸管道：横向环流熏蒸管道需共用仓房横向通风系统的主风道和支风道，磷化氢通过支风道上的开孔均匀扩散。

横向通风系统两侧主风道靠近中间位置固定竖向环流管道，一侧竖向环流管道将主风道与仓外环流风机的出风口连接；另一侧竖向环流管道由主风道向上，通过粮面膜下或膜上横向管道穿过粮仓墙壁后与仓外环流风机的进风口连接。仓外环流风机的出风口设有施药接口，与施药装置出风口连接；同时设有仓外散气管道或散气接口。环流管道内径不小于 100mm，设计压力不小于 1000Pa。

⑤施药盘：在表面或走道施药时，所用的施药盘要有足够的面积，按规定用量放置磷化铝片剂或丸剂后，药剂不得重叠。施药盘所用材质不能碰撞产生火花，应有足够的刚性不会在操作中变形或损坏。

⑥施药探管：插入粮堆中的施药探管应方便植入粮堆或取出，有足够的刚性截面和强度，管内底部具有使磷化氢及时分解的结构设置。

⑦施药袋：埋藏施药用的施药袋采用棉质透气材料，埋入粮堆后要用绳牵连，绳外端留有明显标识。

（2）熏蒸前调查

①调查粮情：熏蒸前应对拟熏蒸的粮食进行情况调查，了解内容包括粮食的种类、等级、水分、杂质、来源等。同时，了解粮堆（垛）温度及其分布情况。粮食样品的检查按照 GB/T 5491—1985《粮食、油料检验　扦样、分样法》执行，粮食水分测定按照 GB 5009. 3—2016《食品安全国家标准　食品中水分的测定》执行。

对粮堆（垛）中发生的害虫种类、密度、抗性情况、来源、以往的熏蒸情况进行了解。

②调查熏蒸场所情况：对准备熏蒸场所的气密性进行了解或测试。

拟熏蒸粮仓或场所与居住区、办公区或牲畜养殖区的安全距离应符合 LS 1212—2008《储粮化学药剂管理和使用规范》的要求。调查拟熏蒸粮仓内部是否有可能被磷化氢气体腐蚀的装置和设备，如有则应采取相应的保护措施。

③熏蒸前需要掌握的其他情况：熏蒸操作及熏蒸期间的天气情况。熏蒸过程中的安全防护和应急措施。

（3）熏蒸方案制定

①熏蒸方式的选择：对害虫发生普遍、无表面密封的粮堆，当仓房整体气密性符合要求时，宜选择整仓磷化氢熏蒸；有表面密封的粮堆，宜进行磷化氢膜下环流熏蒸或膜下施药的非环流熏蒸。

对于五面或六面密封完好的粮堆（垛），宜选择膜内施药熏蒸，或缓释熏蒸，粮堆（垛）特别大时，也可配备必要的装备，选择环流熏蒸。

对无环流熏蒸装备的粮仓，采用单独的磷化氢熏蒸难以保证杀虫效果或粮堆（垛）较大时，可采用仓外施药的磷化氢与二氧化碳混合熏蒸。

对于确实需要熏蒸，但气密性不足的粮仓或堆（垛），选择间歇或多次补充施药熏蒸，通过施药或补充施药来维持熏蒸气体浓度，以满足完全杀死害虫的要求。

当密封条件特别好，有条件达到低氧水平（密闭环境中氧气浓度低于 12%）的密闭环境，可选择低氧熏蒸。

对害虫只发生于粮堆局部的情况，采用局部熏蒸或局部环流熏蒸，熏蒸过程中要保证生虫部位磷化氢的有效浓度。

②施药方法的选择：对无环流条件的整仓熏蒸、膜下熏蒸或帐幕熏蒸，均可采用磷化氢发生器或磷化氢钢瓶施药装置施药，或采用塑料薄膜缓释法施药。此情况下的整仓熏蒸还可将粮堆内探管与粮面施药相结合进行。

对整仓环流熏蒸，可在粮面上的施药盘中施药；帐幕环流熏蒸时，在帐幕内用施药盘施药，或采用施药袋经预置的施药口施药。

膜下环流熏蒸时，可采用膜下施药袋埋藏施药，或探管法施药，或借助粮面密闭薄膜上设置的取样口施药。

环流熏蒸时，均可采用磷化氢发生器或磷化氢钢瓶施药装置经环流熏蒸系统的施药口施药，或在仓内用自然潮解法施药。

对于局部熏蒸，可采用磷化氢发生器或磷化氢钢瓶施药装置施药，或采用探管法施药。采用其他施药方法时，应确保施药、熏蒸过程的安全。

③熏蒸过程的监控：所有熏蒸都应借助磷化氢浓度检测装置监测熏蒸过程中密封环境内或害虫发生部位的磷化氢浓度。局部熏蒸时应采用增加或专设气体取样点监测该部位的磷化氢浓度。

熏蒸过程中应持续监测操作环境中的磷化氢浓度，如超标应及时采取防护措施，注意监测熏蒸的气体泄露情况，发现漏气应及时采取补救措施。

熏蒸过程中应安排值班人员，对熏蒸环境进行监测检查，防止发生事故。

在磷化氢操作中如发生人员中毒，应及时抢救。首先要将中毒人员转移到新鲜空气处，脱掉被污染的衣服，清洗皮肤特别是暴露部分，注意保暖。如中毒较重时，要及时住院治疗。

（4）施药前准备（以膜下环流为例）

①设施准备：采用膜下环流熏蒸时，膜下的环流管道纵向管道间隔不大于 6m，埋入粮堆的深度以不被塑料薄膜堵塞气孔为宜。

采用膜下横向环流熏蒸时，应对仓房环流系统的管网、阀门进行监测，确保通畅。检测熏蒸密闭环境的气密性，达到要求方可熏蒸，或在必要时采取补充施药措施。

②粮堆（垛）准备：对于粮食堆垛熏蒸时，首先应整理粮堆（垛）以使其适合熏蒸要求。采取保护措施或移走可能因熏蒸损坏的器材，设置必要的粮情测控系统或装置。

③气体取样装置设置：所有磷化氢熏蒸都应设置磷化氢气体检测装置。房式仓环流熏蒸和非环流熏蒸，经粮堆下部施药时，每廒间内设置的磷化氢气体取样点不少于 5 个，即在仓房的四角和中央设气体取样点，气体取样点设于粮面下 30~50cm 的深度。采用粮面施药时，在粮堆的上层、中层和下层都设取样点。必要时在其他部位增设气体取样点。

立筒仓和浅圆仓在环流管道上设置气体取样点，必要时在仓内空间或粮堆内设置气体取样点。

帐幕熏蒸时，每个粮堆（垛）设置气体取样点应不少于 3 个，即在粮堆（垛）的上部、中部或下部分别设气体取样点，上部在粮堆（垛）顶部的中心部位，中部和下部在粮堆（垛）一侧的中间部位。气体取样点深入到粮堆（垛）中 30~50cm。必要时在其他部位增设气体取样点。

局部熏蒸时，在害虫发生部位的中心和周围分别设置气体取样点。

置于粮仓外的气体取样端编号要与粮堆内的设置编号一致。

④虫笼设置：必要时，熏蒸前在仓内设置试虫虫笼，以监测熏蒸中的杀虫效果，据此确定是否结束熏蒸。对于已明确待熏蒸粮食中有高抗害虫时，应采用试虫虫笼指导熏蒸结束时间。

试虫虫笼应透气且能防止害虫逃逸。

试虫虫笼的位置设在方便取出的粮面上或薄膜下，取出的部位对正常密封影响小，设置的虫笼数量不少于 3 个。

试虫虫笼的害虫可从待熏蒸的粮堆中筛取，应选取活动正常的成虫个体。每个虫笼中的害虫数量不少于 30 头，其内应放置适当的饲料。

⑤药剂准备：熏蒸所用药剂应符合《中华人民共和国农药管理条例》的第五章第二十六条、第二十七条和第六章第三十条的规定和有关药剂质量标准的要求。所用的二氧化碳质量符合 GB/T 17913—2008《粮油储藏　磷化氢环流熏蒸装备》的要求。

熏蒸药剂应存放在专门药剂室，药剂室内保持阴凉、干燥、应通风良好或具有通风装置，不得与其他仓库设备和器具混放，并远离生活区和工作区。

⑥施药装置准备：

a. 磷化氢发生器施药装置的连接与检漏。将磷化氢发生器施药的出气口与环流管道施药口连接。将减压释放装置与二氧化碳钢瓶阀口连接，并将减压释放装置低压端口与磷化氢发生器连接。

关闭环流管路施药口处的截止阀，打开二氧化碳钢瓶阀，将低压表指示压力阀调制0.2MPa，将检漏液（用肥皂或洗涤剂配制）涂于各连接处，检查各连接部位是否漏气，观察有无气泡出现，如有气泡出现，应将漏气接口处重新作气密处理。重复上述检漏程序，直至无气泡出现不漏气为止。

b. 钢瓶施药装置的连接与检漏。将减压释放装置分别与磷化氢二氧化碳混合气钢瓶及二氧化碳气体钢瓶连接，并将减压释放装置低压端口与环流管路施药口连接。采用机械磅秤进行施药量计算的，准备好磅秤；采用质量流量计计算施药量时，将控制电源插头接上电源。使用气泡法检查各连接部位是否漏气。

采用磷化氢发生器施药时，准备好备用电源，应具备保持二氧化碳不断供应的措施，以防施药过程可能的突然停电，避免燃爆事故发生。

施药装置应备足相应的备件，熏蒸过程中如发现个别零配件损坏应及时更换。

采用药盘、探管、施药袋等施药时，应准备足够的器具和备用品，并检查每件器具的完好性。

非环流熏蒸中，采用磷化氢发生器施药或混合熏蒸时，应先行在粮堆（垛）内设置熏蒸气体导引管道。

⑦环流装置准备：接通环流风机电源，待风机正常运转后，用风速仪分别测量仓外各环流支管路的风速，并通过调整调节阀使各支管路的风速相同。

将检漏液涂于环流管路有关连接部位和可能漏气部位进行检漏，如果漏气应采取补漏措施。

膜下环流熏蒸和帐幕熏蒸时，除检测密封环境的气密性外，还应检测密闭薄膜及连接处的密闭性能。

⑧磷化氢浓度检测报警装置准备：检查磷化氢检测仪、报警仪是否能够正常工作，配备的电池电量能否满足使用要求。

磷化氢气体浓度也可用磷化氢气体检测管进行检测，所用检测管应符合有关质量标准要求。

打开仓外磷化氢检测箱，将抽气泵的吸气管分别连接到各气体取样阀口上，打开取样阀，启动抽气泵或检测仪，检查取样管和回气管是否通畅。

⑨安全防护准备：空气呼吸器应安全有效；工作服（长袖衣裤）和无渗透的手套应防护性能完好。

熏蒸现场应准备灭火器具和中毒急救用品。

其他有关安全防护措施按照GB/T 29890—2013《粮油储藏技术规范》的规定执行，

所用气体监测报警仪应符合 GB 12358—2006《作业场所环境气体检测报警仪　通用技术要求》的规定。

（5）熏蒸施药

①仓外磷化氢气体施药：

a. 磷化氢发生器施药。采用磷化氢发生器施药时，将磷化铝装入发生器的储药桶，控制投药速度，使发生器中产生的混合气体中，1kg 磷化铝片剂对应的二氧化碳用量不少于 17kg。投药开始前，二氧化碳净化设备及熏蒸管路的运行时间应在 5min 以上。施药过程中，二氧化碳钢瓶气应连续供应，不得中断，严防冻堵。发生器中磷化铝反应彻底后，用二氧化碳气体置换管路中气体，然后方可撤机。使用不同型号的磷化氢发生器施药装置应认真阅读该型号产品的使用手册。

环流熏蒸中采用仓外磷化氢发生器施药时，施药前应先开启环流风机，形成气流循环，然后开始施药。当粮堆内各取样点的磷化氢浓度均达到设定浓度以上并基本均匀后，可停止环流。

b. 磷化氢与二氧化碳钢瓶混合气施药。采用磷化氢与二氧化碳钢瓶混合气施药时，施药量按照设定浓度计算，用机械磅秤或质量流量计计量施药量。按计算用药量施入混合气体，达到设定投药量后，关闭磷化氢混合气钢瓶阀门，用二氧化碳气体置换管路中气体。

非环流熏蒸采用磷化氢发生器施药或磷化氢与二氧化碳钢瓶混合气施药时，熏蒸气体导引管道出气口应分别置入粮堆内合适部位，以使熏蒸气体快速均匀分布到粮堆内部。

c. 自然潮解施药。采用自然潮解施药方法施药并环流熏蒸时，整仓环流熏蒸可采用通风口药盘施药，考虑到磷化铝稀释潮解得比较慢，可在施药后 4h 再开始环流。

②仓内自然潮解施药：

a. 埋藏施药。埋藏施药采用透气的棉布袋装磷化铝施药，每点片剂或丸剂不超过 30g，粉剂不超过 20g。施药袋应捆扎牢固，以防药剂散落到粮食中，并设小绳连接以便清理。

b. 探管施药。采用探管辅助施药时，每个探管中的磷化铝片剂或丸剂量不超过 25g，探管插入膜下粮堆后其开口留于密封薄膜外，并用密封盖密封其开口。

c. 缓释施药。采用 0.04~0.08mm 厚度的聚乙烯薄膜袋分装磷化铝片剂或丸剂，每袋装磷化铝制剂 18~20g，按散装粮 1~2.5m，包装粮 4~5m 的距离均匀释放到密封环境中。粮食水分偏高时选用厚一些的聚乙烯薄膜，粮食水分偏低时可选用较薄的薄膜。聚乙烯薄膜袋制作要牢固。

（6）熏蒸过程控制与检查

①浓度检测时间：采用仓外磷化氢发生器或磷化氢与二氧化碳钢瓶混合气施药时，如果进行膜下竖向环流熏蒸和横向环流熏蒸，施药结束 2h 后开始检测粮堆中的磷化氢气体浓度；如果进行整仓环流熏蒸，施药结束 10h 后开始检测环流管道和粮堆中的磷化

氢气体浓度；采用自然潮解施药时，施药结束 2d 后开始检测环境内的磷化氢气体浓度。

②浓度检测次数：在粮堆内磷化氢浓度未均匀前每 4~6h 进行 1 次浓度检测。平房仓内各监测点的浓度均匀后改为每天定时检测 1 次，浅圆仓、立筒仓在检测点的浓度基本稳定后改为每天定时检测 1 次。

③浓度均匀性：环流熏蒸时，各气体取样点磷化氢最低与最高浓度比小于或接近 0.6 时，应及时开动环流风机进行强力环流以促使气体分布均匀。非环流熏蒸时，各气体取样点最低点与最高点的磷化氢浓度比大于 0.25，视为基本均匀。

④漏气及安全检测：熏蒸过程中应对熏蒸装置、环流装置周围（特别是接口处）进行监测，如发现磷化氢泄露，应及时采取措施解决。同时对工作环境中的磷化氢浓度进行监测，当环境中磷化氢浓度超过 0.2mL/m^{3}时，应采取安全防护措施。

⑤ 补充施药中的浓度控制：在熏蒸密闭空间内，如果粮堆中磷化氢浓度低于设定浓度应补充施药。补充施药后，粮堆中磷化氢最低浓度应高于设定浓度的 20%以上。

补充施药时，应特别注意确保操作人员的安全。

（7）效果检查与散气

①熏蒸效果检查：熏蒸散气前，检查虫笼中害虫死亡情况，如其中害虫全部死亡，可散气或延长几天后散气，如虫笼中害虫仍有存活，应继续密闭熏蒸直到其全部死亡。

熏蒸散气后，通过扦样对粮堆中的害虫死亡情况进行检查，并与熏蒸前的虫害发生情况进行对比。在熏蒸前害虫发生部位随机取样 1kg，在温度 25℃、相对湿度 75%的环境中，在防止外来害虫感染的条件下放置 30d，检查是否出现活虫，用以评价对隐蔽性害虫虫态的熏蒸效果。

②散气：当熏蒸密闭达到设定时间或达到预期熏蒸效果后即可散气，以仓内或粮堆（垛）内磷化氢浓度降低到 20mL/m^{3}以下散气为宜。散气可采用自然通风散气和（或）机械通风散气，散气应从仓房外部开启门窗，先开启下风方向的门窗，后开启上风方向的门窗。浅圆仓应开启轴流风机。采用机械通风散气，散气时间一般为 3~5d；采用自然通风散气，散气时间一般为 5~7d。

膜下横向环流熏蒸系统可利用环流风机进行散气。开启仓房一侧进气通风道口和仓外环流管道排气蝶阀，关闭仓外环流管道入仓蝶阀，启动环流风机散气。

对于不能从仓房外部开启仓窗的仓房，可先打开进仓口散气 1d。进仓散气时，如磷化氢浓度超过 0.2mL/m^3，必须两人以上配合作业，佩戴空气呼吸器进行安全防护。

散气后，仓内磷化氢浓度降到 0.2mL/m^{3}以下为安全浓度水平。

散气期间应注意安全防护和防止外界害虫感染。

③熏蒸作业记录：对于熏蒸前、熏蒸中和熏蒸后的情况做好记录，记录内容见 LS/T 1201—2020《磷化氢熏蒸技术规程》中的附录 A 和附录 B。

④熏蒸总结与归档：整个熏蒸作业过程完成后，将熏蒸作业记录、熏蒸效果等进行汇总、分析和小结，以存档备查和作为以后熏蒸的参考或依据。

（8）磷化铝残渣处理　熏蒸后的磷化铝残渣应取出。清理残渣时，需要不少于 3 名工作人员的协同工作，残渣应按照国家规定进行无害化处理。无害化处理可采用水法处理，处理时应在远离非作业人群、通风良好的场所。每次将小于 2kg 的磷化铝残渣放入专门设置的桶、盆和水泥池中，加入 3~5 倍质量的热开水，辅以搅拌，使其快速分解为无害物质（少量氢氧化铝），然后按一般液体废物处理；或采用专门的磷化铝残渣处理装置进行处理。

（9）安全防护及注意事项

①环境安全：常规熏蒸从施药开始到处理完残渣残液为止，要在距粮仓 10~20m 的四周设警戒线，立明显标志牌，阻止行人靠近，并在投药后 24h 内有专人值班放哨，注意检查有无漏毒、冒烟、燃爆等现象。放哨人员必须熟悉业务并备有完好的空气呼吸器、消防器材和报警联络信号。

磷化氢熏蒸放气后，应将处理后的磷化铝残渣立即运到离水源较远（最少 100m 以外）的僻静地方，挖坑深埋。熏蒸用器材及装药布袋等应清洗干净后妥善保存备用，不得改作他用。

②操作安全：施药和环流熏蒸过程中，对突然停电事前应有准备和应急措施，以确保人身和设施安全。

为了工作安全，熏蒸过程中严禁烟火。用磷化铝熏蒸前应切断仓内电源，进仓人员不得穿戴金属物件及带铁钉的鞋，严防使用的金属器皿撞击，以免产生火花，引起燃烧爆炸。

使用磷化氢发生器应严格防止燃爆，装药前应该用二氧化碳气体对机内进行充分净化，施药过程中保持二氧化碳持续充入，施药完毕后应充分净化机腔。撤机时，须测定发生器出气口的磷化氢浓度，达到安全时方可撤机。

进行二氧化碳混合施药时，使用的二氧化碳钢瓶减压释放装置有时会出现冻堵。为防止该现象发生，可采用至少 2 个气体钢瓶并联，轮流供气，或采用配套的带有加热防冻功能的减压释放装置，或采用其他的温度补偿措施等。

仓外施药时，进仓导气管和仓外的气体导管都不能有堵塞、压扁和漏气现象。

无论采用何种气体钢瓶，都应按照气体钢瓶的有关储存、运输、搬运和使用规定进行操作。对于有毒害气体尤其要严加注意。

不应在夜间或大风大雨天气进行熏蒸或放气。用磷化铝熏蒸应严防粮仓漏雨或帐幕内结露，以免水滴入药剂引起火灾。

③设备安全：熏蒸所用的仪器、设备应有必要的备用件。

所用仪器上的控制仪表和各构件，在操作时不应用力过猛，更不能随意拆卸。

操作期间，操作人员应随时观察机器运行情况，以免发生意外。

注意保持各熏蒸仪器设备控制面板上显示和控制结构的清洁和干燥。

熏蒸设备电气部分工作不正常时，先检查熔断器是否烧坏，再检查各线路接头是否正常，最后检查各部件是否损坏。

当施药设备有漏气时，检查各管路是否有破损，连接接头有无松开或损坏，如有损坏要及时更换相应部件或维修。

熏蒸器械用完后，应用清水冲洗干净，置于通风干燥处，避免日晒雨淋。

机器如发生故障，应及时与厂家联系。非专业人员不应擅自拆机。

自给开路式压缩空气呼吸器使用前应进行面罩、气瓶、报警功能、气密性等方面的检查，并确保充气满足熏蒸时间要求。

④人员安全：经常参加熏蒸工作人员，每年应定期进行健康检查。凡有心脏病、肝炎、肺病、贫血、精神不正常、神经过敏、高血压、皮肤病、皮肤破伤风者，怀孕期、哺乳期、月经期的妇女，未满 18 岁的少年，以及戴上防毒面具不能工作、经医生诊断认为不适应接触毒气工作的人员，均不得参加施药或接触毒气工作。

熏蒸相关人员应意识到该作业的安全风险，熟知磷化氢的无色、无味、剧毒、易于燃爆等特性，高度防范磷化氢熏蒸操作中存在的燃爆、中毒、密闭缺氧等风险。熏蒸作业的负责人应具有相应的储粮害虫防治专业技能，掌握磷化氢熏蒸基本理论知识，受过磷化氢熏蒸操作培训，能组织和指导磷化铝或磷化氢施药熏蒸作业。熏蒸操作人员应受过熏蒸技术与操作使用培训，经过自给开路式压缩空气呼吸器使用培训并考核合格，能熟练操作有关熏蒸设备和器具。

熏蒸过程中接触毒气的时间，每次不得超过 30min，每人每天不应超过 2 次。施药人员在工作中如有头昏、流泪、咳嗽和其他不适感觉时，应立即停止工作。

分药、施药、检查、处理残渣和开仓散气与药剂接触工作，要 2 人以上协同操作，并配备至少 1 名负责安全、防护的人员。熏蒸施药时，必须有专人负责清点进出仓人数，确定进仓人员已全部出仓后，方可封门。

粮仓（囤、垛）熏蒸密闭后到彻底散气前，无特殊情况，不允许人员进入。人员必须进入时，一定要采取必要的防护措施，防止发生中毒或缺氧窒息事故。

熏蒸前后禁止饮酒。用磷化氢熏蒸后，禁止食用牛奶、鸡蛋及其他含油脂食物。

接触毒气人员在工作完毕后应洗澡，更换衣服及鞋袜。换下的污染衣物应送到空旷无人的地方散气后，方可携入室内。

发生人员中毒时，应立即送医院诊治。

（二）氮气气调技术

1. 氮气气调技术简介

氮气气调储藏（Modified Atmospheres，MA），即利用变压吸附或膜分离制氮设备产生氮气，通过管网输送到粮仓内或仓内膜下使粮堆内氮气达到并保持一定浓度比例，进而改变粮堆内气体的组成，造成不利于害虫及霉菌生长发育的生态环境，抑制粮食自身呼吸，实现防虫、杀虫、抑制霉菌、延缓粮食品质变化以及保鲜效果，保证储粮安全的一种储粮技术。我国不仅拥有历史悠久的气密储藏传统，现代氮气气调储粮技术也得到了快速发展。我国粮食储藏行业，通过不断探索和创新研究应用新工艺，使气调杀虫技术在一定程度上实现了气调杀虫技术的节能化、智能化等，气调杀虫技术在我国已得到越来越广泛的应用。

N_2是一种惰性气体，本身对害虫是没有毒力的。在储藏环境中增加N_2的含量，主要目的是置换和取代O_2，当O_2浓度降低到一定水平时，对害虫就会造成有害的影响。如当环境中的O_2浓度降低到12%时，对大多数害虫的危害便有明显的抑制作用；当O_2浓度降低到8%时，多数害虫的生长发育和繁殖将受到抑制；当O_2浓度降低到4%以下时，害虫在两周内便会死亡；O_2浓度降低到2%以下时，害虫在数天内便会死亡。实验证明，O_2浓度越低，害虫致死的时间就越短。因此，利用N_2进行气调防治，氧气不足，使昆虫和微生物等无法进行正常有氧呼吸，导致能量供给不足，昆虫及微生物利用无氧呼吸，通过糖酵解方式增加能量物质含量，无氧呼吸糖酵解累积大量乳酸，导致昆虫和微生物死亡（表4-11）。

表4-11　气调防治的优缺点

优　点	缺　点
被处理的商品中无残毒	要求较高的气密性
对工作人员安全	处理时间长
对环境安全	增加储藏费用
低氧具有抑霉效果；通过降低粮食的呼吸，有利于保持品质	无警戒气味
害虫产生抗性的风险低	材料的获得和提供问题

氮气气调杀虫技术适用于仓房气密性较好或使用薄膜密封的粮仓，仓型包括散装粮平房仓、浅圆仓、立筒仓、大型粮食堆垛等，气密性符合相关标准要求；更多的是应用在害虫比较容易爆发的地区，在我国主要分布在中南部高温高湿区，如第5、6、7生态储粮区。

2. 系统硬件组成

氮气气调杀虫系统由制氮设备、输气管道、进仓管道、控制阀、粮堆内分配管道、环流风机等组成（图4-51）。

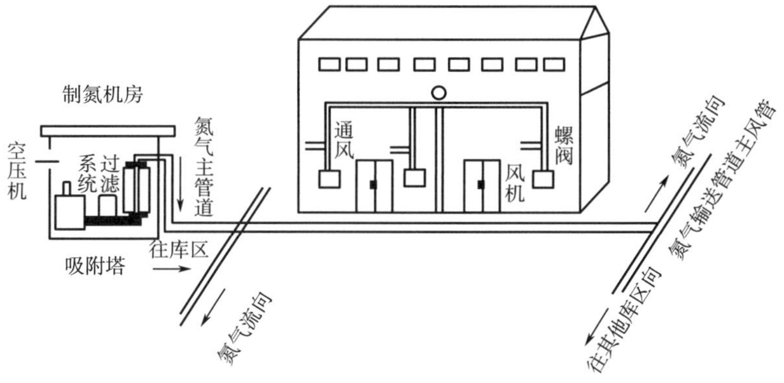

图4-51　氮气气调储粮供气系统组成

根据制氮机产气量和建设规模，应选择不同直径的主供气管道。如采用 UPVC（硬聚氯乙烯）管，管的韧性和硬度优于 GB/T 5836.1—2018《建筑排水用硬聚氯乙烯（PVC-U）管材》的标准要求，若使用 PPR（三型聚丙烯）管，其耐压力不小于 0.8MPa，PPR 管的其他参数符合 GB/T 18742.2—2017《冷热水用聚丙烯管道系统　第 2 部分：管材》的要求，若经济条件允许，可采用相应大小的 PE（聚乙烯）管或无缝钢管。对于管道直径，产气量不大于 150Nm^3/h，供气管道公称直径可选择 65mm；产气量不大于 220Nm^3/h，供气管道公称直径可选择 75mm；制氮设备产气量不大于 310Nm^3/h，供气管道公称直径可选择 90mm。施工时，不同的材质采用不同的连接方法，如采用 UPVC 管，管与管之间连接采用专用 UPVC 胶，主干道暗埋部分应套管，同时考虑管道热胀冷缩的影响。

根据粮库实际情况，供气管道采用开沟暗埋和沿仓房墙体架空铺设。开沟暗埋选择在绿化带，尽量避开混凝土强度较高的马路。埋地管道考虑防腐处理，主干道下的输气管道采取镀锌钢管外套保护。管顶至路面结构底层距离不少于 0.5m。埋地管道试压防腐后，采用细沙垫底铺平，回填土夯实后硬化。管道安装、检查、试压等参见 GB 50268—2008《给水排水管道工程施工及验收规范》、GB 50235—2016《工业金属管道工程施工规范》。沿仓房墙体铺设的管道离地 3m 处外套镀锌钢管保护。

采用薄膜压盖的粮仓，为顺利形成粮面气囊，需在粮面布置 PVC 聚氯乙烯气体分配管道，开孔率为：165 立方米的产气量，每米开直径 2mm 的孔 200 个左右。

粮仓不同，导致充氮方式的多样化，为了智能化地实现随时随地改变氮气充入方式，主要通过电路控制电磁阀的开合。

3. 气调技术方式

利用 N_2置换掉密封粮堆内的空气，使 N_2浓度达到 97%以上，O_2含量达到 2%～3%时，暴露时间 13～15d，可有效地控制粮堆内的害虫。根据粮仓中充气空间范围将氮气气调储粮杀虫技术充气工艺分为直接充 N_2气调和利用制氮设备富集 N_2气调。

（1）直接充 N_2气调　直接充 N_2气调的方法是利用真空泵等机械设备，把密封粮堆内的空气基本抽尽，再充入适量的 N_2，使粮堆处于高氮缺氧状态。首先将由密封粮堆中引出的导气管与真空泵的进气口连接，开启真空泵，抽空粮堆内气体。当粮堆内真空度 80kPa 时，即可充入 N_2，直至密闭粮堆内外气压平衡为止。充 N_2浓度应达 95%以上，粮堆内其余 5%左右气体中的 O_2，会随粮堆内生物体的呼吸消耗而逐渐降低，甚至达到缺氧状态（图 4-52）。

（2）利用制氮设备富集 N_2气调　利用制氮设备富集 N_2是目前较常用的氮气气调方法。常用制氮设备有两种类型：变压吸附制氮（Pressure Swing Adsorption，PSA）设备和膜分离制氮设备。

①变压吸附制氮：目前变压吸附制氮是应用较多的杀虫技术，主要适用于平房仓、浅圆仓等仓型，该系统主要有制氮机房（空压机、压缩空气净化组件、空气贮罐、PSA 氧氮分离系统、氮气缓冲罐、控制和检测系统）、机组、氮气输送管道、阀门、智能控

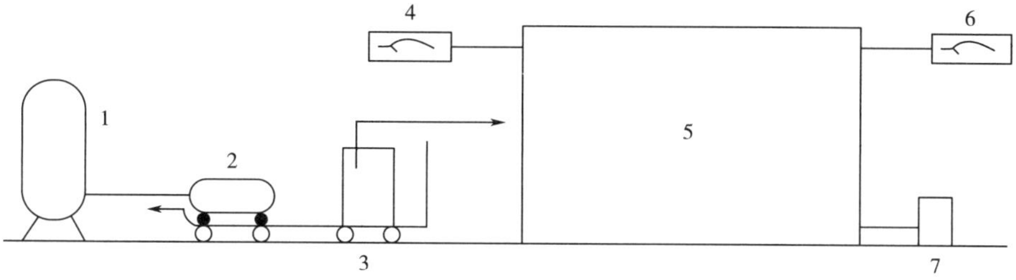

图 4-52　液氮储粮工艺流程

1—液氮槽　2—移动槽　3—蒸发器　4—温度检测　5—粮堆　6—气体检测　7—抽气泵

制系统等组成，通过实际应用说明，氮气气调对储粮过程中经常发生的米象、玉米象等常见害虫具有较好的控制效果（图 4-53）。

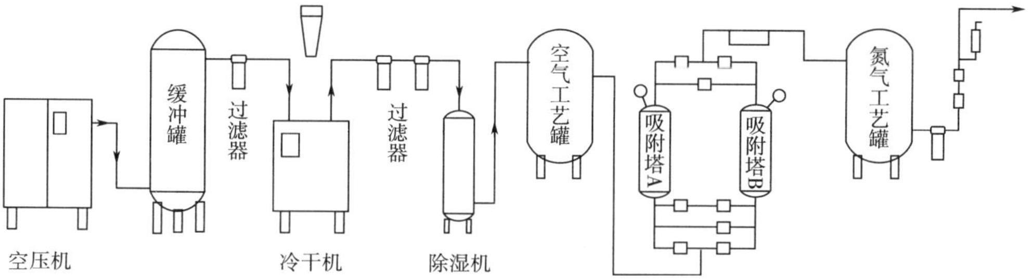

图 4-53　变压吸附制氮（PSA）工艺流程

变压吸附空分制氮是以碳分子筛（Carbon Molecular Sieves，CMS）为吸附剂，常温下分离空气制取氮气的技术。氧、氮两种气体分子在分子筛表面上的扩散速率不同，直径较小的气体分子（O_2）扩散速率较快，较多地进入碳分子筛微孔；直径较大的气体分子（N_2）扩散速率较慢，进入碳分子筛微孔较少。利用碳分子筛对氮和氧的这种选择吸附性差异，导致短时间内氧在吸附相富集，氮在气体相富集，如此氧氮分离，在 PSA 条件下得到气相富集物氮气。

现阶段的 PSA 制氮设备一般采用加压吸附常压脱附的分离工艺，以碳分子筛（CMS）为吸附剂，原料压缩空气经高效除油器（三级过滤）去除大部分油、水、尘埃后，进入冷冻式干燥机，使压缩空气露点低于-23℃，再进入填充颗粒状活性炭的活性炭过滤器，除去空气中异味及残余的油分，使含油量低于 0.1mg/kg，洁净的压缩空气进入缓冲空气储气罐，空气储罐的洁净压缩空气由吸附塔底端进入填装吸附剂的变压吸附制氮分离系统，气流经空气扩散器扩散以后，均匀进入吸附塔，当一个吸附器在加压工作时，另一个则卸压再生，通过两个吸附器之间的阀门自动交替进行，源源不断地生产氮气（图 4-54）。

与传统制氮法相比，采用变压吸附空气分离设备的氮气纯度可达到 95%～99.9995%，

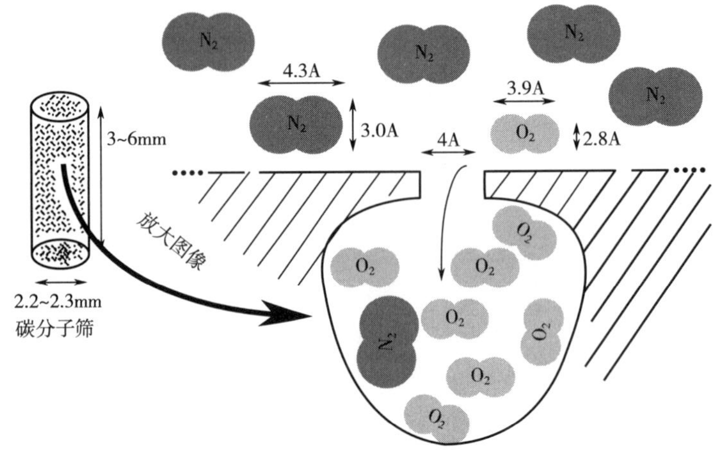

图 4-54　变压吸附制氮原理

目前国内设备流量最大可达到 5000Nm³/h 左右。同时变压吸附制氮具有工艺流程简单、自动化程度高、产气快、能耗低，产品纯度高，设备维护方便、运行成本较低、适应性较强等特点，深受小型氮气用户的欢迎，成为中、小型氮气用户的首选方法。

②膜分离制氮：膜分离制氮机主要包括：空压机、空气预处理装置、膜分离装置和氮气缓冲罐等组成。空压机为制氮装置提供足够气源，空压机排气压力和排气量以膜组件的工况要求为依据。空气预处理装置用于除去压缩空气中的油和水分，以及大于 0.1μm 的微尘颗粒，减轻后续膜组件的负担，具有除油过滤和空气干燥两个功能。膜分离装置将压缩空气精过滤后，经膜装置分离成氮气和富氧。氮气达到品质要求后进入缓冲罐备用。膜分离过程的富氧废气通过富氧排放口排出。氮气缓冲罐用于氮气的暂时存储和气体缓冲（图 4-55）。

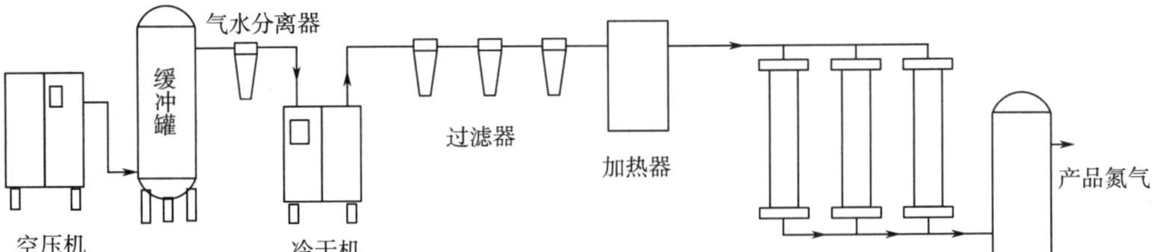

图 4-55　膜分离制氮工艺流程

膜分离制氮利用中空纤维膜将氮气从大气中分离。中空纤维膜是一种具有分子级分离过滤作用的介质。当两种或两种以上的气体混合物通过高分子中空纤维膜时，会出现不同气体在膜中相对渗透率不同的现象。根据这一特性，可将气体分为快气和慢气。膜分离制氮利用各气体组分在中空纤维膜丝中的溶解扩散速率不同，因而在膜两侧分压差的作用下导致其渗透通过中空纤维膜壁的速率不同而分离。当空气混合气体通过中空纤维膜时，在中空纤维膜两侧压差的作用下，快气（如氧气、二氧化碳和水气）会迅速渗透过纤维壁，以接近大气压的低压从膜件侧面的排气口排出。慢气（如氮气）在流动状态下不会迅速渗透过纤维壁，而是流向纤维束的另一端，进入膜件端头的产品集气管内，从而达到混合气体分离的目的（图 4-56）。膜分离制氮无阀门切换和吸附剂再生过程，是一个静态、连续的分离过程。与变压吸附制氮相比，具有整机一体化、可移动使用方便、无切换阀门和吸附剂再生过程、设备可靠性高等特点。膜分离制氮系统包括空压机、空气储气罐、三级过滤器、活性炭除油装置、加热器、中空纤维膜、流量计、检测装置、控制系统、阀门、连接管道等。

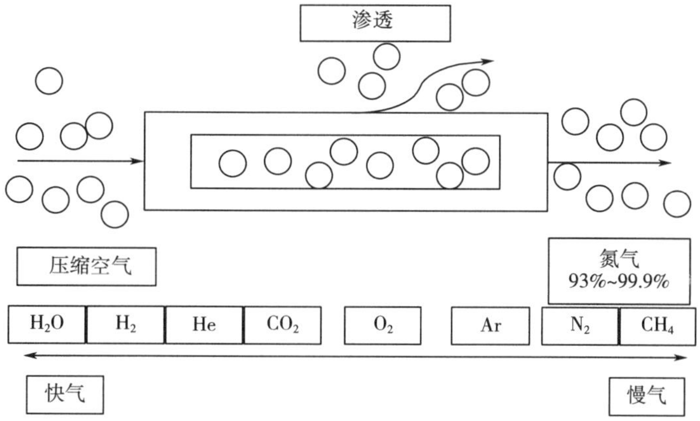

图 4-56　膜分离制氮原理

膜分离制氮与碳分子筛制氮相比，由于中空纤维膜十分容易被压缩气源中的油分和尘埃所堵塞，使用一定时间后会出现产氮能力下降的现象，而且细菌的侵入会加速膜分解；但碳分子筛因有再生过程，所以对气源要求不像膜那么苛刻（表 4-12）。

表 4-12　　膜分离制氮和变压吸附制氮主要特点比较

项目	变压吸附制氮	膜分离制氮
分离介质	碳分子筛	中空纤维
原理	加压吸附，减压脱附	溶解-扩散
耗能部件	空压机	空压机
氮产量/(Nm^3/h)	20~3000	1~2000
压力/MPa	0.5~0.7	0.8~1.2
储罐	需要氮气储罐	无须氮气储罐
露点/℃	-40	-70~-40
耗电量/(kW/Nm^3)	0.25	0.5
启动时间/min	30	5
维修、保养部件	过滤器芯、电磁阀、气动阀，有一定故障率和维修量	过滤器芯，很少维修和保养

续表

项目	变压吸附制氮	膜分离制氮
介质寿命	8 年	10 年
制氮机机械噪音	<75dB	<30dB
工艺流程	空压机、储气罐、过滤器、冷干机、吸附塔、缓存罐	空压机、储气罐、过滤器、膜组件
设备投资	较小	较大
外形尺寸	较大	较小
氮气纯度范围	95%~99.99%	95%~99.9%
增容	困难	容易
固定式	普遍采用，需机房和管网	可固定，但很少用
移动式	移动困难，很少使用	需移动平台，每仓要求大的供电能力

膜分离制氮机要求气源温度在 45~50℃，因此需要安装加热器，但温度高会加速膜老化；而碳分子筛可在常温下工作。

从经济实用角度考虑，若膜分离制氮机生产纯度为 98.5%的氮气，其所需的设备成本和运行成本都比碳分子筛高，且氮气纯度越高，用碳分子筛越经济。因此，膜分离制氮机适宜在产品氮气纯度<98%的岗位上工作。

4. 气调主要作业步骤

（1）充气　进行气调杀虫时一般先用气密性好塑料薄膜将粮面密封［密封方式见（四）粮堆密封］，最大限度增加仓房气密性，保证气调杀虫效果。一般常用充气方式有三种：上充下排连续充气、上充下排结合尾气回收利用、上充下排结合环流降氧（图 4-57，图 4-58，图 4-59）。

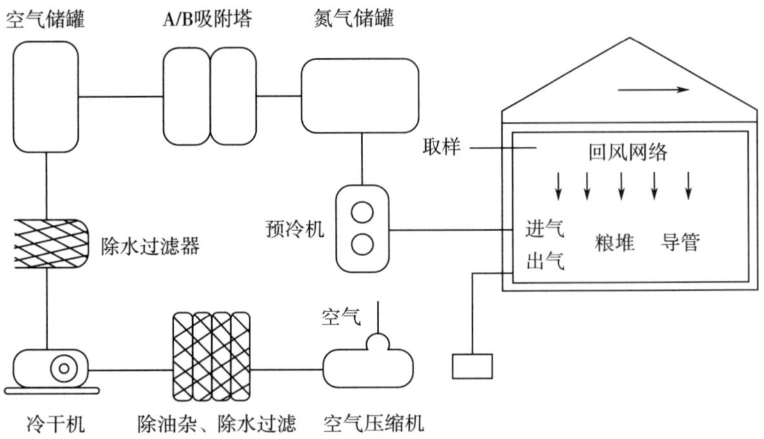

图 4-57　实仓充氮气调工艺流程（上充下排连续充气）

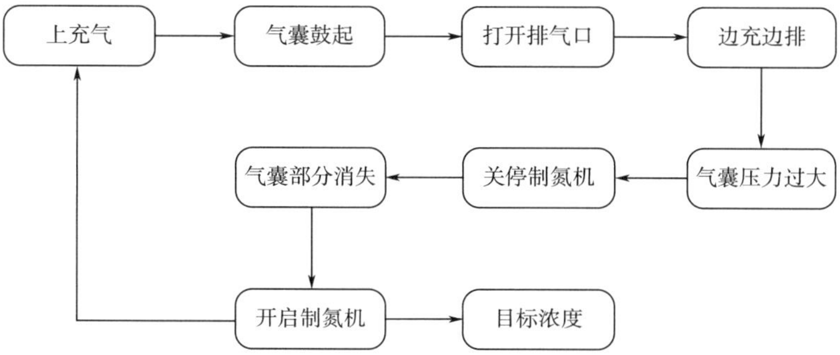

图 4-58 膜下粮堆充氮气调工艺流程（上充下排结合尾气回收利用）

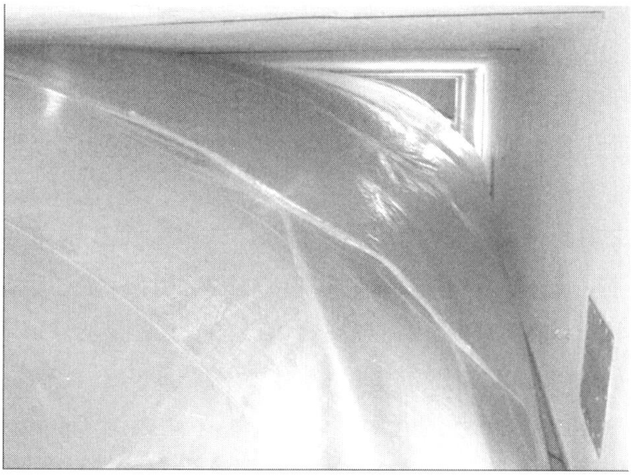

图 4-59 膜下粮堆充氮气调时的粮面气囊

上充下排连续充气是先从粮堆上部充气，当粮面薄膜鼓起时，从地上笼风道口排气，持续充气，若排气浓度达到 93%~95% 时，停止充气，开启环流风机，均匀粮堆内氮气浓度，当检测点浓度差≤2%时，停止环流。根据仓内氮气浓度情况，重复上述过程，使粮堆氮气浓度达到 98%以上。若使用气囊密封粮面进行充氮气气调则继续充气，待气囊隆起时停止充气，让粮堆内氮气自然均匀扩散，或开启环流风机，均匀粮堆内氮气浓度。待气囊消失后再次启动充气，重复上述操作，直至整仓氮气浓度达到 98%以上。充氮气调杀虫期间每天检测氮气浓度，当氮气浓度低于 98%时及时补气，维持时间不低于 30d。

上充下排、尾气回收利用是指从粮堆上部充气，当粮面薄膜鼓起时，从地上笼风道口排气，持续充气，若排气浓度达到 85% 以上时，将排出的尾气通过氮气输送管道引入另外仓房，直至整仓氮气浓度达到 98%以上，维持时间不低于 30d。

上充下排、环流降氧一般在采用膜分离制氮设备进行氮气气调时使用较多。从粮堆上部充气，地上笼风道口不排气，薄膜鼓起后，将制氮设备的空气源采集口与机械通风口相连，抽取粮堆和气囊内的富氮空气，制氮设备将富氮空气中的氮和氧分离，氮气通过进仓管道充入粮面气囊。气囊消失时，停止环流；重复上述过程，粮堆内的氮气浓度达到目标浓度后继续充气，使气囊隆起。维持仓内氮气浓度达到98%以上的时间不低于30d。

整个充氮操作流程可概括如下：按照充气工艺，采用粮堆上部充气，开启或关闭相关阀门，开启制氮设备向仓内充气，当出气口浓度低于目标浓度3%左右，停机环流。充气结束时，先停止制氮设备，再关闭进气和排气阀门。充氮期间应防止薄膜破裂或脱落。具体操作：①开启待充气粮仓的进气和排气阀门，关闭不充气粮仓的进气阀门；②按使用说明书开启制氮设备，调节氮气输出流量对目标仓房充氮；③根据制氮设备的可调节能力（空压机和冷干机余量、空气净化处理状况、吸附塔的高径比和分子筛），充气初始阶段，以可调节的最低浓度和最大流量充气。对于气调杀虫，当仓房排气浓度达到95%时，调节变压吸附制氮设备出口浓度为99%左右或膜分离设备出口浓度为98%左右，当仓房排气浓度达到97%时，调节变压吸附制氮设备出口浓度为99.5%左右或膜分离设备出口浓度为99%左右；④充氮期间应防止薄膜破裂或脱落；⑤每一阶段充气结束后或粮堆氮气达到目标浓度后，先停止制氮设备，再关闭进气和排气阀门；⑥氮气气调储藏期间的检测与分析。

（2）氮气浓度检测　及时检测氮气气调处理环境中的氮气浓度是确保取得理想杀虫效果的关键。对于高大平房仓整仓进行氮气气调处理的仓房，一般情况下沿着粮堆的对角线设置10个氮气浓度检测点。其中9个检测点检测点设置在每个对角线的两端距离仓房墙角50cm、对角线的中部，分别位于粮堆的表面以下50cm、粮堆中部、粮堆的底部距离地面50cm处。另一个检测点位于粮堆表面中部距离大约1m处（图4-60）。可以采用氮气浓度检测仪检测仓房内部环境中的氮气浓度，用氧气浓度检测仪检测仓房内部环境中的氧气浓度。

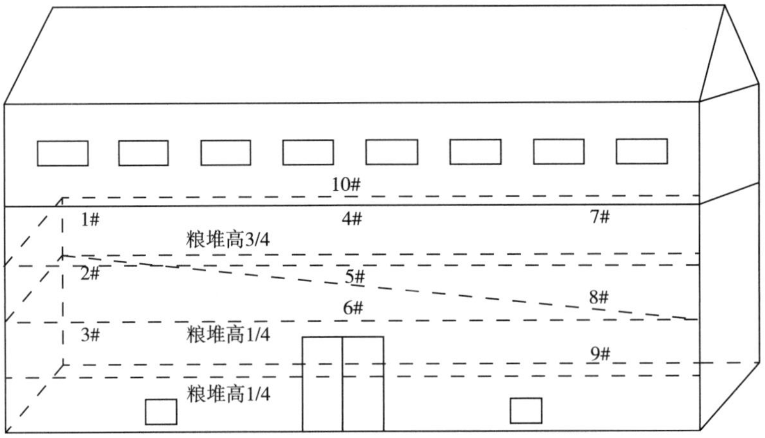

图4-60　高大平房仓氮气浓度检测点设置

注：仓房对角线上分别高7m（1#、2#、3#）、3m（7#、8#、9#）；仓房中间（4#、5#、6#）3个位置分3层布置相应检测点；第一层为粮堆堆高3/4处，第二层为粮堆堆高1/2处，第三层为粮堆堆高1/4处；粮面上仓房中部气囊内布置1个点（10#）

对于浅圆仓一般也设置 10 个氮气浓度检测点。粮食入仓后，分两层布置检测点，第一层在粮面下 1m 处共布置 5 个点，分别为东面、西面离墙 1~2m 各一点，南面、北面的半径中点各一点，圆心一点；第二层在扦样最深处共布置 4 个点，分别为东面、西面的半径中点各一点；南面、北面离墙 1~2m 各一点；空间浓度检测点设在粮面中心上方 1m 位置，共计 10 个检测点（图 4-61）。

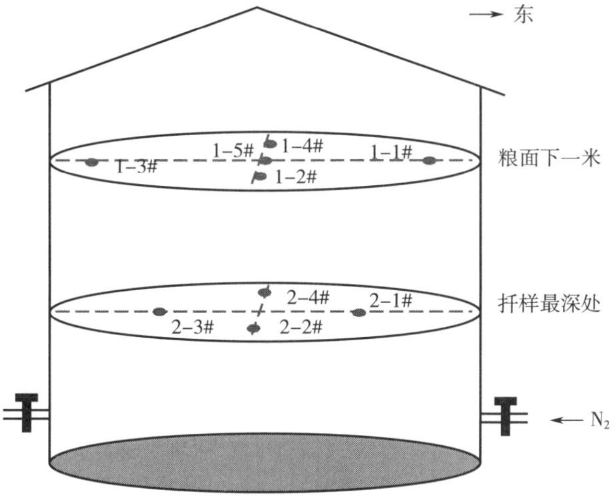

图 4-61　浅圆仓氮气浓度检测点设置

气体取样管采用管径 4mm 的耐压软管，埋入粮堆的取样管应带取样头，仓外取样箱内应张贴布管图，并做好穿墙 PVC 管的气密处理。

现代化的气调储粮仓房均配置有气体浓度监测系统。气体浓度监测系统主要由气体采集、气体管路控制、气体浓度测量、数据传输和监控微机等部分组成，采用先进的检测和自控技术，实现粮仓气体浓度的全自动测量和数据处理（图 4-62）。

图 4-62　气体浓度监测系统

5. 气调杀虫对气密性的要求及仓房的密封与处理

（1）气密性的要求　良好的气密性是保证气调杀虫成功最为关键的环节。国际上对气密性评价指标是以施用压力衰减到一半所需的时间来表示的，一般称其为压力半衰期、压力半衰时间或压力半衰水平等，即以充气后仓内压力衰减一半所用的时间来表示仓的气密性。

为保证气调杀虫的效果，必须严格做好仓房气密性。但不同国家对气密性标准的具体数值差别较大。例如，澳大利亚规定空仓初始压力从2500Pa降至1500Pa的时间≥5min为一级仓，从1500Pa降至750Pa的时间≥5min为二级仓；从500Pa降至250Pa的时间≥5min为三级仓。我国对气调储粮仓房的气密性评价也采用压力衰降法，考虑到我国储粮仓房的结构特点，测定压力范围规定为500Pa降至250Pa。在GB/T 25229—2010《粮油储藏　平房仓气密性要求》中，根据平房仓气密性将气调仓分为三个等级（表4-13）。

表4-13　平房仓的气密性等级

用途	气密性等级	压力差变化范围	压力半衰期（t）
气调仓	一级	250~500Pa	t≥5min
	二级	250~500Pa	4min≤t<5min
	三级	250~500Pa	2min≤t<4min

平房仓仓房气密性达不到上述标准气密性等级要求，若进行气调储粮可采取仓内薄膜密封粮堆的方法，其粮堆气密性同样分为三个等级（表4-14）。

表4-14　平房仓内薄膜密封的粮堆气密性等级

用途	气密性等级	压力差变化范围	压力半衰期（t）
气调储粮	一级	-300~-150Pa	t≥5min
	二级	-300~-150Pa	2. 5min≤t<5min
	三级	-300~-150Pa	1. 5min≤t<2. 5min

关于浅圆仓氮气气调目前尚无国家标准或行业标准，这里提供中储粮总公司制定的Q/ZCL T8—2011《氮气气调储粮技术规程》，针对浅圆仓气密性提出实仓气密性500Pa降至250Pa的半衰期不小于240s。

（2）仓房密闭　为保证良好的气密性，仓门、粮仓四周墙壁安装塑钢双槽管，不能使用单槽管。在堆粮线附近安装双槽管，槽管应埋入墙内与墙面齐平，一般先用胶打在槽管背面，然后采用膨胀螺栓固定，将塑料密封槽管与墙体基层固定牢靠，在转角处使用弧形过渡槽管。检查压条是否完好，检查双槽管内有无异物，采用真空泵将压条抽瘪，利用压条将粮膜分别压入双槽管，使薄膜边缘全部在双槽管压槽之外，压条露出槽管部分缠绕加强胶带，压管末端连接三通，在压管接口处使用专用胶进行密封处理。检查外圈气密压条是否全部压入双槽管，启动空压机压力为0. 5MPa时停机，向内、外圈气密压条充气，一周检查一次压条膨胀情况决定是否补气。

仓门一般采用薄膜密封，在挡粮板外侧，靠门框10cm处，安装塑钢双槽管，压入薄膜密封，注意塑料薄膜应保持适度松弛，以便仓内充气时塑料薄膜与门贴紧，使压力传于门上，保证塑料薄膜不因受力而破坏。或者改造气密门窗的压紧装置，门框与墙面之间缝隙用 d 型橡胶管和玻璃胶密封，门扇之间及与门框结合处加直径 16~18mm 优质 d 型橡胶管或橡胶条作为气密垫。

墙壁上的缝隙一般采用砂浆水泥的密封，并在此基础上，根据气密性能涂刷气密涂料。墙角、地面与墙体连接处用丙烯酸涂料拌和膏灰填充裂缝，找平。对仓房无形缝（如壁面、顶面、地面）按照十字作业法刷 2 遍聚氨酯密封，边角部位的结合处刷 4 次聚氨酯密封。确保仓内墙面及仓顶无裂缝，孔洞封堵严实；检查并确保仓内地面及地面与墙体交接处无裂缝。

各工艺孔洞，如仓底通风口、轴流风机口，用玻璃胶、d 型橡胶管、塑料薄膜等材料将其上的缝隙密封。仓内预埋粮情检测箱、电源管、信号电缆管等各工艺孔洞用玻璃胶、橡胶管、橡胶条等材料密封。

（3）粮堆密封　由于氮气气调主要采用膜下气调，气密性处理部位主要为堆粮线以下的仓体，包括墙体、工艺孔洞、门。根据仓房气密条件，可采用单面密闭或五面密闭进行仓房气密性改善，墙体挂膜可在粮食入仓前实仓挂膜，让薄膜自然垂下，注意预留薄膜长度使之能与地坪重叠 0.5m 左右，槽管上的部分也预留 10~20cm，以免粮食入仓时薄膜张紧过度造成漏气或实仓时与粮面薄膜连接困难。薄膜与地上笼通风系统空气分配箱过墙管相交部分最好粘接，整体密闭处理要求达到坚固、耐久、不漏气、不开裂，外观效果光洁、平整、无裂纹、无皱褶、无脱皮。常用的气密性较好的塑料薄膜见表 4-15。

表 4-15　粮面密封常用的塑料薄膜

材料名称	PVC 聚氯乙烯薄膜	PE 薄膜	PA/PE 五层共挤尼龙复合薄膜	茂金属丝尼龙膜
幅度/m	2~16	2~8	2~4	2~16
厚度/nm	0.14	0.08~0.12	0.08~0.12	0.08~0.12
密度/(g/cm^3)	1.35	1.0	1.0	0.95
氧气透过率/[mL/(m^2·24h)]	2500	580	56	56
抗张强度/(kg/m^2)	39.2	4	128	128
单位重量的面积/(m^2/kg)	5.29	12.5	12.5	12.5
价格/(元/t)	14800~16500	16000	23000~25000	22000~23500

一面封的方式一般采用固定式塑料槽管密封法，借助密封专用胶条用塑料薄膜密封将整个仓房粮堆表面密封起来。这种方法适用于仓房建筑结构好，墙壁、地坪防潮性能好、密封性能好的仓房（图 4-63）。

图 4-63　固定式塑料槽管

气囊密闭是在粮堆一面封基础上发展而来。气囊密闭时需在仓内装粮线处安装专用双层密封槽管，选用一张比粮堆平面长宽各大 2~4m 的薄膜，然后用密封专用胶条将薄膜压入双槽密封内；充气后会在粮面上形成一个气囊物将粮堆密闭起来（图 4-64，图 4-59）。这种方式适用于墙体、地坪气密性能较好的仓房。

图 4-64　粮堆密封

进行粮面密封时，常常需要对薄膜进行连接与补漏。薄膜的粘接方法通常有热合法和黏合法。热合法用于大薄膜的粘接，黏合法用于薄膜破损修补、薄膜与仓墙或地坪的粘接以及薄膜间的连接。

五面封指除仓房地坪外，对粮堆四周和粮面均用薄膜密封（图 4-65）。这种方法适用于地坪干燥、墙壁防潮性能差的仓房和仓内堆垛储藏的粮食进行气调杀虫处理。

六面封适应于地坪需铺垫器材的仓房和成品粮堆垛储藏进行气调杀虫处理。这种方式只比“五面封”多一个底面薄膜。一般做法是散粮入仓前先铺底膜，并与四周的薄膜下端黏合，入粮后做粮面密封。若包装粮堆垛储藏，则先在垛底铺好薄膜，堆垛码好后再把帐幕罩到堆垛上，帐幕罩的下端与底面薄膜热合或黏合牢固即可。六面封与一面封、五面封密封形式相比，具有更高的气密程度，可将密封系统内外的气体交换率降到最低。

传统密封多采用整仓密闭，对门窗、工艺孔洞、通风口等进行密封处理，由于仓顶多采用拱板浇筑，很难保证气密性较好，而且对其进行气密处理难度较大。

整仓密闭由于仓内体积较大，气调储藏时需要充入的氮气量相对较多，达到设置的氮气浓度的时间要长，成本较高。对粮堆采用一面封、五面封或六面封等密封形式较好地解决了仓顶气密性问题，而且气调充气时可以根据薄膜鼓起程度、压力值、计算用气量等多种因素考虑充入氮气量。

图 4-65　对包装粮堆垛进行五面封

（4）仓房气密性检测　不同仓型空仓与实仓的压力半衰期有差别，一般空仓的压力半衰期大于实仓。一般情况下，整体仓房的气密性检测采用正压气密检测法（图 4-66）；薄膜密封粮堆的气密性检测采用负压气密检测法（图 4-67）。在测试气密性时，压力不宜加太大，只需比检验压力高 50~100Pa 即可，否则会破坏仓体的气密性。

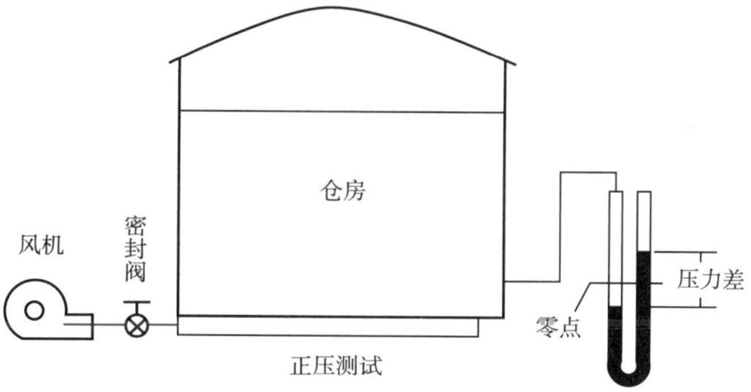

图 4-66　正压法测试整个仓房气密性测试仪器设备连接示意图

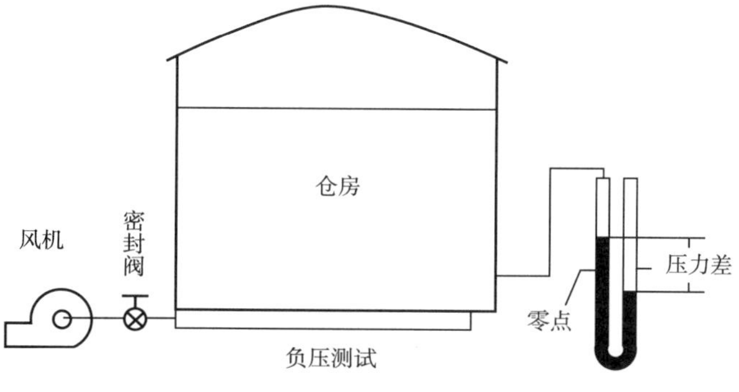

图 4-67　负压法测试薄膜密封粮堆气密性测试仪器设备连接示意图

仓房气密性检测主要测试设备及器材主要有测压风机、U 形压力计或数字压力计、秒表等。

仓房（粮堆）气密性检测采用压力衰减试验法。检测原理是用风机将空气吹入仓内（正压力衰减法）或者从薄膜密闭的粮堆抽出（负压力衰减法），使仓房或粮堆内外达到一定的压力差，停机后，由于漏气，使得仓房或粮堆内外的压力差逐渐减小，根据压力差衰减到一定程度的时间，来判断其密闭性能的好坏。通常用压力半衰期来表示气密性好坏。

使用 U 形压力计法检测时，用风机抽气使 U 形管水柱高度差 4cm 左右，在高度差降至 3cm 时，用秒表开始准确计时，当 U 形管水柱高度差为 1.5cm 时停止计时，记录时间，填写记录表。

使用数字压力计法检测时，用风机抽气使压力表显示约-400Pa 时停机，在压力回升至-300Pa 时，用秒表准确开始计时，当压力从-300Pa 回升至-150Pa 时停止计时，记录时间，填写记录表。

采用氮气气调杀虫时，整仓房的气密性可用正压半衰期测试法测定，即在仓房一侧用风机加压 500Pa 以上，观测另一侧连接的压力计从正压 500Pa 衰减至 250Pa 的时间，重复测试三次或以上，取平均值。

（5）仓房漏气部位检测　在实际氮气气调杀虫过程中，为检测仓房是否达到气密性标准，通常采用听声法、肥皂泡法等方法查找明显的漏气处并进行密封处理，使气调仓的气密性达到要求。

肥皂泡法是用风机向仓内压入空气，使仓内外压力差保持在 300~500Pa。将 2%肥皂水或其他家用洗涤剂与水混合液用喷雾器或喷枪喷射到仓房表面（主要是门窗及周边接缝处），漏气的地方可以观察到气泡，需做气密处理。这种检测法尤其适用于微小甚至是极微小缝隙或孔洞的检测，如环流设备、环流管道、闸阀门的连接处、通风口盖板处、仓内部件与墙面以及塑料薄膜的连接处等漏气部位。

6. 气调杀虫技术在应用中的注意事项

气调杀虫时，为保证气调效果，一般要设置试虫虫笼。取将粮堆内筛取的虫样，装入试虫袋内，并装入适量的粮食即可。在检查门附近的粮膜内，可把薄膜揭开放入试虫虫笼后再密封，其他点可用小刀对薄膜划一小口，放置虫笼后，薄膜用黏胶带密闭。预置至少 6 个虫笼，并用尼龙绳分袋扎好留绳头于粮面便于迅速拉出，其余每通风口放置 2~3 个。氮气浓度达到 98%以上 28d 时，取出部分试虫，待散气安全后，取出剩余部分的试虫。检查试虫死亡情况，饲养试虫的粮食过筛去成虫后，在室内培养，检测虫卵、蛹、幼虫存活情况。做好粮温及氮气浓度数据检测和记录。

气调防治储藏物害虫的效果除了与所用气体的浓度和暴露时间有关外，还受其他一些因素的影响，如环境的气密性、害虫的种类及虫期、环境的温湿度等。

目前，已推广使用的氮气气调杀虫技术主要应用于玉米、稻谷、大豆和小麦等主要粮食作物。

在应用过程中，首先要保证粮食本身品质的安全，在现实工作中，则主要受到粮食水分、脂肪酸值、温度等因素影响。其中小麦水分<12.5%、玉米<13.5%、稻谷<13.5%、大豆<13.0%。若水分过高，需进行干燥后再氮气气调。同时要求入仓粮食应清理达标，防止杂质局部聚集，粮食入仓后及时清扫、平整粮堆。粮温正常，粮情稳定，对于粮温相对较高的粮食要进行降温处理。对于粮食脂肪酸值：要求稻谷脂肪酸值不宜超过 20mg KOH/100g；玉米脂肪酸值不宜超过 40mg KOH/100g。

根据实际杀虫需求，制定合适的氮气气调杀虫方案，一般根据储粮粮情、虫口密度、粮温和储粮要求来确定充气浓度和维持时间，氮气浓度低于目标浓度需要及时补气，当虫口密度达到一般虫粮及以上等级时，应及时充气杀虫，粮堆维持氮气浓度 98%以上不小于 28d。达到防治目的后，可根据情况，确定是否补气。在气调杀虫时，应及时调整氮气气调方案，提高氮气浓度，延长气调时间，同时做好仓房和气囊的气密性处理，确保完全杀死害虫。

（1）环境的气密性　气调环境的气密程度是气调防治的关键因素之一。一般情况下，气调要求的环境气密性比熏蒸的要求高。

（2）害虫的种类和虫期　通常，鞘翅目储藏物昆虫的前期蛹对气调的忍耐力最强，其次是卵、高龄幼虫、低龄幼虫和成虫。在常见害虫中，象虫（*Sitophilus* spp.）的蛹对各种气调处理忍耐力最强。如 10℃时，在 98%的 N_2 和 2%的 O_2 条件下，象虫的蛹可以存活 10 周以上，而成虫在 2.5 周后即全部被杀死。

蛾类通常要比象虫对气调更加敏感。但滞育期的印度谷螟幼虫对各种气调的忍耐力比正常发育的幼虫和成虫要高。人们还发现，螨类的休眠体对气调表现出较高的忍耐力。

有研究报道，气调可诱发储藏物害虫对气调的抗性。赤拟谷盗成虫经过 40 代低氧条件筛选，发现其抗性水平发展到 5 倍。在 35% CO_2、1% O_2，其余为 N_2 的条件下，对嗜卷书虱进行了 30 代的筛选，结果发现该虫的抗性水平提高到 5.6 倍。所有抗性品系成功的筛选都是在较高的湿度条件下进行的，而这样的条件在实际储藏中一般是不会发生。因此，在实际应用条件下害虫忍耐力和抗性水平未必会得到发展。

（3）温度的影响　温度也是影响气调防治效果的重要因素之一。一般情况下，在 5~10℃以上，害虫的致死时间随温度升高而缩短（图 4-68）。如用 98% N_2 防治谷象，10℃时所需暴露时间最长，约为 80d，20℃时为 35d，30℃时为 14d，而 40℃时仅需 1~2d。

与 CO_2 相比，N_2 处理防治储藏物害虫所需的致死时间更长一些，而且 O_2 含量必须低于 3%。特别是在温度较低的情况下，如低于 20℃时达到致死的暴露时间比 CO_2 更长。

图 4-69 所示为用 N_2 气调、O_2 含量低于 3%、不同温度条件下防治常见储藏物所需暴露时间的范围。在 10℃时，防治储藏物害虫所需的暴露时间为 37~43d；在 20℃时，需要 21~28d；而在 30℃时，仅需 4~7d。

（4）相对湿度的影响　处理环境的相对湿度对气调防治也有显著的影响。在相同的

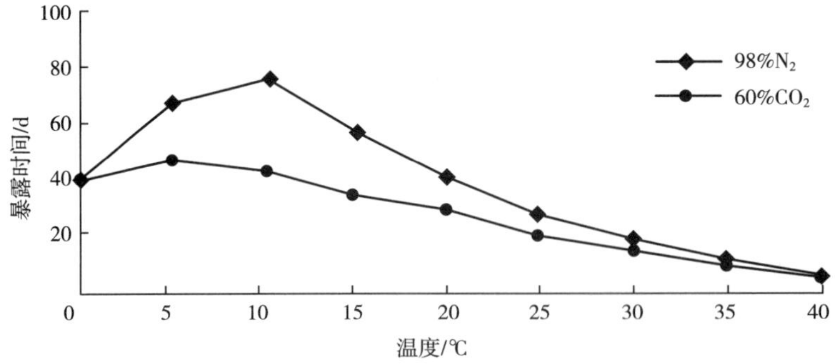

图 4-68 氮气和二氧化碳气调防治谷象不同温度下所需暴露时间

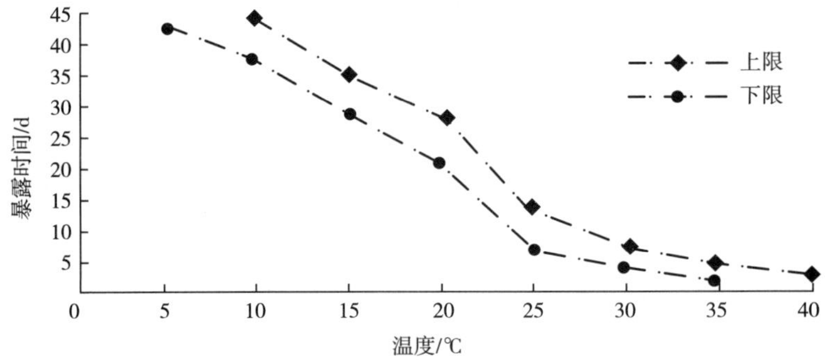

图 4-69 氮气气调防治谷象不同温度下所需暴露时间

气体条件下，不同的相对湿度所需的暴露时间可能相差很大。通常相对湿度越低，防治效果越好，较低的相对湿度可以明显缩短致死害虫的暴露时间。图 4-70 所示为在不同相对湿度条件下低氧和高二氧化碳气调时对粉斑螟蛹羽化率的影响。因此，在使用气调技术防治储藏物害虫时，应尽可能降低环境中的相对湿度。

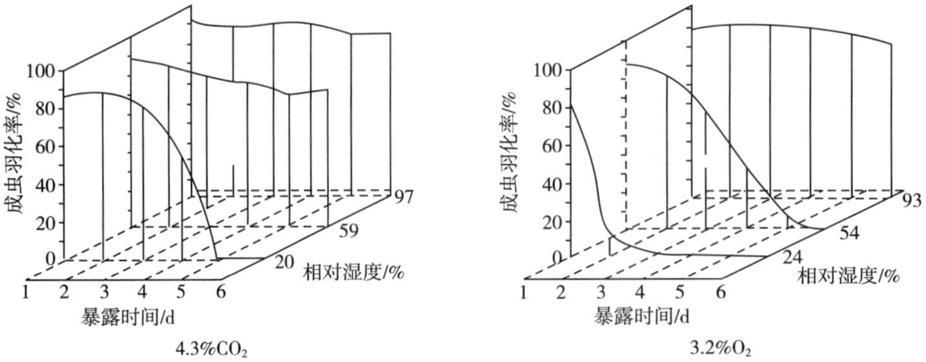

图 4-70 不同相对湿度条件下低氧和高二氧化碳气调时对粉斑螟成虫羽化率的影响（26℃）

7. 气调安全防护

氮气气调杀虫期间，应设置警戒线和气调处理或杀虫标识；对于充气后的气调仓，要按照要求对气调仓张贴醒目的安全警示标识。

（1）掌握安全知识

①操作维修人员必须掌握氮气气调的基本理论知识，熟悉气密性处理和安全防护及检测设备使用方法，进入充氮气调仓检查粮情或进行膜上作业时必须佩戴空气呼吸器、氧气浓度报警仪进仓作业。

②操作人员必须熟练掌握呼吸装置的使用。

③氮气气调储粮杀虫作业前，要对设备进行检查是否能正常工作，对于有安全隐患或有损坏的零部件要及时维修或更坏。

（2）安全措施　粮仓属于缺氧危险作业场所，各有关企业要按照 GB 8958—2006《缺氧危险作业安全规程》规定。

①禁止单人、酒后、身体状况不佳者进入充氮仓房，禁止民工及外来人员私自进入充氮仓房。

②进入充氮仓房后先用氧气浓度报警仪对充氮仓房空间进行检测，当氧气浓度低于19.5%时，应对仓房空间进行通风换气后才可开展有关作业。

③进入粮堆气囊内作业的保管员必须两人以上，以防发生意外时及时抢救报警。

④进入粮堆气囊内检查粮情或取样作业前，必须佩戴空气呼吸器（确认呼吸器能够正常使用、空气储气罐压力必须达到 30MPa 以上）、氧气报警仪和携带通信工具、剪刀利器，同时必须确保至少 3 人在场作业。具体分工为：两人佩戴空气呼吸器进入粮堆气囊内作业，一人留在气囊外的进人孔处负责安全值勤、递送工具、接应人员进出及封闭人孔等工作。在粮堆气囊内作业过程中，保管员要随时注意空气储罐的压力表变化情况，当压力低于 5MPa 时必须收拾工具准备出囊，达到红色区域时则立即出气囊，如遇特殊情况可撕开薄膜进行紧急避险。

⑤作业完毕后人员出仓时，要绝对保证人员都全部出仓，出仓后卸下呼吸器，对面罩进行擦洗晾干，整理好所有部件以备下次使用。

（3）加强呼吸防护用品的管理与维护　要规范使用呼吸器并定期维护保养。同时，空气呼吸器和专用空气压缩充气泵必须安排专人进行管理，空气呼吸器和储气罐的使用应有详细记录，并掌握和了解其性能变化，确保安全使用。呼吸防护用品是保障职工生命安全和身体健康的主要措施，请各企业按照 GB/T 18664—2002《呼吸防护用品的选择、使用与维护》的要求，正确选用呼吸防护用品。其中，在“立即威胁生命和健康环境下（IDLH）”，应使用空气呼吸器。在其他环境下，要根据有害环境“危害因数”来选择正确的呼吸防护用品。企业采购的空气呼吸器、长管面具应符合 GB/T 16556—2007《自给开路式压缩空气呼吸器》和 GB 6220—2009《呼吸防护　长管呼吸器》的要求。要按照相关标准规范以及产品说明书的要求正确保管呼吸防护用品，并做好日常检测、维护等工作。

（4）应急抢救措施　氮气是一种无色、无味、无毒的惰性气体，正常情况下，无毒，无特殊生理作用。当空气中 $N_2>84\%$（$O_2<16\%$，下同）时，人体感觉呼吸不畅、有窒息感；当氮含量>90%时，可引起单纯性窒息，表现头痛、恶心、呕吐、胸部紧束、胸痛、四肢麻木、阵发性痉挛、对光反应减弱等缺氧症状，严重时迅速昏迷。

①在开放式空间吸入少量高浓度氮气时，因暂时性缺氧出现头痛、胸闷等轻微中毒的现象，应急处理措施为：立即将中毒人员转移到空气清新的地方稍作休息即可。

②在充氮密闭空间内因呼吸器、防护面具意外损坏或储气罐储气量不足而导致氮气中毒时，通常出现立即跌倒、窒息、短暂失忆等现象（可能危及中毒人员生命安全），应急处理措施为：立即将中毒人员迅速脱离现场转移到空气新鲜处，并使其保持呼吸道通畅；如呼吸困难时，转至医疗室给其输氧；如遇呼吸心跳停止时，立即进行人工呼吸和胸外心脏按压术，并就近送医治疗。

（三）热处理杀虫技术

1. 热处理杀虫的发展

利用热处理杀虫已经有较长历史。1762 年，法国的 Duhamel 和 Tillet 首次记录了用热处理来控制储藏物害虫，在麦蛾严重爆发时使用烤箱在 69℃下加热 3d 来消灭谷物中麦蛾幼虫。1835 年，在美国俄亥俄州热处理第一次用于杀灭面粉厂中的害虫。美国农业部昆虫局的工作人员和各州的昆虫学家对这种方法进行了测试，发现这种热处理方法高效，成本低廉，并且对工人没有危害。1913 年，Dean 通过实验和测量提供了工厂使用高效热处理的相关温度数据，鼓励面粉和食品加工厂使用这项杀虫技术，于是热处理杀虫技术开始在工厂发展起来。但是由于当时工厂设施大多是木质结构，加热会破坏工厂的木制地板、设备和生产线，并且在实际热处理中无法达到和保持理想的温度，这项技术很快就被随后出现的氰化氢、氯化苦和溴甲烷等廉价熏蒸剂熏蒸杀虫处理技术取代。

目前，随着工厂建筑和配套设施设备的进步，特别是随着溴甲烷等化学杀虫剂逐步被淘汰或限制使用，人们重新对使用热处理防治储藏物害虫产生了兴趣。热处理在北美、欧洲和澳大利亚的面粉厂和食品加工厂中广泛应用。

2. 热处理杀虫的基本原理

昆虫是变温动物，其体温随着环境温度的变化而变化，新陈代谢的速率和行为必然要受环境温度的影响。昆虫在一定的温度范围内正常生存、发育和繁殖。当温度低于或高于一定的温度时，昆虫不能正常发育。极端低温和高温均会导致昆虫的大量死亡，当温度高于最适宜生存和发育温度时，昆虫的生长发育就会受到抑制，当温度在 40℃以上时，大多数昆虫表现出热休克，并最终在长时间暴露下死亡。储藏物昆虫暴露在 40℃下 24h 内就会死亡，暴露在 60℃下 30s 内即会死亡。为了便于说明温度对储藏物昆虫生命活动的作用，可将影响昆虫生命活动的温度范围划分为下列 5 个温区（图 4-71）。

在亚致死高温内，昆虫各种代谢过程的速度不一致，表现出热昏迷状态。随着时间

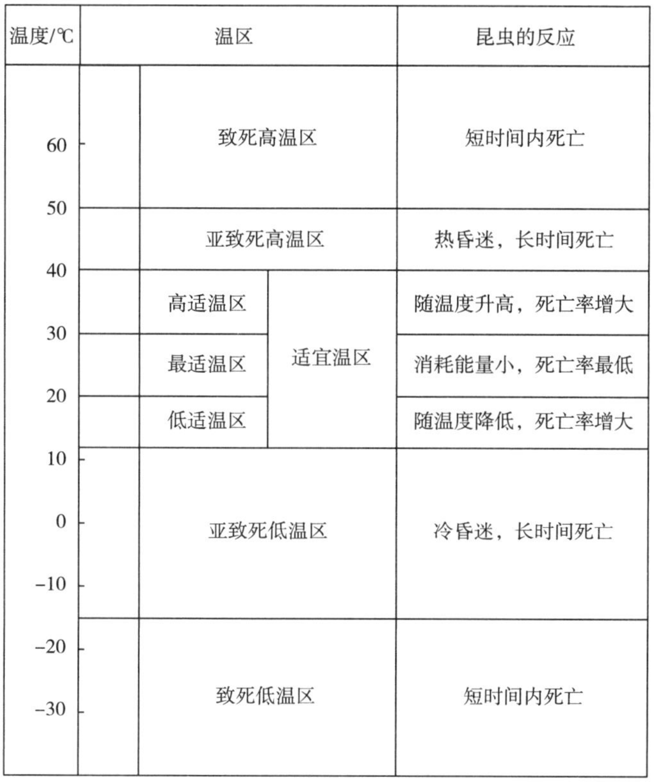

图 4-71　储藏物昆虫温区的划分

的延续，也会导致死亡。昆虫的死亡取决于高温的程度和持续时间。该温区的温度一般在 40~50℃。在致死高温内，昆虫经短时期兴奋后立即死亡。这是由于高温直接破坏酶系的作用，甚至蛋白质也遭到破坏，这一破坏过程是不可逆的。对于储藏物昆虫而言，该温区的温度大约为 50℃以上。

（1）热处理杀虫的热源　热空气处理杀虫一般采用蒸汽加热、电加热和燃气加热三种方式。相较而言，蒸汽加热成本较低，但升温较慢；电加热升温较快，使用方便，但成本较高；燃气加热升温较快，成本适中。

（2）热处理杀虫的设备　近年来，热空气处理杀虫技术在欧洲、澳大利亚、美国、加拿大等国家已得到广泛应用。利用固定式或移动式的加热器产生高温气体，经风机输入到处理环境中，使处理空间环境温度达到 50~60℃，并维持一定的时间以达到杀虫的目的。该方法主要用于空仓杀虫、食品加工车间及设备的杀虫。为保证处理环境加热的均匀性，必要时可在处理环境中设置风机或通风管道，帮助热空气循环以加速其均匀分布。

蒸汽加热使用的加热器有固定式加热器和移动式加热器两种类型。许多食品加工厂中通常配备有固定式加热锅炉（图 4-72）或移动式加热锅炉（图 4-73）用于生产，这些蒸汽加热锅炉可以作为加热器提供热空气处理杀虫过程中的热源。另外，一些食品加工厂配有固定式蒸汽加热器（图 4-74）或移动式蒸汽加热器（图 4-75）提供足够的热量进行热空气处理杀虫。蒸汽加热需要通过专用管道或者软管将热蒸汽输送到需要进行杀虫处理的空间。蒸汽是用于热空气处理杀虫过程中成本最低的加热方式，但由于其杀虫处理需要的时间较长，特别是固定式蒸汽加热器需要占据一定的生产空间，这种加热方式实践中使用较少。

图 4-72　固定式锅炉

图 4-73　移动式锅炉

图 4-74　固定式蒸汽加热器

图 4-75　移动式蒸汽加热器

燃气加热器（图 4-76）是热空气处理杀虫处理中比较常用的加热方式。在进行热空气处理杀虫时，燃气加热器将加热后的空气输送到需要进行杀虫处理的场所空间，热空气处理场所空间内的空气每小时交换 4~6 次。这种加热方式一般使用天然气或丙烷作为燃料，加热效率高，使用成本适中，在热空气处理杀虫实践中使用较多。

图 4-76　燃气加热器

当使用电或蒸汽加热器时，被处理空间空气交换的次数是 1~2 次/h。燃气加热能够使热量到达建筑物空间和加工设备的缝隙，比电加热器或蒸汽加热器穿透性好。燃气加热器的燃料通常是天然气或者丙烷，通过燃料燃烧产生热量进行热空气处理杀虫。由于在燃料在燃烧过程中会有明火，所以燃气加热器通常被放置在设施外，通过特制尼龙管道将热力输送到设施内。电加热器（图 4-77）使用成本最高，所以一般在小规模的试验中使用。

图 4-77　电加热器

（3）热处理杀虫的技术条件与要求　进行热处理杀虫时，热处理温度在处理空间内有水平和垂直分布的趋势。因此在热空气处理过程中保证加热环境的空气循环至关重要。良好的空气循环可以使热量在环境中分布均匀，消除低于杀虫温度的区域，并避免局部过热造成的损害。进行热空气处理杀虫时一般在处理空间内的不同位置、不同楼层合理摆放风扇，促进空气循环，使空间热量均匀分布。在热空气处理期间，应根据实际温度分布情况移动风扇，促使热空气向温度低于50℃的区域流动。

热空气处理的有效性取决于热空气处理区域是否达到设定致死温度（50~60℃）并保持足够的时间。在热空气处理过程中，被处理设施空间内部温度的水平和垂直分层导致热量分布不均匀，导致某些部位可能过热或加热不足。过热可能会损坏设施空间内部的热敏设备，加热不足可能导致昆虫在热空气处理后仍然存活。如果没有适当的加热能力和空气循环，在地板、房间角落和地板墙壁连接处附近很难达到致死温度（50~60℃）。昆虫倾向于从温度较高的地区迁移到温度较低的地区，以避免过度失水而死亡。2003年，Mahroof等研究了热空气处理过程中面粉厂和饲料厂的空间温度变化，以及温度变化对赤拟谷盗各个发育阶段死亡率的影响，发现热空气处理空间存在水平和垂直的温度分层，空气流动不好，加热器和热力输送管道摆放不佳，门窗、地板、屋顶通风口密封不严造成热损失等都可导致工厂内热力分布不均匀。因此，在热空气处理过程中定期监测处理空间不同位置的温度，并采取调整措施，通过使用额外的加热器、风扇合理地将热量从温度较高的地方重新分配到温度较低的地方是热空气处理成功的关键。在热空气处理期间，昆虫暴露在逐渐升高的环境温度下，不同发育阶段的昆虫对逐渐升高温度的适应能力差异可能影响其随后的高温敏感性。

在热处理过程中实时监测空间环境不同位置的温度是成功实施热空气处理杀虫的关键环节。在整个加热和降温过程中，应以每小时或更短的时间间隔来测量记录空间环境温度数据。欧美一些进行商业热空气处理杀虫的公司，在热空气处理过程中，每隔一个小时用手持式温度计测量空间环境内每一个角落的温度，一旦所有角落测量温度都达到50℃，他们就会保持这个温度至少24h。在对空间环境必要的部位要进行温度监测的同时，一般利用预设虫笼和在热空气处理后使用诱捕器来检验热空气处理的最终杀虫效果。研究表明，多数储藏物害虫在50℃左右的环境中短时间内便可彻底杀死。但环境中的相对湿度是影响热空气处理杀虫效果的重要因素，如赤拟谷盗在温度48~49℃、相对湿度75%~76%条件下，经15min的死亡率为10%，20min的死亡率为30%；而在相同温度，相对湿度26%~27%条件下，经15min便可达到100%的死亡率。

（4）热处理杀虫的基本过程　热处理杀虫基本过程如下：

①对整个将要进行热处理杀虫的空间环境彻底清理，清除各种设施设备管道内部、地板上面残留的粉尘、粮粒。

②移除不耐热的设施设备或零部件。

③对整个将要进行热处理杀虫的空间进行密封处理。

④实施热处理杀虫，通过监测不同部位环境温度及其持续时间确保彻底杀虫。

⑤解除密封，进行散热降温。

⑥恢复原来的设施设备工作状态，完成热处理杀虫过程。

（5）热处理杀虫的注意问题　热处理杀虫应注意的问题包括以下几个方面：

①实施热处理前要做好整个空间的清洁卫生工作。

②做好整个进行热处理杀虫的空间环境不同部位的温度监测，确保各个部位均达到预定杀虫温度。

③防止局部温度过高对设施设备造成破坏，或达不到预定杀虫温度影响热处理效果。

④在不同部位预设虫笼，检测杀虫效果。

⑤做好个人防护，避免高温对身体的不利影响。

第二节 小麦储藏主要霉菌与控制

一、小麦储藏相关微生物类群

微生物可在田间生长、收获及储藏、运输和加工等各个环节侵染小麦，侵染到小麦上的各类微生物构成了特定的微生物区系（Microflora）。在小麦储藏微生物区系中，主要包括细菌、放线菌、酵母菌、霉菌、病毒等微生物类群，这些微生物可存在于小麦籽粒外部或者内部，微生物具体类群和数量随小麦的种植条件、收获条件、储藏条件等不同而有所差异。

就微生物数量而言，小麦储藏微生物区系中以细菌和霉菌为主，放线菌和酵母菌较少，病毒更少。其中，在新收获的小麦中，细菌在数量上占绝对优势，通常可占总带菌量的90%以上，主要是一些寄生性细菌和一些可利用小麦生长分泌物为营养的细菌，前者一般为对小麦有害的病原菌，后者一般为对小麦生长无害的“附生细菌”。然而，虽然细菌在小麦上的数量多，但对小麦储藏的危害程度而言，霉菌对小麦储藏的危害最大。由于霉菌种类繁多、适应性强、酶系发达，即使小麦品种、储藏条件、储藏期限等有很大的不同，其储藏安全性都将受到霉菌的威胁。

就霉菌与小麦的相互关系而言，霉菌可分为寄生霉菌、腐生霉菌和兼寄生霉菌。寄生霉菌一般都是植物病原菌，它们可引起作物病害，如小麦矮腥黑穗病的菌瘿可混杂在粮堆中。在安全储藏条件下，寄生霉菌不会危害粮食的品质，但是，如果环境条件适宜，寄生霉菌就会生长并产生危害；腐生霉菌在小麦中的数量最多，包括各类可对小麦品质产生严重危害的曲霉、青霉等，是小麦储藏期间需要重点关注的微生物类群；兼寄生霉菌是一类粮食储藏的条件危害菌，如镰刀菌、链格孢霉、蠕孢霉、枝孢霉、弯孢霉、黑孢子菌等。在小麦常规储藏条件下，这类霉菌的生长会受到抑制，然而当小麦处于较高温度和较高水分条件下，这些兼寄生霉菌也可快速生长并产生危害。就霉菌感染粮食的生态类群而言，霉菌还可分为田间型霉菌和储藏型霉菌。田间型霉菌一般指作物在田间生长期间侵染到粮食上的霉菌，主要为寄生霉菌和兼寄生霉菌；储藏型霉菌一般指谷物在收获到储藏期间污染到粮食上的霉菌，即各类腐生霉菌。这种划分具有一定的人为色彩，因为粮食上感染霉菌的途径不可能有截然的界限，例如属于储藏型霉菌的黄曲霉也可以在田间生长期间感染小麦。

霉菌的类群很多，其对环境的适应性也很强，表 4-16 所示为可在不同环境条件下生长的典型霉菌。

表 4-16　　在不同环境条件下生长的典型霉菌

环境条件		生态类型	典型霉菌
水分活度（A_W）	<0.8	干生型	灰绿曲霉（*Aspergillus glaugus*） 局限曲霉（*Aspergillus restrictus*）
	0.8~0.9	中生型	黄曲霉（*Aspergillus flavus*） 棕曲霉（*Aspergillus ochraceus*） 多数青霉（*Penicillium* sp.）
	>0.9	湿生型	黑根霉（*Rhizopus nigricans*） 高大毛霉（*Mucor mucedo*）
温度/℃	<20℃	低温型	枝孢霉（*Cladosporium* sp.） 链格孢霉（*Alternaria* sp.） 纯绿青霉（*Penicillium viridicatum*）
	20~40℃	中温型	多数青霉（*Penicillium* sp.） 多数曲霉（*Aspergillus* sp.）
	>40℃	高温型	烟曲霉（*Aspergillus fumigatus*）
O_2含量/%	正常 O_2 含量（21%）	好氧型	多数青霉（*Penicillium* sp.） 多数曲霉（*Aspergillus* sp.）
	低 O_2 含量（<1%）	耐低氧型	灰绿曲霉（*Aspergillus gaugus*）

二、小麦储藏主要霉菌

（一）曲霉属

曲霉属（*Aspergillus* sp.）在分类上属于半知菌亚门、丝孢纲、丝孢目、丛梗孢科，在自然界中分布极广，在谷物、空气、土壤和各种有机物上都存在。曲霉是引起粮食和食品霉变的主要微生物，特别是低水分粮食的变质，几乎都是由曲霉活动所致。有些曲霉还能产生真菌毒素，使粮食、饲料和食品带毒，危害人畜的健康。

1. 黄曲霉

黄曲霉（*Aspergillus flavus*）菌落生长很快，菌落平坦或有放射性皱纹，正面呈亮黄绿至深绿色，背面无色或略带褐色；顶囊呈球形或近球形，小梗单层、双层或单、双层同时生于一个顶囊上；分生孢子梗一般粗糙、无色，分生孢子大都呈球形或近球形；菌核暗红褐色至紫褐色或黑褐色，球形、近球形或垂直伸长。黄曲霉在小麦上的发生状况见

图 4-78，黄曲霉无性繁殖体结构见图 4-79。

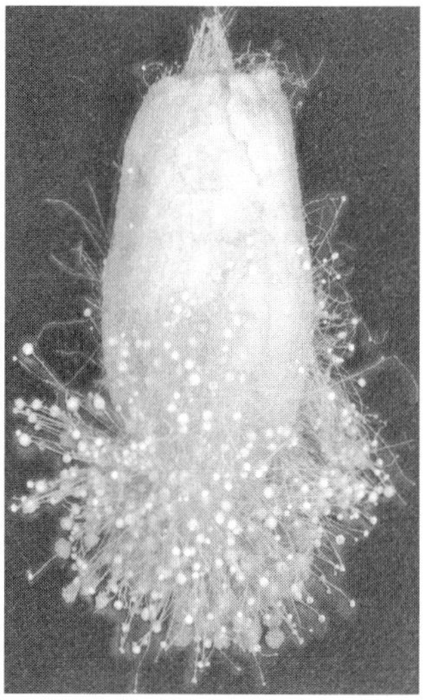

图 4-78　被黄曲霉感染的小麦籽粒

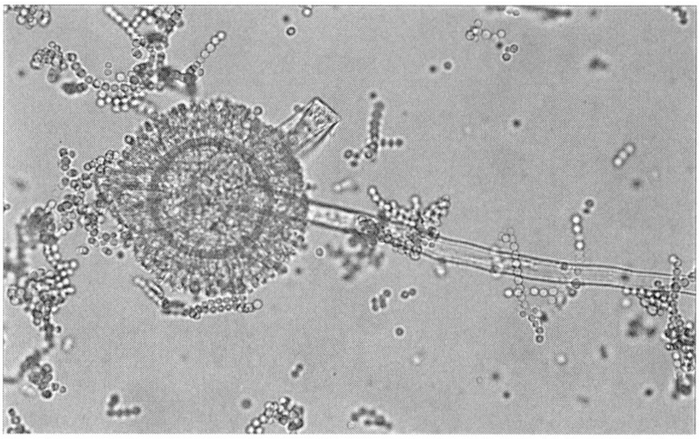

图 4-79　黄曲霉无性繁殖体结构

黄曲霉是引起粮食和食品变质的主要菌种，可产生黄曲霉毒素，使粮食、食品和饲料带毒，使人畜食用后发生中毒和致癌。根据 GB 2761—2017《食品安全国家标准　食品中真菌毒素限量》，小麦中黄曲霉毒素限量为 5μg/kg。

储藏的小麦如果水分偏高，黄曲霉会先侵染小麦胚部，这是因为小麦胚部的保护层较薄，营养比较丰富，可被霉菌直接利用的小分子物质含量比较多，最易受到霉菌攻击。

2. 黑曲霉

黑曲霉（*Aspergillus niger*）菌落生长蔓延迅速，菌落正面初期为白色，常伴有鲜黄色区域，后期黑色、厚绒状，菌落背面无色或中央部位略带黄褐色。分生孢子头幼时球形，呈绿黑色、褐黑色、紫黑至炭黑色等；老后呈放射状，或裂成少数或多数不规则的柱状。分生孢子梗无色透明至褐色，多数光滑，少数种略带颗粒或具小点，通常壁厚、易碎；顶囊球形或近球形，无色透明或呈淡褐色至暗褐色；分生孢子球形，近球形，椭圆形或横向扁平；菌核球形或近球形，初为奶油色，后呈淡黄至带粉红色，灰黄色或褐色。黑曲霉在小麦上的发生状见图 4-80，黑曲霉无性繁殖体结构见图 4-81。

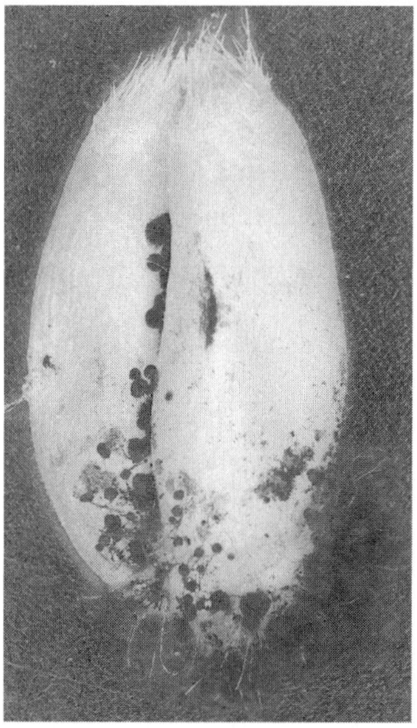

图 4-80　被黑曲霉感染的小麦籽粒

黑曲霉分布极普遍，具有多种分解力强大的酶

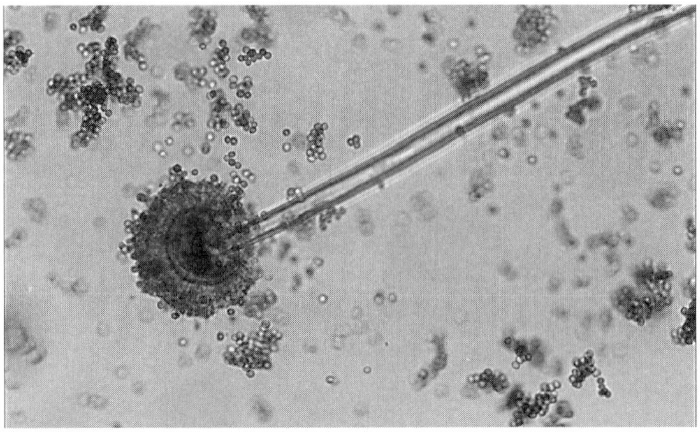

图 4-81　黑曲霉无性繁殖体结构

类（例如蛋白酶、淀粉酶、脂肪酶等），可引起水分较高的小麦霉变，对小麦发芽力的伤害很大。

3. 灰绿曲霉

灰绿曲霉（*Aspergillus glaucu*）在察氏培养基上生长缓慢，在渗透压高的培养基上生长良好。分生孢子头放射状至略呈柱状，分生孢子梗壁光滑，无色或接近于圆顶形。顶囊部分呈褐色，小梗单层，略粗大；分生孢子球形、近球形、椭圆形，表面粗糙；闭囊壳黄色，球形至近球形，壁薄，围绕红色或黄色菌丝。灰绿曲霉在小麦上的发生状见图 4-82，灰绿曲霉无性繁殖体结构见图 4-83。

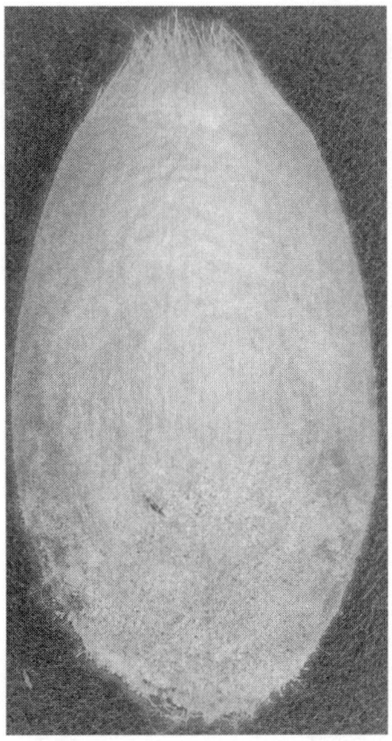

图 4-82　被灰绿曲霉感染的小麦籽粒

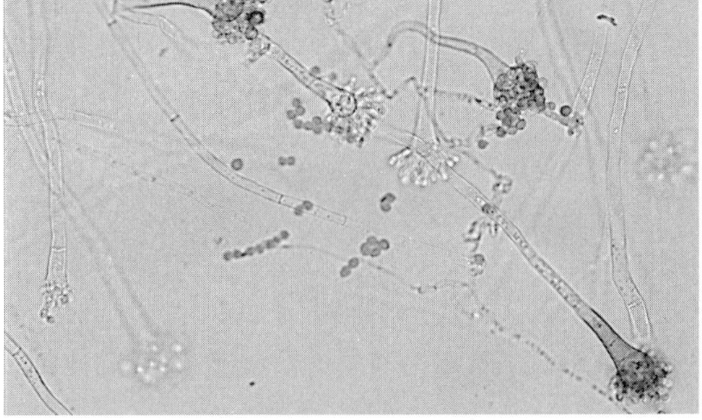

图 4-83　灰绿曲霉无性繁殖体结构

灰绿曲霉属于干生型霉菌，对水分活度要求低。储藏小麦水分超过13%时，灰绿曲霉即可生长进而产生危害。同时，灰绿曲霉还具有耐低氧能力。灰绿曲霉是导致低水分小麦霉变的主要霉菌。

（二）青霉属

青霉属（*Penicillium* sp.）在分类上属于半知菌亚门、丝孢纲、丝孢目、丛梗孢科，分布极广，土壤、空气、腐败的有机质及食品上到处可见。青霉是引起粮食霉变发热的主要菌种，可造成粮食变色变味。有些青霉还会产生真菌毒素，使粮食和食品带毒。

不同青霉具有不同的菌落颜色，如蓝绿色、黄绿色或灰绿色等。青霉菌丝白色或淡色、有隔膜，青霉无性繁殖体呈独特的帚状枝结构，因此青霉无性繁殖体结构成为青霉的显著特征。青霉在小麦上的发生状见图4-84，青霉无性繁殖体结构见图4-85。

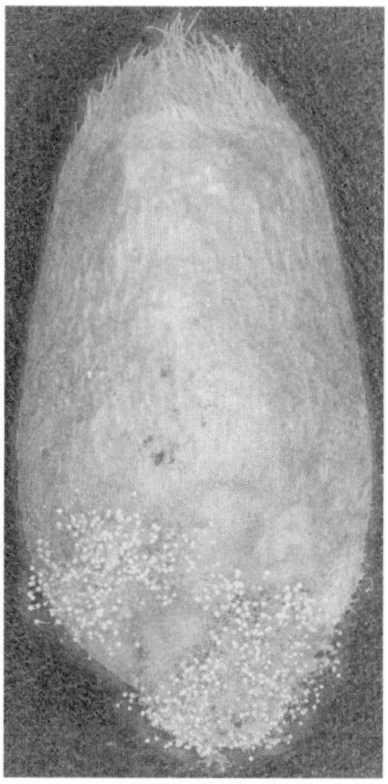

图4-84　被青霉感染的小麦籽粒

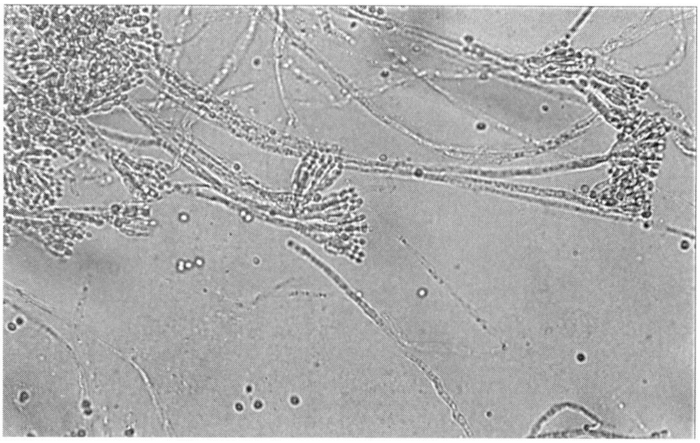

图4-85　青霉无性繁殖体结构（帚状枝）

1. 草酸青霉

草酸青霉（*Penicillium oxalicum*）菌落生长很快，蔓延广阔，10~12d菌落直径达6~8cm。菌落绒状或近绒状，表面光滑，有的菌株有不规则的放射状皱纹。菌落正面呈灰绿色或暗绿色，渗出液缺乏，菌落背面黄色、橙色或带粉红色。分生孢子梗由基质生出，长短不一，通常小于200μm，壁光滑，帚状枝为典型的两轮不对称。在分生孢子梗同一水平面上产生2个或2个以上平行的梗基，大小为（13~25）μm×（2.9~4.1）μm。小梗4~8个密集平行簇生于梗基上，大小为（9.1~15.6）μm×（2.3~4.0）μm。分生孢子椭圆形，较大，大小为（3.4~5.4）μm×（2.5~4.0）μm，表面光滑。

2. 橘青霉

橘青霉（*Penicillium citrinum*）菌落生长局限，10~14d 菌落直径 2.0~2.5cm，有放射状沟纹，多数菌株菌落绒状，少数絮状；菌落艾绿色，背面黄色至橙色，与培养基颜色相仿或略带粉红色；渗出液淡黄色。分生孢子梗多自基质生出，也有自中央气生菌丝生出者，分生孢子梗一般为（50~200）μm×（2.2~3.0）μm，壁光滑，一般不分枝；帚状枝由 3~4 个轮生而略散开的梗基构成，大小为（12~20）μm×（2.2~3.0）μm，每个梗基上簇生 6~10 个略密集而平行的小梗，大小为（8.0~11）μm×（2.0~2.8）μm；分生孢子球形或近球形，产生孢子直径 2.2~3.2μm，光滑或近于光滑，分生孢子链为明显的分散柱状。橘青霉在自然界分布广泛，是粮食、食品、饲料上常见的霉菌之一。橘青霉的某些菌株可产生橘青霉素，橘青霉素是一种强的肾脏毒。

3. 黄绿青霉

黄绿青霉（*Penicillium citreoviride*）菌落生长局限，10~12d 菌落直径 2~3cm，表面有皱褶，有的中央凸起或凹陷，由柔韧的菌丝组成绒毡状，厚度可达 100μm 以上，但到边缘则变薄。黄绿青霉菌落多呈柠檬黄色或黄绿色，营养菌丝细、带黄色；渗出液很少或没有，呈淡柠檬色，略带霉味；菌落背面呈亮黄色。分生孢子梗自紧贴基质表面的菌丝生出，孢子基一般为（50~100）μm×（1.6~2.2）μm，壁光滑；帚状枝单轮，偶尔有 1~2 次分枝，分枝大多为（9.0~12）μm×（2.2~2.8）μm；分生孢子球形，分生孢子直径 2.2~2.8μm，壁薄、光滑或近于光滑，成链时有明显的孢隔。

4. 纯绿青霉

纯绿青霉（*Penicillium viridicatum*）菌落生长较快，10~12d 菌落直径达 5~6cm，表面束状或颗粒状，光滑或有放射状皱纹。菌落多数呈亮黄绿色至暗黄绿色，周围有白边，老时菌落通常变成褐色；菌落背面黄色、橙色或橙褐色，四周培养基被染成粉红色、浅褐色或橙褐色。渗出液少或多，呈无色或淡黄色，有强烈的霉味。分生孢子梗粗糙，通常有 1~3 个分枝，大小为（12~37）×（2.5~4.5）cm；梗基 2~5 个成簇，不规则密集着生在分枝上，有颗粒状粗糙表面；小梗 3~6 个轮生，分生孢子球形、卵圆形、近球形，分生孢子直径 2.1~4.1μm，表面光滑或粗糙。该菌属于低温性霉菌，生长最低温度-3℃，37℃以上难以生长，易在高水分小麦上生长，引起胚部霉坏。

5. 圆弧青霉

圆弧青霉（*Penicillium cyclopium*）菌落生长较快，12~14d 菌落直径 4.5~5cm，略带放射状皱纹，老后可显环纹，暗蓝绿色，在生长期有宽 1~2mm 白色边缘，质地绒状或粉粒状，但较幼区域作显著束状。渗出液无或较多、色淡。背面无色或初期带黄色，后变橙褐色。帚状枝不对称，紧密，常具三层分枝，上生纠缠的分生孢子链。分生孢子梗大多呈典型粗糙，但也有些菌系近于光滑。分枝（15~30）μm×（2.5~3.5）μm。梗基（10~15）cm×（2.5~3.3）cm，小梗 4~8 个轮生（7.0~10）μm×（2.2~2.8）μm。分生孢子大多近球形，分生孢子直径 3.0~4.0μm，光滑或略显粗糙。

（三）镰刀菌属

镰刀菌属（*Fusarium* sp.）在分类上属于半知菌亚门、丝孢纲、瘤座孢目、瘤座孢科，该属种很多、分布极广，具有腐生能力，可在粮食和食品上生长，使其霉坏变质，有些种可产生真菌毒素。

镰刀菌属于兼性寄生霉菌，小麦收获后如不能及时干燥或储藏期间水分升高，镰刀菌就会生长而危害小麦品质和储藏安全，由于其分生孢子座呈粉红色，所以其感染的小麦籽粒也呈粉红色。

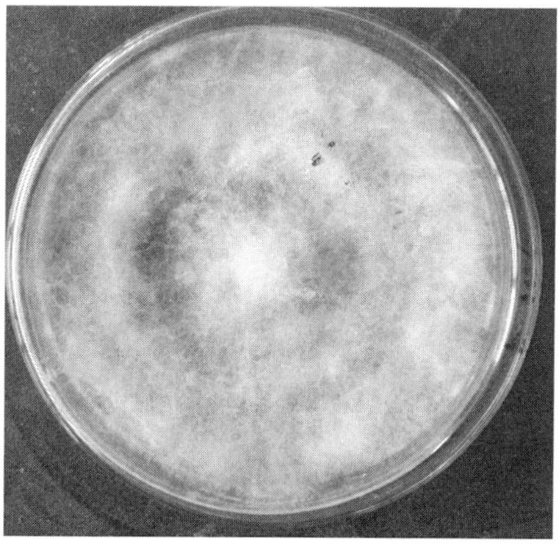

图 4-86　禾谷镰刀菌菌落形态

禾谷镰刀菌（*Fusarium graminearum*）在马铃薯-葡萄糖琼脂培养基上生长茂盛，菌丝棉絮状至丝状，高度可达 5～7mm，初期白色，然后白玫瑰色，白洋红色或白砖红色，中央有黄色气生菌丝区，背面深红色或淡砖红赭色。菌丝分枝、有隔、呈透明或玫瑰色，直径 1.5～5.0cm。大型分生孢子近镰刀形、纺锤形、披针形，稍弯，两端稍窄细，顶细胞末端稍尖或略钝。脚胞有或无，大多数 3～5 隔，极少数 1～2 隔或 6～7 隔，单个孢子无色，聚集时呈浅粉色。菌核呈各种深浅不同的紫红色、暗紫红色、鲜明玫瑰色或无色。禾谷镰刀菌菌落形态见图 4-86。

禾谷镰刀菌可产生单端孢霉烯族真菌毒素——脱氧雪腐镰刀菌烯醇。禾谷镰刀菌常在低温、潮湿环境条件下侵染小麦和产生毒素，近年来禾谷镰刀菌及其毒素污染小麦非常普遍，世界各地均有报道。根据 GB 2761—2017《食品安全国家标准　食品中真菌毒素限量》，小麦中脱氧雪腐镰刀菌烯醇限量为 1000μg/kg。

（四）根霉属

根霉属（*Rhizopus* sp.）在分类上属于接合菌亚门、接合菌纲、毛霉目、毛霉科。根霉菌落呈棉絮状、灰白色，老熟时转变为灰黑色，其中密布黑色小点，即为孢子囊。根霉菌丝为灰白色无隔膜菌丝，在培养基或自然基质上生长时，由营养菌丝产生的匍匐菌丝向四周蔓延，匍匐菌丝与基质接触处生出假根，与假根相对方向生出孢囊梗，孢囊梗顶端膨大后形成孢子囊，孢囊孢子在孢子囊内形成。孢子囊成熟后壁消解或成块破裂，释放出孢囊孢子。破裂的孢子囊露出囊轴，呈球形或近球形。囊轴基部与孢囊梗相连处形成囊托。孢囊孢子呈球形、卵形、不规则形，或有棱角，或有线状条纹。孢囊孢子呈无色或浅褐色、蓝灰色等颜色，单细胞。有性繁殖产生接合孢子。常见根霉属菌种有黑根霉（*R. nigricans*）、华根霉（*R. chinensis*）、米根霉（*R. oryzae*）、少根根霉（*R. arrhizus*）。根霉在小麦上的发生状见图 4-87，根霉无性繁殖体结构见图 4-88。

根霉均属于湿生型霉菌，当小麦水分含量很高时，可在其上快速生长，如果不采取降水、降温等有效措施处理，霉菌会随之大量生长，粮堆发热、霉变。同时，由于根霉有厌氧的特点，在高水分密闭储藏的条件下，也可使小麦发酵变质。

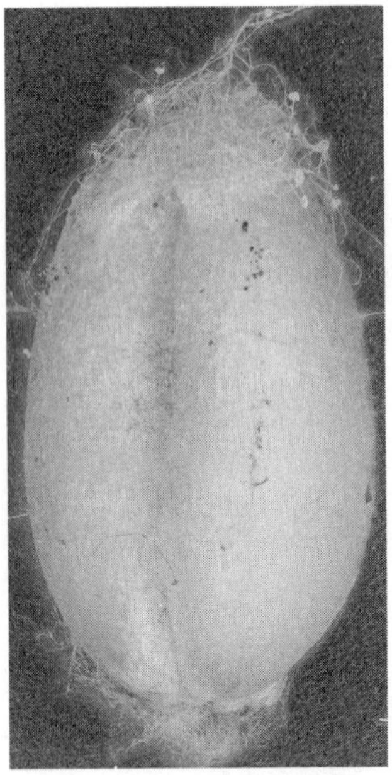

图 4-87 被黑根霉感染的小麦籽粒

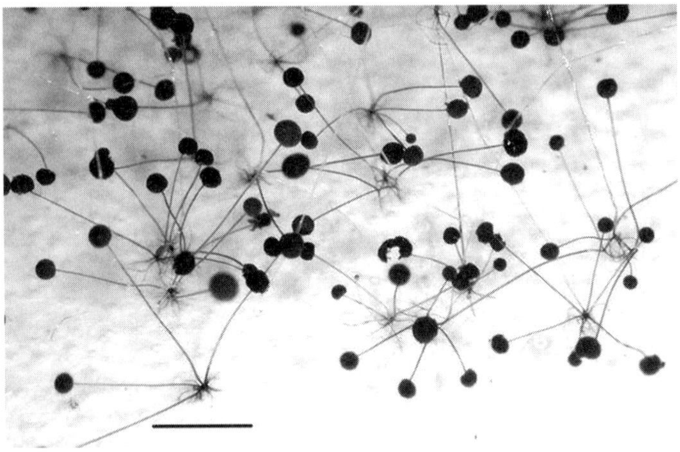

图 4-88 黑根霉无性繁殖体结构

（五）链格孢霉属

链格孢霉（*Alternaria* sp.）分类上属于半知菌亚门、丝孢纲、丝孢目、暗色孢科，又称交链孢霉。在小麦储藏中，属于兼寄生霉菌，可在低温环境下生长繁殖。

与稻谷、玉米相比，链格孢霉含量多是小麦带菌的特点。据报道，温带有 60%~70%的小麦被链格孢霉侵染，而干旱的澳洲西部的小麦侵染率只有 13%~23%。一些链格孢霉的菌丝可深入到小麦的皮层下，这种深入到小麦皮层下的霉菌菌丝被称为小麦的皮下菌丝。据报道，我国华南沿海气候湿润地区小麦的皮下菌丝密度大，西北、西南高原地区的小麦皮下菌丝密度最小，这给小麦储藏安全带来潜在的危险。

链格孢霉在小麦田间生长成熟期或收获期即可感染，小麦籽粒被链格孢霉感染后，可在小麦胚部形成灰褐色至黑色大小不一的斑块，被称为“黑胚小麦”；小麦收获后未得到及时干燥，链格孢霉也可快速生长，使麦粒灰暗，胚部呈黑褐色而使小麦受损；小麦储藏期间若环境条件适宜，链格孢霉也会恢复生长活动，进而产生危害。

链格孢霉菌落黑色，菌丝匍匐、有分隔，分生孢子梗暗色、较短、多数不分枝，与营养菌丝几乎无区别。分生孢子倒棒状，顶端延长成喙状，淡褐色，有壁砖状分隔，常数个连成链状。链格孢霉分生孢子形态见图 4-89。

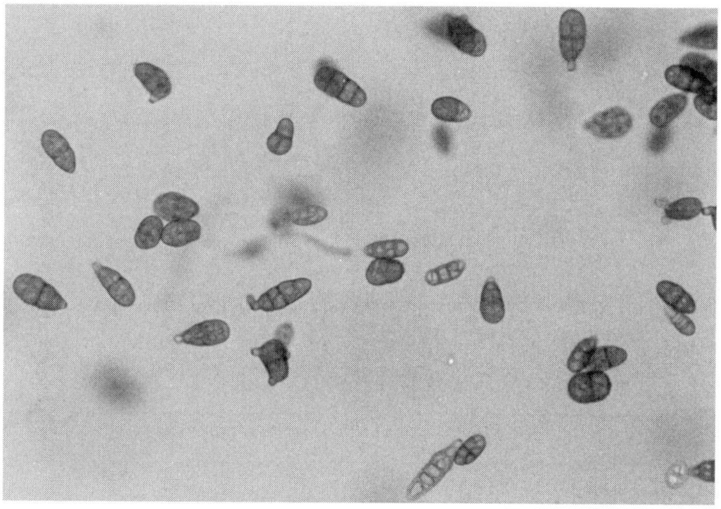

图 4-89　链格孢霉分生孢子形态

链格孢霉与曲霉、青霉和镰刀菌一样，有些种也可产生真菌毒素，如交链孢酚、交链孢酚单甲醚、交链孢烯、交链孢菌酮酸和交链孢毒素等链格孢毒素。人及动物摄入被链格孢毒素污染的谷物及饲料，可导致急性或慢性中毒，且某些链格孢毒素还有致畸、致癌、致突变作用。不同的链格孢毒素致毒机制不同。

三、霉菌发生特性与影响因子

除了营养物质外，霉菌生长还需要适宜的外界条件，如温度、水分活度、气体成分、pH 和光等环境因子。每种环境因子对霉菌的生长都有最低点、最适点和最高点，低于最低点或者高于最高点，霉菌都无法生长。

（一）温度

温度影响着霉菌的生命活动，主要表现为霉菌细胞内的许多反应受环境温度的影响。细胞内生物化学反应和生长速率随着温度的升高而加快，细胞的重要组成成分如蛋白质、核酸等随着温度的增高可能遭受不可逆的破坏。因此，在一定范围内，霉菌的代谢活动和生长繁殖随着温度的上升而增加，当温度上升超过某一温度，会对机体产生不利的影响，如果继续升高，那么细胞功能将急剧下降甚至死亡（图 4-90）。

1. 霉菌的生长温度范围

各种霉菌的生长温度范围如表 4-17 所示，有的范围宽，有的则较窄。霉菌的生长温度分为最低、最适和最高生长温度。

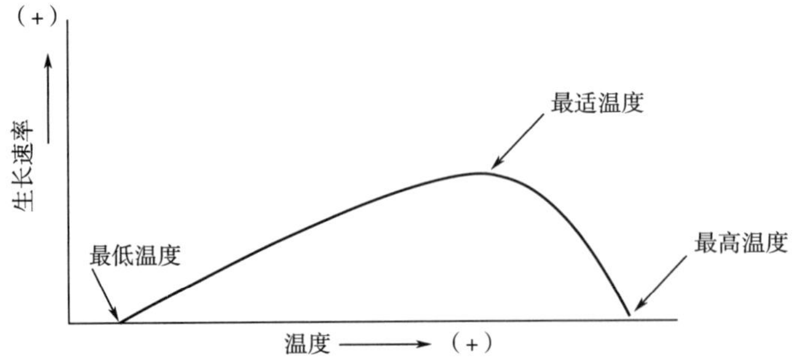

图 4-90　温度对霉菌细胞生长速率的影响

表 4-17　常见霉菌的生长温度范围　单位：℃

霉菌	最低	最适	最高
构巢曲霉（*Aspergillus nidulans*）	5	25~37	38
黑曲霉（*Aspergillus niger*）	7	30~39	47
灰葡萄孢霉（*Botrytis cinerea*）	0	15~25	35
尖孢镰刀菌（*Fusarium oxysporum*）	4	15~32	40
好食脉孢菌（*Neurospora sitophila*）	4	36	44
扩展青霉（*Penicllium expansum*）	0	25~27	30

最低生长温度是指霉菌能繁殖的最低温度。在最低温度条件下，霉菌的生长速率很低。如果低于该温度，那么霉菌的生长基本停止，但不一定死亡。各种霉菌的最低生长温度不同，这与它们原生质的物理状态和化学组成有关系。

最适生长温度是指霉菌生长繁殖速率最快的温度。最适生长温度仅是指霉菌生长最快的温度，并不一定是一切代谢活动的最佳温度。在最适生长温度下，霉菌的生长繁殖速率最快，所需代时最短。较高温度下，细胞分裂较快，但维持时间不长，易老化。相反，较低温度下，细胞分裂较慢，但维持时间较长，细胞总产量反而较高。发酵速率与代谢产物积累量之间的关系比较类似。因此，研究各种霉菌在生长或代谢产物积累阶段时的最适温度，有助于提高发酵生产效率。

最高生长温度是指霉菌生长繁殖的最高温度。最高温度条件下，霉菌细胞容易衰老和死亡。霉菌的最高生长温度取决于其遗传特性，常与胞内酶的耐热性有关。一般情况下，最高生长温度比最适生长温度高几度，霉菌在高于最高生长温度的条件下，往往由于酶失活而导致细胞死亡。

除了最低、最适和最高生长温度外，霉菌的致死温度对生产实践活动也很重要。外界温度进一步升高，超过最高生长温度，造成霉菌死亡，这种杀灭霉菌的最低温度界限即称为致死温度。在一定温度下，致死效果与处理时间有关，处理时间越长，死亡率越高。

在霉菌生长的温度范围内，不同的温度影响霉菌生长延滞期的长短，也会影响其生长速率、营养要求、胞内酶及化学组成。温度对霉菌代时的影响如图 4-91 所示。从图中可以发现，随着温度升高，霉菌的代时迅速缩短，最适生长温度范围内代时较稳定，与最低生长温度相比，最高生长温度更靠近最适生长温度。

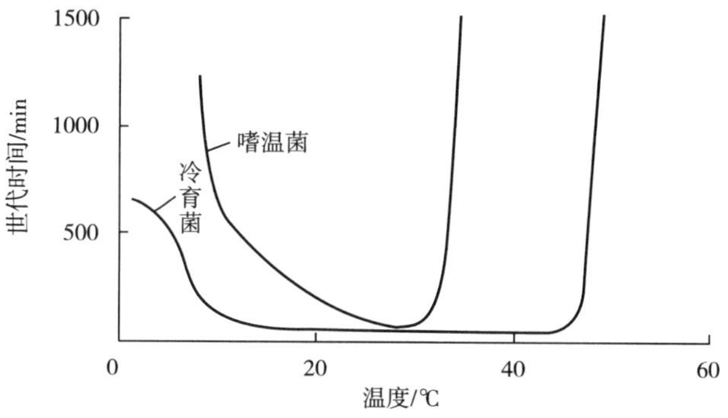

图 4-91　温度对霉菌世代时间的影响

根据最适生长温度的不同，可将霉菌划分为低温型、中温型和高温型霉菌三类（表 4-18）。

表 4-18　各类霉菌的基本生长温度

霉菌类型	生长温度/℃	典型霉菌
低温型	<20	枝孢霉（*Cladosporium* sp.）
中温型	20~40	大多数青霉（*Penicillium* sp.） 大多数曲霉（*Aspergillus* sp.）
高温型	>40	烟曲霉（*Aspergillus fumigatus*）

2. 霉菌对温度的适应性

霉菌能够适应各种不良环境，因而霉菌存在于各种温度环境。

（1）低温环境　能在低温下生长的霉菌统称为低温型霉菌，其在低温下生长的作用机制尚不明确，但至少与两方面的因素相关：①其胞内酶在低温下仍有活性；②其细胞膜在低温下仍可有效地输送物质。与其他类型霉菌相比，低温型霉菌的细胞膜中不饱和脂肪酸的含量较高，因此，其在低温下能够保持半流动状态。

在环境温度低至细胞内水冻结时，霉菌可能死亡。因为细胞内水分的冻结使细胞质浓缩，形成的冰晶对细胞膜造成物理损伤。可以利用低温对霉菌的抑制和致死效应来保藏食品。

（2）高温环境　嗜热霉菌可以在高温环境中活动，其原因可能是这些霉菌具有更耐热的酶和蛋白质。对嗜热和嗜温霉菌的3-磷酸甘油醛脱氢酶（GAPDH）的性质进行比较，发现大部分非常相似，但是它们的热稳定性显著不同。实际上，两种酶具有进化同源性，耐热性差异是由酶分子的内部结构决定的。由于切除了部分与酶活性无关的序列，嗜热菌的GAPDH分子质量相对低一些，因此酶的耐热性有所提高。嗜热菌的蛋白质合成机构也比较耐热。嗜热菌核酸中（G+C）摩尔分数较高，导致核酸熔点（T_m）较高，因此，DNA的热稳定性也高。嗜热菌的细胞膜在高温下保持稳定并行使其正常的生理功能，可能与细胞膜中含量较多的长链饱和脂肪酸有关。长链饱和脂肪酸之间可形成强疏水键使膜在高温下仍具有稳定结构。

3. 高温对霉菌的致死作用

外界环境温度高于霉菌最高生长温度时，胞内蛋白质和核酸便发生不可逆变性，最终导致霉菌死亡。高温对霉菌的致死作用现已广泛应用于消毒和灭菌方面。高温灭菌分干热和湿热两类，在同样的温度下，湿热灭菌的效果好于干热灭菌。从表4-19可以清楚地看出蛋白质含水量与其凝固温度的关系。

表4-19　蛋白质含水量与其凝固温度的关系

蛋白质含水量/%	凝固温度/℃	灭菌时间/min	蛋白质含水量/%	凝固温度/℃	灭菌时间/min
50	56	30	6	145	30
25	74~80	30	0	160~170	30
18	80~90	30			

（1）干热灭菌　灼烧灭菌：通过燃烧物质杀灭霉菌的方法。该方法灭菌迅速彻底，但是使用范围有限，一般用于接种工具、污染物品及实验动物尸体等废弃物的灭菌。

干热空气灭菌：利用热空气杀死霉菌的方法。一般条件是150~160℃处理1~2h，该法适用于玻璃器皿、金属用具、油类、粉剂及不含水物品的灭菌。

（2）湿热灭菌　湿热灭菌是利用水作为传热媒介杀灭霉菌的方法，被广泛用于含水基质的灭菌处理。

（二）水分活度

霉菌从外界环境中吸收营养物质，分解营养物产生能量及合成细胞结构和功能物质等过程都需要水的参与。霉菌在细胞周围需要一层水膜以便吸收营养和酶扩散。但是除了水含量影响霉菌生长外，环境中水的可利用性对霉菌生长更为重要。很多物质，比如盐和糖等，都能溶于水，与溶解物结合后的水就不能再被霉菌利用了。

1. 水分活度和霉菌的生长

外界环境中水分活度（A_w）较低时，霉菌需要做更多的功，才能从基质中获得水分。基质的A_w低至一定程度时，霉菌就不再能生长。因此，干燥便成为一种良好的食品保藏方法，可用于粮食、牛奶、肉类、鱼类、蔬菜、水果等的保藏。

各类霉菌生长所要求的最低 A_w 有差异，根据霉菌生长所需的最低 A_w，可将其分为三类：干生性、中生性和湿生性霉菌（表 4-20）。

2. 低 A_w 对霉菌的影响

外界环境 A_w 降低，不仅影响霉菌的生长，还影响其形态和生理代谢。

（1）对霉菌形态的影响　溶质存在会降低溶液 A_w，因而影响霉菌活动，这种影响被称为渗透压的影响。在低渗（高 A_w）和高渗（低 A_w）环境中，霉菌细胞的形态会发生改变。低渗环境中，细胞吸水膨胀，甚至破裂；高渗环境中，细胞发生质壁分离，这些变化都可以在显微镜中观察到。但是在一般的高渗情况下，也可能发生其他方面的变异。

表 4-20　粮食中重要霉菌生长 A_w 范围

霉菌类型	A_w	典型霉菌
干生型	<0. 8	灰绿曲霉（*Aspergillus glaugus*） 局限曲霉（*Aspergillus restrictus*）
中生型	0. 8~0. 9	黄曲霉（*Aspergillus flavus*） 棕曲霉（*Aspergillus ochraceus*） 大多数青霉（*Penicillium* sp.）
湿生型	>0. 9	黑根霉（*Rhizopus nigricans*） 高大毛霉（*Mucor mucedo*）

（2）对代谢产物的影响　低 A_w 会影响霉菌的有毒代谢产物。一般情况下，霉菌的产毒量与其细胞总数有关。因为低 A_w 环境可抑制霉菌生长、繁殖，从而导致其产毒量减少。此外，在低 A_w 环境中，即使霉菌数目很多，其产毒量也很低。

霉菌生长的最低 A_w 比细菌低，因此，霉菌产毒所需的最低 A_w 引发了普遍关注。Northolt 发现，在 A_w 小于 0. 83 时，黄曲霉不产生黄曲霉毒素，如果用 NaCl 代替甘油或蔗糖，那么它的产毒最低 A_w 将会升高。在实验培养基中加 1%~2%的 NaCl 会增加黄曲霉毒素的产量。在苹果储藏中，产棒曲霉素的霉菌受 A_w 的影响很大。在 A_w = 0. 88 时，灰黄青霉（*P. griseofulvum*）可产毒，当 A_w 降至 0. 86 时，不产毒素，实际上，它的生长最低 A_w 为 0. 84。在 A_w 小于 0. 83 的环境中并未发现真菌可产生真菌毒素，但是仍然无法得出食品在 A_w 小于 0. 83 时没有真菌毒素的结论。

（3）低 A_w 对霉菌生长的影响　在低 A_w 环境中，很多霉菌可以存活、生长甚至大量繁殖。霉菌生长的最低 A_w 为 0. 60~0. 62，在如此低的 A_w 环境中，其代时会延长至数周甚至数月。与细菌相比，霉菌和酵母菌的最低生长 A_w 较低，因此，霉菌和酵母菌便成为低 A_w 食品中主要的腐败菌。若在这些食品中加入一定的山梨酸钾或苯甲酸钠等抑真菌剂，便可显著延长它们的保藏期。

低 A_w 条件不仅可以抑制霉菌的生长繁殖，还可增强霉菌抵抗不良环境的能力，使其能在加热和冷冻处理中存活下来，存活的霉菌一旦遇到合适的环境条件，其体内的生理损伤修复后便可迅速生长，迅猛生长的霉菌将给食品生产厂家带来巨大的损失。

(4) 低A_w对孢子的形成和萌发的影响　A_w与食品中霉菌的产孢情况有关。一般情况下，霉菌产孢的最低A_w比孢子萌发的最低A_w高（表4-21）。红曲霉（*Monascus bisporus*）产孢的A_w 0.66是现有报道的产孢所需最低A_w，其他的干生性霉菌的产孢所需最低A_w为0.67~0.77。

表4-21　霉菌的孢子萌发、生长及产孢的相对湿度

菌名	相对湿度/%		
	萌发	生长	产孢
刺孢曲霉	71	62	—
薛氏曲霉	65~73	65	—
白曲霉	72~75	72~75	80
杂色曲霉	76~78	75	—
匍匐曲霉	71~80	—	—
黄曲霉	80	80	85
扩展青霉	82~86	82	85
黑曲霉	80	88~89	92~95
总状毛霉	88	92	95
黑根霉	90~92	92~94	96
细链格孢	94	—	—
腊叶枝孢	94	—	—

孢子萌发后，在萌发的水分活度条件下，大多数霉菌的芽管仍可继续伸长。但是在食品中，其芽管不再伸长。

3. 霉菌适应低A_w环境的机制

在低A_w环境中，霉菌细胞必须有足够的游离水，才能维持其正常的生理过程，否则会因为细胞失水或质壁分离损伤细胞膜而使得生长变慢或停止。在低A_w环境中，很多霉菌能够合成无法透过细胞膜的溶质来降低胞内外的渗透压差，这些不干扰细胞基础代谢的溶质称为兼容性溶质。

（三）气体

大多数霉菌如青霉和曲霉是好氧型菌，必须有氧气才能生长。而有些霉菌，如灰绿曲霉能借助无氧呼吸获得足够的能量，能够耐受周围聚集的乳酸和乙醇。少数霉菌，如发酵水生小林霉（*Aqualinderella fermentans*）缺少电子传递链中的细胞色素，即使在通气条件下也不呼吸。

不同的霉菌对 CO_2 的耐受浓度有差异，如尖孢镰刀菌和真马特镰刀菌（*Fusarium eumartii*）能在 CO_2 浓度高达 75.3% 的条件下生长。自然环境中 CO_2 浓度能显著地影响霉菌的生长。CO_2 能溶于水形成碳酸，碳酸可以分解成碳酸氢盐或是碳酸盐离子。霉菌一般对碳酸氢盐的离子比对 CO_2 更敏感，但在高 pH 下，CO_2 对霉菌更有害。

在氧气足够的条件下，霉菌能够吸收和利用碳和氮素化合物。例如，在有氧条件下，鲁氏毛霉能利用多种碳源和氮源，在无氧条件下，只能利用已糖作为碳源，氨基酸作为氮源。

（四）pH

大多数霉菌对环境的酸碱度敏感性不强，一般在 pH3～9 的条件下都能生长。与细菌、放线菌相比，霉菌喜欢在酸性环境中生长。

pH 对霉菌利用某些金属离子有一定影响，因为某些金属离子形成的复合物在一定 pH 范围内是不溶解的。在酸性条件下，Mg^{2+} 和磷酸根呈游离状态，pH 升高，它们会形成不可溶的复合物，导致霉菌无法利用。pH 还能影响细胞的渗透性，这可能与化合物的离子化有关。酸性条件下，细胞质膜被 H^+ 饱和，限制了阳离子的通行。碱性条件下，细胞质膜被 OH^- 饱和，限制了阴离子的通行。外界 pH 也能影响细胞内的 pH，从而影响酶的活性。

在极端的 pH 条件下，某些霉菌能够改变环境中的 pH，因此，它能够适应不同的 pH 环境。比如，一种半知菌（*Acontium velatum*）能在 pH 为 2 的环境中生长。虽然耐酸霉菌能生活在低 pH 的环境中，但是其细胞内的 pH 并不低，避免腺苷三磷酸（ATP）、核酸和其他组分被水解。耐酸酶菌的基本特征是在胞内维持正常的 pH 环境。

（五）光照

光照影响霉菌的生长速率、合成能力和生殖器官的形成。实验指出，与在黑暗中相比，埃默森小芽枝霉（*Blastocladiella emersonii*）在光照下的干重增加了 141%。

通常情况下，380～750nm 波长的可见光对霉菌的生长没有显著的影响。但是，可见光对孢子的形成有重要意义。光照通常诱发有性和无性结构的形成，这对陆生霉菌非常普遍。在孢子释放期间，产孢结构是向光性的，它们产生的孢子也向光。目前光触发酶菌产孢的机制已经清楚，是近紫外线（near-UV）照射的结果。近紫外线照射到菌丝上时，菌丝中产生一种称作 P_{310} 的物质（在 310nm 处有一最大吸收值）。当诱发和抑制孢子形成的条件在菌丝上交替出现时，P_{310} 也随之出现和消失。

紫外线（UV，300nm）是一种强诱变剂，它使 DNA 上两个相邻的胸腺嘧啶形成胸腺嘧啶二聚体。光可以部分复活紫外线引起的诱变。光复活的作用机制是光激活酶与胸腺嘧啶二聚体结合，并在原位置上解离为单体。光激活酶是由近紫外线或是“黑光”

（300~380nm）激活的产物。

四、霉菌检测技术

按照扦样规范，将扦取小麦或小麦粉混合均匀，装入灭菌容器内，封闭容器带回实验室。粮粒表面的霉菌取样相对简便，一般用无菌水震荡洗涤的方法即可。在对粮粒内部的霉菌进行检测时，一般要先除去粮粒表面的杂菌。

粮粒表面除菌采用洗涤除菌的方法比较简便，取粮粒样品 10~20g，若为带壳粮粒可先加入 75%酒精浸泡 1~2min，借以脱除粮粒表面的蜡质（脱壳粮粒可省略此步骤），倾去酒精后，再以无菌操作手续，倒入灭菌蒸馏水约 50mL 或淹没粮粒 1~2cm，盖好棉塞充分振荡 1~2min，将水倒净，再换水振荡，如此反复洗涤 10 次。

在对霉菌进行检测时，一直将平板计数法作为霉菌检测最有效、最经典的方法，GB 4789.15—2016《食品安全国家标准　食品微生物学检验　霉菌和酵母计数》中也较明确地规定了霉菌的两种计数方法。其中平板计数法作为最经典的计数方法，需要较长时间的培养，对样品较多、检测时间要求紧急时有一定的局限性。第二法中霉菌直接镜检计数法较为快捷方便。另外，针对霉菌的快速检测也有较多的快速检测方法的出现，本手册介绍了两种常用的孢子计数法（血球计数法和比浊法）、微生物活性值检测方法以及气体检测的方法。

（一）国标对霉菌检测方法的规定

1. 平板计数法

（1）设备和材料　常规高压灭菌设备和培养设备，培养箱（28±1）℃，电子天平（感量 0.1g），恒温水浴锅，微量移液器及吸头（1.0，0.1mL），锥形瓶、平皿、试管等玻璃器皿，清洗干净，灭菌。

（2）试剂

①生理盐水：8.5g 氯化钠加入 1000mL 蒸馏水中，搅拌至完全溶解，分装后，121℃灭菌 15min。

②马铃薯葡萄糖琼脂培养基：将马铃薯去皮切块，取 300g，加 1000mL 蒸馏水，煮沸 10~20min。用纱布过滤，补加蒸馏水至 1000mL。加入 20.0g 葡萄糖，20.0g 琼脂，加热溶解，121℃灭菌 15min。使用前冷却至 50℃左右时，添加 0.1g 氯霉素。

③孟加拉红琼脂培养基：取蛋白胨 5.0g，葡萄糖 10.0g，磷酸二氢钾 1.0g，无水硫酸镁 0.5g，琼脂 20.0g，孟加拉红 0.033g，将上述各成分加入蒸馏水中，加热溶解，补足蒸馏水至 1000mL，121℃灭菌 15min。使用前冷却至 50℃左右时，添加 0.1g 氯霉素。

④磷酸盐缓冲液：

贮存液：称取 34.0g 的磷酸二氢钾溶于 500mL 蒸馏水中，用 175mL、1mol/L 氢氧化钠溶液调节 pH 至 7.2±0.1，用蒸馏水稀释至 1000mL 后贮存于冰箱。

稀释液：取贮存液 1.25mL，用蒸馏水稀释至 1000mL，分装于适宜容器中，121℃高压灭菌 15min。

（3）操作步骤

①称取 25g 小麦样品，加入 225mL 无菌稀释液（蒸馏水或生理盐水或磷酸盐缓冲液），充分振摇，或用拍击式均质器拍打 1~2min，制成 1∶10 的样品匀液。

②取 1mL 1∶10 样品均液注入含有 9mL 无菌稀释液的试管中，另换一支 1mL 无菌吸管反复吹吸，或在旋涡混合器上混匀，此液为 1∶100 的样品匀液。

③按步骤②的操作，制备 10 倍递增系列稀释样品匀液。

④根据对样品中霉菌状况的估计，选择 2~3 个适宜稀释度的样品匀液，在进行 10 倍递增稀释的同时，每个稀释度分别吸取 1mL 样品匀液于 2 个无菌平皿内。同时分别取 1mL 无菌稀释液加入 2 个无菌平皿做空白对照。

⑤及时将 20~25mL 冷却至 46℃的马铃薯葡萄糖琼脂或孟加拉红琼脂（可放置于 46±1℃恒温水浴箱中保温）倾注平皿，并转动平皿使其混合均匀。置水平台面，待培养基完全凝固。

（4）培养　琼脂凝固后，正置平板，置于（28±1）℃培养箱中培养，观察并记录培养至第 5 天的结果。

（5）菌落计数　用肉眼观察，必要时可用放大镜或低倍镜，记录稀释倍数和相应的霉菌和酵母菌落数。以菌落形成单位（Colony-Forming Units，CFU）表示。

选取菌落数在 10~150CFU 的平板，根据菌落形态分别计数霉菌和酵母。霉菌蔓延生长覆盖整个平板的可记录为菌落蔓延。

（6）结果　计算同一稀释度的两个平板菌落数的平均值，再将平均值乘以相应稀释倍数。

①若有两个稀释度平板上菌落数均在 10~150CFU，按式（4-3）计算。

$$N = \frac{\Sigma C}{(n_1 + 0.1n_2)d} \tag{4-3}$$

式中　N——样品中菌落数；

ΣC——平板（含适宜范围菌落数的平板）菌落数总和；

n_1——第一稀释度（低稀释倍数）平板数，个；

n_2——第二稀释度（高稀释倍数）平板数，个；

d——稀释因子（第一稀释度）。

②若所有平板上菌落均大于 150CFU，则对稀释度最高的平板进行计数，结果按平均菌落数乘以最高稀释倍数计算。

③若所有平板上菌落数均小于 10CFU，则应按稀释度最低的平均菌落数乘以稀释倍数计算。

④若所有稀释度平板均无菌落生长，则以小于 1 乘以最低稀释倍数计算。

⑤若所有稀释度的平板菌落数均不在 10~150CFU，其中一部分小于 10CFU 或大于

150CFU 时，则以最接近 10CFU 或 150CFU 的平均菌落数乘以稀释倍数计算。

2. 霉菌直接镜检计数法

①设备和材料：光学显微镜（10~100 倍），载玻片，盖玻片，郝氏计测玻片（具有标准计测室的特制玻片），测微器（具标准刻度的玻片）。

②将方法 1 中制备的样品菌悬液调整至折光指数为 1. 3447 ~ 1. 3460（即浓度为 7. 9% ~ 8. 8%），备用。

③调整显微镜的标准视野，使其直径为 1. 382mm。

④将郝氏计测玻片洗干净，用玻璃棒均匀涂布制备好的标准液于计测室，盖好盖玻片。

⑤将制好的载玻片在显微镜的标准视野下观察。一般每个样品每人观察 50 个视野，两个人观察同一个样品。

⑥在标准视野下，发现有霉菌菌丝长度或者三根菌丝的总长度超过标准视野（1. 382mm）的 1/6（即测微器的一格）时记录为阳性（+），否则为阴性（-）。

⑦报告每 100 个视野中全部阳性视野数为霉菌的视野百分数（视野%）。

（二）其他常用霉菌检测方法

1. 血球计数法

（1）血球计数板　血球计数板的形状如图 4-92 所示，血球计数板是一块特制的厚载玻片，载玻片上由 4 个槽构成 3 个平台。中间的平台较宽，其中间又被一短槽分隔成两部分，每个半边上各有一个方格网，每个方格网共分 9 个大方格（大方格用三线隔开），中央的一大方格作为计数用，成为计数室，如图 4-93 所示。计数室的规格常有两种：一种称为希利格式（16×25 型），是一个计数室分为 16 个中方格（中方格之间用双

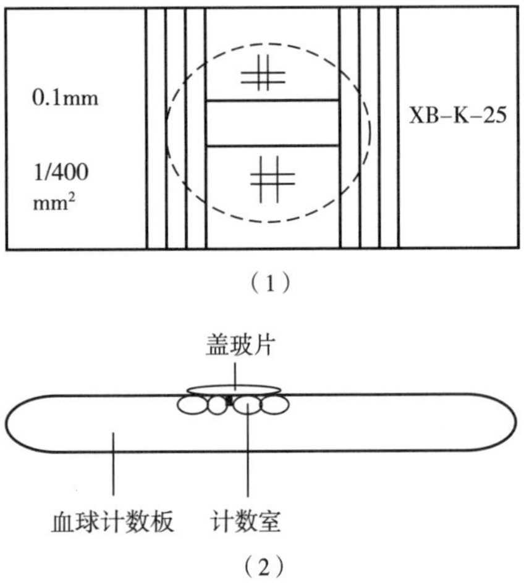

图 4-92　血球计数板构造

（1）正面图　（2）侧面图

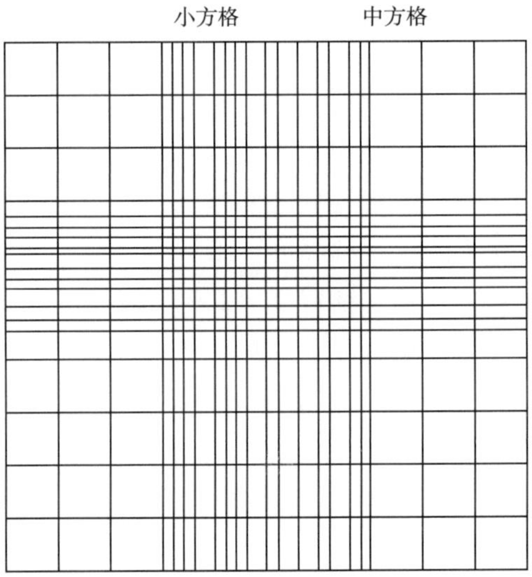

图 4-93　血球计数板构造

线分开)，而每个中方格又分成 25 个小方格；另一种称为汤麦式（25×16 型），是一个计数室分成 25 个中方格，而每个中方格又分成 16 个小方格。两种计数室都是由 400 个小方格组成的。计数室的边长常为 1mm，则计数室的面积为 $1mm^2$，盖上盖玻片后，计数室的高度为 0. 1mm，即每个计数室的高度为 $0.1mm^3$，每个小方格的边长为 0. 05mm，每个小方格的容积为 $1/4000mm^3$。16×25 型每个中方格的边长为 0. 25mm，每个中方格的容积为 $1/160mm^3$，25×16 型每个中方格的边长为 0. 2mm，每个中方格的容积为 $1/250mm^3$（图 4-94）。

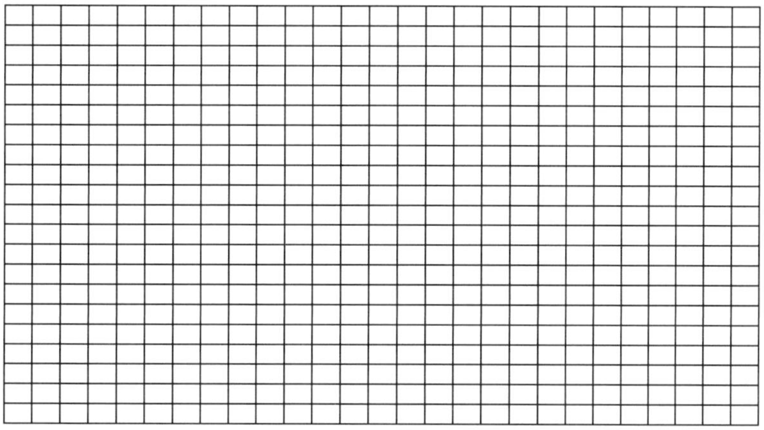

16×25型

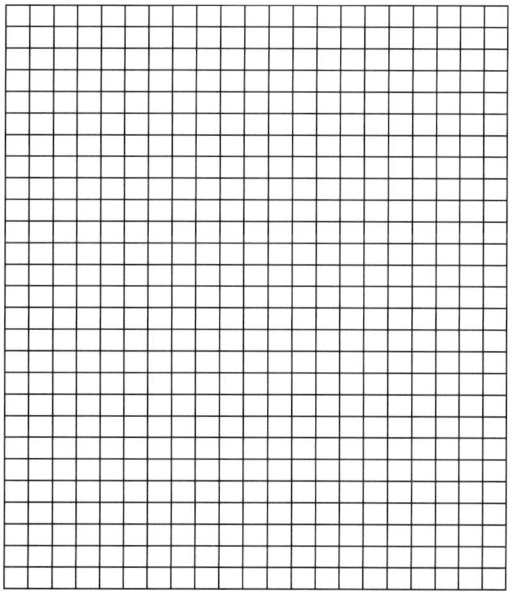

25×16型

图 4-94 血球计数板计数室放大图

（2）血球计数板的使用方法 使用血球计数板计数培养液中的霉菌孢子时，首先进行样品稀释，以便于计数，以每个小方格内含有 4~5 个孢子为宜。

将血球计数板用擦镜纸擦净，在中央的计数室盖上专用的盖玻片。

将稀释后的培养液，用吸管吸取一滴置于盖玻片的边缘，使菌液缓缓渗入，多余的菌液用吸水纸吸取，稍待片刻使孢子全部沉到计数室内。

计数时，如果使用 16×25 型的计数室，要按对角线位，取左上、左下、右上、右下 4 个中方格（即 100 个小方格）的孢子个数。如果为 25×16 型的计数室，除了取其 4 个对角方位外，还需再数中央的一个中方格（即 80 个小方格）的孢子个数。

当遇到位于方格线上的孢子，采用“计上不计下，计左不计右”的计数原则。

对每个样品计数 3 次，取其平均值，再按公示计算每毫升培养液中所含的孢子个数。

（3）血球计数板的计数公式　在适宜的稀释倍数下，每个小方格中有 4~5 个孢子，可以测定每个小方格中孢子数量，此时与计数室的是 16×25 型还是 25×16 型的无关，而与计数室的大小有关。当采用 1mm×1mm 计数室时，培养液中孢子数量/mL＝每个小方格中孢子平均数×稀释倍数×4×10^6；当采用 2mm×2mm 计数室时，培养液中孢子数量/mL＝每个小方格中孢子平均数×稀释倍数×10^6。

如果稀释倍数较大，导致小方格内的孢子数量过少，此时需要测定每个中方格中的孢子数量，不同规格的中方格容积不同，所以有不同的计算公式：

针对 1mm×1mm，16×25 型计数室，培养液中孢子数量/mL＝每个中方格中孢子平均数×稀释倍数×1.6×10^5；

针对 1mm×1mm，25×16 型计数室，培养液中孢子数量/mL＝每个中方格中孢子平均数×稀释倍数×2.5×10^5；

针对 2mm×2mm，16×25 型计数室，培养液中孢子数量/mL＝每个中方格中孢子平均数×稀释倍数×4×10^4；

针对 2mm×2mm，25×16 型计数室，培养液中孢子数量/mL＝每个中方格中孢子平均数×稀释倍数×6.25×10^4。

2. 比浊法

利用光电比浊法测定霉菌孢子数在日常生产、试验中也较常为采用。一般是先用平板菌落计数法测出菌悬液中精确孢子数，再将该菌悬液制成每毫升含不同菌数的稀释液，通过分光光度计分别测定其吸光值，将吸光值代入回归方程即可得出孢子数。该方法相对简单、快速，测定结果准确。

（1）设备和材料　紫外分光光度计，平皿、培养基等常规耗材。

（2）标准曲线的制作　制备孢子浓度为 10^{-8}~10^{-1}个/mL 的稀释液。

取浓度为 10^{-4}、10^{-5}、10^{-6}个/mL 的稀释液，分别涂平皿，7d 后检查菌落数，计算菌液中的孢子数。

在 420nm 波长处测定各稀释液的吸光值，测量吸光值在 0.1~0.5 的菌悬液。

然后绘制吸光值对应孢子数的标准曲线。

（3）样品测定 在测量范围内选取 6 个稀释度，分别测定各稀释液的吸光值，将吸光值代入标准曲线方程，从而推算出菌悬液中的孢子数。

3. 微生物活性值

霉菌在生长繁殖过程中，会在体内和体外产生很多酶，如纤维素酶、蛋白酶、木聚糖酶及过氧化氢酶等。其中过氧化氢酶几乎存在于所有好氧生物体内。当霉菌等微生物在储藏的粮食中活动时，随着微生物数量的增加，酶的活性将升高，用检测仪检测储藏粮食样品中酶活力的变化，即可快速检测和判断出粮食中微生物活动的状况。此类设备如微生物活性快速检测仪（图 4-95）在霉菌活性检测上取得了显著效果，其具体操作简介如下。

图 4-95 微生物活性快速检测仪

（1）设备和材料 普通天平，量筒，样品洗出液制备装置，检测主机。蒸馏水，300g/L 过氧化氢。

（2）制备霉菌洗出液 称量 100g 粮食样品，放入搅拌机中，加 500mL 水，搅拌 40s，用滤网过滤，滤液定容到 500mL。

（3）空白样检测 将 500mL 水倒入检测仪的反应罐中，加热至 30℃，加入酶反应底物，密封反应罐，按动检测键开始检测。10min 后检测仪提示检测结束，记录检测数值即为空白值。

（4）样品检测 将粮食洗出液倒入检测仪的反应罐中，加热至 30℃，加入酶反应底物，密封反应罐，按动检测键开始检测。10min 后检测仪提示检测结束，记录检测数值即为样品检测值。

4. 气体检测

粮食在霉变过程中产生的霉变味主要成分是由微生物作用产生的羟基类、醛基类、硫化物等化合物。近年来，电子鼻技术得到广泛研究，该技术模拟人和动物的嗅觉系统对气味物质进行检测，样品无须前处理，基本不用有机溶剂，是一种快速、绿色的仿生检测方法，但是目前的研究还处于初级阶段，有待进一步发展。除此之外，依据霉菌生长代谢产生的 CO_2 气体导致粮堆 CO_2 浓度升高的原理，监测粮堆不同位点 CO_2 气体浓度的变化，以此作为霉菌活动的指征。在利用 CO_2 气体浓度反映霉菌活动规律上，河南工业大学蔡静平教授做了大量研究，并得出了一系列的成果，现介绍如下。

①设备和材料：红外 CO_2 传感器，微型气泵，流量计，进气管和排气管，进气管过滤器。

②按照预定的测气点埋入带有三通阀的导气管通出粮堆表面与检测仪连接，通过检测仪检测 CO_2气体浓度。

③将测气点引出的输气管通过三通阀与 CO_2气体检测仪的进气端相连，打开阀门，微型气泵会把气体从粮堆中抽出，并送入传感器的进气口进行检测，然后从出气口排放。每个检测点检测完成后，将导气管与三通阀分离，继续开动吸气泵清洗仪器管道中残留的 CO_2气体，待显示屏中数值下降为粮仓环境的 CO_2浓度水平时，开始测下一个测气点。

④按照步骤③的方法检测每个测气点的 CO_2浓度。

5. 霉菌测试片法

霉菌测试片本质上还是霉菌平板计数法的一种，但是其使用更加方便，添加酶显色剂后，使菌落能够提前清晰地显现出来，使所需培养时间较短，符合 GB 4789. 15—2016《食品安全国家标准　食品微生物学检验　霉菌和酵母计数》的要求，正逐步变得较为常用，本手册仅做简单介绍。

①该方法中的样品处理方法与平板计数法的相似，制作出不同梯度的菌悬液。

②类似平板计数法，选择 2~3 个合适的稀释度进行检测。将霉菌测试片平置于无菌台内，打开上层膜，用无菌吸头吸取 1mL 菌悬液缓慢均匀地滴加到测试片上，然后再盖上上层膜，静置待培养基凝固。每个稀释度接种 3 片，同时用无菌水做空白阴性对照。

③将测试片放回原自封袋，透明面朝上置于 28℃恒温培养箱中培养 48~72h。

④霉菌在测试片上呈现放射状的蓝色斑点，选择菌落数在 10~150CFU 的纸片进行计数，计算 3 个测试片的平均值乘以稀释倍数后即为每毫升（克）样品中的霉菌数目。

⑤计数原则与平板计数法类似。

五、霉菌控制技术

在小麦储藏过程中，霉菌的大量繁殖不但引起小麦的发热霉变，还会代谢产生大量的真菌毒素，直接危害人们的生命健康。针对小麦储藏过程中的霉菌控制，在 20 世纪 60 年代以前，主要采用化学药剂防霉技术。随后主要通过控制小麦的储藏条件，也就是控制粮食水分（粮堆湿度）、温度和气体成分等条件来达到防霉的目的。除此之外，也逐渐发展起来了物理防霉、缺氧防霉等技术。

（一）去杂

小麦的杂质按照 GB 1351—2008《小麦》将其分为有机杂质、无机杂质和筛下物杂质，杂质不仅会增加加工原料的质量和麦堆的体积，增加运输和保管费用，还会影响粮食的安全储藏。杂质中携带有较多的微生物，降低粮食的孔隙度，直接影响通风效果。尤其是在小麦入仓过程中，较多杂质经过自动分级极易造成杂质区的聚集，不断有杂质含量过高而导致粮食发热霉变的事件。所以，小麦入仓前进行必要的清理除杂也是防止储藏过程中小麦发热霉变的关键步骤之一，这部分操作技术可以参考本书中对入仓前清理的介绍。

（二）控水

控制小麦水分低于安全水分，控制仓内的相对湿度保持在65%以下，使小麦保持在与此温度相平衡安全水分界限之内，可有效防止霉菌快速生长。小麦的控水一般是伴随着干燥或通风进行的，这部分操作技术可以参考本书中对干燥和通风的介绍。

（三）控温

低温有助于抑制霉菌的生长，一般粮温在10~15℃以下时，许多微生物生长受到抑制甚至停滞。目前，对高温粮最常采用的处理方法是通风，在通风过程中伴随着低温冷空气的输入，包括空调制冷、谷冷机制冷等，不断地降低粮温。这部分技术操作可以参考本书中对低温储粮的介绍。

粮食仓房在储藏粮食过程中，如果隔热保温、密闭效果不到位，容易受周围环境的影响，为此，地下仓的储粮在保障粮食低温、准低温储藏方面有明显的优势。地下仓因为其表面覆盖了较厚的土层，太阳直射不到，受外界环境的影响较小，在粮食的低温储藏上有较大发展前景。

（四）化学防霉

在小麦储藏过程中，较少见到有专门针对小麦霉菌进行的化学试剂熏蒸或者喷洒防霉，一般是伴随着化学药剂对虫害的熏蒸，杀灭一部分霉菌。比如对于密闭储藏的小麦，目前常采用磷化铝（高毒，不建议农户使用）化学药剂熏蒸储存，还可以采用防虫磷（70%马拉硫磷）、保粮磷、虫螨磷等，在杀灭害虫的同时，也能够阻止霉菌的繁殖。这部分可以根据仓型的不同参考相应的熏蒸技术操作规范。

除此之外，目前针对植物精油、提取液等进行了较多的研究，在防霉上也有部分应用。比如丁香提取液对储粮中常见灰绿曲霉、黄曲霉、青霉、黑根霉等有抑制作用，防霉效果显著，但是在实仓中，还未见到应用实例。

（五）物理防霉

小麦等农产品的物理防霉可以采用辐射杀菌，辐照是降低小麦中感染寄生虫和微生物污染相关危害的一种手段，可以用作控制方法。小麦辐射杀菌是利用X射线、γ射线或电子射线辐射，通过损害生物体细胞内的遗传物质，破坏其新陈代谢，使细胞组织死亡从而达到杀菌的目的，小麦经过电子束辐照后对微生物菌落有明显的抑制作用。

在小麦辐射装置上，常用的是利用^{60}Co或^{137}Cs产生的γ射线，或利用加速器产生的一定能量的X射线或电子束，如机械源产生的能量级等于或低于5MeV的X射线，或机械源产生的能量级等于或低于10MeV的电子束。从射线的发射功率上来讲，14kW的加速器，相当于 3.7×10^{16}Bq 的^{60}Co 放射源；但由于^{60}Co 源是呈球形状发射射线，所以对射线的利用率低，大约只有 20%，其他方向的射线都被浪费，而加速器的射线方向是一个方向，对射线的利用率高，达 93%以上。所以，如果将射线的利用率考虑在内，则 14kW 的电子加速器相当于（1.70~1.74）×10^{17}贝可的放射源。加速器可以发射两种不同的粒子：电子束和 X 射线。

在辐照前，小麦应具有正常的色泽、气味，无害虫的蛹和成虫，无异味，无霉变。小麦水分含量应在安全水分以内。

在辐照过程中，对辐照装置有选址、设计、建造、安装鉴定、运行鉴定、性能鉴定等要求，并对使用和维护过程有特殊规定，这些需要特殊作业人员完成。在小麦正式辐照前，需要确定相应的辐照工艺剂量，一般工艺剂量应设定在最低有效剂量与最高耐受剂量之间，并做好日常剂量监测。小麦防霉的辐照最低有效剂量为 3.0kGy，最高耐受剂量为 7.0kGy。适宜工艺剂量为 3~5kGy。要求照射均匀，剂量准确，平均吸收剂量的不均匀度≤1.5kGy。在控制小麦虫霉再次侵袭过程中，可以重复辐照，但重复辐照食品的累积剂量不应超过 10kGy。

辐照完成后，要做好辐照标识，辐照后的小麦与未辐照小麦分开存放，记录启用及日常运行中有关辐照加工控制、剂量检测以及辐照装置日常运行参数。记录产品种类、辐照目的、辐照剂量、辐照日期、辐照后产品质量检测（包括辐照后取样、留样及库存管理等）。

针对辐照食品，除了国际推荐的《食品辐照加工推荐性国际操作规范》《国际辐照食品通用标准》外，我们国家还颁布了一系列标准规范 GB 18524—2016《食品安全国家标准　食品辐照加工卫生规范》、GB 14891.8—1997《辐照豆类、谷类及其制品卫生标准》、GB/T 18525.2—2001《谷类制品辐照杀虫工艺》等。

（六）缺氧防霉

试验和实践都证明了维持粮堆中较低浓度的氧气，对粮食微生物特别是多种储藏真菌有抑制作用。目前，对于粮堆的低氧储藏方面，常采用的技术有粮堆密闭储藏、氮气气调储藏、二氧化碳气调储藏和真空储藏等，这部分的具体操作可以参考本书气调储藏部分。

第三节
常见鼠类与防治

鼠是啮齿动物，全世界种类达 2800 余种。我国啮齿类动物约有 150 种，常见的有 38 种。危害较重有 10 余种，包括小家鼠、褐家鼠、黄胸鼠、黑鼠、黑线姬鼠、黄毛鼠、黑线仓鼠、大仓鼠、社鼠、大林姬鼠等。许多疾病的传播媒介与宿主，其中传播最大的疾病是鼠疫。鼠体上有吸人血的体外寄生虫和其他媒介，鼠类可通过粪便或体表传播病原体，可咬人引起外伤感染。鼠害造成经济损失，盗食粮食、油料作物，此外还可咬坏通电线路、家具、书籍、建筑、档案等，污染食物。

一、常见鼠类

（一）小家鼠

1. 识别特征

小家鼠（*Mus Musculus* L.）体形小，毛色变化很大，背毛由灰褐色至黑灰色，腹毛由纯白到灰黄。前后足的背面为暗褐色或灰白色。尾毛上面的颜色较下面深，尾长等于或短于体长，耳短，前折达不到眼部。

2. 活动规律

主要在夜间活动，傍晚5时至次晨6时，有时白天也出来取食。一天多次取食，活动距离3~6m。不善攀爬，也不机警，易捕获。

3. 生态习性

喜栖于住房，尤其是新造的工房、简屋，以及商店、食堂、食品厂等处。常在地板下及夹墙的空洞中做巢，食性较杂，喜食米粉、面粉及糕点、碎屑。

4. 危害与繁殖

盗食粮食、啮咬衣服、食品、家具、书籍，其他家用物品均可遭其破坏和污染。可传播某些自然疫源性疾病。小家鼠繁殖力很强，全年均能繁殖，以春、秋两季繁殖率较高，冬季低。每窝一般可产5~8只幼仔，甚至多达14只幼仔。

（二）褐家鼠

1. 识别特征

褐家鼠（*Rattus norvegicus* Berkenhout）为中型鼠类，褐家鼠背毛棕褐色或灰褐色，年龄越老的个体，背毛棕色色调越深。体粗壮，尾长明显短于体长。尾毛稀疏，尾上环状鳞片清晰可见。耳短而厚，向前翻不到眼睛。

2. 活动规律

昼夜活动型，以夜间活动为主。在不同季节，褐家鼠一天内的活动高峰相近，即16~20时与黎明前。褐家鼠行动敏捷，嗅觉与触觉都很灵敏，但视力差，记忆力强，警惕性高。

3. 生态习性

家族性群居鼠类，可以几个世代同在一个洞系居住。褐家鼠为杂食性动物，食谱广而杂。褐家鼠栖息场所广泛，为家、野两栖鼠种，以室内为主，占80.3%，室外和近村农田分别为14.3%和5.4%。

4. 危害与繁殖

大量盗食、糟蹋和污染各种粮食及食品，毁坏家具、箱柜、衣物、书籍、仪器、设备和建筑物等。咬伤咬死家禽和幼畜，影响畜禽生产。传播流行性出血热、鼠疫、恙虫病等多种疾病。褐家鼠繁殖力很强，一年四季均可繁殖。春秋两季为繁殖高峰期。

（三）黄胸鼠

1. 识别特征

黄胸鼠（*Rattus argentiventer* Temminck）是中体型较大的鼠，较褐家鼠瘦小，背毛棕褐或黄褐色，并杂有黑色，腹毛灰黄色，背腹之间毛色也无明显界线。体躯细长，尾长等于或大于体长耳长而薄，向前拉能盖住眼部。后足细长。

2. 活动规律

昼夜活动，以夜间活动为主，黄昏后和黎明前有两个活动高峰。

3. 生态习性

在住宅区和农田可进行短期季节迁移，随作物成熟期不同而作季节性迁移为害。杂食性，但主要以植物性食物为生，包括谷物、豆类、菜类等。洞穴在不能开垦的荆棘灌木丛下，在河滩多筑于灌丛砂石堆下。

4. 危害与繁殖

不但在居室内破坏各种衣物、家具、盗食粮食和各种食品，在田间危害玉米、水稻、花生、甘薯、芭蕉等作物，造成严重减产，还能传播流行性出血热等多种流行病。繁殖力很强，雌鼠年产仔 3~4 胎，每胎产仔 2~17 只。

（四）黑鼠

1. 识别特征

黑鼠（*Rattus rattus* L.），黑色型背毛黑色、腹毛铅灰色。鼠体形细长，尾长大于体长，耳大而薄，向前拉可达眼的中央。尾部鳞环明显，生有极细而稀的小毛。

2. 活动规律

昼伏夜出，尤以晨昏活动频繁，可家野流窜，随食物而迁移，可以游泳，但与其他老鼠相比，并不喜欢接触水。善于攀登，每夜活动两次，上、下半夜各一次，常以胡须触壁而行动，喜走旧路，嗅觉灵敏。

3. 生态习性

性较狡猾，智商高、视力差，喜攀登，行动敏捷。多栖居于建筑物的上层，如屋顶、天花板、椽瓦间隙、门框和窗框上端等处。夹墙、墙缝、地面杂物堆中和地板下也有栖息。具有很强的记忆力和拒食性。

4. 危害与繁殖

全年均可繁殖，一年生 4~5 窝幼鼠，每胎 1~10 只，黑色型一般栖居在住宅内。

（五）黑线姬鼠

1. 识别特征

黑线姬鼠（*Apodemus agrarius* Pallas），小型鼠类，体背淡灰棕黄色，背部中央具明显纵走黑色条纹，体长 65~117mm，身体纤细灵巧，尾长 50~107mm，体重 100g 左右。尾鳞清晰，耳壳较短，前折一般不能到达眼部。四肢较细弱。

2. 活动规律

春季农田播种后和农作物萌芽期，常窜入田间活动，随着禾苗的不断生长，逐渐移往农田四周的草地、田埂、土堤等处，当作物成熟收割时，又迁回割倒的庄稼地里。

3. 生态习性

栖息环境广泛，在农业区常栖息在地埂、土堤、林缘和田间空地中。在林区生活于草甸、谷地，以及居民区的菜地和柴草垛里，还经常进入居民住宅内过冬。食性较杂，但以植物性食物为主。洞系一般有 3~4 个洞口，也有暗窗。

4. 危害与繁殖

主要表现为作物播种期盗食种子，经常迁入室内，且为流行性出血热和钩端螺旋体病的重要宿主，传播的疾病多达 17 种。繁殖力较强，每年 3~5 胎。

二、管理防鼠

（一）鼠情检查

在制定老鼠防治措施前，首先要明确老鼠在库区的发生情况，例如老鼠的种群密度及其活动区域，以便进行精准的防治工作。

检查内容主要包括活鼠、鼠爪印、鼠洞、鼠的排泄物、咬痕以及活动产生的污渍等。在鼠情检查的过程中，需要准备以下检测设备：橡胶手套、安全帽、手电筒、小镜子、塑料布、粘捕板、滑石粉、诱饵、梯子、检查表和笔等。

用鼠密度表示鼠情发生的程度。鼠密度是指单位面积内监测到的鼠类数量或活动量，用捕获率（%）或阳性率（%）表示。通过对鼠密度检测，可以根据不同的情况采取相应的有效措施。以下是几种常用的鼠密度检测方法。

1. 鼠迹法

检查仓房内鼠迹，如活鼠、鼠尸、鼠粪、鼠爪印、鼠咬痕、鼠洞等。当每 15m^2发现 1 处鼠迹就算 1 个阳性仓房。

2. 粘捕板法

将粘捕板展开，紧靠墙基放置于室内鼠类经常活动的场所，粘鼠板应避免放置于水淋、地面潮湿、阳光直射、尘土较大的场所。记录 24h 粘捕到的老鼠数量和种类。以粘捕率或粘捕指数表示鼠密度。

3. 粉迹法

将滑石粉装入纱布袋，紧贴墙基布撒一层厚度约 0.5mm 厚的粉块。不大于 15m^{2}的仓房散布 2 块，间距不小于 5m。晚上布粉，次日早晨检查分块的完整度。用鼠迹阳性率表示鼠密度。

4. 盗食法

选择当地鼠类喜爱的新鲜食物，每 10g 为一堆，每隔 5~10m 布放在墙边和墙角，隔天统计被老鼠取食的堆数，并计算鼠迹阳性率。

注意：以上方法也可用于灭鼠前和灭鼠后的鼠群密度检测，评估灭鼠措施的有效性。

（二）生态防鼠

生态防鼠是以破坏老鼠的生活环境从而降低鼠群数量的灭鼠防鼠措施，是最常用的防鼠灭鼠方法。

通常采取捣毁隐蔽场所和安装防鼠设备。定期检查仓储环境，发现鼠洞要及时堵塞；保持仓库及周围环境的整洁，及时清除环境垃圾和粮仓中的残渣。将小麦储存在鼠类不能进入的仓库内，这样使老鼠既无藏身之处，又难以得到食物，其种群和活动就会受到一定的限制。建仓库时，在地面、墙壁、门窗等设施构造上，均应考虑防鼠问题。在发生某些以鼠类为宿主的疫病地区，为防止鼠类传人，必要时可在房舍周围筑防鼠墙或挖防鼠沟。

严格管理仓库门窗，防止老鼠进入，仓库门窗应有防鼠设施，保持良好的卫生习惯，粮库周围卫生要经常打扫，隐蔽场所要经常清理。根据老鼠的生态习性，制造不利于老鼠的生存环境，只有做好日常防鼠工作，巩固灭鼠成果，才能有效地控制鼠害的发生和发展。

（三）设施防鼠

在仓房建设、维修过程中增加防鼠设施，对防止鼠害发生至关重要。

常见的防鼠设施有以下几种。

①下水道和排水沟加上网罩，网眼<1.3cm。

②房屋地基离地面的深度不少于 60cm，对于不合格泥防护。

③房屋周围建立至少宽 50cm 的阻隔带，阻隔鼠类挖洞营巢。

④通气孔加装铁丝网，孔眼一般为 1.3cm×1.3cm，但防小的旧建筑，可在房屋的四周外加高 60cm、宽 30cm、厚 10cm 的 L 形铁板或水家鼠的孔眼为 0.6cm×0.6cm。

⑤各种电缆和管道穿过的坑道缝隙用水泥堵塞，进入房间的供水和供电管出口处用水泥或铁皮封口。

⑥门和门框要密合，缝隙要小于 0.6cm，门下要装橡胶条以防产生缝隙。

⑦仓库库门要安装不低于 45cm 的防鼠挡板。

⑧垃圾房（桶）加盖密封，做到不外溢外漏，及时清运。

（四）生物防鼠

随着有害生物综合治理（IPM）发展，有关鼠害的综合治理也逐渐得到发展和应用。在综合灭鼠的方法中，天敌可能是最早利用的一种。近几十年来，由于有害生物综合治理概念的兴起等原因，对于害鼠综合治理领域内的生物防控技术引起越来越多的重视。利用各类捕食性鼠类的天敌以及对人、畜无害而对鼠类有致病力的病原微生物或体内寄生虫来控制鼠群数量在理论与实践上均有重要的意义。

1. 天敌防鼠

鼠类天敌的范围很广，包括捕食鼠类的兽类、禽类以及爬行动物等。猛禽类、小型猫科动物和鼬科动物是害鼠最主要的天敌类群，它们有的以食鼠为主，有的兼食鼠类，但这些动物除猫以外，均不适合在粮库范围内饲养。

2. 微生物防鼠

根据致病微生物的特点，微生物灭鼠比较适于鼠类高密度库区以及地广人稀的地区。下面介绍几种使用较多的菌株：

①但尼兹氏菌（*Salmonella Danysz*）：由田鼠中分离，对小家鼠和田鼠有致病力，使用不多。

②灭列兹科夫斯基氏菌（*S. typhis permophilorum*）：是由黄鼠尸体上分离，对小家鼠、田鼠和小黄鼠有致病力。

③伊萨琴柯氏菌（*S. decumanicidum*）：由褐家鼠中分离，致病范围较广，对小家鼠、普通田鼠、社会田鼠、草原旅鼠、仓鼠、小黄鼠、沙鼠和各种大型家鼠均有致病力。

④5170 菌：是苏联科学家从伊萨琴柯氏菌中选育出来的新株，对褐家鼠、黑家鼠、普通田鼠、社会田鼠、小家鼠和小黄鼠均有致病力，使用较多。

3. 驱鼠植物防鼠

有些植物能够产生具有特殊气味或口感的次生物质，导致鼠类不愿取食而远离。如阜康阿魏、托里阿魏、新疆阿魏等植物的根能挥发出气味浓烈的萜烯和二硫化物对害鼠具有强烈的驱避作用；天仙子、苦豆子、苦瓜等植物也含有对害鼠具有较强驱避作用的化学成分，害鼠一般远离这些植物，在库区适当种植这些植物，可以减轻鼠类的为害。

三、器械灭鼠

器械防鼠又称物理防鼠，是人们在与害鼠斗争过程中总结出的针对不同场所、不同害鼠的灭杀方法。一般捕鼠器械的制作原料易得、构造简单、成本低廉、经济安全，可就地取材、灵活应用，可供在不同季节和场所灭鼠。但这类方法需要大量人工，用于消灭残余鼠和零星发生的害鼠比较合适。

常用的灭鼠器械有以下几种。

1. 踏板夹

踏板夹是最常见的防鼠夹，其种类和型号很多，其原理是利用弹簧的弹压作用，夹住触动踏板的害鼠。机制成型的铁板夹，弹性好，牢固耐用，价格便宜，可多次反复使用。踏板夹一般置于鼠经常活动的地方，如鼠洞口和鼠道等。踏板上端放置诱饵，根据不同的生境和害鼠的习性，一般可采用花生、瓜子或葵花子等。

2. 捕鼠笼

捕鼠笼是最常用的活捕工具。鼠笼多用铁丝、铁皮、木板、竹筒等材料制造。放置鼠笼时，笼口应朝向鼠洞或正对鼠路。捕鼠笼上的机关用弹簧连在活门上，鼠盗食诱饵时拉动机关，活门立即关闭，即可捕住鼠。

3. 电子灭鼠器

电子灭鼠器俗称“电猫”，是一种特制的利用高压电杀鼠的工具，其原理是使用变压器把低流量交流电升至1600~2000V的高压，连接于离地的裸露电缆，当鼠体触动电缆时，电缆-鼠体-大地形成回路，电流通过鼠体将鼠击昏或击死，捕鼠器同时发出声、光信号，人可及时将鼠取下。这种装置适用于防治粮仓或商品库房鼠害，但必须注意安全。合格的电子捕鼠器应具有下列性能：

①高压回路限流功能，其短路电流应小于60mA；

②延时自动切断电源的功能；

③高压电输出采用与市电电网绝缘的悬浮输出；

④机壳与机内带电部位绝缘良好，机壳附有接地接线柱。

4. 超声波

超声波（频率大于15kHz的声波）能引起鼠大脑和视觉神经紊乱，恐惧和瘙痒，眼红发炎，疼痛抽筋，食欲不振，乱闯乱蹦，自相践踏等现象。长时间作用能致使鼠肾激素下降，破坏生殖器官，直至死亡。正在哺乳的母鼠受超声波干扰后，乳汁枯竭，影响幼鼠的成活。但随着超声波刺激时间的延长，鼠类能够逐渐适应超声波。

5. 粘鼠胶板

粘鼠胶板法是利用黏性物质粘捕鼠的一种方法。一般使用松香和植物油（蓖麻油、桐油）等熬制成胶，涂于纸板上，置于害鼠经常出没的室内场所，粘捕害鼠。其特点是无味无臭，简便易行，安全卫生。使用时不受气候影响，可重复使用。但该种方法容易受灰尘污染，影响捕鼠效果。常见的粘鼠板有松香类粘鼠胶、“四合一”粘鼠胶、101-粘鼠胶等。

四、化学灭鼠

（一）主要杀鼠剂

化学灭鼠是指用有毒化合物杀灭鼠类的方法，包括胃毒剂、熏蒸剂、趋避剂和绝育剂。可选用国家推荐的高效、低毒、安全、无二次中毒的抗凝血性慢性杀鼠剂，如溴敌隆、杀鼠灵、敌鼠钠盐、杀鼠醚、杀它仗等。

1. 溴敌隆（扑灭鼠，乐万通）

（1）性状　原药为白色至灰色结晶粉末。

（2）毒力　一种适口性好、毒性大、靶谱广的高效杀鼠剂。它不但具备敌鼠钠盐、杀鼠醚等第一代抗凝血剂作用缓慢、不易引起鼠类惊觉、容易全歼害鼠的特点，而且还具有急性毒性强的突出优点，单剂量使用对各种鼠都能有效地防除。它还可以有效地杀灭对第一代抗凝血剂产生抗性的害鼠。

（3）毒性　对鱼类、水生昆虫等水生生物有中等毒性。

2. 溴鼠灵

别名溴鼠隆，可灭鼠，大隆，溴联苯杀鼠萘。

（1）性状　原药为白色至灰色结晶粉末。融点 228~232℃，蒸气压 1.33×10^{-4} Pa。20℃时溶解度为：丙酮 6~20g/L，氯仿 3g/L，苯<6mg/L，水 10mg/L。两种异构体对杀鼠活性无明显差异，对一般金属无腐蚀性。

（2）毒力　抗凝血杀鼠剂，毒力强，对抗性鼠种有效，适口性好，具有急性和慢性杀鼠作用。作为第二代抗凝血杀鼠剂，溴鼠灵可抑制凝血酶原形成，提高毛细血管通透性和脆性，使鼠出血致死，所以无二次中毒现象，一般老鼠死亡高峰期为 3~5d，适合各种环境的灭鼠使用。

（3）毒性　对眼睛有中度刺激性，对皮肤也有刺激作用，不致过敏。Ames 试验阴性，未见胎仔致畸作用，无蓄积毒性。对鱼类和鸟类高毒。

3. 敌鼠钠盐

（1）性状　纯品为黄色针状结晶。工业品是黄色无臭针状晶体，熔点 146~147℃。不溶于水，溶于丙酮、乙醇等有机溶剂。钠盐溶于热水。两者化学性质都稳定。敌鼠的钠盐为淡黄色粉末，无臭无味，可溶于热水和乙醇等有机溶剂。

（2）毒力　对鼠的毒力强于杀鼠灵，投饵次数可减少，但对禽、畜危险性相应增加。对小家鼠、黄胸鼠的毒力也强于杀鼠灵，对长爪沙鼠等野鼠有较好的杀灭效果。

（3）毒性　对鸡、鸭、羊、牛等的毒力较小，但对猫、兔、狗毒力较大。对人的毒力也较强，可能引起中毒。

4. 杀鼠醚

（1）性状　黄白色晶体，熔点 172~176℃，溶于丙酮、乙醇，微溶于苯、乙醚，不溶于水。

（2）毒力　本品为高毒杀鼠剂，是一种慢性杀鼠剂。

（3）毒性　人误食，可引起头昏、恶心、心悸、食欲不振、皮疹、脏器及皮下出血，重者可危及生命。

5. 杀它仗

（1）性状　0.005%氟鼠灵蜡块。

（2）毒力　新型第二代防凝血杀鼠剂，选择性毒力好，适口性好。

（3）毒性　除能够杀灭鼠类外，对人畜、非靶标野生动物及鸟类安全。

（二）毒饵

毒饵是灭鼠的主要方法，使用抗凝血灭鼠剂毒饵灭鼠是当前的最主要方法。

（1）成分　毒饵通常由诱饵、杀鼠剂和附加剂组成。诱饵又称基饵，主要指粮食，配制毒饵所用的诱饵尽量新鲜，不要用陈仓的谷物、变质的食物和腐败的植物油。杀鼠剂纯度要高，不含影响适口性的杂质。

（2）投放　家庭投放是在家庭中灭鼠，投饵可以采取晚上布放，白天收掉，以免误伤儿童及禽、畜；毒饵站投放是直接把毒饵放在毒饵站内，其用量和方法和家庭投放方法一样。在老鼠密集场所，要加大发放量。

第五章 小麦储藏中的安全生产

安全生产是保护劳动者的安全、健康和国家财产等的基本条件，小麦储藏中安全生产具有鲜明的行业特点，在生产过程中，应采取一系列措施使人、机、物料、环境、方法等和谐运作，使生产过程中潜在的各种事故风险和伤害因素始终处于有效控制状态，从而保障人员安全与健康、设备和设施免受损坏、环境免遭破坏，使生产经营活动顺利进行。

第一节 安全生产管理

安全生产管理是针对人们在生产过程中的安全问题，运用有效的资源，发挥人们的智慧，通过人们的努力，进行有关决策、计划、组织和控制等活动，实现生产过程中人与机器、物料、方法、环境的和谐，达到安全生产的目标。

一、储备粮保管制度

粮库责任人对库存粮食有管好、管住的责任，未接出库单，任何人都不准动用，粮库责任人对粮食安全负责。粮食保管实行专人制，任务落实到人，粮食从接收到入库、保管、到出库，保粮人员、检质人员、计量人员要负责到底，做到数量准确、质量完好、存储安全。坚决贯彻“以防为主，综合防治”的保粮方针，积极开展“四无”（无害虫、无霉变、无鼠雀、无事故）粮仓活动，做到“一符三专四落实”（账实相符，专仓、专人、专卡，品种、数量、质量和地点落实）。对库存粮食严格执行“三天一小查、七天一大查、一月一汇查，危险粮天天查和风雨下雪随时查”的查粮制度，检查中做到“有粮必查、有仓必查、查必彻底”，并做好记录，确保库存粮食安全储存。认真搞好清洁卫生工作，做到仓内面面光，仓外四不留（不留杂草、垃圾、污水和落地粮）。库存的粮食必须根据入库验质、计量凭证及时建立分仓台账和保管专卡等。每批粮食收发结束后，必须如实上报粮食数量、质量等情况，不得弄虚作假。保管期间要广泛采用“三低”（低温、低氧、低药剂量），机械通风、粮情电子检测、环流熏蒸等科学保粮技术，延缓粮食品质劣变，降低损耗。

二、储备粮质量管理

粮食入库时，要对粮食质量等级和品质控制指标等进行全面检测，并将检测结果和收获年度等原始数据填入《粮油专卡》。正常存储期间要始终保持粮食品质良好，损失损耗不超过规定标准。每年 4 月和 10 月要分别对库存粮进行 1 次品质控制指标的全面质检，认真做好检测分析报告，并将检测结果及时向上级管理部门报告。

三、账卡牌管理

库存粮食要做到仓外有专牌，仓内有专卡，储粮有专账。中央储备粮用“ZC”代表，省级储备粮用“SC”代表。《粮油专卡》一式三份，仓内挂一份，储备库和保管员各一份，专卡要将实际情况及时记录。

四、粮情检查制度

1. 温湿度检查

粮食温度、湿度检查，以检测最高水分为依据（包括进仓水分和复化水分），安全粮 7d 巡测一次；半安全粮 3d 巡测一次；不安全粮 2d 巡测一次；危险粮每天巡测一次，并做好原始记录，真实反映粮情变化。

2. 虫情检查

虫情检查，每月不少于 2 次，每次间隔不能超过 15d。

3. 定期消杀

每年 5 月至 11 月，消杀工作不少于 2 次。每年 12 月至次年 4 月期间，消杀工作不少于 1 次。在《包（散）存粮检查记录簿》中对消杀工作进行记录。

4. 粮食品质检测

每年 3 月和 9 月进行品质检测，水分复化每季度不少于 1 次，每次间隔不超过 90d。密闭桩密闭前和放气后的 1 周内进行 1 次水分复化。新进粮食满桩（仓）后 1 周内进行 1 次水分复化。储藏粮食在出仓前必须进行水分复化和品质检测，出仓时间超过 1 个月的必须再扦取 1 次样品进行水分复化和品质检测。进行水分复化和品质检测的粮食样品要规范扦取，做到点多面广，具有代表性。每个样品不少于 1kg。样品扦取后详细填写《抽样单》，并由专人及时送至省质检所进行水分复化和品质检测。

5. 粮情普查

每月月末组织仓库相关人员进行 1 次粮食“四无”普查，仓房保管员可以结合普查结果进行自查，同时在《包（散）存粮食检查记录簿》中及时记录。仓房保管员根据自身工作，及时填写《粮情虫害普查表》，以便及时掌握储粮动态。

6. 气体检查

检测有限空间氧气和有害气体体积分数，氧气体积分数不应小于 19.5%，磷化氢气体体积分数不应高于 0.2mL/m^3。氧气体积分数小于 19.5%，磷化氢气体体积分数高于 0.2mL/m^3时，作业人员必须佩戴空气呼吸器。

五、安全生产检查

仓储单位应当建立安全生产检查制度，定期对生产状况进行检查评估，及时消除安全隐患。如每月 1 次巡查或抽查；各库每天上班后，由安全领导组长、副组长和安全员进行检查；保管员结合日常工作，对重点部位检查。对发现的问题坚持及时整改，及时消除事故隐患，确保安全生产。

六、安全教育与培训

为了确保安全生产，应结合实际情况制定安全教育与培训制度，相关内容可包括：安全生产方针、政策及劳动保护的意义，储备粮保管经营安全责任，安全技术、劳动保护、电器和消防知识，安全操作规程，新职工岗前培训和安全教育等。

第二节 粉尘爆炸预防

粉尘爆炸是指与空气混合的易燃粉尘，经着火燃烧而引起的一种具有巨大破坏力的化学反应。当悬浮于空气中的微细尘粒达到一定浓度时，遇到一定能量的火种便急剧地氧化燃烧，在瞬间内释放出大量热能，并产生大量气体来不及扩散，使压力骤然增加而引起强烈的爆炸。

一、粉尘爆炸反应

一般认为，粉尘爆炸首先是一部分粉尘在达到一定浓度时形成尘云，遇火燃烧，引起爆炸。在爆炸时扩散的燃烧尘粒，点燃了其他尘云，引起“二次爆炸”，而这种二次爆炸又影响其他尘云，使爆炸成为连锁反应。

二、粉尘爆炸的因素

一般容易着火燃烧的粉尘是有机尘粒，如淀粉、面粉、奶粉、煤粉和合成洗涤剂等。在粮食仓库，特别是环境较封闭的立筒仓和浅圆仓进出仓作业过程中，往往会产生易燃粉尘，发生粉尘爆炸的危险性较大。粉尘爆炸并不是在任何条件下都会发生，它必须具备特定的条件。

（一）存在较细的易燃粉尘

粉尘的平均粒径为 15~120μm，最小粒径在 10μm 以下。面粉厂生产过程的各个阶段，都有粉尘产生。

（二）粉尘与空气混合达到一定的浓度

对于易燃粉尘，其爆炸下限与尘粒的种类、大小、湿度、氧气浓度和火种的能量等因素有关。根据实践经验，面粉厂中面粉粉尘爆炸的最低质量浓度为 15~25g/m^3（粉尘中灰分的质量分数在 4%以下）。特别是 10μm 左右的尘粒，当质量浓度为 20g/m^3时，危险性最大。这个浓度所形成的尘云类似浓雾，即相当于看 2m 前的物体模糊不清的程度。原粮灰尘爆炸的质量浓度下限为 40~60kg/m^3。在粮食立筒仓中，各种粉尘的最低爆炸质量浓度见表 5-1。

表 5-1　立筒仓粉尘的最低爆炸质量浓度

粉尘类型	最低爆炸质量浓度/（kg/m^3）	粉尘中灰分质量分数/%
卸粮坑的粉尘	0.271	48
工作塔底层设备的粉尘	0.113	30
立筒仓下层的粉尘	0.041	14
立筒仓上层的粉尘	0.062	32
提升机机头层的粉尘	0.150	43
称重层的粉尘	0.054	12
分配层的粉尘	0.087	13

（三）有足够温度和热量的火种

使粉尘云点燃所需的最低温度称为着火温度或发火点。粉尘的着火温度随粉尘的水分、细度和不燃尘粒的数量而定。大部分粮食及其制品的着火温度在 400~500℃。

三、粉尘爆炸的预防

1. 控制粉尘质量浓度，消除尘云的产生

对于容易产生粉尘的生产设备，首要的是加强密封，以防止粉尘外扬。其次要配置除尘风网，避免粉尘达到爆炸的质量浓度。

2. 消除火种

在粮食加工厂或粮库起火原因大都是由于斗式提升机和面粉机等设备故障、传动轴承过热、电火花以及其他明火等引起，在生产过程中应及时检查。

3. 限制粉尘爆炸的扩散

对于立筒仓和浅圆仓来说，虽然采取一些预防粉尘爆炸的措施，但是仍有可能使粉尘云和某些火种存在，即存在有粉尘爆炸的条件。所以，一方面要采取一切预防措施，另一方面还要研究减弱爆炸效果和限制爆炸扩散的方法。

4. 主动抑爆系统

利用装置在容易引起粉尘爆炸位置上的高灵敏度传感器，在发生爆炸的初期，迅速向设备内喷射抑爆剂以制止爆炸的继续发展。该类系统一般采用压力继电器来预测粉尘爆炸，并采用适当的执行装置抑爆。

第三节 设施设备安全

电气设施伤害事故是设施设备安全事故的主要类型，包括人身事故和设备事故。人身事故和设备事故都可能导致二次事故，而且二者很可能同时发生。电气事故是与电相关联的事故。从能量的角度看，电能失去控制将造成电气事故。按照电能的形态，电气事故可分为触电事故、雷击事故、静电事故、电磁辐射事故和电气装置事故。

一、防触电安全

①电气设备的绝缘物应符合其相应的电压等级、环境条件和使用条件，不得受潮。

②电气设备表面不得有粉尘、纤维或其他污物，不得有裂纹或放电痕迹，表面光泽不得减退，不得有脆裂、破损，弹性不得消失，运行时不得有异味。

③在低压、高压作业中，人体及其所携带工具与带电体、带电体和地面、树木、其他设备设施、其他带电体等均须保持一定的安全距离。安全距离的大小取决于电压高低、设备类型、环境条件和安装方式等因素。架空线路的间距须考虑气温、风力、覆冰和环境条件的影响。

④带电体外必须安装牢固的遮拦、护罩、护盖和箱闸等屏护装置，且有足够的尺寸，保持足够的安全距离。金属材料制成的屏护装置应接地，遮拦、栅栏须安装标示牌，遮拦出入口的门上须安装信号装置和连锁装置。

⑤电气设备必须设置保护接地系统、漏电保护装置、过电流保护装置。

⑥装有配电变压器的企业，须安装保护接零系统。

⑦对Ⅱ类电气设备，实施双重绝缘或加强绝缘。

⑧安全电压的插销座不得与其他电压的插销座混插。

⑨严格执行电气设施维修管理规定，电器设备禁止违规搭接，严防触电发生。

⑩电器设备接头、插座不许出现松动和裸露现象。

⑪维修作业现场须采用有效的通风和除尘措施，禁止吸烟及其他明火作业，作业完毕后，必须做到人走闸落，关闭箱门。

⑫严格遵守易燃易爆物品管理规定，电气设施周边禁止堆放易燃、易爆杂物。

⑬移动机械之前要先关闭电源，拆下接线电缆接头，不准带电移动，以免造成电线断路。

⑭移动机械及脚手架时，应使其各部件降低到最低位置，以防碰撞高压电线，发生触电事故。

⑮夏季多雨季节，露天使用的电气设备须采取防雨措施，尤其是电器部位。

⑯下雨前，必须对作业机械进行漏电检查并加强苫盖。

⑰在汛期到来之前，必须对排涝泵及供电线路进行全面检修，凡有裸露的电线必须更换。

⑱排涝的电气设备必须采用防水设计。

二、防静电安全

①加强环境危险程度控制：采取取代易燃介质、降低爆炸性混合物的体积分数、减少氧化剂的含量等措施，防止静电引起爆炸和火灾的危险。

②加强工艺控制：为利于静电的泄漏，可采用导电性工具，减少火花放电和感应放电的危险；为限制产生危险的静电，应根据管径控制烃类燃油的流速；为防止静电放电，在液体罐装过程中不得进行取样、监测或测温操作，进行上述操作前，应使液体静置一段时间，使静电得到足够的消散；为避免液体在容器内喷射和溅射，应将注油管延伸至容器底部，装油前清除罐底积水和污物，以减少附加静电。

③落实接地措施：为消除导体上的静电，金属导体应直接接地；为防止火花放电，应将可能发生火花放电的间隙跨接联通起来，并予以接地；对于产生和积累静电的高绝缘材料，宜通过 $10^6\Omega$ 或稍大一些的电阻接地。

④落实增湿措施：为防止产生大量带电，环境相对湿度应在50%以上，为提高降低静电的效果，相对湿度应提高到65%～70%。此方法不宜用于防止高温环境里绝缘体上的静电。

⑤在容易产生静电的高绝缘材料中加入抗静电添加剂，以降低材料的体积电阻率或表面电阻率，加速静电的泄漏，消除静电的危险。

⑥加装静电消除器：以中和物料上的静电电荷，从而消除静电的危险。

⑦加强静电安全管理：制定关联静电安全操作规程、静电安全指标，加强静电安全教育和静电检测管理。

⑧在密闭空间、粉尘浓度较大的作业场所，必须采用设置绝缘板等防静电设计，确保在作业过程中不产生静电火花。

⑨工作人员在粉尘体积浓度较大的作业场所工作时，必须穿棉质工作服、戴棉质工作帽。

三、防雷电安全

①按照防雷建筑物分类的要求，在易受雷击部位装设避雷针、避雷线、避雷网、避

雷带，以防止直击雷的危害。

②不论是空中或地下，必须保证接闪器、引下线、接地装置与邻近导体之间有足够的安全距离，以防止二次放电。

③为了防止静电感应雷的危险，应将建筑物内不带电的金属装备、金属结构连接成整体并予以接地；将平行管道、相距不到100mm的管道用金属线跨接起来。

④为防止雷电冲击波侵入变配电装置，须在线路引入端安装阀型避雷器，阀型避雷器上端接在架空线路上，下端接地。正常时避雷器对地保持绝缘状态，当雷击冲击波到来时，避雷器被击穿，将雷电引入大地，冲击波过去后，避雷器自动恢复绝缘状态。

⑤对于建筑物，为防止雷电冲击波危害，宜采用全长直接埋地电缆供电，入户处电缆金属外皮接地；架空线转电缆供电，架空线与电缆连接处装设阀型避雷器，避雷器、电缆金属外皮、绝缘子铁脚、金具等一起接地；架空线供电，入户处装设阀型避雷器或保护间隙，并与绝缘子铁脚、金具一起接地。

⑥为防止雷击造成人身伤害，雷暴时，应尽量减少在户外或野外逗留；在户外或野外最好穿塑料等不浸水的雨衣；如有条件，可进入有宽大金属构架或有防雷设施的建筑物、汽车或船只。

⑦雷暴时，应尽量离开小山、小丘、隆起的小道，应尽量离开海滨、湖滨、河边、池塘旁，应尽量避开铁丝网、金属晒衣绳以及旗杆、烟筒、宝塔、孤独的树木附近，还应尽量离开没有防雷保护的小建筑物或其他设施。

⑧雷暴时，在户内应离开照明线、动力线、电话线、广播线、收音机电视机电源线和天线及与其相连的各种金属设备。

⑨雷雨天气，应注意关闭门窗。

四、防电磁辐射安全

①为防止电磁辐射的危害，应采取屏蔽措施。采用主动场屏蔽时，将辐射源置于屏蔽体之内，将电磁场限制在某一范围内，使其不对屏蔽体以外的工作人员或仪器设备产生有害影响；采用被动场屏蔽时，工作人员尽量在屏蔽室操作，且要做好个人防护。

②采用板状屏蔽时，在其上涂一层微小颗粒材料，可减少电磁波的反射，更有效地吸收电磁波的能量，构成吸收屏蔽。

③高频接地的接地线不宜太长。接地线长度最好限制在电磁波波长的1/4之内。若无法达到这一要求，也应避免波长为1/4的奇数倍。高频接地线宜采用多股铜线或多层铜皮制成。

④利用电磁波能在波导管内自由传播的特点，人为改变可能传播电磁波的金属管的几何尺寸和几何形状，以抑制电磁波的泄漏；利用谐振，消耗辐射能量；通过改进高频设备及其馈线的设计，减少其有效的辐射功率；注意作业场所高频设备的合理布局。以减轻电磁波的干涉、反射和二次反射。

五、电气装置安全

电气装置需按照相关规定规范操作，如变压器安装、变压器运行、电力电容器安装、电容器运行和架空线路等执行相关要求。

第四节 安全防火

一、燃烧及火灾过程

燃烧是物质与氧化剂之间的放热化学反应，通常伴随着可见光或火焰。火灾是在空间或时间上失去控制的燃烧所造成的灾害。燃烧和火灾发生必须同时具备可燃物、氧化剂、点火源。这三个要素缺少任何一个，燃烧都不能发生或维持。因此，在火灾防治中，如果能够阻断三要素中的任何一个均可扑灭火灾。

二、火灾分类

按物质的燃烧特性可将火灾分为以下 6 类。

A 类火灾，指固体物质火灾，这种物质往往是有机物质，在燃烧时能产生灼热的灰烬，如木材、棉、毛、麻、纸张火灾等。

B 类火灾，指液体火灾和可熔化的固体物质火灾，如汽油、煤油、柴油、原油、甲醇、乙醇、沥青、石蜡火灾等。

C 类火灾，指气体火灾，如煤气、天然气、甲烷、乙烷、丙烷、氢气火灾等。

D 类火灾，指金属火灾，如钾、钠、镁、钛、锆、锂、铝镁合金火灾等。

E 类火灾，指物体带电燃烧的火灾，如发电机房、变压器室、配电间、仪器仪表间和电子计算机房等发生的火灾。

F 类火灾，家庭或饭店烹饪器具内的烹饪物燃烧而发生的火灾，如动植物油脂发生的火灾。

三、灭火基本方法

①冷却灭火法是将灭火剂直接喷洒在燃烧的物体上，将可燃物的温度降低到燃点以下，终止燃烧。

②隔离灭火法是将燃烧物与附近的可燃物隔离或疏散开，使燃烧停止。

③窒息灭火法是阻止空气流入燃烧区，或用不燃物冲淡空气，使燃烧物隔断氧气的助燃而熄灭。

④抑制灭火法是用灭火剂参与燃烧反应过程，使燃烧过程中产生的游离基消失，而形成稳定分子或低活性游离基，使燃烧反应停止。

四、常用灭火剂

（一）水

水是自然界中分布最广、最廉价的灭火剂。由于水具有较高的比热，因此在灭火中具有十分明显的冷却作用。用水灭火的缺点主要是产生水渍损失和造成污染，更不能用于带电火灾的扑救。

（二）泡沫灭火剂

通过与水混溶，采用机械或化学反应的方法产生泡沫的灭火剂。一般由化学物质、水解蛋白或由表面活性剂和其他添加剂的水溶液组成。常见的有化学泡沫灭火剂、机械烷基泡沫灭火剂和洗涤剂泡沫灭火剂等。泡沫灭火剂的灭火原理是冷却和窒息作用，即在着火的燃烧物表面形成一个连续的泡沫层，泡沫本身和所析出的混合液对燃烧物表面进行冷却，以及泡沫层的覆盖使燃烧物与氧隔绝而灭火。泡沫灭火剂的主要缺点是产生水渍损失和污染，也不能用于带电火灾的扑救。

（三）干粉灭火剂

干粉灭火剂是干燥及易于流动的灭火粉末，由无机盐和少量的添加剂经干燥、粉碎、混合而成，使用时通过加压气体喷出粉雾，以窒息和化学抑制作用灭火。除扑救金属火灾的专用干粉灭火剂外，常用干粉灭火剂一般分为 BC 类干粉灭火剂和 ABC 类干粉灭火剂两大类，如碳酸氢钠干粉、磷酸二氢铵干粉、磷酸氢二铵干粉、磷酸干粉、改性钠盐干粉等。其主要缺点是易对着火的精密仪器造成污染。

（四）二氧化碳气体灭火剂

二氧化碳在自然界中广泛存在，且价格低、容易获取，其灭火机理是窒息作用和部分冷却作用。主要缺点是灭火需要高浓度二氧化碳，易使操作人员受到窒息毒害。

（五）卤代烷灭火剂

卤代烷接触高温表面或火焰时，分解产生的活性自由基，通过溴和氟等卤素氢化物的化学净化作用和负化学催化作用，大量消耗燃烧链式反应中产生的自由基，破坏和抑制燃烧的链式反应，其灭火机理是化学抑制作用。目前常用的卤代烷灭火剂有 1211 和 1301 两种。1211 灭火剂的分子式为 CF_2ClBr，是一种低沸点的液化气体，具有灭火效力高、毒性低、腐蚀性小、久储不变质、灭火后不留痕迹、不污染被保护物和电绝缘性能好等优点，但其化学稳定性较好，对大气中臭氧层破坏较严重，为此国际上发达国家已开始淘汰卤代烷灭火剂。1301 灭火剂的毒性较低，在卤代烷灭火剂中是毒性较低的一种，但 1301 的稳定性比 1211 灭火剂更好，对大气中臭氧层的破坏更大，也是要被取代的产品。

五、灭火剂使用范围

根据发生火灾的级别和引起火灾的物质，参考表 5-2 选用合适的灭火剂。

表 5-2　　火灾发生类型及对应的灭火剂选择

火灾类型	发生火灾的物质	灭火剂选择
A 类火灾	固体物质火灾，如木材、棉、毛、麻、纸张及其制品等燃烧的火灾	水基型（水雾、泡沫）灭火器、ABC 干粉灭火器
B 类火灾	液体或可融化固体，如火灾汽油、煤油、柴油、原油、甲醇、乙醇、沥青、石蜡等燃烧的火灾	水基型（水雾、泡沫）灭火器、BC 类或 ABC 类干粉灭火器、洁净气体灭火器
C 类火灾	气体火灾，如煤气、天然气、甲烷、乙烷、丙烷、氢气等燃烧的火灾	干粉灭火器、水基型（水雾）灭火器、洁净气体灭火器、二氧化碳灭火器
D 类火灾	金属火灾，如钾、钠、镁、钛、锆、锂、铝镁合金等燃烧的火灾	7150 灭火剂，也可用干沙、土或铸铁屑粉末代替进行灭火。在扑救此类火灾的过程中要注意必须要有专业人员指导
E 类火灾	物体带电燃烧的火灾，如发电机房、变压器室、配电间、仪器仪表间和电子计算机房等发生的火灾	最好使用二氧化碳灭火器或洁净气体灭火器进行扑救，如果没有，也可以使用干粉、水基型（水雾）灭火器扑救
F 类火灾	家庭或饭店烹饪器具内的烹饪物，如动植物油脂发生的火灾	BC 类干粉灭火器、水基型（水雾、泡沫）灭火器进行扑救

六、粮库内安全防火措施

（一）合理布局

粮库区内可根据不同建筑的使用性质分成若干小区，一般可划为六个区，即储粮区、化学药品区、粮食烘干区、粮食加工区、器材区和生活区，各区之间要有一定的防火间距。消防通道可与库区交通道路合用，并成环形，通向各小区。当库区的围墙一侧长度超过 150m 时应设两个以上的出入口。

库区内应有足够的消防水源，如消防给水管道或备有专用泵的蓄水池、水塔、水井。也可利用天然水源，但应有停靠消防车辆的设施。供消防车取水的水池保护半径不能大于 150m，且吸水高度不能超过 6m。当消防用水与生产生活用水合用时，应有保证消防用水的措施。库区内还应设置其他的消防器材。消防设施的电源，应保证不中断供电。粮库上方不能有架空电线通过，应尽可能地采用地埋线，以免电线杆倒断或电线松弛相碰打出火花，引起火灾。变压器不应设置在储粮区内或贴近堆场，降低可能引发的火灾危险性。粮库区应设置避雷设施，并定期检测避雷设施和接地装置的完好情况。

（二）防火间距

无论采取何种形式储存粮食，都必须留有防火间距。库房、土圆仓、堆垛与围墙之间要留有 6m 以上的平坦空地；库房之间应视其耐火等级不同留出防火间距。粮食库房的火灾危险性属于丙类，其耐火等级、层数和面积应符合规范的规定。

（三）严格控制火种和电源

①粮库内严禁吸烟和动用明火。如因生产需要必须动用明火时，应严格执行动火审批制度。切实落实防范措施，并设专人负责。在工作结束后，要细致检查，彻底熄灭残火。在危险性大的地方作业结束后，应设专人监护，确实无火险后，方可离去，防止死灰复燃。

②机车或其他机动车辆进入库区时，要严格检查。机动车排气管必须安装防火罩（火星熄灭器）。

③粮库内除照明线路外不允许安装其他动力电气线路和设备，引进库房内的电线必须穿金属管配线。灯具应设在走道的上方，距离堆垛水平距离不应小于 0.5m；不得采用碘钨灯、日光灯，且开关应设在库房外，并配有防雨设施。

④动力线路应设在库房外面，使用装卸机械时，电源由橡胶套电缆引人库内，橡胶套电缆必须完好，不得损坏或有接头，机械设备的电气开关应配带金属防护罩。

⑤储粮区内电气线路安装应采用电缆线或地埋线。

⑥下班或作业结束后，必须切断仓库内的电源。

⑦做好库区周围居民的防火宣传教育工作，燃放鞭炮或其他动火时应尽量远离库区。

⑧完善库区内各种防火安全管理制度。

（四）控制库区内的可燃物

①易燃、可燃材料，不应到处乱堆放，应整齐堆放在指定地点，并与库房和堆场留有一定的安全距离。

②库房外和露天堆场内要做到“三不留”，即不留杂草、不留垃圾和不留可燃物。

第五节
安全防汛

一、防汛安全责任

依照《中华人民共和国防洪法》等相关法律法规关于防汛工作实行各级部门、单位负责制，实行统一指挥，分级负责的规定，按照“一岗双责”的原则，部门负责人是本部门安全生产第一责任人，在搞好本部门日常工作的同时，必须全面负责本部门的防汛安全管理工作。

（一）建立和完善安全生产管理机构

①建立健全防汛组织机构，对部门负责人实行“一岗双责”。

②明确防汛组织机构职责，落实防汛工作各项责任制，层层签订防汛责任书，将防汛责任落实到各班组、岗位和每一位员工。强化防汛安全教育，增强各岗位人员的水患意识和抗洪、抢险的责任感。

（二）落实防汛工作

①防汛工作要早部署、早落实，充分做好汛前、汛期各项准备工作，重点明确，防汛方案科学可行；确保通讯畅通，抢险物资到位，抢险队伍组织及时。

②进一步完善防汛应急预案及演练，要加强对各岗位人员、应急处置人员、救援人员的岗位培训，定期组织和参加培训，每年汛期前至少组织或参加一次预案演练，并要有完善细致的书面报告。

③防汛物资储备要完善、充足，定点存放并定期点验，以确保应急所需；同时还应提前设立应急避险点，以备应急之需。

④成立防汛抢险队伍，并制定应急集结方案和联系方式，做到抢险及时，备战汛期。

⑤加强隐患排查治理，汛期到来前，全面开展防汛安全自查工作，彻底消除安全隐患。

⑥认真贯彻落实各级防汛通知要求，严格执行防汛有关制度，汛期坚持 24 h 防汛领导带班、值班制度，及时准确反映汛情、灾情和执行上级防汛指令，迅速处理可能发生的险情。

⑦密切关注防汛天气预报，对重点地段、重要设施实行巡查，保证避雷、防洪设施安全、完好，并做精做细应对突发情况的各项准备工作；发现汛情时，应立即将掌握的灾害情况逐级报告。

⑧汛情发生时，应迅速启动防汛应急预案，组织力量全力抢险，采取有效措施防止

事态扩大，将灾害减小到最低限度。

⑨灾后要立即组织生产自救，修复水毁工程、损坏的设施及设备等，尽快恢复生产、生活秩序，并将灾害损失情况上报。

（三）防汛事故报告与查处

①防汛事故不瞒报、不谎报、不拖延。

②要严格按照事故原因未查明不放过、责任人未处理不放过、整改措施未落实不放过和有关人员未受到教育不放过的“四不放过”原则，认真查处各类事故，落实事故处理决定，严肃追究有关责任人责任。

二、防汛准备

确保粮食安全度汛，各类粮油仓储单位要切实采取有效措施预防和处置各种突发情况。尽职尽责做好汛期安全储粮与安全生产工作。具体措施如下：

①库址选择避开低洼地带。

②做好灾情预警监测和防汛排涝准备。

③完善应急预案，加强演练。

④提前做好挡水措施，将地势低洼或易遭水患区域的人员、粮食及其他重要资材和危险物品转移至地势较高的安全地带，并做好防护。

⑤设立水位警示线，值班人员 24h 监测。

三、防汛应急处置

为做好突发性水灾事件的预防和处置工作，保证抗洪抢险救灾有序进行，最大限度地减少人员伤亡和财产损失。依据《中华人民共和国水法》《中华人民共和国防洪法》和《中华人民共和国防汛条例》等有关法律法规规定，制定防汛应急预案。应急处置突发性水害主要包括：洪涝灾害、山洪灾害、台风暴雨、供水危机以及由地震、恐怖活动引发的水库垮坝、堤防决口、水闸倒塌、供水水质被侵害等次生衍生灾害。

（一）响应分级

局部暴雨事件对应分为Ⅰ、Ⅱ、Ⅲ三个应急响应等级。

①Ⅰ级由应急指挥部组长负责指挥。

②Ⅱ级由应急指挥部副组长负责指挥，事发部门负责人协助。

③Ⅲ级由事故现场应急指挥办公室主任指挥处理。

（二）处置措施

①发生Ⅰ级状态时，应急指挥部应针对恶劣天气可能对施工构成重大威胁的情况，

做好事故预想。如施工现场出现重大险情或出现严重后果，应急救援小组必须立即启动相应的应急措施，及时组织人员撤离，在保证自身安全的情况下对危险点进行检查与加固。

②发生Ⅱ级状态时，应急指挥部应针对恶劣天气可能对施工构成重大威胁的情况，督促各岗位做好事故预案。如施工现场出现重大险情或出现严重后果，应急救援小组必须立即启动相应的应急措施。原材料发生被淹情况，应安装潜水泵加强排水，如果原材料处在未封闭区域，应用沙包做堑封堵再行抽水，避免物料损失。

③发生Ⅲ级状态时，应急指挥部应安排值班人员对排水设施和疏水设施进行检查，如发现排水、疏水系统不畅通，应立即修复并做好事故预案。

（三）应急响应

①一旦发现洪汛险情，值班人员应以最快方式报告防汛应急指挥部并立即组织救援人员按照预案进行抢险。

②一旦出现溃堤或存在溃堤的可能性，各单位务必及时动员老、幼、病、残、孕等人员提前疏散到比洪峰水位高的地段，如大堤、山丘、楼上等。现场撤离由指挥负责人下令，撤离路线向缺口两端，禁止由低洼处抄近路，确保人身安全。

③防汛应急救援小组按照职责分工立即赶往救援现场，并有序地组织实施现场救援工作。现场指挥部救援总指挥立即组织工程队负责人及技术人员对情况进行分析，并立即采取措施保护施工便道畅通、撤离施工人员。

④当发生严重意外水涝灾害事故时，防汛指挥部应立即报告当地政府有关部门以求得援助和指导。同时应组织全体抢险人员根据灾害事故情况的特点，实施有效的应急措施，争取短时间内努力将损失和不利因素消除或降至最低程度。

⑤当发生一般意外事件时，各部门按应急措施进行事件的处置，及时撤离人员和重要物资，控制防止事件扩大，努力将损失或不利因素降至最低程度。

（四）后期处置

①抢险救援结束后，由防汛应急救援指挥部办公室负责督促各部门写出《灾害情况分析报告》，并组织相关人员评审该应急预案的适应性部分条款不适应时则予以修订。

②组织相关单位召开恢复生产会，对水涝灾害事故发生的原因进行分析，确定恢复生产应采取的质量、安全、环保等施工措施。

③组织人员做好灾后重建工作，消除隐患，防止发生次生灾害。

④做好灾区消毒工作，避免疫情发生。

第六节
储粮药剂管理与使用安全

一、储粮化学药剂的安全管理

（一）储粮化学药剂的批准使用程序

①储粮化学药剂应有两名保管人员，保管人员应掌握储粮化学药剂基本知识和安全知识，并且经过专业培训取得粮油保管员上岗资格证。

②保管人员1年至少2次对药剂库进行盘点、检查和通风，检查药剂存放是否符合规定，保持库房整洁。

③建立双人、双门、双锁收发制度，双锁钥匙分别由两名保管员掌管，收发储粮化学药剂时需两人到场方能进行。

④建立储粮化学药剂验收、入库和出库登记制度，做到账实相符。入库时应按照GB 17916—2013《毒害性商品储藏养护技术条件》的规定进行验收。领用储粮化学药剂，应有单位主管负责人审批手续。先领用和使用临近保质期的药剂。已领用出库而未用完的储粮化学药剂和装化学药剂的钢瓶应及时退回药品库进行妥善保管，登记备案，不能随处乱放。

（二）储粮化学药剂的使用规定

粮食储藏过程中使用的储粮化学药剂应符合要求，使用时应按国家颁布的相关指导条例、有关操作规程以及药剂使用说明执行。

1. 熏蒸剂的使用

磷化铝熏蒸杀虫按LS/T 1201—2017《磷化氢熏蒸技术规程》执行，其他熏蒸剂按国家颁布的相关指导条例或药剂使用说明使用。

2. 储粮防护剂的使用

按国家颁布的相关指导条例或药剂使用说明进行使用。

3. 空仓与器材杀虫剂

限用于储粮仓房、器材、加工厂、运输工具、露天储粮覆盖物等防治害虫及布置防虫线，按国家颁布的相关指导条例或药剂使用说明使用。

（三）储粮化学药剂的采购、运输及储存管理

1. 采购

使用单位采购储粮化学药剂应有计划，采购数量不宜超过上年度药剂总用量的150%。采购人员应由经过专业培训，并掌握储粮化学药剂使用知识的专职人员负责。购买属于剧毒化学品的储粮化学药剂，应到公安机关办理相关许可手续。采购的储粮化学

药剂应具有农药登记证号或者农药临时登记证号、农药生产许可证号或者农药生产批准文件号和产品质量检验合格证，有完整包装、标志和使用说明书，应符合 GB 3796—2018《农药包装通则》和 GB 4838—2018《农药乳油包装》要求；不得采购国家明令淘汰、禁止使用和经检验不合格的储粮化学药剂。

2. 运输

运输列入 GB 12268—2005《危险货物品名表》公布的储粮化学药剂，承运单位和承运人应具备国家认定的从事危险化学品运输的资质，并按照国家相关法规的规定从事运输。运输储粮化学药剂的车辆船应具备易清洗、耐腐蚀、坚固的贮器，以及必要的消防器材、急救药箱，并标识“危险品”等标志。运输的储粮化学药剂应密闭并稳固放置，包装有破损、标志不规范的储粮化学药剂不得装运；闪点低于 61℃的易燃药剂要采用有金属贮器的运输工具装运；压缩气体和液化气体药剂运输时应戴好钢瓶上的安全帽。交、运双方应清点运输药剂的品种、数量，并签字确认。押运员应熟悉运输危险化学品的安全要求，并按规定携带防毒面具随车同行。运输途中停留休息时，应离居民区、医院、学校以及人员密集的公共场所 200m 以外。运输过程中不得抽烟、喝酒，进食前应脱去工作服，洗净手、脸并用清水漱口。在储粮化学药剂运输过程中，如发现药剂丢失，要及时报告承运单位负责人和当地公安机关，并协助公安机关妥善处理。

3. 装卸

装卸人员应选用身体健康、了解储粮化学药剂安全方面相关知识的成年人担任。装卸人员应佩戴手套和相应的防毒口罩或面具，穿防护服。储粮化学药剂装卸应在专业技术人员指导下按照国家相关法规的规定和储粮化学药剂注意事项进行安全装卸。装卸过程应保持包装完好，多品种化学药剂应分别码放。装卸时应轻装轻卸，严禁摔、滚、翻、抛、拖、拉、摩擦和撞击。装卸作业时不得抽烟、喝酒和进食，不应用手擦嘴、脸、眼睛，禁止赤膊作业。装卸完毕，应及时用肥皂洗净面部、手部，用清水漱口和清洗防护用具。

4. 储存

储粮化学药剂应有专用库房储存，不允许使用窑洞、地下室、燃料库、器材库储存药剂。库房应建在距离办公区、居住区、水源地至少 30m 处。库房整体结构应坚固，不渗漏、防高温、防潮湿、地面平滑易清洗；应保持阴凉干燥，并配备通风设施和防爆照明灯，电源开关应设在进门口附近，不应使用暖气装置；应安装两道门或双锁防盗门、铁的防护栏窗、遮雨棚等防护设施；库房内应配备与储存药剂相应的有毒气体浓度报警设备并备有必要的防护用品；库房门内外应配备必要的消防器材；库房门口应有“药品库”、“有毒”和“禁止烟火”等明确的警示标志。

也可以实行零库存管理：不建药剂库，不存药剂，需用时由经销商直接提供。此办法的优点是各单位无药剂，不存在库存药剂管理的安全隐患，需用时提前与签约经销商联系，由经销商将所需药剂送至使用地点，使用结束后，空箱罐等由经销商收回。

二、储粮保护剂的安全使用

（一）使用保护剂时的安全防护措施

1. 人员要求

施药应经单位相关负责人批准，由技术熟练、有组织能力并取得国家认可的相关资质的技术人员负责指挥；作业人员应经过专业技术培训，了解药剂性能，掌握施药技术和防毒面具使用方法。有心脏病、贫血、皮肤病、皮肤破伤患者，怀孕期、哺乳期、月经期的妇女、未满18周岁的少年和经医生诊断认为不适合从事涉及有毒气体或化学药剂工作的人员，均不得参加作业。

参加发放药剂、熏蒸施药、处理残渣和开仓放气等作业应有两名以上操作人员轮流进行，与毒气接触的人员在作业前后禁止饮酒；操作时禁止吸烟、喝水、进食；参加磷化氢熏蒸后，不应食用高蛋白、高脂肪食物。

2. 设备设施器材要求

接触和使用中、低毒挥发性药剂时，应选用符合GB 28881—2012《手部防护 化学品及微生物防护手套》要求的手套；接触、使用熏蒸剂时，应选用符合GB 6220—2009《呼吸防护 长管呼吸器》要求的防毒面具。熏蒸的粮仓（粮堆、垛）应密闭，防止熏蒸剂外漏。在施药现场外临时放置的药剂及施药器械，应有专人看管。

熏蒸用的器材、用品使用后，应洗净并妥善保存备用，不得改作他用；喷雾器等器械使用完后，应洗净晾干保存。

3. 施药前后要求

熏蒸人员在分药、投药、散气和处理残渣等过程中，应佩戴具有防毒性能、型号合适的防毒面具，穿工作服，戴手套。工作完毕后应将滤毒罐使用人姓名、使用日期、熏蒸剂名称和使用时间等进行记录。

每次作业后应立即用肥皂彻底清洗手、脸和用清水漱口。熏蒸操作人员在工作完毕后应洗澡、更换衣服、鞋袜，换下的污染衣物应送到无人的地方散气并清洗处理后，方可携入室内。每次施药后及时清点剩余药剂。药剂使用单位应定期对经常接触化学药剂的人员进行身体健康检查，并按照国家有关规定给予特殊作业津贴或营养补助。

4. 施药作业要求

施药时应有专人负责清点施药作业人数，封门时要确认所有进仓人员已全部出仓。禁止在夜间或大风大雨天气进行施药或散气。施用熏蒸剂或高毒储粮化学药剂的区域，应设置“禁止入内”“有毒”等警示标识。熏蒸作业时，从开始施药到处理完残渣残液期间，要在粮仓四周设立警戒线，采用磷化氢或其他熏蒸剂熏蒸时，警戒线距离熏蒸仓房至少20m；并设立明显警示标志，阻止非操作人员以及畜禽靠近；在投药后24h内应有两人值班，检查观察施药仓房有无漏气、冒烟、燃爆等现象；值班人员应了解储粮化学药剂安全使用方面知识并备有防毒面具、消防器材和报警联络。

应用磷化铝熏蒸时应切断仓内电源。无特殊情况，不允许人员进入仓内；人员必须进入时，应有两人以上参与，并采取必要的防护措施，防止发生中毒或缺氧窒息事故，进仓人员不准穿带铁钉的鞋，使用的金属器皿要严防撞击，以避免产生火花，引起燃烧爆炸。要严防粮仓漏雨或帐幕内结露，以免水滴滴入药剂引起火灾，同时要严格控制单点施药量，防止自燃。采用仓内施药时，磷化铝容器的开启和药剂的分装应先在室外进行。进行帐幕熏蒸，盛药器皿上方应留有一定空间，以利气体扩散。

应用储粮化学防护剂时，应按照 GB 12475—2006《农药贮运、销售和使用的防毒规程》执行。马拉硫磷、敌敌畏、杀螟硫磷、辛硫磷、敌百虫遇水能缓慢分解，药液应随用随配，一次用完。粮面上悬挂浸药布条杀虫时，施药前应在粮面上铺麻袋、草帘等以防止药液滴入粮堆。布设防虫线、施用储粮防护剂和空仓、器材、工具杀虫时，工作人员要穿工作服，戴风镜、口罩（浸以 5%~10%小苏打溶液）、手套，严禁用手直接接触药剂。

5. 作业时间要求

施用熏蒸剂时，施药人员涉及有毒气体环境下作业的时间每次少于 0.5h，每人每天累计少于 2h。施用储粮防护剂或空仓、器材、工具杀虫剂时，施药人员每次工作时间少于 1.5h，每人每天累计少于 3h。施药人员作业时出现不良反应，不应继续施药。施药人员作业结束后应适当休息。

（二）化学药剂中毒的诊断与急救

粮食仓储企业应根据本单位使用储粮化学药剂的危险性，按照国家相关法规，编制适用于本单位的危险化学品事故应急救援预案。

发生储粮化学药剂中毒事故时，应即时抢救。职业性中毒诊断标准及处理应按 GBZ 8—2002《职业性急性有机磷杀虫剂中毒诊断标准》、GBZ 11—2014《职业性急性磷化氢中毒的诊断》和 GBZ 43—2002《职业性急性拟除虫菊酯中毒诊断标准》执行。

发生磷化铝燃爆事故时，应采用干沙覆盖灭火，或用干粉灭火器灭火，严禁用水浇，并立即通知当地消防部门和公安部门。

发生熏蒸剂泄漏事故影响公共安全时，应立即通知当地公安部门、消防部门等相关部门，组织工作人员和附近居民疏散到安全处所并立即采取必要措施处理。

参考文献

[1] 张玉荣．粮油品质检验与分析［M］．北京：中国轻工业出版社，2016.
[2] 王若兰．粮油储藏学：第二版［M］．北京：中国轻工业出版社，2018.
[3] 王若兰，王志山，黄亚伟．粮油仓储工艺与设备［M］．北京：中国轻工业出版社，2016.
[4] 王法宏．小麦主推品种与技术［M］．济南：山东科学技术出版社，2010.
[5] 张玉荣．粮油食品卫生检验［M］．北京：中国轻工业出版社，2018.
[6] 丁晓雯．食品安全学［M］．北京：中国农业大学出版社，2011.
[7] Huang P M，Schnitzer M. Interactions of Soil Minerals with Natural Organics and Microbes［M］. Madison：Soil Science Society of America，1986.
[8] 王肇慈．粮油食品卫生检验［M］．北京：中国轻工业出版社，2001.
[9] 王振清．粮仓建筑设计［M］．北京：中国商业出版社，1992.
[10] 刘四麟．粮食工程设计手册［M］．郑州：郑州大学出版社，2002.
[11] 王振清．粮仓建筑与结构［M］．北京：中国商业出版社．1992.
[12] 甄彤．粮库信息化建设培训教程［M］．北京：电子工业出版社，2019.
[13] 白旭光．粮油储藏技术培训教程［M］．北京：中国纺织出版社，2020.
[14] 刘辛国．制冷空调技术及控制原理［M］．北京：中国电力出版社，2016.
[15] 杨同舟．食品工程原理：第二版［M］．北京：中国农业出版社，2011.
[16] 王若兰．粮油储藏理论与技术［M］．郑州：河南科学技术出版社，2015.
[17] 国家粮食局职业技能鉴定指导中心．粮油保管员（初/中/高级）［M］．北京：中国轻工业出版社，2016.
[18] 车刚．典型农产品干燥技术与智能化设备［M］．北京：化学工业出版社，2017.
[19] 白旭光．储藏物害虫与防治［M］．北京：科学出版社，2018.
[20] 张生芳．储藏物甲虫［M］．北京：科学出版社，2008.
[21] 雷朝亮．普通昆虫学［M］．北京：中国农业出版社，2003.
[22] 蔡静平．粮油食品微生物学［M］．北京：科学出版社，2018.
[23] 邢来君．普通真菌学［M］．北京：高等教育出版社，2010.
[24] 白旭光．粮油储藏技术培训简明教程［M］．北京：中国科学技术出版社，2020.
[25] 全国农业技术推广服务中心．农业鼠害防控技术及杀鼠剂科学使用指南［M］．北京：中国农业出版社，2017.
[26] 郭永旺．中国农业鼠害防控技术培训指南［M］．北京：中国农业出版社，2012.
[27] 钱万红．鼠害防治技术［M］．北京：人民卫生出版社，2011.
[28] 唐柏飞．粮油保管员：第三版［M］．北京：中国轻工业出版社，2016.
[29] 曹阳．粮油仓储企业安全生产技术［M］．北京：中国科学技术出版社，2019.
[30] 胡秋辉．食品标准与法规：第二版［M］．北京：中国质检出版社，中国标准出版社，2013.
[31] 王若兰．粮食储运安全与技术管理［M］．北京：化学工业出版社，2005.
[32] 吴子丹．粮油仓储企业安全生产事故案例分析与防范［M］．北京：冶金工业出版社，2012.